高等学校数学类系列教材

随机过程及其应用

（第 二 版）

张卓奎　陈慧婵　编著

西安电子科技大学出版社

内容简介

本书系研究生系列教材之一，是根据工科研究生学习随机过程的要求而编写的．其内容包括概率论基础、随机过程的基本概念、随机分析、平稳过程、马尔可夫过程、排队和服务系统、更新过程、时间序列分析、鞅过程、随机过程的若干应用．各章后均配有习题．

本书内容简练，通俗易懂，凡具有高等数学基础和工科概率论基础的读者均可阅读．

本书可作为工科研究生和本科高年级学生的教材或教学参考书，也可作为工程技术人员的参考书．本书的配套教材——《〈随机过程及其应用(第二版)〉同步学习指导》亦即将由西安电子科技大学出版社出版，可供读者学习参考。

图书在版编目(CIP)数据

随机过程及其应用/张卓奎，陈慧婵编著．—2版．—西安：

西安电子科技大学出版社，2012.5(2021.5重印)

ISBN 978-7-5606-2774-8

Ⅰ．①随…　Ⅱ．①张…　②陈…　Ⅲ．①随机过程　Ⅳ．①O211.6

中国版本图书馆CIP数据核字(2012)第054517号

责任编辑　张　玮　李惠萍

出版发行　西安电子科技大学出版社(西安市太白南路2号)

电　　话　(029)88202421　88201467　　邮　　编　710071

网　　址　www.xduph.com　　电子邮箱　xdupfxb001@163.com

经　　销　新华书店

印刷单位　咸阳华盛印务有限责任公司

版　　次　2012年5月第2版　2021年5月第8次印刷

开　　本　787毫米×1092毫米　1/16　印张22.5

字　　数　535千字

印　　数　21 001～22 000册

定　　价　49.00元

ISBN 978-7-5606-2774-8/O

XDUP 3066002-8

前 言

随机过程是研究随时间演变的随机现象的一门学科. 它以概率论为基础，是概率论的深入和发展. 随着科学技术的发展，随机过程已被广泛地应用于雷达与通信、动态可靠性、自动控制、生物工程、社会科学以及其它工程科学等领域，并且在这些领域显示出十分重要的作用.

目前，在高等院校中，很多工科专业的研究生都要学习随机过程. 为了适应不同专业研究生学习随机过程的需要，编者在多次讲授“随机过程”的基础上，结合同行专家的优秀成果，经过多次修订和补充写成本书.

在编写过程中，我们有意注重基本理论、基本概念和基本方法的叙述，关注能力的培养. 在数学工具的使用上，力求准确、简明和适中，尽量使读者准确、系统地认识和掌握随机过程的基本理论和方法. 这样处理既保持了随机过程的数学体系和必要的严密性，又尽可能地结合了工科研究生的知识结构和专业应用.

本书共10章. 第1章为学习随机过程作准备，介绍了概率论基础；第2章介绍了随机过程的基本概念和几类重要的随机过程；第3章为随机分析，主要讨论二阶矩过程的均方微积分学；第4章讨论平稳过程，重点介绍了平稳过程的相关函数的性质、各态历经性、功率谱密度、谱分解以及线性系统中的平稳过程；第5章为马尔可夫过程，主要介绍了马尔可夫链及状态离散参数连续马尔可夫过程的转移概率、状态分类和平稳分布；第6章介绍了排队和服务系统，讨论了几种简单但又常用的排队系统；第7章为更新过程；第8章介绍了应用极为广泛的时间序列分析，主要包括线性模型及其性质、参数估计、预报及 Kalman 滤波；第9章为鞅过程，主要介绍了随机过程的现代部分；第10章介绍了随机过程的若干应用，内容涉及通信工程、电子工程、经济管理、社会科学等诸多领域.

在编写本书的过程中，西安电子科技大学出版社的领导和策划编辑李惠萍非常关心此书的出版，并对该书的出版给予了很大的支持，编者在此一并致以诚挚的谢意！

由于编者水平有限，书中难免存在疏漏和不妥之处，恳请读者批评、指正.

编　者

2012年2月

第一版前言

随机过程是研究随时间演变的随机现象的一门学科. 它以概率论为基础，并且是概率论的深入和发展，随着科学技术的发展，它已被广泛地应用到雷达与通信、动态可靠性、自动控制、生物工程、社会科学以及其它工程科学等领域，并且在这些领域显示出十分重要的作用.

目前，在高等院校中，很多工科专业的研究生都要学习随机过程. 为了适应不同专业研究生学习随机过程的需要，编者在多次讲授本课程讲稿的基础上，结合同行专家的优秀成果，经过多次修订和补充写成本书.

在编写过程中，我们有意注重基本理论、基本概念和基本方法的叙述，关注能力的培养. 在数学工具的使用上，力求准确、简明和适中，尽量使读者用浅显的数学工具准确、系统地认识和掌握随机过程的基本理论和方法. 这样处理既保持了随机过程的数学体系和必要的严密性，又尽可能地结合了工科研究生的知识结构和专业应用.

全书共 9 章. 第 1 章为学习随机过程作准备，介绍了概率论基础；第 2 章介绍了随机过程的基本概念和几类重要的随机过程；第 3 章为随机分析，主要讨论二阶矩过程的均方微积分学；第 4 章讨论平稳过程，重点介绍平稳过程的相关函数的性质、各态历经性、功率谱密度、谱分解以及线性系统中的平稳过程；第 5 章为马尔可夫过程，主要介绍马尔可夫链及状态离散参数连续马尔可夫过程的转移概率、状态分类和平稳分布；第 6 章介绍了排队和服务系统，讨论了几种简单但又常用的排队系统；第 7 章为更新过程；第 8 章介绍了应用极为广泛的时间序列分析，主要包括线性模型及其性质、参数估计、预报及 Kalman 滤波；鞅过程在第 9 章中介绍.

本书在编写的过程中，得到了西安电子科技大学研究生院副院长曾兴雯教授，研究生院培养办公室顾国其、马丽莎同志的热情支持和帮助；西安电子科技大学出版社的领导和策划编辑夏大平也非常关心此书的出版，夏老师亲自担任此书的责任编辑，并对该书的出版付出了辛勤劳动，编者在此一并致以诚挚的谢意！

由于编者水平有限，书中难免存在错误和不妥之处，恳请读者批评、指正.

编　者

2003 年 5 月

目 录

第 1 章 概率论基础

概率论的基本概念和基本理论是随机过程的基础. 本章扼要地复习概率论中某些基本概念，并补充某些工程概率论中未讲授的内容，为学习随机过程作准备.

1.1 概率空间

概率论中的一个基本概念是随机试验，它是指其结果不能事先确定且在相同条件下可以重复进行的试验. 一个试验所有可能出现的结果的全体称为随机试验的样本空间，记为 Ω. 试验的一个结果称为样本点，记为 ω，即 $\Omega=\{\omega\}$. 样本空间的某个子集称为随机事件，简称事件. 因为事件是集合，所以集合的运算与事件的运算是一致的. 根据实际情况，我们并不总是对 Ω 的一切子集进行研究，而是对某些事件类感兴趣，因而引入事件域的概念.

定义 1.1.1 设 Ω 是样本空间，$\mathscr{F}$ 是 Ω 的某些子集构成的集合，如果：

(1) $\Omega\in\mathscr{F}$,

(2) 若 $A\in\mathscr{F}$, 则 $\overline{A}\in\mathscr{F}$,

(3) 若 $A_n\in\mathscr{F}$, $n=1, 2, \cdots$, 则 $\bigcup\limits_{n=1}^{\infty}A_n\in\mathscr{F}$,

那么称 $\mathscr{F}$ 为一事件域，也称 $\mathscr{F}$ 为 σ 域.

显然，如果 $\mathscr{F}$ 是一事件域，那么

(1) $\varnothing\in\mathscr{F}$;

(2) 若 $A, B\in\mathscr{F}$, 则 $A-B\in\mathscr{F}$;

(3) 若 $A_n\in\mathscr{F}$, $n=1, 2, \cdots$, 则 $\bigcap\limits_{n=1}^{\infty}A_n\in\mathscr{F}$.

定义 1.1.2 设 Ω 是样本空间，$\mathscr{F}$ 是一事件域，定义在 $\mathscr{F}$ 上的实值函数 $P(\cdot)$ 如果满足：

(1) $\forall A\in\mathscr{F}$, $P(A)\geqslant 0$,

(2) $P(\Omega)=1$,

(3) 若 $A_n\in\mathscr{F}$, $n=1, 2, \cdots$, 且 $A_iA_j=\varnothing$, $i\neq j$, $i, j=1, 2, \cdots$, 则

$$P\Big(\bigcup_{n=1}^{\infty}A_n\Big)=\sum_{n=1}^{\infty}P(A_n)$$

那么称 P 是二元组 $(\Omega, \mathscr{F})$ 上的概率，称 $P(A)$ 为事件 A 的概率，称三元组 $(\Omega, \mathscr{F}, P)$ 为概

率空间.

事件的概率具有如下性质:

(1) $P(\varnothing)=0$;

(2) 若 $A_i\in\mathscr{F}$, $i=1, 2, \cdots, n$, $A_iA_j=\varnothing$, $i\neq j$, $i,j=1, 2, \cdots, n$, 则

$$P(\bigcup_{i=1}^{n} A_i)=\sum_{i=1}^{n} P(A_i)$$

(3) 若 A, $B\in\mathscr{F}$, $A\subset B$, 则 $P(B-A)=P(B)-P(A)$;

(4) 若 A, $B\in\mathscr{F}$, $A\subset B$, 则 $P(A)\leqslant P(B)$;

(5) 若 $A\in\mathscr{F}$, 则 $P(A)\leqslant 1$;

(6) 若 $A\in\mathscr{F}$, 则 $P(\overline{A})=1-P(A)$;

(7) 若 $A_n\in\mathscr{F}$, $n=1, 2, \cdots$, 则

$$P(\bigcup_{n=1}^{\infty} A_i)\leqslant \sum_{n=1}^{\infty} P(A_n)$$

(8) 若 $A_i\in\mathscr{F}$, $i=1, 2, \cdots, n$, 则

$$P(\bigcup_{i=1}^{n} A_i)=\sum_{i=1}^{n} P(A_i)-\sum_{1\leqslant i<j\leqslant n} P(A_iA_j)+\sum_{1\leqslant i<j<k\leqslant n} P(A_iA_jA_k)-\cdots +(-1)^{n-1}P(A_1A_2\cdots A_n)$$

如果一列事件 $A_n\subset A_{n+1}$, $n=1,2, \cdots$, 则 $A_n\in\mathscr{F}(n=1, 2, \cdots)$称为单调递增的事件列; 如果一列事件 $A_n\supset A_{n+1}$, $n=1, 2, \cdots$, 则 $A_n\in\mathscr{F}(n=1,2,\cdots)$称为单调递减的事件列.

定理 1.1.1 设 $A_n\in\mathscr{F}$, $n=1,2,\cdots$

(1) 若 A_n, $n=1,2,\cdots$ 是单调递增的事件列, 则

$$\lim_{n\to\infty} P(A_n) = P(\bigcup_{n=1}^{\infty} A_n)$$

(2) 若 A_n, $n=1,2,\cdots$ 是单调递减的事件列, 则

$$\lim_{n\to\infty} P(A_n) = P(\bigcap_{n=1}^{\infty} A_n)$$

证明 (1) 令 $B_1=A_1$, $B_n=A_n\overline{\bigcup_{i=1}^{n-1} A_i}=A_n\overline{A}_{n-1}$, $n=2,3,\cdots$, 则 $B_iB_j=\varnothing$, $i\neq j$, $i,j=1,2,\cdots$, 且 $\bigcup_{n=1}^{\infty} B_n=\bigcup_{n=1}^{\infty} A_n$, 于是

$$P(\bigcup_{n=1}^{\infty} A_n)= P(\bigcup_{n=1}^{\infty} B_n)= \sum_{n=1}^{\infty} P(B_n) = \lim_{n\to\infty}\sum_{k=1}^{n} P(B_k)$$

$$= \lim_{n\to\infty} P(\bigcup_{k=1}^{n} B_k)= \lim_{n\to\infty} P(\bigcup_{k=1}^{n} A_k)= \lim_{n\to\infty} P(A_n)$$

即

$$\lim_{n\to\infty} P(A_n) = P(\bigcup_{n=1}^{\infty} A_n)$$

(2) 若 A_n, $n=1,2,\cdots$ 单调递减, 则 $\overline{A}_n(n=1, 2, \cdots)$单调递增, 由(1)得

$$\lim_{n\to\infty} P(\overline{A}_n) = P(\bigcup_{n=1}^{\infty} \overline{A}_n)$$

而

$$P(\bigcup_{n=1}^{\infty} \overline{A}_n)= P(\overline{\bigcap_{n=1}^{\infty} A_n})= 1-P(\bigcap_{n=1}^{\infty} A_n)$$

$$\lim_{n\to\infty}P(\overline{A}_n)=\lim_{n\to\infty}(1-P(A_n))=1-\lim_{n\to\infty}P(A_n)$$

所以

$$\lim_{n\to\infty}P(A_n)=P(\bigcap_{n=1}^{\infty}A_n)$$

定义 1.1.3　设$(\Omega,\mathscr{F},P)$为一概率空间，$A,B\in\mathscr{F}$，且$P(A)>0$，则称

$$P(B\mid A)=\frac{P(AB)}{P(A)}$$

为在事件A发生的条件下事件B发生的条件概率.

不难验证，条件概率$P(\cdot\mid A)$符合定义 1.1.2 中的三个条件，即

(1) $\forall B\in\mathscr{F}$，$P(B|A)\geqslant 0$；

(2) $P(\Omega|A)=1$；

(3) 设$B_n\in\mathscr{F}$，$n=1,2,\cdots$，$B_iB_j=\varnothing$，$i\neq j$，$i,j=1,2,\cdots$，则

$$P(\bigcup_{n=1}^{\infty}B_n|A)=\sum_{n=1}^{\infty}P(B_n\mid A)$$

既然条件概率符合上述三个条件，故对概率所证明的一些重要结论都适用于条件概率.

定理 1.1.2　设$(\Omega,\mathscr{F},P)$是一概率空间，有

(1)（乘法公式）　若$A_i\in\mathscr{F}$，$i=1,2,\cdots,n$，且$P(A_1A_2\cdots A_{n-1})>0$，则

$$P(A_1A_2\cdots A_n)=P(A_1)P(A_2\mid A_1)P(A_3\mid A_1A_2)\cdots P(A_n\mid A_1A_2\cdots A_{n-1})$$

(2)（全概率公式）　设$A\in\mathscr{F}$，$B_i\in\mathscr{F}$，$P(B_i)>0$，$i=1,2,\cdots$，且$B_iB_j=\varnothing$，$i\neq j$，$i,j=1,2,\cdots$，$\bigcup_{i=1}^{\infty}B_i\supset A$，则

$$P(A)=\sum_{i=1}^{\infty}P(B_i)P(A\mid B_i)$$

(3)（贝叶斯(Bayes)公式）　设$A\in\mathscr{F}$，$P(A)>0$，$B_i\in\mathscr{F}$，$P(B_i)>0$，$i=1,2,\cdots$，且$B_iB_j=\varnothing$，$i\neq j$，$i,j=1,2,\cdots$，$\bigcup_{i=1}^{\infty}B_i\supset A$，则

$$P(B_i\mid A)=\frac{P(B_i)P(A\mid B_i)}{\sum_{j=1}^{\infty}P(B_j)P(A\mid B_j)},\ i=1,2,\cdots$$

定理 1.1.2 的证明请读者自己给出.

定义 1.1.4　设$(\Omega,\mathscr{F},P)$为一概率空间，$A_i\in\mathscr{F}$，$i=1,2,\cdots,n$，如果对于任意的$k(1<k\leqslant n)$及任意的$1\leqslant i_1<i_2<\cdots<i_k\leqslant n$，有

$$P(A_{i_1}A_{i_2}\cdots A_{i_k})=P(A_{i_1})P(A_{i_2})\cdots P(A_{i_k})$$

则称$A_1,A_2,\cdots,A_n$相互独立.

定理 1.1.3　设A，$B\in\mathscr{F}$且相互独立，则A与$\overline{B}$，$\overline{A}$与B，$\overline{A}$与$\overline{B}$也是相互独立的，从而A所生成的σ域$\mathscr{F}_A=\{A,\overline{A},\varnothing,\Omega\}$中的任意一个事件和$B$所生成的$\sigma$域$\mathscr{F}_B=\{B,\overline{B},\varnothing,\Omega\}$中的任意一个事件都相互独立(这时我们称$\mathscr{F}_A$和$\mathscr{F}_B$这两个$\sigma$域是相互独立的).

证明　由于$A=(AB)\cup(A\overline{B})$，且$(AB)(A\overline{B})=\varnothing$，因此$P(A)=P(AB)+P(A\overline{B})$，于是

$$P(A\bar{B}) = P(A) - P(AB)$$
$$= P(A) - P(A)P(B)$$
$$= P(A)(1 - P(B))$$
$$= P(A)P(\bar{B})$$

即 A 与 $\bar{B}$ 相互独立. 类似地，可以证明 $\bar{A}$ 与 B，$\bar{A}$ 与 $\bar{B}$ 也相互独立，从而 $\mathscr{F}_A$ 与 $\mathscr{F}_B$ 相互独立.

定理 1.1.4 设 $A, B, C \in \mathscr{F}$ 且相互独立，则

(1) A 与 BC 相互独立;

(2) A 与 $B \cup C$ 相互独立;

(3) A 与 $B - C$ 相互独立;

(4) A 所生成的 σ 域中的任一事件与 B 和 C 所生成的 σ 域 $\mathscr{F}_{B,C} = \{B, \bar{B}, C, \bar{C}, BC, B\bar{C}, C\bar{B}, \bar{B}\bar{C}, (C\bar{B} \cup B\bar{C}), (BC \cup \bar{B}\bar{C}), B \cup C, \bar{B} \cup C, \bar{B} \cup \bar{C}, B \cup \bar{C}, \Omega, \varnothing\}$ 中的任意一个事件都相互独立.

证明 (1) 显然.

(2) 由于

$$P(A(B \cup C)) = P(AB \cup AC)$$
$$= P(AB) + P(AC) - P(ABC)$$
$$= P(A)P(B) + P(A)P(C) - P(A)P(B)P(C)$$
$$= P(A)[P(B) + P(C) - P(B)P(C)]$$
$$= P(A)[P(B) + P(C) - P(BC)]$$
$$= P(A)P(B \cup C)$$

故 A 与 $B \cup C$ 相互独立.

(3) 与(2)证法类似.

(4) 只需证明 A 与 $B\bar{C}$、$\bar{B}C$、$\bar{B}\bar{C}$ 相互独立. 因为

$$P(A(B\bar{C})) = P(AB\bar{C})$$
$$= P(AB) - P(ABC)$$
$$= P(A)P(B) - P(A)P(B)P(C)$$
$$= P(A)[P(B) - P(B)P(C)]$$
$$= P(A)[P(B) - P(BC)]$$
$$= P(A)P(B\bar{C})$$

所以 A 与 $B\bar{C}$ 相互独立. 其余可以利用加法公式类似地得到.

推论 1.1.1 设 $A, B, C \in \mathscr{F}$ 且相互独立，将 A、B、C 任意分为两组，则它们各自生成的 σ 域仍然相互独立.

证明 直接由定理 1.1.4 推得.

更一般地我们有以下定理.

定理 1.1.5 设 $A_i \in \mathscr{F}$，$i = 1, 2, \cdots, n$ 相互独立，将 A_i，$i = 1, 2, \cdots, n$ 任意分成 $m (m \leq n)$ 组，并对各组中的事件施以积、和、逆运算以后，所得到的事件 $B_1, B_2, \cdots, B_m$ 也相互独立，从而这 m 组事件各自所生成的 σ 域也是相互独立的.

证明 与定理 1.1.4 证明类似，请读者自己给出.

定理 1.1.5 还蕴含了以下有用的具体结论：

(1) 若 A_1，A_2，…，A_n 相互独立，则 $\overline{A}_1$，$\overline{A}_2$，…，$\overline{A}_n$ 也相互独立，从而有

$$\begin{aligned} P(\bigcup_{i=1}^{n} A_i) &= 1 - P(\overline{\bigcup_{i=1}^{n} A_i}) \\ &= 1 - P(\bigcap_{i=1}^{n} \overline{A}_i) \\ &= 1 - P(\overline{A}_1)P(\overline{A}_2)\cdots P(\overline{A}_n) \end{aligned}$$

(2) 一列独立事件中的任何一部分事件也相互独立；

(3) 若一列事件相互独立，则将其中任一部分改写为对立事件，所得的事件列也相互独立.

1.2 随机变量及其分布

随机变量是概率论的主要研究对象. 随机变量的取值依赖于试验结果或样本点，每次试验之后，其取值是一个实数或直线上的一个点. 随机变量的分布用分布函数来描述.

定义 1.2.1 设$(\Omega, \mathscr{F}, P)$为一概率空间，定义在 Ω 上的实函数为 $X(\cdot)$，如果 $\forall x\in \mathbf{R}$，$\{\omega | X(\omega)\leqslant x\}\in \mathscr{F}$，则称 X 是 $\mathscr{F}$ 的随机变量，称

$$F(x) = P(X \leqslant x), -\infty < x < +\infty$$

为随机变量 X 的分布函数.

设 X 是 $\mathscr{F}$ 的随机变量，则不难证明 X 的分布函数 $F(x)$ 具有如下性质：

(1) $F(x)$是单调不减函数，即若 $x_1 < x_2$，则 $F(x_1)\leqslant F(x_2)$；

(2) $F(x)$是右连续函数，即 $\forall x\in \mathbf{R}$，$F(x+0)=F(x)$；

(3) $F(-\infty)\overset{\text{def}}{=}\lim\limits_{x\to-\infty} F(x)=0$，$F(+\infty)\overset{\text{def}}{=}\lim\limits_{x\to+\infty} F(x)=1$.

同时还可以证明，设 $F(x)$，$x\in \mathbf{R}$ 是单调不减、右连续的函数，并且 $F(-\infty)=0$，$F(+\infty)=1$，则必存在概率空间$(\Omega, \mathscr{F}, P)$及其上的一个随机变量 X，使得 X 以 $F(x)$ 为其分布函数.

在实际应用中，常见的随机变量有两种类型：离散型随机变量和连续型随机变量.

若随机变量 X 的可能取值为有限个或可列无限个，则称 X 为离散型随机变量. 离散型随机变量 X 的分布可用分布律来描述，即

$$P(X = x_i) = p_i,\ i = 1,2,\cdots$$

这时 X 的分布函数为

$$F(x) = \sum_{x_i \leqslant x} p_i,\ x \in \mathbf{R}$$

设随机变量 X 的分布函数为 $F(x)$，如果存在非负可积函数 $f(x)$，$x\in \mathbf{R}$，使得

$$F(x) = \int_{-\infty}^{x} f(t)\,\mathrm{d}t,\ x \in \mathbf{R}$$

则称 X 为连续型随机变量，$f(x)$称为连续型随机变量 X 的概率密度函数.

定义 1.2.2 设$(\Omega, \mathscr{F}, P)$为一概率空间，定义在 Ω 上的 n 元实函数 $\boldsymbol{X}(\cdot)=(X_1(\cdot), X_2(\cdot), \cdots, X_n(\cdot))$，如果 $\forall \boldsymbol{x}=(x_1, x_2, \cdots, x_n)\in \mathbf{R}^n$，$\{\omega | X_1(\omega)\leqslant x_1,$

$X_2(\omega)\leqslant x_2, \cdots, X_n(\omega)\leqslant x_n\}\in\mathscr{F}$，则称 $\boldsymbol{X}=(X_1, X_2, \cdots, X_n)$ 为 n 维随机变量或 n 维随机向量. 称

$$F(\boldsymbol{x}) = F(x_1,x_2,\cdots,x_n) = P(X_1 \leqslant x_1, X_2 \leqslant x_2, \cdots, X_n \leqslant x_n)$$
$$\boldsymbol{x} = (x_1,x_2,\cdots,x_n) \in \mathbf{R}^n$$

为 $\boldsymbol{X}$ 的联合分布函数.

设 $\boldsymbol{X}$ 是 n 维随机变量，则不难证明 $\boldsymbol{X}$ 的联合分布函数具有下列性质：

(1) $F(x_1, x_2, \cdots, x_n)$ 对任一 $x_i(i=1,2,\cdots,n)$ 是单调不减函数；

(2) $F(x_1, x_2, \cdots, x_n)$ 对任一 $x_i(i=1,2,\cdots,n)$ 是右连续函数；

(3) $F(x_1, \cdots, x_{i-1}, -\infty, x_{i+1}, \cdots, x_n)=0$，$i=1,2,\cdots,n$，
$F(+\infty, +\infty, \cdots, +\infty)=1$；

(4) 设 $x_i\leqslant y_i$，$i=1,2,\cdots,n$，则

$$F(y_1,y_2,\cdots,y_n)-\sum_{i=1}^{n}F(y_1,y_2,\cdots,y_{i-1},x_i,y_{i+1},\cdots,y_n)$$
$$+\sum_{1\leqslant i<j\leqslant n}F(y_1,y_2,\cdots,y_{i-1},x_i,y_{i+1},\cdots,y_{j-1},x_j,y_{j+1},\cdots,y_n)$$
$$-\cdots+(-1)^nF(x_1, x_2, \cdots, x_n)\geqslant 0$$

类似于一维随机变量，可以证明，对于给定的 n 元函数 $F(x_1, x_2, \cdots, x_n)$ 若满足上面的性质(1)、(2)、(3)、(4)，则必存在概率空间 $(\Omega, \mathscr{F}, P)$ 及其上的 n 维随机变量 $\boldsymbol{X}$，使得 $\boldsymbol{X}$ 以 $F(x_1, x_2, \cdots, x_n)$ 为其联合分布函数.

对于 n 维随机变量，在实际应用中常见的也有两种类型：离散型 n 维随机变量和连续型 n 维随机变量.

若 n 维随机变量 $\boldsymbol{X}$ 的可能取值为有限对或可列无限对，则称 n 维随机变量 $\boldsymbol{X}$ 为离散型 n 维随机变量. 离散型 n 维随机变量 $\boldsymbol{X}=(X_1, X_2, \cdots, X_n)$ 的分布可用联合分布律来描述，即

$$P(X_1 = x_1, X_2 = x_2, \cdots, X_n = x_n)$$

其中 $x_i\in I_i$，I_i 是离散集，$i=1,2,\cdots,n$. 这时 $\boldsymbol{X}$ 的联合分布函数为

$$F(u_1,u_2,\cdots,u_n)=\sum_{x_1\leqslant u_1}\sum_{x_2\leqslant u_2}\cdots\sum_{x_n\leqslant u_n}P(X_1=x_1,X_2=x_2,\cdots,X_n=x_n)$$

设 n 维随机变量 $\boldsymbol{X}$ 的联合分布函数为 $F(x_1,x_2,\cdots,x_n)$，如果存在非负可积函数 $f(\boldsymbol{x})=f(x_1,x_2,\cdots,x_n)$，$\boldsymbol{x}\in\mathbf{R}^n$，使得

$$F(u_1,u_2,\cdots,u_n)=\int_{-\infty}^{u_1}\int_{-\infty}^{u_2}\cdots\int_{-\infty}^{u_n}f(x_1,x_2,\cdots,x_n)\,\mathrm{d}x_1\mathrm{d}x_2\cdots\mathrm{d}x_n$$

则称 $\boldsymbol{X}$ 为连续型 n 维随机变量，$f(x_1, x_2, \cdots, x_n)$ 称为连续型 n 维随机变量 $\boldsymbol{X}$ 的联合概率密度函数.

保留 $k(1\leqslant k<n)$ 个 x_i，比如 $x_1, x_2, \cdots, x_k$，而令其它 x_i 都趋于 $+\infty$，得到 k 维边缘分布函数

$$F(x_1, x_2, \cdots, x_k, +\infty, \cdots, +\infty)$$

若 $\boldsymbol{X}$ 是连续型 n 维随机变量，则有

$$F(x_1,x_2,\cdots,x_k,+\infty,\cdots,+\infty)$$
$$=\int_{-\infty}^{x_1}\int_{-\infty}^{x_2}\cdots\int_{-\infty}^{x_k}\int_{-\infty}^{+\infty}\cdots\int_{-\infty}^{+\infty}f(y_1,y_2,\cdots,y_n)\,\mathrm{d}y_1\cdots\mathrm{d}y_k\cdots\mathrm{d}y_n$$

可见 $F(x_1,x_2,\cdots,x_k)=F(x_1,x_2,\cdots,x_k,+\infty,\cdots,+\infty)$ 也是连续型 k 维随机变量的联合分布函数，其联合概率密度函数为

$$g(x_1,x_2,\cdots,x_k)=\int_{-\infty}^{+\infty}\int_{-\infty}^{+\infty}\cdots\int_{-\infty}^{+\infty}f(x_1,x_2,\cdots,x_n)\,\mathrm{d}x_{k+1}\cdots\mathrm{d}x_n$$

特别地，当 $k=1$ 时，n 维随机变量 $\boldsymbol{X}=(X_1, X_2, \cdots, X_n)$ 的 n 个边缘分布函数和 n 个边缘概率密度函数分别为 $F_{X_1}(x_1)$，$F_{X_2}(x_2)$，…，$F_{X_n}(x_n)$ 和 $f_{X_1}(x_1)$，$f_{X_2}(x_2)$，…，$f_{X_n}(x_n)$.

定义 1.2.3 设 $\boldsymbol{X}=(X_1, X_2, \cdots, X_n)$ 是一 n 维随机变量，其联合分布函数和边缘分布函数分别为 $F(x_1, x_2, \cdots, x_n)$，$F_{X_1}(x_1)$，$F_{X_2}(x_2)$，…，$F_{X_n}(x_n)$，如果对于任意的 $x_1, x_2, \cdots, x_n\in\mathbf{R}$，有

$$F(x_1, x_2, \cdots, x_n)=F_{X_1}(x_1)F_{X_2}(x_2)\cdots F_{X_n}(x_n)$$

则称随机变量 $X_1, X_2, \cdots, X_n$ 相互独立.

若 $\boldsymbol{X}=(X_1, X_2, \cdots, X_n)$ 是离散型 n 维随机变量，则 $X_1, X_2, \cdots, X_n$ 相互独立的充要条件是

$$P(X_1=x_1, X_2=x_2, \cdots, X_n=x_n)=P(X_1=x_1)P(X_2=x_2)\cdots P(X_n=x_n)$$

其中 x_i 是 X_i，$i=1,2,\cdots,n$ 的所有可能取值.

若 $\boldsymbol{X}=(X_1, X_2, \cdots, X_n)$ 是连续型 n 维随机变量，则 $X_1, X_2, \cdots, X_n$ 相互独立的充要条件是

$$f(x_1,x_2,\cdots,x_n)=f_{X_1}(x_1)f_{X_2}(x_2)\cdots f_{X_n}(x_n),\quad x_1,x_2,\cdots,x_n\in\mathbf{R}$$

如果 X 是随机变量，$g(x)$ 是已知的连续函数，则 $g(X)$ 也是随机变量. 关于 $g(X)$（可以是一维也可以是多维）的分布，仅就连续情况不加证明地给出.

定理 1.2.1 设连续型 n 维随机变量 $\boldsymbol{X}=(X_1, X_2, \cdots, X_n)$ 的联合概率密度函数为 $f_{\boldsymbol{X}}(x_1, x_2, \cdots, x_n)$，$n$ 元函数 $y_i=y_i(x_1, x_2, \cdots, x_n)$，$i=1,2,\cdots,n$，满足：

(1) 存在唯一的反函数 $x_i=x_i(y_1, y_2, \cdots, y_n)$，即方程组

$$\begin{cases}y_1(x_1, x_2, \cdots, x_n)=y_1\\y_2(x_1, x_2, \cdots, x_n)=y_2\\\quad\vdots\\y_n(x_1, x_2, \cdots, x_n)=y_n\end{cases}$$

存在唯一的实数解 $x_i=x_i(y_1, y_2, \cdots, y_n)$，$i=1,2,\cdots,n$；

(2) $y_i=y_i(x_1, x_2, \cdots, x_n)$ 及 $x_i=x_i(y_1, y_2, \cdots, y_n)$，$i=1,2,\cdots,n$ 都是连续的；

(3) $\dfrac{\partial x_i}{\partial y_j}$，$\dfrac{\partial y_i}{\partial x_j}$，$i,j=1,2,\cdots,n$ 存在且连续，令

$$J=\frac{\partial(x_1, x_2, \cdots, x_n)}{\partial(y_1, y_2, \cdots, y_n)}$$

则 n 维随机变量 $\boldsymbol{Y}=(Y_1, Y_2, \cdots, Y_n)$，$Y_i=y_i(X_1, X_2, \cdots, X_n)$，$i=1,2,\cdots,n$ 的联合概率密度函数为

$$f_{\boldsymbol{Y}}(y_1,y_2,\cdots,y_n)=f_{\boldsymbol{X}}(x_1(y_1,y_2,\cdots,y_n), x_2(y_1,y_2,\cdots,y_n),\cdots,x_n(y_1,y_2,\cdots,y_n))\,|J|$$

如果(1)中的方程组有多个解

$$\begin{cases} x_1^{(l)} = x_1^{(l)}(y_1, y_2, \cdots, y_n) \\ x_2^{(l)} = x_2^{(l)}(y_1, y_2, \cdots, y_n) \\ \vdots \\ x_n^{(l)} = x_n^{(l)}(y_1, y_2, \cdots, y_n) \end{cases}$$

$l=1,2,\cdots$，则 n 维随机变量 $\boldsymbol{Y}=(Y_1, Y_2, \cdots, Y_n)$ 的联合概率密度函数为

$$f_Y(y_1, y_2, \cdots, y_n) = \sum_l f_X(x_1^{(l)}(y_1, y_2, \cdots, y_n), x_2^{(l)}(y_1, y_2, \cdots, y_n), \cdots, x_n^{(l)}(y_1, y_2, \cdots, y_n)) \mid J \mid$$

特别地，若 X 为连续型一维随机变量，其概率密度函数为 $f_X(x)$，则对于 $Y=g(X)$ 的概率密度函数，有下列结果：

(1) 若 $g(x)$ 是严格单调可微函数，则 $Y=g(X)$ 的概率密度函数为

$$f_Y(y) = \begin{cases} f_X(h(y)) \mid h'(y) \mid, & y \in I \\ 0, & y \notin I \end{cases}$$

其中 $h(y)$ 是 $y=g(x)$ 的反函数，I 是使 $h(y)$ 和 $h'(y)$ 有定义及 $f_X(h(y))>0$ 的 y 的取值的公共部分.

(2) 若 $g(x)$ 不是严格单调的可微函数，则将 $g(x)$ 在其定义域分成若干个单调分支，在每个单调分支上应用(1)的结果，得到 $Y=g(X)$ 的概率密度函数为

$$f_Y(y) = \begin{cases} f_X(h_1(y)) \mid h_1'(y) \mid + f_X(h_2(y)) \mid h_2'(y) \mid + \cdots, & y \in I \\ 0, & y \notin I \end{cases}$$

其中 I 是在每个单调分支上按照(1)确定的 y 的取值的公共部分.

例 1.2.1 设 $X \sim U\left[-\frac{\pi}{2}, \frac{\pi}{2}\right]$，$Y=\tan X$，试求 Y 的概率密度函数 $f_Y(y)$.

解 由于 $y=\tan x$，故其反函数 $h(y)=\arctan y$，$-\infty<y<+\infty$，并且 $h'(y)=\frac{1}{1+y^2}$，$-\infty<y<+\infty$，因此 Y 的概率密度函数为

$$f_Y(y) = \frac{1}{\pi}\frac{1}{1+y^2}, -\infty < y < +\infty$$

例 1.2.2 设 $X \sim N(0, 1)$，试求 $Y=X^2$ 的概率密度函数 $f_Y(y)$.

解 由于 $y=x^2$ 有两个单调分支，其反函数分别为 $h_1(y)=-\sqrt{y}$，$y\geqslant 0$，$h_2(y)=\sqrt{y}$，$y\geqslant 0$，并且 $h_1'(y)=-\frac{1}{2\sqrt{y}}$，$y>0$，$h_2'(y)=\frac{1}{2\sqrt{y}}$，$y>0$，因而 $Y=X^2$ 的概率密度函数为

$$f_Y(y) = \begin{cases} f_X(h_1(y)) \mid h_1'(y) \mid + f_X(h_2(y)) \mid h_2'(y) \mid = \frac{1}{\sqrt{2\pi}} y^{-\frac{1}{2}} \mathrm{e}^{-\frac{y}{2}} & , y > 0 \\ 0 & , y \leqslant 0 \end{cases}$$

例 1.2.3 设 (X, Y) 为二维随机变量，其中 X、Y 相互独立并且都服从正态分布 $N(0, \sigma^2)$，记 Z 为 (X, Y) 的模，Θ 为 (X, Y) 的辐角，求 (Z, Θ) 的联合概率密度函数及边缘概率密度函数.

解　由于

$$X \sim N(0, \sigma^2),\ f_X(x) = \frac{1}{\sqrt{2\pi}\sigma} e^{-\frac{x^2}{2\sigma^2}},\ -\infty < x < +\infty$$

$$Y \sim N(0, \sigma^2),\ f_Y(y) = \frac{1}{\sqrt{2\pi}\sigma} e^{-\frac{y^2}{2\sigma^2}},\ -\infty < y < +\infty$$

X、Y 相互独立，因此

$$f(x, y) = f_X(x) f_Y(y) = \frac{1}{2\pi\sigma^2} e^{-\frac{1}{2\sigma^2}(x^2+y^2)},\ -\infty < x < +\infty,\ -\infty < y < +\infty$$

又因为方程组

$$\begin{cases} z = \sqrt{x^2 + y^2} \\ \theta = \arctan \dfrac{y}{x} \end{cases}$$

有唯一解(反函数)

$$\begin{cases} x = z\cos\theta \\ y = z\sin\theta \end{cases},\quad z > 0,\ -\pi < \theta < \pi$$

$$J = \frac{\partial(x, y)}{\partial(z, \theta)} = \begin{vmatrix} \dfrac{\partial x}{\partial z} & \dfrac{\partial x}{\partial \theta} \\ \dfrac{\partial y}{\partial z} & \dfrac{\partial y}{\partial \theta} \end{vmatrix} = \begin{vmatrix} \cos\theta & -z\sin\theta \\ \sin\theta & z\cos\theta \end{vmatrix} = z$$

所以(Z, Θ)的联合概率密度函数为

$$g(z, \theta) = f(z\cos\theta, z\sin\theta)\,|J| = \frac{z}{2\pi\sigma^2} e^{-\frac{z^2}{2\sigma^2}},\ z > 0,\ -\pi < \theta < \pi$$

故

$$g(z, \theta) = \begin{cases} \dfrac{z}{2\pi\sigma^2} e^{-\frac{z^2}{2\sigma^2}}, & z > 0,\ -\pi < \theta < \pi \\ 0, & \text{其它} \end{cases}$$

$$g_Z(z) = \int_{-\infty}^{+\infty} g(z, \theta)\,d\theta = \begin{cases} \displaystyle\int_{-\pi}^{\pi} \frac{z}{2\pi\sigma^2} e^{-\frac{z^2}{2\sigma^2}}\,d\theta = \frac{z}{\sigma^2} e^{-\frac{z^2}{2\sigma^2}}, & z > 0 \\ 0, & z \leqslant 0 \end{cases}$$

$$g_\Theta(\theta) = \int_{-\infty}^{+\infty} g(z, \theta)\,dz = \begin{cases} \displaystyle\int_{0}^{+\infty} \frac{z}{2\pi\sigma^2} e^{-\frac{z^2}{2\sigma^2}}\,dz = \frac{1}{2\pi}, & -\pi < \theta < \pi \\ 0, & \text{其它} \end{cases}$$

从 Z、Θ 的概率密度函数可以看出，Z 服从参数为 σ 的 Rayleigh 分布，Θ 服从区间$(-\pi, \pi)$上的均匀分布，并且

$$g(z, \theta) = g_Z(z) g_\Theta(\theta)$$

所以 Z 和 Θ 相互独立.

例 1.2.3 的结果是工程上的一个重要结论：若二维随机变量的两个分量是相互独立且同服从正态分布 $N(0, \sigma^2)$的随机变量，则该二维随机变量的模和辐角也是相互独立的随机变量，并且模服从参数为 σ 的 Rayleigh 分布，辐角服从$(-\pi, \pi)$上的均匀分布.

1.3 随机变量的数字特征

随机变量的分布函数是随机变量概率分布的完整描述，但是要找到随机变量的分布函数是一件不容易的事．另一方面，在实际问题中描述随机变量的概率特征，不一定都要求出它的分布函数，往往需要求出描述随机变量概率特征的几个表征值就够了．这就需要引入随机变量的数字特征，为此我们先介绍 Stieltjes 积分的概念．

定义 1.3.1　设 $f(x)$、$g(x)$是定义在$[a, b]$上的两个有界函数，$a=x_0<x_1<\cdots<x_n=b$ 是区间$[a, b]$的任一划分，$\Delta x_k=x_k-x_{k-1}$，$\Delta=\max\limits_{1\leqslant k\leqslant n}\Delta x_k$，在每一个子区间$[x_{k-1}, x_k]$上任意取一点 ξ_k 作和式

$$S=\sum_{k=1}^{n}f(\xi_k)[g(x_k)-g(x_{k-1})]$$

如果极限

$$\lim_{\Delta\to 0}S=\lim_{\Delta\to 0}\sum_{k=1}^{n}f(\xi_k)[g(x_k)-g(x_{k-1})]$$

存在且与$[a, b]$的分法和 ξ_k 的取法都无关，则称此极限为函数 $f(x)$对函数 $g(x)$在区间$[a, b]$上的 Stieltjes 积分，简称 S 积分，记为 $\int_a^b f(x)\,\mathrm{d}g(x)$．此时也称 $f(x)$对 $g(x)$在$[a, b]$上 S 可积．

定义 1.3.2　设 $f(x)$、$g(x)$是定义在$(-\infty, +\infty)$上的两个函数，若在任意有限区间$[a, b]$上，$f(x)$对 $g(x)$在$[a, b]$上 S 可积，且极限

$$\lim_{\substack{a\to-\infty\\ b\to+\infty}}\int_a^b f(x)\,\mathrm{d}g(x)$$

存在，则称此极限为 $f(x)$对 $g(x)$在无穷区间$(-\infty, +\infty)$上的 Stieltjes 积分，简称 S 积分，记为 $\int_{-\infty}^{+\infty}f(x)\,\mathrm{d}g(x)$．

在 S 积分中，当 $g(x)$取一些特殊形式时，积分可化为级数或通常积分．

若 $g(x)$在$(-\infty, +\infty)$上是阶梯函数，它的跳跃点为 x_1，x_2，…(有限多个或可列无限多个)，则

$$\int_{-\infty}^{+\infty}f(x)\,\mathrm{d}g(x)=\sum_k f(x_k)[g(x_k+0)-g(x_k-0)]$$

若 $g(x)$在$(-\infty, +\infty)$上是可微函数，它的导函数为 $g'(x)$，则

$$\int_{-\infty}^{+\infty}f(x)\,\mathrm{d}g(x)=\int_{-\infty}^{+\infty}f(x)g'(x)\,\mathrm{d}x$$

定义 1.3.3　设函数 $g(x)$定义在无限区间$(-\infty, +\infty)$上，若积分

$$\int_{-\infty}^{+\infty}\mathrm{e}^{\mathrm{j}tx}\,\mathrm{d}g(x)=\int_{-\infty}^{+\infty}\cos tx\,\mathrm{d}g(x)+\mathrm{j}\int_{-\infty}^{+\infty}\sin tx\,\mathrm{d}g(x)$$

存在，则称此积分为 $g(x)$的 Fourier－Stieltjes 积分，简称 F－S 积分．

定义 1.3.4　设 X 是一个随机变量，$F(x)$是其分布函数，若 $\int_{-\infty}^{+\infty}|x|\,\mathrm{d}F(x)<+\infty$，则称

$$EX\overset{\text{def}}{=}\int_{-\infty}^{+\infty}x\,\mathrm{d}F(x)$$

为随机变量 X 的数学期望或均值.

若 X 是离散型随机变量，其分布律为

$$P(X=x_i)=p_i,\ i=1,\ 2,\ \cdots$$

则
$$EX=\sum_i x_i p_i$$

若 X 是连续型随机变量，其概率密度函数为 $f(x)$，则

$$EX=\int_{-\infty}^{+\infty} xf(x)\,\mathrm{d}x$$

定理 1.3.1 设 X 是一随机变量，其分布函数为 $F(x)$，$y=g(x)$是连续函数，如果 $\int_{-\infty}^{+\infty} g(x)\,\mathrm{d}F(x)$ 存在，则

$$EY=E[g(X)]=\int_{-\infty}^{+\infty} g(x)\,\mathrm{d}F(x)$$

证明 当 X 是离散型随机变量时，设 X 的分布律为 $P(X=x_i)=p_i$，$i=1,2,\cdots$，$Y=g(X)$的分布律为 $P(Y=y_j)=q_j$，$j=1,2,\cdots$，只需证明

$$EY=\sum_i g(x_i)p_i$$

由于

$$\begin{aligned}EY&=\sum_j y_j q_j=\sum_j y_j P(Y=y_j)=\sum_j y_j\Big[\sum_{g(x_i)=y_j} P(X=x_i)\Big]\\&=\sum_j\sum_{g(x_i)=y_j} y_j P(X=x_i)=\sum_j\sum_{g(x_i)=y_j} g(x_i)P(X=x_i)\\&=\sum_i g(x_i)P(X=x_i)=\sum_i g(x_i)p_i\end{aligned}$$

因此

$$EY=\sum_i g(x_i)p_i$$

当 X 是连续型随机变量时，设 X 的概率密度函数为 $f_X(x)$，$Y=g(X)$的概率密度函数为$f_Y(y)$，只需证明

$$EY=\int_{-\infty}^{+\infty} g(x)f_X(x)\,\mathrm{d}x$$

由于

$$EY=\int_{-\infty}^{+\infty} xf_Y(x)\,\mathrm{d}x=\int_{-\infty}^{0} xf_Y(x)\,\mathrm{d}x+\int_{0}^{+\infty} xf_Y(x)\,\mathrm{d}x$$

而

$$\begin{aligned}\int_0^{+\infty} xf_Y(x)\,\mathrm{d}x&=\int_0^{+\infty}\left(\int_0^x \mathrm{d}y\right)f_Y(x)\,\mathrm{d}x\\&=\int_0^{+\infty}\left(\int_y^{+\infty} f_Y(x)\,\mathrm{d}x\right)\mathrm{d}y\\&=\int_0^{+\infty} P(Y>y)\,\mathrm{d}y\end{aligned}$$

同理

$$\int_{-\infty}^{0} xf_Y(x)\,\mathrm{d}x=-\int_0^{+\infty} P(Y<-y)\,\mathrm{d}y$$

故

$$
\begin{aligned}
EY &= \int_0^{+\infty} P(Y > y)\,\mathrm{d}y - \int_0^{+\infty} P(Y < -y)\,\mathrm{d}y \\
&= \int_0^{+\infty} P(g(X) > y)\,\mathrm{d}y - \int_0^{+\infty} P(g(X) < -y)\,\mathrm{d}y \\
&= \int_0^{+\infty}\Big(\int_{g(x)>y} f_X(x)\,\mathrm{d}x\Big)\,\mathrm{d}y - \int_0^{+\infty}\Big(\int_{g(x)<-y} f_X(x)\,\mathrm{d}x\Big)\,\mathrm{d}y \\
&= \int_{g(x)>0}\Big(\int_0^{g(x)}\mathrm{d}y\Big) f_X(x)\,\mathrm{d}x - \int_{g(x)<0}\Big(\int_0^{-g(x)}\mathrm{d}y\Big) f_X(x)\,\mathrm{d}x \\
&= \int_{g(x)>0} g(x) f_X(x)\,\mathrm{d}x + \int_{g(x)<0} g(x) f_X(x)\,\mathrm{d}x \\
&= \int_{-\infty}^{+\infty} g(x) f_X(x)\,\mathrm{d}x
\end{aligned}
$$

因此

$$EX = \int_{-\infty}^{+\infty} g(x) f_X(x)\,\mathrm{d}x$$

上述定理可推广到 n 维随机变量的场合.

定理 1.3.2　设 $\boldsymbol{X}=(X_1, X_2, \cdots, X_n)$是 n 维随机变量，其联合分布函数为 $F(x_1, x_2, \cdots, x_n)$，$g(x_1, x_2, \cdots, x_n)$是连续函数，如果 $\int_{-\infty}^{+\infty}\int_{-\infty}^{+\infty}\cdots\int_{-\infty}^{+\infty} g(x_1, x_2, \cdots, x_n)\,\mathrm{d}F(x_1, x_2, \cdots, x_n)$ 存在，则

$$E[g(X_1, X_2, \cdots, X_n)] = \int_{-\infty}^{+\infty}\int_{-\infty}^{+\infty}\cdots\int_{-\infty}^{+\infty} g(x_1, x_2, \cdots, x_n)\,\mathrm{d}F(x_1, x_2, \cdots, x_n)$$

定义 1.3.5　设 X 是随机变量，若 $E|X|^2<+\infty$，则称

$$DX \overset{\text{def}}{=} E(X - EX)^2$$

为随机变量 X 的方差.

定义 1.3.6　设 X、Y 是随机变量，若 $E|X|^2<+\infty$，$E|Y|^2<+\infty$，则称

$$\mathrm{cov}(X, Y) \overset{\text{def}}{=} E[(X - EX)(Y - EY)]$$

为随机变量 X、Y 的协方差. 若 $DX>0$，$DY>0$，则称

$$\rho_{XY} \overset{\text{def}}{=} \frac{\mathrm{cov}(X, Y)}{\sqrt{DX}\,\sqrt{DY}}$$

为随机变量 X、Y 的相关系数. 若 $\rho_{XY}=0$，则称 X、Y 不相关.

根据定理 1.3.1，若 X 的分布函数为 $F(x)$，则

$$DX = E(X - EX)^2 = \int_{-\infty}^{+\infty} (x - EX)^2\,\mathrm{d}F(x)$$

当 X 是离散型随机变量时，其分布律为

$$P(X = x_i) = p_i, \quad i = 1,2,\cdots$$

则

$$DX = \sum_i (x_i - EX)^2 p_i$$

当 X 是连续型随机变量时，其概率密度为 $f(x)$，则

$$DX = \int_{-\infty}^{+\infty} (x - EX)^2 f(x)\,\mathrm{d}x$$

根据定理1.3.2，若(X, Y)的联合分布函数为$F(x, y)$，则

$$\operatorname{cov}(X, Y) = \int_{-\infty}^{+\infty}\int_{-\infty}^{+\infty} (x - EX)(y - EY)\,\mathrm{d}F(x, y)$$

当(X, Y)是离散型随机变量时，其联合分布律为

$$P(X = x_i, Y = y_j) = p_{ij}, \ i,j = 1,2,\cdots$$

则

$$\operatorname{cov}(X, Y) = \sum_i \sum_j (x_i - EX)(y_j - EY) p_{ij}$$

当(X, Y)是连续型随机变量时，其联合概率密度为$f(x, y)$，则

$$\operatorname{cov}(X, Y) = \int_{-\infty}^{+\infty}\int_{-\infty}^{+\infty} (x - EX)(y - EY) f(x,y)\,\mathrm{d}x\,\mathrm{d}y$$

随机变量的数学期望和方差具有下列性质：

(1) 设a、b是任意的常数，则$E(aX+bY)=aEX+bEY$；

(2) 设X、Y相互独立，则$EXY=EXEY$；

(3) 设a、b是任意的常数，X、Y相互独立，则$D(aX+bY)=a^2DX+b^2DY$；

(4) 设$E|X|^2<+\infty$，$E|Y|^2<+\infty$，则$(EXY)^2\leqslant EX^2EY^2$；

(5) 设$X_n\geqslant 0$，$n=1,2,\cdots$，则

$$E(\varliminf_{n\to\infty} X_n) \leqslant \varliminf_{n\to\infty} EX_n \leqslant \varlimsup_{n\to\infty} EX_n \leqslant E(\varlimsup_{n\to\infty} X_n)$$

称不等式$(EXY)^2\leqslant EX^2EY^2$为Schwarz不等式.

例1.3.1 设X是随机变量，若$E|X|^r<+\infty$，$r>0$，则称EX^r为随机变量的r阶矩，设随机变量X的r阶矩存在，则$\forall \varepsilon>0$，有

$$P(|X| \geqslant \varepsilon) \leqslant \frac{E|X|^r}{\varepsilon^r}$$

证明 设X的分布函数为$F(x)$，则

$$P(|X| \geqslant \varepsilon) = \int_{|x|\geqslant\varepsilon} \mathrm{d}F(x) \leqslant \int_{|x|\geqslant\varepsilon} \frac{|x|^r}{\varepsilon^r}\,\mathrm{d}F(x) \leqslant \frac{1}{\varepsilon^r}\int_{-\infty}^{+\infty} |x|^r\,\mathrm{d}F(x) = \frac{E|x|^r}{\varepsilon^r}$$

即

$$P(|X| \geqslant \varepsilon) \leqslant \frac{E|X|^r}{\varepsilon^r}$$

称不等式$P(|X|\geqslant\varepsilon)\leqslant\frac{E|X|^r}{\varepsilon^r}$为马尔可夫不等式.

特别地，在马尔可夫不等式中令$r=2$，将X换成$X-EX$，可得重要的Chebyshev不等式：

$$P(|X - EX| \geqslant \varepsilon) \leqslant \frac{DX}{\varepsilon^2}$$

定理1.3.3 设X是随机变量，则$DX=0$的充要条件是$P(X=C)=1$(C是常数).

证明 充分性显然，下面证明必要性.

易知$\left\{|X-EX|\geqslant\frac{1}{n}\right\}$，$n=1,2,\cdots$是递增事件列，并且

$$\{|X-EX|\neq 0\}=\bigcup_{n=1}^{\infty}\left\{|X-EX|\geqslant\frac{1}{n}\right\}$$

所以由 Chebyshev 不等式得

$$P(|X-EX|\neq 0)=P\left(\bigcup_{n=1}^{\infty}\left\{|X-EX|\geqslant\frac{1}{n}\right\}\right)$$
$$=\lim_{n\to\infty}P\left(|X-EX|\geqslant\frac{1}{n}\right)=0$$

从而

$$P(|X-EX|=0)=1-P(|X-EX|\neq 0)=1$$

故
$$P(X=EX)=1$$

取 $C=EX$，则

$$P(X=C)=1$$

对于多个随机变量，方差和协方差之间具有下列在实际应用中的重要性质：

设 $X_1, X_2, \cdots, X_n$ 是 n 个随机变量，则

$$D\left(\sum_{i=1}^{n}X_i\right)=\sum_{i=1}^{n}DX_i+2\sum_{1\leqslant i<j\leqslant n}\operatorname{cov}(X_i, X_j)$$

例 1.3.2（Montmort 配对问题） n 个人将自己的帽子放在一起，充分混合后每人随机地取出一顶帽子，试求出选中自己帽子的人数的均值和方差.

解 设 X 表示选中自己帽子的人数，令

$$X_i=\begin{cases}1, & \text{第 } i \text{ 个人选中自己的帽子}\\ 0, & \text{否则}\end{cases}$$

$i=1,2,\cdots,n$，则

$$X=\sum_{i=1}^{n}X_i$$

又
$$P(X_i=1)=\frac{1}{n},\ P(X_i=0)=\frac{n-1}{n}$$

从而
$$EX_i=\frac{1}{n},\ i=1,2,\cdots,n$$

所以

$$EX=E\left(\sum_{i=1}^{n}X_i\right)=\sum_{i=1}^{n}EX_i=1$$

由 $EX_i^2=\dfrac{1}{n}$，得

$$DX_i=EX_i^2-(EX_i)^2=\frac{1}{n}-\frac{1}{n^2}=\frac{n-1}{n^2},\ i=1,2,\cdots,n$$

而当 $i\neq j$ 时，

$$E(X_iX_j)=P(X_i=1,\ X_j=1)=P(X_i=1)P(X_j=1\mid X_i=1)=\frac{1}{n(n-1)}$$

$$\operatorname{cov}(X_i,X_j)=E(X_iX_j)-EX_iEX_j=\frac{1}{n(n-1)}-\frac{1}{n^2}=\frac{1}{n^2(n-1)},$$
$$i,j=1,2,\cdots,n$$

所以

$$DX = D\Big(\sum_{i=1}^{n} X_i\Big) = \sum_{i=1}^{n} DX_i + 2\sum_{1\leqslant i<j\leqslant n} \mathrm{cov}(X_i, X_j)$$

$$= n \cdot \frac{n-1}{n^2} + 2C_n^2 \frac{1}{n^2(n-1)} = 1$$

上面我们给出了随机变量的数学期望、方差和协方差等数字特征，对于 n 维随机变量，在实际应用中，还需要均值向量及协方差矩阵的概念.

定义 1.3.7 设 $\boldsymbol{X}=(X_1, X_2, \cdots, X_n)$是 n 维随机变量，则称

$$E\boldsymbol{X} \stackrel{\text{def}}{=} (EX_1, EX_2, \cdots, EX_n)$$

为 n 维随机变量 $\boldsymbol{X}=(X_1, X_2, \cdots, X_n)$的均值向量. 称

$$\boldsymbol{B} \stackrel{\text{def}}{=} \begin{bmatrix} \mathrm{cov}(X_1, X_1) & \mathrm{cov}(X_1, X_2) & \cdots & \mathrm{cov}(X_1, X_n) \\ \mathrm{cov}(X_2, X_1) & \mathrm{cov}(X_2, X_2) & \cdots & \mathrm{cov}(X_2, X_n) \\ \vdots & \vdots & & \vdots \\ \mathrm{cov}(X_n, X_1) & \mathrm{cov}(X_n, X_2) & \cdots & \mathrm{cov}(X_n, X_n) \end{bmatrix}$$

为 n 维随机变量 $\boldsymbol{X}=(X_1, X_2, \cdots, X_n)$的协方差矩阵.

从协方差矩阵的定义及协方差的性质可以看出，协方差矩阵 $\boldsymbol{B}$ 是 n 阶对称方阵，且主对角线上的元素分别是 $X_1, X_2, \cdots, X_n$ 的方差.

定理 1.3.4 设 $\boldsymbol{B}$ 是 n 维随机变量的协方差矩阵，则 $\boldsymbol{B}$ 是非负定矩阵.

证明 由于对于任意的 n 个实数 $t_1, t_2, \cdots, t_n$，二次型

$$\sum_{l=1}^{n}\sum_{k=1}^{n} \mathrm{cov}(X_l, X_k) t_l t_k = \sum_{l=1}^{n}\sum_{k=1}^{n} E[(X_l - EX_l)(X_k - EX_k)] t_l t_k$$

$$= E\Big[\sum_{k=1}^{n} (X_k - EX_k) t_k\Big]^2 \geqslant 0$$

即二次型 $\sum_{l=1}^{n}\sum_{k=1}^{n} \mathrm{cov}(X_l, X_k) t_l t_k$ 是非负定的，因而矩阵 $\boldsymbol{B}$ 非负定.

1.4 随机变量的特征函数

随机变量的分布函数是其概率分布的完整描述，但分布函数一般来说不具有连续性、可微性等良好的分析性质，这给利用分布函数研究随机变量带来困难. 本节引进随机变量的特征函数，它与分布函数一一对应，既能完整地描述随机变量的概率分布，又有良好的分析性质.

先引入复随机变量的概念.

定义 1.4.1 设$(\Omega, \mathscr{F}, P)$是一概率空间，X、Y 都是 $\mathscr{F}$ 的实值随机变量，则称 $Z \stackrel{\text{def}}{=} X + \mathrm{j}Y$, $\mathrm{j}=\sqrt{-1}$为复随机变量.

复随机变量 Z 是取复数值的随机变量，它的数学期望定义为

$$EZ \stackrel{\text{def}}{=} EX + \mathrm{j}EY$$

若 X 是实值随机变量，则 $\mathrm{e}^{\mathrm{j}tX}$ 应是复随机变量.

定义 1.4.2　设 X 是(实)随机变量，其分布函数为 $F(x)$，则称

$$\varphi(t) \overset{\text{def}}{=} E[\mathrm{e}^{\mathrm{j}tX}] = \int_{-\infty}^{+\infty} \mathrm{e}^{\mathrm{j}tx}\,\mathrm{d}F(x),\ -\infty < t < +\infty$$

为随机变量 X 的特征函数.

由于 $\mathrm{e}^{\mathrm{j}tX} = \cos tX + \mathrm{j}\sin tX$，因此 X 的特征函数也可以表示为

$$\varphi(t) = E[\cos tX] + \mathrm{j}E[\sin tX],\ -\infty < t < +\infty$$

当 X 是离散型随机变量时，其分布律为

$$P(X = x_i) = p_i,\ i = 1,2,\cdots$$

则

$$\varphi(t) = E[\mathrm{e}^{\mathrm{j}tX}] = \sum_i \mathrm{e}^{\mathrm{j}tx_i} p_i$$

当 X 是连续型随机变量时，其概率密度函数为 $f(x)$，则

$$\varphi(t) = E[\mathrm{e}^{\mathrm{j}tX}] = \int_{-\infty}^{+\infty} \mathrm{e}^{\mathrm{j}tx} f(x)\,\mathrm{d}x$$

由于

$$E[|\mathrm{e}^{\mathrm{j}tX}|] = \int_{-\infty}^{+\infty} |\mathrm{e}^{\mathrm{j}tx}|\,\mathrm{d}F(x) = \int_{-\infty}^{+\infty} \mathrm{d}F(x) = 1 < +\infty$$

因此随机变量 X 的特征函数 $\varphi(t)$ 总存在.

例 1.4.1　设 X 服从单点分布，即 $P(X=c)=1$，其中 c 为常数，则 X 的特征函数为

$$\varphi(t) = E[\mathrm{e}^{\mathrm{j}tX}] = \mathrm{e}^{\mathrm{j}tc}$$

例 1.4.2　设 $X \sim B(n, p)$，即 $P(X=k) = C_n^k p^k q^{n-k}$，$k=0, 1, 2, \cdots, n$，$0<p<1$，$q=1-p$，则 X 的特征函数为

$$\varphi(t) = E[\mathrm{e}^{\mathrm{j}tX}] = \sum_{k=0}^{n} \mathrm{e}^{\mathrm{j}tk} C_n^k p^k q^{n-k} = (p\mathrm{e}^{\mathrm{j}t} + q)^n$$

特别地，当 $n=1$ 时，X 服从 0 - 1 分布，其特征函数为

$$\varphi(t) = p\mathrm{e}^{\mathrm{j}t} + q$$

例 1.4.3　设 X 服从 Poisson 分布，即 $P(X=k) = \dfrac{\lambda^k}{k!}\mathrm{e}^{-\lambda}$，$k=0,1,2,\cdots,\lambda>0$，则 X 的特征函数为

$$\varphi(t) = E[\mathrm{e}^{\mathrm{j}tX}] = \sum_{k=0}^{\infty} \mathrm{e}^{\mathrm{j}tk} \frac{\lambda^k}{k!}\mathrm{e}^{-\lambda} = \mathrm{e}^{-\lambda} \sum_{k=0}^{\infty} \frac{(\lambda \mathrm{e}^{\mathrm{j}t})^k}{k!} = \mathrm{e}^{-\lambda}\mathrm{e}^{\lambda \mathrm{e}^{\mathrm{j}t}} = \mathrm{e}^{\lambda(\mathrm{e}^{\mathrm{j}t}-1)}$$

例 1.4.4　设 X 服从区间 $[a, b]$ 上的均匀分布，即 X 的概率密度函数为

$$f(x) = \begin{cases} \dfrac{1}{b-a}, & a \leqslant x \leqslant b \\ 0, & \text{其它} \end{cases}$$

则 X 的特征函数为

$$\varphi(t) = E[\mathrm{e}^{\mathrm{j}tX}] = \int_{-\infty}^{+\infty} \mathrm{e}^{\mathrm{j}tx} f(x)\,\mathrm{d}x = \int_a^b \mathrm{e}^{\mathrm{j}tx} \frac{1}{b-a}\,\mathrm{d}x = \frac{1}{\mathrm{j}t(b-a)}(\mathrm{e}^{\mathrm{j}tb} - \mathrm{e}^{\mathrm{j}ta})$$

例 1.4.5　设 $X \sim N(\mu, \sigma^2)$，即 X 的概率密度函数为

$$f(x) = \frac{1}{\sqrt{2\pi}\sigma}\mathrm{e}^{-\frac{(x-\mu)^2}{2\sigma^2}},\ -\infty < x < +\infty,\ -\infty < \mu < +\infty,\ \sigma > 0$$

则 X 的特征函数为

$$\varphi(t)=E[\mathrm{e}^{\mathrm{j}tX}]=\int_{-\infty}^{+\infty}\mathrm{e}^{\mathrm{j}tx}f(x)\,\mathrm{d}x$$

$$=\frac{1}{\sqrt{2\pi}\sigma}\int_{-\infty}^{+\infty}\mathrm{e}^{\mathrm{j}tx}\mathrm{e}^{-\frac{(x-\mu)^2}{2\sigma^2}}\,\mathrm{d}x$$

$$\xlongequal{u=\frac{x-\mu}{\sigma}}\frac{1}{\sqrt{2\pi}}\int_{-\infty}^{+\infty}\mathrm{e}^{\mathrm{j}t(\sigma u+\mu)}\mathrm{e}^{-\frac{u^2}{2}}\,\mathrm{d}u$$

$$=\frac{1}{\sqrt{2\pi}}\mathrm{e}^{\mathrm{j}\mu t-\frac{1}{2}\sigma^2t^2}\int_{-\infty}^{+\infty}\mathrm{e}^{-\frac{(u-\mathrm{j}\sigma t)^2}{2}}\,\mathrm{d}u$$

$$=\mathrm{e}^{\mathrm{j}\mu t-\frac{1}{2}\sigma^2t^2}$$

特别地，若 $X\sim N(0, 1)$，则其特征函数为

$$\varphi(t)=\mathrm{e}^{-\frac{t^2}{2}}$$

例 1.4.6 设 X 服从参数为 $\lambda(\lambda>0)$ 的指数分布，即 X 的概率密度函数为

$$f(x)=\begin{cases}\lambda\mathrm{e}^{-\lambda x}, & x\geqslant 0\\ 0, & x<0\end{cases}$$

则 X 的特征函数为

$$\varphi(t)=E[\mathrm{e}^{\mathrm{j}tX}]=\int_{-\infty}^{+\infty}\mathrm{e}^{\mathrm{j}tx}f(x)\,\mathrm{d}x$$

$$=\int_0^{+\infty}\mathrm{e}^{\mathrm{j}tx}\lambda\mathrm{e}^{-\lambda x}\,\mathrm{d}x=\int_0^{+\infty}\lambda\mathrm{e}^{(\mathrm{j}t-\lambda)x}\,\mathrm{d}x$$

$$=\frac{\lambda}{\lambda-\mathrm{j}t}=\left(1-\frac{\mathrm{j}t}{\lambda}\right)^{-1}$$

随机变量的特征函数 $\varphi(t)$ 具有下列 7 条性质.

(1) $|\varphi(t)|\leqslant\varphi(0)=1$.

证明

$$|\varphi(t)|=|E[\mathrm{e}^{\mathrm{j}tX}]|\leqslant E[|\mathrm{e}^{\mathrm{j}tX}|]=1$$

又因为 $\varphi(0)=1$，故有 $|\varphi(t)|\leqslant\varphi(0)=1$.

(2) $\overline{\varphi(t)}=\varphi(-t)$，其中 $\overline{\varphi(t)}$ 表示 $\varphi(t)$ 的共轭.

证明

$$\overline{\varphi(t)}=\overline{E[\mathrm{e}^{\mathrm{j}tX}]}=\overline{E[\cos tX]+\mathrm{j}E[\sin tX]}$$

$$=E[\cos tX]-\mathrm{j}E[\sin tX]$$

$$=E[\cos(-tX)]+\mathrm{j}E[\sin(-tX)]$$

$$=E[\mathrm{e}^{\mathrm{j}(-t)X}]=\varphi(-t)$$

(3) 设随机变量 $Y=aX+b$，其中 a、b 是常数，则

$$\varphi_Y(t)=\mathrm{e}^{\mathrm{j}bt}\varphi_X(at)$$

其中 $\varphi_X(t)$、$\varphi_Y(t)$ 分别表示随机变量 X、Y 的特征函数.

证明

$$\varphi_Y(t)=E[\mathrm{e}^{\mathrm{j}tY}]=E[\mathrm{e}^{\mathrm{j}t(aX+b)}]=\mathrm{e}^{\mathrm{j}tb}E[\mathrm{e}^{\mathrm{j}(at)X}]=\mathrm{e}^{\mathrm{j}tb}\varphi_X(at)$$

(4) $\varphi(t)$ 在 $(-\infty, +\infty)$ 上一致连续.

证明 对 $\forall t, h\in(-\infty, +\infty)$，有

$$\begin{aligned}|\varphi(t+h)-\varphi(t)| &= |E[e^{j(t+h)X}]-E[e^{jtX}]| \\ &= |E[e^{j(t+h)X}-e^{jtX}]| \\ &= |E[e^{jtX}(e^{jhX}-1)]| \\ &\leqslant E[|e^{jhX}-1|]\end{aligned}$$

上式右端与 t 无关，且当 $h\to0$ 时趋于零，从而证得 $\varphi(t)$在$(-\infty,+\infty)$上一致连续.

(5) 设随机变量 X、Y 相互独立，又 $Z=X+Y$，则

$$\varphi_Z(t)=\varphi_X(t)\varphi_Y(t)$$

此式表明两个相互独立的随机变量之和的特征函数等于各自特征函数的乘积.

证明　$\varphi_Z(t)=E[e^{jtZ}]=E[e^{jt(X+Y)}]=E[e^{jtX}e^{jtY}]=E[e^{jtX}]E[e^{jtY}]=\varphi_X(t)\varphi_Y(t)$

类似地，若 X_1，X_2，…，X_n 相互独立，又 $Y=X_1+X_2+\cdots+X_n$，则 $\varphi_Y(t)=\varphi_{X_1}(t)\varphi_{X_2}(t)\cdots\varphi_{X_n}(t)$. 特别地，若 X_1，X_2，…，X_n 还同分布，则 $\varphi_Y(t)=[\varphi_{X_1}(t)]^n$.

(6) $\varphi(t)$是非负定的，即对于任意正整数 n，任意复数 z_1，z_2，…，z_n 和任意实数 t_1，t_2，…，t_n，有

$$\sum_{l=1}^{n}\sum_{k=1}^{n}\varphi(t_l-t_k)\bar{z}_k z_l\geqslant0$$

证明

$$\begin{aligned}\sum_{l=1}^{n}\sum_{k=1}^{n}\varphi(t_l-t_k)z_l\bar{z}_k &= \sum_{l=1}^{n}\sum_{k=1}^{n}E[e^{j(t_l-t_k)X}]\bar{z}_k z_l \\ &= E\Big[\sum_{l=1}^{n}\sum_{k=1}^{n}e^{jt_lX}e^{-jt_kX}\bar{z}_k z_l\Big] \\ &= E\Big[\Big|\sum_{k=1}^{n}e^{jt_kX}z_k\Big|^2\Big]\geqslant0\end{aligned}$$

(7) 设随机变量 X 的 n 阶原点矩存在，则 $\varphi(t)$存在 $k(k\leqslant n)$阶导数，且

$$\varphi^{(k)}(0)=j^kEX^k,\ k\leqslant n$$

证明　因为

$$\left|\frac{d^k}{dt^k}e^{jtx}\right|=|j^kx^ke^{jtx}|\leqslant|x|^k$$

又因为 EX^k 存在，所以 $\int_{-\infty}^{+\infty}|x|^k\,dF(x)<+\infty$，从而可在积分号下求导数且

$$\varphi^{(k)}(t)=\int_{-\infty}^{+\infty}\frac{d^k}{dt^k}e^{jtx}\,dF(x)=\int_{-\infty}^{+\infty}j^kx^ke^{jtx}\,dF(x)$$

令 $t=0$ 得 $\varphi^{(k)}(0)=j^kEX^k$.

此性质给我们提供了用导数求随机变量 X 各阶矩的简便方法.

例 1.4.7　设 $X\sim\pi(\lambda)$，求 EX、EX^2 和 DX.

解　由于 $X\sim\pi(\lambda)$，因而

$$\varphi(t)=e^{\lambda(e^{jt}-1)},\ \varphi'(t)=j\lambda e^{jt}e^{\lambda(e^{jt}-1)},\ \varphi''(t)=-(\lambda e^{jt}+\lambda^2e^{2jt})e^{\lambda(e^{jt}-1)}$$

故

$$EX=\frac{\varphi'(0)}{j}=\lambda,\ EX^2=\frac{\varphi''(0)}{j^2}=\lambda+\lambda^2$$

$$DX=EX^2-(EX)^2=\lambda+\lambda^2-\lambda^2=\lambda$$

例 1.4.8　设 $X\sim N(0,\sigma^2)$，求 EX^n.

解　因为

$$\varphi(t)=\mathrm{e}^{-\frac{1}{2}\sigma^2t^2}=\sum_{k=0}^{\infty}\frac{\left(-\frac{1}{2}\sigma^2t^2\right)^k}{k!}=\sum_{k=0}^{\infty}\left(-\frac{\sigma^2}{2}\right)^k\frac{t^{2k}}{k!}$$

所以

$$\varphi^{(2k)}(0)=\left(-\frac{\sigma^2}{2}\right)^k\frac{(2k)!}{k!}=(-1)^k\sigma^{2k}(2k-1)!!,\ k=1,2,\cdots$$

$$\varphi^{(2k-1)}(0)=0,\ k=1,2,\cdots$$

从而

$$EX^n=\begin{cases}\sigma^{2k}(2k-1)!!, & n=2k,\ k=1,2,\cdots\\ 0, & n=2k-1,\ k=1,2,\cdots\end{cases}$$

我们已经知道，若已知随机变量的概率分布，可以求得它的特征函数. 反过来，如果已知随机变量的特征函数，怎样确定它的分布以及它所对应的分布是否唯一？在连续概率分布的情况下，特征函数 $\varphi(t)=\int_{-\infty}^{+\infty}\mathrm{e}^{\mathrm{j}tx}f(x)\mathrm{d}x$，因此 $f(t)$应当是 $\varphi(t)$的反演. 根据积分理论，在 $\varphi(t)$绝对可积的条件下，即 $\int_{-\infty}^{+\infty}|\varphi(t)|\mathrm{d}t<+\infty$ 的条件下，有反演公式

$$f(x)=\frac{1}{2\pi}\int_{-\infty}^{+\infty}\mathrm{e}^{-\mathrm{j}tx}\varphi(t)\,\mathrm{d}t$$

且反演是唯一的.

一般来说，随机变量 X 的概率分布用分布函数 $F(x)$给出，由特征函数 $\varphi(t)$确定对应的分布函数 $F(x)$则可用下面的定理.

定理 1.4.1　设随机变量 X 的分布函数为 $F(x)$，特征函数为 $\varphi(t)$，则对 $F(x)$的连续点 x_1 和 x_2，有

$$F(x_2)-F(x_1)=\lim_{T\to+\infty}\frac{1}{2\pi}\int_{-T}^{T}\frac{\mathrm{e}^{-\mathrm{j}tx_1}-\mathrm{e}^{-\mathrm{j}tx_2}}{\mathrm{j}t}\varphi(t)\,\mathrm{d}t$$

证明略.

定理 1.4.2　随机变量 X 的分布函数 $F(x)$被它的特征函数 $\varphi(t)$唯一地确定.

证明　在 $F(x)$的连续点 x 上，利用定理 1.4.1，当 y 沿着 $F(x)$的连续点趋向于$-\infty$时，有

$$F(x)=\lim_{y\to-\infty}[F(x)-F(y)]=\lim_{y\to-\infty}\lim_{T\to+\infty}\frac{1}{2\pi}\int_{-T}^{T}\frac{\mathrm{e}^{-\mathrm{j}ty}-\mathrm{e}^{-\mathrm{j}tx}}{\mathrm{j}t}\varphi(t)\,\mathrm{d}t$$

在 $F(x)$的不连续点上，利用分布函数的右连续性，选一列单调下降的趋于 x 的 $F(x)$的连续点 $x_1\geqslant x_2\geqslant x_3\geqslant\cdots$，则

$$F(x)=\lim_{x_n\to x}F(x_n)=\lim_{x_n\to x}\lim_{y\to-\infty}\lim_{T\to+\infty}\frac{1}{2\pi}\int_{-T}^{T}\frac{\mathrm{e}^{-\mathrm{j}ty}-\mathrm{e}^{\mathrm{j}tx_n}}{\mathrm{j}t}\varphi(t)\,\mathrm{d}t$$

从而 $F(x)$由 $\varphi(t)$唯一地确定.

由此定理可见随机变量的概率分布函数与特征函数是一一对应的. 例如，特征函数 $\varphi(t)=\mathrm{e}^{\lambda(\mathrm{e}^{\mathrm{j}t}-1)}$ 的概率分布必定是 Poisson 分布；特征函数 $\varphi(t)=\mathrm{e}^{\mathrm{j}\mu t-\frac{1}{2}\sigma^2t^2}$ 的概率分布必定是正态分布 $N(\mu,\sigma^2)$. 在概率论中，概率分布与特征函数的一一对应性，是特征函数应用的

理论基础.

例 1.4.9 设 $X_1, X_2, \cdots, X_n$ 相互独立，且 $X_k \sim \pi(\lambda_k)$，$k=1, 2, \cdots, n$，试用特征函数证明 $\sum_{k=1}^{n} X_k \sim \pi\left(\sum_{k=1}^{n} \lambda_k\right)$.

证明 由于 $X_1, X_2, \cdots, X_n$ 相互独立，$X_k \sim \pi(\lambda_k)$，$k=1,2,\cdots,n$，故

$$\varphi_{X_k}(t) = e^{\lambda_k(e^{jt}-1)}, \quad k = 1,2,\cdots,n$$

从而

$$\varphi_{\sum\limits_{k=1}^{n} X_k}(t) = \prod_{k=1}^{n} \varphi_{X_k}(t) = \exp\left[\sum_{k=1}^{n} \lambda_k (e^{jt} - 1)\right]$$

所以

$$\sum_{k=1}^{n} X_i \sim \pi\left(\sum_{k=1}^{n} \lambda_k\right)$$

例 1.4.10 设 $X_1, X_2, \cdots, X_n$ 相互独立，且 $X_k \sim N(\mu_k, \sigma_k^2)$，$k=1,2,\cdots,n$，试用特征函数求随机变量 $\sum_{k=1}^{n} X_k$ 的概率分布.

解 由于 $X_1, X_2, \cdots, X_n$ 相互独立，且 $X_k \sim N(\mu_k, \sigma_k^2)$，$k=1,2,\cdots, n$，故

$$\varphi_{X_k}(t) = e^{j\mu_k t - \frac{1}{2}\sigma_k^2 t^2}, \quad k = 1,2,\cdots,n$$

从而

$$\begin{aligned}\varphi_{\sum\limits_{k=1}^{n} X_k}(t) &= \prod_{k=1}^{n} \varphi_{X_k}(t) = \prod_{k=1}^{n} \left[\exp\left(j\mu_k t - \frac{1}{2}\sigma_k^2 t^2\right)\right] \\ &= \exp\left[j\left(\sum_{k=1}^{n} \mu_k\right)t - \frac{1}{2}\left(\sum_{k=1}^{n} \sigma_k^2\right)t^2\right]\end{aligned}$$

所以

$$\sum_{k=1}^{n} X_i \sim N\left(\sum_{k=1}^{n} \mu_k, \sum_{k=1}^{n} \sigma_k^2\right)$$

由于特征函数具有非负定性，反过来对非负定函数加些什么条件就可以得到特征函数呢？我们给出下列结论.

定理 1.4.3(Bochner - Khintchine 定理) 设 $\varphi(t)$满足 $\varphi(0)=1$，且在$-\infty<t<+\infty$上是连续的复值函数，则 $\varphi(t)$是特征函数的充要条件为它是非负定的.

此定理的必要性显然，充分性的证明比较复杂，这里省略.

关于 n 维随机变量也可以定义特征函数.

定义 1.4.3 设 $\boldsymbol{X}=(X_1, X_2, \cdots, X_n)$是 n 维随机变量，其联合分布函数为 $F(\boldsymbol{x})=F(x_1, x_2, \cdots, x_n)$，则称

$$\begin{aligned}\varphi(\boldsymbol{t}) = \varphi(t_1, t_2, \cdots, t_n) &\stackrel{\text{def}}{=} E[e^{j\boldsymbol{t}\boldsymbol{X}^{T}}] = E\left[\exp\left(j\sum_{k=1}^{n} t_k X_k\right)\right] \\ &= \int_{-\infty}^{+\infty}\int_{-\infty}^{+\infty}\cdots\int_{-\infty}^{+\infty} \exp[j(t_1 x_1 + t_2 x_2 + \cdots + t_n x_n)]\, dF(x_1, x_2, \cdots, x_n), \\ &\qquad \boldsymbol{t} = (t_1, t_2, \cdots, t_n) \in \mathbf{R}^n\end{aligned}$$

为 n 维随机变量 $\boldsymbol{X}$ 的特征函数.

若 $\boldsymbol{X}=(X_1, X_2, \cdots, X_n)$ 是离散型随机变量，其联合分布律为 $P(X_1=x_1, X_2=x_2, \cdots, X_n=x_n)$，则

$$\begin{aligned}\varphi(\boldsymbol{t})&=\varphi(t_1, t_2, \cdots, t_n)\\&=\sum_{x_1}\sum_{x_2}\cdots\sum_{x_n}\exp[\mathrm{j}(t_1x_1+t_2x_2+\cdots+t_nx_n)]P(X_1=x_1, X_2=x_2, \cdots, X_n=x_n)\end{aligned}$$

其中 $\sum\limits_{x_i}$ 是关于 X_i 的可能取值 x_i 求和.

若 $\boldsymbol{X}=(X_1, X_2, \cdots, X_n)$ 是连续型随机变量，其联合概率密度函数为 $f(\boldsymbol{x})=f(x_1, x_2, \cdots, x_n)$，则

$$\begin{aligned}\varphi(\boldsymbol{t})&=\varphi(t_1, t_2, \cdots, t_n)\\&=\int_{-\infty}^{+\infty}\int_{-\infty}^{+\infty}\cdots\int_{-\infty}^{+\infty}\exp[\mathrm{j}(t_1x_1+t_2x_2+\cdots+t_nx_n)]f(x_1,x_2,\cdots,x_n)\,\mathrm{d}x_1\mathrm{d}x_2\cdots\mathrm{d}x_n\end{aligned}$$

n 维随机变量的特征函数也有定理 1.4.1 和定理 1.4.2 的结果，即 n 维随机变量的特征函数与其联合分布函数一一对应，从而由特征函数可唯一地确定随机变量 $\boldsymbol{X}=(X_1, X_2, \cdots, X_n)$ 的概率分布.

与一维随机变量类似，n 维随机变量的特征函数具有下列性质：

(1) $|\varphi(t_1, t_2, \cdots, t_n)|\leqslant\varphi(0, 0, \cdots, 0)=1$；

(2) $\overline{\varphi(t_1, t_2, \cdots, t_n)}=\varphi(-t_1, -t_2, \cdots, -t_n)$；

(3) 设 $\varphi(t_1, t_2, \cdots, t_n)$ 是 n 维随机变量 $\boldsymbol{X}=(X_1, X_2, \cdots, X_n)$ 的特征函数，则随机变量 $Y=a_1X_1+a_2X_2+\cdots+a_nX_n$ 的特征函数为

$$\varphi_Y(t)=\varphi(a_1t, a_2t, \cdots, a_nt)$$

(4) $\varphi(t_1, t_2, \cdots, t_n)$ 在 $\mathbf{R}^n$ 上一致连续；

(5) 设 $\varphi(t_1, t_2, \cdots, t_n)$ 是 n 维随机变量 $\boldsymbol{X}=(X_1, X_2, \cdots, X_n)$ 的特征函数，$\varphi_{X_i}(t)$，$i=1,2,\cdots,n$ 是随机变量 X_i 的特征函数，则随机变量 $X_1, X_2, \cdots, X_n$ 相互独立的充要条件是

$$\varphi(t_1, t_2, \cdots, t_n)=\varphi_{X_1}(t_1)\varphi_{X_2}(t_2)\cdots\varphi_{X_n}(t_n)$$

(6) 设 $\varphi(t_1, t_2, \cdots, t_n)$ 是 n 维随机变量 $\boldsymbol{X}=(X_1, X_2, \cdots, X_n)$ 的特征函数，则 $k(1\leqslant k<n)$ 维随机变量 $(X_1, X_2, \cdots, X_k)$ 的特征函数为

$$\varphi_{X_1,X_2,\cdots,X_k}(t_1, t_2, \cdots, t_k)=\varphi(t_1, t_2, \cdots, t_k, 0, \cdots, 0)$$

(7) 设 $\varphi(t_1, t_2, \cdots, t_n)$ 是 n 维随机变量 $\boldsymbol{X}=(X_1, X_2, \cdots, X_n)$ 的特征函数，如果 $E[X_1^{k_1}X_2^{k_2}\cdots X_n^{k_n}]$ 存在，则

$$E[X_1^{k_1}X_2^{k_2}\cdots X_n^{k_n}]=\mathrm{j}^{-\sum\limits_{i=1}^{n}k_i}\left[\frac{\partial^{k_1+k_2+\cdots+k_n}\varphi(t_1,t_2,\cdots,t_n)}{\partial t_1^{k_1}\partial t_2^{k_2}\cdots\partial t_n^{k_n}}\right]_{t_1=t_2=\cdots=t_n=0}$$

特征函数要求随机变量 X 的取值范围为 $(-\infty, +\infty)$，对只取非负值的随机变量用下面的 Laplace 变换最为方便.

定义 1.4.4 设 X 是非负值随机变量，其分布函数为 $F(x)$，则称

$$\widetilde{F}(s)\overset{\text{def}}{=}E[\mathrm{e}^{-sX}]=\int_0^{+\infty}\mathrm{e}^{-sx}\,\mathrm{d}F(x)$$

为 $F(x)$的 Laplace 变换. 其中，$s=a+\mathrm{j}b$，$a>0$.

若 X 是连续型的非负值随机变量，其概率密度函数为 $f(x)$，则

$$\widetilde{F}(s)=\int_0^{+\infty}\mathrm{e}^{-sx}f(x)\,\mathrm{d}x$$

称 $\widetilde{F}(s)$为 $f(x)$的 Laplace 变换，记为 $\widetilde{F}(s)=\mathscr{L}(f(x))$. $f(x)$称为 $\widetilde{F}(s)$的 Laplace 反变换，它们相互唯一确定. $f(x)$要满足一定的条件才能保证 $\mathscr{L}(f(x))$存在. 我们不加证明地给出下列结果.

定理 1.4.4　若 $f(x)$满足：

(1) 在 $x\geqslant 0$ 的任意有限区间$[a, b]$上分段连续；

(2) 当 x 充分大时，存在正常数 M、c，使得$|f(x)|\leqslant M\mathrm{e}^{cx}$，则 $\widetilde{F}(s)=\int_0^{+\infty}\mathrm{e}^{-sx}f(x)\,\mathrm{d}x$ 在半平面 $\mathrm{Re}(s)>0$ 上存在，此时广义积分一致收敛并且在半平面 $\mathrm{Re}(s)>0$ 上 $\widetilde{F}(s)$为解析函数.

Laplace 变换具有如下性质：

(1) 设 $\widetilde{F}(s)=\mathscr{L}(f(x))$，则 $\mathscr{L}(f'(x))=s\widetilde{F}(s)-f(0)$；

(2) 设 $\widetilde{F}(s)=\mathscr{L}(f(x))$，则 $\mathscr{L}\left(\int_0^x f(t)\mathrm{d}t\right)=\dfrac{\widetilde{F}(s)}{s}$；

(3) 设 $\widetilde{F}(s)=\mathscr{L}(f(x))$，则 $\mathscr{L}(\mathrm{e}^{-ax}f(x))=\widetilde{F}(s+a)$；

(4) 设 $\widetilde{F}(s)=\mathscr{L}(f(x))$，则 $\mathscr{L}(f(x-a)h(x-a))=\mathrm{e}^{-as}\widetilde{F}(s)$，其中

$$h(x)=\begin{cases}0, & x<0\\ 1, & x>0\end{cases}$$

(5) 设 $\widetilde{F}(s)=\mathscr{L}(f(x))$，$\widetilde{G}(s)=\mathscr{L}(g(x))$，则 $\mathscr{L}(f(x)*g(x))=\widetilde{F}(s)\widetilde{G}(s)$，其中

$$f(x)*g(x)=\int_0^x f(t)g(x-t)\,\mathrm{d}t=\int_0^x f(x-t)g(t)\,\mathrm{d}t$$

若 $\widetilde{F}(s)=\mathscr{L}(f(x))$，则 Laplace 反变换为

$$f(x)=\frac{1}{2\pi}\int_{-\infty}^{+\infty}\mathrm{e}^{sx}\widetilde{F}(s)\,\mathrm{d}s,\ \mathrm{Re}(s)>0$$

Laplace 变换要求随机变量 X 取非负值，但对只取非负整数的随机变量可采用母函数法.

定义 1.4.5　设随机变量 X 取非负整数，其分布律为 $P(X=k)=p_k$，$k=0, 1, 2, \cdots$，则称

$$G(s)\overset{\text{def}}{=}E[s^X]=\sum_k s^k p_k,\ -1\leqslant s\leqslant 1$$

为随机变量 X 的母函数.

特别地取 $s=\mathrm{e}^{\mathrm{j}t}$，则 $G(s)=E[s^X]=E[\mathrm{e}^{\mathrm{j}tX}]=\varphi(t)$，所以母函数本质上就是特征函数.

由于 $\sum\limits_{k=0}^{\infty}p_k=1$，由幂级数的收敛性知 $G(s)$在$-1\leqslant s\leqslant 1$ 上一致收敛且绝对收敛，因此，母函数对任何取非负整值的随机变量都存在.

例 1.4.11　设 $X\sim B(n, p)$，即 $P(X=k)=C_n^k p^k q^{n-k}$，$k=0, 1, 2, \cdots$，$0<p<1$，$q=1-p$，则 X 的母函数为

$$G(s)=E[s^X]=\sum_{k=0}^{n}s^kC_n^kp^kq^{n-k}=(ps+q)^n$$

特别地，当 $n=1$ 时，X 服从 0 - 1 分布，其母函数为

$$G(s)=ps+q$$

例 1.4.12 设 X 服从 Poisson 分布，即 $P(X=k)=\dfrac{\lambda^k}{k!}e^{-\lambda}$，$k=0, 1, 2, \cdots, \lambda>0$，则 X 的母函数为

$$G(s)=E[s^X]=\sum_{k=0}^{\infty}s^k\frac{\lambda^k}{k!}e^{-\lambda}=e^{\lambda s}e^{-\lambda}=e^{\lambda(s-1)}$$

例 1.4.13 设 X 服从几何分布，即 $P(X=k)=q^{k-1}p$，$k=1, 2, \cdots, 0<p<1, q=1-p$，则 X 的母函数为

$$G(s)=E[s^X]=\sum_{k=1}^{\infty}s^kq^{k-1}p=ps\sum_{k=1}^{\infty}(qs)^{k-1}=\frac{ps}{1-qs}$$

母函数具有如下的性质：

(1) 随机变量的分布律和母函数一一对应且相互唯一确定. 即设随机变量 X 的分布律为 $P(X=k)=p_k$，$k=0, 1, 2, \cdots$，则其母函数为 $G(s)=\sum_k s^kp_k$，$-1\leqslant s\leqslant 1$；反过来，设随机变量的母函数为 $G(s)=\sum_k s^kp_k$，$-1\leqslant s\leqslant 1$，则其分布律为 $p_k=\dfrac{1}{k!}G^{(k)}(0)$.

(2) $|G(s)|\leqslant G(1)=1$.

(3) 设随机变量 X 的母函数为 $G_X(s)$，则 $Y=aX+b$(a、b 为非负整数)的母函数为 $G_Y(s)=s^bG_X(s^a)$.

(4) 设 $X_1, X_2, \cdots, X_n$ 相互独立，其母函数分别为 $G_{X_1}(s)$，$G_{X_2}(s)$，$\cdots$，$G_{X_n}(s)$，则 $X=X_1+X_2+\cdots+X_n$ 的母函数为 $G_X(s)=G_{X_1}(s)G_{X_2}(s)\cdots G_{X_n}(s)$. 特别地，当 $X_1, X_2, \cdots, X_n$ 相互独立同分布时，其共同的母函数为 $G(s)$，则 $G_X(s)=[G(s)]^n$.

(5) 设随机变量 X 的 n 阶原点矩存在，则其母函数 $G(s)$ 的 $k(k\leqslant n)$ 阶导数存在，且 X 的 k 阶矩可由母函数在 $s=1$ 处的各阶导数表示. 特别地，$EX=G'(1)$，$EX^2=G''(1)+G'(1)$.

(6) 设 $X_1, X_2, \cdots, X_n, \cdots$ 相互独立同分布，其共同的母函数为 $G_1(s)$，Y 是取正整数的随机变量，其母函数为 $G_2(s)$，且 Y 与 $X_1, X_2, \cdots, X_n, \cdots$ 相互独立，令 $X=X_1+X_2+\cdots+X_Y$，则 X 的母函数为 $G(s)=G_2[G_1(s)]$.

例 1.4.14 设 $X\sim B(n, p)$，求 EX 和 DX.

解 设 $X\sim B(n, p)$，则 X 的母函数为 $G(s)=(ps+q)^n$，从而

$$G'(s)=np(ps+q)^{n-1}$$

$$G''(s)=n(n-1)p^2(ps+q)^{n-2}$$

所以

$$EX=G'(1)=np$$

$$EX^2=G''(1)+G'(1)=n(n-1)p^2+np$$

$$DX=EX^2-(EX)^2=np(1-p)=npq$$

1.5 n 维正态随机变量

在概率论中，若$(X_1, X_2) \sim N(\mu_1, \mu_2, \sigma_1^2, \sigma_2^2, \rho)$，则二维正态随机变量$(X_1, X_2)$的联合概率密度函数为

$$f(x_1, x_2) = \frac{1}{2\pi\sigma_1\sigma_2\sqrt{1-\rho^2}} \cdot \exp\left\{-\frac{1}{2(1-\rho^2)}\left[\frac{(x_1-\mu_1)^2}{\sigma_1^2} - 2\rho\frac{x_1-\mu_1}{\sigma_1}\frac{x_2-\mu_2}{\sigma_2} + \frac{(x_2-\mu_2)^2}{\sigma_2^2}\right]\right\}$$

其中，$\mu_1 = EX_1$，$\mu_2 = EX_2$，$\sigma_1^2 = DX_1$，$\sigma_2^2 = DX_2$，ρ 为随机变量 X_1、X_2 的相关系数.

下面用向量和矩阵的形式来表示二维正态分布的联合概率密度函数. 为此，令

$$\boldsymbol{x} = (x_1, x_2), \quad \boldsymbol{\mu} = (\mu_1, \mu_2), \quad \boldsymbol{B} = \begin{bmatrix} \sigma_1^2 & \rho\sigma_1\sigma_2 \\ \rho\sigma_1\sigma_2 & \sigma_2^2 \end{bmatrix}$$

于是

$$|\boldsymbol{B}| = \sigma_1^2\sigma_2^2(1-\rho^2)$$

$$\boldsymbol{B}^{-1} = \frac{1}{\sigma_1^2\sigma_2^2(1-\rho^2)}\begin{bmatrix} \sigma_2^2 & -\rho\sigma_1\sigma_2 \\ -\rho\sigma_1\sigma_2 & \sigma_1^2 \end{bmatrix} = \frac{1}{1-\rho^2}\begin{bmatrix} \dfrac{1}{\sigma_1^2} & -\dfrac{\rho}{\sigma_1\sigma_2} \\ -\dfrac{\rho}{\sigma_1\sigma_2} & \dfrac{1}{\sigma_2^2} \end{bmatrix}$$

所以

$$\frac{1}{1-\rho^2}\left[\frac{(x_1-\mu_1)^2}{\sigma_1^2} - 2\rho\frac{x_1-\mu_1}{\sigma_1}\frac{x_2-\mu_2}{\sigma_2} + \frac{(x_2-\mu_2)^2}{\sigma_2^2}\right] = (\boldsymbol{x}-\boldsymbol{\mu})\boldsymbol{B}^{-1}(\boldsymbol{x}-\boldsymbol{\mu})^{\mathrm{T}}$$

于是

$$f(\boldsymbol{x}) = f(x_1, x_2) = \frac{1}{2\pi|\boldsymbol{B}|^{1/2}}\exp\left[-\frac{1}{2}(\boldsymbol{x}-\boldsymbol{\mu})\boldsymbol{B}^{-1}(\boldsymbol{x}-\boldsymbol{\mu})^{\mathrm{T}}\right]$$

定义 1.5.1 设 $\boldsymbol{X} = (X_1, X_2, \cdots, X_n)$是 n 维随机变量，如果其联合概率密度函数为

$$f(\boldsymbol{x}) = f(x_1, x_2, \cdots, x_n) = \frac{1}{(2\pi)^{\frac{n}{2}}|\boldsymbol{B}|^{\frac{1}{2}}}\exp\left[-\frac{1}{2}(\boldsymbol{x}-\boldsymbol{\mu})\boldsymbol{B}^{-1}(\boldsymbol{x}-\boldsymbol{\mu})^{\mathrm{T}}\right]$$

其中

$$\boldsymbol{x} = (x_1, x_2, \cdots, x_n), \ \boldsymbol{\mu} = (\mu_1, \mu_2, \cdots, \mu_n) \stackrel{\text{def}}{=} (EX_1, EX_2, \cdots, EX_n)$$

$$\boldsymbol{B} \stackrel{\text{def}}{=} \begin{bmatrix} \mathrm{cov}(X_1, X_1) & \mathrm{cov}(X_1, X_2) & \cdots & \mathrm{cov}(X_1, X_n) \\ \mathrm{cov}(X_2, X_1) & \mathrm{cov}(X_2, X_2) & \cdots & \mathrm{cov}(X_2, X_n) \\ \vdots & \vdots & & \vdots \\ \mathrm{cov}(X_n, X_1) & \mathrm{cov}(X_n, X_2) & \cdots & \mathrm{cov}(X_n, X_n) \end{bmatrix}$$

则称 $\boldsymbol{X} = (X_1, X_2, \cdots, X_n)$服从均值向量为 $\boldsymbol{\mu}$、协方差矩阵为 $\boldsymbol{B}$ 的 n 维正态分布，记为 $\boldsymbol{X} \sim N(\boldsymbol{\mu}, \boldsymbol{B})$.

定理 1.5.1 设 $\boldsymbol{X} \sim N(\boldsymbol{\mu}, \boldsymbol{B})$，则存在 $\boldsymbol{n}$ 阶正交矩阵 $\boldsymbol{A}$，使得

$$\boldsymbol{Y} = (Y_1, Y_2, \cdots, Y_n) = (\boldsymbol{X}-\boldsymbol{\mu})\boldsymbol{A}^{\mathrm{T}}$$

是 n 维独立正态随机变量，即 $Y_1, Y_2, \cdots, Y_n$ 相互独立，且 $Y_k \sim N(0, d_k)$，其中 $d_k > 0$ 是 $\boldsymbol{B}$ 的特征值，$k=1, 2, \cdots, n$.

证明　由于 $\boldsymbol{X} \sim N(\boldsymbol{\mu}, \boldsymbol{B})$，因此 $\boldsymbol{X}$ 的联合概率密度函数为

$$f_{\boldsymbol{X}}(\boldsymbol{x}) = \frac{1}{(2\pi)^{\frac{n}{2}} \mid \boldsymbol{B} \mid^{\frac{1}{2}}} \exp\left[-\frac{1}{2}(\boldsymbol{x}-\boldsymbol{\mu})\boldsymbol{B}^{-1}(\boldsymbol{x}-\boldsymbol{\mu})^{\mathrm{T}}\right]$$

再由 $\boldsymbol{B}$ 对称正定，故存在正交矩阵 $\boldsymbol{A}$，使

$$\boldsymbol{ABA}^{\mathrm{T}} = \boldsymbol{D} = \begin{bmatrix} d_1 & 0 & \cdots & 0 \\ 0 & d_2 & \cdots & 0 \\ \vdots & \vdots & & \vdots \\ 0 & 0 & \cdots & d_n \end{bmatrix}$$

其中 d_k 是 $\boldsymbol{B}$ 的特征值并且 $d_k > 0$，$k=1,2,\cdots,n$.

作变换 $\boldsymbol{y}=(\boldsymbol{x}-\boldsymbol{\mu})\boldsymbol{A}^{\mathrm{T}}$，其逆变换为 $\boldsymbol{x}=\boldsymbol{\mu}+\boldsymbol{yA}$. 因为

$$\frac{\partial \boldsymbol{x}}{\partial \boldsymbol{y}} = \mid \boldsymbol{A} \mid = \pm 1$$

$$\mid \boldsymbol{B} \mid = \mid \boldsymbol{A}^{\mathrm{T}}(\boldsymbol{ABA}^{\mathrm{T}})\boldsymbol{A} \mid = \mid \boldsymbol{A}^{\mathrm{T}}\boldsymbol{A} \mid \mid \boldsymbol{D} \mid = d_1 d_2 \cdots d_n$$

$$(\boldsymbol{x}-\boldsymbol{\mu})\boldsymbol{B}^{-1}(\boldsymbol{x}-\boldsymbol{\mu})^{\mathrm{T}} = \boldsymbol{yAB}^{-1}\boldsymbol{A}^{\mathrm{T}}\boldsymbol{y}^{\mathrm{T}} = \boldsymbol{y}(\boldsymbol{A}^{\mathrm{T}})^{-1}\boldsymbol{B}^{-1}A^{-1}\boldsymbol{y}^{\mathrm{T}}$$

$$= \boldsymbol{y}(\boldsymbol{ABA}^{\mathrm{T}})^{-1}\boldsymbol{y}^{\mathrm{T}} = \sum_{k=1}^{n} \frac{y_k^2}{d_k}$$

所以

$$f_{\boldsymbol{Y}}(\boldsymbol{y}) = f_{\boldsymbol{Y}}(y_1, y_2, \cdots, y_n)$$

$$= \frac{1}{(2\pi)^{\frac{n}{2}}(d_1 d_2 \cdots, d_n)^{\frac{1}{2}}} \exp\left(-\frac{1}{2}\sum_{k=1}^{n}\frac{y_k^2}{d_k}\right)$$

$$= \prod_{k=1}^{n} \frac{1}{\sqrt{2\pi}\sqrt{d_k}} \exp\left(-\frac{y_k^2}{2d_k}\right)$$

由此可知 Y_k 的概率密度函数为

$$f_{Y_k}(y_k) = \frac{1}{\sqrt{2\pi}\sqrt{d_k}} \exp\left(-\frac{y_k^2}{2d_k}\right)$$

所以 $f_{\boldsymbol{Y}}(y_1, y_2, \cdots, y_n) = f_{Y_1}(y_1) f_{Y_2}(y_2) \cdots f_{Y_n}(y_n)$，故 $Y_1, Y_2, \cdots, Y_n$ 相互独立，且 $Y_k \sim N(0, d_k)$，$k=1, 2, \cdots, n$.

定理 1.5.2　设 $\boldsymbol{X} \sim N(\boldsymbol{\mu}, \boldsymbol{B})$，则 $\boldsymbol{X}$ 的特征函数

$$\varphi(\boldsymbol{t}) = \varphi(t_1, t_2, \cdots, t_n) = \exp\left(\mathrm{j}\boldsymbol{\mu}\,\boldsymbol{t}^{\mathrm{T}} - \frac{1}{2}\boldsymbol{tBt}^{\mathrm{T}}\right)$$

证明　由定理 1.5.1 知，存在正交矩阵 $\boldsymbol{A}$，使得 $\boldsymbol{Y}=(\boldsymbol{X}-\boldsymbol{\mu})\boldsymbol{A}^{\mathrm{T}}$ 是 n 维独立正态随机变量，且 $Y_k \sim N(0, d_k)$，$d_k > 0$，$k=1, 2, \cdots, n$，所以 Y 的特征函数为

$$\varphi_Y(\boldsymbol{t}) = \varphi_{Y_1}(t_1)\varphi_{Y_2}(t_2)\cdots\varphi_{Y_n}(t_n) = \prod_{k=1}^{n} \exp\left(-\frac{1}{2}d_k t_k^2\right)$$

$$= \exp\left(-\frac{1}{2}\sum_{k=1}^{n} d_k t_k^2\right) = \exp\left(-\frac{1}{2}\boldsymbol{tDt}^{\mathrm{T}}\right)$$

于是 $\boldsymbol{X}=\boldsymbol{\mu}+\boldsymbol{YA}$ 的特征函数为

$$\begin{aligned}\varphi_{\boldsymbol{X}}(\boldsymbol{t}) &= E[\exp(\mathrm{j}\boldsymbol{X}\boldsymbol{t}^{\mathrm{T}})] \\ &= E[\exp(\mathrm{j}(\boldsymbol{\mu}+\boldsymbol{Y}\boldsymbol{A})\boldsymbol{t}^{\mathrm{T}})] \\ &= \exp(\mathrm{j}\boldsymbol{\mu}\boldsymbol{t}^{\mathrm{T}})E[\exp(\mathrm{j}\boldsymbol{Y}\boldsymbol{A}\boldsymbol{t}^{\mathrm{T}})] \\ &= \exp(\mathrm{j}\boldsymbol{\mu}\boldsymbol{t}^{\mathrm{T}})\exp\left(-\frac{1}{2}\boldsymbol{t}\boldsymbol{A}^{\mathrm{T}}\boldsymbol{D}\boldsymbol{A}\boldsymbol{t}^{\mathrm{T}}\right) \\ &= \exp(\mathrm{j}\boldsymbol{\mu}\boldsymbol{t}^{\mathrm{T}})\exp\left(-\frac{1}{2}\boldsymbol{t}\boldsymbol{B}\boldsymbol{t}^{\mathrm{T}}\right) \\ &= \exp\left(\mathrm{j}\boldsymbol{\mu}\boldsymbol{t}^{\mathrm{T}}-\frac{1}{2}\boldsymbol{t}\boldsymbol{B}\boldsymbol{t}^{\mathrm{T}}\right)\end{aligned}$$

定理 1.5.3 设 $\boldsymbol{X}=(X_1, X_2, \cdots, X_n)\sim N(\boldsymbol{\mu}, \boldsymbol{B})$，

(1) 若 $l_1, l_2, \cdots, l_n$ 是常数，则 $Y=\sum\limits_{k=1}^{n} l_k X_k$ 服从一维正态分布

$$N\left(\sum_{k=1}^{n} l_k\mu_k,\ \sum_{i=1}^{n}\sum_{k=1}^{n} l_i l_k \operatorname{cov}(X_i, X_k)\right)$$

其中，$\mu_k=EX_k$，$k=1,2,\cdots,n$.

(2) 若 $m<n$，则 $\boldsymbol{X}$ 的 m 个分量构成的 m 维随机变量 $\widetilde{\boldsymbol{X}}=(X_1, X_2, \cdots, X_m)$ 服从 m 维正态分布 $N(\widetilde{\boldsymbol{\mu}}, \widetilde{\boldsymbol{B}})$，其中

$$\widetilde{\boldsymbol{\mu}}=(\mu_1, \mu_2, \cdots, \mu_m)$$

$$\widetilde{\boldsymbol{B}}=\begin{bmatrix}\operatorname{cov}(X_1, X_1) & \operatorname{cov}(X_1, X_2) & \cdots & \operatorname{cov}(X_1, X_m) \\ \operatorname{cov}(X_2, X_1) & \operatorname{cov}(X_2, X_2) & \cdots & \operatorname{cov}(X_2, X_m) \\ \vdots & \vdots & & \vdots \\ \operatorname{cov}(X_m, X_1) & \operatorname{cov}(X_m, X_2) & \cdots & \operatorname{cov}(X_m, X_m)\end{bmatrix}$$

(3) 若 m 维随机变量 $\boldsymbol{Y}$ 是 $\boldsymbol{X}$ 的线性变换，即 $\boldsymbol{Y}=\boldsymbol{X}\boldsymbol{C}$，其中 $\boldsymbol{C}$ 是 $n\times m$ 阶矩阵，则 $\boldsymbol{Y}$ 服从 m 维正态分布 $N(\boldsymbol{\mu}\boldsymbol{C}, \boldsymbol{C}^{\mathrm{T}}\boldsymbol{B}\boldsymbol{C})$；

(4) $X_1, X_2, \cdots, X_n$ 相互独立的充要条件是 $X_1, X_2, \cdots, X_n$ 两两不相关.

证明 (1) 由于随机变量 Y 的特征函数为

$$\begin{aligned}\varphi_Y(t) &= \varphi(l_1 t, l_2 t, \cdots, l_n t) \\ &= \exp\left[\mathrm{j}\sum_{k=1}^{n} l_k\mu_k t-\frac{1}{2}\sum_{i=1}^{n}\sum_{k=1}^{n} l_i l_k \operatorname{cov}(X_i, X_k)t^2\right]\end{aligned}$$

因此 Y 服从正态分布 $N\left(\sum\limits_{k=1}^{n} l_k\mu_k, \sum\limits_{i=1}^{n}\sum\limits_{k=1}^{n} l_i l_k \operatorname{cov}(X_i, X_k)\right)$.

(2) 令 $\tilde{\boldsymbol{t}}=(t_1, t_2, \cdots, t_m)$，则

$$\begin{aligned}\varphi_{X_1, X_2, \cdots, X_m}(t_1, t_2, \cdots, t_m) &= \varphi(t_1, t_2, \cdots, t_m, 0, \cdots, 0) \\ &= \exp\left(\mathrm{j}\boldsymbol{\mu}\boldsymbol{t}^{\mathrm{T}}-\frac{1}{2}\boldsymbol{t}\boldsymbol{B}\boldsymbol{t}^{\mathrm{T}}\right)\Bigg|_{t_{m+1}=t_{m+2}=\cdots=t_n=0}\end{aligned}$$

而

$$\boldsymbol{\mu}\boldsymbol{t}^{\mathrm{T}}=\mu_1 t_1+\mu_2 t_2+\cdots+\mu_m t_m=\widetilde{\boldsymbol{\mu}}\,\tilde{\boldsymbol{t}}^{\mathrm{T}}$$

$$
\boldsymbol{tBt}^{\mathrm{T}}=(t_1,t_2,\cdots,t_m,0,\cdots,0)\begin{bmatrix}\mathrm{cov}(X_1,X_1) & \mathrm{cov}(X_1,X_2) & \cdots & \mathrm{cov}(X_1,X_n)\\ \mathrm{cov}(X_2,X_1) & \mathrm{cov}(X_2,X_2) & \cdots & \mathrm{cov}(X_2,X_n)\\ \vdots & \vdots & & \vdots\\ \mathrm{cov}(X_n,X_1) & \mathrm{cov}(X_n,X_2) & \cdots & \mathrm{cov}(X_n,X_n)\end{bmatrix}\begin{bmatrix}t_1\\ t_2\\ \vdots\\ t_m\\ 0\\ \vdots\\ 0\end{bmatrix}
$$

$$
=(t_1,t_2,\cdots,t_m)\begin{bmatrix}\mathrm{cov}(X_1,X_1) & \mathrm{cov}(X_1,X_2) & \cdots & \mathrm{cov}(X_1,X_m)\\ \mathrm{cov}(X_2,X_1) & \mathrm{cov}(X_2,X_2) & \cdots & \mathrm{cov}(X_2,X_m)\\ \vdots & \vdots & & \vdots\\ \mathrm{cov}(X_m,X_1) & \mathrm{cov}(X_m,X_2) & \cdots & \mathrm{cov}(X_m,X_m)\end{bmatrix}\begin{bmatrix}t_1\\ t_2\\ \vdots\\ t_m\end{bmatrix}
$$

$$
=\tilde{\boldsymbol{t}}\tilde{\boldsymbol{B}}\tilde{\boldsymbol{t}}^{\mathrm{T}}
$$

所以

$$
\varphi_{X_1,X_2,\cdots,X_m}(t_1,\ t_2,\cdots,t_m)=\exp\left(\mathrm{j}\tilde{\boldsymbol{\mu}}\ \tilde{\boldsymbol{t}}^{\mathrm{T}}-\frac{1}{2}\tilde{\boldsymbol{t}}\tilde{\boldsymbol{B}}\tilde{\boldsymbol{t}}^{\mathrm{T}}\right)
$$

故$(X_1,\ X_2,\ \cdots,\ X_m)$服从 m 维正态分布 $N(\tilde{\boldsymbol{\mu}},\ \tilde{\boldsymbol{B}})$.

(3) 由于随机变量 Y 的特征函数

$$
\begin{aligned}
\varphi_{\boldsymbol{Y}}(\boldsymbol{t}) &= E[\exp(\mathrm{j}\boldsymbol{Yt}^{\mathrm{T}})]\\
&= E[\exp(\mathrm{j}\boldsymbol{XCt}^{\mathrm{T}})]\\
&= E[\exp(\mathrm{j}\boldsymbol{X}(\boldsymbol{tC}^{\mathrm{T}})^{\mathrm{T}}]\\
&= \exp\left[\mathrm{j}\boldsymbol{\mu}(\boldsymbol{tC}^{\mathrm{T}})^{\mathrm{T}}-\frac{1}{2}(\boldsymbol{tC}^{\mathrm{T}})\boldsymbol{B}(\boldsymbol{tC}^{\mathrm{T}})^{\mathrm{T}}\right]\\
&= \exp\left[\mathrm{j}(\boldsymbol{\mu C})\boldsymbol{t}^{\mathrm{T}}-\frac{1}{2}\boldsymbol{t}(\boldsymbol{C}^{\mathrm{T}}\boldsymbol{BC})\boldsymbol{t}^{\mathrm{T}})\right]
\end{aligned}
$$

因此 Y 服从 m 维正态分布 $N(\boldsymbol{\mu C},\ \boldsymbol{C}^{\mathrm{T}}\boldsymbol{BC})$.

(4) 必要性. 设随机变量 X_1, X_2, …, X_n 相互独立，则其中任意两个随机变量 X_l 与 $X_k(l\neq k,\ l,k=1,2,\cdots,n)$相互独立，从而 X_l 与 X_k 不相关,所以 X_1, X_2, …, X_n 两两不相关.

充分性. 设 X_1, X_2, …, X_n 两两不相关，则 $\mathrm{cov}(X_l,\ X_k)=0$, $l\neq k$, $l,k=1,\ 2,\ \cdots,\ n$, 从而

$$
\boldsymbol{B}=\begin{bmatrix}DX_1 & 0 & 0 & \cdots & 0\\ 0 & DX_2 & 0 & \cdots & 0\\ \vdots & \vdots & \vdots & & \vdots\\ 0 & 0 & 0 & \cdots & DX_n\end{bmatrix}
$$

所以

$$\varphi(t_1, t_2, \cdots, t_n) = \exp\left[\mathrm{j}\boldsymbol{\mu}\,\boldsymbol{t}^{\mathrm{T}} - \frac{1}{2}\boldsymbol{tBt}^{\mathrm{T}}\right] = \exp\left[\mathrm{j}\sum_{k=1}^{n}\mu_k t_k - \frac{1}{2}\sum_{k=1}^{n} DX_k t_k^2\right]$$

$$= \prod_{k=1}^{n}\exp\left[\mathrm{j}\mu_k t_k - \frac{1}{2}DX_k t_k^2\right] = \varphi_{X_1}(t_1)\varphi_{X_2}(t_2)\cdots\varphi_{X_n}(t_n)$$

故 $X_1, X_2, \cdots, X_n$ 相互独立.

1.6 条件数学期望

我们曾经讨论了多个事件的条件概率，下面将讨论多个随机变量的条件分布.

定义 1.6.1 设(X, Y)是离散型二维随机变量，其联合分布律为 $P(X=x_i, Y=y_j)=p_{ij}$, $i,j=1,2,\cdots$, 如果 $P(Y=y_j)\overset{\text{def}}{=}p_{.j}>0$，则称

$$p_{i|j} \overset{\text{def}}{=} P(X=x_i \mid Y=y_j) = \frac{p_{ij}}{p_{.j}},\ i=1, 2, \cdots$$

为(X, Y)关于 X 在 $Y=y_j$ 的条件下的条件分布律.

如果 $P(X=x_i)\overset{\text{def}}{=}p_{i.}>0$，则称

$$p_{j|i} \overset{\text{def}}{=} P(Y=y_j \mid X=x_i) = \frac{p_{ij}}{p_{i.}},\ j=1, 2, \cdots$$

为(X, Y)关于 Y 在 $X=x_i$ 的条件下的条件分布律.

称

$$F_{X|Y}(x \mid y) \overset{\text{def}}{=} P(X\leqslant x \mid Y=y_j) = \sum_{x_i\leqslant x}\frac{p_{ij}}{p_{.j}},\ -\infty<x<+\infty$$

为(X, Y)关于 X 在 $Y=y_j$ 的条件下的条件分布函数.

称

$$F_{Y|X}(y \mid x) \overset{\text{def}}{=} P(Y\leqslant y \mid X=x_i) = \sum_{y_j\leqslant y}\frac{p_{ij}}{p_{i.}},\ -\infty<y<+\infty$$

为(X, Y)关于 Y 在 $X=x_i$ 的条件下的条件分布函数.

对于连续型二维随机变量，由于对于任意的 x、y，$P(X=x)=0$，$P(Y=y)=0$，因此就不能直接用条件概率公式引入条件分布函数了. 下面我们用极限的方法来处理.

给定 y，设对于任意固定的正数 ε，$P(y-\varepsilon<Y\leqslant y+\varepsilon)>0$，于是对于任意 x，有

$$P(X\leqslant x \mid y-\varepsilon<Y\leqslant y+\varepsilon) = \frac{P(X\leqslant x,\ y-\varepsilon<Y\leqslant y+\varepsilon)}{P(y-\varepsilon<Y\leqslant y+\varepsilon)}$$

上式给出了在条件 $y-\varepsilon<Y\leqslant y+\varepsilon$ 下 X 的条件分布函数.

定义 1.6.2 给定 y，设对于任意固定正数 ε，$P(y-\varepsilon<Y\leqslant y+\varepsilon)>0$，且若对于任意实数 x，极限

$$\lim_{\varepsilon\to 0^+}P(X\leqslant x \mid y-\varepsilon<Y\leqslant y+\varepsilon) = \lim_{\varepsilon\to 0^+}\frac{P(X\leqslant x,\ y-\varepsilon<Y\leqslant y+\varepsilon)}{P(y-\varepsilon<Y\leqslant y+\varepsilon)}$$

存在，则称此极限为(X, Y)关于 X 在条件 $Y=y$ 下的条件分布函数，记为 $P(X\leqslant x|Y=y)$ 或 $F_{X|Y}(x|y)$.

类似地，可定义 $F_{Y|X}(y|x)$.

设(X, Y)的联合分布函数为 $F(x, y)$，联合概率密度函数为 $f(x, y)$，若在点(x, y)

处 $f(x, y)$ 连续，边缘概率密度函数 $f_Y(y)$ 连续，且 $f_Y(y)>0$，则有

$$F_{X|Y}(x \mid y)=\lim_{\varepsilon\to 0^+}\frac{P(X\leqslant x,\ y-\varepsilon<Y\leqslant y+\varepsilon)}{P(y-\varepsilon<Y\leqslant y+\varepsilon)}$$

$$=\lim_{\varepsilon\to 0^+}\frac{F(x,\ y+\varepsilon)-F(x,\ y-\varepsilon)}{F_Y(y+\varepsilon)-F_Y(y-\varepsilon)}$$

$$=\frac{\lim\limits_{\varepsilon\to 0^+}\dfrac{F(x,y+\varepsilon)-F(x,y-\varepsilon)}{2\varepsilon}}{\lim\limits_{\varepsilon\to 0^+}\dfrac{F_Y(y+\varepsilon)-F_Y(y-\varepsilon)}{2\varepsilon}}$$

$$=\frac{\partial F(x,\ y)/\partial y}{\mathrm{d}F_Y(y)/\mathrm{d}y}$$

即

$$F_{X|Y}(x \mid y)=\frac{\displaystyle\int_{-\infty}^{x} f(u,\ y)\,\mathrm{d}u}{f_Y(y)}=\int_{-\infty}^{x}\frac{f(u,\ y)}{f_Y(y)}\,\mathrm{d}u$$

所以 (X, Y) 关于 X 在条件 $Y=y$ 下的条件概率密度函数为

$$f_{X|Y}(x \mid y)\xlongequal{\text{def}}\frac{f(x,\ y)}{f_Y(y)}$$

类似地，$f_{Y|X}(y|x)\xlongequal{\text{def}}\dfrac{f(x,\ y)}{f_X(x)}$.

条件分布的概念完全可推广到 n 维随机变量的情形.

定义 1.6.3 设 (X, Y) 是二维随机变量，$F_{X|Y}(x|y)$ 和 $F_{Y|X}(y|x)$ 分别是 X 和 Y 的条件分布函数，则称

$$E(X \mid y)\xlongequal{\text{def}}\int_{-\infty}^{+\infty} x\,\mathrm{d}F_{X|Y}(x \mid y)$$

为 X 在条件 $Y=y$ 下的条件数学期望. 称

$$E(Y \mid x)\xlongequal{\text{def}}\int_{-\infty}^{+\infty} y\,\mathrm{d}F_{Y|X}(y \mid x)$$

为 Y 在条件 $X=x$ 下的条件数学期望.

由于 $E(X|y)$ 是随机变量 Y 可能取值 y 的函数，因此 $E(X|Y)$ 是随机变量 Y 的函数，称为 X 在条件 Y 下的条件数学期望；类似地，称随机变量 X 的函数 $E(Y|X)$ 为 Y 在条件 X 下的条件数学期望.

若 X、Y 是离散型随机变量，其可能取值分别是 $x_1, x_2, \cdots$ 和 $y_1, y_2, \cdots$，则

$$E(X \mid y)=\sum_i x_i p_{i|j}=\sum_i x_i P(X=x_i \mid Y=y_j)$$

$$E(Y \mid x)=\sum_j y_j p_{j|i}=\sum_j y_j P(Y=y_j \mid X=x_i)$$

若 X、Y 是连续型随机变量，则

$$E(X \mid y)=\int_{-\infty}^{+\infty} x f_{X|Y}(x \mid y)\,\mathrm{d}x$$

$$E(Y \mid x)=\int_{-\infty}^{+\infty} y f_{Y|X}(y \mid x)\,\mathrm{d}y$$

定义 1.6.4　设 $\boldsymbol{X}=(X_1, X_2, \cdots, X_n)$ 是 n 维随机变量，$F_{X_i|X_1,\cdots,X_{i-1},X_{i+1},\cdots,X_n}(x_i | x_1, \cdots, x_{i-1}, x_{i+1}, \cdots, x_n)$ 为 X_i 的条件分布函数，则称

$$E(X_i \mid x_1, x_2, \cdots, x_{i-1}, x_{i+1}, \cdots, x_n)$$

$$\stackrel{\text{def}}{=}\int_{-\infty}^{+\infty} x\mathrm{d}F_{X_i|X_1,\cdots,X_{i-1},X_{i+1},\cdots,X_n}(x \mid x_1, \cdots, x_{i-1}, x_{i+1}, \cdots, x_n)$$

为 X_i 在条件 $X_1=x_1, \cdots, X_{i-1}=x_{i-1}, X_{i+1}=x_{i+1}, \cdots, X_n=x_n$ 下的条件数学期望.

称 $E(X_i|X_1, \cdots, X_{i-1}, X_{i+1}, \cdots, X_n)$ 为 X_i 在条件 $X_1, \cdots, X_{i-1}, X_{i+1}, \cdots, X_n$ 下的条件数学期望.

更一般的条件数学期望定义如下：设 $(\Omega, \mathscr{F}, P)$ 为概率空间，Y 是其上的随机变量，$E|Y|<+\infty$，$\mathscr{G}$ 是 $\mathscr{F}$ 的子 σ 域，称随机变量 $E(Y|\mathscr{G})$ 是 Y 关于 $\mathscr{G}$ 的条件数学期望，如果：

(1) $E(Y|\mathscr{G})\in\mathscr{G}$；

(2) 对任意的 $B\in\mathscr{G}$, $\int_B E(Y \mid \mathscr{G})\,\mathrm{d}P = \int_B y\,\mathrm{d}P$.

定理 1.6.1　$E(E(X_i|X_1, \cdots, X_{i-1}, X_{i+1}, \cdots, X_n))=EX_i$

证明　仅就二维随机变量的情形加以证明. 即设 (X, Y) 是二维随机变量，则 $E(E(X|Y))=EX$.

(1) 若 (X, Y) 是离散型随机变量，则

$$\begin{aligned}E(E(X \mid Y)) &= \sum_j E(X \mid Y = y_j)P(Y = y_j)\\ &= \sum_j \Big(\sum_i x_i P(X = x_i \mid Y = y_j)\Big)P(Y = y_j)\\ &= \sum_i \sum_j x_i p_{ij}\\ &= EX\end{aligned}$$

(2) 若 (X, Y) 是连续型随机变量，则

$$\begin{aligned}E(E(X \mid Y)) &= \int_{-\infty}^{+\infty} E(X \mid y) f_Y(y)\,\mathrm{d}y\\ &= \int_{-\infty}^{+\infty}\Big(\int_{-\infty}^{+\infty} x f_{X|Y}(x \mid y)\,\mathrm{d}x\Big) f_Y(y)\,\mathrm{d}y\\ &= \int_{-\infty}^{+\infty}\int_{-\infty}^{+\infty} x f(x,y)\,\mathrm{d}x\mathrm{d}y = EX\end{aligned}$$

定理 1.6.2　设 $X_1, X_2, \cdots, X_n$ 相互独立，则

$$E(X_i \mid X_1, \cdots, X_{i-1}, X_{i+1}, \cdots, X_n) = EX_i$$

证明　由于 $X_1, X_2, \cdots, X_n$ 相互独立，因此

$$F_{X_i|X_1,\cdots,X_{i-1},X_{i+1},\cdots,X_n}(x_i \mid x_1, \cdots, x_{i-1}, x_{i+1}, \cdots, x_n) = F_{X_i}(x_i)$$

从而

$$\begin{aligned}&E(X_i \mid X_1, \cdots, X_{i-1}, X_{i+1}, \cdots, X_n)\\ &= \int_{-\infty}^{+\infty} x\,\mathrm{d}F_{X_i|X_1,\cdots,X_{i-1},X_{i+1},\cdots,X_n}(x \mid x_1, \cdots, x_{i-1}, x_{i+1}, \cdots, x_n)\\ &= \int_{-\infty}^{+\infty} x\,\mathrm{d}F_{X_i}(x) = EX_i\end{aligned}$$

下面我们不加证明地给出几个条件数学期望的性质.

定理 1.6.3　设 $\boldsymbol{X}=(X_1, X_2, \cdots, X_n)$ 是 n 维随机变量，$g(x_1, \cdots, x_{i-1}, x_{i+1}, \cdots, x_n)$ 是连续函数，则

$$\begin{aligned}&E(X_i g(X_1, \cdots, X_{i-1}, X_{i+1}, \cdots, X_n) \mid X_1, \cdots, X_{i-1}, X_{i+1}, \cdots, X_n)\\&= g(X_1, \cdots, X_{i-1}, X_{i+1}, \cdots, X_n)E(X_i \mid X_1, \cdots, X_{i-1}, X_{i+1}, \cdots, X_n)\end{aligned}$$

定理 1.6.4　设 $X=(X_1, X_2, \cdots, X_n)$ 是 n 维随机变量，$k<n-1$，则

$$E(E(X_n \mid X_1, \cdots, X_{n-1}) \mid X_1, \cdots, X_k) = E(X_n \mid X_1, \cdots, X_k)$$

例 1.6.1　一矿工被困在矿井中，要到达安全地带，有三个通道可供选择. 他从第一个通道出去要走 3 个小时可到达安全地带，从第二个通道出去要走 5 个小时又返回原处，从第三个通道出去要走 7 个小时也返回原处. 设在任一时刻都等可能地选中其中一个通道，试问他到达安全地带平均要花多长时间.

解　设 X 表示矿工到达安全地带所需时间，Y 表示他选定的通道，则

$$\begin{aligned}EX &= E(E(X \mid Y))\\&= E(X \mid Y=1)P(Y=1) + E(X \mid Y=2)P(Y=2) + E(X \mid Y=3)P(Y=3)\\&= \frac{1}{3}\times 3 + \frac{1}{3}(5+EX) + \frac{1}{3}\times(7+EX)\end{aligned}$$

所以 $EX=15$.

例 1.6.2　设某日进入某商店的顾客人数是随机变量 N，X_i 表示第 i 个顾客所花的钱数，$X_1, X_2, \cdots$ 是相互独立同分布的随机变量，且与 N 相互独立，试求该日商店一天营业额的均值.

解

$$\begin{aligned}E\Big(\sum_{i=1}^{N} X_i\Big) &= E\Big(E\Big(\sum_{i=1}^{N} X_i\Big) \mid N\Big)\\&= \sum_{n=1}^{\infty} E\Big(\sum_{i=1}^{N} X_i \mid N=n\Big)P(N=n)\\&= \sum_{n=1}^{\infty} E\Big(\sum_{i=1}^{n} X_i \mid N=n\Big)P(N=n)\\&= \sum_{n=1}^{\infty} E\Big(\sum_{i=1}^{n} X_i\Big)P(N=n)\\&= \sum_{n=1}^{\infty} nEX_1 P(N=n)\\&= (EX_1)\sum_{n=1}^{\infty} nP(N=n)\\&= EX_1 EN\end{aligned}$$

1.7　随机变量序列的收敛性

概率法则是对大量随机现象的考察中显现出来的，而对于大量的随机现象的描述就要采用极限方法.

定义 1.7.1　对于分布函数列$\{F_n(x), n=1, 2, \cdots\}$，如果存在一个非降函数$F(x)$，使

$$\lim_{n\to\infty} F_n(x) = F(x)$$

在$F(x)$的每一连续点上都成立，则称$\{F_n(x), n=1, 2, \cdots\}$弱收敛于$F(x)$，并记为$F_n(x)\xrightarrow{W}F(x)$.

定理 1.7.1(连续性定理)　(1) 设分布函数列$\{F_n(x), n=1, 2, \cdots\}$弱收敛于某一分布函数$F(x)$，则相应的特征函数列$\{\varphi_n(t), n=1, 2, \cdots\}$收敛于特征函数$\varphi(t)$，且在$t$的任一有限区间内收敛是一致的.

(2) 设特征函数列$\{\varphi_n(t), n=1, 2, \cdots\}$收敛于某一函数$\varphi(t)$，且$\varphi(t)$在$t=0$处连续，则相应的分布函数列$\{F_n(x), n=1, 2, \cdots\}$弱收敛于某一分布函数$F(x)$，而且$\varphi(t)$是$F(x)$的特征函数.

证明略.

概率论中的极限定理研究的是随机变量序列的某种收敛性，对随机变量收敛性的不同定义将导致不同的极限定理，而随机变量的收敛性确实可以有各种不同的定义. 下面讨论这个问题.

定义 1.7.2(依分布收敛)　设随机变量X_n，$n=1, 2, \cdots$，X的分布函数分别为$F_n(x)$，$n=1, 2, \cdots$及$F(x)$，如果$F_n(x)\xrightarrow{W}F(x)$，则称$\{X_n, n=1, 2, \cdots\}$依分布收敛于$X$，并记为$X_n\xrightarrow{L}X$.

定义 1.7.3(依概率收敛)　如果对于任意$\varepsilon>0$，

$$\lim_{n\to\infty} P(|X_n - X| \geqslant \varepsilon) = 0$$

则称$\{X_n, n=1, 2, \cdots\}$依概率收敛于X，并记为$X_n\xrightarrow{P}X$或$p\lim\limits_{n\to\infty}X_n=X$.

定理 1.7.2　若$X_n\xrightarrow{P}X$，则$X_n\xrightarrow{L}X$，但反之不然.

证明　设$x'<x$，则

$$\{X\leqslant x'\} = \{X_n\leqslant x, X\leqslant x'\}\cup\{X_n>x, X\leqslant x'\}\subset\{X_n\leqslant x\}\cup\{X_n>x, X\leqslant x'\}$$

从而

$$F(x')\leqslant F_n(x)+P(X_n>x, X\leqslant x')$$

设$X_n\xrightarrow{P}X$，则

$$P(X_n>x, X\leqslant x')\leqslant P(|X_n-X|\geqslant x-x')\to 0$$

因而有

$$F(x')\leqslant \varliminf_{n\to\infty} F_n(x)$$

同理可证，对$x<x''$，有

$$\varlimsup_{n\to\infty} F_n(x)\leqslant F(x'')$$

所以对$x'<x<x''$，有

$$F(x')\leqslant \varliminf_{n\to\infty} F_n(x)\leqslant \varlimsup_{n\to\infty} F_n(x)\leqslant F(x'')$$

如果x是$F(x)$的连续点，则令x'、x''趋于x，得

$$F(x) = \lim_{n\to\infty} F_n(x)$$

即 $X_n \xrightarrow{L} X$.

反之不然. 例如，若样本空间 $\Omega=\{\omega_1, \omega_2\}$，$P(\omega_1)=P(\omega_2)=1/2$，定义随机变量 $X(\omega)$ 如下：$X(\omega_1)=-1$，$X(\omega_2)=1$，则 $X(\omega)$的分布律为 $P(X(\omega)=k)=1/2$，$k=-1, 1$. 如果对一切 n，令 $X_n(\omega)=-X(\omega)$，则显然 $X_n(\omega)\xrightarrow{L}X(\omega)$. 但是对于任意的 $0<\varepsilon<2$，

$$P(|X_n(\omega)-X(\omega)|\geqslant\varepsilon)=P(\Omega)=1$$

所以$\{X_n(\omega), n=1, 2, \cdots\}$不依概率收敛于 $X(\omega)$.

但是在特殊场合有下面结果：对于常数 C，则 $X_n\xrightarrow{P}C$ 与 $X_n\xrightarrow{L}C$ 等价.

事实上，若 $X_n\xrightarrow{L}C$，则 $\forall\varepsilon>0$，

$$\begin{aligned}P(|X_n-C|\geqslant\varepsilon)&=P(X_n\geqslant C+\varepsilon)+P(X_n\leqslant C-\varepsilon)\\&=1-F_n(C+\varepsilon-0)+F_n(C-\varepsilon)\\&\to 1-1+0=0\end{aligned}$$

从而 $X_n\xrightarrow{P}C$；反之，若 $X_n\xrightarrow{P}C$，则由定理 1.7.2 得 $X_n\xrightarrow{L}C$.

定义 1.7.4（r **阶收敛**）　设对随机变量 X_n，$n=1, 2, \cdots$及 X 有 $E|X_n|^r<+\infty$，$n=1, 2, \cdots$，$E|X|^r<+\infty$，其中 $r>0$ 为常数，如果

$$\lim_{n\to\infty}E|X_n-X|^r=0$$

则称$\{X_n, n=1, 2, \cdots\}r$ 阶收敛于 X，并记为 $X_n\xrightarrow{r}X$.

定理 1.7.3　设 $r>0$，若 $X_n\xrightarrow{r}X$，则 $X_n\xrightarrow{P}X$，但反之不然.

证明　对于任意的 $\varepsilon>0$，由马尔可夫不等式

$$P(|X_n-X|\geqslant\varepsilon)\leqslant\frac{E|X_n-X|^r}{\varepsilon^r}$$

知 $X_n\xrightarrow{P}X$.

反之不然. 例如，取 $\Omega=(0, 1]$，$\mathscr{F}$ 为$(0, 1]$中 Borel 点集全体所构成的 σ 域，P 为 Lebesgue 测度. 定义 $X(\omega)=0$ 及

$$X_n(\omega)=\begin{cases}n^{\frac{1}{r}}, & 0<\omega\leqslant\dfrac{1}{n}\\[2ex] 0, & \dfrac{1}{n}<\omega\leqslant 1\end{cases}$$

显然，对一切 $\omega\in\Omega$，$X_n(\omega)\to X(\omega)$，又对于任意的 $\varepsilon>0$，

$$P(|X_n(\omega)-X(\omega)|\geqslant\varepsilon)\leqslant\frac{1}{n}$$

因此 $X_n(\omega)\xrightarrow{P}X(\omega)$，但是

$$E|X_n(\omega)-X(\omega)|^r=(n^{\frac{1}{r}})^r\frac{1}{n}=1$$

即$\{X_n(\omega), n=1, 2, \cdots\}$不 r 阶收敛.

定义 1.7.5（几乎处处收敛）　如果

$$P(\lim_{n\to\infty}X_n=X)=1$$

则称$\{X_n, n=1, 2, \cdots\}$几乎处处收敛于 X，又称$\{X_n, n=1, 2, \cdots\}$以概率 1 收敛于 X，并

记为 $X_n \xrightarrow{a.s.} X$.

定理 1.7.4 若 $X_n \xrightarrow{a.s.} X$，则 $X_n \xrightarrow{P} X$，但反之不然.

证明 设 $X_n \xrightarrow{a.s.} X$，则 $\forall \varepsilon > 0$，有

$$P\left(\bigcap_{k=1}^{\infty}\bigcup_{n=k}^{\infty}(|X_n - X| \geqslant \varepsilon)\right) = P\left(\overline{\lim_{n\to\infty}}(|X_n - X| \geqslant \varepsilon)\right) = 0$$

从而

$$0 = P\left(\bigcap_{k=1}^{\infty}\bigcup_{n=k}^{\infty}(|X_n - X| \geqslant \varepsilon)\right) = \lim_{k\to\infty} P\left(\bigcup_{n=k}^{\infty}(|X_n - X| \geqslant \varepsilon)\right)$$

但

$$\{|X_k - X| \geqslant \varepsilon\} \subset \bigcup_{n=k}^{\infty}\{|X_n - X| \geqslant \varepsilon\}$$

所以

$$P(|X_k - X| \geqslant \varepsilon) \leqslant P\left(\bigcup_{n=k}^{\infty}|X_n - X| \geqslant \varepsilon\right)$$

令 $k\to\infty$，得

$$\lim_{k\to\infty} P(|X_k - X| \geqslant \varepsilon) = 0$$

即 $X_n \xrightarrow{P} X$.

反之不然. 例如，取 $\Omega = (0, 1]$，$\mathscr{F}$ 为 $(0, 1]$ 中 Borel 点集全体所构成的 σ 域，P 为 Lebesgue 测度，令

$$A_{11} = \{\omega:\ 0 < \omega \leqslant 1\}$$

$$A_{21} = \left\{\omega:\ 0 < \omega \leqslant \frac{1}{2}\right\}$$

$$A_{22} = \left\{\omega:\ \frac{1}{2} < \omega \leqslant 1\right\}$$

$$\vdots$$

$$A_{k1} = \left\{\omega:\ 0 < \omega \leqslant \frac{1}{k}\right\}$$

$$A_{k2} = \left\{\omega:\ \frac{1}{k} < \omega \leqslant \frac{2}{k}\right\}$$

$$\vdots$$

$$A_{kk} = \left\{\omega:\ \frac{k-1}{k} < \omega \leqslant 1\right\}$$

$$\vdots$$

定义 $X=0$ 及 $X_1 = I_{A_{11}}$，$X_2 = I_{A_{21}}$，$X_3 = I_{A_{22}}$，$X_4 = I_{A_{31}}$，$X_5 = I_{A_{32}}$，…，对于任意的 $0<\varepsilon<1$，有

$$P(|X_n - X| \geqslant \varepsilon) \leqslant \frac{1}{n}$$

因此 $X_n \xrightarrow{P} X$，但是对任一固定的 ω 及任一正整数 n，恰有某个 i 使 $\omega \in A_{ni}$，即 $I_{A_{ni}} = 1$，而其余的 $k \neq i$，$I_{A_{nk}} = 0$，这说明 $\{X_n,\ n=1, 2, \cdots\}$ 中有无穷多个 1 和无穷多个 0，即 $\{X_n,\ n=1, 2, \cdots\}$ 不收敛，从而 $\{X_n,\ n=1, 2, \cdots\}$ 不几乎处处收敛于 X.

大数定律是关于大量随机现象平均结果稳定性的定理，按照随机变量依概率收敛和几

乎处处收敛性，大数定律分为(弱)大数定律和强大数定律两种.

定理 1.7.5(Bernoulli 大数定律)　设 n_A 表示在 n 重 Bernoulli 试验中事件 A 出现的次数，而 p 表示每次试验中事件 A 出现的概率，则对于任意的 $\varepsilon>0$，有

$$\lim_{n\to\infty}P\left(\left|\frac{n_A}{n}-p\right|\geqslant\varepsilon\right)=0$$

证明　令

$$X_k=\begin{cases}1, & 第\ k\ 次试验\ A\ 出现\\ 0, & 第\ k\ 次试验\ A\ 不出现\end{cases}\qquad k=1,2,\cdots,n$$

则 $X_1, X_2, \cdots, X_n$ 是 n 个相互独立同分布的随机变量，且 $EX_k=p$，$DX_k=p(1-p)=pq$，$n_A=\sum_{k=1}^{n}X_k$，$En_A=np$，$Dn_A=D\left(\sum_{k=1}^{n}X_k\right)=\sum_{k=1}^{n}DX_k=npq$，于是由 Chebyshev 不等式有

$$\begin{aligned}P\left(\left|\frac{n_A}{n}-p\right|\geqslant\varepsilon\right)&=P(|n_A-np|\geqslant n\varepsilon)\\&=P(|n_A-En_A|\geqslant n\varepsilon)\leqslant\frac{Dn_A}{n^2\varepsilon^2}\\&=\frac{npq}{n^2\varepsilon^2}=\frac{pq}{\varepsilon^2}\frac{1}{n}\to 0,\quad n\to\infty\end{aligned}$$

所以

$$\lim_{n\to\infty}P\left(\left|\frac{n_A}{n}-p\right|\geqslant\varepsilon\right)=0$$

定理 1.7.6(Chebyshev 大数定律)　设 $X_1, X_2, \cdots, X_n, \cdots$ 是两两不相关的随机变量序列，每一随机变量都有有限的方差，并且它们有公共的上界，即存在 $M>0$，$DX_k\leqslant M$，$k=1, 2, \cdots$，则对于任意的 $\varepsilon>0$，有

$$\lim_{n\to\infty}P\left(\left|\frac{1}{n}\sum_{k=1}^{n}X_k-\frac{1}{n}\sum_{k=1}^{n}EX_k\right|\geqslant\varepsilon\right)=0$$

证明　因为 $\{X_n\}$ 两两不相关且方差有公共上界，所以

$$D\left(\frac{1}{n}\sum_{k=1}^{n}X_k\right)=\frac{1}{n^2}\sum_{k=1}^{n}DX_k\leqslant\frac{nM}{n^2}=\frac{M}{n}$$

由 Chebyshev 不等式，有

$$\begin{aligned}P\left(\left|\frac{1}{n}\sum_{k=1}^{n}X_k-\frac{1}{n}\sum_{k=1}^{n}EX_k\right|\geqslant\varepsilon\right)&=P\left(\left|\frac{1}{n}\sum_{k=1}^{n}X_k-E\left(\frac{1}{n}\sum_{k=1}^{n}X_k\right)\right|\geqslant\varepsilon\right)\\&\leqslant\frac{D\left(\frac{1}{n}\sum_{k=1}^{n}X_k\right)}{\varepsilon^2}\\&\leqslant\frac{M}{n\varepsilon^2}\to 0,\quad n\to\infty\end{aligned}$$

所以

$$\lim_{n\to\infty}P\left(\left|\frac{1}{n}\sum_{k=1}^{n}X_k-\frac{1}{n}\sum_{k=1}^{n}EX_k\right|\geqslant\varepsilon\right)=0$$

定理 1.7.7（Khintchine 大数定律） 设 $X_1, X_2, \cdots, X_n, \cdots$ 是相互独立同分布的随机变量序列，且有有限的数学期望，$\mu = EX_k < +\infty$，$k=1, 2, \cdots$，则对于任意的 $\varepsilon > 0$，有

$$\lim_{n\to\infty} P\left(\left|\frac{1}{n}\sum_{k=1}^{n} X_k - \mu\right| \geqslant \varepsilon\right) = 0$$

证明 由于 $X_1, X_2, \cdots, X_n, \cdots$ 同分布，故有同一特征函数 $\varphi(t)$. 因为数学期望存在，故 $\varphi(t)$ 可展开成

$$\varphi(t) = \varphi(0) + \varphi'(0)t + o(t) = 1 + \mathrm{j}\mu t + o(t)$$

而 $\dfrac{1}{n}\sum\limits_{k=1}^{n} X_k$ 的特征函数为

$$\left[\varphi\left(\frac{t}{n}\right)\right]^n = \left[1 + \mathrm{j}\mu\frac{t}{n} + o\left(\frac{t}{n}\right)\right]^n$$

对于固定的 t，有

$$\left[\varphi\left(\frac{t}{n}\right)\right]^n \to \mathrm{e}^{\mathrm{j}\mu t},\ n \to \infty$$

极限函数 $\mathrm{e}^{\mathrm{j}\mu t}$ 是连续函数，它是退化分布函数 $I(x-\mu)$ 所对应的特征函数. 由连续性定理知，$\dfrac{1}{n}\sum\limits_{k=1}^{n} X_k$ 的分布函数弱收敛于 $I(x-\mu)$，再由特殊场合依概率收敛与依分布收敛的关系知，$\dfrac{1}{n}\sum\limits_{k=1}^{n} X_k$ 依概率收敛于 μ，即

$$\lim_{n\to\infty} P\left(\left|\frac{1}{n}\sum_{k=1}^{n} X_k - \mu\right| \geqslant \varepsilon\right) = 0$$

定理 1.7.8（Markov 大数定律） 设 $X_1, X_2, \cdots, X_n, \cdots$ 是随机变量序列，且 $\lim\limits_{n\to\infty}\dfrac{1}{n^2}D\left(\sum\limits_{k=1}^{n} X_k\right) = 0$，则对于任意的 $\varepsilon > 0$，有

$$\lim_{n\to\infty} P\left(\left|\frac{1}{n}\sum_{k=1}^{n} X_k - \frac{1}{n}\sum_{k=1}^{n} EX_k\right| \geqslant \varepsilon\right) = 0$$

证明 由 Chebyshev 不等式，有

$$\begin{aligned}
P\left(\left|\frac{1}{n}\sum_{k=1}^{n} X_k - \frac{1}{n}\sum_{k=1}^{n} EX_k\right| \geqslant \varepsilon\right) &= P\left(\left|\frac{1}{n}\sum_{k=1}^{n} X_k - E\left(\frac{1}{n}\sum_{k=1}^{n} X_k\right)\right| \geqslant \varepsilon\right) \\
&\leqslant \frac{D\left(\dfrac{1}{n}\sum\limits_{k=1}^{n} X_k\right)}{\varepsilon^2} \\
&= \frac{\dfrac{1}{n^2}D\left(\sum\limits_{k=1}^{n} X_k\right)}{\varepsilon^2} \to 0,\ n \to \infty
\end{aligned}$$

所以

$$\lim_{n\to\infty} P\left(\left|\frac{1}{n}\sum_{k=1}^{n} X_k - \frac{1}{n}\sum_{k=1}^{n} EX_k\right| \geqslant \varepsilon\right) = 0$$

下面我们不加证明地给出几个强大数定律，有兴趣的读者可参阅有关概率论书籍.

定理 1.7.9（Borel 大数定律） 设 n_A 表示在 n 重 Bernoulli 试验中事件 A 出现的次数，

而 p 表示每次试验中事件 A 出现的概率，则

$$P\left(\lim_{n\to\infty}\frac{n_A}{n}=p\right)=1$$

定理 1.7.10（Kolmogorov 大数定律） 设 $X_1, X_2, \cdots, X_n, \cdots$是相互独立的随机变量序列，且 $\sum_{n=1}^{\infty}\frac{DX_n}{n^2}<+\infty$，则

$$P\left(\lim_{n\to\infty}\frac{1}{n}\sum_{k=1}^{n}(X_k-EX_k)=0\right)=1$$

定理 1.7.11（Kolmogorov 定理） 设 $X_1, X_2, \cdots, X_n, \cdots$ 是相互独立且同分布的随机变量序列，则

$$\frac{1}{n}\sum_{k=1}^{n}X_k\xrightarrow{\text{a.s.}}\mu$$

的充要条件是 EX_k 存在且等于 μ.

习 题 一

1. 甲、乙两个盒子都存放长、短两种规格的螺栓，甲盒有 60 个长螺栓、40 个短螺栓，乙盒有 20 个长螺栓、10 个短螺栓. 现从中任取一盒，再从此盒中任取一个螺栓，求此螺栓是长螺栓的概率；若发现是长螺栓，求此螺栓是从甲盒中取出的概率.

2. 设 $F_1(x)$和 $F_2(x)$都是一维分布函数，任给两个常数 a 和 b，满足 $a>0$，$b>0$，$a+b=1$，证明 $aF_1(x)+bF_2(x)$也是一维分布函数.

3. 已知随机变量 X 和 Y 的联合概率密度函数为

$$f(x, y)=\begin{cases}A\mathrm{e}^{-(2x+y)}, & x\geqslant 0, y\geqslant 0\\ 0, & \text{其它}\end{cases}$$

(1) 求常数 A；

(2) 求边缘分布函数 $F_X(x)$和 $F_Y(y)$；

(3) 求 $P(X+Y\leqslant 2)$.

4. 设随机变量 X 和 Y 相互独立，分别服从参数为 λ_1 和 λ_2 的 Poisson 分布，试证明

$$P(X=k\mid X+Y=n)=C_n^k\left(\frac{\lambda_1}{\lambda_1+\lambda_2}\right)^k\left(1-\frac{\lambda_1}{\lambda_1+\lambda_2}\right)^{n-k}$$

5. 设随机变量 X 在(0, 1)区间内服从均匀分布. 试求：

(1) $Y=\mathrm{e}^X$ 的概率密度函数；

(2) $Y=-2\ln X$ 的概率密度函数.

6. 设 X、Y 相互独立且同服从参数为 1 的指数分布，试求 $U=X+Y$ 和 $V=\frac{X}{X+Y}$的联合分布，并讨论 U 与 V 的独立性.

7. 设 X 服从参数为 $\alpha>0$，$\beta>0$ 的 Γ 分布，即 X 的概率密度函数为

$$f(x)=\begin{cases}\dfrac{\beta}{\Gamma(\alpha)}(\beta x)^{\alpha-1}\mathrm{e}^{-\beta x}, & x>0\\ 0, & x\leqslant 0\end{cases}$$

试求：

(1) X 的特征函数 $\varphi(t)$；

(2) X 的期望 EX 和方差 DX.

8. 设 X_1, X_2, …, X_n 相互独立且同服从参数为 λ 的指数分布，试求 $\sum\limits_{k=1}^{n}X_k$ 的分布.

9. 设 X、Y 相互独立，

(1) 若 X、Y 分别服从二项分布 $B(m, p)$ 和 $B(n, p)$，试求 $X+Y$ 的分布；

(2) 若 X、Y 分别服从参数为 (α_1, β) 和 (α_2, β) 的 Γ 分布，试求 $X+Y$ 的分布.

10. 设 X_1, X_2, …, X_n 相互独立且同服从正态分布 $N(0, 1)$，求随机变量 $Y=\sum\limits_{i=1}^{n}X_i^2$ 的特征函数.

11. 若 $\varphi(t)$ 是特征函数，证明

$$g(t)=\mathrm{e}^{\varphi(t)-1}$$

也是特征函数.

12. 若连续函数 $\varphi(t)$ 满足：

(1) $\varphi(t)=\varphi(-t)$；

(2) $\varphi(t+2a)=\varphi(t)$；

(3) $\varphi(t)=\dfrac{a-t}{a}$, $0\leqslant t\leqslant a$,

则 $\varphi(t)$ 是特征函数.

13. 设随机变量 X 的各阶矩存在，并已知

$$EX^n=\frac{n!}{2}\left[\frac{1}{b^n}+(-1)^n\frac{1}{a^n}\right]$$

其中，$a>0$, $b>0$ 是常数，求 X 的特征函数 $\varphi(t)$ 和概率密度函数 $f(x)$.

14. 若 $\boldsymbol{X}=(X_1, X_2, X_3, X_4)$ 是四维正态随机变量，$EX_k=0$, $k=1,2,3,4$，试证明

$$E(X_1X_2X_3X_4)=E(X_1X_2)E(X_3X_4)+E(X_1X_3)E(X_2X_4)+E(X_1X_4)E(X_2X_3)$$

15. 考虑电子管中电子发射问题. 设单位时间内到达阳极的电子数目 N 服从参数为 λ 的 Poisson 分布，每个电子携带的能量构成一个随机变量序列 X_1, X_2, …, X_n, …，已知 $\{X_n\}$ 与 N 统计独立，$\{X_n\}$ 之间互不相关且具有相同的期望和方差，即

$$EX_k=\mu,\ DX_k=\sigma^2,\ k=1,2,\cdots$$

单位时间内阳极接收到的能量为

$$S=\sum_{k=1}^{N}X_k$$

求 S 的均值 ES 和方差 DS.

16. 设 X_1, X_2, …, X_n 是相互独立的随机变量，且它们的四阶矩存在，$EX_k=0$, $k=1, 2, \cdots, n$，定义

$$Y = \sum_{k=1}^{n} X_i$$

(1) 证明

$$EY^3 = \sum_{k=1}^{n} EX_k^3$$

(2) 证明

$$EY^4 = \sum_{k=1}^{n} EX_k^4 + 6\sum_{k=1}^{n} EX_k^2 \sum_{l=k+1}^{n} EX_l^2$$

17. 考虑一元件，其失效时间 X 服从参数为 λ 的指数分布. 在时刻 T 观察该元件，发现它仍在工作，求剩余寿命的期望值 $E((X-T)\mid X\geqslant T)$.

18. 设二维随机变量(X, Y)的联合概率密度函数为

$$f(x, y) = \begin{cases} \dfrac{1}{2}e^{-y}, & y > \mid x \mid, -\infty < x < +\infty \\ 0, & 其它 \end{cases}$$

(1) 证明 X 和 Y 不相关、不独立；

(2) 求 EY 和 $E(Y\mid X)$.

19. 设 $X_n \xrightarrow{P} X$，$Y_n \xrightarrow{P} Y$，证明 $X_n \pm Y_n \xrightarrow{P} X \pm Y$.

20. 对随机变量序列$\{X_n\}$，若记 $Y_n = \dfrac{1}{n}\sum_{k=1}^{n} X_k$，$\mu_n = \dfrac{1}{n}\sum_{k=1}^{n} EX_k$，证明$\{X_n\}$服从大数定律的充要条件是

$$\lim_{n\to\infty} E\left[\frac{(Y_n-\mu_n)^2}{1+(Y_n-\mu_n)^2}\right] = 0$$

第 2 章 随机过程的基本概念

在客观世界中有许多随机现象表现为带随机性的变化过程，它不能用一个或几个随机变量来刻画，而要用一族无穷多个随机变量来描绘，这就是随机过程.

2.1 随机过程的定义

随机过程是概率论的继续和发展，被认为是概率论的“动力学”部分，即它的研究对象是随时间演变的随机现象，用数学语言来说，就是事物变化的过程不能用一个(或几个)时间 t 的确定的函数来加以描绘. 或从另一个角度来看，对事物变化的全过程进行一次观察得到的结果是一个时间 t 的函数，但对同一事物的变化过程独立地重复进行多次观察所得的结果是不相同的，而且每次观察之前不能预知试验结果. 现在来看几个具体例子.

例 2.1.1 当 $t(t\geqslant 0)$ 固定时，电话交换站在 $[0, t]$ 时间内收到的呼叫次数是随机变量，记为 $X(t)$. $X(t)$ 服从参数为 λt 的 Poisson 分布，其中 λ 是单位时间内平均收到的呼叫次数，且 $\lambda>0$. 如果 t 从 0 变到 $+\infty$，t 时刻前收到的呼叫次数需用一族随机变量 $\{X(t), t\in[0,+\infty)\}$ 来表示，则该随机现象就是一个随机过程. 对电话交换站做一次试验，便可得到一个呼叫次数—时间函数(即呼叫次数关于时间 t 的函数) $x_1(t)$，如图 2-1 所示. 这个呼叫次数—时间函数是不可能预先确知的，只有通过测量才能得到. 如果在相

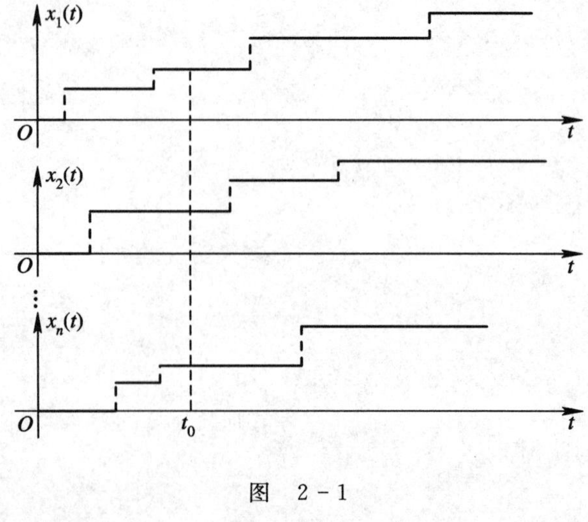

图 2-1

同条件下独立地再进行一次测量，则得到的记录是不同的．事实上，由于呼叫的随机性，在相同条件下每次测量都产生不同的呼叫次数—时间函数，如图 2－1 所示．

例 2.1.2　电子元件或器件由于内部微观粒子(如电子)的随机热骚动所引起的端电压称为热噪声电压，它在任一确定时刻的值是随机变量，记为 $V(t)$．如果 t 从 0 变到 $+\infty$，t 时刻的热噪声电压需用一族随机变量 $\{V(t), t\in[0, +\infty)\}$ 来表示，则该随机现象就是一个随机过程．对某种装置做一次试验，便可得到一个电压—时间函数 $v_1(t)$，如图 2－2 所示．这个电压—时间函数是不可能预先确知的，只有通过测量才能得到．如果在相同的条件下独立地再进行一次测量，则得到的记录是不同的，如图 2－2 所示．

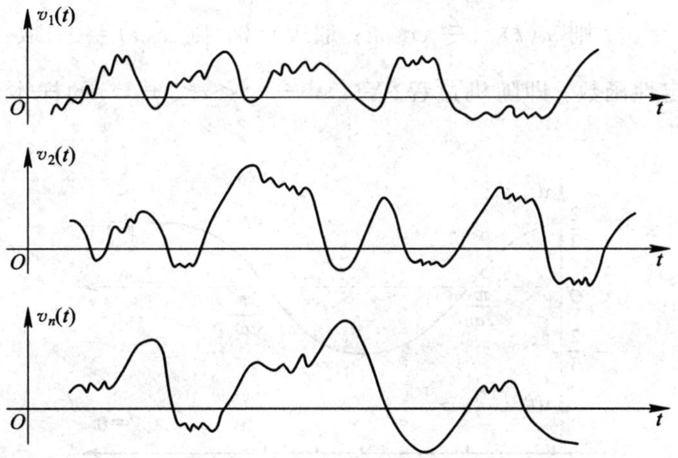

图　2－2

在物理学、生物学、通信和控制、管理科学等许多现代科学技术领域内，还有许多现象要用一族随机变量来描述．我们撇开这些现象的具体意义，抓住它们在数量关系上的共性来分析．所谓一族随机变量，首先是随机变量，从而是该试验样本空间上的函数，其次形成了一族，因而它还取决于另一个变量即还是另一参数集上的函数，所以随机过程就是一族二元函数，其精确的数学定义如下：

定义 2.1.1　设 $(\Omega, \mathscr{F}, P)$ 是一个概率空间，T 是一个实的参数集，定义在 Ω 和 T 上的二元函数 $X(\omega, t)$．如果对于任意固定的 $t\in T$，$X(\omega, t)$ 是 $(\Omega, \mathscr{F}, P)$ 上的随机变量，则称 $\{X(\omega, t), \omega\in\Omega, t\in T\}$ 为该概率空间上的随机过程，简记为 $\{X(t), t\in T\}$．

$\{X(t), t\in T\}$ 怎样看成是一族随机变量构成的呢？我们固定 $t=t_0\in T$，考察 $X(t)$ 在 t_0 的数值 $X(t_0)$，第一试验值为 $x_1(t_0)$，第二次试验值为 $x_2(t_0)$，…… 显然 $X(t_0)$ 是一个随机变量，如图 2－1 所示．另一方面，由例 2.1.1、例 2.1.2 我们知道，对随机过程做一次试验，即固定样本点 ω，便可得到一个参数 t 的普通函数．为此我们有如下定义：

定义 2.1.2　设 $\{X(t), t\in T\}$ 是随机过程，则当 t 固定时，$X(t)$ 是一个随机变量，称为 $\{X(t), t\in T\}$ 在 t 时刻的状态．随机变量 $X(t)$（t 固定，$t\in T$）所有可能的取值构成的集合，称为随机过程的状态空间，记为 S．

定义 2.1.3　设 $\{X(t), t\in T\}$ 是随机过程，则当 $\omega\in\Omega$ 固定时，$X(t)$ 是定义在 T 上不具有随机性的普通函数，记为 $x(t)$，称为随机过程的一个样本函数．其图像称为随机过程的一条样本曲线(轨道或实现)．

例 2.1.3 设 $X(t)=V\cos\omega t$，$-\infty<t<+\infty$，其中 ω 为实常数，V 服从区间$[0, 1]$上的均匀分布，即

$$f_V(v)=\begin{cases}1, & 0\leqslant v\leqslant 1\\ 0, & \text{其它}\end{cases}$$

(1) 画出$\{X(t), -\infty<t<+\infty\}$的几条样本曲线；

(2) 求 $t=0$，$\dfrac{\pi}{4\omega}$，$\dfrac{3\pi}{4\omega}$，$\dfrac{\pi}{\omega}$时随机变量 $X(t)$的概率密度函数；

(3) 求 $t=\dfrac{\pi}{2\omega}$时 $X(t)$的分布函数.

解 (1) 取 $V=\dfrac{2}{3}$，则 $x(t)=\dfrac{2}{3}\cos\omega t$；取 $V=0$，则 $x(t)=0$；取 $V=1$，则 $x(t)=\cos\omega t$ 都是 t 的确定性函数，即随机过程$\{X(t), -\infty<t<+\infty\}$的样本函数，如图 2-3 所示.

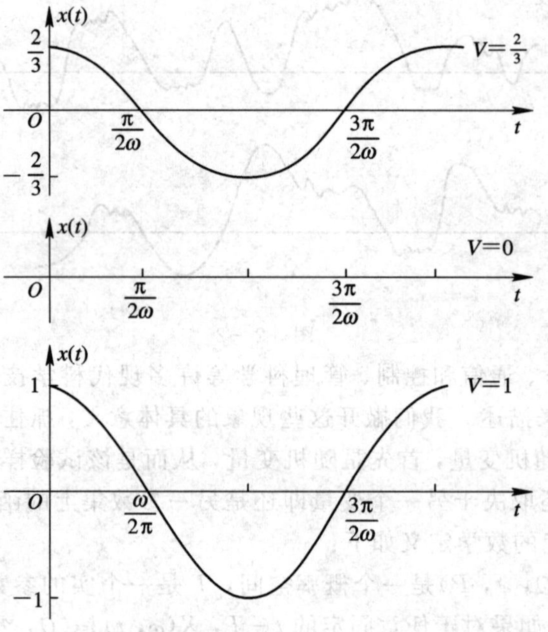

图 2-3

(2) 当 $t=0$ 时，$X(0)=V$，故 $X(0)$的概率密度函数就是 V 的概率密度函数，即

$$f_{X(0)}(x)=\begin{cases}1, & 0\leqslant x\leqslant 1\\ 0, & \text{其它}\end{cases}$$

当 $t=\dfrac{\pi}{4\omega}$时，$X\left(\dfrac{\pi}{4\omega}\right)=V\cos\omega\dfrac{\pi}{4\omega}=\dfrac{1}{\sqrt{2}}V$，故 $X\left(\dfrac{\pi}{4\omega}\right)$的概率密度函数为

$$f_{X\left(\frac{\pi}{4\omega}\right)}(x)=\begin{cases}\sqrt{2}, & 0\leqslant x\leqslant \dfrac{1}{\sqrt{2}}\\ 0, & \text{其它}\end{cases}$$

当 $t=\dfrac{3\pi}{4\omega}$时，$X\left(\dfrac{3\pi}{4\omega}\right)=V\cos\omega\dfrac{3\pi}{4\omega}=-\dfrac{1}{\sqrt{2}}V$，故 $X\left(\dfrac{3\pi}{4\omega}\right)$的概率密度函数为

$$f_{X\left(\frac{3\pi}{4\omega}\right)}(x)=\begin{cases}\sqrt{2}, & -\dfrac{1}{\sqrt{2}}\leqslant x\leqslant 0\\ 0, & 其它\end{cases}$$

当 $t=\dfrac{\pi}{\omega}$ 时，$X\left(\dfrac{\pi}{\omega}\right)=V\cos\omega\dfrac{\pi}{\omega}=-V$，故 $X\left(\dfrac{\pi}{\omega}\right)$ 的概率密度函数为

$$f_{X\left(\frac{\pi}{\omega}\right)}(x)=\begin{cases}1, & -1\leqslant x\leqslant 0\\ 0, & 其它\end{cases}$$

(3) 当 $t=\dfrac{\pi}{2\omega}$ 时，$X\left(\dfrac{\pi}{2\omega}\right)=V\cos\omega\dfrac{\pi}{2\omega}=0$，不论 V 取何值，均有 $X\left(\dfrac{\pi}{2\omega}\right)=0$，因此，$P\left(X\left(\dfrac{\pi}{2\omega}\right)=0\right)=1$，从而 $X\left(\dfrac{\pi}{2\omega}\right)$ 的分布函数为

$$F_{X\left(\frac{\pi}{2\omega}\right)}(x)=\begin{cases}1, & x\geqslant 0\\ 0, & x<0\end{cases}$$

2.2 随机过程的分类和举例

随机过程可以根据参数集 T 和状态空间 S 是离散集还是连续集分为四大类.

1. 离散参数、离散状态的随机过程

这类过程的特点是参数集是离散的，同时对于固定的 $t\in T$，$X(t)$ 是离散型随机变量，即其取值也是离散的.

例 2.2.1(贝努利过程)　考虑抛掷一颗骰子的试验．设 X_n 是第 $n(n\geqslant 1)$ 次抛掷的点数，对于 $n=1,2,\cdots$ 的不同值，X_n 是不同的随机变量，因而 $\{X_n, n\geqslant 1\}$ 构成一随机过程，称为贝努利过程．其参数集 $T=\{1, 2, \cdots\}$，状态空间 $S=\{1, 2, \cdots, 6\}$.

例 2.2.2　设有一质点在 x 轴上做随机游动，在 $t=0$ 时质点处于 x 轴的原点 O，在 $t=1, 2, \cdots$ 时质点可以在 x 轴上正向或反向移动一个单位，做正向移动一个单位的概率为 p，做反向移动一个单位的概率为 $q=1-p$. 在 $t=n$ 时，质点所处的位置为 X_n，则 $\{X_n, n=1,2, \cdots\}$ 为一随机过程. 其参数集 $T=\{0, 1, 2, \cdots\}$，状态空间 $S=\{\cdots, -2, -1, 0, 1, 2, \cdots\}$.

2. 离散参数、连续状态的随机过程

这类过程的特点是参数集是离散的，对于固定的 $t\in T$，$X(t)$ 是连续型随机变量.

例 2.2.3　设 X_n，$n=\cdots, -2, -1, 0, 1, 2, \cdots$ 是相互独立且同服从标准正态分布的随机变量，则 $\{X_n, n=\cdots, -2, -1, 0, 1, 2, \cdots\}$ 为一随机过程. 其参数集 $T=\{\cdots, -2, -1, 0, 1, 2, \cdots\}$，状态空间 $S=(-\infty, +\infty)$.

3. 连续参数、离散状态的随机过程

这类过程的特点是参数集是连续的，而对于固定的 $t\in T$，$X(t)$ 是离散型随机变量.

例 2.2.4　设 $X(t)$ 表示在期间 $[0, t]$ 内到达服务点的顾客数，对于 $t\in[0, +\infty)$ 的不同值，$X(t)$ 是不同的随机变量，因而 $\{X(t), t\geqslant 0\}$ 构成一随机过程．其参数集 $T=[0, +\infty)$，状态空间 $S=\{0, 1, 2, \cdots\}$.

4. 连续参数、连续状态的随机过程

这类过程的特点是参数集是连续的，而对于固定的 $t\in T$，$X(t)$是连续型随机变量.

例 2.2.5　设 $X(t)=A\cos(\omega t+\Phi)$，$-\infty<t<+\infty$，其中 $A>0$，ω 是实常数，Φ 服从区间$[-\pi, \pi]$上的均匀分布，则$\{X(t), -\infty<t<+\infty\}$是一随机过程．其参数集 $T=(-\infty, +\infty)$，状态空间 $S=[-A, A]$.

2.3　随机过程的有限维分布函数族

不论随机过程属于哪一类，我们均需要找出它的统计特性，才能讨论它的性质．所谓研究统计特性，其中一种方法就是求该过程的有限维分布函数族.

定义 2.3.1　设$\{X(t), t\in T\}$是一随机过程，对于任意固定的 $t\in T$，$X(t)$是一随机变量，称

$$F(t;x)=P(X(t)\leqslant x),\ x\in \mathbf{R},\ t\in T$$

为随机过程$\{X(t), t\in T\}$的一维分布函数；对于任意固定的 $t_1, t_2\in T$，$X(t_1)$和 $X(t_2)$是两个随机变量，称

$$F(t_1,t_2;\ x_1,x_2)=P(X(t_1)\leqslant x_1,\ X(t_2)\leqslant x_2),\ x_1,x_2\in \mathbf{R},\ t_1,t_2\in T$$

为随机过程$\{X(t), t\in T\}$的二维分布函数；一般地，对于任意固定的 $t_1,t_2,\cdots,t_n\in T$，$X(t_1),X(t_2),\cdots,X(t_n)$是 n 个随机变量，称

$$F(t_1,t_2,\cdots,t_n;\ x_1,x_2,\cdots,x_n)=P(X(t_1)\leqslant x_1,\ X(t_2)\leqslant x_2,\cdots,X(t_n)\leqslant x_n)$$

$$x_i\in \mathbf{R},\ t_i\in T,\ i=1,\ 2,\ \cdots,\ n$$

为随机过程$\{X(t), t\in T\}$的 n 维分布函数.

定义 2.3.2　设$\{X(t), t\in T\}$是一随机过程，其一维分布函数，二维分布函数，…，n 维分布函数，…的全体

$$F=\{F(t_1,t_2,\cdots,t_n;\ x_1,x_2,\cdots,x_n),\ x_i\in \mathbf{R},\ t_i\in T,\ i=1,2,\ \cdots,\ n,n\in \mathbf{N}\}$$

称为随机过程$\{X(t), t\in T\}$的有限维分布函数族.

综上所述，如果知道了随机过程$\{X(t), t\in T\}$的 n 维分布函数全体，那么对随机过程$\{X(t), t\in T\}$中任意 n 个随机变量的联合分布也就完全知道了；进一步，如果知道了随机过程$\{X(t), t\in T\}$的有限维分布函数族，便知道了这一随机过程中任意有限个随机变量的联合分布，也就完全可以确定它们之间的相互关系.

容易看出，随机过程的有限维分布函数族具有对称性和相容性.

1. 对称性

设 $i_1 i_2\cdots i_n$ 是 1, 2, …, n 的任一排列，则

$$F(t_{i_1},t_{i_2},\cdots,t_{i_n};\ x_{i_1},x_{i_2},\cdots,x_{i_n})=F(t_1,t_2,\cdots,t_n;\ x_1,x_2,\cdots,x_n)$$

事实上，

$$\begin{aligned}F(t_{i_1},t_{i_2},\cdots,t_{i_n};\ x_{i_1},x_{i_2},\cdots,x_{i_n})&=P(X(t_{i_1})\leqslant x_{i_1},\ X(t_{i_2})\leqslant x_{i_2},\ \cdots,\ X(t_{i_n})\leqslant x_{i_n})\\&=P(X(t_1)\leqslant x_1,\ X(t_2)\leqslant x_2,\ \cdots,\ X(t_n)\leqslant x_n)\\&=F(t_1,\ t_2,\ \cdots,\ t_n;\ x_1,\ x_2,\ \cdots,\ x_n)\end{aligned}$$

2. 相容性

设 $m<n$，则

$$F(t_1,t_2,\cdots,t_m;x_1,x_2,\cdots,x_m)=F(t_1,t_2,\cdots,t_m,t_{m+1},\cdots,t_n;x_1,x_2,\cdots,x_m,+\infty,\cdots,+\infty)$$

事实上

$$\begin{aligned}F(t_1,t_2,\cdots,t_m;\ x_1,x_2,\cdots,x_m)&=P(X(t_1)\leqslant x_1,\ X(t_2)\leqslant x_2,\ \cdots,\ X(t_m)\leqslant x_m)\\&=P(X(t_1)\leqslant x_1,\ X(t_2)\leqslant x_2,\ \cdots,\ X(t_m)\leqslant x_m,\\&\quad X(t_{m+1})<+\infty,\ \cdots,\ X(t_n)<+\infty)\\&=F(t_1,\ t_2,\ \cdots,\ t_m,\ t_{m+1},\ \cdots,\ t_n;\\&\quad x_1,\ x_2,\ \cdots,\ x_m,\ +\infty,\ \cdots,\ +\infty)\end{aligned}$$

由概率论知，研究随机变量的统计特性除分布函数外，另一重要的方法就是特征函数，并且随机变量的分布函数和特征函数有一一对应关系．所以，我们也可以通过随机过程的有限维特征函数来研究随机过程的统计特性．

定义 2.3.3　设 $\{X(t),\ t\in T\}$ 是一个随机过程，对于任意固定的 $t_1,t_2,\cdots,t_n\in T$，$X(t_1)$，$X(t_2)$，$\cdots$，$X(t_n)$ 是 n 个随机变量，称

$$\begin{aligned}&\varphi(t_1,t_2,\cdots,t_n;u_1,u_2,\cdots,u_n)\\&=E\{\exp[\mathrm{j}(u_1X(t_1)+u_2X(t_2)+\cdots+u_nX(t_n))]\}\\&=\int_{-\infty}^{+\infty}\int_{-\infty}^{+\infty}\cdots\int_{-\infty}^{+\infty}\exp[\mathrm{j}(u_1x_1+u_2x_2+\cdots\\&\quad+u_nx_n)]\,\mathrm{d}F(t_1,t_2,\cdots,t_n;x_1,x_2,\cdots,x_n)\\&\quad u_i\in\mathbf{R},\ t_i\in T,\ i=1,2,\cdots,n,\ \mathrm{j}=\sqrt{-1}\end{aligned}$$

为随机过程 $\{X(t),\ t\in T\}$ 的 n 维特征函数．称

$$\Phi=\{\varphi(t_1,t_2,\cdots,t_n;\ u_1,u_2,\cdots,u_n),\ u_i\in\mathbf{R},\ t_i\in T,\ i=1,\ 2,\ \cdots,\ n,\ n\in\mathbf{N}\}$$

为随机过程 $\{X(t),\ t\in T\}$ 的有限维特征函数族．

例 2.3.1　设 $X(t)=A+Bt$，$t\geqslant 0$，其中 A 和 B 是相互独立的随机变量，分别服从正态分布 $N(0,\ 1)$．试求随机过程 $\{X(t),\ t\geqslant 0\}$ 的一维和二维分布．

解　先求一维分布．$\forall\, t\geqslant 0$，$X(t)$ 是正态随机变量，因为

$$EX(t)=EA+tEB=0$$

$$DX(t)=DA+t^2DB=1+t^2$$

所以 $X(t)$ 服从正态分布 $N(0,\ 1+t^2)$，从而 $\{X(t),\ t\geqslant 0\}$ 的一维分布为

$$X(t)\sim N(0,\ 1+t^2),\quad t\geqslant 0$$

再求二维分布．$\forall\, t_1,t_2\geqslant 0$，$X(t_1)=A+Bt_1$，$X(t_2)=A+Bt_2$，从而

$$(X(t_1),\ X(t_2))=(A,\ B)\begin{bmatrix}1 & 1\\ t_1 & t_2\end{bmatrix}$$

又因 A、B 相互独立且同服从正态分布，故 $(A,\ B)$ 服从二维正态分布，从而 $(X(t_1),\ X(t_2))$ 也服从二维正态分布．

$$E[X(t_1)]=0,\ E[X(t_2)]=0$$

$$D[X(t_1)]=1+t_1^2,\ D[X(t_2)]=1+t_2^2$$

$$\begin{aligned}\operatorname{cov}(X(t_1), X(t_2)) &= E[X(t_1)X(t_2)] - E[X(t_1)]E[X(t_2)] \\ &= E[(A+Bt_1)(A+Bt_2)] \\ &= 1 + t_1 t_2\end{aligned}$$

故$(X(t_1)$、$X(t_2))$的均值向量为$\mathbf{0}=(0, 0)$，协方差矩阵为

$$\boldsymbol{B} = \begin{bmatrix} 1+t_1^2 & 1+t_1t_2 \\ 1+t_1t_2 & 1+t_2^2 \end{bmatrix}$$

所以随机过程$\{X(t), t\geqslant 0\}$的二维分布为

$$(X(t_1), X(t_2)) \sim N(\mathbf{0}, \boldsymbol{B}),\ t_1, t_2 \geqslant 0$$

例 2.3.2 令$X(t)=A\cos t$，$-\infty<t<+\infty$，其中A是随机变量，其分布律为

$$P(A=i)=\frac{1}{3},\quad i=1, 2, 3$$

试求：

(1) 随机过程$\{X(t), -\infty<t<+\infty\}$的一维分布函数$F\left(\frac{\pi}{4}; x\right)$和$F\left(\frac{\pi}{2}; x\right)$；

(2) 随机过程$\{X(t), -\infty<t<+\infty\}$的二维分布函数$F\left(0, \frac{\pi}{3}; x_1, x_2\right)$.

解 (1) 先求$F\left(\frac{\pi}{4}; x\right)$. 由于$X\left(\frac{\pi}{4}\right)=A\cos\frac{\pi}{4}=\frac{\sqrt{2}}{2}A$，因此$X\left(\frac{\pi}{4}\right)$的可能取值为$\frac{\sqrt{2}}{2}$、$\sqrt{2}$和$\frac{3}{2}\sqrt{2}$，并且

$$P\left(X\left(\frac{\pi}{4}\right)=\frac{\sqrt{2}}{2}\right)=P\left(A\cos\frac{\pi}{4}=\frac{\sqrt{2}}{2}\right)=P(A=1)=\frac{1}{3}$$

$$P\left(X\left(\frac{\pi}{4}\right)=\sqrt{2}\right)=P\left(A\cos\frac{\pi}{4}=\sqrt{2}\right)=P(A=2)=\frac{1}{3}$$

$$P\left(X\left(\frac{\pi}{4}\right)=\frac{3}{2}\sqrt{2}\right)=P\left(A\cos\frac{\pi}{4}=\frac{3}{2}\sqrt{2}\right)=P(A=3)=\frac{1}{3}$$

于是

$$F\left(\frac{\pi}{4}; x\right)=\begin{cases}0, & x<\frac{\sqrt{2}}{2} \\ \frac{1}{3}, & \frac{\sqrt{2}}{2}\leqslant x<\sqrt{2} \\ \frac{2}{3}, & \sqrt{2}\leqslant x<\frac{3}{2}\sqrt{2} \\ 1, & x\geqslant\frac{3}{2}\sqrt{2}\end{cases}$$

再求$F\left(\frac{\pi}{2}; x\right)$. 由于$X\left(\frac{\pi}{2}\right)=A\cos\frac{\pi}{2}=0$，因此$X\left(\frac{\pi}{2}\right)$只可能取0值，于是

$$F\left(\frac{\pi}{2}; x\right)=\begin{cases}0, & x<0 \\ 1, & x\geqslant 0\end{cases}$$

(2) 因为

$$F\left(0, \frac{\pi}{3}; x_1, x_2\right) = P\left(X(0) \leqslant x_1, X\left(\frac{\pi}{3}\right) \leqslant x_2\right)$$
$$= P\left(A\cos 0 \leqslant x_1, A\cos\frac{\pi}{3} \leqslant x_2\right)$$
$$= P\left(A \leqslant x_1, \frac{A}{2} \leqslant x_2\right)$$
$$= P(A \leqslant x_1, A \leqslant 2x_2)$$
$$= \begin{cases} P(A \leqslant x_1), & x_1 \leqslant 2x_2 \\ P(A \leqslant 2x_2), & x_1 > 2x_2 \end{cases}$$

所以

$$F\left(0, \frac{\pi}{3}; x_1, x_2\right) = \begin{cases} 0, & x_1 \leqslant 2x_2, x_1 < 1 \text{ 或 } x_1 > 2x_2, x_2 < \frac{1}{2} \\ \frac{1}{3}, & x_1 \leqslant 2x_2, 1 \leqslant x_1 < 2 \text{ 或 } x_1 > 2x_2, \frac{1}{2} \leqslant x_2 < 1 \\ \frac{2}{3}, & x_1 \leqslant 2x_2, 2 \leqslant x_1 < 3 \text{ 或 } x_1 > 2x_2, 1 \leqslant x_2 < \frac{3}{2} \\ 1, & x_1 \leqslant 2x_2, x_1 \geqslant 3 \text{ 或 } x_1 > 2x_2, x_2 \geqslant \frac{3}{2} \end{cases}$$

例 2.3.3　设随机过程$\{X(t), -\infty<t<+\infty\}$只有两条样本曲线，如图 2-4 所示，

$$\begin{cases} x(\omega_1, t) = a\cos t, & -\infty < t < +\infty \\ x(\omega_2, t) = a\cos(t+\pi) = -a\cos t, & -\infty < t < +\infty \end{cases}$$

其中 $a>0$，且 $P(\omega_1)=\frac{2}{3}$，$P(\omega_2)=\frac{1}{3}$. 试求：

(1) 随机过程$\{X(t), -\infty<t<+\infty\}$的一维分布函数 $F(0; x)$和 $F\left(\frac{\pi}{4}; x\right)$；

(2) 随机过程$\{X(t), -\infty<t<+\infty\}$的二维分布函数 $F\left(0, \frac{\pi}{4}; x_1, x_2\right)$.

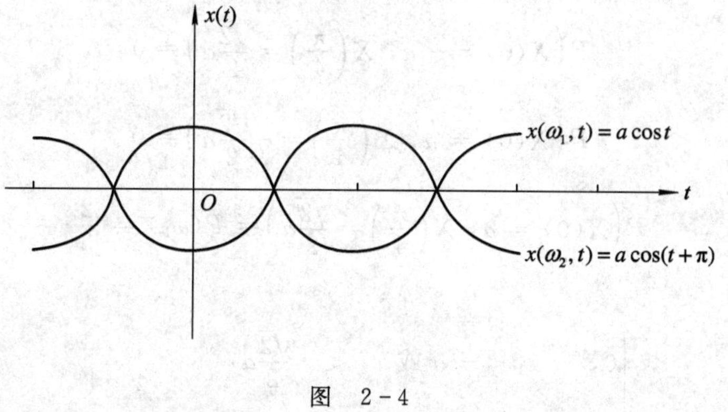

图　2-4

解　(1) 先求 $F(0; x)$. 由于 $X(0)$的可能取值为

$$x(\omega_1, 0) = a\cos 0 = a, \quad x(\omega_2, 0) = -a\cos 0 = -a$$

并且

$$P(X(0)=a)=P(\omega_1)=\frac{2}{3},\quad P(X(0)=-a)=P(\omega_2)=\frac{1}{3}$$

于是

$$F(0,x)=\begin{cases}0, & x<-a\\ \dfrac{1}{3}, & -a\leqslant x<a\\ 1, & x\geqslant a\end{cases}$$

再求 $F\left(\frac{\pi}{4};x\right)$. 由于 $X\left(\frac{\pi}{4}\right)$的可能取值为

$$x\left(\omega_1,\frac{\pi}{4}\right)=a\cos\frac{\pi}{4}=\frac{\sqrt{2}}{2}a,\quad x\left(\omega_2,\frac{\pi}{4}\right)=-a\cos\frac{\pi}{4}=-\frac{\sqrt{2}}{2}a$$

并且

$$P\left(X\left(\frac{\pi}{4}\right)=\frac{\sqrt{2}}{2}a\right)=P(\omega_1)=\frac{2}{3}$$

$$P\left(X\left(\frac{\pi}{4}\right)=-\frac{\sqrt{2}}{2}a\right)=P(\omega_2)=\frac{1}{3}$$

于是

$$F\left(\frac{\pi}{4},x\right)=\begin{cases}0, & x<-\dfrac{\sqrt{2}}{2}a\\ \dfrac{1}{3}, & -\dfrac{\sqrt{2}}{2}a\leqslant x<\dfrac{\sqrt{2}}{2}a\\ 1, & x\geqslant\dfrac{\sqrt{2}}{2}a\end{cases}$$

由于 $X(0)$的可能取值为$-a$ 和a，$X\left(\frac{\pi}{4}\right)$的可能取值为$-\frac{\sqrt{2}}{2}a$ 和$\frac{\sqrt{2}}{2}a$，并且

$$P\left(X(0)=-a,X\left(\frac{\pi}{4}\right)=-\frac{\sqrt{2}}{2}a\right)=P(\omega_2)=\frac{1}{3}$$

$$P\left(X(0)=-a,X\left(\frac{\pi}{4}\right)=\frac{\sqrt{2}}{2}a\right)=0$$

$$P\left(X(0)=a,X\left(\frac{\pi}{4}\right)=-\frac{\sqrt{2}}{2}a\right)=0$$

$$P\left(X(0)=a,X\left(\frac{\pi}{4}\right)=\frac{\sqrt{2}}{2}a\right)=P(\omega_1)=\frac{2}{3}$$

于是

$$F\left(0,\frac{\pi}{4};x_1,x_2\right)=\begin{cases}0, & x_1<-a\text{ 或 }x_2<-\dfrac{\sqrt{2}}{2}a\\ \dfrac{1}{3}, & x_1\geqslant a,-\dfrac{\sqrt{2}}{2}a\leqslant x_2<\dfrac{\sqrt{2}}{2}a\text{ 或 }-a\leqslant x_1<a,x_2\geqslant\dfrac{\sqrt{2}}{2}a\\ 1, & x_1\geqslant a,x_2\geqslant\dfrac{\sqrt{2}}{2}a\end{cases}$$

2.4　随机过程的数字特征

随机过程的有限维分布函数族虽然是对随机过程的概率特征的完整描述，但在实际中却很难求得；同时，对某些随机过程，为了表征它的概率特征，不一定需要求出它的有限维分布函数族，只需要求出随机过程的几个表征值就够了. 为此，我们也像研究随机变量那样，给出随机过程的数字特征. 在概率论中，随机变量的主要数字特征是数学期望、方差、协方差等. 随机过程的数字特征是利用随机变量的数字特征来定义的.

1. 随机过程的均值函数

设$\{X(t),\ t\in T\}$是一随机过程，$\forall t\in T$，$X(t)$是一个随机变量，如果$E[X(t)]$存在，记为$m_X(t)$，则称$m_X(t)$，$t\in T$为$\{X(t),\ t\in T\}$的均值函数.

如果$\{X(t),\ t\in T\}$的一维分布函数为$F(t;\ x)$，那么

$$m_X(t)=E[X(t)]=\int_{-\infty}^{+\infty}x\,\mathrm{d}F(t;\ x),\quad t\in T$$

随机过程的均值函数$m_X(t)$在t时刻的值表示随机过程在t时刻所处状态取值的理论平均值，当$t\in T$时，$m_X(t)$在几何上表示一条固定的曲线，如图 2－5 所示.

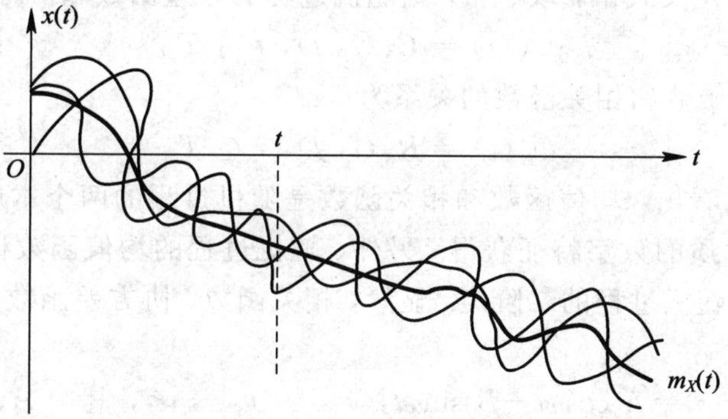

图　2－5

2. 随机过程的方差函数

设$\{X(t),\ t\in T\}$是一随机过程，$\forall t\in T$，$X(t)$是一随机变量，如果$D[X(t)]$存在，记为$D_X(t)$，则称$D_X(t)$，$t\in T$为$\{X(t),\ t\in T\}$的方差函数.

显然

$$D_X(t)=D[X(t)]=E[X(t)-m_X(t)]^2,\quad t\in T$$

随机过程的方差函数$D_X(t)$在t时刻的值表示随机过程在t时刻所处状态取值离开均值的偏差程度，当$t\in T$时，$D_X(t)$表示一个普通的函数.

3. 随机过程的协方差函数

设$\{X(t),\ t\in T\}$是一随机过程，$\forall s,\ t\in T$，$X(s)$和$X(t)$是两个随机变量，如果$\mathrm{cov}(X(s),\ X(t))$存在，记为$C_X(s,\ t)$，则称$C_X(s,\ t)$，$s,t\in T$为$\{X(t),\ t\in T\}$的协方差函数.

显然

$$C_X(s,t)=\text{cov}(X(s),\ X(t))=E[(X(s)-m_X(s))(X(t)-m_X(t))]$$
$$=E[X(s)X(t)]-m_X(s)m_X(t),\ s,t\in T$$

随机过程的协方差函数 $C_X(s,\ t)$在 $s,t\in T$ 时刻的绝对值表示随机过程在时刻 s、t 所处状态的线性联系的密切程度，若 $C_X(s,\ t)$的绝对值较大，则在两个时刻 s、t 的状态 $X(s)$、$X(t)$线性联系较密切；若 $C_X(s,\ t)$的绝对值较小，则在两个时刻 s、t 的状态 $X(s)$、$X(t)$线性联系不密切.

4. 随机过程的相关函数

设$\{X(t),\ t\in T\}$是一随机过程，$\forall s,\ t\in T$，$X(s)$和 $X(t)$是两个随机变量，如果 $E[X(s)X(t)]$存在，记为 $R_X(s,t)$，则称 $R_X(s,t)$，$s,t\in T$ 为$\{X(t),\ t\in T\}$的相关函数.

5. 随机过程的均方值函数

设$\{X(t),\ t\in T\}$是一随机过程，$\forall t\in T$，$X(t)$是一随机变量，如果 $E[X(t)]^2$ 存在，记为 $\Phi_X(t)$，则称 $\Phi_X(t)$，$t\in T$ 为$\{X(t),\ t\in T\}$的均方值函数.

6. 随机过程数字特征的关系

随机过程$\{X(t),\ t\in T\}$的协方差函数、相关函数和均值函数的关系为

$$C_X(s,t)=R_X(s,t)-m_X(s)m_X(t),\ s,t\in T$$

在协方差函数的定义式中，取 $s=t$，则随机过程的方差函数和协方差函数的关系为

$$D_X(t)=C_X(t,\ t),\ t\in T$$

类似地，均方值函数和相关函数的关系为

$$\Phi_X(t)=R_X(t,\ t),\ t\in T$$

从上述关系可以看出，均值函数和相关函数是随机过程的两个本质数字特征，其它的数字特征可以通过本质的数字特征获得. 另外，随机过程的均值函数称为随机过程的一阶矩，均方值函数称为随机过程的二阶矩. 显然，相关函数、协方差函数、方差函数也是随机过程的一种二阶矩.

例 2.4.1 设 $X(t)=A\cos\omega t+B\sin\omega t$，$-\infty<t<+\infty$，其中 A、B 是相互独立且都服从正态分布 $N(0,\ \sigma^2)$的随机变量，ω 是实常数. 试求$\{X(t),\ -\infty<t<+\infty\}$的均值函数和相关函数.

解

$$m_X(t)=E[X(t)]=E[A\cos\omega t+B\sin\omega t]=(EA)\cos\omega t+(EB)\sin\omega t=0,\quad -\infty<t<+\infty$$

$$R_X(s,t)=E[X(s)X(t)]=E[(A\cos\omega s+B\sin\omega s)(A\cos\omega t+B\sin\omega t)]$$
$$=(EA^2)\cos\omega s\cos\omega t+(EAB)(\sin\omega s\cos\omega t+\cos\omega s\sin\omega t)+(EB^2)\sin\omega s\sin\omega t$$
$$=\sigma^2\cos\omega(t-s),\quad -\infty<s,\ t<+\infty$$

例 2.4.2 设 $X(t)=a\cos(\omega t+\Theta)$，$-\infty<t<+\infty$，其中 $a>0$，ω 是实常数，Θ 是服从$[0,\ 2\pi]$上均匀分布的随机变量，求$\{X(t),\ -\infty<t<+\infty\}$的数字特征.

解 由于 Θ 的概率密度函数为

$$f_\Theta(\theta)=\begin{cases}\dfrac{1}{2\pi}, & 0\leqslant\theta\leqslant 2\pi\\ 0, & \text{其它}\end{cases}$$

于是

$$m_X(t) = E[X(t)]$$
$$= E[a\cos(\omega t+\Theta)]$$
$$= \int_0^{2\pi} a\cos(\omega t+\theta)\cdot\frac{1}{2\pi}\,\mathrm{d}\theta$$
$$= 0,\quad -\infty < t < +\infty$$

$$R_X(s,t) = E[X(s)X(t)]$$
$$= E[a\cos(\omega s+\Theta)\cdot a\cos(\omega t+\Theta)]$$
$$= a^2\int_0^{2\pi}\cos(\omega s+\theta)\cos(\omega t+\theta)\cdot\frac{1}{2\pi}\,\mathrm{d}\theta$$
$$= \frac{a^2}{2}\cos\omega(t-s),\quad -\infty < s,\ t < +\infty$$

$$C_X(s,t) = R_X(s,t) - m_X(s)m_X(t)$$
$$= \frac{a^2}{2}\cos\omega(t-s) - 0$$
$$= \frac{a^2}{2}\cos\omega(t-s),\quad -\infty < s,\ t < +\infty$$

$$D_X(t) = C_X(t,t) = \frac{a^2}{2},\ -\infty < t < +\infty$$

$$\Phi_X(t) = R_X(t,t) = \frac{a^2}{2},\ -\infty < t < +\infty$$

例 2.4.3　设 $X(t)=A+Bt$，$-\infty<t<+\infty$，其中 A、B 是相互独立的随机变量，且均值为 0，方差为 1，求$\{X(t),\ -\infty<t<+\infty\}$的数字特征.

解

$$m_X(t) = E[X(t)] = E[A+Bt] = EA + tEB = 0,\ -\infty < t < +\infty$$
$$R_X(s,t) = E[(A+Bs)(A+Bt)]$$
$$= EA^2 + (s+t)EAB + stEB^2$$
$$= 1 + st,\quad -\infty < s,t < +\infty$$
$$C_X(s,t) = R_X(s,t) - m_X(s)m_X(t) = 1 + st,\quad -\infty < s,\ t < +\infty$$
$$D_X(t) = C_X(t,t) = 1 + t^2,\ -\infty < t < +\infty$$
$$\Phi_X(t) = R_X(t,t) = 1 + t^2,\ -\infty < t < +\infty$$

例 2.4.4　设随机过程$\{X(t),\ -\infty<t<+\infty\}$只有两条样本曲线，如图 2-4 所示，

$$\begin{cases} x(\omega_1,\ t) = a\cos t, & -\infty < t < +\infty \\ x(\omega_2,\ t) = a\cos(t+\pi) = -a\cos t, & -\infty < t < +\infty \end{cases}$$

其中 $a>0$，且 $P(\omega_1)=\frac{2}{3}$，$P(\omega_2)=\frac{1}{3}$. 试求随机过程$\{X(t),\ -\infty<t<+\infty\}$的数字特征.

解　$m_X(t)=E[X(t)]=-a\cos t\cdot\frac{1}{3}+a\cos t\cdot\frac{2}{3}=\frac{1}{3}a\cos t$，$-\infty<t<+\infty$

$$R_X(s,\ t)=E[X(s)X(t)]=(-a\cos s)(-a\cos t)\cdot\frac{1}{3}+(a\cos s)(a\cos t)\cdot\frac{2}{3}$$
$$=a^2\cos s\cos t,\ -\infty<s,\ t<+\infty$$

$$C_X(s,t)=R_X(s,t)-m_X(s)m_X(t)=a^2\cos s\cos t-\frac{1}{3}a\cos s\cdot\frac{1}{3}a\cos t$$

$$=\frac{8}{9}a^2\cos s\cos t,\ -\infty<s,\ t<+\infty$$

$$D_X(t)=C_X(t,t)=\frac{8}{9}(a\cos t)^2,\ -\infty<t<+\infty$$

$$\Phi_X(t)=R_X(t,t)=(a\cos t)^2,\ -\infty<t<+\infty$$

2.5 两个随机过程的联合分布和数字特征

在工程技术中有时需要同时考虑两个或两个以上随机过程的统计特征．例如，当一个线性系统的输入是一个随机过程$\{X(t),t\in T\}$时，那么它的输出也就是一个随机过程$\{Y(t),t\in T\}$，在实际中常常需要讨论输入随机过程$\{X(t),t\in T\}$和输出随机过程$\{Y(t),t\in T\}$之间的联系，这就需要考察它们的联合统计特性．下面仅讨论两个随机过程的情形．

1. 二维随机过程的联合分布函数

定义 2.5.1 设$\{X(t),t\in T\}$和$\{Y(t),t\in T\}$是定义在同一概率空间上的两个随机过程，称$\{(X(t),Y(t)),t\in T\}$为二维随机过程．

定义 2.5.2 对于任意$m\geqslant1$，$n\geqslant1$，$t_1,t_2,\cdots,t_m\in T$，$t_1',t_2',\cdots,t_n'\in T$，$(X(t_1),X(t_2),\cdots,X(t_m),Y(t_1'),Y(t_2'),\cdots,Y(t_n'))$是$m+n$维随机变量，称

$$F(t_1,t_2,\cdots,t_m;x_1,x_2,\cdots,x_m;t_1',t_2',\cdots,t_n';y_1,y_2,\cdots,y_n)$$
$$=P(X(t_1)\leqslant x_1,X(t_2)\leqslant x_2,\cdots,X(t_m)\leqslant x_m,Y(t_1')\leqslant y_1,Y(t_2')\leqslant y_2,\cdots,Y(t_n')\leqslant y_n)$$
$$x_i\in\mathbf{R},\ y_j\in\mathbf{R},\ t_i\in T,\ t_j'\in T,\ i=1,2,\cdots,m,\ j=1,2,\cdots,n$$

为二维随机过程$\{(X(t),Y(t)),t\in T\}$的$m+n$维分布函数．

二维随机过程$\{(X(t),Y(t)),t\in T\}$作为一个整体，具有$m+n$(任意)维分布函数$F(t_1,t_2,\cdots,t_m;x_1,x_2,\cdots,x_m;t_1',t_2',\cdots,t_n';y_1,y_2,\cdots,y_n)$，而$\{X(t),t\in T\}$和$\{Y(t),t\in T\}$都是随机过程，分别也有$m$(任意)维分布函数和$n$(任意)维分布函数，将它们分别记为$F_X(t_1,t_2,\cdots,t_m;x_1,x_2,\cdots,x_m)$和$F_Y(t_1',t_2',\cdots,t_n';y_1,y_2,\cdots,y_n)$．

定义 2.5.3 称$F_X(t_1,t_2,\cdots,t_m;x_1,x_2,\cdots,x_m)$和$F_Y(t_1',t_2',\cdots,t_n';y_1,y_2,\cdots,y_n)$分别为二维随机过程$\{(X(t),Y(t)),t\in T\}$关于$\{X(t),t\in T\}$和关于$\{Y(t),t\in T\}$的$m$维边缘分布函数和$n$维边缘分布函数．如果对任意$m\geqslant1$，$n\geqslant1$和$t_1,t_2,\cdots,t_m\in T$，$t_1',t_2',\cdots,t_n'\in T$，有

$$F(t_1,t_2,\cdots,t_m;x_1,x_2,\cdots,x_m;t_1',t_2',\cdots,t_n';y_1,y_2,\cdots,y_n)$$
$$=F_X(t_1,t_2,\cdots,t_m;x_1,x_2,\cdots,x_m)F_Y(t_1',t_2',\cdots,t_n';y_1,y_2,\cdots,y_n)$$

那么称随机过程$\{X(t),t\in T\}$和$\{Y(t),t\in T\}$相互独立．

2. 二维随机过程的数字特征

下面介绍二维随机过程$\{(X(t),Y(t)),t\in T\}$的数字特征．对各个分量过程$\{X(t),t\in T\}$和$\{Y(t),t\in T\}$分别有均值函数$m_X(t)$、$m_Y(t)$和相关函数$R_X(s,t)$、$R_Y(s,t)$等数字特征．为此我们引进二维随机过程互相关函数和互协方差函数．

定义 2.5.4　设$\{(X(t), Y(t)), t\in T\}$是二维随机过程，$\forall s, t\in T$，$X(s)$、$Y(t)$是两个随机变量，如果$E[X(s)Y(t)]$存在，记为$R_{XY}(s,t)$，则称$R_{XY}(s,t)$，$s,t\in T$为$\{(X(t), Y(t)), t\in T\}$的互相关函数．如果$\mathrm{cov}(X(s), Y(t))$存在，记为$C_{XY}(s,t)$，则称$C_{XY}(s,t)$，$s,t\in T$为$\{(X(t), Y(t)), t\in T\}$的互协方差函数.

显然

$$C_{XY}(s,t)=R_{XY}(s,t)-m_X(s)m_Y(t),\ s,t\in T$$

定义 2.5.5　设$\{X(t), t\in T\}$和$\{Y(t), t\in T\}$是两个随机过程，如果

$$C_{XY}(s,t)=0 \quad 或 \quad R_{XY}(s,t)=m_X(s)m_Y(t),\ s,t\in T$$

则称$\{X(t), t\in T\}$和$\{Y(t), t\in T\}$ 不相关.

定理 2.5.1　设$\{X(t), t\in T\}$和$\{Y(t), t\in T\}$相互独立，则$\{X(t), t\in T\}$和$\{Y(t), t\in T\}$不相关.

2.6 复随机过程

定义 2.6.1　设$\{X(t), t\in T\}$和$\{Y(t), t\in T\}$是定义在同一概率空间上的两个实随机过程，令$Z(t)=X(t)+\mathrm{j}Y(t)$，$t\in T$，则称$\{Z(t), t\in T\}$为复随机过程.

复随机过程的任意有限维分布函数可由二维随机过程$\{(X(t), Y(t)), t\in T\}$的所有$m+n$维分布函数给出. 下面给出复随机过程$\{Z(t), t\in T\}$的数字特征.

定义 2.6.2　设$\{Z(t), t\in T\}$为复随机过程. 称$m_Z(t)=E[Z(t)]$，$t\in T$，为$\{Z(t), t\in T\}$的均值函数. 称$D_Z(t)=D[Z(t)]=E|Z(t)-m_Z(t)|^2$，$t\in T$，为$\{Z(t), t\in T\}$的方差函数. 称$C_Z(s,t)=\mathrm{cov}(Z(s), Z(t))=E[\overline{(Z(s)-m_Z(s))}(Z(t)-m_Z(t))]$，$s,t\in T$，为$\{Z(t), t\in T\}$的协方差函数. 称$R_Z(s,t)=E[\overline{Z(s)}Z(t)]$，$s,t\in T$，为$\{Z(t), t\in T\}$的相关函数. 称$\Phi_Z(t)=E|Z(t)|^2$，$t\in T$，为$\{Z(t), t\in T\}$的均方值函数.

显然，复随机过程的数字特征之间有下列关系和结论：

$$m_Z(t)=m_X(t)+\mathrm{j}m_Y(t),\ t\in T$$

$$D_Z(t)=D_X(t)+D_Y(t),\ t\in T$$

$$D_Z(t)=C_Z(t,t),\ t\in T$$

$$C_Z(s,t)=R_Z(s,t)-\overline{m_Z(s)}m_Z(t),\ s,t\in T$$

$$\Phi_Z(t)=R_Z(t,t),\ t\in T$$

定义 2.6.3　设$\{Z_1(t), t\in T\}$和$\{Z_2(t), t\in T\}$是两个复随机过程，称

$$C_{Z_1Z_2}(s,t)=\mathrm{cov}(Z_1(s), Z_2(t))=E[\overline{(Z_1(s)-m_{Z_1}(s))}(Z_2(t)-m_{Z_2}(t))],\ s,t\in T$$

为$\{Z_1(t), t\in T\}$和$\{Z_2(t), t\in T\}$的互协方差函数，称

$$R_{Z_1Z_2}(s,t)=E[\overline{Z_1(s)}Z_2(t)],\ s,t\in T$$

为$\{Z_1(t), t\in T\}$和$\{Z_2(t), t\in T\}$的互相关函数.

例 2.6.1　设$Z(t)=\sum\limits_{k=1}^{n}X_k\mathrm{e}^{\mathrm{j}(\omega_0 t+\Phi_k)}$，$-\infty<t<+\infty$，其中$\omega_0$是正常数，$n$为固定的正整数，$X_1, X_2, \cdots, X_n, \Phi_1, \Phi_2, \cdots, \Phi_n$是相互独立的实随机变量，且$EX_k=0$，

$DX_k=\sigma_k^2, \Phi_k \sim U[0, 2\pi]$, $k=1,2,\cdots,n$. 求$\{Z(t), -\infty<t<+\infty\}$的均值函数和相关函数.

解

$$\begin{aligned}
m_Z(t) &= E\Big[\sum_{k=1}^{n} X_k \mathrm{e}^{\mathrm{j}(\omega_0 t+\Phi_k)}\Big] \\
&= \sum_{k=1}^{n} EX_k (E\cos(\omega_0 t+\Phi_k)+\mathrm{j}E\sin(\omega_0 t+\Phi_k)) \\
&= \sum_{k=1}^{n} EX_k \Big(\int_0^{2\pi}\cos(\omega_0 t+\varphi_k)\frac{1}{2\pi}\,\mathrm{d}\varphi_k+\mathrm{j}\int_0^{2\pi}\sin(\omega_0 t+\varphi_k)\frac{1}{2\pi}\mathrm{d}\varphi_k\Big) \\
&= 0, \quad -\infty<t<+\infty
\end{aligned}$$

$$R_Z(s,t)=E\Big[\overline{\sum_{k=1}^{n} X_k \mathrm{e}^{\mathrm{j}(\omega_0 s+\Phi_k)}}\sum_{l=1}^{n} X_l \mathrm{e}^{\mathrm{j}(\omega_0 t+\Phi_l)}\Big]=E\Big[\sum_{k=1}^{n}\sum_{l=1}^{n} X_k X_l \mathrm{e}^{\mathrm{j}(\Phi_l-\Phi_k)}\Big]\mathrm{e}^{\mathrm{j}\omega_0(t-s)}$$

又

$$\begin{aligned}
E\mathrm{e}^{\mathrm{j}(\Phi_l-\Phi_k)} &= E\cos(\Phi_l-\Phi_k)+\mathrm{j}E\sin(\Phi_l-\Phi_k) \\
&= \int_0^{2\pi}\int_0^{2\pi}\cos(\varphi_l-\varphi_k)\Big(\frac{1}{2\pi}\Big)^2\mathrm{d}\varphi_l\,\mathrm{d}\varphi_k+\mathrm{j}\int_0^{2\pi}\int_0^{2\pi}\sin(\varphi_l-\varphi_k)\Big(\frac{1}{2\pi}\Big)^2\mathrm{d}\varphi_l\,\mathrm{d}\varphi_k \\
&= \begin{cases}0, & l\neq k\\ 1, & l=k\end{cases}
\end{aligned}$$

于是

$$R_Z(s,t)=\mathrm{e}^{\mathrm{j}\omega_0(t-s)}\sum_{k=1}^{n}\sigma_k^2$$

例 2.6.2 设 $Z(t)=cX\mathrm{e}^{\mathrm{j}(\lambda t+\theta)}$, $-\infty<t<+\infty$, 其中 c、θ 是实常数, $\lambda>0$ 是常数, X 是实随机变量, 且 $EX=0$, $DX=\sigma^2$, 试求$\{Z(t), -\infty<t<+\infty\}$的数字特征.

解 $m_Z(t)=E[Z(t)]=E[cX\mathrm{e}^{\mathrm{j}(\lambda t+\theta)}]=c\mathrm{e}^{\mathrm{j}(\lambda t+\theta)}EX=0$, $-\infty<t<+\infty$

$R_Z(s, t)=E[\overline{Z(s)}Z(t)]=E[cX\mathrm{e}^{-\mathrm{j}(\lambda s+\theta)}cX\mathrm{e}^{\mathrm{j}(\lambda t+\theta)}]=(EX^2)c^2\mathrm{e}^{\mathrm{j}\lambda(t-s)}$

$=\sigma^2c^2\mathrm{e}^{\mathrm{j}\lambda(t-s)}$, $-\infty<s, t<+\infty$

$C_Z(s, t)=R_Z(s, t)-\overline{m_Z(s)}m_Z(t)=\sigma^2c^2\mathrm{e}^{\mathrm{j}\lambda(t-s)}$, $-\infty<s, t<+\infty$

$D_Z(t)=C_Z(t, t)=\sigma^2c^2$, $-\infty<t<+\infty$

$\Phi_Z(t)=R_Z(t, t)=\sigma^2c^2$, $-\infty<t<+\infty$

2.7 几类重要的随机过程

1. 二阶矩过程

定义 2.7.1 如果随机过程$\{X(t), t\in T\}$的一、二阶矩存在(有限), 则称$\{X(t), t\in T\}$是二阶矩过程. 从二阶矩过程的均值函数和相关函数出发来讨论随机过程的性质, 而允许不涉及它的有限维分布, 这种理论称为随机过程的相关理论.

由二阶矩过程的定义知, 二阶矩过程的均值函数和相关函数总是存在的, 进而它的其它数字特征也都存在. 下面讨论二阶矩过程相关函数的一些性质.

定理 2.7.1　设$\{X(t), t\in T\}$是二阶矩过程，则相关函数$R_X(s,t)$具有下列性质：

(1) 共轭对称性：

$$\overline{R_X(s,t)} = R_X(t,s),\ s,t \in T$$

(2) 非负定性：即对于任意$n\geqslant 1$，任意$t_1,t_2,\cdots,t_n\in T$和任意的复数$\lambda_1,\lambda_2,\cdots,\lambda_n$，有

$$\sum_{k=1}^{n}\sum_{l=1}^{n} R_X(t_k,t_l)\bar{\lambda}_k\lambda_l \geqslant 0$$

证明　(1)

$$\overline{R_X(s,t)} = \overline{E[\overline{X(s)}X(t)]} = E[\overline{X(t)}X(s)] = R_X(t,s)$$

(2)

$$\begin{aligned}\sum_{k=1}^{n}\sum_{l=1}^{n} R_X(t_k,t_l)\bar{\lambda}_k\lambda_l &= \sum_{k=1}^{n}\sum_{l=1}^{n} E[\overline{X(t_k)}X(t_l)]\bar{\lambda}_k\lambda_l \\ &= E\Big[\overline{\sum_{k=1}^{n} X(t_k)\lambda_k}\sum_{l=1}^{n} X(t_l)\lambda_l\Big] \\ &= E\Big[\Big|\sum_{k=1}^{n} X(t_k)\lambda_k\Big|^2\Big] \geqslant 0\end{aligned}$$

例 2.7.1　设$X(t)=X+Y\sin t$，$-\infty<t<+\infty$，其中X、Y是相互独立且同服从正态分布$N(0, 1)$的随机变量，证明$\{X(t), -\infty<t<+\infty\}$是二阶矩过程并求它的一维概率密度函数.

证明　由于

$$m_X(t)=E[X(t)]=E[X+Y\sin t]=EX+(EY)\sin t=0,\ -\infty<t<+\infty$$

$$\begin{aligned}R_X(s, t)&=E[\overline{X(s)}X(t)]=E[(X+Y\sin s)(X+Y\sin t)]\\&=EX^2+(\sin s+\sin t)EXY+(\sin s\sin t)EY^2\\&=1+\sin s\sin t,\ -\infty<s, t<+\infty\end{aligned}$$

因此$\{X(t), -\infty<t<+\infty\}$的一、二阶矩存在，从而$\{X(t), -\infty<t<+\infty\}$是二阶矩过程. 由于$X$、$Y$是相互独立且同服从正态分布$N(0, 1)$的随机变量，因此$\forall t\in(-\infty, +\infty)$，$X(t)=X+Y\sin t$服从正态分布，且

$$E[X(t)] = 0$$

$$D[X(t)] = D[X+Y\sin t] = DX + (\sin^2 t)DY = 1+\sin^2 t$$

所以$\{X(t), -\infty<t<+\infty\}$的一维分布为$X(t)\sim N(0, 1+\sin^2 t)$，$-\infty<t<+\infty$，从而$\{X(t), -\infty<t<+\infty\}$的一维概率密度函数为

$$f(t;x) = \frac{1}{\sqrt{2\pi(1+\sin^2 t)}}\mathrm{e}^{-\frac{x^2}{2(1+\sin^2 t)}},\ -\infty<x<+\infty,\ -\infty<t<+\infty$$

2. 正态过程

定义 2.7.2　设$\{X(t), t\in T\}$是一随机过程，如果对于任意$n\geqslant 1$和任意$t_1,t_2,\cdots,t_n\in T$，$(X(t_1), X(t_2), \cdots, X(t_n))$是$n$维正态随机变量，则称$\{X(t), t\in T\}$为正态过程或高斯过程.

显然，正态过程是二阶矩过程，它的有限维分布由它的均值函数和协方差函数完全确定.

例 2.7.2 设 $X(t)=A\cos\omega t+B\sin\omega t$，$-\infty<t<+\infty$，其中 A、B 相互独立，且都是服从正态分布 $N(0,\sigma^2)$ 的随机变量，ω 是实常数. 试证明 $\{X(t),-\infty<t<+\infty\}$ 是正态过程，并求它的有限维分布.

证明 由于 A、B 相互独立，且都服从正态分布 $N(0,\sigma^2)$，因此 $(A,B)\sim N(\mathbf{0},\sigma^2\boldsymbol{E})$（$\boldsymbol{E}$ 是二阶单位矩阵）. 对于任意 $n\geqslant 1$ 和任意的 $t_1,t_2,\cdots,t_n\in T$，由于

$$\begin{aligned}X(t_1)&=A\cos\omega t_1+B\sin\omega t_1\\X(t_2)&=A\cos\omega t_2+B\sin\omega t_2\\&\vdots\\X(t_n)&=A\cos\omega t_n+B\sin\omega t_n\end{aligned}$$

即

$$\begin{aligned}(X(t_1),X(t_2),\cdots,X(t_n))&=(A,B)\begin{bmatrix}\cos\omega t_1&\cos\omega t_2&\cdots&\cos\omega t_n\\\sin\omega t_1&\sin\omega t_2&\cdots&\sin\omega t_n\end{bmatrix}\\&\overset{\text{def}}{=}(A,B)\boldsymbol{C}\end{aligned}$$

因而 $(X(t_1),X(t_2),\cdots,X(t_n))$ 是二维正态随机变量 (A,B) 的线性变换，所以 $(X(t_1),X(t_2),\cdots,X(t_n))$ 是 n 维正态随机变量. 故 $\{X(t),t\in T\}$ 是正态过程.

由于 $\{X(t),t\in T\}$ 是正态过程，且 $E[X(t)]=0$，因而 $(X(t_1),X(t_2),\cdots,X(t_n))\sim N(\mathbf{0},\boldsymbol{B})$，$t_1,t_2,\cdots,t_n\in T$. 其中

$$\boldsymbol{B}=\boldsymbol{C}^{\mathrm{T}}\sigma^2\boldsymbol{E}\boldsymbol{C}=\sigma^2\begin{bmatrix}\cos\omega t_1&\sin\omega t_1\\\cos\omega t_2&\sin\omega t_2\\\vdots&\vdots\\\cos\omega t_n&\sin\omega t_n\end{bmatrix}\begin{bmatrix}\cos\omega t_1&\cos\omega t_2&\cdots&\cos\omega t_n\\\sin\omega t_1&\sin\omega t_2&\cdots&\sin\omega t_n\end{bmatrix}$$

$$=\sigma^2\begin{bmatrix}1&\cos\omega(t_1-t_2)&\cdots&\cos\omega(t_1-t_n)\\\cos\omega(t_2-t_1)&1&\cdots&\cos\omega(t_2-t_n)\\\vdots&\vdots&&\vdots\\\cos\omega(t_n-t_1)&\cos\omega(t_n-t_2)&\cdots&1\end{bmatrix}$$

3. 正交增量过程

定义 2.7.3 设 $\{X(t),t\in T\}$ 是一二阶矩过程，如果对于任意的 $t_1<t_2\leqslant t_3<t_4\in T$，有

$$E[\overline{(X(t_2)-X(t_1))}(X(t_4)-X(t_3))]=0$$

则称 $\{X(t),t\in T\}$ 为一正交增量过程.

对于正交增量过程，若 T 取为有限区间 $[a,b]$，则对于任意的 $a\leqslant s<t\leqslant b$，有

$$E[\overline{(X(s)-X(a))}(X(t)-X(s))]=0$$

特别地，当 $X(a)=0$ 时，有

$$E[\overline{X(s)}(X(t)-X(s))]=0$$

定理 2.7.2 设 $\{X(t),t\in[a,b]\}$ 是正交增量过程，且 $X(a)=0$，则

(1) $$R_X(s,t)=\Phi_X(\min(s,t)),\quad s,t\in[a,b]$$

$$C_X(s,t)=D_X(\min(s,t))+|m_X(\min(s,t))|^2-\overline{m_X(s)}m_X(t),\quad s,t\in[a,b]$$

(2) $\Phi_X(t)$是单调不减函数.

证明　(1) 不妨设 $s\leqslant t$，则

$$\begin{aligned}R_X(s,t)&=E[\overline{X(s)}X(t)]\\&=E[\overline{X(s)}(X(t)-X(s)+X(s))]\\&=E[\overline{X(s)}(X(t)-X(s))]+E\mid X(s)\mid^2\\&=\Phi_X(s)=\Phi_X(\min(s,t)),\ s,t\in[a,\ b]\end{aligned}$$

$$\begin{aligned}C_X(s,t)&=R_X(s,t)-\overline{m_X(s)}m_X(t)\\&=E\mid X(s)\mid^2-\overline{m_X(s)}m_X(t)\\&=D_X(s)+\mid m_X(s)\mid^2-\overline{m_X(s)}m_X(t)\\&=D_X(\min(s,t))+\mid m_X(\min(s,t))\mid^2-\overline{m_X(s)}m_X(t),\ s,t\in[a,\ b]\end{aligned}$$

(2) 设 $a\leqslant s<t\leqslant b$，因为

$$\begin{aligned}0&\leqslant E[\mid X(s)-X(t)\mid^2]\\&=E[\overline{(X(s)-X(t))}(X(s)-X(t))]\\&=E\mid X(s)\mid^2-R_X(s,t)-R_X(t,s)+E\mid X(t)\mid^2\\&=\Phi_X(s)-\Phi_X(\min(s,t))-\Phi_X(\min(t,s))+\Phi_X(t)\\&=\Phi_X(s)-\Phi_X(s)-\Phi_X(s)+\Phi_X(t)\\&=\Phi_X(t)-\Phi_X(s)\end{aligned}$$

所以 $\Phi_X(s)\leqslant\Phi_X(t)$，即 $\Phi_X(t)$是单调不减函数.

4. 独立增量过程

定义 2.7.4　设$\{X(t),\ t\in T\}$是一随机过程，如果对任意的 $n\geqslant 3$ 和任意的 $t_1<t_2<\cdots<t_n\in T$，$X(t_2)-X(t_1)$，$X(t_3)-X(t_2)$，…，$X(t_n)-X(t_{n-1})$是相互独立的随机变量，则称$\{X(t),\ t\in T\}$是独立增量过程. 如果对于任意 $s<t\in T$，$X(t)-X(s)$分布仅依赖于 $t-s$，而与 s、t 本身取值无关，则称$\{X(t),\ t\in T\}$为平稳增量过程．如果$\{X(t),\ t\in T\}$既是平稳增量过程，又是独立增量过程，则称$\{X(t),\ t\in T\}$为平稳的独立增量过程．

随机过程的任意有限维分布函数可以对其概率特性作出完整的描绘，但是对于独立增量过程的有限维分布函数具有如下结论．

定理 2.7.3　独立增量过程的有限维分布函数由其一维分布函数和增量分布函数确定．

证明　由于随机变量的分布函数和特征函数一一对应，为证此定理，只需证明独立增量过程的有限维特征函数由其一维特征函数和增量特征函数确定．对于任意的 $n\geqslant 1$ 和任意的 $t_1<t_2<\cdots<t_n\in T$，$(X(t_1),\ X(t_2),\ \cdots,\ X(t_n))$的特征函数

$$\varphi(t_1,t_2,\cdots,t_n;u_1,u_2,\cdots,u_n)=E\{\exp[\mathrm{j}(u_1X(t_1)+u_2X(t_2)+\cdots+u_nX(t_n))]\}$$

作变换

$$Y_1=X(t_1),\ Y_2=X(t_2)-X(t_1),\cdots,\ Y_n=X(t_n)-X(t_{n-1})$$

则 $Y_1,Y_2,\cdots,Y_n$ 相互独立，再作反变换

$$X(t_1)=Y_1,\ X(t_2)=Y_1+Y_2,\ \cdots,\ X(t_n)=Y_1+Y_2+\cdots+Y_n$$

于是

$$\begin{aligned}
&\varphi(t_1, t_2, \cdots, t_n;\ u_1, u_2, \cdots, u_n) \\
&= E\{\exp[\mathrm{j}(u_1 Y_1 + u_2(Y_1+Y_2) + \cdots + u_n(Y_1+Y_2+\cdots+Y_n))]\} \\
&= E\{\exp[\mathrm{j}((u_1+u_2+\cdots+u_n)Y_1 + (u_2+u_3+\cdots+u_n)Y_2 + \cdots + u_n Y_n)]\} \\
&= E\{\exp[\mathrm{j}(u_1+u_2+\cdots+u_n)Y_1]\exp[\mathrm{j}(u_2+u_3+\cdots+u_n)Y_2]\cdots\exp[\mathrm{j}u_n Y_n]\} \\
&= E\{\exp[\mathrm{j}(u_1+u_2+\cdots+u_n)Y_1]\}E\{\exp[\mathrm{j}(u_2+u_3+\cdots+u_n)Y_2]\}\cdots E\{\exp[\mathrm{j}u_n Y_n]\} \\
&= \varphi_{Y_1}(u_1+u_2+\cdots+u_n)\varphi_{Y_2}(u_2+u_3+\cdots+u_n)\cdots\varphi_{Y_n}(u_n)
\end{aligned}$$

即 $\varphi(t_1, t_2, \cdots, t_n; u_1, u_2, \cdots, u_n)$ 由一维特征函数和增量特征函数确定.

例 2.7.3 在独立重复试验中，设一次试验随机事件 A 出现的概率为 $p(0<p<1)$，$X(n)$ 表示试验进行到 $n(n=1, 2, \cdots)$ 次为止随机事件 A 出现的次数，即 $\forall n\geqslant 1$，$X(n)$ 表示 n 重 Bernoulli 试验中随机事件 A 出现的次数，且 $P(A)=p(0<p<1)$，证明 $\{X(n), n=1, 2, \cdots\}$ 是平稳的独立增量过程.

证明 $\forall m\geqslant 1$ 和 $\forall 1\leqslant n_1<n_2<\cdots<n_m$，由于 $X(n_2)-X(n_1)$，$X(n_3)-X(n_2)$，…，$X(n_m)-X(n_{m-1})$ 分别表示第 n_1 次到第 n_2 次，第 n_2 次到第 n_3 次，…，第 n_{m-1} 次到第 n_m 次试验中随机事件 A 出现的次数，因此相互独立，从而 $\{X(n), n=1, 2, \cdots\}$ 是独立增量过程.

$\forall m\geqslant 1$，$X(n+m)-X(n)$ 为 m 重 Bernoulli 试验中随机事件 A 出现的次数，故 $X(n+m)-X(n)$ 服从二项分布，即 $X(n+m)-X(n)\sim B(m, p)$，$n=1, 2, \cdots$，所以 $\{X(n), n=1, 2, \cdots\}$ 是平稳增量过程，从而 $\{X(n), n=1, 2, \cdots\}$ 是平稳的独立增量过程.

5. Wiener 过程

Wiener 过程来源于物理学中对布朗运动的一种描述，以及当作电路中热噪声的一种数学模型.

定义 2.7.5 称实随机过程 $\{W(t), t\geqslant 0\}$ 是参数为 $\sigma^2(\sigma>0)$ 的 Wiener 过程，如果：

(1) $W(0)=0$；

(2) $\{W(t), t\geqslant 0\}$ 是平稳的独立增量过程；

(3) $\forall 0\leqslant s<t$，$W(t)-W(s)\sim N(0, \sigma^2(t-s))$.

定理 2.7.4 设 $\{W(t), t\geqslant 0\}$ 是参数为 σ^2 的 Wiener 过程，则

(1) $\forall t>0$，$W(t)\sim N(0, \sigma^2 t)$；

(2) $m_W(t)=0$，$t\geqslant 0$；$D_W(t)=\sigma^2 t$，$t\geqslant 0$；$R_W(s,t)=C_W(s,t)=\sigma^2\min(s,t)$，$s,t\geqslant 0$.

证明 (1) 由定义 2.7.5 显然.

(2) 由(1)知，$m_W(t)=0$，$D_W(t)=\sigma^2 t$，$t\geqslant 0$ 显然. 不妨设 $s\leqslant t$，则

$$\begin{aligned}
R_W(s,t) &= E[W(s)W(t)] \\
&= E[(W(s)-W(0))(W(t)-W(s)+W(s))] \\
&= E[(W(s)-W(0))(W(t)-W(s))] + E[(W(s))^2] \\
&= D[W(s)] + (E[W(s)])^2 = \sigma^2 s \\
&= \sigma^2\min(s,t),\ s,t\geqslant 0
\end{aligned}$$

$$C_W(s,t) = R_W(s,t) - m_W(s)m_W(t) = \sigma^2\min(s,t),\ s,t\geqslant 0$$

定理 2.7.5　Wiener 过程是正态过程.

证明　设$\{W(t),\ t\geqslant 0\}$是参数为σ^2的 Wiener 过程，则对于任意$n\geqslant 1$和任意的$0\leqslant t_1<t_2<\cdots<t_n$，$W(t_1)$，$W(t_2)-W(t_1)$，…，$W(t_n)-W(t_{n-1})$相互独立，且$W(t_k)-W(t_{k-1})\sim N(0,\ \sigma^2(t_k-t_{k-1}))$，$k=1,2,\cdots,\ n$，$W(t_0)\overset{\text{def}}{=}W(0)=0$，所以$(W(t_1),\ W(t_2)-W(t_1),\ \cdots,\ W(t_n)-W(t_{n-1}))$是$n$维正态随机变量．又因

$$(W(t_1),W(t_2),\cdots,W(t_n))=(W(t_1),W(t_2)-W(t_1),\cdots,W(t_n)-W(t_{n-1}))\begin{bmatrix}1 & 1 & \cdots & 1\\ 0 & 1 & \cdots & 1\\ 0 & 0 & \cdots & 1\\ \vdots & \vdots & & \vdots\\ 0 & 0 & \cdots & 1\end{bmatrix}$$

故$(W(t_1),W(t_2),\cdots,W(t_n))$是$n$维正态随机变量，所以$\{W(t),\ t\geqslant 0\}$是正态过程.

6. Poisson 过程

Poisson 过程是一类直观意义很强，而且极为重要的过程，其应用范围很广，遍及各个领域，在公用事业、生物学、物理学、电子通信工程等很多方面的问题都可用 Poisson 过程物理模拟. 考虑一个来到某“服务点”要求服务的“顾客流”，顾客到服务点的到达过程可认为是 Poisson 过程．当抽象的“服务点”和“顾客流”有不同的含义时，便可得到不同的 Poisson 过程．例如，某电话交换台的电话呼叫，交换台就是服务点，所有的呼叫依先后次序构成一顾客流．

1) 计数过程

定义 2.7.6　称实随机过程$\{N(t),\ t\geqslant 0\}$为计数过程，如果$N(t)$代表到时刻t随机事件发生的次数．

从定义 2.7.6 出发，计数过程$\{N(t),\ t\geqslant 0\}$应该满足下列条件：

(1) $N(t)\geqslant 0$；

(2) $N(t)$是非负整数；

(3) $\forall\, 0\leqslant s<t$，$N(t)\geqslant N(s)$；

(4) $\forall\, 0\leqslant s<t$，$N(t)-N(s)$代表时间间隔$t-s$内随机事件发生的次数.

2) Poisson 过程

定义 2.7.7　称计数过程$\{N(t),\ t\geqslant 0\}$是参数(强度、比率)为$\lambda(\lambda>0)$的 Poisson 过程，如果：

(1) $N(0)=0$；

(2) $\{N(t),\ t\geqslant 0\}$是平稳的独立增量过程；

(3) $\forall\, t>0$，$N(t)$服从参数为λt的 Poisson 分布，即

$$P(N(t)=k)=\frac{(\lambda t)^k}{k!}\mathrm{e}^{-\lambda t},\ k=0,\ 1,\ 2,\ \cdots$$

定理 2.7.6　设$\{N(t),\ t\geqslant 0\}$是参数为λ的 Poisson 过程，则

(1) $m_N(t)=\lambda t$，$t\geqslant 0$；$D_N(t)=\lambda t$，$t\geqslant 0$；$C_N(s,t)=\lambda\min(s,t)$，$s,t\geqslant 0$；$R_N(s,t)=\lambda^2 st+\lambda\min(s,t)$，$s,t\geqslant 0$.

(2) $\forall\, 0\leqslant s<t$，$N(t)-N(s)$服从参数为$\lambda(t-s)$的 Poisson 分布.

证明　(1) 只需证明$R_N(s,t)=\lambda^2 st+\lambda\min(s,t)$. 不妨设$s\leqslant t$，则

$$\begin{aligned}R_N(s,t) &= E[N(s)N(t)] = E[(N(s)-N(0))(N(t)-N(s)+N(s))] \\ &= E[(N(s)-N(0))(N(t)-N(s))]+E[(N(s))^2] \\ &= E[N(s)]E[N(t)-N(s)]+D[N(s)]+(E[N(s)])^2 \\ &= \lambda s(\lambda t-\lambda s)+\lambda s+\lambda^2 s^2 \\ &= \lambda^2 st+\lambda s=\lambda^2 st+\lambda\min(s,t),\ s,t\geqslant 0\end{aligned}$$

(2) 由于 $N(t)-N(s)$ 与 $N(t-s)-N(0)$ 同分布，因此

$$\begin{aligned}P(N(t)-N(s)=k) &= P(N(t-s)-N(0)=k)=P(N(t-s)=k) \\ &= \frac{(\lambda(t-s))^k}{k!}\mathrm{e}^{-\lambda(t-s)},\quad k=0,1,2,\cdots\end{aligned}$$

从而 $\forall\, 0\leqslant s<t$，$N(t)-N(s)$ 服从参数为 $\lambda(t-s)$ 的 Poisson 分布.

Poisson 过程在实际应用中非常广泛，常用如下定义.

定义 2.7.8 称计数过程 $\{N(t),\ t\geqslant 0\}$ 是参数为 λ 的 Poisson 过程，如果：

(1) $N(0)=0$；

(2) $\{N(t),\ t\geqslant 0\}$ 是平稳的独立增量过程；

(3) 当 Δt 充分小时，在 $(t,\ t+\Delta t)$ 内事件出现一次的概率为 $\lambda\Delta t+o(\Delta t)$，即

$$P(N(t+\Delta t)-N(t)=1)=\lambda\Delta t+o(\Delta t)$$

(4) 当 Δt 充分小时，在 $(t,t+\Delta t)$ 内事件出现两次或两次以上的概率为 $o(\Delta t)$，即

$$P(N(t+\Delta t)-N(t)\geqslant 2)=o(\Delta t)$$

定理 2.7.7 定义 2.7.7 与定义 2.7.8 等价.

证明 设定义 2.7.7 成立. 只需证明定义 2.7.8 中的条件(3)、(4)成立. 由定理 2.7.6(2)，有

$$P(N(t+\Delta t)-N(t)=1)=\lambda\Delta t\mathrm{e}^{-\lambda\Delta t}=\lambda\Delta t+o(\Delta t)$$

$$\begin{aligned}&P(N(t+\Delta t)-N(t)\geqslant 2) \\ &= P(N(t+\Delta t)-N(t)=2)+P(N(t+\Delta t)-N(t)=3)+\cdots \\ &= \frac{(\lambda\Delta t)^2}{2!}\mathrm{e}^{-\lambda\Delta t}+\frac{(\lambda\Delta t)^3}{3!}\mathrm{e}^{-\lambda\Delta t}+\cdots=o(\Delta t)\end{aligned}$$

故定义 2.7.8 成立.

反过来，设定义 2.7.8 成立，只需证明 $\forall\, t>0$，有

$$P(N(t)=k)=\frac{(\lambda t)^k}{k!}\mathrm{e}^{-\lambda t},\ k=0,\ 1,\ 2,\ \cdots$$

设 $p_k(t)=P(N(t)=k)=P(N(t)-N(0)=k)$，$k=0,1,2,\cdots$，$[0,\ t+\Delta t)$ 可以分成两个不相重叠的时间间隔 $[0,\ t)$、$[t,\ t+\Delta t)$，则在 $[0,\ t+\Delta t)$ 内事件出现 0 次等价于在 $[0,\ t)$、$[t,t+\Delta t)$ 内事件都出现 0 次，则

$$\begin{aligned}p_0(t+\Delta t) &= P(N(t+\Delta t)=0) \\ &= P(N(t)=0,\ N(t+\Delta t)-N(t)=0) \\ &= P(N(t)=0)P(N(t+\Delta t)-N(t)=0) \\ &= p_0(t)p_0(\Delta t) \\ &= p_0(t)(1-\lambda\Delta t+o(\Delta t))\end{aligned}$$

$$\frac{p_0(t+\Delta t)-p_0(t)}{\Delta t}=-\lambda p_0(t)+\frac{o(\Delta t)}{\Delta t}$$

令 $\Delta t\to 0$，则

$$\frac{\mathrm{d}p_0(t)}{\mathrm{d}t}=-\lambda p_0(t)$$

解此微分方程

$$p_0(t)=B_0\mathrm{e}^{-\lambda t}$$

根据假设

$$p_0(t)=P(N(t)=0)=P(N(t)-N(0)=0)$$

则 $p_0(0)=P(N(0)=0)=1$. 于是 $B_0=1$，故 $p_0(t)=\mathrm{e}^{-\lambda t}$.

同理，在$[0, t+\Delta t)$内事件出现 k 次可以等价于下列几个不相容事件之和：

(1) 在$[0, t)$内事件出现 k 次，在$[t, t+\Delta t)$内事件出现 0 次；

(2) 在$[0, t)$内事件出现$(k-1)$次，在$[t, t+\Delta t)$内事件出现一次；

(3) 在$[0, t)$内事件出现$(k-2)$次或$(k-2)$次以下，在$[t, t+\Delta t)$内事件出现两次或两次以上.

因此

$$\begin{aligned}p_k(t+\Delta t)&=P(N(t+\Delta t)=k)\\&=P(N(t)=k,N(t+\Delta t)-N(t)=0)\\&\quad+P(N(t)=k-1,N(t+\Delta t)-N(t)=1)\\&\quad+\sum_{i=2}^{k}P(N(t)=k-i,\ N(t+\Delta t)-N(t)=i)\\&=p_k(t)p_0(\Delta t)+p_{k-1}(t)p_1(\Delta t)+o(\Delta t)\end{aligned}$$

$$\frac{p_k(t+\Delta t)-p_k(t)}{\Delta t}=-\lambda p_k(t)+\lambda p_{k-1}(t)+\frac{o(\Delta t)}{\Delta t}$$

令 $\Delta t\to 0$，则

$$\frac{\mathrm{d}p_k(t)}{\mathrm{d}t}+\lambda p_k(t)=\lambda p_{k-1}(t),\ k=1,2,\cdots$$

即

$$\frac{\mathrm{d}}{\mathrm{d}t}(\mathrm{e}^{\lambda t}p_k(t))=\lambda\mathrm{e}^{\lambda t}p_{k-1}(t)$$

当 $k=1$ 时，利用 $p_0(t)=\mathrm{e}^{-\lambda t}$，得

$$p_1(t)=(\lambda t+B_1)\mathrm{e}^{-\lambda t}$$

因为 $p_1(0)=P(N(0)=1)=0$，所以 $B_1=0$，从而

$$p_1(t)=\lambda t\mathrm{e}^{-\lambda t}$$

假设对于 $k-1$ 成立，即

$$p_{k-1}(t)=\frac{(\lambda t)^{k-1}}{(k-1)!}\mathrm{e}^{-\lambda t}$$

对于 k 的情形：由于

$$\frac{\mathrm{d}}{\mathrm{d}t}(\mathrm{e}^{\lambda t}p_k(t))=\lambda\mathrm{e}^{\lambda t}p_{k-1}(t)=\frac{\lambda^k t^{k-1}}{(k-1)!}$$

两边积分得

$$e^{\lambda t}p_k(t)=\frac{(\lambda t)^k}{k!}+B_k$$

又因为 $p_k(0)=P(N(0)=k)=0$，所以 $B_k=0$. 从而

$$p_k(t)=\frac{(\lambda t)^k}{k!}e^{-\lambda t}$$

即
$$P(N(t)=k)=\frac{(\lambda t)^k}{k!}e^{-\lambda t},\quad k=0,1,2,\cdots$$

故定义 2.7.7 成立.

3) Poisson 过程的到达时间与到达时间间隔分布

设 $N(t)$表示直到 t 时刻到达的随机点数，则$\{N(t),t\geqslant 0\}$是强度为 λ 的 Poisson 过程，$\tau_1,\tau_2,\cdots,\tau_n,\cdots$ 分别表示第 1 个，第 2 个，……，第 n 个，……随机点的到达时间，称$\{\tau_n,n=1,2,\cdots\}$为 Poisson 过程的到达时间序列，它是一个随机变量序列. 令 $T_n=\tau_n-\tau_{n-1}$，$n=1,2,\cdots$，$\tau_0\overset{\text{def}}{=}0$，称$\{T_n,n=1,2,\cdots\}$为 Poisson 过程的到达时间间隔序列，它也是一个随机变量序列. 显然 $\tau_n=T_1+T_2+\cdots+T_n$.

定理 2.7.8　设$\{N(t),t\geqslant 0\}$是参数为 λ 的 Poisson 过程，$\{T_n,n=1,2,\cdots\}$是其到达时间间隔序列，则 $T_1,T_2,\cdots,T_n,\cdots$ 相互独立且同服从参数为 λ 的指数分布.

证明　由于 Poisson 过程是平稳的独立增量过程，因此相邻两随机点的到达时间间隔是相互独立的，即 $T_1,T_2,\cdots,T_n,\cdots$相互独立. 再证 $T_1,T_2,\cdots,T_n,\cdots$ 同服从参数为 λ 的指数分布.

先求 T_1 的分布函数 $F_{T_1}(t)$.

当 $t<0$ 时，

$$F_{T_1}(t)=0$$

当 $t\geqslant 0$ 时，

$$F_{T_1}(t)=P(T_1\leqslant t)=1-P(T_1>t)=1-P(N(t)=0)=1-e^{-\lambda t}$$

故 T_1 服从参数为 λ 的指数分布.

再求 T_2 的分布函数 $F_{T_2}(t)$.

当 $t<0$ 时，

$$F_{T_2}(t)=0$$

当 $t\geqslant 0$ 时，由 T_1、T_2 相互独立，有

$$\begin{aligned}F_{T_2}(t)&=P(T_2\leqslant t)=1-P(T_2>t)=1-P(T_2>t\mid T_1=s_1)\\&=1-P(N(t+s_1)-N(s_1)=0)\\&=1-P(N(t)=0)=1-e^{-\lambda t}\end{aligned}$$

故 T_2 服从参数为 λ 的指数分布.

最后求 $T_n(n=3,4,\cdots)$的分布函数 $F_{T_n}(t)$.

当 $t<0$ 时，

$$F_{T_n}(t)=0$$

当 $t\geqslant 0$ 时，由 T_1，T_2，…，T_n 相互独立，则

$$\begin{aligned}F_{T_n}(t)&=P(T_n\leqslant t)=1-P(T_n>t)\\&=1-P(T_n>t\mid T_1=s_1,\cdots,T_{n-1}=s_{n-1})\\&=1-P(N(t+s_1+\cdots+s_{n-1})-N(s_1+s_2+\cdots+s_{n-1})=0)\\&=1-P(N(t)=0)=1-\mathrm{e}^{-\lambda t}\end{aligned}$$

故 T_n 服从参数为 λ 的指数分布．所以 T_1，T_2，…，T_n，…相互独立且同服从参数为 λ 的指数分布.

定理 2.7.9　设$\{N(t),\ t\geqslant 0\}$是参数为 λ 的 Poisson 过程. $\{\tau_n,\ n=1,2,\cdots\}$是其到达时间序列，则 $\tau_n(n=1,2,\cdots)$服从 Γ 分布，即 τ_n 的概率密度函数为

$$f_{\tau_n}(t)=\begin{cases}\lambda\mathrm{e}^{-\lambda t}\dfrac{(\lambda t)^{n-1}}{(n-1)!}, & t\geqslant 0\\0, & t<0\end{cases}$$

证明　由定义可知 $\tau_n=T_1+T_2+\cdots+T_n$，$n=1,2,\cdots$，$T_1$，$T_2$，…，$T_n$ 相互独立且同服从参数为 λ 的指数分布，T_i 的特征函数为

$$\varphi_{T_i}(t)=\int_0^{+\infty}\lambda\mathrm{e}^{-\lambda u}\mathrm{e}^{\mathrm{j}tu}\,\mathrm{d}u=\frac{\lambda}{\lambda-\mathrm{j}t},\quad \varphi_{\tau_n}(t)=[\varphi_{T_i}(t)]^n=\frac{\lambda^n}{(\lambda-\mathrm{j}t)^n}$$

故

$$f_{\tau_n}(t)=\begin{cases}\lambda\mathrm{e}^{-\lambda t}\dfrac{(\lambda t)^{n-1}}{(n-1)!}, & t\geqslant 0\\0, & t<0\end{cases}$$

也可以用另一种方法证明 τ_n 服从 Γ 分布．因为当 $t<0$ 时，$F_{\tau_n}(t)=0$；当 $t\geqslant 0$ 时，

$$F_{\tau_n}(t)=P(\tau_n\leqslant t)=P(N(t)\geqslant n)=\sum_{k=n}^{\infty}\frac{(\lambda t)^k}{k!}\mathrm{e}^{-\lambda t}$$

所以，当 $t<0$ 时，$f_{\tau_n}(t)=F_{\tau}'(t)=0$；

当 $t\geqslant 0$ 时，

$$\begin{aligned}f_{\tau_n}(t)=F_{\tau_n}'(t)&=-\lambda\sum_{k=n}^{\infty}\frac{(\lambda t)^k}{k!}\mathrm{e}^{-\lambda t}+\sum_{k=n}^{\infty}\lambda\frac{(\lambda t)^{k-1}}{(k-1)!}\mathrm{e}^{-\lambda t}\\&=-\lambda\sum_{k=n}^{\infty}\frac{(\lambda t)^k}{k!}\mathrm{e}^{-\lambda t}+\lambda\frac{(\lambda t)^{n-1}}{(n-1)!}\mathrm{e}^{-\lambda t}+\sum_{k=n+1}^{\infty}\lambda\frac{(\lambda t)^{k-1}}{(k-1)!}\mathrm{e}^{-\lambda t}\\&=\lambda\mathrm{e}^{-\lambda t}\frac{(\lambda t)^{n-1}}{(n-1)!}\end{aligned}$$

即

$$f_{\tau_n}(t)=\begin{cases}\lambda\mathrm{e}^{-\lambda t}\dfrac{(\lambda t)^{n-1}}{(n-1)!}, & t\geqslant 0\\0, & t<0\end{cases}$$

4）到达时间的条件分布

设$\{N(t),\ t\geqslant 0\}$是参数为 λ 的 Poisson 过程，如果在$[0,\ t)$内仅有一个随机点到达，τ 是其到达时间，则 τ 服从$[0,\ t)$上的均匀分布. 事实上，当 $0\leqslant s<t$ 时，有

$$
\begin{aligned}
P(\tau \leqslant s \mid N(t)=1) &= \frac{P(\tau \leqslant s,\ N(t)=1)}{P(N(t)=1)} \\
&= \frac{P(N(s)=1,\ N(t)-N(s)=0)}{P(N(t)=1)} \\
&= \frac{P(N(s)=1)P(N(t)-N(s)=0)}{P(N(t)=1)} \\
&= \frac{\lambda s\mathrm{e}^{-\lambda s}\mathrm{e}^{-\lambda(t-s)}}{\lambda t\mathrm{e}^{-\lambda t}} = \frac{s}{t}
\end{aligned}
$$

从而 τ 服从 $[0,\ t)$ 上的均匀分布.

定理 2.7.10 设 $\{N(t),\ t\geqslant 0\}$ 是参数为 λ 的 Poisson 过程，如果在 $[0,\ t)$ 内有 n 个随机点到达，则 n 个到达时间 $\tau_1<\tau_2<\cdots<\tau_n$ 和 n 个相互独立且同服从 $[0,\ t)$ 上均匀分布的随机变量 $U_1,\ U_2,\ \cdots,\ U_n$ 的顺序统计量 $U_{(1)}<U_{(2)}<\cdots<U_{(n)}$ 同分布.

证明 因为 $U_1, U_2, \cdots, U_n$ 相互独立，同服从 $[0,\ t)$ 上的均匀分布，所以 $(U_1, U_2, \cdots, U_n)$ 的联合概率密度函数为

$$
f_n(u_1, u_2, \cdots, u_n) = \begin{cases} \dfrac{1}{t^n}, & 0 \leqslant u_1,\ u_2,\ \cdots,\ u_n < t \\ 0, & \text{其它} \end{cases}
$$

从而 $(U_{(1)},\ U_{(2)},\ \cdots,\ U_{(n)})$ 的联合概率密度函数为

$$
f_{(n)}(u_1, u_2, \cdots, u_n) = \begin{cases} \dfrac{n!}{t^n}, & 0 \leqslant u_1 < u_2 < \cdots < u_n < t \\ 0, & \text{其它} \end{cases}
$$

又 $N(t)=n$，取充分小的 $h_1,\ h_2,\ \cdots,\ h_n>0$，使 $u_n<\tau_k\leqslant u_k+h_k$，$k=1,2,\cdots,n$，且 $(u_k,\ u_k+h_k]$ $(k=1,2,\cdots,n)$ 互不相交，则当 $0\leqslant u_1<u_2<\cdots<u_n<t$ 时，有

$$
\begin{aligned}
& P\left(\bigcap_{k=1}^{n} (u_k < \tau_k \leqslant u_k + h_k) \mid N(t) = n\right) \\
&= \frac{P\left(\bigcap_{k=1}^{n} (u_k < \tau_k \leqslant u_k + h_k), N(t) = n\right)}{P(N(t)=n)} \\
&= \frac{P(N(h_1)=1, N(h_2)=1, \cdots, N(h_n)=1, N(t-h_1-\cdots-h_n)=0)}{P(N(t)=n)} \\
&= \frac{P(N(h_1)=1)P(N(h_2)=1)\cdots P(N(h_n)=1)P(N(t-h_1-\cdots-h_n)=0)}{P(N(t)=n)} \\
&= \frac{\lambda h_1\mathrm{e}^{-\lambda h_1}\lambda h_2\mathrm{e}^{-\lambda h_2}\cdots\lambda h_n\mathrm{e}^{-\lambda h_n}\mathrm{e}^{-\lambda(t-h_1-\cdots-h_n)}}{\dfrac{(\lambda t)^n}{n!}\mathrm{e}^{-\lambda t}} \\
&= \frac{n!}{t^n}h_1h_2\cdots h_n
\end{aligned}
$$

故 $(\tau_1, \tau_2, \cdots, \tau_n)$ 的联合概率密度函数为

$$
p(u_1, u_2, \cdots, u_n) = \begin{cases} \dfrac{n!}{t^n}, & 0 \leqslant u_1 < u_2 < \cdots < u_n < t \\ 0, & \text{其它} \end{cases}
$$

所以$(\tau_1,\tau_2,\cdots,\tau_n)$与$(U_{(1)},U_{(2)},\cdots,U_{(n)})$同分布.

例 2.7.4　假设乘客按照参数为 λ 的 Poisson 过程$\{N(t),\ t\geqslant 0\}$来到一个火车站乘坐某次列车，若火车在时刻 t 启程，试求在$[0,\ t]$内到达火车站乘坐该次列车的乘客等待时间总和的数学期望.

解　设 τ_k 是第 k 个乘客到达火车站的时刻，则其等待时间为 $t-\tau_k$，从而在$[0,\ t]$内到达火车站乘坐该次列车的乘客等待时间总和为 $\sum_{k=1}^{N(t)}(t-\tau_k)$. 于是

$$
\begin{aligned}
E\Big[\sum_{k=1}^{N(t)}(t-\tau_k)\Big] &= E\Big[E\Big(\sum_{k=1}^{N(t)}(t-\tau_k)\mid N(t)\Big)\Big]\\
&= \sum_{n=0}^{\infty}E\Big(\sum_{k=1}^{n}(t-\tau_k)\mid N(t)=n\Big)P(N(t)=n)\\
&= \sum_{n=0}^{\infty}\Big(nt-\sum_{k=1}^{n}E(\tau_k\mid N(t)=n)\Big)P(N(t)=n)\\
&= \sum_{n=0}^{\infty}\Big(nt-\sum_{k=1}^{n}EU_{(k)}\Big)P(N(t)=n)\\
&= \sum_{n=0}^{\infty}\Big(nt-\sum_{k=1}^{n}EU_k\Big)P(N(t)=n)\\
&= \sum_{n=0}^{\infty}\Big(nt-\frac{1}{2}nt\Big)\cdot\frac{(\lambda t)^n}{n!}\mathrm{e}^{-\lambda t}\\
&= \frac{\lambda t^2}{2}\Big(\sum_{n=1}^{\infty}\frac{(\lambda t)^{n-1}}{(n-1)!}\Big)\mathrm{e}^{-\lambda t}\\
&= \frac{\lambda t^2}{2}\mathrm{e}^{\lambda t}\mathrm{e}^{-\lambda t}=\frac{\lambda t^2}{2}
\end{aligned}
$$

5) 非齐次 Poisson 过程

定义 2.7.9　称计数过程$\{N(t),\ t\geqslant 0\}$是参数为$\lambda(t)(\lambda(t)>0,\ t\geqslant 0)$的非齐次 Poisson 过程，如果：

(1) $N(0)=0$；

(2) $\{N(t),\ t\geqslant 0\}$是独立增量过程；

(3) 当 Δt 充分小时，在$(t,\ t+\Delta t)$内事件出现一次的概率为$\lambda(t)\Delta t+o(\Delta t)$，即

$$P(N(t+\Delta t)-N(t)=1)=\lambda(t)\Delta t+o(\Delta t)$$

(4) 当 Δt 充分小时，在$(t,\ t+\Delta t)$内事件出现两次或两次以上的概率为$o(\Delta t)$，即

$$P(N(t+\Delta t)-N(t)\geqslant 2)=o(\Delta t)$$

定理 2.7.11　设$\{N(t),\ t\geqslant 0\}$是参数为$\lambda(t)$的非齐次 Poisson 过程，则$\forall\, t\geqslant 0$，在$[t_0,\ t_0+t)$内事件出现 k 次的概率为

$$
\begin{aligned}
&P(N(t_0+t)-N(t_0)=k)\\
&=\frac{(m(t_0+t)-m(t_0))^k}{k!}\exp(-(m(t_0+t)-m(t_0))),\quad k=0,\ 1,\ 2,\ \cdots
\end{aligned}
$$

其中 $m(t)=\int_0^t\lambda(s)\mathrm{d}s$.

证明 设 $p_k(t)=P(N(t_0+t)-N(t_0)=k)$，则

$$
\begin{aligned}
p_0(t+\Delta t) &= P(N(t_0+t+\Delta t)-N(t_0)=0) \\
&= P(\text{在}[t_0,\ t_0+t)\ \text{内事件出现 0 次，在}[t_0+t,\ t_0+t+\Delta t)\ \text{内事件出现 0 次}) \\
&= P(\text{在}[t_0,\ t_0+t)\ \text{内事件出现 0 次})P(\text{在}[t_0+t,\ t_0+t+\Delta t)\ \text{内事件出现 0 次}) \\
&= p_0(t)(1-\lambda(t_0+t)\Delta t+o(\Delta t))
\end{aligned}
$$

$$\frac{p_0(t+\Delta t)-p_0(t)}{\Delta t}=-\lambda(t_0+t)p_0(t)+\frac{o(\Delta t)}{\Delta t}$$

令 $\Delta t\to 0$，并利用 $p_0(0)=1$，得

$$\frac{\mathrm{d}p_0(t)}{\mathrm{d}t}=-\lambda(t_0+t)p_0(t)$$

$$\ln p_0(t)=-\int_0^t\lambda(t_0+u)\mathrm{d}u=-\int_{t_0}^{t_0+t}\lambda(s)\mathrm{d}s$$

故

$$p_0(t)=\exp(-(m(t_0+t)-m(t_0)))$$

同理

$$
\begin{aligned}
p_k(t+\Delta t) &= P(N(t_0+t+\Delta t)-N(t_0)=k) \\
&= P(\text{在}[t_0,\ t_0+t)\ \text{内事件出现}\ k\ \text{次}, \\
&\qquad \text{在}[t_0+t,\ t_0+t+\Delta t)\ \text{内事件出现 0 次}) \\
&\quad +P(\text{在}[t_0,\ t_0+t)\ \text{内事件出现}(k-1)\ \text{次}, \\
&\qquad \text{在}[t_0+t,\ t_0+t+\Delta t)\ \text{内事件出现 1 次}) \\
&\quad +P(\text{在}[t_0,\ t_0+t)\ \text{内事件出现}(k-2)\ \text{次或}(k-2)\ \text{次以下}, \\
&\qquad \text{在}[t_0+t,\ t_0+t+\Delta t)\ \text{内事件出现 2 次或 2 次以上}) \\
&= p_k(t)(1-\lambda(t_0+t)\Delta t+o(\Delta t)) \\
&\quad +p_{k-1}(t)(\lambda(t_0+t)\Delta t+o(\Delta t))
\end{aligned}
$$

$$\frac{p_k(t+\Delta t)-p_k(t)}{\Delta t}=-\lambda(t_0+t)p_k(t)+\lambda(t_0+t)p_{k-1}(t)+\frac{o(\Delta t)}{\Delta t}$$

令 $\Delta t\to 0$，则

$$\frac{\mathrm{d}p_k(t)}{\mathrm{d}t}=-\lambda(t_0+t)p_k(t)+\lambda(t_0+t)p_{k-1}(t)$$

当 $k=1$ 时，

$$
\begin{aligned}
\frac{\mathrm{d}p_1(t)}{\mathrm{d}t}+\lambda(t_0+t)p_1(t) &= \lambda(t_0+t)p_0(t) \\
&= \lambda(t_0+t)\exp(-(m(t_0+t)-m(t_0)))
\end{aligned}
$$

$$
\begin{aligned}
&\frac{\mathrm{d}}{\mathrm{d}t}\left(\exp\left(\int_0^t\lambda(t_0+u)\mathrm{d}u\right)p_1(t)\right) \\
&= \lambda(t_0+t)\exp\left(\int_0^t\lambda(t_0+u)\mathrm{d}u\right)\exp(-(m(t_0+t)-m(t_0))) \\
&= \lambda(t_0+t)
\end{aligned}
$$

由 $p_1(0)=0$，故

$$\exp\left(\int_0^t \lambda(t_0+u)\mathrm{d}u\right)p_1(t)=\int_0^t \lambda(t_0+u)\mathrm{d}u=\int_{t_0}^{t_0+t}\lambda(s)\mathrm{d}s=m(t_0+t)-m(t_0)$$

即

$$p_1(t)=(m(t_0+t)-m(t_0))\exp(-(m(t_0+t)-m(t_0)))$$

经过逐次迭代，利用数学归纳法得

$$P(N(t_0+t)-N(t_0)=k)$$
$$=\frac{(m(t_0+t)-m(t_0))^k}{k!}\exp(-(m(t_0+t)-m(t_0))),\ k=0,1,2,\cdots$$

例 2.7.5　设$\{N(t),t\geqslant 0\}$是非齐次 Poisson 过程，参数$\lambda(t)=\frac{1}{2}(1+\cos\omega t)$，求$\{N(t),t\geqslant 0\}$的均值函数$m_N(t)$和方差函数$D_N(t)$.

解　由于$\{N(t),t\geqslant 0\}$的一维特征函数为

$$\varphi(t;u)=\exp\left(-(1-\mathrm{e}^{\mathrm{j}u})\int_0^t\lambda(s)\mathrm{d}s\right)$$

因此

$$m_N(t)=E[N(t)]=\frac{1}{\mathrm{j}}\left.\frac{\mathrm{d}\varphi(t;u)}{\mathrm{d}u}\right|_{u=0}$$
$$=\int_0^t\lambda(s)\mathrm{d}s=\int_0^t\frac{1}{2}(1+\cos\omega s)\mathrm{d}s$$
$$=\frac{1}{2}\left(t+\frac{\sin\omega t}{\omega}\right),\ \omega\neq 0,\ t\geqslant 0$$

$$E[N(t)]^2=\frac{1}{\mathrm{j}^2}\left.\frac{\mathrm{d}^2\varphi(t;u)}{\mathrm{d}u^2}\right|_{u=0}=\left(\int_0^t\lambda(s)\mathrm{d}s\right)^2+\int_0^t\lambda(s)\mathrm{d}s$$
$$D_N(t)=D[N(t)]=E[N(t)]^2-(E[N(t)])^2$$
$$=\int_0^t\lambda(s)\mathrm{d}s=\int_0^t\frac{1}{2}(1+\cos\omega s)\mathrm{d}s$$
$$=\frac{1}{2}\left(t+\frac{\sin\omega t}{\omega}\right),\ \omega\neq 0,\ t\geqslant 0$$

例 2.7.6　某设备的使用期限为 10 年，在前 5 年内平均 2.5 年需要维修一次，后 5 年平均 2 年需要维修一次，求在使用期内只维修过一次的概率.

解　因为维修次数与使用时间有关，所以该过程是一非齐次 Poisson 过程，其参数为

$$\lambda(t)=\begin{cases}\dfrac{1}{2.5}, & 0\leqslant t\leqslant 5\\[2mm] \dfrac{1}{2}, & 5<t\leqslant 10\end{cases}$$

则

$$m(10)=\int_0^{10}\lambda(s)\mathrm{d}s=\int_0^5\frac{1}{2.5}\mathrm{d}s+\int_5^{10}\frac{1}{2}\mathrm{d}s=4.5$$

故所求的概率为

$$P(N(10)-N(0)=1)=4.5\mathrm{e}^{-4.5}=\frac{9}{2}\mathrm{e}^{-\frac{9}{2}}$$

6) 条件 Poisson 过程

定义 2.7.10　设正值随机变量Λ的分布函数为$F(\lambda)$，如果在$\Lambda=\lambda$的条件下

$\{N(t), t\geqslant 0\}$是参数为λ的 Poisson 过程，则称$\{N(t), t\geqslant 0\}$为条件 Poisson 过程.

定理 2.7.12　设$\{N(t), t\geqslant 0\}$为条件 Poisson 过程，则

(1) $\forall s, t\geqslant 0, P(N(t+s)-N(s)=k)=\int_0^{+\infty}\frac{(\lambda t)^k}{k!}e^{-\lambda t}dF(\lambda)$

(2) 若 $E\Lambda^2<+\infty$，则 $m_N(t)=tE\Lambda$，$D_N(t)=t^2D\Lambda+tE\Lambda$

(3) 在 $N(t)=n$ 的条件下，Λ 的条件分布函数为

$$P(\Lambda\leqslant x|N(t)=n)=\frac{\int_0^x\frac{(\lambda t)^n}{n!}e^{-\lambda t}\,dF(\lambda)}{\int_0^{+\infty}\frac{(\lambda t)^n}{n!}e^{-\lambda t}\,dF(\lambda)}$$

证明　(1) $P(N(t+s)-N(s)=k)=\int_0^{+\infty}P(N(t+s)-N(s)=k|\Lambda=\lambda)dF(\lambda)$

$$=\int_0^{+\infty}\frac{(\lambda t)^k}{k!}e^{-\lambda t}\,dF(\lambda)$$

$$(2)\ m_N(t)=E[N(t)]=E(E[N(t)]|\Lambda)=\int_0^{+\infty}E([N(t)]|\Lambda=\lambda)dF(\lambda)$$

$$=\int_0^{+\infty}\lambda t\ dF(\lambda)=t\int_0^{+\infty}\lambda\ dF(\lambda)=tE\Lambda$$

$$E[N(t)]^2=E(E[N(t)]^2|\Lambda)=\int_0^{+\infty}E([N(t)]^2|\Lambda=\lambda)dF(\lambda)$$

$$=\int_0^{+\infty}(\lambda t+(\lambda t)^2)dF(\lambda)=t\int_0^{+\infty}\lambda\ dF(\lambda)+t^2\int_0^{+\infty}\lambda^2dF(\lambda)$$

$$=tE\Lambda+t^2E\Lambda^2$$

$$D_N(t)=E[N(t)]^2-(E[N(t)])^2=tE\Lambda+t^2E\Lambda^2-(tE\Lambda)^2=t^2D\Lambda+tE\Lambda$$

(3) 因为

$$P(\Lambda\in(\lambda,\lambda+d\lambda)|N(t)=n)=\frac{P(N(t)=n|\Lambda\in(\lambda,\lambda+d\lambda))P(\Lambda\in(\lambda,\lambda+d\lambda)}{P(N(t)=n)}$$

$$=\frac{\frac{(\lambda t)^n}{n!}e^{-\lambda t}\,dF(\lambda)}{\int_0^{+\infty}\frac{(\lambda t)^n}{n!}e^{-\lambda t}dF(\lambda)}$$

所以

$$P(\Lambda\leqslant x|N(t)=n)=\frac{\int_0^x\frac{(\lambda t)^n}{n!}e^{-\lambda t}\,dF(\lambda)}{\int_0^{+\infty}\frac{(\lambda t)^n}{n!}e^{-\lambda t}\,dF(\lambda)}$$

例 2.7.7　某地区在某季节地震出现的平均强度是随机变量 Λ，其概率分布为 $P(\Lambda=\lambda_1)=p$，$P(\Lambda=\lambda_2)=1-p$，到 t 时为止的地震次数是一条件 Poisson 过程$\{N(t), t\geqslant 0\}$，试求：

(1) 该地区该季节在$(0, t)$时间内出现 n 次地震的条件下地震强度为λ_1的概率；

(2) 在 $N(t)=n$ 的条件下，从 t 时开始到下一次地震出现的条件分布.

解　(1) 该过程是条件 Poisson 过程，因为 Λ 是离散型随机变量，所以

$$P(\Lambda=\lambda_1 \mid N(t)=n)=\frac{P(\Lambda=\lambda_1)P(N(t)=n\mid\Lambda=\lambda_1)}{P(N(t)=n)}$$

$$=\frac{p\,\dfrac{(\lambda_1 t)^n}{n!}\mathrm{e}^{-\lambda_1 t}}{p\,\dfrac{(\lambda_1 t)^n}{n!}\mathrm{e}^{-\lambda_1 t}+(1-p)\,\dfrac{(\lambda_2 t)^n}{n!}\mathrm{e}^{-\lambda_2 t}}$$

$$=\frac{p(\lambda_1 t)^n\mathrm{e}^{-\lambda_1 t}}{p(\lambda_1 t)^n\mathrm{e}^{-\lambda_1 t}+(1-p)(\lambda_2 t)^n\mathrm{e}^{-\lambda_2 t}}$$

(2) P(从 t 时开始到下次地震出现时间$\leqslant x \mid N(t)=n$)

$$=\frac{p(1-\mathrm{e}^{-\lambda_1 x})(\lambda_1 t)^n\mathrm{e}^{-\lambda_1 t}+(1-p)(1-\mathrm{e}^{-\lambda_2 x})(\lambda_2 t)^n\mathrm{e}^{-\lambda_2 t}}{p(\lambda_1 t)^n\mathrm{e}^{-\lambda_1 t}+(1-p)(\lambda_2 t)^n\mathrm{e}^{-\lambda_2 t}}$$

7) 过滤 Poisson 过程

定义 2.7.11　设$\{N(t),\ t\geqslant 0\}$是参数为 λ 的 Poisson 过程，令 $X(t)=\sum_{i=1}^{N(t)}h(t-t_i)$，$t\geqslant 0$，其中 $h(t)$为线性时不变系统的冲激响应，t_i是随机变量，表示第 i 个冲激脉冲出现的时间，则称$\{X(t),\ t\geqslant 0\}$为过滤 Poisson 过程.

定理 2.7.13　设$\{X(t),\ t\geqslant 0\}$为过滤 Poisson 过程，则

$$m_X(t)=\lambda\int_0^t h(s)\mathrm{d}s$$

$$D_X(t)=\lambda\int_0^t h^2(s)\mathrm{d}s$$

$$\varphi(t;\ u)=\exp\left(\lambda\int_0^t(\mathrm{e}^{\mathrm{j}uh(s)}-1)\mathrm{d}s\right)$$

$$R_X(t,\ t+\tau)=\lambda\int_0^t h(s)h(s+\tau)\mathrm{d}s+\lambda^2\left(\int_0^t h(s)\mathrm{d}s\right)^2$$

$$C_X(t,\ t+\tau)=\lambda\int_0^t h(s)h(s+\tau)\mathrm{d}s$$

证明略.

例 2.7.8　考虑温度限制二极管：

(1) 设在$[0,\ t)$内从阴极发射的电子数服从 Poisson 分布；

(2) 设二极管为平板二极管，极间距离为 d，板极对阴极的电位差为 V_0（见图 2-6），则在没有空间电荷的条件下，一个电子从阴极发射后至到达板极前，在电路内引起的电流脉冲 $i(t)$为

$$i(t)=\begin{cases}2q_0\,\dfrac{t}{\tau_{\mathrm{a}}^2}, & 0\leqslant t\leqslant\tau_{\mathrm{a}}\\ 0, & \text{其它}\end{cases}$$

其中 $\tau_{\mathrm{a}}=\left(\dfrac{2m}{q_0 v_0}\right)^{\frac{1}{2}}d$ 是电子从阴极出发到达板极的渡越时间，q_0 为电子电荷，m 为电子质量，v_0 为电子移动的速度. 所以温度限制二极管的板流为

$$I(t)=\sum_{i=1}^{N(t)}i(t-t_i),\quad t<T$$

其中 t_i 为第 i 个电子的发射时刻，服从$[0, T)$上的均匀分布，从而 $\dot{I}(t)$是一过滤 Poisson 过程，求温度限制二极管的散弹噪声板流 $I(t)$的平均值.

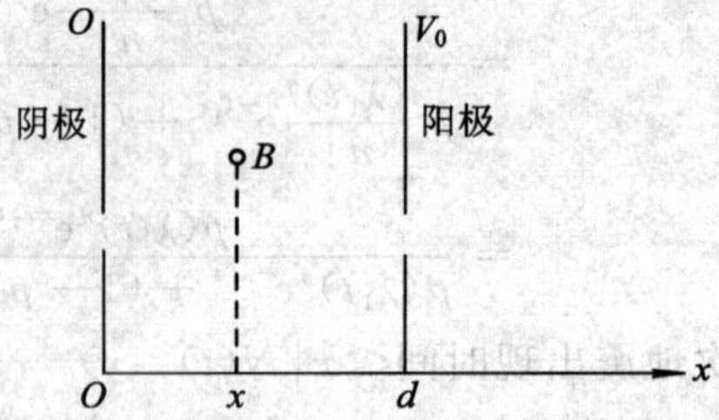

图 2-6

解
$$E[I(t)] = \lambda \int_0^T i(t)\mathrm{d}t = \lambda \int_0^{\tau_a} 2q_0 \frac{t}{\tau_a^2}\mathrm{d}t = \lambda q_0$$

其中 λ 是单位时间内发射的平均电子数.

8) 复合 Poisson 过程

定义 2.7.12　设$\{N(t), t\geqslant 0\}$是参数为 λ 的 Poisson 过程，$\{Y_n, n=1,2,\cdots\}$是相互独立同分布的实随机变量序列，且$\{N(t), t\geqslant 0\}$和$\{Y_n, n=1,2,\cdots\}$也相互独立，令 $X(t) = \sum\limits_{n=1}^{N(t)} Y_n, t\geqslant 0$，则称$\{X(t), t\geqslant 0\}$为复合 Poisson 过程.

定理 2.7.14　设$\{X(t), t\geqslant 0\}$是复合的 Poisson 过程，则

(1) $\{X(t), t\geqslant 0\}$的一维特征函数为 $f_{X(t)}(u) \stackrel{\text{def}}{=} \varphi(t; u) = \mathrm{e}^{\lambda t(f(u)-1)}$，其中 $f(u)$是 $Y_n(n=1,2,\cdots)$的特征函数；

(2) 若 $EY_n^2 < +\infty$，则 $m_X(t) = \lambda t EY_n$，$D_X(t) = \lambda t EY_n^2$.

证明　(1) $\forall t\geqslant 0$，$X(t)$的特征函数为

$$\begin{aligned}
f_{X(t)}(u) &= E\mathrm{e}^{\mathrm{j}uX(t)} = E[\mathrm{e}^{\mathrm{j}u\sum_{n=1}^{N(t)} Y_n}] = E[E(\mathrm{e}^{\mathrm{j}u\sum_{n=1}^{N(t)} Y_n} \mid N(t))] \\
&= \sum_{k=0}^{\infty} E(\mathrm{e}^{\mathrm{j}u\sum_{n=1}^{k} Y_n} \mid N(t)=k)P(N(t)=k) \\
&= \sum_{k=0}^{\infty} E(\mathrm{e}^{\mathrm{j}u\sum_{n=1}^{k} Y_k})P(N(t)=k) \\
&= \sum_{k=0}^{\infty} (f(u))^k \frac{(\lambda t)^k}{k!}\mathrm{e}^{-\lambda t} \\
&= \left(\sum_{k=0}^{\infty} \frac{(\lambda t f(u))^k}{k!}\right)\mathrm{e}^{-\lambda t} = \mathrm{e}^{\lambda t f(u)}\mathrm{e}^{-\lambda t} \\
&= \mathrm{e}^{\lambda t(f(u)-1)}
\end{aligned}$$

(2) 因为

$$f'_{X(t)}(u) = \lambda t f'(u)\mathrm{e}^{\lambda t(f(u)-1)}$$
$$f''_{X(t)}(u) = [\lambda t f''(u) + \lambda^2 t^2 f'^2(u)]\mathrm{e}^{\lambda t(f(u)-1)}$$

所以

$$m_X(t)=E[X(t)]=\frac{f'_{X(t)}(0)}{\mathrm{j}}=\lambda t\frac{f'(0)}{\mathrm{j}}=\lambda tEY_n$$

$$E[(X(t))^2]=\frac{f''_{X(t)}(0)}{\mathrm{j}^2}=\lambda t\frac{f''(0)}{\mathrm{j}^2}+\lambda^2t^2\left(\frac{f'(0)}{\mathrm{j}}\right)^2=\lambda tEY_n^2+\lambda^2t^2(EY_n)^2$$

$$D_X(t)=E[(X(t))^2]-(E[X(t)])^2=\lambda tEY_n^2+\lambda^2t^2(EY_n)^2-\lambda^2t^2(EY_n)^2=\lambda tEY_n^2$$

例 2.7.9　设移民到某地区定居的户数是一 Poisson 过程，平均每周有 2 户定居，即 $\lambda=2$，如果每户的人口数是一随机变量，一户四人的概率为 1/6，一户三人的概率为 1/3，一户二人的概率为 1/3，一户一人的概率为 1/6，并且每户的人口数是相互独立的随机变量. 求在五周内移民到该地区人口数的数学期望和方差.

解　设$\{N(t),\ t\geqslant0\}$是移民到该地区定居的户数所形成的 Poisson 过程，则其参数为 $\lambda=2$. 再设 Y_n 表示第 n 户的人口数，$X(t)$表示移民的总人口数，则 $X(t)=\sum_{n=1}^{N(t)}Y_n$，从而 $\{X(t),\ t\geqslant0\}$是复合的 Poisson 过程. 因为

$$EY_n=4\times\frac{1}{6}+3\times\frac{1}{3}+2\times\frac{1}{3}+1\times\frac{1}{6}=\frac{5}{2}$$

$$EY_n^2=4^2\times\frac{1}{6}+3^2\times\frac{1}{3}+2^2\times\frac{1}{3}+1^2\times\frac{1}{6}=\frac{43}{6}$$

所以

$$E[X(5)]=2\times5\times\frac{5}{2}=25$$

$$D[X(5)]=2\times5\times\frac{43}{6}=\frac{215}{3}$$

例 2.7.10　设投保人的死亡是参数为 λ 的 Poisson 过程，对于第 n 个死亡的投保人用随机变量 Y_n 描述，同时也表示该投保人的价值，并且 $Y_n(n=1,\ 2,\ \cdots)$相互独立且同服从参数为$a(a>0)$的指数分布. 令 $X(t)$表示在期间$[0,\ t)$内保险公司必须付出的全部赔偿，求$E[X(t)]$和 $D[X(t)]$.

解　设$\{N(t),\ t\geqslant0\}$表示死亡的投保人所形成的 Poisson 过程，其参数为 λ，则 $X(t)=\sum_{n=1}^{N(t)}Y_n,\ t\geqslant0$. 从而$\{X(t),\ t\geqslant0\}$是复合的 Poisson 过程. 由于

$$EY_n=\frac{1}{a},\ DY_n=\frac{1}{a^2}$$

从而

$$EY_n^2=DY_n+(EY_n)^2=\frac{2}{a^2}$$

因此

$$E[X(t)]=\lambda tEY_n=\frac{\lambda t}{a}$$

$$D[X(t)]=\lambda tEY_n^2=\frac{2\lambda t}{a^2}$$

习　题　二

1. 设 $X(t)=\mathrm{e}^{-Xt}$，$t>0$，其中 X 是随机变量，其概率密度函数为 $f(x)$，求随机过程 $\{X(t),\ t>0\}$ 的一维概率密度函数.

2. 利用掷一枚硬币的随机试验定义一随机过程：

$$X(t)=\begin{cases}\cos\pi t, & \text{出现正面}\\ 2t, & \text{出现反面}\end{cases}\qquad t\geqslant 0$$

设"出现正面"和"出现反面"的概率各为 1/2. 试求：

(1) $\{X(t),\ t\geqslant 0\}$ 的一维分布函数 $F\left(\frac{1}{2};\ x\right)$ 和 $F(1;\ x)$；

(2) $\{X(t),\ t\geqslant 0\}$ 的二维分布函数 $F\left(\frac{1}{2},\ 1;\ x_1,\ x_2\right)$.

3. 设随机过程 $\{X(t),\ -\infty<t<+\infty\}$ 在不同时刻所处的状态相互独立，在每一时刻 t 所处的状态只取 0 和 1 两个值，且

$$P(X(t)=0)=1-p,\quad P(X(t)=1)=p$$

其中 $0<p<1$. 试求随机过程 $\{X(t),\ -\infty<t<+\infty\}$ 的一维、二维分布及其均值函数和相关函数.

4. 设 $X_1,\ X_2,\ \cdots,\ X_n,\ \cdots$ 是相互独立的随机变量序列，且 $P(X_k=-1)=P(X_k=1)=1/2$，$k=1,2,\cdots$，令 $Y_0=0$，$Y_n=\sum_{i=1}^{n}X_i$. 试求：

(1) $\{Y_n,\ n=0,\ 1,\ 2,\ \cdots\}$ 的任意一个样本函数；

(2) 当 $n=1,2,\cdots,k$ 时，Y_n 的概率分布；

(3) $\{Y_n,\ n=0,\ 1,\ 2,\ \cdots\}$ 的均值函数和相关函数.

5. 对给定的随机过程 $\{X(t),\ t\in T\}$ 及实数 x，定义随机过程

$$Y(t)=\begin{cases}1, & X(t)\leqslant x\\ 0, & X(t)>x\end{cases}\qquad t\in T$$

试将 $\{Y(t),\ t\in T\}$ 的均值函数和相关函数分别用 $\{X(t),\ t\in T\}$ 的一维和二维分布函数来表示.

6. 设 $Z(t)=X+Yt$，$-\infty<t<+\infty$，其中 X、Y 相互独立，且都服从 $N(0,\ \sigma^2)$ 分布，试证明 $\{Z(t),\ -\infty<t<+\infty\}$ 是一正态过程，并求出它的相关函数(协方差函数).

7. 设 $X(t)=At+W(t)$，$t\geqslant 0$，其中 $\{W(t),\ t\geqslant 0\}$ 是参数为 σ^2 的 Wiener 过程，$A\sim N(0,\ \sigma^2)$，且与 $\{W(t),\ t\geqslant 0\}$ 相互独立，试求 $\{X(t),\ t\geqslant 0\}$ 的数字特征.

8. 设 $\{W(t),\ t\geqslant 0\}$ 是参数为 σ^2 的 Wiener 过程，求下列过程的协方差函数：

(1) $\{W(t)+At,\ t\geqslant 0\}$，其中 A 为常数；

(2) $\{W(t)+Xt,\ t\geqslant 0\}$，其中 $X\sim N(0,\ 1)$，且与 $\{W(t),\ t\geqslant 0\}$ 相互独立；

(3) $\left\{aW\left(\frac{t}{a^2}\right),\ t\geqslant 0\right\}$，其中 a 为正常数；

(4) $\left\{tW\left(\frac{1}{t}\right),\ t>0\right\}$.

9. 设$\{X(t),\ -\infty<t<+\infty\}$的均值函数为$m_X(t)$，协方差函数为$C_X(s,t)$，而$\varphi(t)$是一个普通函数，令$Y(t)=X(t)+\varphi(t)$，$-\infty<t<+\infty$. 试求$\{Y(t),\ -\infty<t<+\infty\}$的均值函数和协方差函数.

10. 设随机过程$\{X(t),\ -\infty<t<+\infty\}$只有三个样本函数：$x(w_1,\ t)=1$，$-\infty<t<+\infty$；$x(w_2,\ t)=\sin t$，$-\infty<t<+\infty$；$x(w_3,\ t)=\cos t$，$-\infty<t<+\infty$，且$P(w_1)=P(w_2)=P(w_3)=\frac{1}{3}$. 试求$\{X(t),\ -\infty<t<+\infty\}$的均值函数和相关函数.

11. 设$\{X(t),\ -\infty<t<+\infty\}$的协方差函数为$C_X(s,\ t)$，证明：

(1) $|C_X(s,\ t)|\leqslant\sqrt{D_X(s)}\sqrt{D_X(t)}$，$-\infty<s<+\infty$，$-\infty<t<+\infty$

(2) $|C_X(s,\ t)|\leqslant\frac{1}{2}(D_X(s)+D_X(t))$，$-\infty<s<+\infty$，$-\infty<t<+\infty$

12. 设在时间区间$[0,\ t]$内来到某商店的顾客数$N(t)$是强度为λ的 Poisson 过程，每个来到商店的顾客购买某货物的概率是p，不买东西就离去的概率是$1-p$，且每个顾客是否购买货物是相互独立的，令$Y(t)$为$[0,\ t]$内购买货物的顾客数. 试证$\{Y(t),\ t\geqslant 0\}$是强度为λp的 Poisson 过程.

13. 设$\{N(t),\ t>0\}$是参数为λ的 Poisson 过程，令$Y(t)=N(t+L)-N(t)$，$t>0$，其中常数$L>0$. 试求$\{Y(t),\ t>0\}$的一维分布、均值函数和相关函数.

14. 设$\{N_1(t),\ t\geqslant 0\}$和$\{N_2(t),\ t\geqslant 0\}$是两个相互独立的 Poisson 过程，它们在单位时间内出现事件的平均数分别为λ_1和λ_2. 设$S_k^{(1)}$代表第一过程$\{N_1(t),\ t\geqslant 0\}$中出现第$k$次事件所需的时间，$S_k^{(2)}$代表第二过程$\{N_2(t),\ t\geqslant 0\}$中出现第$k$次事件所需的时间. 试求：

(1) 第一过程出现第一次事件先于第二过程出现第一次事件的概率，即$P(S_1^{(1)}<S_1^{(2)})$；

(2) 第一过程出现第k次事件先于第二过程出现第一次事件的概率，即$P(S_k^{(1)}<S_1^{(2)})$.

15. 设$\{N(t),\ t\geqslant 0\}$是参数为λ的 Poisson 过程，试证明$\forall\, 0\leqslant s<t$，有

$$P(N(s)=k\mid N(t)=n)=C_n^k\left(\frac{s}{t}\right)^k\left(1-\frac{s}{t}\right)^{n-k},\ k=0,1,2,\cdots,n$$

16. 某商店顾客的到来服从强度为 4 人每小时的 Poisson 过程，已知商店 9:00 开门，试求：

(1) 在开门半小时中，无顾客到来的概率；

(2) 若已知开门半小时中无顾客到来，那么在未来半小时中，仍无顾客到来的概率；

(3) 若该商店到 9:30 时仅到一位顾客，且到 11:30 时总计已到达 5 位顾客的概率；

(4) 在已知到 11:30 时已到来 5 位顾客的条件下，在 9:30 时仅有一位顾客到来的概率.

17. 某中子计数器对到达计数器的粒子只是每隔一个记录一次. 假设粒子是按照比率 4 个每分钟的 Poisson 过程到达，令T是两个相继被记录粒子之间的时间间隔(单位：分钟). 试求：

(1) T的概率密度函数；

(2) $P(T\geqslant 1)$.

18. 某商店 8:00 开始营业，8:00 到 11:00 顾客平均到达率线性增加，8:00 顾客平均到达率为每小时 5 人，11:00 顾客平均到达率达到高峰，为每小时 20 人，11:00 至 13:00 顾客平均到达率不变，13:00 至 17:00 顾客平均到达率线性下降，17:00 顾客平均到达率为每小时 12 人. 假设在互不相交的时间间隔内到达商店的顾客数相互独立，试求：

(1) 8:30 至 9:30 无顾客到达商店的概率；

(2) 8:30 至 9:30 到达商店顾客数的数学期望.

19. 设意外事故的发生受某种未知因素影响有两种可能 λ_1 和 λ_2，且 $P(\Lambda=\lambda_1)=p$，$P(\Lambda=\lambda_2)=1-p=q$，$0<p<1$，已知在时刻 t 已发生了 n 次事故，求下一次事故在时刻 $t+s$ 之前不会到来的概率及事故发生频率为 λ_1 的概率.

20. 求温度限制二极管的散弹噪声板流 $I(t)$ 的相关函数、协方差函数及方差函数.

21. 设 $Y_1, Y_2, \cdots, Y_n, \cdots$ 是相互独立的随机变量序列，且

$$P(Y_n=1)=\frac{\lambda_1}{\lambda_1+\lambda_2},\ P(Y_n=-1)=\frac{\lambda_2}{\lambda_1+\lambda_2},\ \lambda_1,\lambda_2>0,\ n=1,2,\cdots$$

$\{N(t),\ t\geqslant 0\}$ 是参数为 $\lambda=\lambda_1+\lambda_2$ 的 Poisson 过程，且 $Y_n(n=1,2,\cdots)$ 和 $\{N(t),\ t\geqslant 0\}$ 也相互独立. 令 $X(t)=\sum\limits_{n=1}^{N(t)}Y_n,\ t\geqslant 0$. 试求复合 Poisson 过程 $\{X(t),\ t\geqslant 0\}$ 的一维特征函数.

22. 设 $\{N_1(t),\ t\geqslant 0\}$ 和 $\{N_2(t),\ t\geqslant 0\}$ 是两个参数分别为 λ_1 和 λ_2 的独立的 Poisson 过程.

(1) 试证明 $\{N_1(t)+N_2(t),\ t\geqslant 0\}$ 是参数为 $\lambda_1+\lambda_2$ 的 Poisson 过程；

(2) $\{N_1(t)-N_2(t),\ t\geqslant 0\}$ 是否为 Poisson 过程？

(3) $\{N_1(t)-N_2(t),\ t\geqslant 0\}$ 是否为复合 Poisson 过程？

23. 设有两个相互独立、强度分别为 λ_1 和 λ_2 的 Poisson 过程 $\{N_1(t),\ t\geqslant 0\}$ 和 $\{N_2(t),\ t\geqslant 0\}$，试证在过程 $\{N_1(t),\ t\geqslant 0\}$ 中两个相邻事件间，过程 $\{N_2(t),\ t\geqslant 0\}$ 出现 k 个事件的概率为

$$p=\left(\frac{\lambda_1}{\lambda_1+\lambda_2}\right)\left(\frac{\lambda_2}{\lambda_1+\lambda_2}\right)^k,\ k=0,1,2,\cdots$$

24. 设 $[0,\ t]$ 内进入某一计数器的质点数为 $N(t)$，$\{N(t),\ t\geqslant 0\}$ 是一个强度为 λ 的 Poisson 过程，再设到达计数器的每一质点被记录下来的概率为 p，$Y(t)$ 是 $[0,\ t]$ 内被记录下来的质点数. 试证 $\{Y(t),\ t\geqslant 0\}$ 是一复合 Poisson 过程，并求 $m_Y(t)$、$D_Y(t)$ 和 $P(Y(t)=0)$.

25. 一家庭主妇用邮寄订阅来销售杂志，她的顾客每天按比率 $\lambda=6$ 的 Poisson 过程来订阅，他们分别以 1/2、1/3 和 1/6 的概率订阅一年、二年或三年，每个人的选择是相互独立的；对于每次订阅，在安排了订阅后，订阅一年，她得到 1 元手续费. 令 $X(t)$ 表示她在 $[0,\ t]$ 内从销售订阅得到的总手续费，试求 $E[X(t)]$ 和 $D[X(t)]$.

26. 设 $\{X(t),\ t\geqslant 0\}$ 是复合的 Poisson 过程，试证明 $\{X(t),\ t\geqslant 0\}$ 是平稳的独立增量过程.

第 3 章　随机分析

本章将继续研究第 2 章中提到的二阶矩过程$\{X(t),\ t\in T\}$. 我们将特别讨论二阶矩过程$\{X(t),\ t\in T\}$的连续性、可导性和可积性等. 换句话说，我们要将普通分析的结果推广到二阶矩过程的场合，所以这部分内容可以称为随机分析.

3.1　均方极限

1. 均方极限的定义

为了方便起见，我们称概率空间$(\Omega, \mathscr{F}, P)$上具有二阶矩的随机变量为二阶矩变量，其全体记为 H.

定理 3.1.1　设 $X_1, X_2\in H$，C_1、C_2 是常数，则

$$C_1X_1 + C_2X_2 \in H$$

从而 H 是一个线性空间.

证明　由 Schwarz 不等式

$$(E\mid X_1X_2\mid)^2 \leqslant (E\mid X_1\mid^2)(E\mid X_2\mid^2) < +\infty$$

得

$$\begin{aligned}
E\mid C_1X_1 + C_2X_2\mid^2 &= E[\overline{(C_1X_1 + C_2X_2)}(C_1X_1 + C_2X_2)] \\
&\leqslant \mid C_1\mid^2 E\mid X_1\mid^2 + \mid C_2\mid^2 E\mid X_2\mid^2 \\
&\quad + 2\mid C_1\mid\mid C_2\mid E\mid X_1X_2\mid \\
&\leqslant \mid C_1\mid^2 E\mid X_1\mid^2 + \mid C_2\mid^2 E\mid X_2\mid^2 \\
&\quad + 2\mid C_1\mid\mid C_2\mid [E\mid X_1\mid^2]^{\frac{1}{2}}[E\mid X_2\mid^2]^{\frac{1}{2}} \\
&< +\infty
\end{aligned}$$

故

$$C_1X_1 + C_2X_2 \in H$$

从而 H 是一个线性空间.

定义 3.1.1　设$\{X_n,\ n=1,2,\cdots\}\subset H$，$X\in H$，如果

$$\lim_{n\to\infty} E\mid X_n - X\mid^2 = 0$$

则称$\{X_n,\ n=1,\ 2,\ \cdots\}$均方收敛于 X，或称$\{X_n,\ n=1,2,\cdots\}$的均方极限为 X，记为 $\underset{n\to\infty}{\mathrm{l.i.m}} X_n = X$.

例 3.1.1 设$\{X_n, n=1, 2, \cdots\}\subset H$, $X\in H$, 如果$\underset{n\to\infty}{\text{l.i.m}}X_n=X$, 则$\{X_n, n=1, 2, \cdots\}$依概率收敛于 X.

证明 设$\underset{n\to\infty}{\text{l.i.m}}X_n=X$, 则$\lim\limits_{n\to\infty}E|X_n-X|^2=0$, 由马尔可夫不等式, $\forall\varepsilon>0$, 得

$$0\leqslant P(|X_n-X|\geqslant\varepsilon)\leqslant\frac{E|X_n-X|^2}{\varepsilon^2}\to 0, \quad n\to\infty$$

所以

$$\lim_{n\to\infty}P(|X_n-X|\geqslant\varepsilon)=0$$

即$\{X_n, n=1, 2, \cdots\}$依概率收敛于 X.

2. 均方极限的性质

定理 3.1.2(均方极限的唯一性) 若$\{X_n, n=1,2,\cdots\}\subset H$, $X\in H$, 且$\underset{n\to\infty}{\text{l.i.m}}X_n=X$, 则 X 在概率 1 下是唯一的.

证明 设 $\underset{n\to\infty}{\text{l.i.m}}X_n=X$, $X\in H$, $\underset{n\to\infty}{\text{l.i.m}}X_n=Y$, $Y\in H$. 则由 Schwarz 不等式, 有

$$\begin{aligned}
0&\leqslant E|X-Y|^2=E|X-X_n+X_n-Y|^2\\
&\leqslant E|X_n-X|^2+E|X_n-Y|^2+2E[|X_n-X||X_n-Y|]\\
&\leqslant E|X_n-X|^2+E|X_n-Y|^2+2(E|X_n-X|^2)^{\frac{1}{2}}(E|X_n-Y|^2)^{\frac{1}{2}}\\
&\to 0, \quad n\to\infty
\end{aligned}$$

于是 $E|X-Y|^2=0$, 故 $P(X=Y)=1$. 即 X 在概率 1 下是唯一的.

定理 3.1.3(均方极限的运算性) 设$\{X_n, n=1,2,\cdots\}$, $\{Y_n, n=1,2,\cdots\}\subset H$, X, $Y\in H$, 且 $\underset{n\to\infty}{\text{l.i.m}}X_n=X$, $\underset{n\to\infty}{\text{l.i.m}}Y_n=Y$, a、b 为常数, 则

(1) $\underset{n\to\infty}{\text{l.i.m}}(aX_n+bY_n)=aX+bY$

(2) $\lim\limits_{\substack{m\to\infty\\ n\to\infty}}E[\overline{X}_mY_n]=E[\overline{X}Y]$

证明 (1) 由于

$$\begin{aligned}
0&\leqslant E|aX_n+bY_n-(aX+bY)|^2\\
&=E|a(X_n-X)+b(Y_n-Y)|^2\\
&\leqslant|a|^2E|X_n-X|^2+|b|^2E|Y_n-Y|^2\\
&\quad+2|a||b|E[|X_n-X||Y_n-Y|]\\
&\leqslant|a|^2E|X_n-X|^2+|b|^2E|Y_n-Y|^2\\
&\quad+2|a||b|(E|X_n-X|^2)^{\frac{1}{2}}(E|Y_n-Y|^2)^{\frac{1}{2}}\\
&\to 0, \quad n\to\infty
\end{aligned}$$

故

$$\lim_{n\to\infty}E|aX_n+bY_n-(aX+bY)|^2=0$$

即

$$\underset{n\to\infty}{\text{l.i.m}}(aX_n+bY_n)=aX+bY$$

(2) 由于

$$
\begin{aligned}
0 &\leqslant |E(\overline{X}_m Y_n) - E(\overline{X}Y)| \\
&= |E(\overline{X}_m Y_n - \overline{X}Y)| \\
&= |E(\overline{X}_m Y_n - \overline{X}Y_n + \overline{X}Y_n - \overline{X}Y)| \\
&= |E[(\overline{X}_m - \overline{X})Y_n + \overline{X}(Y_n - Y)]| \\
&= |E[(\overline{X}_m - \overline{X})Y_n - (\overline{X}_m - \overline{X})Y + (\overline{X}_m - \overline{X})Y + \overline{X}(Y_n - Y)]| \\
&= |E[(\overline{X}_m - \overline{X})(Y_n - Y) + (\overline{X}_m - \overline{X})Y + \overline{X}(Y_n - Y)]| \\
&\leqslant E[|X_m - X||Y_n - Y|] + E[|X_m - X||Y|] + E[|X||Y_n - Y|] \\
&\leqslant (E|X_m - X|^2)^{\frac{1}{2}}(E|Y_n - Y|^2)^{\frac{1}{2}} + (E|X_m - X|^2)^{\frac{1}{2}}(E|Y|^2)^{\frac{1}{2}} \\
&\quad + (E|X|^2)^{\frac{1}{2}}(E|Y_n - Y|^2)^{\frac{1}{2}} \\
&\to 0, \quad m, n \to \infty
\end{aligned}
$$

故

$$\lim_{\substack{m\to\infty \\ n\to\infty}} E[\overline{X}_m Y_n] = E[\overline{X}Y]$$

推论 3.1.1 设$\{X_n, n=1,2,\cdots\}\subset H$，$X\in H$，且$\underset{n\to\infty}{\text{l.i.m}}X_n = X$，则

(1) $\lim\limits_{n\to\infty} EX_n = EX = E[\underset{n\to\infty}{\text{l.i.m}}X_n]$

(2) $\lim\limits_{n\to\infty} E|X_n|^2 = E|X|^2 = E[|\underset{n\to\infty}{\text{l.i.m}}X_n|^2]$

(3) $\lim\limits_{n\to\infty} DX_n = DX = D[\underset{n\to\infty}{\text{l.i.m}}X_n]$

定理 3.1.4 设$\{X_n, n=1,2,\cdots\}\subset H$，$X\in H$，且$\underset{n\to\infty}{\text{l.i.m}}X_n = X$，$f(u)$是一确定性函数，且满足李普西兹(Lipschitz)条件，即

$$|f(u) - f(v)| \leqslant M|u - v|$$

其中$M>0$为常数，又设$\{f(X_n), n=1,2,\cdots\}\subset H$，$f(X)\in H$，则

$$\underset{n\to\infty}{\text{l.i.m}} f(X_n) = f(X)$$

证明

$$0 \leqslant E|f(X_n) - f(X)|^2 \leqslant E[M|X_n - X|]^2 = M^2 E|X_n - X|^2 \to 0, \quad n\to\infty$$

于是

$$\lim_{n\to\infty} E|f(X_n) - f(X)|^2 = 0$$

故

$$\underset{n\to\infty}{\text{l.i.m}} f(X_n) = f(X)$$

推论 3.1.2 设$\{X_n, n=1,2,\cdots\}\subset H$，$X\in H$，且$\underset{n\to\infty}{\text{l.i.m}}X_n = X$，则对于任意有限的$t$，有

$$\underset{n\to\infty}{\text{l.i.m}} e^{jtX_n} = e^{jtX}$$

从而$\lim\limits_{n\to\infty}\varphi_{X_n}(t) = \varphi_X(t)$. 也就是$\{X_n, n=1,2,\cdots\}$的特征函数序列收敛于$X$的特征函数.

3. 均方收敛判定准则

对于已知的二阶矩变量序列$\{X_n, n=1,2,\cdots\}$，如果想判定该序列是否均方收敛，由于并不知道X是否存在，即使存在也不知道X为何，因此直接利用均方收敛的定义$E[|X_n - X|^2]\to 0$来判定该序列收敛与否是困难的. 下面介绍两个常用的判定准则.

定理 3.1.5(Cauchy 准则)　设$\{X_n, n=1,2,\cdots\}\subset H$，则$\{X_n, n=1,2,\cdots\}$均方收敛的充要条件是

$$\lim_{\substack{m\to\infty\\n\to\infty}} E|X_m-X_n|^2=0$$

证明　证明充分性要利用测度论的知识，这里仅证明定理的必要性.

不妨设$\{X_n, n=1,2,\cdots\}$均方收敛于X，即$\underset{n\to\infty}{\mathrm{l.i.m}}X_n=X$，由于

$$\begin{aligned}0&\leqslant E|X_m-X_n|^2=E|X_m-X+X-X_n|^2\\&\leqslant E|X_m-X|^2+E|X_n-X|^2+2E[|X_m-X||X_n-X|]\\&\leqslant E|X_m-X|^2+E|X_n-X|^2+2(E|X_m-X|^2)^{\frac{1}{2}}(E|X_n-X|^2)^{\frac{1}{2}}\\&\to 0,\quad m,n\to\infty\end{aligned}$$

于是

$$\lim_{\substack{m\to\infty\\n\to\infty}} E|X_m-X_n|^2=0$$

定理 3.1.6(Loéve 准则或均方收敛准则)　设$\{X_n, n=1,2,\cdots\}\subset H$，则$\{X_n, n=1,2,\cdots\}$均方收敛的充要条件是

$$\lim_{\substack{m\to\infty\\n\to\infty}} E[\overline{X}_mX_n]=c$$

$|c|<+\infty$，为常数.

证明　必要性：由定理 3.1.3(2)直接推得.

充分性：设$\lim\limits_{\substack{m\to\infty\\n\to\infty}} E[\overline{X}_mX_n]=c$，则

$$\begin{aligned}E|X_m-X_n|^2&=E[\overline{(X_m-X_n)}(X_m-X_n)]\\&=E[\overline{X}_mX_m]-E[\overline{X}_mX_n]-E[\overline{X}_nX_m]+E[\overline{X}_nX_n]\\&\to c-c-c+c=0,\quad m,n\to\infty\end{aligned}$$

由 Cauchy 准则，$\{X_n, n=1,2,\cdots\}$均方收敛.

例 3.1.2　设有一二阶矩变量序列$\{X_n, n=1, 2, \cdots\}$，其相关函数$R_X(m,n)=E[\overline{X}_mX_n]$，$\{a_n, n=1,2,\cdots\}$是一常数序列，令$Y_n=\sum\limits_{k=1}^{n}a_kX_k$，$n=1,2,\cdots$. 试问在什么条件下，$\{Y_n, n=1,2,\cdots\}$均方收敛？

解

$$\begin{aligned}E[\overline{Y}_mY_n]&=E\Big[\sum_{k=1}^{m}\sum_{l=1}^{n}\overline{a}_ka_l\overline{X}_kX_l\Big]=\sum_{k=1}^{m}\sum_{l=1}^{n}\overline{a}_ka_lE[\overline{X}_kX_l]\\&=\sum_{k=1}^{m}\sum_{l=1}^{n}\overline{a}_ka_lR_X(k,l)\end{aligned}$$

根据定理 3.1.6，如果$\{Y_n, n=1,2,\cdots\}$为均方收敛，则要求

$$\lim_{\substack{m\to\infty\\n\to\infty}} E[\overline{Y}_mY_n]=c\qquad(|c|<+\infty,\text{为常数})$$

即

$$\sum_{k=1}^{\infty}\sum_{l=1}^{\infty}\overline{a}_ka_lR_X(k,l)=c\qquad(|c|<+\infty,\text{为常数})$$

也就是要求级数$\sum\limits_{k=1}^{\infty}\sum\limits_{l=1}^{\infty}\overline{a}_ka_lR_X(k,l)$为收敛级数.

定理 3.1.7(均方大数定律)　设$\{X_n, n=1,2,\cdots\}\subset H$是相互独立同分布的随机变量

序列，且 $EX_k=\mu$，$k=1,2,\cdots$，则

$$\underset{n\to\infty}{\text{l.i.m}}\frac{1}{n}\sum_{k=1}^{n}X_k=\mu$$

证明　由于

$$E\left|\frac{1}{n}\sum_{k=1}^{n}X_k-\mu\right|^2=E\left|\frac{1}{n}\sum_{k=1}^{n}(X_k-\mu)\right|^2=E\left|\frac{1}{n}\sum_{k=1}^{n}(X_k-EX_k)\right|^2$$

$$=\frac{1}{n^2}E\left|\sum_{k=1}^{n}(X_k-EX_k)\right|^2$$

$$=\frac{1}{n^2}E\left[\overline{\sum_{k=1}^{n}(X_k-EX_k)}\sum_{k=1}^{n}(X_k-EX_k)\right]$$

$$=\frac{1}{n^2}E\left[\sum_{k=1}^{n}\overline{(X_k-EX_k)}\sum_{l=1}^{n}(X_l-EX_l)\right]$$

$$=\frac{1}{n^2}\sum_{k=1}^{n}\sum_{l=1}^{n}\operatorname{cov}(X_k,X_l)$$

$$=\frac{1}{n^2}\sum_{k=1}^{n}DX_k=\frac{DX_1}{n}\to 0,\quad n\to\infty$$

因此

$$\underset{n\to\infty}{\text{l.i.m}}\frac{1}{n}\sum_{k=1}^{n}X_k=\mu$$

上面讨论了随机变量序列的均方极限及其性质，这些定义与性质可以很方便地推广到连续参数的二阶矩过程上去.

定义 3.1.2　设$\{X(t),t\in T\}$是二阶矩过程，$X\in H$，$t_0\in T$，如果

$$\lim_{t\to t_0}E\mid X(t)-X\mid^2=0$$

则称当 $t\to t_0$ 时，$\{X(t),t\in T\}$均方收敛于 X，或称 X 为当 $t\to t_0$ 时$\{X(t),t\in T\}$的均方极限，记为

$$\underset{t\to t_0}{\text{l.i.m}}X(t)=X$$

经过推广后，连续参数的二阶矩过程均方极限的性质与二阶矩变量序列均方极限的性质完全类似. 例如均方收敛准则可表述为：设$\{X(t),t\in T\}$是二阶矩过程，$t_0\in T$，则当 $t\to t_0$ 时，$\{X(t),t\in T\}$均方收敛的充要条件是

$$\lim_{\substack{s\to t_0\\ t\to t_0}}E[\overline{X(s)}X(t)]=c$$

$|c|<+\infty$，为常数.

3.2 均 方 连 续

1. 均方连续的定义

定义 3.2.1　设$\{X(t),t\in T\}$是二阶矩过程，$t_0\in T$，如果

$$\underset{t\to t_0}{\text{l.i.m}}X(t)=X(t_0)$$

则称$\{X(t)\ t\in T\}$在t_0处均方连续．若$\forall t\in T$，$\{X(t),t\in T\}$在t处都均方连续，则称$\{X(t),t\in T\}$在T上均方连续，或称$\{X(t),t\in T\}$是均方连续的.

2. 均方连续准则

定理 3.2.1 设$\{X(t),t\in T\}$是二阶矩过程，$t_0\in T$，$R_X(s,t)$是其相关函数，则$\{X(t),t\in T\}$在t_0处均方连续的充要条件是$R_X(s,t)$在(t_0,t_0)处连续．

证明 $\{X(t),t\in T\}$在t_0处均方连续的充要条件是$\underset{t\to t_0}{\mathrm{l.i.m}}X(t)=X(t_0)$，又$\underset{t\to t_0}{\mathrm{l.i.m}}X(t)=X(t_0)$的充要条件是$\lim\limits_{\substack{s\to t_0\\t\to t_0}}E[\overline{X(s)}X(t)]=E[\overline{X(t_0)}X(t_0)]$，即$\lim\limits_{\substack{s\to t_0\\t\to t_0}}R_X(s,t)=R_X(t_0,t_0)$，也就是$R_X(s,t)$在$(t_0,t_0)$处连续.

推论 3.2.1 设$\{X(t),t\in T\}$是二阶矩过程，$R_X(s,t)$是其相关函数，则$\{X(t),t\in T\}$均方连续的充要条件是$\forall t\in T$，$R_X(s,t)$在(t,t)处连续.

定理 3.2.2 设$\{X(t),t\in T\}$是二阶矩过程，$R_X(s,t)$是其相关函数，则$R_X(s,t)$在整个$T\times T$上连续的充要条件是$\forall t\in T$，$R_X(s,t)$在(t,t)处连续.

证明 必要性是显然的，下面证明充分性．设$\forall t\in T$，$R_X(s,t)$在(t,t)处连续，则$\{X(t),t\in T\}$均方连续，从而$\forall s_0,t_0\in T$，$\underset{s\to s_0}{\mathrm{l.i.m}}X(s)=X(s_0)$，$\underset{t\to t_0}{\mathrm{l.i.m}}X(t)=X(t_0)$，于是由定理 3.1.3(2)，有

$$\lim_{\substack{s\to s_0\\t\to t_0}}E[\overline{X(s)}X(t)]=E[\overline{X(s_0)}X(t_0)]$$

即

$$\lim_{\substack{s\to s_0\\t\to t_0}}R_X(s,t)=R_X(s_0,t_0)$$

由s_0和t_0的任意性知，$R_X(s,t)$在$T\times T$上连续．

定理 3.2.3 设$\{X(t),t\in T\}$是均方连续的，$t_0\in T$，则

(1) $$\lim_{t\to t_0}m_X(t)=m_X(t_0)$$

(2) $$\lim_{t\to t_0}D_X(t)=D_X(t_0)$$

证明 设$\{X(t),t\in T\}$均方连续，$t_0\in T$，则

$$\underset{t\to t_0}{\mathrm{l.i.m}}X(t)=X(t_0)$$

(1) 由推论 3.1.1，有

$$\lim_{t\to t_0}E[X(t)]=E[X(t_0)],\quad 即\quad \lim_{t\to t_0}m_X(t)=m_X(t_0)$$

类似地有(2)成立．

此定理说明，若二阶矩过程$\{X(t),t\in T\}$是均方连续的，则其均值函数和方差函数也是连续函数.

例 3.2.1 设$\{N(t),t\geqslant 0\}$是强度为λ的 Poisson 过程，由于$R_N(s,t)=\lambda^2 st+\lambda\min(s,t)$，$s,t\geqslant 0$，且$\forall t_0\geqslant 0$，$\lim\limits_{\substack{s\to t_0\\t\to t_0}}R_N(s,t)=\lambda^2t_0^2+\lambda t_0=R_N(t_0,t_0)$，故$\{N(t),t\geqslant 0\}$是均方连续的．从而其均值函数$m_X(t)$与方差函数$D_X(t)$也都是连续函数．

需要指出的是，Poisson 过程的任意一个样本函数都是一间断函数，但是该过程却是均方连续的，因此，二阶矩过程均方连续并不意味着样本函数也连续．

例 3.2.2 试判断 Wiener 过程的均方连续性.

解 设$\{W(t), t\geqslant 0\}$是参数为σ^2的 Wiener 过程，则其相关函数为$R_W(s,t)=\sigma^2\min(s,t)$，$s,t\geqslant 0$，因为$\forall t_0\geqslant 0$，$\lim\limits_{\substack{s\to t_0\\ t\to t_0}} R_W(s,t)=\sigma^2 t_0=R_W(t_0,t_0)$，故 Wiener 过程是均方连续的.

3.3 均 方 导 数

1. 均方导数的定义

定义 3.3.1 设$\{X(t), t\in T\}$是二阶矩过程，$t_0\in T$，如果均方极限

$$\underset{\Delta t\to 0}{\mathrm{l.i.m}}\frac{X(t_0+\Delta t)-X(t_0)}{\Delta t}$$

存在，则称此极限为$\{X(t), t\in T\}$在t_0点的均方导数，记为$X'(t_0)$或$\left.\dfrac{\mathrm{d}X(t)}{\mathrm{d}t}\right|_{t=t_0}$. 这时称$\{X(t), t\in T\}$在$t_0$处均方可导. 若$\{X(t), t\in T\}$在$T$中的每一点$t$处都均方可导，则称$\{X(t), t\in T\}$在$T$上均方可导，或称$\{X(t), t\in T\}$是均方可导的. 此时$\{X(t), t\in T\}$的均方导数是一个新的二阶矩过程，记为$\{X'(t), t\in T\}$，称为$\{X(t), t\in T\}$的导数过程.

如果$\{X(t), t\in T\}$的导数过程$\{X'(t), t\in T\}$均方可导，则称$\{X(t), t\in T\}$二阶均方可导，从而$\{X(t), t\in T\}$的二阶均方导数仍是二阶矩过程，记为$\{X''(t), t\in T\}$.

类似地，可定义$\{X(t), t\in T\}$的高阶导数过程$\{X^{(n)}(t), t\in T\}$，且若$\{X^{(n)}(t), t\in T\}$存在，则是二阶矩过程.

2. 均方可导准则

定义 3.3.2 设$f(s,t)$是普通二元函数，称$f(s,t)$在(s,t)处广义二阶可导，如果下列极限存在：

$$\lim_{\substack{h\to 0\\ k\to 0}}\frac{f(s+h,t+k)-f(s+h,t)-f(s,t+k)+f(s,t)}{hk}$$

并称此极限为$f(s,t)$在(s,t)处的广义二阶导数.

结合普通二元函数广义二阶可导的结果，关于二阶矩过程的相关函数，我们有以下定理.

定理 3.3.1 设$\{X(t), t\in T\}$是二阶矩过程，相关函数为$R_X(s,t)$，则$R_X(s,t)$广义二阶可导的充分条件是$R_X(s,t)$关于s和t的一阶偏导数存在，二阶混合偏导数存在且连续；$R_X(s,t)$广义二阶可导的必要条件是$R_X(s,t)$关于s和t的一阶偏导数存在，二阶混合偏导数存在且相等.

定理 3.3.2 设$\{X(t), t\in T\}$是二阶矩过程，$t_0\in T$，则$\{X(t), t\in T\}$在t_0处均方可导的充要条件是$R_X(s,t)$在(t_0,t_0)处广义二阶可导.

证明 由均方可导的定义和均方收敛准则

$\{X(t), t\in T\}$在t_0处均方可导$\Longleftrightarrow$均方极限

$$\underset{h\to 0}{\mathrm{l.i.m}}\frac{X(t_0+h)-X(t_0)}{h}\text{存在}\Longleftrightarrow\lim_{\substack{h\to 0\\ k\to 0}}E\left[\overline{\frac{X(t_0+h)-X(t_0)}{h}}\cdot\frac{X(t_0+k)-X(t_0)}{k}\right]$$

存在，即

$$\lim_{\substack{h\to 0\\ k\to 0}}\frac{R_X(t_0+h,t_0+k)-R_X(t_0+h,t_0)-R_X(t_0,t_0+k)+R_X(t_0,t_0)}{hk}$$

存在，也就是 $R_X(s,t)$在$(t_0,\ t_0)$处广义二阶可导.

推论 3.3.1 设$\{X(t),\ t\in T\}$是二阶矩过程，则$\{X(t),\ t\in T\}$均方可导的充要条件是$\forall t\in T$, $R_X(s,t)$在(t,t)处广义二阶可导.

推论 3.3.2 设$\{X(t),\ t\in T\}$是二阶矩过程，$t_0\in T$，则

(1) $\{X(t),\ t\in T\}$在 t_0 处均方可导的充分条件是 $R_X(s,t)$关于 s 和 t 的一阶偏导数在$(t_0,\ t_0)$处存在，二阶混合偏导数在$(t_0,\ t_0)$处存在且连续；

(2) $\{X(t),\ t\in T\}$均方可导的充分条件是$\forall t\in T$, $R_X(s,t)$关于 s 和 t 的一阶偏导数在(t,t)处存在，二阶混合偏导数在(t,t)处存在且连续；

(3) $\{X(t),\ t\in T\}$在 t_0 处均方可导的必要条件是 $R_X(s,t)$关于 s 和 t 的一阶偏导数在$(t_0,\ t_0)$处存在，二阶混合偏导数在$(t_0,\ t_0)$处存在且相等；

(4) $\{X(t),\ t\in T\}$均方可导的必要条件是$\forall t\in T$, $R_X(s,t)$关于 s 和 t 的一阶偏导数在(t,t)处存在，二阶混合偏导数在(t,t)处存在且相等.

推论 3.3.3 设二阶矩过程$\{X(t),\ t\in T\}$均方可导，则

(1) 导数过程$\{X'(t),\ t\in T\}$的均值函数等于原过程$\{X(t),\ t\in T\}$均值函数的导数，即$m_{X'}(t)=m_X'(t)$, $t\in T$；

(2) 导数过程$\{X'(t),\ t\in T\}$和原过程$\{X(t),\ t\in T\}$的互相关函数 $R_{X'X}(s,t)$等于原过程$\{X(t),\ t\in T\}$的相关函数 $R_X(s,t)$关于 s 的偏导数，即 $R_{X'X}(s,t)=\frac{\partial}{\partial s}R_X(s,t)$, $s,t\in T$；

(3) 原过程$\{X(t),\ t\in T\}$和导数过程$\{X'(t),\ t\in T\}$的互相关函数 $R_{XX'}(s,t)$等于原过程$\{X(t),\ t\in T\}$的相关函数 $R_X(s,t)$关于 t 的偏导数，即 $R_{XX'}(s,t)=\frac{\partial}{\partial t}R_X(s,t)$, $s,t\in T$；

(4) 导数过程$\{X'(t),\ t\in T\}$的相关函数 $R_{X'}(s,t)$等于原过程$\{X(t),\ t\in T\}$的相关函数$R_X(s,t)$的二阶混合偏导数，即

$$R_{X'}(s,t)=\frac{\partial^2}{\partial s\partial t}R_X(s,t)=\frac{\partial^2}{\partial t\partial s}R_X(s,t)$$

证明 由于$\{X(t),\ t\in T\}$均方可导，因而$\{X'(t),\ t\in T\}$存在.

(1) $m_{X'}(t)=E[X'(t)]=E\left[\underset{\Delta t\to 0}{\mathrm{l.i.m}}\frac{X(t+\Delta t)-X(t)}{\Delta t}\right]$

$$=\lim_{\Delta t\to 0}\frac{m_X(t+\Delta t)-m_X(t)}{\Delta t}=m_X'(t)$$

(2) $R_{X'X}(s,t)=E[\overline{X'(s)}X(t)]=E\left[\overline{\underset{\Delta s\to 0}{\mathrm{l.i.m}}\frac{X(s+\Delta s)-X(s)}{\Delta s}}\cdot X(t)\right]$

$$=\lim_{\Delta s\to 0}\frac{E[\overline{X(s+\Delta s)}X(t)-\overline{X(s)}X(t)]}{\Delta s}$$

$$=\lim_{\Delta s\to 0}\frac{R_X(s+\Delta s,t)-R_X(s,t)}{\Delta s}=\frac{\partial}{\partial s}R_X(s,t)$$

(3) 类似(2).

(4) $R_{X'}(s,t)=E[\overline{X'(s)}X'(t)]=E\left[\overline{X'(s)}\underset{\Delta t\to 0}{\text{l.i.m}}\frac{X(t+\Delta t)-X(t)}{\Delta t}\right]$

$$=\lim_{\Delta t\to 0}\frac{E[\overline{X'(s)}X(t+\Delta t)-\overline{X'(s)}X(t)]}{\Delta t}$$

$$=\lim_{\Delta t\to 0}\frac{R_{X'X}(s,t+\Delta t)-R_{X'X}(s,t)}{\Delta t}$$

$$=\lim_{\Delta t\to 0}\frac{\frac{\partial}{\partial s}R_X(s,t+\Delta t)-\frac{\partial}{\partial s}R_X(s,t)}{\Delta t}$$

$$=\frac{\partial^2}{\partial s\partial t}R_X(s,t)$$

同理

$$R_{X'}(s,t)=\frac{\partial^2}{\partial t\partial s}R_X(s,t)$$

故
$$R_{X'}(s,t)=\frac{\partial^2}{\partial s\partial t}R_X(s,t)=\frac{\partial^2}{\partial t\partial s}R_X(s,t)$$

推论 3.3.4 设二阶矩过程$\{X(t),t\in T\}$ n 阶均方可导,则 n 阶导数过程$\{X^{(n)}(t),t\in T\}$的均值函数等于原过程$\{X(t),t\in T\}$的均值函数的 n 阶导数,即 $m_{X^{(n)}}(t)=m_X^{(n)}(t)$,$t\in T$.

例 3.3.1 设 $X(t)=At$, $t\geqslant 0$, 其中 A 是均值为 0、方差为 σ^2 的随机变量,试判断$\{X(t), t\geqslant 0\}$的均方可导性.

解 由于$\{X(t), t\geqslant 0\}$显然是一个二阶矩过程,且 $R_X(s,t)=\sigma^2 st$. 又 $\forall t\geqslant 0$, $R_X(s,t)$关于 s 和 t 的一阶偏导数在(t,t)处存在,二阶混合偏导数在(t,t)处存在且连续,故$\{X(t), t\geqslant 0\}$均方可导.

例 3.3.2 设$\{N(t), t\geqslant 0\}$是参数为 λ 的 Poisson 过程,试判断$\{N(t), t\geqslant 0\}$是否均方可导.

解 由于$\{N(t), t\geqslant 0\}$的相关函数为 $R_N(s,t)=\lambda^2 st+\lambda\min(s,t)$,且

$$\lim_{\Delta t\to 0^+}\frac{R_X(t+\Delta t,\ t)-R_X(t,t)}{\Delta t}=\lim_{\Delta t\to 0^+}\frac{\lambda^2 t\Delta t}{\Delta t}=\lambda^2 t$$

$$\lim_{\Delta t\to 0^-}\frac{R_X(t+\Delta t,\ t)-R_X(t,t)}{\Delta t}=\lim_{\Delta t\to 0^-}\frac{(\lambda^2 t+\lambda)\Delta t}{\Delta t}=\lambda^2 t+\lambda$$

因此 $R_X(s,t)$一阶偏导数在(t,t)处不存在. 由推论 3.3.2(4)知,$\{N(t), t\geqslant 0\}$不是均方可导的.

类似例 3.3.2,设$\{W(t), t\geqslant 0\}$是参数为 σ^2 的 Wiener 过程,则$\{W(t), t\geqslant 0\}$不是均方可导的. 由于 $R_W(s,t)=\sigma^2\min(s,t)$,因此

$$\frac{\partial}{\partial s}R_W(s,t)=\begin{cases}\sigma^2, & s<t\\ 0, & s>t\end{cases}$$

令

$$u(s-t)=\begin{cases}1, & s<t\\ 0, & s>t\end{cases}$$

则$\dfrac{\partial}{\partial s}R_W(s,t)=\sigma^2 u(s-t)$，从而$\dfrac{\partial}{\partial t}u(s-t)$是 Driac - δ 函数，记为$\delta(s-t)$，即

$$\delta(s-t)=\frac{\partial}{\partial t}u(s-t)$$

于是

$$\frac{\partial^2}{\partial s\partial t}R_W(s,t)=\sigma^2\delta(s-t)$$

同理

$$\frac{\partial^2}{\partial t\partial s}R_W(s,t)=\sigma^2\delta(s-t)$$

结合均方可导过程的导数过程相关函数的形式，我们有如下定义.

定义 3.3.3 设$\{W(t),\ t\geqslant 0\}$是参数为σ^2 的 Wiener 过程，如果存在实随机过程以$\sigma^2\delta(s-t)$为其相关函数，则称该过程为 Wiener 过程$\{W(t),\ t\geqslant 0\}$的导数过程，记为$\{W'(t),\ t\geqslant 0\}$. 从而$R_{W'}(s,t)=\sigma^2\delta(s-t)$，$s,t\geqslant 0$. 参数为$\sigma^2$ 的 Wiener 过程$\{W(t),\ t\geqslant 0\}$的导数过程$\{W'(t),\ t\geqslant 0\}$称为参数为σ^2 的白噪声过程或白噪声.

3. 均方导数的性质

定理 3.3.3 若二阶矩过程$\{X(t),\ t\in T\}$均方可导，则$\{X(t),\ t\in T\}$均方连续.

证明 $\forall t\in T$，设$\{X(t),\ t\in T\}$在 t 处均方可导，则 $X'(t)$存在，且 $X'(t)\in H$，由于

$$\begin{aligned}\lim_{\Delta t\to 0}E\mid X(t+\Delta t)-X(t)\mid^2&=\lim_{\Delta t\to 0}E\left[\left|\frac{X(t+\Delta t)-X(t)}{\Delta t}\right|^2(\Delta t)^2\right]\\&=\lim_{\Delta t\to 0}E\left|\frac{X(t+\Delta t)-X(t)}{\Delta t}\right|^2\lim_{\Delta t\to 0}(\Delta t)^2\\&=E\mid X'(t)\mid^2\cdot 0=0\end{aligned}$$

故$\{X(t),\ t\in T\}$在 t 处均方连续.

需要指出的是，若$\{X(t),\ t\in T\}$均方连续，则$\{X(t),\ t\in T\}$未必均方可导. 例如参数为 λ 的 Poisson 过程$\{N(t),\ t\geqslant 0\}$是一均方连续但不是均方可导的二阶矩过程.

定理 3.3.4 设二阶矩过程$\{X(t),\ t\in T\}$均方可导，则其均方导数在概率 1 下是唯一的.

证明 因为均方极限在概率 1 下是唯一的，所以作为均方极限的均方导数在概率 1 下是唯一的.

定理 3.3.5 设 $X\in H$，则 $X'=0$.

证明 可由定义 3.3.1 直接推得.

定理 3.3.6 设二阶矩过程$\{X(t),\ t\in T\}$和$\{Y(t),\ t\in T\}$都均方可导，a、b 为任意常数，则$\{aX(t)+bY(t),\ t\in T\}$也均方可导，且

$$(aX(t)+bY(t))'=aX'(t)+bY'(t)$$

证明 可由定义 3.3.1 及定理 3.1.3(1)直接推得.

定理 3.3.7 设二阶矩过程$\{X(t),\ t\in T\}$均方可导，$f(t)$是 T 上的普通可导函数，则$\{f(t)X(t),\ t\in T\}$均方可导，且$(f(t)X(t))'=f'(t)X(t)+f(t)X'(t)$.

证明 $\{f(t)X(t),\ t\in T\}$显然是二阶矩过程，且

$$
\begin{aligned}
0 &\leqslant \left(E\left|\frac{f(t+\Delta t)X(t+\Delta t)-f(t)X(t)}{\Delta t}-(f'(t)X(t)+f(t)X'(t))\right|^2\right)^{\frac{1}{2}}\\
&=\left(E\left|\frac{f(t+\Delta t)X(t+\Delta t)-f(t)X(t)}{\Delta t}-\frac{f(t)X(t+\Delta t)}{\Delta t}+\frac{f(t)X(t+\Delta t)}{\Delta t}\right.\right.\\
&\qquad\left.\left.-f'(t)X(t+\Delta t)+f'(t)X(t+\Delta t)-f'(t)X(t)-f(t)X'(t)\right|^2\right)^{\frac{1}{2}}\\
&\leqslant\left(E\left|\left(\frac{f(t+\Delta t)-f(t)}{\Delta t}-f'(t)\right)X(t+\Delta t)\right|^2\right)^{\frac{1}{2}}+(E\,|\,f'(t)(X(t+\Delta t)-X(t))\,|^2)^{\frac{1}{2}}\\
&\qquad+\left(E\left|f(t)\left(\frac{X(t+\Delta t)-X(t)}{\Delta t}-X'(t)\right)\right|^2\right)^{\frac{1}{2}}\\
&=\left|\frac{f(t+\Delta t)-f(t)}{\Delta t}-f'(t)\right|(E\,|\,X(t+\Delta t)\,|^2)^{\frac{1}{2}}\\
&\qquad+|\,f'(t)\,|\,(E\,|\,X(t+\Delta t)-X(t)\,|^2)^{\frac{1}{2}}+|\,f(t)\,|\left(E\left|\frac{X(t+\Delta t)-X(t)}{\Delta t}-X'(t)\right|^2\right)^{\frac{1}{2}}\\
&\to 0,\quad \Delta t\to 0
\end{aligned}
$$

故$\{f(t)X(t),\ t\in T\}$均方可导，且$(f(t)X(t))'=f'(t)X(t)+f(t)X'(t)$.

定理 3.3.8 设二阶矩过程$\{X(t),\ t\in T\}$均方可导，且$\forall\, t\in T$，$X'(t)=0$，则 $X(t)$以概率 1 为常值随机变量.

证明 设$\{X(t),\ t\in T\}$均方可导，则由定理 3.3.1 知，$\frac{\partial}{\partial s}R_X(s,t)$和$\frac{\partial}{\partial t}R_X(s,t)$存在. $\forall\, s,t\in T$，且 $s\neq t$，由 Lagrange 中值定理

$$
\begin{aligned}
E\,|\,X(t)-X(s)\,|^2 &= E[(\overline{X(t)-X(s)})(X(t)-X(s)]\\
&=(R_X(t,t)-R_X(t,s))-(R_X(s,t)-R_X(s,s))\\
&=\left(\frac{\partial}{\partial t}R_X(t,s+\theta_1(t-s))-\frac{\partial}{\partial t}R_X(s,s+\theta_2(t-s))\right)(t-s)\\
&=(E[\overline{X(t)}X'(s+\theta_1(t-s))]-E[\overline{X(s)}X'(s+\theta_2(t-s))])(t-s)\\
&=0,\quad 0<\theta_1,\theta_2<1
\end{aligned}
$$

故 $P(X(s)=X(t))=1$，即 $X(t)$以概率 1 为常值随机变量.

3.4 均 方 积 分

1. 均方积分的定义

定义 3.4.1 设$\{X(t),\ t\in[a,b]\}$是二阶矩过程，$f(t,u)$是$[a,b]\times U$上的普通函数，$a=t_0<t_1<\cdots<t_n=b$ 是区间$[a,b]$的任一划分，$\Delta t_k=t_k-t_{k-1}$，$k=1,2,\cdots,n$. $\Delta=\max\limits_{1\leqslant k\leqslant n}\Delta t_k$，$\forall\, t_k^*\in[t_{k-1},\ t_k]$，$k=1,2,\cdots,n$，作和式 $\sum\limits_{k=1}^n f(t_k^*,\ u)X(t_k^*)\Delta t_k\in H$，如果均方极限 $\mathop{\mathrm{l.i.m}}\limits_{\Delta\to 0}\sum\limits_{k=1}^n f(t_k^*,u)X(t_k^*)\Delta t_k$ 存在，记为$Y(u)$，且此极限不依赖于对$[a,b]$的分法及 t_k^* 的取法，则称$\{f(t,u)X(t),\ t\in[a,\ b]\}$在$[a,\ b]$上均方可积，其均方极限 $Y(u)$称为

$\{f(t, u)X(t), t\in[a, b]\}$在$[a, b]$上均方积分，记为$\int_a^b f(t,u)X(t)\,dt$，即

$$Y(u)=\int_a^b f(t,u)X(t)\,dt,\ u\in U$$

称$\{Y(u), u\in U\}$为$\{f(t,u)X(t), t\in[a,b]\}$在$[a,b]$上的均方积分过程．

特别地，当$f(t,u)\equiv 1$时，$\{X(t),t\in[a,b]\}$在$[a,b]$上的均方积分为一二阶矩变量，即

$$Y=\int_a^b X(t)\,dt$$

定义 3.4.2 设$\{X(t), t\in[a,+\infty)\}$是二阶矩过程，$f(t,u)$是$[a,+\infty)\times U$上的普通函数，如果$\forall b>a$，$\{f(t,u)X(t), t\in[a,+\infty)\}$在$[a,b]$上均方可积，且均方极限

$$\underset{b\to+\infty}{\mathrm{l.i.m}}\int_a^b f(t, u)X(t)\,dt$$

存在，则称$\{f(t, u)X(t), t\in[a, +\infty)\}$在$[a, +\infty)$上广义均方可积，称此均方极限为$\{f(t, u)X(t), t\in[a,+\infty)\}$在$[a, +\infty)$上的广义均方积分，记为$\int_a^{+\infty} f(t, u)X(t)\,dt$，即

$$\int_a^{+\infty} f(t, u)X(t)\,dt=\underset{b\to+\infty}{\mathrm{l.i.m}}\int_a^b f(t, u)X(t)\,dt$$

类似地，有

$$\int_{-\infty}^b f(t, u)X(t)\,dt,\ \int_{-\infty}^{+\infty} f(t, u)X(t)\,dt$$

2. 均方可积准则

定理 3.4.1 设$\{X(t), t\in[a,b]\}$是二阶矩过程，$f(t, u)$是$[a,b]\times U$上的普通函数，则$\{f(t, u)X(t), t\in[a,b]\}$在$[a,b]$上均方可积的充分条件是下列二重积分存在：

$$\int_a^b\int_a^b \overline{f(s,u)}f(t, u)R_X(s,t)\,ds\,dt$$

证明 由于

$$\{f(t, u)X(t), t\in[a,b]\}\text{ 在}[a,b]\text{ 上均方可积}$$

$$\Longleftrightarrow \underset{\Delta\to 0}{\mathrm{l.i.m}}\sum_{k=1}^n f(t_k^*,u)X(t_k^*)\Delta t_k \text{ 存在}$$

$$\Longleftrightarrow \lim_{\substack{\Delta'\to 0\\ \Delta\to 0}}E\Big[\overline{\sum_{l=1}^n f(s_l^*, u)X(s_l^*)\Delta s_l}\sum_{k=1}^n f(t_k^*, u)X(t_k^*)\Delta t_k\Big]$$

$$=\lim_{\substack{\Delta'\to 0\\ \Delta\to 0}}\sum_{l=1}^n\sum_{k=1}^n \overline{f(s_l^*,u)}f(t_k^*,u)E[\overline{X(s_l^*)}X(t_k^*)]\Delta s_l\Delta t_k$$

$$=\lim_{\substack{\Delta'\to 0\\ \Delta\to 0}}\sum_{l=1}^n\sum_{k=1}^n \overline{f(s_l^*,u)}f(t_k^*,u)R_X(s_l^*, t_k^*)\Delta s_l\Delta t_k$$

存在，而此极限存在的充分条件是下列二重积分存在：

$$\int_a^b\int_a^b \overline{f(s,u)}f(t, u)R_X(s,t)\,ds\,dt$$

定理 3.4.2 设$\{X(t), t\in[a, +\infty)\}$是二阶矩过程，$f(t, u)$是$[a, +\infty)\times U$上的普通函数，则$\{f(t, u)X(t), t\in[a, +\infty)\}$在$[a, +\infty)$上广义均方可积的充分条件是下列广

义二重积分存在：

$$\int_a^{+\infty}\int_a^{+\infty}\overline{f(s,u)}f(t,\ u)R_X(s,t)\ \mathrm{d}s\ \mathrm{d}t$$

例 3.4.1　设$\{W(t),\ t\geqslant 0\}$是参数为σ^2的 Wiener 过程，试讨论$\{W(t),\ t\geqslant 0\}$的均方可积性．

解　由于$\{W(t),\ t\geqslant 0\}$的相关函数为$R_W(s,t)=\sigma^2\min(s,t)$，$\forall b>0$，二重积分

$$\begin{aligned}\int_0^b\int_0^b R_W(s,t)\ \mathrm{d}s\mathrm{d}t&=\int_0^b\int_0^b\sigma^2\min(s,t)\ \mathrm{d}s\ \mathrm{d}t\\&=\sigma^2\int_0^b\left(\int_0^s t\ \mathrm{d}t+\int_s^b s\ \mathrm{d}t\right)\mathrm{d}s\\&=\frac{\sigma^2 b^3}{3}\end{aligned}$$

因此由均方可积准则，对一切有限的$b>0$，$\{W(t),\ t\geqslant 0\}$在$[0,\ b]$上是均方可积的．

3. 均方积分的性质

定理 3.4.3　若二阶矩过程$\{X(t),\ t\in[a,b]\}$在$[a,b]$上均方连续，则$\{X(t),\ t\in[a,b]\}$在$[a,b]$上均方可积．

证明　设$\{X(t),\ t\in[a,b]\}$在$[a,b]$上均方连续，则由推论 3.2.1 及定理 3.2.2 知，$R_X(s,t)$在$[a,b]\times[a,b]$上连续，于是二重积分$\int_a^b\int_a^b R_X(s,t)\ \mathrm{d}s\mathrm{d}t$存在，由定理 3.4.1 知，$\{X(t),\ t\in[a,b]\}$在$[a,b]$上均方可积．

定理 3.4.4　若二阶矩过程$\{f(t,u)X(t),\ t\in[a,b]\}$在$[a,b]$上均方可积，则其均方积分在概率 1 下是唯一的．

定理 3.4.5　若二阶矩过程$\{f(t,u)X(t),\ t\in[a,b]\}$、$\{g(t,\ u)Y(t),\ t\in[a,b]\}$在$[a,b]$上都均方可积，则对于任意的常数$\alpha$和$\beta$，$\{\alpha f(t,u)X(t)+\beta g(t,u)Y(t),\ t\in[a,b]\}$在$[a,b]$上也均方可积，且

$$\int_a^b(\alpha f(t,u)X(t)+\beta g(t,u)Y(t))\ \mathrm{d}t=\alpha\int_a^b f(t,u)X(t)\ \mathrm{d}t+\beta\int_a^b g(t,u)Y(t)\ \mathrm{d}t$$

定理 3.4.6　设二阶矩过程$\{f(t,u)X(t),\ t\in[a,b]\}$在$[a,b]$上均方可积，$a<c<b$，则$\{f(t,\ u)X(t),\ t\in[a,b]\}$在$[a,c]$和$[c,b]$上也均方可积，且

$$\int_a^b f(t,u)X(t)\ \mathrm{d}t=\int_a^c f(t,u)X(t)\mathrm{d}t+\int_c^b f(t,u)X(t)\ \mathrm{d}t$$

定理 3.4.7　设二重积分

$$\int_a^b\int_a^b\overline{f(s,u)}f(t,u)R_X(s,t)\ \mathrm{d}s\mathrm{d}t$$

存在，则均方积分过程$\{Y(u),\ u\in U\}$的数字特征为

(1) 均值函数：

$$m_Y(u)=\int_a^b f(t,\ u)m_X(t)\ \mathrm{d}t,\ u\in U$$

(2) 相关函数：

$$R_Y(u,v)=\int_a^b\int_a^b\overline{f(s,u)}f(t,v)R_X(s,t)\ \mathrm{d}s\ \mathrm{d}t,\quad u,v\in U$$

(3) 协方差函数：

$$C_Y(u,v)=\int_a^b\int_a^b \overline{f(s,u)}f(t,v)C_X(s,t)\,\mathrm{d}s\,\mathrm{d}t,\quad u,v\in U$$

(4) 方差函数:

$$D_Y(u)=\int_a^b\int_a^b \overline{f(s,u)}f(t,u)C_X(s,t)\,\mathrm{d}s\,\mathrm{d}t,\quad u\in U$$

(5) 均方值函数:

$$\Phi_Y(u)=\int_a^b\int_a^b \overline{f(s,u)}f(t,u)R_X(s,t)\,\mathrm{d}s\,\mathrm{d}t,\quad u\in U$$

证明 (1) $m_Y(u)=E[Y(u)]=E\left[\int_a^b f(t,u)X(t)\,\mathrm{d}t\right]$

$$=E\left[\underset{\Delta\to 0}{\mathrm{l.i.m}}\sum_{k=1}^n f(t_k^*,u)X(t_k^*)\Delta t_k\right]$$

$$=\lim_{\Delta\to 0}\sum_{k=1}^n f(t_k^*,u)E[X(t_k^*)]\Delta t_k$$

$$=\lim_{\Delta\to 0}\sum_{k=1}^n f(t_k^*,u)m_X(t_k^*)\Delta t_k$$

$$=\int_a^b f(t,u)m_X(t)\,\mathrm{d}t$$

(2) $R_Y(u,v)=E[\overline{Y(u)}Y(v)]$

$$=E\left[\overline{\underset{\Delta'\to 0}{\mathrm{l.i.m}}\sum_{l=1}^n f(s_l^*,u)X(s_l^*)\Delta s_l}\ \underset{\Delta\to 0}{\mathrm{l.i.m}}\sum_{k=1}^n f(t_k^*,v)X(t_k^*)\Delta t_k\right]$$

$$=\lim_{\substack{\Delta'\to 0\\ \Delta\to 0}}\sum_{l=1}^n\sum_{k=1}^n \overline{f(s_l^*,u)}f(t_k^*,v)E[\overline{X(s_l^*)}X(t_k^*)]\Delta s_l\Delta t_k$$

$$=\lim_{\substack{\Delta'\to 0\\ \Delta\to 0}}\sum_{l=1}^n\sum_{k=1}^n \overline{f(s_l^*,u)}f(t_k^*,v)R_X(s_l^*,t_k^*)\Delta s_l\Delta t_k$$

$$=\int_a^b\int_a^b \overline{f(s,u)}f(t,v)R_X(s,t)\,\mathrm{d}s\,\mathrm{d}t$$

(3) $C_Y(u,v)=R_Y(u,v)-\overline{m_Y(u)}m_Y(v)$

$$=\int_a^b\int_a^b \overline{f(s,u)}f(t,v)R_X(s,t)\mathrm{d}s\mathrm{d}t-\overline{\int_a^b f(t,u)m_X(t)\mathrm{d}t}\int_a^b f(t,v)m_X(t)\mathrm{d}t$$

$$=\int_a^b\int_a^b \overline{f(s,u)}f(t,v)R_X(s,t)\mathrm{d}s\mathrm{d}t-\int_a^b\int_a^b \overline{f(s,u)}f(t,v)\overline{m_X(s)}m_X(t)\mathrm{d}s\mathrm{d}t$$

$$=\int_a^b\int_a^b \overline{f(s,u)}f(t,v)(R_X(s,t)-\overline{m_X(s)}m_X(t))\,\mathrm{d}s\,\mathrm{d}t$$

$$=\int_a^b\int_a^b \overline{f(s,u)}f(t,v)C_X(s,t)\mathrm{d}s\,\mathrm{d}t$$

(4) $D_Y(u)=C_Y(u,u)=\int_a^b\int_a^b \overline{f(s,u)}f(t,u)C_X(s,t)\,\mathrm{d}s\,\mathrm{d}t$

(5) $\Phi_Y(u)=R_Y(u,u)=\int_a^b\int_a^b \overline{f(s,u)}f(t,u)R_X(s,t)\,\mathrm{d}s\,\mathrm{d}t$

定理 3.4.8 设二阶矩过程$\{X(t),\ t\in[a,b]\}$均方连续，则

$$E\left|\int_a^b X(t)\,\mathrm{d}t\right|^2 \leqslant \left(\int_a^b [E\mid X(t)\mid^2]^{\frac{1}{2}}\,\mathrm{d}t\right)^2 \leqslant (b-a)\int_a^b E\mid X(t)\mid^2\,\mathrm{d}t$$
$$\leqslant (b-a)^2 \max_{a\leqslant t\leqslant b} E\mid X(t)\mid^2$$

证明

$$\begin{aligned}
E\left|\int_a^b X(t)\,\mathrm{d}t\right|^2 &= \int_a^b\int_a^b R_X(s,t)\,\mathrm{d}s\mathrm{d}t = \int_a^b\int_a^b E[\overline{X(s)}X(t)]\,\mathrm{d}s\,\mathrm{d}t \\
&\leqslant \left|\int_a^b\int_a^b E[\overline{X(s)}X(t)]\,\mathrm{d}s\,\mathrm{d}t\right| \\
&\leqslant \int_a^b\int_a^b E\mid X(s)X(t)\mid\,\mathrm{d}s\,\mathrm{d}t \\
&\leqslant \int_a^b\int_a^b [E\mid X(s)\mid^2]^{\frac{1}{2}}[E\mid X(t)\mid^2]^{\frac{1}{2}}\,\mathrm{d}s\,\mathrm{d}t \\
&= \left(\int_a^b [E\mid X(t)\mid^2]^{\frac{1}{2}}\,\mathrm{d}t\right)^2 \leqslant \int_a^b 1^2\,\mathrm{d}t\int_a^b E\mid X(t)\mid^2\,\mathrm{d}t \\
&= (b-a)\int_a^b E\mid X(t)\mid^2\,\mathrm{d}t \\
&\leqslant (b-a)^2\max_{a\leqslant t\leqslant b} E\mid X(t)\mid^2
\end{aligned}$$

4. 均方不定积分

定义 3.4.3 设二阶矩过程$\{X(t), t\in[a,b]\}$在$[a,b]$上均方连续，令

$$Y(t) = \int_a^t X(s)\mathrm{d}s,\quad t\in[a,b]$$

则称$\{Y(t), t\in[a,b]\}$为$\{X(t), t\in[a,b]\}$在$[a,b]$上的均方不定积分.

定理 3.4.9 设二阶矩过程$\{X(t), t\in[a,b]\}$在$[a,b]$上均方连续，则其均方不定积分$\{Y(t), t\in[a,b]\}$在$[a,b]$上均方可导，且

(1) $P(Y'(t) = X(t)) = 1$

(2) $m_Y(t) = \int_a^t m_X(s)\,\mathrm{d}s,\ t\in[a,b]$

(3) $R_Y(s,t) = \int_a^s\int_a^t R_X(u,v)\,\mathrm{d}u\,\mathrm{d}v,\ s,t\in[a,b]$

证明 (1)

$$\begin{aligned}
0 &\leqslant E\mid Y'(t)-X(t)\mid^2 \\
&= E\left|\mathop{\mathrm{l.i.m}}_{\Delta t\to 0}\frac{Y(t+\Delta t)-Y(t)}{\Delta t} - X(t)\right|^2 \\
&= E\left|\mathop{\mathrm{l.i.m}}_{\Delta t\to 0}\frac{1}{\Delta t}\int_t^{t+\Delta t} X(s)\,\mathrm{d}s - X(t)\right|^2 \\
&= E\left|\mathop{\mathrm{l.i.m}}_{\Delta t\to 0}\frac{1}{\Delta t}\int_t^{t+\Delta t}(X(s)-X(t))\,\mathrm{d}s\right|^2 \\
&= \lim_{\Delta t\to 0}\frac{1}{(\Delta t)^2}E\left|\int_t^{t+\Delta t}(X(s)-X(t))\,\mathrm{d}s\right|^2 \\
&\leqslant \lim_{\Delta t\to 0}\frac{1}{(\Delta t)^2}(\Delta t)^2\max_{t\leqslant s\leqslant t+\Delta t} E\mid X(s)-X(t)\mid^2 = 0
\end{aligned}$$

于是

$$E\mid Y'(t)-X(t)\mid^2=0$$

从而 $P(Y'(t)=X(t))=1$.

(2) 与(3) 类似于定理 3.4.7 的证明.

定理 3.4.10 设二阶矩过程$\{X(t),\ t\in[a,b]\}$在$[a,b]$上均方可导，导数过程$\{X'(t),\ t\in[a,b]\}$在$[a,b]$上均方连续，则

$$\int_a^b X'(s)\,\mathrm{d}s=X(b)-X(a)$$

证明 令 $Y(t)=\int_a^t X'(s)\,\mathrm{d}s,\ t\in[a,b]$，则由定理 3.4.9，$\{Y(t),\ t\in[a,b]\}$在$[a,b]$上均方可导，且 $Y'(t)=X'(t)$. 从而$[Y(t)-X(t)]'=0$，$t\in[a,b]$，由定理 3.3.8，$Y(t)-X(t)=X$，即 $Y(t)=X(t)+X$，$t\in[a,b]$. 取 $t=a$，得 $X=-X(a)$，取 $t=b$，得

$$\int_a^b X'(s)\,\mathrm{d}s=X(b)-X(a)$$

例 3.4.2 设$\{N(t),\ t\geqslant 0\}$是参数为 λ 的 Poisson 过程，令 $X(t)=\int_0^t N(s)\,\mathrm{d}s,\ t\geqslant 0$，试求$\{X(t),\ t\geqslant 0\}$的均值函数和相关函数.

解

$$m_X(t)=\int_0^t m_N(s)\,\mathrm{d}s=\int_0^t \lambda s\,\mathrm{d}s=\frac{\lambda}{2}t^2,\quad t\geqslant 0.$$

$$\begin{aligned}R_X(s,t)&=\int_0^s\int_0^t R_N(u,v)\,\mathrm{d}u\,\mathrm{d}v\\&=\int_0^s\int_0^t(\lambda^2uv+\lambda\min(u,v))\,\mathrm{d}u\,\mathrm{d}v\\&=\frac{\lambda^2}{4}s^2t^2+\lambda\int_0^s\int_0^t\min(u,v)\,\mathrm{d}u\,\mathrm{d}v\end{aligned}$$

当 $0\leqslant s\leqslant t$ 时(如图 3-1 所示)，有

$$\begin{aligned}R_X(s,t)=&\frac{\lambda^2}{4}s^2t^2+\lambda\iint_{D_1}\min(u,v)\,\mathrm{d}u\,\mathrm{d}v\\&+\lambda\iint_{D_2}\min(u,v)\,\mathrm{d}u\,\mathrm{d}v\\=&\frac{\lambda^2}{4}s^2t^2+\lambda\int_0^s\mathrm{d}u\int_0^u v\,\mathrm{d}v+\lambda\int_0^s\mathrm{d}u\int_u^t u\,\mathrm{d}v\\=&\frac{\lambda^2}{4}s^2t^2+\frac{\lambda}{6}s^2(3t-s)\end{aligned}$$

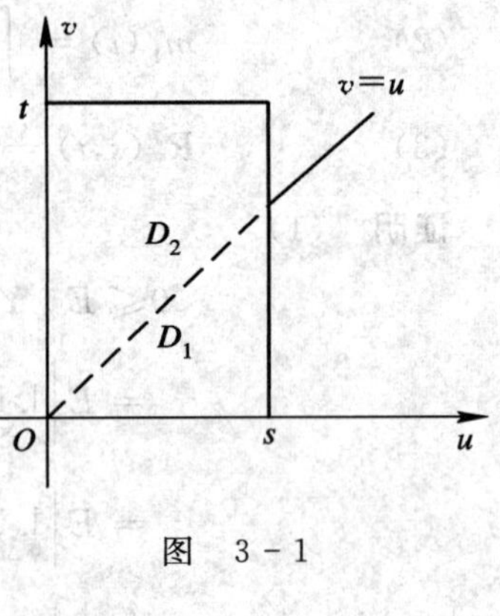

图 3-1

当 $0\leqslant t<s$ 时，同样计算得

$$R_X(s,t)=\frac{\lambda^2}{4}s^2t^2+\frac{\lambda}{6}t^2(3s-t)$$

于是

$$R_X(s,t)=\begin{cases}\dfrac{\lambda^2}{4}s^2t^2+\dfrac{\lambda}{6}s^2(3t-s),\ 0\leqslant s\leqslant t\\[2ex]\dfrac{\lambda^2}{4}s^2t^2+\dfrac{\lambda}{6}t^2(3s-t),\ 0\leqslant t<s\end{cases}$$

例 3.4.3　设$\{W(t),\ t\geqslant 0\}$是参数为σ^2的 Wiener 过程，令$X(t)=\int_0^t W(s)\,\mathrm{d}s,\ t\geqslant 0$，试求$\{X(t),\ t\geqslant 0\}$的均值函数、协方差函数和方差函数．

解

$$m_X(t)=\int_0^t m_W(s)\,\mathrm{d}s=0,\ t\geqslant 0$$

$$C_X(s,t)=\int_0^s\int_0^t C_X(u,v)\,\mathrm{d}u\mathrm{d}v=\int_0^s\int_0^t \sigma^2\min(u,v)\,\mathrm{d}u\mathrm{d}v$$

类似于例 3.4.2 的计算得

$$C_X(s,t)=\begin{cases}\dfrac{\sigma^2 s^2}{6}(3t-s),\ 0\leqslant s\leqslant t\\ \dfrac{\sigma^2 t^2}{6}(3s-t),\ 0\leqslant t<s\end{cases}$$

$$D_X(t)=C_X(t,t)=\frac{\sigma^2}{3}t^3,\quad t\geqslant 0$$

例 3.4.4　设$X(t)=A\cos\alpha t+B\sin\alpha t$，$t\geqslant 0$，其中$\alpha$是实常数，$A$、$B$相互独立且同服从区间$[-1,1]$上的均匀分布．判断$\{X(t),\ t\geqslant 0\}$是否均方可积，若均方可积，试求均方不定积分的均值函数、相关函数和均方值函数．

解　由于

$$m_X(t)=E[X(t)]=(EA)\cos\alpha t+(EB)\sin\alpha t=0,\quad t\geqslant 0,$$

$$\begin{aligned}R_X(s,t)&=E[\overline{X(s)}X(t)]=E[\overline{(A\cos\alpha s+B\sin\alpha s)}(A\cos\alpha t+B\sin\alpha t)]\\&=(EA^2)\cos\alpha s\cos\alpha t+(EB^2)\sin\alpha s\sin\alpha t+(EAB)(\sin\alpha s\cos\alpha t+\cos\alpha s\sin\alpha t)\\&=\frac{1}{3}\cos\alpha(t-s),\quad s,t\geqslant 0\end{aligned}$$

且$R_X(s,t)$连续，故$\{X(t),\ t\geqslant 0\}$均方连续，从而$\{X(t),\ t\geqslant 0\}$均方可积，则其均方不定积分$\{Y(t),\ t\geqslant 0\}$存在，且

$$m_Y(t)=\int_0^t m_X(s)\,\mathrm{d}s=0,\quad t\geqslant 0$$

$$\begin{aligned}R_Y(s,t)&=\int_0^s\int_0^t R_X(u,v)\,\mathrm{d}u\mathrm{d}v\\&=\int_0^s\int_0^t\frac{1}{3}\cos\alpha(v-u)\,\mathrm{d}u\,\mathrm{d}v\\&=\frac{1}{3\alpha^2}[1-\cos\alpha s-\cos\alpha t+\cos\alpha(t-s)],\quad s,t\geqslant 0\end{aligned}$$

$$\Phi_Y(t)=R_Y(t,t)=\frac{2}{3\alpha^2}(1-\cos\alpha t),\quad t\geqslant 0$$

3.5　均方随机微分方程

随机微分方程是随机过程的一个重要分支，其应用十分广泛．例如在随机干扰下的控

制问题、通信技术中的滤波问题、管理领域中的金融问题等，都有赖于随机微分方程这一重要的数学工具．本节仅介绍简单的一阶线性随机微分方程．

定理 3.5.1 设二阶矩过程$\{Y(t), t\geqslant t_0\}$均方连续，$a(t)$是普通函数，X_0 是二阶矩变量，则一阶线性随机微分方程

$$\begin{cases}X'(t)+a(t)X(t)=Y(t), \ t\geqslant t_0\\ X(t_0)=X_0\end{cases} \tag{3.5.1}$$

有解，其解为

$$X(t)=X_0\exp\left(-\int_{t_0}^{t}a(u)\,\mathrm{d}u\right)+\int_{t_0}^{t}Y(s)\exp\left(-\int_{s}^{t}a(u)\,\mathrm{d}u\right)\mathrm{d}s, \ t\geqslant t_0 \tag{3.5.2}$$

证明 当 $t=t_0$ 时，显然 $X(t_0)=X_0$．由于

$$\begin{aligned}X'(t)=&\left(X_0\exp\left(-\int_{t_0}^{t}a(u)\,\mathrm{d}u\right)+\int_{t_0}^{t}Y(s)\exp\left(-\int_{s}^{t}a(u)\,\mathrm{d}u\right)\mathrm{d}s\right)'\\
=&-a(t)X_0\exp\left(-\int_{t_0}^{t}a(u)\,\mathrm{d}u\right)+\left[\int_{t_0}^{t}Y(s)\exp\left(-\int_{t_0}^{t}a(u)\,\mathrm{d}u+\int_{t_0}^{s}a(u)\,\mathrm{d}u\right)\mathrm{d}s\right]'\\
=&-a(t)X_0\exp\left(-\int_{t_0}^{t}a(u)\,\mathrm{d}u\right)+\left[\exp\left(-\int_{t_0}^{t}a(u)\,\mathrm{d}u\right)\int_{t_0}^{t}Y(s)\exp\left(\int_{t_0}^{s}a(u)\,\mathrm{d}u\right)\mathrm{d}s\right]'\\
=&-a(t)X_0\exp\left(-\int_{t_0}^{t}a(u)\,\mathrm{d}u\right)-a(t)\exp\left(-\int_{t_0}^{t}a(u)\,\mathrm{d}u\right)\int_{t_0}^{t}Y(s)\exp\left(\int_{t_0}^{s}a(u)\,\mathrm{d}u\right)\mathrm{d}s\\
&+\exp\left(-\int_{t_0}^{t}a(u)\,\mathrm{d}u\right)Y(t)\exp\left(\int_{t_0}^{t}a(u)\,\mathrm{d}u\right)\\
=&-a(t)\left[X_0\exp\left(-\int_{t_0}^{t}a(u)\,\mathrm{d}u\right)+\int_{t_0}^{t}Y(s)\exp\left(-\int_{s}^{t}a(u)\,\mathrm{d}u\right)\mathrm{d}s\right]+Y(t)\\
=&-a(t)X(t)+Y(t)\end{aligned}$$

即

$$X'(t)+a(t)X(t)=Y(t)$$

故(3.5.2)式是(3.5.1)式的解．

定理 3.5.2 一阶线性随机微分方程(3.5.1)的解的均值函数与相关函数为

$$m_X(t)=(EX_0)\exp\left(-\int_{t_0}^{t}a(u)\,\mathrm{d}u\right)+\int_{t_0}^{t}m_Y(s)\exp\left(-\int_{s}^{t}a(u)\,\mathrm{d}u\right)\mathrm{d}s, \ t\geqslant t_0$$

$$\begin{aligned}R_X(s,t)=&(E\mid X_0\mid^2)\exp\left(-\int_{t_0}^{s}\overline{a(u)}\,\mathrm{d}u-\int_{t_0}^{t}a(u)\,\mathrm{d}u\right)\\
&+\exp\left(-\int_{t_0}^{s}\overline{a(u)}\,\mathrm{d}u\right)\int_{t_0}^{t}E[\overline{X}_0Y(\beta)]\exp\left(-\int_{\beta}^{t}a(u)\,\mathrm{d}u\right)\mathrm{d}\beta\\
&+\exp\left(-\int_{t_0}^{t}a(u)\,\mathrm{d}u\right)\int_{t_0}^{s}E[X_0\overline{Y(\alpha)}]\exp\left(-\int_{\alpha}^{s}\overline{a(u)}\,\mathrm{d}u\right)\mathrm{d}\alpha\\
&+\int_{t_0}^{s}\int_{t_0}^{t}R_Y(\alpha,\beta)\exp\left(-\int_{\alpha}^{s}\overline{a(u)}\,\mathrm{d}u-\int_{\beta}^{t}a(u)\,\mathrm{d}u\right)\mathrm{d}\alpha\,\mathrm{d}\beta, \ s,t\geqslant t_0\end{aligned}$$

证明 利用(3.5.2)式可直接推得.

定理 3.5.3 一阶线性随机微分方程(3.5.1)的解的均值函数和相关函数可通过解如下普通的微分方程得到：

$$\begin{cases} m_X'(t)+a(t)m_X(t)=m_Y(t),\ t\geqslant t_0 \\ m_X(t_0)=EX_0 \end{cases}$$

与

$$\begin{cases} \dfrac{\partial}{\partial s}R_{XY}(s,t)+\overline{a(s)}R_{XY}(s,t)=R_Y(s,t) \\ R_{XY}(t_0,t)=E[\overline{X}_0Y(t)] \end{cases}$$

及

$$\begin{cases} \dfrac{\partial}{\partial t}R_X(s,t)+a(t)R_X(s,t)=R_{XY}(s,t) \\ R_X(s,t_0)=E[\overline{X(s)}X_0] \end{cases}$$

证明 利用推论 3.3.3 可直接推得.

例 3.5.1 求解下列随机微分方程，并求其解的数字特征：

$$\begin{cases} X'(t)=gt,\ t\geqslant 0 \\ X(0)=X_0 \end{cases}$$

其中 g 是常数，$X_0\sim N(0,\sigma^2)$.

解 由定理 3.5.1 得

$$X(t)=X_0+\int_0^t gs\ \mathrm{d}s=X_0+\frac{1}{2}gt^2,\quad t\geqslant 0$$

$$m_X(t)=\frac{1}{2}gt^2,\quad t\geqslant 0$$

$$R_X(s,t)=E[X(s)X(t)]=\sigma^2+\frac{1}{4}g^2s^2t^2,\ s,t\geqslant 0$$

$$C_X(s,t)=R_X(s,t)-m_X(s)m_X(t)=\sigma^2,\quad s,t\geqslant 0$$

$$D_X(t)=\sigma^2,\quad t\geqslant 0$$

例 3.5.2 求一阶线性随机微分方程的解及解的均值函数和相关函数.

$$\begin{cases} Y'(t)+aY(t)=X(t),\ t\geqslant 0,\ a>0 \\ Y(0)=0 \end{cases}$$

其中$\{X(t),\ t\geqslant 0\}$是一已知的均值函数为 $m_X(t)=\sin t$，相关函数为 $R_X(s,t)=\mathrm{e}^{-\lambda|t-s|}$ $(\lambda>0)$的均方连续的二阶矩过程.

解 由定理 3.5.1 得

$$Y(t)=\int_0^t X(s)\ \mathrm{e}^{-a(t-s)}\ \mathrm{d}s,\quad t\geqslant 0$$

$$m_Y(t)=\int_0^t m_X(s)\mathrm{e}^{-a(t-s)}\ \mathrm{d}s=\int_0^t \mathrm{e}^{-a(t-s)}\ \sin s\ \mathrm{d}s$$

$$=\frac{1}{1+a^2}(\mathrm{e}^{-at}+a\ \sin t-\cos t),\quad t\geqslant 0$$

$$R_Y(s,t) = E[\overline{Y(s)}Y(t)] = E\left[\overline{\int_0^s X(u)\mathrm{e}^{-a(s-u)}\,\mathrm{d}u} \int_0^t X(v)\mathrm{e}^{-a(t-v)}\,\mathrm{d}v\right]$$

$$= \int_0^s\int_0^t R_X(u,v)\mathrm{e}^{-a(s+t)+a(u+v)}\,\mathrm{d}u\,\mathrm{d}v$$

$$= \mathrm{e}^{-a(s+t)}\int_0^s\int_0^t \mathrm{e}^{-\lambda|v-u|}\,\mathrm{e}^{a(u+v)}\,\mathrm{d}u\,\mathrm{d}v$$

当 $0\leqslant s\leqslant t$ 时，

$$R_Y(s,t) = \frac{1}{a^2-\lambda^2}\left[\frac{\lambda}{a}\mathrm{e}^{-a(s+t)} - \frac{\lambda}{a}\mathrm{e}^{-a(t-s)} + \mathrm{e}^{-a(s+t)} + \mathrm{e}^{-\lambda(t-s)} - \mathrm{e}^{-(\lambda s+at)} - \mathrm{e}^{-(as+\lambda t)}\right]$$

当 $0\leqslant t< s$ 时，

$$R_Y(s,t) = \frac{1}{a^2-\lambda^2}\left[\frac{\lambda}{a}\mathrm{e}^{-a(t+s)} - \frac{\lambda}{a}\mathrm{e}^{-a(s-t)} + \mathrm{e}^{-a(t+s)} + \mathrm{e}^{-\lambda(s-t)} - \mathrm{e}^{-(\lambda t+as)} - \mathrm{e}^{-(at+\lambda s)}\right]$$

即

$$R_Y(s,t) = \begin{cases} \dfrac{1}{a^2-\lambda^2}\left[\dfrac{\lambda}{a}\mathrm{e}^{-a(s+t)} - \dfrac{\lambda}{a}\mathrm{e}^{-a(t-s)} + \mathrm{e}^{-a(s+t)} + \mathrm{e}^{-\lambda(t-s)} - \mathrm{e}^{-(\lambda s+at)} - \mathrm{e}^{-(as+\lambda t)}\right] \\ \qquad\qquad, 0\leqslant s\leqslant t \\ \dfrac{1}{a^2-\lambda^2}\left[\dfrac{\lambda}{a}\mathrm{e}^{-a(t+s)} - \dfrac{\lambda}{a}\mathrm{e}^{-a(s-t)} + \mathrm{e}^{-a(t+s)} + \mathrm{e}^{-\lambda(s-t)} - \mathrm{e}^{-(\lambda t+as)} - \mathrm{e}^{-(at+\lambda s)}\right] \\ \qquad\qquad, 0\leqslant t< s \end{cases}$$

3.6　正态过程的随机分析

在许多实际问题中，往往需要考虑正态过程的均方导数和均方不定积分的分布，为此我们先证明下列定理．

定理 3.6.1　n 维实正态实随机变量序列的均方极限仍是 n 维正态随机变量，即若 $\boldsymbol{X}^{(m)}=(X_1^{(m)},X_2^{(m)},\cdots,X_n^{(m)})$，$\{\boldsymbol{X}^{(m)},\ m=1,2,\cdots\}$为 n 维实正态随机变量序列，$\underset{m\to\infty}{\mathrm{l.i.m}}\boldsymbol{X}^{(m)}=\boldsymbol{X}$，即$\underset{m\to\infty}{\mathrm{l.i.m}}X_k^{(m)}=X_k$，$k=1,2,\cdots,n$，则 $\boldsymbol{X}=(X_1,\ X_2,\ \cdots,\ X_n)$为 n 维正态随机变量．

证明　设

$$\boldsymbol{\mu}^{(m)}=E\boldsymbol{X}^{(m)}=(\mu_1^{(m)},\ \mu_2^{(m)},\ \cdots,\ \mu_n^{(m)})$$
$$\boldsymbol{B}^{(m)}=(\mathrm{cov}(X_i^{(m)},\ X_j^{(m)}))_{n\times n}=(\sigma_{ij}^{(m)})_{n\times n}$$
$$\boldsymbol{\mu}=E\boldsymbol{X}=(\mu_1,\ \mu_2,\ \cdots,\ \mu_n)$$
$$\boldsymbol{B}=(\mathrm{cov}(X_i,X_j))=(\sigma_{ij})_{n\times n}$$

由于$\underset{m\to\infty}{\mathrm{l.i.m}}\boldsymbol{X}^{(m)}=\boldsymbol{X}$，根据定理 3.1.3(2)及推论 3.1.1，得

$$\lim_{m\to\infty}\mu_k^{(m)}=\mu_k,\ k=1,2,\cdots,n,\ \lim_{m\to\infty}\sigma_{ij}^{(m)}=\sigma_{ij}$$

从而

$$\lim_{m\to\infty}\boldsymbol{\mu}^{(m)}=\boldsymbol{\mu},\ \lim_{m\to\infty}\boldsymbol{B}^{(m)}=\boldsymbol{B}$$

设 $\varphi_{\boldsymbol{X}^{(m)}}(\boldsymbol{u})$和 $\varphi_{\boldsymbol{X}}(\boldsymbol{u})$分别是 $\boldsymbol{X}^{(m)}$ 和 $\boldsymbol{X}$ 的特征函数，其中 $\boldsymbol{u}=(u_1,u_2,\cdots,u_n)$，则

$$\varphi_{\boldsymbol{X}^{(m)}}(\boldsymbol{u})=\exp\left(\mathrm{j}\boldsymbol{\mu}^{(m)}\boldsymbol{u}^{\mathrm{T}}-\frac{1}{2}\boldsymbol{u}\boldsymbol{B}^{(m)}\boldsymbol{u}^{\mathrm{T}}\right)$$

由推论 3.1.2 得

$$\varphi_{\boldsymbol{X}}(\boldsymbol{u}) = \lim_{m\to\infty}\varphi_{\boldsymbol{X}^{(m)}}(\boldsymbol{u}) = \lim_{m\to\infty}\exp\left(\mathrm{j}\boldsymbol{\mu}^{(m)}\boldsymbol{u}^{\mathrm{T}} - \frac{1}{2}\boldsymbol{u}\boldsymbol{B}^{(m)}\boldsymbol{u}^{\mathrm{T}}\right) = \exp\left(\mathrm{j}\boldsymbol{\mu}\boldsymbol{u}^{\mathrm{T}} - \frac{1}{2}\boldsymbol{u}\boldsymbol{B}\boldsymbol{u}^{\mathrm{T}}\right)$$

故 $\boldsymbol{X}$ 是 n 维正态随机变量.

推论 3.6.1 实正态随机变量序列的均方极限仍是正态随机变量，即若$\{X_n, n=1,2,\cdots\}$是实正态随机变量序列，$\underset{n\to\infty}{\mathrm{l.i.m}}X_n=X$，则 X 是正态随机变量.

推论 3.6.2 设$\{X(t), t\in T\}$为一族实正态随机变量，$t_0\in T$，若 $\underset{t\to t_0}{\mathrm{l.i.m}}X(t)=X$，则 X 是正态随机变量.

推论 3.6.3 设$\{(X_1(t), X_2(t), \cdots, X_n(t)), t\in T\}$为一族 n 维实正态随机变量，$t_0\in T$，若 $\underset{t\to t_0}{\mathrm{l.i.m}}X_k(t)=X_k$，$k=1,2,\cdots,n$，则 $\boldsymbol{X}=(X_1, X_2, \cdots, X_n)$为 n 维正态随机变量.

定理 3.6.2 设实正态过程$\{X(t), t\in T\}$均方可导，则其均方导数过程$\{X'(t), t\in T\}$也是正态过程.

证明 由于$\{X(t), t\in T\}$是实正态过程，所以 $\forall n\geqslant 1$，$t_1,t_2,\cdots,t_n\in T$，$(X(t_1), X(t_1+\Delta t), X(t_2), X(t_2+\Delta t), \cdots, X(t_n), X(t_n+\Delta t))$，$t_i+\Delta t\in T$，$t_i+\Delta t\neq t_j$，$i\neq j$，$i,j=1,2,\cdots,n$ 是 $2n$ 维正态随机变量，而

$$\left(\frac{X(t_1+\Delta t)-X(t_1)}{\Delta t}, \frac{X(t_2+\Delta t)-X(t_2)}{\Delta t}, \cdots, \frac{X(t_n+\Delta t)-X(t_n)}{\Delta t}\right)$$
$$= (X(t_1), X(t_1+\Delta t), \cdots, X(t_n), X(t_n+\Delta t))$$
$$\times\begin{bmatrix} -\frac{1}{\Delta t} & 0 & \cdots & 0 \\ \frac{1}{\Delta t} & 0 & \cdots & 0 \\ 0 & -\frac{1}{\Delta t} & \cdots & 0 \\ 0 & \frac{1}{\Delta t} & \cdots & 0 \\ \vdots & \vdots & & \vdots \\ 0 & 0 & \cdots & -\frac{1}{\Delta t} \\ 0 & 0 & \cdots & \frac{1}{\Delta t} \end{bmatrix}$$

故

$$\left(\frac{X(t_1+\Delta t)-X(t_1)}{\Delta t}, \frac{X(t_2+\Delta t)-X(t_2)}{\Delta t}, \cdots, \frac{X(t_n+\Delta t)-X(t_n)}{\Delta t}\right)$$

是 n 维正态随机变量. 又

$$\underset{\Delta t\to 0}{\mathrm{l.i.m}}\frac{X(t_k+\Delta t)-X(t_k)}{\Delta t} = X'(t_k), \ k=1,2,\cdots,n$$

由推论 3.6.3 知，$(X'(t_1), X'(t_2),\cdots,X'(t_n))$是 n 维正态随机变量，故$\{X'(t), t\in T\}$为正态过程.

推论 3.6.4 设实正态过程$\{X(t), t\in T\}$均方可导，均值函数为 $m_X(t)$，协方差函数为 $C_X(s,t)$，则$\{X'(t), t\in T\}$的任意有限维特征函数为

$$\varphi(t_1,t_2,\cdots,t_n;\ u_1,u_2,\cdots,u_n)=\exp\left[\mathrm{j}\sum_{k=1}^{n}u_k m'(t_k)-\frac{1}{2}\sum_{k=1}^{n}\sum_{l=1}^{n}u_k u_l\frac{\partial^2}{\partial s\partial t}C_X(t_k,t_l)\right]$$

定理 3.6.3 设实正态过程$\{X(t),\ t\in[a,b]\}$均方连续，则其均方不定积分$\{Y(t),\ t\in[a,b]\}$也是正态过程.

证明 设$a=t_0<t_1<\cdots<t_n=b$是$[a,b]$的任一划分，对于t_k，$k=1,2,\cdots,n$，$a=s_0^{(k)}<s_1^{(k)}<\cdots<s_{n_k}^{(k)}=t_k$是$[a,t_k]$的任一划分，令$\Delta_k=\max\limits_{1\leqslant l\leqslant n_k}\Delta s_l^{(k)}$，$\Delta=\max\limits_{1\leqslant k\leqslant n}\Delta_k$. $\forall u_l^{(k)}\in[s_{l-1}^{(k)},\ s_l^{(k)}]$，则

$$\underset{\Delta\to 0}{\mathrm{l.i.m}}\sum_{l=1}^{n_k}X(u_l^{(k)})\Delta s_l^{(k)}=Y(t_k),\ k=1,2,\cdots,n$$

由于$\{X(t),\ t\in[a,b]\}$是实正态过程，因此

$$(X(u_1^{(1)}),X(u_2^{(1)}),\cdots,X(u_{n_1}^{(1)}),\cdots,X(u_1^{(n)}),X(u_2^{(n)}),\cdots,X(u_{n_n}^{(n)}))$$

是$n_1+n_2+\cdots+n_n$维正态随机变量. 而

$$\begin{aligned}&\left(\sum_{l=1}^{n_1}X(u_l^{(1)})\Delta s_l^{(1)},\ \sum_{l=1}^{n_2}X(u_l^{(2)})\Delta s_l^{(2)},\cdots,\sum_{l=1}^{n_n}X(u_l^{(n)})\Delta s_l^{(n)}\right)\\&=(X(u_1^{(1)}),X(u_2^{(1)}),\cdots,X(u_{n_1}^{(1)}),\cdots,X(u_1^{(n)}),X(u_2^{(n)}),\cdots,X(u_n^{(n)}))\\&\times\begin{bmatrix}\Delta s_1^{(1)} & 0 & \cdots & 0\\ \Delta s_2^{(1)} & 0 & \cdots & 0\\ \vdots & \vdots & & \vdots\\ \Delta s_{n_1}^{(1)} & 0 & \cdots & 0\\ 0 & \Delta s_1^{(2)} & \cdots & 0\\ 0 & \Delta s_2^{(2)} & \cdots & 0\\ \vdots & \vdots & & \vdots\\ 0 & \Delta s_{n_2}^{(2)} & \cdots & 0\\ 0 & 0 & \cdots & \Delta s_1^{(n)}\\ 0 & 0 & \cdots & \Delta s_2^{(n)}\\ \vdots & \vdots & & \vdots\\ 0 & 0 & \cdots & \Delta s_{n_n}^{(n)}\end{bmatrix}\end{aligned}$$

故

$$\left(\sum_{l=1}^{n_1}X(u_l^{(1)})\Delta s_l^{(1)},\ \sum_{l=1}^{n_2}X(u_l^{(2)})\Delta s_l^{(2)},\ \cdots,\ \sum_{l=1}^{n_n}X(u_l^{(n)})\Delta s_l^{(n)}\right)$$

是n维正态随机变量.

由推论 3.6.3 可知，$(Y(t_1),\ Y(t_2),\ \cdots,\ Y(t_n))$是$n$维正态随机变量，故$\{Y(t),\ t\in[a,b]\}$是正态过程.

推论 3.6.5 设实正态过程$\{X(t),\ t\in[a,b]\}$均方连续，均值函数为$m_X(t)$，协方差函数为$C_X(s,t)$，则$\{Y(t),\ t\in[a,b]\}$的任意有限维特征函数为

$$\varphi(t_1,t_2,\cdots,t_n;\ u_1,u_2,\cdots,u_n)=\exp\left[\mathrm{j}\sum_{k=1}^{n}u_k\int_a^{t_k}m_X(s)\,\mathrm{d}s-\frac{1}{2}\sum_{k=1}^{n}\sum_{l=1}^{n}u_k u_l\int_a^{t_k}\int_a^{t_l}C_X(s,t)\,\mathrm{d}s\mathrm{d}t\right]$$

3.7　Ito 随机积分与 Ito 随机微分方程

本节将研究如下的随机积分：

$$\int_a^b X(t)\ \mathrm{d}W(t)$$

其中$\{X(t),\ t\in[a,b]\}$是实二阶矩过程，$\{W(t),\ t\geqslant 0\}$是 Wiener 过程，这种随机积分在近代通信、滤波与控制理论中有着广泛的应用．

定义 3.7.1　设$\{X(t),\ t\in[a,b]\}$($0\leqslant a<b$)是实二阶矩过程，$\{W(t),\ t\geqslant 0\}$是参数为σ^2(为简单起见，以下假定$\sigma^2=1$)的 Wiener 过程，$a=t_0<t_1<\cdots<t_n=b$ 是$[a,b]$的任一划分，$\Delta=\max\limits_{1\leqslant k\leqslant n}(t_k-t_{k-1})$，作和式

$$I_n=\sum_{k=1}^{n}X(t_{k-1})[W(t_k)-W(t_{k-1})]$$

如果当$\Delta\to 0$时，I_n均方收敛，则其极限称为$X(t)$关于 Wiener 过程$W(t)$的 Ito 积分，记为

$$\int_a^b X(t)\ \mathrm{d}W(t)\stackrel{\text{def}}{=}\underset{\Delta\to 0}{\text{l.i.m}}\,I_n$$

需要指出，在 Ito 积分中不能像普通积分那样作和式，$\forall t_k^*\in[t_{k-1},t_k]$，$Y_n=\sum\limits_{k=1}^{n}X(t_k^*)[W(t_k)-W(t_{k-1})]$．因为当$t_k^*$这样取时，$Y_n$的均方极限将不存在，所以这里固定地取左端点．当然也可以确定地取其它点得到其它积分，例如 Stratonovich 取t_k^*为小区间的中点，得到如下和式：

$$C_n=\sum_{k=1}^{n}X\left(\frac{t_{k-1}+t_k}{2}\right)[W(t_k)-W(t_{k-1})]$$

并且$\Delta\to 0$时，C_n均方收敛，称其极限为$X(t)$关于 Wiener 过程$W(t)$的随机积分．

这两种积分的定义是十分相近的，由于在实际应用中，前者应用得更为广泛，所以我们今后只限于讨论 Ito 积分．

定理 3.7.1　设$\{X(t),\ t\in[a,b]\}$是均方连续的二阶矩过程，且对于任意的s_1'，$s_2'\leqslant t_{k-1}<t_k$及$s_1<s_2\leqslant t_{k-1}$，$(X(s_1'),\ X(s_2'),\ W(s_2)-W(s_1))$与$W(t_k)-W(t_{k-1})$相互独立，则$X(t)$关于$W(t)$的 Ito 积分存在且以概率 1 唯一．

证明　根据均方收敛准则，我们只要证明下式极限存在即可：

$$E[I_mI_n]=\sum_{l=1}^{m}\sum_{k=1}^{n}E[X(s_{l-1})X(t_{k-1})(W(s_l)-W(s_{l-1}))(W(t_k)-W(t_{k-1}))]$$

其中

$$a=s_0<s_1<\cdots<s_m=b,\ a=t_0<t_1<\cdots<t_n=b$$

是$[a,b]$的两个分法．

上式右边各项可根据长方形$[s_{l-1},s_l]\times[t_{k-1},t_k]$是否与正方形$[a,b]\times[a,b]$的主对角线相交分为两类：第一类是相交的，第二类是不相交的(参见图 3-2 中R_1和R_2)．先看第二类的和式中相应的项，此时，$s_{l-1}<s_l\leqslant t_{k-1}<t_k$(或者$t_{k-1}<t_k\leqslant s_{l-1}<s_l$)．由于$X(s_{l-1})$、$X(t_{k-1})$、$W(s_l)-W(s_{l-1})$与$W(t_k)-W(t_{k-1})$相互独立，于是

$$
\begin{aligned}
&E[X(s_{l-1})X(t_{k-1})(W(s_l)-W(s_{l-1}))(W(t_k)-W(t_{k-1}))]\\
&=E[X(s_{l-1})X(t_{k-1})(W(s_l)-W(s_{l-1}))]E[W(t_k)-W(t_{k-1})]\\
&=E[X(s_{l-1})X(t_{k-1})(W(s_l)-W(s_{l-1}))]\cdot 0\\
&=0
\end{aligned}
$$

当 $t_{k-1}<t_k\leqslant s_{l-1}<s_l$ 时，上式也成立，所以所有第二类的项都是零．

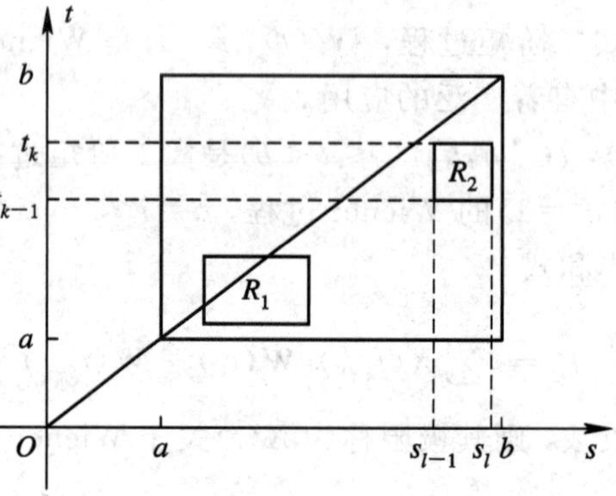

图 3-2

再看第一类的和式中的相应项，此时$[s_{l-1}, s_l]$和$[t_{k-1}, t_k]$有公共部分，一种情况是 $s_{l-1}<t_{k-1}<s_l<t_k$(其它情况类似)，于是

$$
\begin{aligned}
&E[X(s_{l-1})X(t_{k-1})(W(s_l)-W(s_{l-1}))(W(t_k)-W(t_{k-1}))]\\
&=E[X(s_{l-1})X(t_{k-1})((W(s_l)-W(t_{k-1}))\\
&\quad+(W(t_{k-1})-W(s_{l-1})))((W(t_k)-W(s_l))+(W(s_l)-W(t_{k-1})))]\\
&=E[X(s_{l-1})X(t_{k-1})(W(s_l)-W(t_{k-1}))(W(t_k)-W(s_l))]\\
&\quad+E[X(s_{l-1})X(t_{k-1})(W(s_l)-W(t_{k-1}))(W(s_l)-W(t_{k-1}))]\\
&\quad+E[X(s_{l-1})X(t_{k-1})(W(t_{k-1})-W(s_{l-1}))(W(t_k)-W(s_l))]\\
&\quad+E[X(s_{l-1})X(t_{k-1})(W(t_{k-1})-W(s_{l-1}))(W(s_l)-W(t_{k-1}))]\\
&=E[X(s_{l-1})X(t_{k-1})(W(s_l)-W(t_{k-1}))^2]\\
&=E[X(s_{l-1})X(t_{k-1})]E[(W(s_l)-W(t_{k-1}))^2]\\
&=R_X(s_{l-1}, t_{k-1})(s_l-t_{k-1})
\end{aligned}
$$

其中 s_l-t_{k-1}是$[s_{l-1}, s_l]$和$[t_{k-1}, t_k]$公共部分的长度．

由于$\{X(t), t\in[a,b]\}$均方连续，因此 $R_X(s,t)$连续，从而在$[a,b]\times[a,b]$上一致连续．若将两组分点 $a=s_0<s_1<\cdots<s_m=b$ 及 $a=t_0<t_1<\cdots<t_n=b$ 合并为一组，并以 $a=u_0<u_1<\cdots<u_{m+n-1}=b$ 表示这些分点(若有 s_l, t_k 相重，u_i 的个数将小于 $m+n$)，得

$$
E[I_mI_n]=\sum_{i=1}^{m+n-1}[R_X(u_{i-1}, u_{i-1})(u_i-u_{i-1})+o(u_i-u_{i-1})]
$$

由于 $R_X(t,t)$连续，因而可积，从而有

$$\lim_{\substack{m\to\infty\\n\to\infty}} E[I_m I_n] = \int_a^b R_X(t,t)\,\mathrm{d}t \tag{3.7.1}$$

于是 Ito 积分存在．再由均方极限以概率 1 唯一，故 Ito 积分以概率 1 唯一．

推论 3.7.1　在定理 3.7.1 的条件下，有

$$E\left[\left(\int_a^b X(t)\,\mathrm{d}W(t)\right)^2\right] = \int_a^b E[(X(t))^2]\,\mathrm{d}t$$

证明　由定理 3.1.3 及(3.7.1)式直接推得．

例 3.7.1　试求 $\int_a^b W(t)\,\mathrm{d}W(t)$.

解　显然 $W(t)$ 满足定理 3.7.1 的条件，因此上述积分存在，取 $[a,b]$ 的一组分点，$a=t_0<t_1<\cdots<t_n=b$，$\Delta=\max\limits_{1\leqslant k\leqslant n}(t_k-t_{k-1})$，则

$$\begin{aligned}
I_n &= \sum_{k=1}^n W(t_{k-1})[W(t_k)-W(t_{k-1})] \\
&= -\sum_{k=1}^n W(t_{k-1})[W(t_{k-1})-W(t_k)] \\
&= -[(W(t_0))^2 - W(t_0)W(t_1) + (W(t_1))^2 - W(t_1)W(t_2) + \cdots \\
&\quad + (W(t_{n-1}))^2 - W(t_{n-1})W(t_n)] \\
&= -\frac{1}{2}\left[(W(t_0))^2 + \sum_{k=1}^n (W(t_k)-W(t_{k-1}))^2 - (W(t_n))^2\right] \\
&= \frac{1}{2}[(W(b))^2-(W(a))^2] - \frac{1}{2}\sum_{k=1}^n (W(t_k)-W(t_{k-1}))^2
\end{aligned}$$

于是有

$$\int_a^b W(t)\,\mathrm{d}W(t) = \frac{1}{2}[(W(b))^2-(W(a))^2] - \frac{1}{2}\,\underset{\Delta\to 0}{\mathrm{l.i.m}}\sum_{k=1}^n (W(t_k)-W(t_{k-1}))^2$$

令 $\Delta W_k = W(t_k)-W(t_{k-1})$，$\Delta t_k = t_k - t_{k-1}$，则

$$\begin{aligned}
E\left|\sum_{k=1}^n (W(t_k)-W(t_{k-1}))^2 - (b-a)\right|^2 &= E\left[\sum_{k=1}^n (\Delta W_k)^2 - (b-a)\right]^2 \\
&= E\left[\sum_{k=1}^n ((\Delta W_k)^2 - \Delta t_k)\right]^2 \\
&= \sum_{k=1}^n E[(\Delta W_k)^2-\Delta t_k]^2 + 2\sum_{i\neq l} E[((\Delta W_i)^2-\Delta t_i)((\Delta W_l)^2-\Delta t_l)] \\
&= \sum_{k=1}^n E[(\Delta W_k)^2-\Delta t_k]^2 + 2\sum_{i\neq l} E[(\Delta W_i)^2-\Delta t_i]E[(\Delta W_l)^2-\Delta t_l] \\
&= \sum_{k=1}^n E[(\Delta W_k)^4 - 2(\Delta W_k)^2\Delta t_k + (\Delta t_k)^2] \\
&= \sum_{k=1}^n [3(\Delta t_k)^2 - 2(\Delta t_k)^2 + (\Delta t_k)^2] \\
&= 2\sum_{k=1}^n (\Delta t_k)^2 \leqslant 2\Delta\sum_{k=1}^n \Delta t_k = 2\Delta(b-a) \to 0,\quad \Delta\to 0
\end{aligned}$$

即

$$\mathop{\mathrm{l.i.m}}_{\Delta\to 0}\sum_{k=1}^{n}[W(t_k)-W(t_{k-1})]^2=b-a$$

所以

$$\int_a^b W(t)\,\mathrm{d}W(t)=\frac{1}{2}[(W(b))^2-(W(a))^2]-\frac{1}{2}(b-a)$$

这个例子说明 Ito 随机积分与普通积分不一样．因为如果 $W(t)$是普通函数，则右边只有第一项，而没有第二项$\frac{1}{2}(b-a)$，所以在进行 Ito 积分计算时是需要特别注意的．

在上述例子的讨论过程中，我们证明了

$$\mathop{\mathrm{l.i.m}}_{\Delta\to 0}\sum_{k=1}^{n}[W(t_k)-W(t_{k-1})]^2=b-a \tag{3.7.2}$$

这是关于 Wiener 过程 $W(t)$的一个十分重要的事实，利用这一事实可以证明 Ito 积分中和式里的 t_k^* 不能在$[t_{k-1},t_k]$上任意选取．事实上，设 $a=t_0<t_1<\cdots<t_n=b$ 是$[a,b]$的一个划分，$\Delta=\max\limits_{1\leqslant k\leqslant n}(t_k-t_{k-1})$，考虑下列两个和式：

$$I_n=\sum_{k=1}^{n}W(t_{k-1})[W(t_k)-W(t_{k-1})]$$

$$J_n=\sum_{k=1}^{n}W(t_k)[W(t_k)-W(t_{k-1})]$$

它们都是

$$\int_a^b W(t)\,\mathrm{d}W(t)$$

形式上的和式，分别相应于

$$t_k^*=t_{k-1},\ t_k^*=t_k$$

两式相减得

$$J_n-I_n=\sum_{k=1}^{n}[W(t_k)-W(t_{k-1})]^2\to b-a,\ \Delta\to 0$$

这说明 I_n 和 J_n 有不同的均方极限，所以 t_k^* 不能任意选取．

由于 $J_n=I_n+(J_n-I_n)$，因而

$$\begin{aligned}\mathop{\mathrm{l.i.m}}_{\Delta\to 0}J_n&=\mathop{\mathrm{l.i.m}}_{\Delta\to 0}I_n+\mathop{\mathrm{l.i.m}}_{\Delta\to 0}(J_n-I_n)\\&=\frac{1}{2}[(W(b))^2-(W(a))^2]-\frac{1}{2}(b-a)+(b-a)\\&=\frac{1}{2}[(W(b))^2-(W(a))^2]+\frac{1}{2}(b-a)\end{aligned}$$

于是

$$\begin{aligned}\mathop{\mathrm{l.i.m}}_{\Delta\to 0}\frac{I_n+J_n}{2}&=\mathop{\mathrm{l.i.m}}_{\Delta\to 0}\sum_{k=1}^{n}\frac{W(t_{k-1})+W(t_k)}{2}[W(t_k)-W(t_{k-1})]\\&=\frac{1}{2}[(W(b))^2-(W(a))^2]\end{aligned}$$

又因为

$$\frac{I_n+J_n}{2}-\sum_{k=1}^{n}W\left(\frac{t_{k-1}+t_k}{2}\right)[W(t_k)-W(t_{k-1})]$$
$$=\sum_{k=1}^{n}\left[\frac{W(t_{k-1})+W(t_k)}{2}-W\left(\frac{t_{k-1}+t_k}{2}\right)\right][W(t_k)-W(t_{k-1})]$$
$$=\frac{1}{2}\sum_{k=1}^{n}\left[\left(W(t_k)-W\left(\frac{t_{k-1}+t_k}{2}\right)\right)-\left(W\left(\frac{t_{k-1}+t_k}{2}\right)-W(t_{k-1})\right)\right]$$
$$\times\left[\left(W(t_k)-W\left(\frac{t_{k-1}+t_k}{2}\right)\right)+\left(W\left(\frac{t_{k-1}+t_k}{2}\right)-W(t_{k-1})\right)\right]$$
$$=\frac{1}{2}\sum_{k=1}^{n}\left[\left(W(t_k)-W\left(\frac{t_{k-1}+t_k}{2}\right)\right)^2-\left(W\left(\frac{t_{k-1}+t_k}{2}\right)-W(t_{k-1})\right)^2\right]$$

注意到诸区间$\left[t_{k-1},\ \frac{t_{k-1}+t_k}{2}\right]$，$1\leqslant k\leqslant n$ 的长度之和以及诸区间$\left[\frac{t_{k-1}+t_k}{2},\ t_k\right]$，$1\leqslant k\leqslant n$ 的长度之和都是$\frac{1}{2}(b-a)$，仿(3.7.2)式的证明，可知

$$\underset{\Delta\to0}{\mathrm{l.i.m}}\sum_{k=1}^{n}\left[W(t_k)-W\left(\frac{t_{k-1}+t_k}{2}\right)\right]^2=\frac{1}{2}(b-a)$$
$$\underset{\Delta\to0}{\mathrm{l.i.m}}\sum_{k=1}^{n}\left[W\left(\frac{t_{k-1}+t_k}{2}\right)-W(t_{k-1})\right]^2=\frac{1}{2}(b-a)$$

所以

$$\underset{\Delta\to0}{\mathrm{l.i.m}}\sum_{k=1}^{n}W\left(\frac{t_{k-1}+t_k}{2}\right)[W(t_k)-W(t_{k-1})]=\underset{\Delta\to0}{\mathrm{l.i.m}}\frac{I_n+J_n}{2}$$
$$=\frac{1}{2}[(W(b))^2-(W(a))^2]$$

若取 $t_k^*=\frac{t_{k-1}+t_k}{2}$，即按 Stratonovich 方法规定的随机积分，则有

$$\int_a^b W(t)\,\mathrm{d}W(t)=\frac{1}{2}[(W(b))^2-(W(a))^2]$$

它恰好与普通积分在形式上是一致的.

Ito 随机积分具有下列性质.

定理 3.7.2 设 Ito 积分$\int_a^b X(t)\,\mathrm{d}W(t)$，$\int_a^b Y(t)\,\mathrm{d}W(t)$ 存在，则:

(1) 对于任意常数 α 和 β，有

$$\int_a^b(\alpha X(t)+\beta Y(t))\,\mathrm{d}W(t)=\alpha\int_a^b X(t)\,\mathrm{d}W(t)+\beta\int_a^b Y(t)\,\mathrm{d}W(t)$$

(2) 对于 $a\leqslant c\leqslant b$，有

$$\int_a^b X(t)\,\mathrm{d}W(t)=\int_a^c X(t)\,\mathrm{d}W(t)+\int_c^b X(t)\,\mathrm{d}W(t)$$

证明 与普通积分相仿，证略.

定理 3.7.3 设 Ito 积分$\int_a^b X(t)\,\mathrm{d}W(t)$ 存在，则对于 $a\leqslant t\leqslant b$，

$$Y(t)=\int_a^t X(s)\,\mathrm{d}W(s)$$

存在且$\{Y(t),\ t\in[a,b]\}$均方连续.

证明 由于

$$E[Y(t+\Delta t)-Y(t)]^2=E\left[\int_t^{t+\Delta t}X(s)\,\mathrm{d}W(s)\right]^2$$
$$=\int_t^{t+\Delta t}E[X(s)]^2\,\mathrm{d}s\to 0,\quad \Delta t\to 0$$

因而对于$a\leqslant t\leqslant b$, $Y(t)=\int_a^t X(s)\,\mathrm{d}W(s)$存在,且$\{Y(t),\ t\in[a,b]\}$均方连续.

定理 3.7.4 设$\{X_n(t),\ t\in[a,b]\}$均方连续且满足定理 3.7.1 的条件,如果关于$t\in[a,b]$一致地有

$$\underset{n\to\infty}{\mathrm{l.i.m}}X_n(t)=X(t)$$

则$\{X(t),\ t\in[a,b]\}$也均方连续且满足定理 3.7.1 的条件,且对一切$a\leqslant t\leqslant b$,一致地有

$$\underset{n\to\infty}{\mathrm{l.i.m}}\int_a^t X_n(s)\,\mathrm{d}W(s)=\int_a^t X(s)\,\mathrm{d}W(s)$$

证明 因为$\{X_n(t),\ t\in[a,b]\}$均方连续且一致均方收敛于$X(t)$,所以$\{X(t),\ t\in[a,b]\}$也均方连续,且不难证明$\{X(t),\ t\in[a,b]\}$满足定理 3.7.1 的条件.

再由定理 3.7.1 知,$Y_n(t)=\int_a^t X_n(s)\,\mathrm{d}W(s)$与$Y(t)=\int_a^t X(s)\,\mathrm{d}W(s)$存在,而

$$E[Y_n(t)-Y(t)]^2=E\left[\int_a^t(X_n(s)-X(s))\,\mathrm{d}W(s)\right]^2$$
$$=\int_a^t E[(X_n(s)-X(s))^2]\,\mathrm{d}s$$
$$\leqslant\int_a^b E[(X_n(s)-X(s))^2]\,\mathrm{d}s$$
$$\to 0,\quad n\to\infty$$

即对一切$a\leqslant t\leqslant b$,一致地有

$$\underset{n\to\infty}{\mathrm{l.i.m}}\int_a^t X_n(s)\,\mathrm{d}W(s)=\int_a^t X(s)\,\mathrm{d}W(s)$$

定义 3.7.2 设$\{A(t),\ t\in[a,b]\}$为均方可积的二阶矩过程,$\{B(t),\ t\in[a,b]\}$满足定理 3.7.1 的条件,如果二阶矩过程$\{X(t),\ t\in[a,b]\}$以概率 1 满足

$$X(t)-X(a)=\int_a^t A(s)\,\mathrm{d}s+\int_a^t B(s)\,\mathrm{d}W(s),\quad a\leqslant t\leqslant b$$

且$X(a)$与$\{W(t),\ t\geqslant a\}$相互独立,则称

$$A(t)\,\mathrm{d}t+B(t)\,\mathrm{d}W(t)$$

为二阶矩过程$\{X(t),\ t\in[a,b]\}$的 Ito 随机微分,并记为

$$\mathrm{d}X(t)=A(t)\,\mathrm{d}t+B(t)\,\mathrm{d}W(t)$$

例 3.7.2 由例 3.7.1 知

$$\int_0^t W(t)\,\mathrm{d}W(t)=\frac{1}{2}(W(t))^2-\frac{1}{2}t$$

即

$$(W(t))^2=t+2\int_0^t W(t)\,\mathrm{d}W(t)$$

所以

$$d(W(t))^2 = dt + 2W(t)\,dW(t)$$

由此可以看出，Ito 随机微分与通常的微分是不同的．

定理 3.7.5（Ito 公式） 设 $f(t,x)$ 是 $T\times\mathbf{R}$ 上的连续函数，且具有连续的偏导数 f_t、f_x 和 f_{xx}，若 $X(t)$ 的随机微分是

$$dX(t) = A(t)\,dt + B(t)\,dW(t)$$

则 $Y(t)=f(t,X(t))$ 在 T 上也有随机微分，且

$$dY(t) = \left[f_t(t,X(t)) + f_x(t,X(t))A(t) + \frac{1}{2}f_{xx}(t,X(t))(B(t))^2\right]dt + f_x(t,X(t))B(t)\,dW(t)$$

证明从略．

例 3.7.3 求随机微分 $d(t(W(t))^2)$．

解 设 $f(t,x)=tx^2$，$dW(t)=0\cdot dt+1\cdot dW(t)$，$t(W(t))^2=f(t,W(t))$，所以

$$d(t(W(t))^2) = [(W(t))^2 + t]\,dt + 2tW(t)\,dW(t)$$

定理 3.7.6 设

$$f(t,x_1,x_2,\cdots,x_m),\ \frac{\partial}{\partial t}f(t,x_1,x_2,\cdots,x_m),$$

$$\frac{\partial}{\partial x_i}f(t,x_1,x_2,\cdots,x_m),\ i=1,2,\cdots,m,$$

$$\frac{\partial^2}{\partial x_i\partial x_j}f(t,x_1,x_2,\cdots,x_m),\ i,j=1,2,\cdots,m$$

都是连续函数，若 $X_i(t)$，$i=1,2,\cdots,m$ 的随机微分是

$$dX_i(t) = A_i(t)\,dt + B_i(t)\,dW(t),\ i=1,2,\cdots,m$$

则 $Y(t)=f(t, X_1(t), X_2(t), \cdots, X_m(t))$ 的随机微分是

$$\begin{aligned}dY(t) = &\left[\frac{\partial}{\partial t}f(t,X_1(t),X_2(t),\cdots,X_m(t)) + \sum_{i=1}^{m}\frac{\partial}{\partial x_i}f(t,X_1(t),X_2(t),\cdots,X_m(t))A_i(t)\right.\\ &\left.+\frac{1}{2}\sum_{i=1}^{m}\sum_{j=1}^{m}\frac{\partial^2}{\partial x_i\partial x_j}f(t,X_1(t),X_2(t),\cdots,X_m(t))B_i(t)B_j(t)\right]dt\\ &+\left[\sum_{i=1}^{m}\frac{\partial}{\partial x_i}f(t,X_1(t),X_2(t),\cdots,X_m(t))B_i(t)\right]dW(t)\end{aligned}$$

证明从略．

在上述 Ito 积分定义的基础上，本段将进一步讨论工程中十分有用的 Ito 随机微分方程：

$$\begin{cases}dX(t) = f(t,X(t))\,dt + g(t,X(t))\,dW(t),\ t\in T\\ X(t_0) = X_0\end{cases}$$

如形式上记 $\dfrac{dW(t)}{dt}=N(t)$，则 $N(t)$ 就是白噪声，这时上述方程式也可以形式上写为

$$\begin{cases}\dfrac{dX(t)}{dt} = f(x,X(t)) + g(t,X(t))N(t)\\ X(t_0) = X_0\end{cases}$$

上式如果没有 $g(t, X(t))N(t)$ 这一项，则可视为普通的常微分方程，增加了这一项，则表示引入了随机因素，于是 $X(t)$ 不能再是普通的函数，而必须是随机过程了．与 Ito 随机微分方程等价的是 Ito 积分方程：

$$X(t) = X_0 + \int_{t_0}^{t} f(s, X(s))\, ds + \int_{t_0}^{t} g(s, X(s))\, dW(s)$$

定理 3.7.7（Ito 方程解的存在唯一性）　设 $f(t,x)$ 和 $g(t,x)$，$t \in T$，$x \in (-\infty, +\infty)$ 是满足下列条件的实的普通函数：

(1) 它们都是二元连续函数，而且关于 x 是 t 的一致连续函数；

(2) 增长条件：

$$|f(t,x)|^2 \leqslant K^2(1+x^2),\quad |g(t,x)|^2 \leqslant K^2(1+x^2)$$

(3) Lipschitz 条件：

$$|f(t, x_1) - f(t, x_2)| \leqslant K |x_2 - x_1|$$

$$|g(t, x_1) - g(t, x_2)| \leqslant K |x_2 - x_1|$$

其中 K 是某个正数，如果 X_0 与 $\{W(t), t \in T\}$ 独立，则 Ito 随机微分方程存在唯一解．

证明　先根据定理的条件，证明如下几个事实．设 $\{Y(t), t \in T\}$ 是二阶矩过程，则

$$E[|f(t, Y(t))|^2] \leqslant E[K^2(1+(Y(t))^2)] = K^2(1+E[|Y(t)|^2] < +\infty$$

类似地，有

$$E[|g(t, Y(t))|^2] < +\infty$$

从而 $\{f(t, Y(t)), t \in T\}$ 和 $\{g(t, Y(t)), t \in T\}$ 是二阶矩过程．

设 $\{Y(t), t \in T\}$ 是均方连续的二阶矩过程，则

$$\begin{aligned} E[|f(t, Y(t+\Delta t)) - f(t, Y(t))|^2] &\leqslant E[K^2 |Y(t+\Delta t) - Y(t)|^2] \\ &= K^2 E[|Y(t+\Delta t) - Y(t)|^2] \end{aligned}$$

$$\begin{aligned} &(E[|f(t+\Delta t, Y(t+\Delta t)) - f(t, Y(t))|^2])^{\frac{1}{2}} \\ &= (E[|f(t+\Delta t, Y(t+\Delta t)) - f(t, Y(t+\Delta t)) \\ &\quad + f(t, Y(t+\Delta t)) - f(t, Y(t))|^2])^{\frac{1}{2}} \\ &\leqslant (E[|f(t+\Delta t, Y(t+\Delta t)) - f(t, Y(t+\Delta t))|^2])^{\frac{1}{2}} \\ &\quad + (E[|f(t, Y(t+\Delta t)) - f(t, Y(t))|^2])^{\frac{1}{2}} \end{aligned}$$

于是，式中第二项当 $\Delta t \to 0$ 时趋于零，而第一项由于 $f(t, x)$ 关于 x 是 t 的一致连续函数，故只要 Δt 充分小就可以任意小，这就证明了 $\{f(t, Y(t)), t \in T\}$ 均方连续．

同理，$\{g(t, Y(t)), t \in T\}$ 也均方连续.

现在用逐次逼近法来证明定理．对 $t \in T$，定义

$$X_0(t) = X_0$$

$$X_{n+1}(t) = X_0 + \int_{t_0}^{t} f(s, X_n(s))\, ds + \int_{t_0}^{t} g(s, X_n(s))\, dW(s),\quad n \geqslant 0$$

先要证明上面的定义是合理的，即出现的积分都是存在的，为此对 n 用归纳法来证明．当 $n=0$ 时，$X_0(t)$ 是有定义的，且它显然具有以下性质：

(1) $\{X_0(t), t \in T\}$ 均方连续；

(2) 对 $t_0 \leqslant s_1, s_2, s_3, s_4 \leqslant t_{k-1} < t_k$ 有 $(X_0(s_1), X_0(s_2), W(s_4)-W(s_3))$ 与 $W(t_k)-W(t_{k-1})$ 是独立的.

从上面证明的结果和 $X_0(s)$ 均方连续可知，$f(s, X_0(s))$ 均方连续，从而 $Y_1(t)=\int_{t_0}^{t} f(s, X_0(s))\,ds$ 存在，且 $\{Y_1(t), t\in T\}$ 均方连续，即 $Y_1(t)$ 具有性质(1). 由积分定义，$Y_1(t)$ 是

$$\sum_j f(s_j, X_0(s_j))\,\Delta s_j$$

的均方极限，由于 $s_j \leqslant t < t_{k-1} < t_k$，因此诸 $X_0(s_j)$ 都与 $W(t_k)-W(t_{k-1})$ 独立，从而上述和式以及积分都与 $W(t_k)-W(t_{k-1})$ 独立，即 $Y_1(t)$ 具有性质(2). 同样可知，$g(s, X_0(s))$ 具有性质(1)、(2). 由定理 3.7.1 知下列 Ito 积分存在：

$$Z_1(t)=\int_{t_0}^{t} g(s, X_0(s))\,dW(s)$$

由定理 3.7.3 知，$\{Z_1(t), t\in T\}$ 均方连续，即具有性质(1)，完全和 $Y_1(t)$ 一样，可以证明 $Z_1(t)$ 具有性质(2). 由于

$$X_1(t)=X_0+Y_1(t)+Z_1(t)$$

因此容易知道 $X_1(t)$ 也具有性质(1)、(2)，用归纳法可以证明 $X_2(t)$，$X_3(t)$，… 都有定义，且具有性质(1)、(2).

下面证明如上得到的 $X_n(t)$ 对 $a\leqslant t\leqslant b$ 一致收敛于某个 $X(t)$，也就是要证明 $\{X_n(t)\}$ 对 $a\leqslant t\leqslant b$ 是一致均方 Cauchy 列，令

$$\Delta_n X(t)=X_{n+1}(t)-X_n(t)$$
$$\Delta_n f(t)=f(t, X_{n+1}(t))-f(t, X_n(t))$$
$$\Delta_n g(t)=g(t, X_{n+1}(t))-g(t, X_n(t))$$

于是有

$$\Delta_0 X(t)=\int_{t_0}^{t} f(s, X_0(s))\,ds+\int_{t_0}^{t} g(s, X_0(s))\,dW(s)$$

$$\Delta_{n+1} X(t)=\int_{t_0}^{t} \Delta_n f(s)\,ds+\int_{t_0}^{t} \Delta_n g(s)\,dW(s),\ n\geqslant 0$$

所以

$$\begin{aligned} E\left[\left|\int_{t_0}^{t} f(s, X_0(s))\,ds\right|^2\right] &\leqslant (t-t_0)\int_{t_0}^{t} E[|f(s, X_0(s))|^2]\,ds \\ &\leqslant (t-t_0)\int_{t_0}^{t} K^2(1+E[|X_0(s)|^2])\,ds \\ &\leqslant A^2(t-t_0) \end{aligned}$$

其中 $A^2=K^2(1+E[|X_0|^2])(b-a)$

$$\begin{aligned} E\left[\left|\int_{t_0}^{t} \Delta_n f(s)\,ds\right|^2\right] &\leqslant (t-t_0)\int_{t_0}^{t} E[|\Delta_n f(s)|^2]\,ds \\ &\leqslant (b-a)K^2\int_{t_0}^{t} E[|\Delta_n X(s)|^2]\,ds \end{aligned}$$

$$
\begin{aligned}
E\left[\left|\int_{t_0}^{t} g(s,\ X_0(s))\ \mathrm{d}W(s)\right|^2\right] &= \int_{t_0}^{t} E[\mid g(s,\ X_0(s))\mid^2]\ \mathrm{d}s \\
&\leqslant \int_{t_0}^{t} K^2(1+E[\mid X_0(s)\mid^2])\ \mathrm{d}s \\
&= K^2(1+E[\mid X_0\mid^2])(t-t_0) \\
&= B^2(t-t_0)
\end{aligned}
$$

其中 $B^2=K^2(1+E[|X_0|^2])$

$$
\begin{aligned}
E\left[\left|\int_{t_0}^{t}\Delta_n g(s)\ \mathrm{d}W(s)\right|\right]^2 &= \int_{t_0}^{t} E[\mid \Delta_n g(s)\mid^2]\ \mathrm{d}s \\
&\leqslant \int_{t_0}^{t} K^2 E[\mid \Delta_n X(s)\mid^2]\ \mathrm{d}s \\
&= K^2\int_{t_0}^{t} E[\mid \Delta_n X(s)\mid^2]\ \mathrm{d}s
\end{aligned}
$$

所以

$$
\begin{aligned}
(E[\mid \Delta_{n+1}X(t)\mid^2])^{\frac{1}{2}} &\leqslant \left(E\left[\left|\int_{t_0}^{t}\Delta_n f(s)\ \mathrm{d}s\right|^2\right]\right)^{\frac{1}{2}} + \left(E\left[\left|\int_{t_0}^{t}\Delta_n g(s)\ \mathrm{d}W(s)\right|^2\right]\right)^{\frac{1}{2}} \\
&\leqslant K(1+(b-a)^{\frac{1}{2}})\left(\int_{t_0}^{t} E[\mid \Delta_n X(s)\mid^2]\ \mathrm{d}s\right)^{\frac{1}{2}}
\end{aligned}
$$

$$
\begin{aligned}
(E[\mid \Delta_0 X(t)\mid^2])^{\frac{1}{2}} &\leqslant \left(E\left[\left|\int_{t_0}^{t} f(s,X_0(s))\ \mathrm{d}s\right|^2\right]\right)^{\frac{1}{2}} + \left(E\left[\left|\int_{t_0}^{t} g(s,X_0(s))\ \mathrm{d}W(s)\right|^2\right]\right)^{\frac{1}{2}} \\
&\leqslant (A+B)(t-t_0)^{\frac{1}{2}} = C(t-t_0)^{\frac{1}{2}}
\end{aligned}
$$

其中 $C=A+B$.

于是用逐次迭代可得

$$
\begin{aligned}
(E[\mid \Delta_1 X(t)\mid^2])^{\frac{1}{2}} &\leqslant K(1+(b-a)^{\frac{1}{2}})\left(\int_{t_0}^{t} E[\mid \Delta_0 X(s)\mid^2]\ \mathrm{d}s\right)^{\frac{1}{2}} \\
&\leqslant K(1+(b-a)^{\frac{1}{2}})\left(\int_{t_0}^{t} C^2(s-t_0)\ \mathrm{d}s\right)^{\frac{1}{2}} \\
&= K(1+(b-a)^{\frac{1}{2}})C\left(\frac{(t-t_0)^2}{2!}\right)^{\frac{1}{2}}
\end{aligned}
$$

一般地，有

$$
(E[\mid \Delta_n X(t)\mid^2])^{\frac{1}{2}} \leqslant [K(1+(b-a)^{\frac{1}{2}})]^n C\left(\frac{(t-t_0)^{n+1}}{(n+1)!}\right)^{\frac{1}{2}}
$$

此式右端是收敛级数的一般项，于是有

$$
\begin{aligned}
(E[\mid X_n(t)-X_m(t)\mid^2])^{\frac{1}{2}} &= \left(E\left[\left|\sum_{k=m}^{n-1}\Delta_k X(t)\right|^2\right]\right)^{\frac{1}{2}} \\
&\leqslant \sum_{k=m}^{n-1}(E[\mid \Delta_k X(t)\mid^2])^{\frac{1}{2}} \to 0,\quad m,n\to\infty
\end{aligned}
$$

即$\{X_n(t)\}$是 Cauchy 列，而且当 t 在有限区间 $a\leqslant t\leqslant b$ 中时，关于 t 还是一致的，所以存在均方连续的 $X(t)$，使

$$\underset{n\to\infty}{\mathrm{l.i.m}}X_n(t) = X(t)$$

收敛关于 t 是一致的，再由定理 3.7.4 即可证得存在性．

下面来证唯一性．设 $X(t)$、$Y(t)$是两个解，记

$$\Delta(t) = X(t) - Y(t)$$
$$\Delta f(t) = f(t,\ X(t)) - f(t,\ Y(t))$$
$$\Delta g(t) = g(t,\ X(t)) - g(t,\ Y(t))$$

则

$$\Delta(t) = \int_{t_0}^{t} \Delta f(s)\ \mathrm{d}s + \int_{t_0}^{t} \Delta g(s)\ \mathrm{d}W(s)$$

仿照前面的证明可得

$$(E[\,|\,\Delta(t)\,|^2])^{\frac{1}{2}} \leqslant K(1+(b-a)^{\frac{1}{2}})\left(\int_{t_0}^{t} E[\,|\,\Delta(s)\,|^2]\ \mathrm{d}s\right)^{\frac{1}{2}}$$

由于 $X(t)$、$Y(t)$均方连续，因而 $E[|\Delta(s)|^2]$在 $a\leqslant s\leqslant b$ 上有界，从而

$$\int_{t_0}^{t} (E[\,|\,\Delta(s)\,|^2])^{\frac{1}{2}}\ \mathrm{d}s \leqslant D(t-t_0)$$

其中 $D=\max\limits_{a\leqslant t\leqslant b}(E[|\Delta(t)|^2])^{\frac{1}{2}}$，于是

$$(E[\,|\,\Delta(t)\,|^2])^{\frac{1}{2}} \leqslant K(1+(b-a)^{\frac{1}{2}})D(t-t_0)^{\frac{1}{2}}$$

进而可得

$$(E[\,|\,\Delta(t)\,|^2])^{\frac{1}{2}} \leqslant K(1+(b-a)^{\frac{1}{2}})\left(\int_{t_0}^{t} K^2(1+(b-a)^{\frac{1}{2}})^2 D^2(s-t_0)\ \mathrm{d}s\right)^{\frac{1}{2}}$$

$$= [K(1+(b-a)^{\frac{1}{2}})]^2 D\left(\int_{t_0}^{t} (s-t_0)\ \mathrm{d}s\right)^{\frac{1}{2}}$$

$$= [K(1+(b-a)^{\frac{1}{2}})]^2 D\left(\frac{(t-t_0)^2}{2!}\right)^{\frac{1}{2}}$$

继续下去，可得

$$(E[\,|\,\Delta(t)\,|^2])^{\frac{1}{2}} \leqslant [K(1+(b-a)^{\frac{1}{2}})]^n D\left(\frac{(t-t_0)^n}{n!}\right)^{\frac{1}{2}} \to 0,\quad n\to\infty$$

故唯一性得证．

定理 3.7.8　在定理 3.7.7 条件下，所得的唯一解 $X(t)$是马尔可夫过程．

证明　对于 $a\leqslant t_0<s<t\leqslant b$，需要证明在 $X(s)$已知的条件下，$X(t)$与$\{X(u),\ t_0\leqslant u<s\}$独立．事实上，由于积分的可加性，我们完全一样地可以证明

$$X(t) = X(s) + \int_{s}^{t} f(v,\ X(v))\ \mathrm{d}v + \int_{s}^{t} g(v,\ X(v))\ \mathrm{d}W(v)$$

因此 $X(t)$只依赖于 $X(s)$，$\{X(v),\ s\leqslant v\leqslant t\}$和$\{\Delta W(v),\ s\leqslant v\leqslant t\}$，其中 $\Delta W(v)=W(v+\Delta v)-W(v)$是 $W(v)$的增量，而$\{X(v),\ s\leqslant v\leqslant t\}$也只是依赖于 $X(s)$和$\{\Delta W(v),\ s\leqslant v\leqslant t\}$

的，因此 $X(t)$，$t>s$ 只依赖于 $X(s)$ 和 $\{\Delta W(v),\ s\leqslant v\leqslant t\}$. 由

$$X(u)=X_0+\int_{t_0}^{u}f(v,\ X(v))\,\mathrm{d}v+\int_{t_0}^{u}g(v,\ X(v))\,\mathrm{d}W(v)$$

可知，$\{X(u),\ t_0\leqslant u\leqslant s\}$ 只依赖于 X_0 和 $\{\Delta W(v),\ t_0\leqslant v\leqslant s\}$. 由定理条件知，$\{\Delta W(v),\ s\leqslant v\leqslant t\}$ 与 X_0，$\{\Delta W(v),\ t_0\leqslant v\leqslant s\}$ 是相互独立的. 这说明当 $X(s)$ 已知时，$X(t)$ 与 $\{X(u),\ t_0\leqslant u<s\}$ 是相互独立的.

习 题 三

1. 设 $\{X_n,\ n=1,2,\cdots\}$ 是随机变量序列，且

X_n	$-n$	0	n
P	$\frac{1}{n^k}$	$1-\frac{2}{n^k}$	$\frac{1}{n^k}$

其中 k 为正数. 试证明：

(1) 当 $k>2$ 时，$\{X_n,\ n=1,2,\cdots\}$ 均方收敛于 0；

(2) 当 $k\leqslant 2$ 时，$\{X_n,\ n=1,2,\cdots\}$ 不均方收敛于 0.

2. 设 $\{X_n,\ n=1,2,\cdots\}$ 是相互独立的随机变量序列，且

X_n	0	n
P	$1-\frac{1}{n^2}$	$\frac{1}{n^2}$

试讨论 $\{X_n,\ n=1,2,\cdots\}$ 的均方收敛性.

3. 设 $X_1,\ X_2,\ \cdots,\ X_n,\ \cdots$ 是相互独立的随机变量序列，且 $EX_n=\mu_n$，$DX_n=\sigma_n^2$，$n=1,2,\cdots$，令 $S_n=X_1+X_2+\cdots+X_n$，$n=1,2,\cdots$，试证明 $\{S_n,\ n=1,2,\cdots\}$ 均方收敛的充要条件是无穷级数 $\sum\limits_{n=1}^{\infty}\mu_n$ 和 $\sum\limits_{n=1}^{\infty}\sigma_n^2$ 收敛.

4. 设 $\{X(t),\ a\leqslant t\leqslant b\}$ 均方连续，$g(t)$ 在区间 $[a,\ b]$ 上连续，$t_0\in[a,\ b]$，试证明：

$$\underset{t\to t_0}{\mathrm{l.i.m}}\,g(t)X(t)=g(t_0)X(t_0)$$

5. 试讨论下列随机过程 $\{X(t),\ t\in T\}$ 的均方连续性、均方可导性和均方可积性：

(1) $X(t)=At+B$，$-\infty<t<+\infty$，其中 A、B 相互独立，且同服从 $N(0,\ \sigma^2)$ 分布；

(2) $X(t)=At^2+Bt+C$，$-\infty<t<+\infty$，其中 A、B、C 相互独立，且 $EA=EB=EC=\mu$，$DA=DB=DC=\sigma^2$；

(3) $\{X(t),\ t\geqslant 0\}$ 的均值函数 $m_X(t)=0$，相关函数 $R_X(s,t)=\mathrm{e}^{-a|t-s|}$，$a>0$；

(4) $\{X(t),\ t\geqslant 0\}$ 的均值函数 $m_X(t)=0$，相关函数 $R_X(s,t)=\dfrac{1}{a^2+(t-s)^2}$，$a>0$.

6. 在题 5 中，若 $\{X(t),\ t\in T\}$ 均方可导，试求导数过程 $\{X'(t),\ t\in T\}$ 的均值函数和

相关函数.

7. 在题5中，若$\{X(t), t\in T\}$均方连续，令$Y(t)=\int_0^t X(s)\,\mathrm{d}s, t\geqslant 0$，试求均方不定积分$\{Y(t), t\geqslant 0\}$的均值函数和相关函数.

8. 在题5中，若$\{X(t), t\in T\}$均方可积，令

$$Y(t)=\frac{1}{t}\int_0^t X(s)\,\mathrm{d}s,\ t>0$$

$$Z(t)=\frac{1}{L}\int_t^{t+L} X(s)\,\mathrm{d}s,\ t\in T$$

试求$\{Y(t), t>0\}$和$\{Z(t), t\in T\}$的均值函数和相关函数.

9. 设$\{X(t), -\infty<t<+\infty\}$均方可导，均值函数$m_X(t)=2\sin t, -\infty<t<+\infty$，相关函数$R_X(s,t)=\mathrm{e}^{-\frac{1}{2}(t-s)^2}, -\infty<s,t<+\infty$，试求导数过程$\{X'(t), -\infty<t<+\infty\}$的均值函数、相关函数和$\{X(t), -\infty<t<+\infty\}$与$\{X'(t), -\infty<t<+\infty\}$的互相关函数.

10. 设$\{X(t), -\infty<t<+\infty\}$的均值函数为$m_X(t)=5\sin t$，相关函数为$R_X(s,t)=3\mathrm{e}^{-\frac{1}{2}(t-s)^2}$，试研究$\{X(t), -\infty<t<+\infty\}$的均方可导性，若$\{X(t), -\infty<t<+\infty\}$均方可导，试求导数过程$\{X'(t), -\infty<t<+\infty\}$的均值函数和相关函数.

11. 设$\{X(t), t\in T\}$均方可导，其协方差函数为$C_X(s,t)$，证明：

(1) 导数过程$\{X'(t), t\in T\}$与原过程$\{X(t), t\in T\}$的互协方差函数为$C_{X'X}(s,t)=\frac{\partial}{\partial s}C_X(s,t)$；

(2) 原过程$\{X(t), t\in T\}$与导数过程$\{X'(t), t\in T\}$的互协方差函数为$C_{XX'}(s,t)=\frac{\partial}{\partial t}C_X(s,t)$；

(3) 导数过程$\{X'(t), t\in T\}$的协方差函数为$C_{X'}(s,t)=\frac{\partial^2}{\partial s\partial t}C_X(s,t)$.

12. 设$\{W(t), t\geqslant 0\}$是参数为1的Wiener过程，令

$$X(t)=\int_0^t s\,W(s)\,\mathrm{d}s,\ t\geqslant 0,\qquad Y(t)=\int_t^{t+1}[W(t)-W(s)]\,\mathrm{d}s,\ t\geqslant 0$$

试求$\{X(t), t\geqslant 0\}$和$\{Y(t), t\geqslant 0\}$的均值函数和相关函数.

13. 设$\{X(t), t\in[a,b]\}$在$[a,b]$上均方连续，证明其均方不定积分$\{Y(t), t\in[a,b]\}$的协方差函数为

$$C_Y(s,t)=\int_a^s\int_a^t C_X(u,v)\,\mathrm{d}u\,\mathrm{d}v,\ s,t\in[a,b]$$

14. 均值函数$m_X(t)=5\mathrm{e}^{3t}\cos 2t$，相关函数$R_X(s,t)=26\mathrm{e}^{3(s+t)}\cos 2s\cos 2t$的随机过程$\{X(t), t\geqslant 0\}$输入积分器，其输出为$Y(t)=\int_0^t X(s)\,\mathrm{d}s, t\geqslant 0$，试求$\{Y(t), t\geqslant 0\}$的均值函数和相关函数.

15. 设$\{X(t), t\in[a,b]\}$在$[a,b]$上均方连续，证明：

(1) $D\left(\int_a^b X(t)\mathrm{d}t\right)\leqslant (b-a)\int_a^b D_X(t)\mathrm{d}t$

(2) $\sqrt{D\left(\int_a^b X(t)\mathrm{d}t\right)}\leqslant \int_a^b \sqrt{D_X(t)}\mathrm{d}t$

16. 考虑一阶线性随机微分方程

$$\begin{cases} X'(t) + aX(t) = 0, t \geqslant 0, a > 0 \\ X(0) = X_0 \end{cases}$$

其中 $X_0 \sim N(0, \sigma^2)$，试求此微分方程的解及解的均值函数，相关函数和一维概率密度函数.

17. RC 积分电路的输出电压 $Y(t)$ 和输入电压 $X(t)$ 的关系由方程 $Y'(t)+aY(t)=aX(t)$ 描述，其中 $\{X(t), t \geqslant 0\}$ 的均值函数 $m_X(t)=0$，相关函数 $R_X(s,t)=\sigma^2 e^{-\beta|t-s|}$，$\sigma, \beta > 0$ 是常数，已知初始条件 $Y(0)=0$. 求输出电压过程 $\{Y(t), t \geqslant 0\}$ 及其均值函数和相关函数.

18. 设有微分方程 $3\dfrac{dX(t)}{dt}+2X(t)=W(t)$，初值 $X(0)=X_0$ 为常数，$\{W(t), t \geqslant 0\}$ 是参数为 1 的 Wiener 过程，试求 $\{X(t), t \geqslant 0\}$ 的一维概率密度.

19. 证明 Poisson 随机变量序列的均方极限是 Poisson 随机变量.

第4章　平 稳 过 程

平稳过程是一类统计特性不随时间推移而变化的随机过程，在通信、雷达等工程技术中的应用非常广泛. 本章主要介绍平稳过程的一些基本知识及其应用，包括平稳过程的概念及其相关函数、各态历经性、功率谱密度、平稳过程谱分解和线性系统中的平稳过程等.

4.1　平稳过程的概念

1. 严平稳过程

定义 4.1.1　设$\{X(t), t\in T\}$是一随机过程，如果对于任意的$n\geqslant 1$和任意的$t_1, t_2, \cdots, t_n\in T$以及使$t_1+\tau, t_2+\tau, \cdots, t_n+\tau\in T$的任意实数$\tau$，$n$维随机变量$(X(t_1), X(t_2), \cdots, X(t_n))$和$(X(t_1+\tau), X(t_2+\tau), \cdots, X(t_n+\tau))$有相同的联合分布函数，即

$$F(t_1, t_2, \cdots, t_n; x_1, x_2, \cdots, x_n) = F(t_1+\tau, t_2+\tau, \cdots, t_n+\tau; x_1, x_2, \cdots, x_n)$$

$$t_i\in T, x_i, \tau\in \mathbf{R}, \quad i=1, 2, \cdots, n$$

则称$\{X(t), t\in T\}$是严(强，狭义)平稳过程，或称$\{X(t), t\in T\}$具有严平稳性.

该定义说明，严平稳过程的有限维分布不随时间的推移而发生改变.

由定义可知，严平稳过程的所有一维分布函数$F(t; x)=F(x)$与t无关；二维分布函数仅是时间间隔的函数，而与两个时刻本身无关，即

$$\begin{aligned}F(t_1, t_2; x_1, x_2) &= F(t_1+\tau, t_2+\tau; x_1, x_2)\\ &= F(0, t_2-t_1; x_1, x_2)\end{aligned}$$

通过上述讨论，若二阶矩过程$\{X(t), t\in T\}$是严平稳过程，则其均值函数

$$m_X(t) = \int_{-\infty}^{+\infty} x\,\mathrm{d}F(t; x) = \int_{-\infty}^{+\infty} x\,\mathrm{d}F(x) \overset{\text{def}}{=} m_X(\text{常数})$$

相关函数

$$\begin{aligned}R_X(s,t) &= \int_{-\infty}^{+\infty}\int_{-\infty}^{+\infty} x_1x_2\,\mathrm{d}F(s,t; x_1,x_2)\\ &= \int_{-\infty}^{+\infty}\int_{-\infty}^{+\infty} x_1x_2\,\mathrm{d}F(0,t-s; x_1,x_2) \overset{\text{def}}{=} R_X(t-s)\end{aligned}$$

即一、二阶矩存在的严平稳过程的均值函数是常数，相关函数是时间间隔的函数，而与时间的起点无关.

2. 宽平稳过程

由严平稳过程的定义，要确定一个随机过程是严平稳过程，就需要求出它的有限维分

布，这在实际中是十分困难的. 由于实际的需要，人们常常在相关理论的范围中考虑平稳过程，这便提出了以下的定义.

定义 4.1.2 设$\{X(t), t\in T\}$是二阶矩过程，如果：

(1) $\forall t\in T$, $m_X(t)=m_X$(常数)；

(2) $\forall s,t\in T$, $R_X(s,t)=R_X(t-s)$，或$\forall \tau\in R$, t, $t+\tau\in T$, $R_X(t,t+\tau)=R_X(\tau)$，

则称$\{X(t), t\in T\}$为宽(弱，广义)平稳过程，简称平稳过程.

下面讨论严平稳过程和宽平稳过程的关系. 一般地说，严平稳过程不一定是宽平稳过程，这是因为严平稳过程的定义只涉及有限维分布，而并不要求一、二阶矩存在. 但是对二阶矩过程，严平稳过程必定是宽平稳过程. 反过来，宽平稳过程也不一定是严平稳过程，这是因为宽平稳过程的定义只要均值函数与时间无关，相关函数仅依赖于时间间隔，而与时间的起点无关，推导不出随机过程的有限维分布不随时间的推移而发生改变，甚至一、二维分布. 所以宽平稳过程不一定是严平稳过程. 但是，我们有以下结论(定理 4.1.1).

定理 4.1.1 若$\{X(t), t\in T\}$是正态过程，则$\{X(t), t\in T\}$是严平稳过程的充要条件是$\{X(t), t\in T\}$为宽平稳过程.

证明 必要性显然，这是因为正态过程是二阶矩过程. 下面证明充分性. 只需证明$\{X(t), t\in T\}$的任意有限维特征函数具有严平稳性. $\forall n\geqslant 1$, $\tau\in \mathbf{R}$; $t_1, t_2, \cdots, t_n, t_1+\tau, t_2+\tau, \cdots, t_n+\tau\in T$，$\{X(t), t\in T\}$的有限维特征函数

$$\begin{aligned}&\varphi(t_1+\tau,t_2+\tau,\cdots,t_n+\tau;\ u_1,u_2,\cdots,u_n)\\&=\exp\left[\mathrm{j}\sum_{k=1}^{n}u_km_X(t_k+\tau)-\frac{1}{2}\sum_{k=1}^{n}\sum_{l=1}^{n}u_ku_lC_X(t_k+\tau,t_l+\tau)\right]\end{aligned}$$

又因$\{X(t),t\in T\}$是宽平稳过程，故$m_X(t_k+\tau)=m_X=m_X(t_k)$, $R_X(t_k+\tau,t_l+\tau)=R_X(t_l-t_k)=R_X(t_k,t_l)$, $k,l=1, 2, \cdots, n$，于是

$$\begin{aligned}&\varphi(t_1+\tau,\ t_2+\tau,\ \cdots,\ t_n+\tau;\ u_1,\ u_2,\ \cdots,\ u_n)\\&=\exp\left[\mathrm{j}\sum_{k=1}^{n}u_km_X(t_k)-\frac{1}{2}\sum_{k=1}^{n}\sum_{l=1}^{n}u_ku_lC_X(t_k,t_l)\right]\\&=\varphi(t_1,\ t_2,\ \cdots,\ t_n;\ u_1,\ u_2,\ \cdots,\ u_n)\end{aligned}$$

所以$\{X(t), t\in T\}$是严平稳过程.

今后讲到平稳过程，总是指宽平稳过程，而说到的过程为严平稳时，则将特别说明之.

例 4.1.1 设$\{X_n, n=1,2,\cdots\}$是互不相关的随机变量序列，且$X_k\sim N(0,\sigma^2)$, $k=1,2,\cdots$，试讨论$\{X_n, n=1, 2, \cdots\}$的平稳性.

解 $\forall n\geqslant 1$, $m_X(n)=E[X_n]=0$,

$$\forall m,n\geqslant 1,\ R_X(m,n)=E[X_mX_n]=\begin{cases}\sigma^2, & m=n\\0, & m\neq n\end{cases}$$

所以$\{X_n, n=1,2,\cdots\}$具有平稳性，称$\{X_n, n=1, 2, \cdots\}$为平稳随机序列.

例 4.1.2 设$s(t)$是周期为T的可积函数，令$X(t)=s(t+\Theta)$，$-\infty<t<+\infty$，其中$\Theta\sim U[0,T]$，称$\{X(t), -\infty<t<+\infty\}$为随机相位周期过程，试讨论它的平稳性.

解 由$\Theta\sim U[0,T]$，故Θ的概率密度函数为

$$f_\Theta(\theta)=\begin{cases}\dfrac{1}{T}, & 0\leqslant\theta\leqslant T\\0, & \text{其它}\end{cases}$$

于是

$$
\begin{aligned}
m_X(t) &= E[X(t)] = E[s(t+\Theta)] \\
&= \int_{-\infty}^{+\infty} s(t+\theta) f_\Theta(\theta)\, \mathrm{d}\theta \\
&= \int_0^T s(t+\theta)\, \frac{1}{T}\, \mathrm{d}\theta = \frac{1}{T}\int_0^T s(t+\theta)\, \mathrm{d}\theta \\
&= \frac{1}{T}\int_t^{t+T} s(\varphi)\, \mathrm{d}\varphi \\
&= \frac{1}{T}\int_0^T s(\varphi)\, \mathrm{d}\varphi \ (\text{常数}) \\
R_X(t,t+\tau) &= E[\overline{X(t)}X(t+\tau)] = E[\overline{s(t+\Theta)}s(t+\tau+\Theta)] \\
&= \int_{-\infty}^{+\infty} \overline{s(t+\theta)}s(t+\tau+\theta) f_\Theta(\theta)\, \mathrm{d}\theta \\
&= \frac{1}{T}\int_0^T \overline{s(t+\theta)}s(t+\tau+\theta)\, \mathrm{d}\theta \\
&= \frac{1}{T}\int_t^{t+T} \overline{s(\varphi)}s(\varphi+\tau)\, \mathrm{d}\varphi \\
&= \frac{1}{T}\int_0^T \overline{s(\varphi)}s(\varphi+\tau)\, \mathrm{d}\varphi \\
&\overset{\text{def}}{=} R_X(\tau)
\end{aligned}
$$

所以随机相位周期过程$\{X(t),\ -\infty<t<+\infty\}$是平稳过程.

例 4.1.3　设$\{X_n,\ n=1,\ 2,\ \cdots\}$是随机变量序列，$E[X_k]=0$，$E(\overline{X}_k X_l)=0(k\neq l)$，$E(\overline{X}_k X_k)=E|X_k|^2=b_k>0$，$\sum_{k=1}^{\infty} b_k<+\infty$，令 $Y(t)=\sum_{k=1}^{\infty} X_k \mathrm{e}^{\mathrm{j}\lambda_k t}$，$-\infty<t<+\infty$，$\{\lambda_n,\ n=1,\ 2,\ \cdots\}$是两两不相等的实数序列，试研究$\{Y(t),\ -\infty<t<+\infty\}$的平稳性.

解

$$
\begin{aligned}
m_Y(t) &= E[Y(t)] = E\Big[\sum_{k=1}^{\infty} X_k\, \mathrm{e}^{\mathrm{j}\lambda_k t}\Big] = \sum_{k=1}^{\infty} (EX_k)\mathrm{e}^{\mathrm{j}\lambda_k t} = 0 \\
R_Y(t,t+\tau) &= E[\overline{Y(t)}Y(t+\tau)] \\
&= E\Big[\overline{\sum_{k=1}^{\infty} X_k\, \mathrm{e}^{\mathrm{j}\lambda_k t}} \sum_{l=1}^{\infty} X_l\, \mathrm{e}^{\mathrm{j}\lambda_l (t+\tau)}\Big] \\
&= E\Big[\sum_{k=1}^{\infty}\sum_{l=1}^{\infty} \overline{X}_k X_l\, \mathrm{e}^{\mathrm{j}(\lambda_l(t+\tau)-\lambda_k t)}\Big] \\
&= \sum_{k=1}^{\infty}\sum_{l=1}^{\infty} E[\overline{X}_k X_l]\, \mathrm{e}^{\mathrm{j}(\lambda_l(t+\tau)-\lambda_k t)} \\
&= \sum_{k=1}^{\infty} b_k\, \mathrm{e}^{\mathrm{j}\lambda_k \tau} \overset{\text{def}}{=} R_Y(\tau)
\end{aligned}
$$

所以$\{Y(t),\ -\infty<t<+\infty\}$具有平稳性.

例 4.1.4　设$\{X(t),\ t\geqslant 0\}$是只取± 1两个值的过程，其符号的改变次数是一参数为λ的 Poisson 过程$\{N(t),\ t\geqslant 0\}$，且$\forall\, t\geqslant 0$，$P(X(t)=-1)=P(X(t)=+1)=1/2$，试讨论$\{X(t),\ t\geqslant 0\}$的平稳性.

解
$$m_X(t)=E[X(t)]=-1\times\frac{1}{2}+1\times\frac{1}{2}=0$$

$$\begin{aligned}R_X(t,t+\tau)&=E[X(t)X(t+\tau)]\\&=P(X(t)X(t+\tau)=1)-P(X(t)X(t+\tau)=-1)\\&=P(\bigcup_{k=0}^{\infty}(N(|\tau|)=2k))-P(\bigcup_{k=0}^{\infty}(N(|\tau|)=2k+1))\\&=\sum_{k=0}^{\infty}P(N(|\tau|)=2k)-\sum_{k=0}^{\infty}P(N(|\tau|)=2k+1)\\&=\sum_{k=0}^{\infty}\frac{(\lambda|\tau|)^{2k}}{(2k)!}\mathrm{e}^{-\lambda|\tau|}-\sum_{k=0}^{\infty}\frac{(\lambda|\tau|)^{2k+1}}{(2k+1)!}\mathrm{e}^{-\lambda|\tau|}\\&=\mathrm{e}^{-\lambda|\tau|}\sum_{k=0}^{\infty}\frac{(-\lambda|\tau|)^k}{k!}=\mathrm{e}^{-\lambda|\tau|}\cdot\mathrm{e}^{-\lambda|\tau|}\\&=\mathrm{e}^{-2\lambda|\tau|}\overset{\text{def}}{=}R_X(\tau)\end{aligned}$$

所以$\{X(t),\ t\geqslant0\}$是平稳过程.

例 4.1.5　设$\{Y(t),\ t\geqslant0\}$是正态过程，且$m_Y(t)=\alpha+\beta t$，$C_Y(t,\ t+\tau)=\mathrm{e}^{-a|\tau|}$，其中$\alpha,\beta,a>0$，令$X(t)=Y(t+b)-Y(t)$，$t\geqslant0$，其中$b>0$，试证明$\{X(t),\ t\geqslant0\}$是一严平稳过程.

证明　先证明$\{X(t),\ t\geqslant0\}$是宽平稳过程. 由于

$$\begin{aligned}m_X(t)&=E[X(t)]=E[Y(t+b)-Y(t)]\\&=E[Y(t+b)]-E[Y(t)]\\&=\alpha+\beta(t+b)-(\alpha+\beta t)=\beta b\\C_X(t,t+\tau)&=\mathrm{cov}(X(t),\ X(t+\tau))\\&=\mathrm{cov}(Y(t+b)-Y(t),\ Y(t+\tau+b)-Y(t+\tau))\\&=\mathrm{cov}(Y(t+b),\ Y(t+\tau+b))-\mathrm{cov}(Y(t+b),\ Y(t+\tau))\\&\quad-\mathrm{cov}(Y(t),\ Y(t+\tau+b))+\mathrm{cov}(Y(t),\ Y(t+\tau))\\&=2\mathrm{e}^{-a|\tau|}-\mathrm{e}^{-a|\tau-b|}-\mathrm{e}^{-a|\tau+b|}\end{aligned}$$

从而

$$\begin{aligned}R_X(t,t+\tau)&=C_X(t,t+\tau)+\overline{m_X(t)}m_X(t+\tau)\\&=2\mathrm{e}^{-a|\tau|}-\mathrm{e}^{-a|\tau-b|}-\mathrm{e}^{-a|\tau+b|}+\beta^2b^2\overset{\text{def}}{=}R_X(\tau)\end{aligned}$$

因此$\{X(t),\ t\geqslant0\}$是宽平稳过程.

再证$\{X(t),\ t\geqslant0\}$是正态过程.

由于$\{Y(t),\ t\geqslant0\}$是正态过程，因此$\forall n\geqslant1$，t_1，t_1+b，…，t_n，$t_n+b\geqslant0$，($t_i+b\neq t_j$，$i,j=1,2,\cdots,n$)，$(Y(t_1),\ Y(t_1+b),\ \cdots,\ Y(t_n),\ Y(t_n+b))$为$2n$维正态随机变量，而且

$$(X(t_1),X(t_2),\cdots,X(t_n))=(Y(t_1),Y(t_1+b),\cdots,Y(t_n),Y(t_n+b))\begin{bmatrix}-1&0&\cdots&0\\1&0&\cdots&0\\0&-1&\cdots&0\\0&1&\cdots&0\\\vdots&\vdots&&\vdots\\0&0&\cdots&-1\\0&0&\cdots&1\end{bmatrix}$$

于是$(X(t_1), X(t_2), \cdots, X(t_n))$是$n$维正态随机变量. 因此$\{X(t), t\geqslant 0\}$是正态过程.

最后, 由定理 4.1.1 得 $\{X(t), t\geqslant 0\}$是严平稳过程.

4.2 平稳过程相关函数的性质

1. 相关函数的性质

定理 4.2.1 设$\{X(t), t\in T\}$是平稳过程, 则其相关函数具有如下性质:

(1) $R_X(0)=E[|X(t)|^2]\geqslant |m_X|^2\geqslant 0$;

(2) $\overline{R_X(\tau)}=R_X(-\tau)$;

(3) $|R_X(\tau)|\leqslant R_X(0)$;

(4) $R_X(\tau)=R_X(t-s)$具有非负定性, 即$\forall n\geqslant 1$, $t_1, t_2, \cdots, t_n\in T$及复数$\alpha_1, \alpha_2, \cdots, \alpha_n$, 有

$$\sum_{k=1}^{n}\sum_{l=1}^{n}R_X(t_l-t_k)\overline{\alpha_k}\alpha_l\geqslant 0$$

证明

(1)
$$\begin{aligned}R_X(0)&=E[\overline{X(t)}X(t)]=E[|X(t)|^2]\\&=D[X(t)]+|m_X|^2\geqslant |m_X|^2\geqslant 0\end{aligned}$$

(2)
$$\begin{aligned}\overline{R_X(\tau)}&=\overline{E[\overline{X(t)}X(t+\tau)]}\\&=E[\overline{X(t+\tau)}X(t)]\\&=R_X(-\tau)\end{aligned}$$

(3)
$$\begin{aligned}|R_X(\tau)|&=|E[\overline{X(t)}X(t+\tau)]|\leqslant E|X(t)X(t+\tau)|\\&\leqslant (E|X(t)|^2)^{\frac{1}{2}}(E|X(t+\tau)|^2)^{\frac{1}{2}}\\&=(R_X(0))^{\frac{1}{2}}(R_X(0))^{\frac{1}{2}}=R_X(0)\end{aligned}$$

(4)
$$\begin{aligned}\sum_{k=1}^{n}\sum_{l=1}^{n}R_X(t_l-t_k)\overline{\alpha_k}\alpha_l&=\sum_{k=1}^{n}\sum_{l=1}^{n}E[\overline{X(t_k)}X(t_l)]\overline{\alpha_k}\alpha_l\\&=E\Big[\sum_{k=1}^{n}\sum_{l=1}^{n}\overline{\alpha_k X(t_k)}\alpha_l X(t_l)\Big]\\&=E\Big[\overline{\sum_{k=1}^{n}\alpha_k X(t_k)}\sum_{k=1}^{n}\alpha_k X(t_k)\Big]\\&=E\Big|\sum_{k=1}^{n}\alpha_k X(t_k)\Big|^2\geqslant 0\end{aligned}$$

推论 4.2.1 (1) 设$\{X(t), t\in T\}$是实平稳过程, 则其相关函数是偶函数, 即$R_X(-\tau)=R_X(\tau)$;

(2) 设$\{X(t), t\in T\}$是平稳过程, 则其协方差函数$C_X(\tau)$具有: $C_X(0)=D_X(t)\geqslant 0$; $|C_X(\tau)|\leqslant C_X(0)$.

定理 4.2.2 若平稳过程$\{X(t), t\in T\}$满足条件$X(t+T_0)=X(t)$, $t\in T$, T_0是一常数, 则称$\{X(t), t\in T\}$是周期为T_0的周期平稳过程. 设$\{X(t), t\in T\}$是周期平稳过程, 则其相关函数也是周期函数, 且周期相同.

证明 由于

$$R_X(\tau+T_0)=E[\overline{X(t)}X(t+\tau+T_0)]=E[\overline{X(t)}X(t+\tau)]=R_X(\tau)$$

故 $R_X(\tau)$是周期函数，且与$\{X(t), t\in T\}$的周期相同.

定理 4.2.3 设$\{X(t), t\in T\}$是平稳过程，则$\{X(t), t\in T\}$均方连续的充要条件是$R_X(\tau)$在 $\tau=0$ 处连续，此时 $R_X(\tau)$是连续函数.

证明 由于$\forall t_0\in T$,

$$\begin{aligned}
&E\mid X(t_0+\tau)-X(t_0)\mid^2\\
&=E[\overline{(X(t_0+\tau)-X(t_0))}(X(t_0+\tau)-X(t_0))]\\
&=R_X(t_0+\tau,\ t_0+\tau)-R_X(t_0+\tau,t_0)-R_X(t_0,t_0+\tau)+R_X(t_0,t_0)\\
&=R_X(0)-R_X(-\tau)-R_X(\tau)+R_X(0)
\end{aligned}\tag{4.2.1}$$

设 $R_X(\tau)$在 $\tau=0$ 处连续，则 $R_X(\tau)\to R_X(0)$，$\tau\to 0$，由(4.2.1)式，$E|X(t_0+\tau)-X(t_0)|^2\to 0$，$\tau\to 0$，故$\{X(t), t\in T\}$在 t_0 处均方连续. 反之，设$\{X(t), t\in T\}$在 t_0 处均方连续，则 $E|X(t_0+\tau)-X(t_0)|^2\to 0$，$\tau\to 0$，由(4.2.1)式，$R_X(\tau)\to R_X(0)$，$\tau\to 0$，故 $R_X(\tau)$在$\tau=0$ 处连续.

其次证明 $R_X(\tau)$是连续函数.

设 $R_X(\tau)$在 $\tau=0$ 处连续，则$\{X(t), t\in T\}$均方连续，于是$\forall \tau_0$,

$$\begin{aligned}
\mid R_X(\tau)-R_X(\tau_0)\mid&=\mid E[\overline{X(t)}X(t+\tau)]-E[\overline{X(t)}X(t+\tau_0)]\mid\\
&\leqslant E\mid X(t)(X(t+\tau)-X(t+\tau_0))\mid\\
&\leqslant (E\mid X(t)\mid^2)^{\frac{1}{2}}(E\mid X(t+\tau)-X(t+\tau_0)\mid^2)^{\frac{1}{2}}\\
&=(R_X(0))^{\frac{1}{2}}(E\mid X(t+\tau)-X(t+\tau_0)\mid^2)^{\frac{1}{2}}\\
&\to 0,\quad \tau\to\tau_0
\end{aligned}$$

即 $R_X(\tau)\to R_X(\tau_0)$，$\tau\to\tau_0$，故 $R_X(\tau)$是连续函数.

定理 4.2.4 设$\{X(t), t\in T\}$是平稳过程，则以下命题成立.

(1) $\{X(t), t\in T\}$均方可导的充分条件是其相关函数 $R_X(\tau)$在 $\tau=0$ 处一阶导数存在，二阶导数存在且连续；

(2) $\{X(t), t\in T\}$均方可导的必要条件是其相关函数 $R_X(\tau)$在 $\tau=0$ 处一阶、二阶导数都存在；

(3) 若$\{X(t), t\in T\}$均方可导，则其导数过程$\{X'(t), t\in T\}$仍是平稳过程，且 $m_{X'}(t)=0$，$R_{X'}(\tau)=-R_X''(\tau)$.

推论 4.2.2 设$\{X(t), t\in T\}$是一均方可导的实平稳过程，则$\forall t\in T$，$X(t)$与 $X'(t)$不相关.

证明 由于$\{X(t), t\in T\}$是实平稳过程，故 $R_X(-\tau)=R_X(\tau)$，又$\{X(t), t\in T\}$均方可导，因而 $R_X(\tau)$可导，从而$-R_X'(-\tau)=R_X'(\tau)$，特别地，$-R_X'(0)=R_X'(0)$，即 $R_X'(0)=0$.

于是

$$E[X(t)X'(t)]=\frac{\partial}{\partial t}R_X(s,t)\Big|_{s=t}=\frac{\partial}{\partial t}R_X(t-s)\Big|_{s=t}=R_X'(0)=0$$

又 $m_{X'}=0$，故 $X(t)$与 $X'(t)$不相关.

推论 4.2.3 设正态过程$\{X(t), t\in T\}$是一均方可导的实平稳过程，则$\forall t\in T$，$X(t)$与$X'(t)$相互独立.

证明 由于$\{X(t), t\in T\}$是正态过程，因此$\forall t\in T$，$(X(t), X(t+\Delta t))$是二维正态随机变量，又因

$$\left(X(t), \frac{X(t+\Delta t)-X(t)}{\Delta t}\right)=(X(t), X(t+\Delta t))\begin{bmatrix}1 & -\dfrac{1}{\Delta t}\\ 0 & \dfrac{1}{\Delta t}\end{bmatrix}$$

故$\left(X(t), \dfrac{X(t+\Delta t)-X(t)}{\Delta t}\right)$是二维正态随机变量，且

$$\underset{\Delta t\to 0}{\mathrm{l.i.m}}\frac{X(t+\Delta t)-X(t)}{\Delta t}=X'(t)$$

于是$(X(t), X'(t))$是二维正态随机变量，由推论 4.2.2 知，$X(t)$与$X'(t)$相互独立.

定理 4.2.5 设$\{X(t), -\infty<t<+\infty\}$为均方连续的平稳过程，$f(t)$为分段连续函数，则在任何有限区间$[a,b]$上，下列积分在均方意义下存在：

$$\int_a^b f(t)X(t)\,\mathrm{d}t$$

且对任一分段连续函数$g(t)$，有

$$E\left[\overline{\int_a^b g(s)X(s)\,\mathrm{d}s}\int_a^b f(t)X(t)\,\mathrm{d}t\right]=\int_a^b\int_a^b\overline{g(s)}f(t)R_X(t-s)\,\mathrm{d}s\,\mathrm{d}t$$

证明 设$\{X(t), -\infty<t<+\infty\}$均方连续，则$\forall -\infty<t<+\infty$，$R_X(s,t)$在$(t,t)$处连续，从而$R_X(s,t)$连续. 又因$f(t)$分段连续，故$\overline{f(s)}f(t)R_X(t-s)$在任何有限区域$[a,b]\times[a,b]$上分段连续，从而二重积分$\int_a^b\int_a^b\overline{f(s)}f(t)R_X(t-s)\,\mathrm{d}s\,\mathrm{d}t$存在. 故$\int_a^b f(t)X(t)\,\mathrm{d}t$存在.

$$\begin{aligned}
&E\left[\overline{\int_a^b g(s)X(s)\,\mathrm{d}s}\int_a^b f(t)X(t)\,\mathrm{d}t\right]\\
&=E\left[\overline{\underset{\Delta'\to 0}{\mathrm{l.i.m}}\sum_{l=1}^{n}g(s_l^*)X(s_l^*)\Delta s_l}\ \underset{\Delta\to 0}{\mathrm{l.i.m}}\sum_{k=1}^{n}f(t_k^*)X(t_k^*)\Delta t_k\right]\\
&=\lim_{\substack{\Delta'\to 0\\ \Delta\to 0}}\sum_{l=1}^{n}\sum_{k=1}^{n}\overline{g(s_l^*)}f(t_k^*)E[\overline{X(s_l^*)}X(t_k^*)]\Delta s_l\Delta t_k\\
&=\int_a^b\int_a^b\overline{g(s)}f(t)R_X(t-s)\,\mathrm{d}s\,\mathrm{d}t
\end{aligned}$$

2. 联合平稳的平稳过程及互相关函数性质

在实际工作中，如果我们假设$\{X(t), t\in T\}$和$\{Y(t), t\in T\}$都是平稳过程，令$Z(t)=X(t)+Y(t)$，$t\in T$，那么常常需要研究$\{Z(t), t\in T\}$是否为平稳过程这样一类问题. 为此，需要引进联合平稳的平稳过程的概念.

定义 4.2.1 设$\{X(t), t\in T\}$和$\{Y(t), t\in T\}$为两个平稳过程. 如果$\forall s,t\in T$，$R_{XY}(s,t)=R_{XY}(t-s)$或$\forall \tau\in\mathbf{R}$，$t, t+\tau\in T$，$R_{XY}(t,t+\tau)=R_{XY}(\tau)$，则称$\{X(t), t\in T\}$和$\{Y(t), t\in T\}$为联合平稳的平稳过程，或称为平稳相关的平稳过程.

例 4.2.1 设 $X(t)=X\cos\alpha t+Y\sin\alpha t$，$-\infty<t<+\infty$

$Y(t)=Y\cos\alpha t-X\sin\alpha t$，$-\infty<t<+\infty$

其中 α 为实常数，X 和 Y 是不相关的实随机变量，且 $EX=EY=0$，$DX=DY=\sigma^2$，试证明 $\{X(t),\ -\infty<t<+\infty\}$ 和 $\{Y(t),\ -\infty<t<+\infty\}$ 是联合平稳的平稳过程.

证明 由于

$$m_X(t)=E[X(t)]=E[X\cos\alpha t+Y\sin\alpha t]=(EX)\cos\alpha t+(EY)\sin\alpha t=0$$

$$\begin{aligned}R_X(t,\ t+\tau)&=E[X(t)X(t+\tau)]\\&=E[(X\cos\alpha t+Y\sin\alpha t)(X\cos\alpha(t+\tau)+Y\sin\alpha(t+\tau))]\\&=(EX^2)\cos\alpha t\cos\alpha(t+\tau)+(EY^2)\sin\alpha t\sin\alpha(t+\tau)\\&\quad+(EXY)[\cos\alpha t\sin\alpha(t+\tau)+\sin\alpha t\cos\alpha(t+\tau)]\\&=\sigma^2\cos\alpha\tau\overset{\text{def}}{=}R_X(\tau)\end{aligned}$$

同理 $m_Y(t)=0$，$R_Y(\tau)=\sigma^2\cos\alpha\tau$，因此 $\{X(t),\ -\infty<t<+\infty\}$ 和 $\{Y(t),\ -\infty<t<+\infty\}$ 都是平稳过程.

又因

$$\begin{aligned}R_{XY}(t,\ t+\tau)&=E[X(t)Y(t+\tau)]\\&=E[(X\cos\alpha t+Y\sin\alpha t)(Y\cos\alpha(t+\tau)-X\sin\alpha(t+\tau))]\\&=-(EX^2)\cos\alpha t\sin\alpha(t+\tau)+(EY^2)\sin\alpha t\cos\alpha(t+\tau)\\&\quad+(EXY)[\cos\alpha t\cos\alpha(t+\tau)-\sin\alpha t\sin\alpha(t+\tau)]\\&=-\sigma^2\sin\alpha\tau\overset{\text{def}}{=}R_{XY}(\tau)\end{aligned}$$

所以 $\{X(t),\ -\infty<t<+\infty\}$ 和 $\{Y(t),\ -\infty<t<+\infty\}$ 是联合平稳的平稳过程.

例 4.2.2 设 $\{X(t),\ t\in T\}$ 和 $\{Y(t),\ t\in T\}$ 是联合平稳的平稳过程，令 $Z(t)=X(t)+Y(t)$，$t\in T$，则 $\{Z(t),\ t\in T\}$ 是平稳过程.

证明 因为

$$m_Z(t)=E[Z(t)]=E[X(t)+Y(t)]=m_X+m_Y$$

$$\begin{aligned}R_Z(t,t+\tau)&=E[\overline{Z(t)}Z(t+\tau)]\\&=E[\overline{(X(t)+Y(t))}(X(t+\tau)+Y(t+\tau))]\\&=R_X(\tau)+R_{XY}(\tau)+R_{YX}(\tau)+R_Y(\tau)\\&\overset{\text{def}}{=}R_Z(\tau)\end{aligned}$$

所以 $\{Z(t),\ t\in T\}$ 是平稳过程.

定理 4.2.6 设 $\{X(t),\ t\in T\}$ 和 $\{Y(t),\ t\in T\}$ 是联合平稳的平稳过程，则其互相关函数 $R_{XY}(\tau)$ 具有下列性质：

(1) $\overline{R_{XY}(\tau)}=R_{YX}(-\tau)$

(2) $|R_{XY}(\tau)|^2\leqslant R_X(0)R_Y(0)$，$|R_{YX}(\tau)|^2\leqslant R_X(0)R_Y(0)$

证明 (1)

$$\overline{R_{XY}(\tau)}=\overline{E[\overline{X(t)}Y(t+\tau)]}=E[\overline{Y(t+\tau)}X(t)]=R_{YX}(-\tau)$$

(2)

$$\begin{aligned}|R_{XY}(\tau)|^2&=|E[\overline{X(t)}Y(t+\tau)]|^2\leqslant(E|X(t)Y(t+\tau)|)^2\\&\leqslant E|X(t)|^2E|Y(t+\tau)|^2\\&=R_X(0)R_Y(0)\end{aligned}$$

同理

$$|R_{YX}(\tau)|^2 \leqslant R_X(0)R_Y(0)$$

推论 4.2.4 (1) 设$\{X(t), t\in T\}$和$\{Y(t), t\in T\}$为实的联合平稳的平稳过程，则其互相关函数满足

$$R_{XY}(-\tau) = R_{YX}(\tau)$$

(2) 设$\{X(t), t\in T\}$和$\{Y(t), t\in T\}$为联合平稳的平稳过程，则其互协方差函数满足

$$|C_{XY}(\tau)|^2 \leqslant C_X(0)C_Y(0), \quad |C_{YX}(\tau)|^2 \leqslant C_X(0)C_Y(0)$$

例 4.2.3 设$\{X(t), t\in T\}$和$\{Y(t), t\in T\}$为联合平稳的平稳过程，证明对于任意复常数α和β，$\{\alpha X(t)+\beta Y(t), t\in T\}$也是平稳过程，且其相关函数

$$R_{\alpha X+\beta Y}(\tau) = |\alpha|^2 R_X(\tau) + \bar{\alpha}\beta R_{XY}(\tau) + \alpha\bar{\beta} R_{YX}(\tau) + |\beta|^2 R_Y(\tau)$$

证明 由于

$$m_{\alpha X+\beta Y}(t) = E[\alpha X(t) + \beta Y(t)] = \alpha m_X + \beta m_Y$$

$$\begin{aligned} R_{\alpha X+\beta Y}(t,t+\tau) &= E[\overline{(\alpha X(t) + \beta Y(t))}(\alpha X(t+\tau) + \beta Y(t+\tau))] \\ &= E[|\alpha|^2\, \overline{X(t)}X(t+\tau) + \bar{\alpha}\beta\, \overline{X(t)}Y(t+\tau) \\ &\quad + \alpha\bar{\beta}\, \overline{Y(t)}X(t+\tau) + |\beta|^2\, \overline{Y(t)}Y(t+\tau)] \\ &= |\alpha|^2 R_X(\tau) + \bar{\alpha}\beta R_{XY}(\tau) + \alpha\bar{\beta} R_{YX}(\tau) + |\beta|^2 R_Y(\tau) \\ &\stackrel{\text{def}}{=} R_{\alpha X+\beta Y}(\tau) \end{aligned}$$

故$\{\alpha X(t)+\beta Y(t), t\in T\}$是平稳过程，且

$$R_{\alpha X+\beta Y}(\tau) = |\alpha|^2 R_X(\tau) + \bar{\alpha}\beta R_{XY}(\tau) + \alpha\bar{\beta} R_{YX}(\tau) + |\beta|^2 R_Y(\tau)$$

4.3 平稳过程的各态历经性

在实际工作中，确定随机过程的均值函数和相关函数是很重要的. 而要确定随机过程的数字特征一般来说需要知道过程的一、二维分布，这在实际问题中往往不易办到，因为这时要求对一个过程进行大量重复的实验，以便得到很多的样本函数.

但是，由于平稳过程的统计特性不随时间的推移而变化，因此会提出这样一个问题：能否从一个时间范围内观察到的一个样本函数或一个样本函数在某些时刻的取值来提取过程的数字特征呢？所谓各态历经，是指可以从过程的一个样本函数中获得它的各种统计特性，具有这一特性的随机过程称为具有各态历经性的随机过程. 因此，对于具有各态历经性的随机过程，只要有一个样本函数就可以表示出它的数字特征.

1. 基本概念

定义 4.3.1 设$\{X(t), -\infty<t<+\infty\}$是平稳过程，如果下列均方极限存在：

$$\langle X(t)\rangle \stackrel{\text{def}}{=} \underset{T\to+\infty}{\text{l.i.m}} \frac{1}{2T}\int_{-T}^{T} X(t)\,\mathrm{d}t$$

则称$\langle X(t)\rangle$为$\{X(t), -\infty<t<+\infty\}$在$(-\infty,+\infty)$上的时间平均.

如果对于固定τ，下列均方极限存在：

$$\langle \overline{X(t)}X(t+\tau)\rangle \stackrel{\text{def}}{=} \underset{T\to+\infty}{\text{l.i.m}} \frac{1}{2T}\int_{-T}^{T} \overline{X(t)}X(t+\tau)\,\mathrm{d}t$$

则称$\langle X(t)X(t+\tau)\rangle$为$\{X(t),-\infty<t<+\infty\}$在$(-\infty,+\infty)$上的时间相关函数.

从定义 4.3.1 看，平稳过程的时间平均$\langle X(t)\rangle$是随机变量，时间相关函数$\langle\overline{X(t)}X(t+\tau)\rangle$，$\tau\in\mathbf{R}$是一族随机变量.

定义 4.3.2 设$\{X(t),-\infty<t<+\infty\}$是平稳过程，

(1) 如果以概率 1 成立

$$\langle X(t)\rangle=m_X$$

则称$\{X(t),-\infty<t<+\infty\}$的均值具有各态历经性；

(2) 如果对于任意的实数τ，以概率 1 成立

$$\langle\overline{X(t)}X(t+\tau)\rangle=R_X(\tau)$$

则称$\{X(t),-\infty<t<+\infty\}$的相关函数具有各态历经性；

(3) 如果$\{X(t),-\infty<t<+\infty\}$的均值和相关函数都具有各态历经性，则称$\{X(t),-\infty<t<+\infty\}$具有各态历经性，或称$\{X(t),-\infty<t<+\infty\}$是各态历经过程.

例 4.3.1 设$X(t)=a\cos(\omega t+\Theta)$，$-\infty<t<+\infty$，其中$a>0$，$\omega$是实常数，$\Theta\sim U[0,2\pi]$，试研究$\{X(t),-\infty<t<+\infty\}$的各态历经性.

解 由例 2.4.2 知，$\{X(t),-\infty<t<+\infty\}$是平稳过程，且$m_X=0$，$R_X(\tau)=\dfrac{a^2}{2}\cos\omega\tau$. 时间平均

$$\begin{aligned}\langle X(t)\rangle&=\underset{T\to+\infty}{\text{l. i. m}}\frac{1}{2T}\int_{-T}^{T}X(t)\,\mathrm{d}t\\&=\underset{T\to+\infty}{\text{l. i. m}}\frac{1}{2T}\int_{-T}^{T}a\cos(\omega t+\Theta)\,\mathrm{d}t\\&=\underset{T\to+\infty}{\text{l. i. m}}\frac{a}{2T}\int_{-T}^{T}[\cos\omega t\cos\Theta-\sin\omega t\sin\Theta]\,\mathrm{d}t\\&=\underset{T\to+\infty}{\text{l. i. m}}\frac{a}{2T}\cos\Theta\int_{-T}^{T}\cos\omega t\,\mathrm{d}t\\&=\underset{T\to+\infty}{\text{l. i. m}}\frac{a\cos\Theta\sin\omega T}{\omega T}=0\end{aligned}$$

时间相关函数

$$\begin{aligned}\langle\overline{X(t)}X(t+\tau)\rangle&=\underset{T\to+\infty}{\text{l. i. m}}\frac{1}{2T}\int_{-T}^{T}\overline{X(t)}X(t+\tau)\,\mathrm{d}t\\&=\underset{T\to+\infty}{\text{l. i. m}}\frac{a^2}{2T}\int_{-T}^{T}\cos(\omega t+\Theta)\cos(\omega(t+\tau)+\Theta)\,\mathrm{d}t\\&=\underset{T\to+\infty}{\text{l. i. m}}\frac{a^2}{2T}\cdot\frac{1}{2}\int_{-T}^{T}(\cos(2\omega t+\omega\tau+2\Theta)+\cos\omega\tau)\,\mathrm{d}t\\&=\frac{a^2}{2}\cos\omega\tau\end{aligned}$$

因此$\langle X(t)\rangle=m_X$，$\langle\overline{X(t)}X(t+\tau)\rangle=R_X(\tau)$以概率 1 成立，故$\{X(t),-\infty<t<+\infty\}$的均值和相关函数具有各态历经性.

例 4.3.2 设$X(t)=X$，$-\infty<t<+\infty$，其中X具有概率分布$P(X=i)=1/3$，$i=1,2,3$，试讨论$\{X(t),-\infty<t<+\infty\}$的各态历经性.

解　由于

$$m_X(t)=E[X(t)]=EX=2$$

$$R_X(t,t+\tau)=E[\overline{X(t)}X(t+\tau)]=EX^2=\frac{14}{3}$$

因此$\{X(t),\ -\infty<t<+\infty\}$是平稳过程，时间平均

$$\langle X(t)\rangle=\underset{T\to+\infty}{\text{l. i. m}}\frac{1}{2T}\int_{-T}^{T}X(t)\ \mathrm{d}t=\underset{T\to+\infty}{\text{l. i. m}}\frac{1}{2T}\int_{-T}^{T}X\ \mathrm{d}t=X$$

时间相关函数

$$\langle\overline{X(t)}X(t+\tau)\rangle=\underset{T\to+\infty}{\text{l. i. m}}\frac{1}{2T}\int_{-T}^{T}\overline{X(t)}X(t+\tau)\ \mathrm{d}t=\underset{T\to+\infty}{\text{l. i. m}}\frac{1}{2T}\int_{-T}^{T}X^2\ \mathrm{d}t=X^2$$

由于$P(X=2)=1$和$P\left(X^2=\frac{14}{3}\right)=1$不成立，故$\{X(t),\ -\infty<t<+\infty\}$的均值和相关函数不具有各态历经性.

2. 均值各态历经性的判定

定理 4.3.1　设$\{X(t),\ -\infty<t<+\infty\}$是平稳过程，则$\{X(t),\ -\infty<t<+\infty\}$的均值具有各态历经性的充要条件是

$$\lim_{T\to+\infty}\frac{1}{2T}\int_{-2T}^{2T}\left(1-\frac{|\tau|}{2T}\right)C_X(\tau)\ \mathrm{d}\tau=0$$

证明　由于

$$P(\langle X(t)\rangle=m_X)=1\Longleftrightarrow D[\langle X(t)\rangle]=0$$

而

$$D[\langle X(t)\rangle]=D\left[\underset{T\to+\infty}{\text{l. i. m}}\frac{1}{2T}\int_{-T}^{T}X(t)\ \mathrm{d}t\right]=\lim_{T\to+\infty}D\left[\frac{1}{2T}\int_{-T}^{T}X(t)\ \mathrm{d}t\right]$$

又因

$$\begin{aligned}D\left[\frac{1}{2T}\int_{-T}^{T}X(t)\ \mathrm{d}t\right]&=E\left|\frac{1}{2T}\int_{-T}^{T}X(t)\ \mathrm{d}t-E\left[\frac{1}{2T}\int_{-T}^{T}X(t)\ \mathrm{d}t\right]\right|^2\\&=E\left|\frac{1}{2T}\int_{-T}^{T}X(t)\ \mathrm{d}t-\frac{1}{2T}\int_{-T}^{T}m_X\ \mathrm{d}t\right|^2\\&=\frac{1}{4T^2}E\left|\int_{-T}^{T}(X(t)-m_X)\ \mathrm{d}t\right|^2\\&=\frac{1}{4T^2}E\left[\overline{\int_{-T}^{T}(X(s)-m_X)\ \mathrm{d}s}\int_{-T}^{T}(X(t)-m_X)\ \mathrm{d}t\right]\\&=\frac{1}{4T^2}\int_{-T}^{T}\int_{-T}^{T}C_X(t-s)\ \mathrm{d}s\ \mathrm{d}t\end{aligned}$$

作积分变换$u=t-s$，$v=t+s$，则$s=\frac{1}{2}(v-u)$，$t=\frac{1}{2}(v+u)$，变换的雅可比式

$$\frac{\partial(s,t)}{\partial(u,v)}=\begin{vmatrix}-\frac{1}{2}&\frac{1}{2}\\\frac{1}{2}&\frac{1}{2}\end{vmatrix}=-\frac{1}{2}$$

积分区域的变化见图 4 - 1.

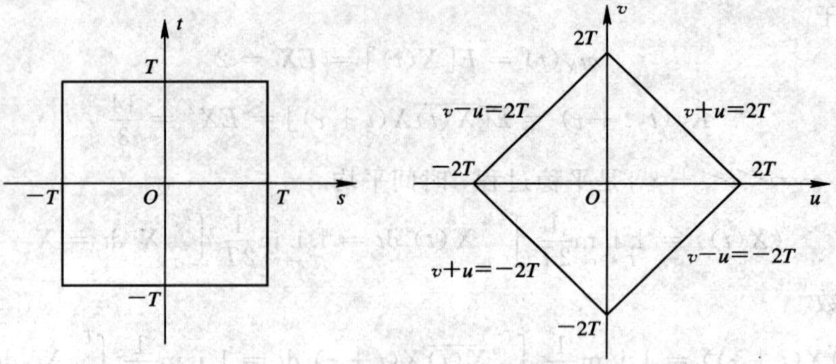

图 4-1

于是 $$D\left[\frac{1}{2T}\int_{-T}^{T}X(t)\,\mathrm{d}t\right]=\frac{1}{4T^2}\int_{-T}^{T}\int_{-T}^{T}C_X(t-s)\,\mathrm{d}s\,\mathrm{d}t$$
$$=\frac{1}{4T^2}\int_{-2T}^{2T}\mathrm{d}u\int_{-2T+|u|}^{2T-|u|}C_X(u)\frac{1}{2}\,\mathrm{d}v$$
$$=\frac{1}{4T^2}\int_{-2T}^{2T}(2T-|u|)C_X(u)\,\mathrm{d}u$$
$$=\frac{1}{2T}\int_{-2T}^{2T}\left(1-\frac{|\tau|}{2T}\right)C_X(\tau)\,\mathrm{d}\tau$$

即 $$D[\langle X(t)\rangle]=\lim_{T\to+\infty}\frac{1}{2T}\int_{-2T}^{2T}\left(1-\frac{|\tau|}{2T}\right)C_X(\tau)\,\mathrm{d}\tau$$

故$\{X(t),-\infty<t<+\infty\}$的均值具有各态历经性的充要条件是

$$\lim_{T\to+\infty}\frac{1}{2T}\int_{-2T}^{2T}\left(1-\frac{|\tau|}{2T}\right)C_X(\tau)\,\mathrm{d}\tau=0$$

如果$\{X(t),-\infty<t<+\infty\}$是实平稳过程，则$R_X(-\tau)=R_X(\tau)$，从而$C_X(-\tau)=C_X(\tau)$，于是有以下推论.

推论 4.3.1 设$\{X(t),-\infty<t<+\infty\}$是实平稳过程，则$\{X(t),-\infty<t<+\infty\}$的均值具有各态历经性的充要条件是

$$\lim_{T\to+\infty}\frac{1}{T}\int_{0}^{2T}\left(1-\frac{\tau}{2T}\right)C_X(\tau)\,\mathrm{d}\tau=0$$

推论 4.3.2 设$\{X(t),-\infty<t<+\infty\}$是平稳过程，如果$\lim\limits_{\tau\to\infty}C_X(\tau)=0$，则$\{X(t),-\infty<t<+\infty\}$的均值具有各态历经性.

证明 由于$\lim\limits_{\tau\to\infty}C_X(\tau)=0$，因此$\forall\varepsilon>0$，$\exists T_1>0$，当$|\tau|>T_1$时，$|C_X(\tau)|<\varepsilon$. 当$2T>T_1$时，

$$\left|\frac{1}{2T}\int_{-2T}^{2T}\left(1-\frac{|\tau|}{2T}\right)C_X(\tau)\,\mathrm{d}\tau\right|\leqslant\frac{1}{2T}\int_{-2T}^{2T}|C_X(\tau)|\,\mathrm{d}\tau$$
$$=\frac{1}{2T}\int_{-T_1}^{T_1}|C_X(\tau)|\,\mathrm{d}\tau+\frac{1}{2T}\int_{T_1\leqslant|\tau|\leqslant 2T}|C_X(\tau)|\,\mathrm{d}\tau$$
$$<\frac{1}{2T}\cdot 2T_1C_X(0)+\frac{1}{2T}\cdot 2(2T-T_1)\varepsilon$$
$$\leqslant\frac{T_1}{T}C_X(0)+2\varepsilon$$

取
$$\widetilde{T}=\max\left\{\frac{T_1}{2},\ \frac{T_1}{\varepsilon}C_X(0)\right\}$$
于是当 $T>\widetilde{T}$ 时，
$$\left|\frac{1}{2T}\int_{-2T}^{2T}\left(1-\frac{|\tau|}{2T}\right)C_X(\tau)\ \mathrm{d}\tau\right|<3\varepsilon$$
即
$$\lim_{T\to+\infty}\frac{1}{2T}\int_{-2T}^{2T}\left(1-\frac{|\tau|}{2T}\right)C_X(\tau)\ \mathrm{d}\tau=0$$
故$\{X(t),\ -\infty<t<+\infty\}$的均值具有各态历经性.

在实际应用中通常只考虑定义在$[0,+\infty)$上的平稳过程，则平稳过程的时间平均和均值各态历经定理相应有下述形式.

定理 4.3.2 设$\{X(t),\ t\geqslant 0\}$是平稳过程，则其时间平均为
$$\langle X(t)\rangle\stackrel{\text{def}}{=}\underset{T\to+\infty}{\mathrm{l.i.m}}\frac{1}{T}\int_0^T X(t)\ \mathrm{d}t$$
$\{X(t),\ t\geqslant 0\}$的均值具有各态历经性的充要条件是
$$\lim_{T\to+\infty}\frac{1}{T}\int_{-T}^{T}\left(1-\frac{|\tau|}{T}\right)C_X(\tau)\ \mathrm{d}\tau=0$$
如果$\{X(t),\ t\geqslant 0\}$是实平稳过程，则其均值具有各态历经性的充要条件是
$$\lim_{T\to+\infty}\frac{2}{T}\int_0^T\left(1-\frac{\tau}{T}\right)C_X(\tau)\ \mathrm{d}\tau=0$$

例 4.3.3 设 $X(t)=A\cos\omega t+B\sin\omega t$，$-\infty<t<+\infty$，其中 A 和 B 是相互独立且都服从正态分布 $N(0,\sigma^2)$的随机变量，ω 是实常数，试讨论$\{X(t),\ -\infty<t<+\infty\}$均值的各态历经性.

解 由例 2.4.1 知，$m_X=0$，$R_X(\tau)=\sigma^2\cos\omega\tau$，故$\{X(t),\ -\infty<t<+\infty\}$是平稳过程.
$$\lim_{T\to+\infty}\frac{1}{2T}\int_{-2T}^{2T}\left(1-\frac{|\tau|}{2T}\right)C_X(\tau)\ \mathrm{d}\tau=\lim_{T\to+\infty}\frac{1}{2T}\int_{-2T}^{2T}\left(1-\frac{|\tau|}{2T}\right)\sigma^2\cos\omega\tau\ \mathrm{d}\tau$$
$$=\lim_{T\to+\infty}\frac{\sigma^2}{2T}\ \frac{1-\cos 2\omega T}{\omega^2 T}=0$$
所以$\{X(t),\ -\infty<t<+\infty\}$的均值具有各态历经性.

例 4.3.4 试研究例 4.1.4 中$\{X(t),\ t\geqslant 0\}$均值的各态历经性.

解 由例 4.1.4 知，随机过程$\{X(t),\ t\geqslant 0\}$是实平稳过程，且 $m_X=0$，$R_X(\tau)=\mathrm{e}^{-2\lambda|\tau|}$，则 $C_X(\tau)=\mathrm{e}^{-2\lambda|\tau|}$，由于
$$\lim_{T\to+\infty}\frac{2}{T}\int_0^T\left(1-\frac{\tau}{T}\right)\mathrm{e}^{-2\lambda|\tau|}\ \mathrm{d}\tau=\lim_{T\to+\infty}\frac{1}{\lambda T}\left(1-\frac{1-\mathrm{e}^{-2\lambda T}}{2\lambda T}\right)=0$$
故$\{X(t),\ t\geqslant 0\}$的均值具有各态历经性.

3. 相关函数的各态历经性的判定

设$\{X(t),\ -\infty<t<+\infty\}$是平稳过程，令 $Y(t)=\overline{X(t)}X(t+\tau)$，$-\infty<t,\ \tau<+\infty$，则$\{X(t),\ -\infty<t<+\infty\}$的相关函数就是$\{Y(t),\ -\infty<t<+\infty\}$的均值函数，即 $R_X(\tau)=m_Y(t)$. 因此，要讨论$\{X(t),\ -\infty<t<+\infty\}$的相关函数的各态历经性，转而研究$\{Y(t),\ -\infty<t<+\infty\}$的均值的各态历经性. 又由定理 4.3.1 知，$\{Y(t),\ -\infty<t<+\infty\}$应是平

稳过程，但这一点仅有$\{X(t), -\infty<t<+\infty\}$是平稳过程的条件是不够的，于是需要假设$\{Y(t), -\infty<t<+\infty\}$是平稳过程. 因此结合定理 4.3.1，关于$\{X(t), -\infty<t<+\infty\}$相关函数的各态历经性，我们有以下定理.

定理 4.3.3 设$\{X(t), -\infty<t<+\infty\}$及对于任意固定的$\tau$，$\{Y(t), -\infty<t<+\infty\}$都是平稳过程，则$\{X(t), -\infty<t<+\infty\}$的相关函数具有各态历经性的充要条件是

$$\lim_{T\to+\infty}\frac{1}{2T}\int_{-2T}^{2T}\left(1-\frac{|u|}{2T}\right)(R_Y(u)-|R_X(\tau)|^2)\,\mathrm{d}u=0$$

推论 4.3.3 设$\{X(t), -\infty<t<+\infty\}$及对于任意固定的$\tau$，$\{Y(t), -\infty<t<+\infty\}$都是实平稳过程，则$\{X(t), -\infty<t<+\infty\}$的相关函数具有各态历经性的充要条件是

$$\lim_{T\to+\infty}\frac{1}{T}\int_{0}^{2T}\left(1-\frac{u}{2T}\right)(R_Y(u)-(R_X(\tau))^2)\,\mathrm{d}u=0$$

推论 4.3.4 设$\{X(t), -\infty<t<+\infty\}$是零均值的实平稳的正态过程，如果$\lim\limits_{\tau\to\infty}R_X(\tau)=0$，则$\{X(t), -\infty<t<+\infty\}$的相关函数具有各态历经性.

证明 令$Y(t)=X(t)X(t+\tau)$，$-\infty<t, \tau<+\infty$，则

$$m_Y(t)=E[Y(t)]=E[X(t)X(t+\tau)]=R_X(\tau)\overset{\text{def}}{=}m_Y$$

与t无关.

$$\begin{aligned}R_Y(t,t+u)&=E[Y(t)Y(t+u)]\\&=E[X(t)X(t+\tau)X(t+u)X(t+u+\tau)]\\&=E[X(t)X(t+\tau)]E[X(t+u)X(t+u+\tau)]\\&\quad+E[X(t)X(t+u)]E[X(t+\tau)X(t+u+\tau)]\\&\quad+E[X(t)X(t+u+\tau)]E[X(t+\tau)X(t+u)]\\&=(R_X(\tau))^2+(R_X(u))^2+R_X(u+\tau)R_X(u-\tau)\\&\overset{\text{def}}{=}R_Y(u)\end{aligned}$$

故$\{Y(t), -\infty<t<+\infty\}$是平稳过程.

又因

$$\begin{aligned}\lim_{u\to\infty}R_Y(u)&=\lim_{u\to\infty}((R_X(\tau))^2+(R_X(u))^2+R_X(u+\tau)R_X(u-\tau))\\&=(R_X(\tau))^2=m_Y^2\end{aligned}$$

即

$$\lim_{u\to\infty}C_Y(u)=0$$

由推论 4.3.2 知，$\{Y(t), -\infty<t<+\infty\}$的均值具有各态历经性，即$\{X(t), -\infty<t<+\infty\}$的相关函数具有各态历经性.

类似于定理 4.3.2，对于定义在$[0,+\infty)$上的平稳过程，关于其相关函数的各态历经性，我们有以下定理.

定理 4.3.4 设$\{X(t), t\geqslant0\}$及使$t+\tau\geqslant0$的任意τ，$\{Y(t), t\geqslant0\}$都是平稳过程，则$\{X(t), t\geqslant0\}$的时间相关函数为

$$\langle\overline{X(t)}X(t+\tau)\rangle\overset{\text{def}}{=}\underset{T\to+\infty}{\mathrm{l.i.m}}\frac{1}{T}\int_0^T\overline{X(t)}X(t+\tau)\,\mathrm{d}t$$

$\{X(t), t\geqslant0\}$的相关函数具有各态历经性的充要条件是

$$\lim_{T\to+\infty}\frac{1}{T}\int_{-T}^{T}\left(1-\frac{|u|}{T}\right)(R_Y(u)-|R_X(\tau)|^2)\,\mathrm{d}u=0$$

如果$\{X(t),\ t\geqslant 0\}$是实平稳过程，则其相关函数具有各态历经性的充要条件是

$$\lim_{T\to+\infty}\frac{2}{T}\int_0^T\left(1-\frac{u}{T}\right)(R_Y(u)-(R_X(\tau))^2)\,\mathrm{d}u=0$$

4. 各态历经性的应用

下面我们要解决对具有各态历经性的平稳过程，利用一个样本函数近似计算均值函数和相关函数的问题. 为此，我们先讨论均方收敛和依概率收敛之间的关系.

定理 4.3.5　若$\{X_n,\ n=1,\ 2,\ \cdots\}$均方收敛于$X$，则$\{X_n,\ n=1,\ 2,\ \cdots\}$依概率收敛于$X$.

证明　设$\{X_n,\ n=1,\ 2,\ \cdots\}$均方收敛于$X$，则

$$\lim_{n\to\infty}E\mid X_n-X\mid^2=0$$

从而$\forall\varepsilon>0$，由马尔可夫不等式

$$P(\mid X_n-X\mid\geqslant\varepsilon)\leqslant\frac{1}{\varepsilon^2}E\mid X_n-X\mid^2\to 0,\quad n\to\infty$$

故$\{X_n,\ n=1,\ 2,\ \cdots\}$依概率收敛于$X$.

设$\{X(t),\ t\geqslant 0\}$是平稳过程，它的一个样本函数为$x(t)$，$0\leqslant t<+\infty$，均值具有各态历经性，即

$$\underset{T\to+\infty}{\mathrm{l.i.m}}\frac{1}{T}\int_0^T X(t)\,\mathrm{d}t=m_X$$

此式中积分可采用把$[0,T]$区间等分的方式进行计算，即

$$\int_0^T X(t)\,\mathrm{d}t=\underset{N\to\infty}{\mathrm{l.i.m}}\sum_{k=1}^{N}X(t_k)\Delta t=\underset{N\to\infty}{\mathrm{l.i.m}}\frac{T}{N}\sum_{k=1}^{N}X\left(k\frac{T}{N}\right)$$

其中$0=t_0<t_1<t_2<\cdots<t_N=T$，而$\Delta t=t_k-t_{k-1}=\dfrac{T}{N}$，$t_k=k\Delta t$，于是

$$\underset{T\to+\infty}{\mathrm{l.i.m}}\frac{1}{T}\ \underset{N\to\infty}{\mathrm{l.i.m}}\frac{T}{N}\sum_{k=1}^{N}X\left(k\frac{T}{N}\right)=m_X$$

即

$$\underset{T\to+\infty}{\mathrm{l.i.m}}\ \underset{N\to\infty}{\mathrm{l.i.m}}\frac{1}{N}\sum_{k=1}^{N}X\left(k\frac{T}{N}\right)=m_X$$

由定理 4.3.5，$\forall\varepsilon>0$，有

$$\lim_{T\to+\infty}\lim_{N\to\infty}P\left(\left|\frac{1}{N}\sum_{k=1}^{N}X\left(k\frac{T}{N}\right)-m_X\right|<\varepsilon\right)=1$$

当T和N充分大，且$\dfrac{T}{N}$充分小时，

$$P\left(\left|\frac{1}{N}\sum_{k=1}^{N}X\left(k\frac{T}{N}\right)-m_X\right|<\varepsilon\right)\approx 1$$

根据概率论中实际推断原理，一次抽样得到样本函数$x(t)$，事件

$$\left\{\left|\frac{1}{N}\sum_{k=1}^{N}x\left(k\frac{T}{N}\right)-m_X\right|<\varepsilon\right\}$$

可认为一定发生，于是

$$m_X\approx\frac{1}{N}\sum_{k=1}^{N}x\left(k\frac{T}{N}\right)$$

由此可见，近似计算m_X实际上只需要用到样本函数$x(t)$在$k\dfrac{T}{N}(1\leqslant k\leqslant N)$点上的函数值，

这些点称为采样点，即 m_X 近似等于样本函数 $x(t)$ 在采样点上的函数值的算术平均值.

下面介绍相关函数 $R_X(\tau)$ 的近似计算. 考虑 $\tau=r\dfrac{T}{N}$，其中 r 固定，$r=0, 1, 2, \cdots, m$，类似地

$$\lim_{T\to+\infty}\lim_{N\to+\infty} P\left(\left|\frac{1}{N-r}\sum_{k=1}^{N-r} X\left(k\frac{T}{N}\right)X\left(k\frac{T}{N}+r\frac{T}{N}\right)-R_X\left(r\frac{T}{N}\right)\right|<\varepsilon\right)=1$$

因而

$$R_X\left(r\frac{T}{N}\right)\approx\frac{1}{N-r}\sum_{k=1}^{N-r} x\left(k\frac{T}{N}\right)x\left((k+r)\frac{T}{N}\right)$$

此式要求 T 充分大，$N-r$ 也充分大，且 T/N 充分小.

4.4 平稳过程的谱密度

Fourier 分析在许多理论和应用中已成为一种十分有效的数学方法，它已从数学上论证了这样的事实：任一表示位移的时间函数(周期的或非周期的)都可以看成无数个(有限个或无限个)简谐振动的叠加. 平稳过程相关函数可视为一表示位移的时间函数，在时域上描述了随机过程的统计特征，因此，对于平稳过程的相关函数，利用 Fourier 分析的方法进行研究，便可在频域上描述平稳过程的统计特征，进而得到平稳过程谱密度这一重要的概念. 谱密度在平稳过程的理论和应用中扮演着十分重要的角色，从数学上看它是相关函数的 Fourier 变换，从物理上看它是功率谱密度.

1. 相关函数的谱分解

定理 4.4.1(Wiener-Khintchine 定理) 设 $\{X(t), -\infty<t<+\infty\}$ 是均方连续的平稳过程，则其相关函数 $R_X(\tau)$ 可以表示为

$$R_X(\tau)=\frac{1}{2\pi}\int_{-\infty}^{+\infty} e^{j\omega\tau}\,dF_X(\omega),\qquad -\infty<\tau<+\infty$$

其中 $F_X(\omega)$ 在 $(-\infty,+\infty)$ 上非负、有界、单调不减和右连续，且 $F_X(-\infty)=0$，$F_X(+\infty)=2\pi R_X(0)$.

证明 若 $R_X(0)=0$，则取 $F_X(\omega)=0$ 即可.

若 $R_X(0)>0$，令 $f(\tau)=R_X(\tau)/R_X(0)$，由 $\{X(t), -\infty<t<+\infty\}$ 均方连续及 $R_X(\tau)$ 非负定知，$f(\tau)$ 连续，$f(0)=1$，$f(\tau)$ 非负定，再由 Bochner - Khintchine 定理，$f(\tau)$ 是某随机变量的特征函数，于是存在分布函数 $G(\omega)$，使得

$$f(\tau)=\frac{R_X(\tau)}{R_X(0)}=\int_{-\infty}^{+\infty} e^{j\omega\tau}\,dG(\omega)$$

即

$$R_X(\tau)=\frac{1}{2\pi}\int_{-\infty}^{+\infty} e^{j\omega\tau}\,d(2\pi R_X(0)G(\omega))$$

取 $F_X(\omega)=2\pi R_X(0)G(\omega)$，则

$$R_X(\tau)=\frac{1}{2\pi}\int_{-\infty}^{+\infty} e^{j\omega\tau}\,dF_X(\omega)$$

且 $F_X(\omega)$ 显然满足定理中的诸多条件.

定义 4.4.1 称 $F_X(\omega)$ 为平稳过程 $\{X(t), -\infty<t<+\infty\}$ 的谱函数，称

$$R_X(\tau)=\frac{1}{2\pi}\int_{-\infty}^{+\infty} e^{j\omega\tau}\,dF_X(\omega),\qquad -\infty<\tau<+\infty$$

为平稳过程$\{X(t),-\infty<t<+\infty\}$相关函数的谱展开式，或谱分解式.

如果存在函数$S_X(\omega)$，使得

$$F_X(\omega)=\int_{-\infty}^{\omega}S_X(\lambda)\,\mathrm{d}\lambda,\quad -\infty<\omega<+\infty$$

则称$S_X(\omega)$为平稳过程$\{X(t),-\infty<t<+\infty\}$的谱密度.

定理 4.4.2 设$\{X(t),-\infty<t<+\infty\}$是均方连续的平稳过程，且$R_X(\tau)$绝对可积，即$\int_{-\infty}^{+\infty}|R_X(\tau)|\,\mathrm{d}\tau<+\infty$，则$F_X(\omega)$可微，且有 Wiener - Khintchine 公式：

$$S_X(\omega)=\int_{-\infty}^{+\infty}\mathrm{e}^{-\mathrm{j}\omega\tau}R_X(\tau)\,\mathrm{d}\tau,\quad -\infty<\omega<+\infty$$

$$R_X(\tau)=\frac{1}{2\pi}\int_{-\infty}^{+\infty}\mathrm{e}^{\mathrm{j}\omega\tau}S_X(\omega)\,\mathrm{d}\omega,\quad -\infty<\tau<+\infty$$

证明 由于

$$\int_{-\infty}^{+\infty}|R_X(\tau)|\,\mathrm{d}\tau<+\infty$$

故积分$\int_{-\infty}^{+\infty}\mathrm{e}^{-\mathrm{j}\omega\tau}R_X(\tau)\,\mathrm{d}\tau$存在，记$S_X(\omega)=\int_{-\infty}^{+\infty}\mathrm{e}^{-\mathrm{j}\omega\tau}R_X(\tau)\,\mathrm{d}\tau$，从而定义了$R_X(\tau)$的 Fourier 变换，其逆变换为

$$R_X(\tau)=\frac{1}{2\pi}\int_{-\infty}^{+\infty}\mathrm{e}^{\mathrm{j}\omega\tau}S_X(\omega)\,\mathrm{d}\omega$$

由定理 4.4.1 知，$R_X(\tau)=\frac{1}{2\pi}\int_{-\infty}^{+\infty}\mathrm{e}^{\mathrm{j}\omega\tau}\,\mathrm{d}F_X(\omega)$，所以$F_X(\omega)$可微，且$F_X'(\omega)=S_X(\omega)$，从而也有 Wiener - Khintchine 公式：

$$S_X(\omega)=\int_{-\infty}^{+\infty}\mathrm{e}^{-\mathrm{j}\omega\tau}R_X(\tau)\,\mathrm{d}\tau,\quad -\infty<\omega<+\infty$$

$$R_X(\tau)=\frac{1}{2\pi}\int_{-\infty}^{+\infty}\mathrm{e}^{\mathrm{j}\omega\tau}S_X(\omega)\,\mathrm{d}\omega,\quad -\infty<\tau<+\infty$$

对于平稳时间序列，类似于定理 4.4.1 和定理 4.4.2，我们有下列结论.

定理 4.4.3 设$\{X_n,n=0,\pm1,\pm2,\cdots\}$是平稳时间序列，则其相关函数$R_X(m)$可以表示为

$$R_X(m)=\frac{1}{2\pi}\int_{-\pi}^{\pi}\mathrm{e}^{\mathrm{j}\omega m}\,\mathrm{d}F_X(\omega),\quad m=0,\pm1,\pm2,\cdots$$

其中$F_X(\omega)$是$[-\pi,\pi]$上非负、有界、单调不减和右连续函数，且$F_X(-\pi)=0$，$F_X(\pi)=2\pi R_X(0)$.

定义 4.4.2 称$F_X(\omega)$为平稳时间序列$\{X_n,n=0,\pm1,\pm2,\cdots\}$的谱函数，称$R_X(m)=\frac{1}{2\pi}\int_{-\pi}^{\pi}\mathrm{e}^{\mathrm{j}\omega m}\,\mathrm{d}F_X(\omega)$，$m=0,\pm1,\pm2,\cdots$为平稳时间序列$\{X_n,n=0,\pm1,\pm2,\cdots\}$的相关函数的谱展开式，或谱分解式.

如果存在函数$S_X(\omega)$，使得

$$F_X(\omega)=\int_{-\pi}^{\omega}S_X(\lambda)\,\mathrm{d}\lambda,\quad -\pi\leqslant\omega\leqslant\pi$$

则称$S_X(\omega)$为平稳时间序列$\{X_n,n=0,\pm1,\pm2,\cdots\}$的谱密度.

定理 4.4.4　设$\{X_n, n=0, \pm1, \pm2, \cdots\}$为平稳时间序列，且$\sum\limits_{m=-\infty}^{+\infty}|R_X(m)|<+\infty$，则$F_X(\omega)$可微，且有 Wiener - Khintchine 公式

$$S_X(\omega)=\sum_{m=-\infty}^{+\infty}\mathrm{e}^{-\mathrm{j}\omega m}R_X(m),\quad -\pi\leqslant\omega\leqslant\pi$$

$$R_X(m)=\frac{1}{2\pi}\int_{-\pi}^{\pi}\mathrm{e}^{\mathrm{j}\omega m}S_X(\omega)\,\mathrm{d}\omega,\quad m=0,\pm1,\pm2,\cdots$$

例 4.4.1　设$\{X(t), -\infty<t<+\infty\}$是平稳过程，其相关函数$R_X(\tau)=\mathrm{e}^{-2\mu|\tau|}$，$\mu>0$，求$\{X(t), -\infty<t<+\infty\}$的谱密度和谱函数.

解

$$S_X(\omega)=\int_{-\infty}^{+\infty}\mathrm{e}^{-\mathrm{j}\omega\tau}R_X(\tau)\,\mathrm{d}\tau=\int_{-\infty}^{+\infty}\mathrm{e}^{-\mathrm{j}\omega\tau}\,\mathrm{e}^{-2\mu|\tau|}\,\mathrm{d}\tau=\frac{4\mu}{4\mu^2+\omega^2}$$

$$F_X(\omega)=\int_{-\infty}^{\omega}S_X(\lambda)\,\mathrm{d}\lambda=\int_{-\infty}^{\omega}\frac{4\mu}{4\mu^2+\lambda^2}\,\mathrm{d}\lambda=2\arctan\frac{\omega}{2\mu}+\pi$$

例 4.4.2　设$\{X(n), n=0, \pm1, \pm2, \cdots\}$是复随机变量序列，且$E[X(n)]=0$，$n=0, \pm1, \pm2, \cdots$，$E[\overline{X(m)}X(n)]=\sigma^2\delta_{mn}$，$m,n=0, \pm1, \cdots$，$\{C_n, n=0, \pm1, \pm2, \cdots\}$为一复数序列，且满足$\sum\limits_{n=-\infty}^{+\infty}|C_n|<+\infty$，$\sum\limits_{n=-\infty}^{+\infty}|C_n|^2<+\infty$，令

$$Y(n)=\sum_{k=-\infty}^{+\infty}C_kX(n-k)\overset{\text{def}}{=}\underset{\substack{M\to+\infty\\N\to+\infty}}{\mathrm{l.i.m}}\sum_{k=-M}^{N}C_kX(n-k)$$

试求$\{Y(n), n=0, \pm1, \pm2, \cdots\}$的谱密度.

解　先指出$\{Y(n), n=0, \pm1, \pm2, \cdots\}$是平稳时间序列.

$$m_Y(n)=E[Y(n)]=E\Big[\sum_{k=-\infty}^{+\infty}C_kX(n-k)\Big]=\sum_{k=-\infty}^{+\infty}C_kEX(n-k)=0$$

$$\begin{aligned}R_Y(n,n+m)&=E[\overline{Y(n)}Y(n+m)]\\&=E\Big[\overline{\sum_{k=-\infty}^{+\infty}C_kX(n-k)}\sum_{l=-\infty}^{+\infty}C_lX(n+m-l)\Big]\\&=\sum_{k=-\infty}^{+\infty}\sum_{l=-\infty}^{+\infty}\overline{C}_kC_lE[\overline{X(n-k)}X(n+m-l)]\\&=\sigma^2\sum_{k=-\infty}^{+\infty}\overline{C_k}C_{k+m}\overset{\text{def}}{=}R_Y(m)\end{aligned}$$

于是$\{Y(n), n=0, \pm1, \pm2, \cdots\}$为平稳时间序列.

再指出$\sum\limits_{m=-\infty}^{+\infty}|R_Y(m)|<+\infty$.

$$\begin{aligned}\sum_{m=-\infty}^{+\infty}|R_Y(m)|&=\sum_{m=-\infty}^{+\infty}\Big|\sigma^2\sum_{k=-\infty}^{+\infty}\overline{C_k}C_{k+m}\Big|\leqslant\sigma^2\sum_{m=-\infty}^{+\infty}\sum_{k=-\infty}^{+\infty}|C_k||C_{k+m}|\\&=\sigma^2\sum_{k=-\infty}^{+\infty}\sum_{l=-\infty}^{+\infty}|C_k||C_l|=\sigma^2\Big(\sum_{k=-\infty}^{+\infty}|C_k|\Big)^2<+\infty\end{aligned}$$

最后求$\{Y(n), n=0, \pm1, \pm2, \cdots\}$的谱密度.

$$S_Y(\omega)=\sum_{m=-\infty}^{+\infty}\mathrm{e}^{-\mathrm{j}\omega m}R_Y(m)=\sum_{m=-\infty}^{+\infty}\mathrm{e}^{-\mathrm{j}\omega m}\sigma^2\sum_{k=-\infty}^{+\infty}\overline{C_k}C_{k+m}$$

$$=\sigma^2\sum_{k=-\infty}^{+\infty}\sum_{l=-\infty}^{+\infty}\mathrm{e}^{-\mathrm{j}\omega(l-k)}\,\overline{C_k}C_l=\sigma^2\sum_{k=-\infty}^{+\infty}\sum_{l=-\infty}^{+\infty}\mathrm{e}^{-\mathrm{j}\omega l}C_l\,\mathrm{e}^{\mathrm{j}\omega k}\overline{C}_k$$

$$=\sigma^2\,\overline{\sum_{k=-\infty}^{+\infty}C_k\,\mathrm{e}^{-\mathrm{j}\omega k}}\sum_{k=-\infty}^{+\infty}C_k\,\mathrm{e}^{-\mathrm{j}\omega k}=\sigma^2\left|\sum_{k=-\infty}^{+\infty}C_k\,\mathrm{e}^{-\mathrm{j}\omega k}\right|^2,\ -\pi\leqslant\omega\leqslant\pi$$

例 4.4.3　设 X、Y 是两个相互独立的实随机变量，$EX=0$，$DX=1$，Y 的分布函数为 $F(y)$，令 $Z(t)=X\mathrm{e}^{\mathrm{j}tY}$，$-\infty<t<+\infty$，试求$\{Z(t),\ -\infty<t<+\infty\}$的谱函数.

解　先指出$\{Z(t),\ -\infty<t<+\infty\}$是平稳过程.

$$m_Z(t)=E[Z(t)]=E[X\mathrm{e}^{\mathrm{j}tY}]=EXE\mathrm{e}^{\mathrm{j}tY}=0$$

$$R_Z(t,t+\tau)=E[\overline{Z(t)}Z(t+\tau)]=E[\overline{X\mathrm{e}^{\mathrm{j}tY}}X\mathrm{e}^{\mathrm{j}(t+\tau)Y}]$$

$$=E[X^2\mathrm{e}^{\mathrm{j}\tau Y}]=EX^2E[\mathrm{e}^{\mathrm{j}\tau Y}]=\int_{-\infty}^{+\infty}\mathrm{e}^{\mathrm{j}\tau\omega}\,\mathrm{d}F(\omega)\overset{\mathrm{def}}{=}R_Z(\tau)$$

于是$\{Z(t),\ -\infty<t<+\infty\}$是平稳过程.

再求$\{Z(t),\ -\infty<t<+\infty\}$的谱函数.

由于 $R_Z(\tau)=\int_{-\infty}^{+\infty}\mathrm{e}^{\mathrm{j}\tau\omega}\,\mathrm{d}F(\omega)=\dfrac{1}{2\pi}\int_{-\infty}^{+\infty}\mathrm{e}^{\mathrm{j}\omega\tau}\,\mathrm{d}(2\pi F(\omega))$，根据定理 4.4.1，$\{Z(t),$ $-\infty<t<+\infty\}$的谱函数为

$$F_Z(\omega)=2\pi F(\omega),\qquad -\infty<\omega<+\infty$$

2. 谱密度的物理意义

谱密度的概念来自于无线电技术，在物理学中它表示功率谱密度. 下面我们利用频谱分析方法讨论平稳过程的功率谱密度.

设 $x(t)$，$-\infty<t<+\infty$为一确定性信号，如果 $x(t)$满足 Dirichlet 条件且绝对可积，则 $x(t)$具有频谱

$$F_x(\omega)=\int_{-\infty}^{+\infty}\mathrm{e}^{-\mathrm{j}\omega t}x(t)\,\mathrm{d}t$$

在 $x(t)$和 $F_x(\omega)$之间成立 Parseval 等式：

$$\int_{-\infty}^{+\infty}x^2(t)\,\mathrm{d}t=\frac{1}{2\pi}\int_{-\infty}^{+\infty}|F_x(\omega)|^2\,\mathrm{d}\omega$$

等式左边表示 $x(t)$在$(-\infty,+\infty)$上的总能量，相应地，$|F_x(\omega)|^2$ 称为 $x(t)$的能谱密度.

但是，在实际中，有很多信号总能量是无限的，而不能满足绝对可积的条件，这时，人们通常转而研究 $x(t)$在$(-\infty,+\infty)$上的平均功率，即

$$\lim_{T\to+\infty}\frac{1}{2T}\int_{-T}^{T}x^2(t)\,\mathrm{d}t$$

这个平均功率常常是有限的.

作 $x(t)$的截尾函数：

$$x_T(t)=\begin{cases}x(t), & |t|\leqslant T\\ 0, & |t|>T\end{cases}$$

它在$(-\infty,+\infty)$上绝对可积，则 $x_T(t)$的 Fourier 变换为

$$F_x(\omega,T)=\int_{-\infty}^{+\infty}\mathrm{e}^{-\mathrm{j}\omega t}x_T(t)\,\mathrm{d}t=\int_{-T}^{T}\mathrm{e}^{-\mathrm{j}\omega t}\,x(t)\,\mathrm{d}t$$

其 Parseval 等式为

$$\int_{-T}^{T}x^2(t)\,\mathrm{d}t=\frac{1}{2\pi}\int_{-\infty}^{+\infty}|F_x(\omega,T)|^2\,\mathrm{d}\omega$$

将上式两边除以 $2T$，再让 $T\to+\infty$，得 $x(t)$ 在 $(-\infty,+\infty)$ 上的平均功率为

$$\lim_{T\to+\infty}\frac{1}{2T}\int_{-T}^{T}x^2(t)\,\mathrm{d}t=\frac{1}{2\pi}\int_{-\infty}^{+\infty}\lim_{T\to+\infty}\frac{1}{2T}|F_x(\omega,T)|^2\,\mathrm{d}\omega$$

相应的能谱密度为

$$S_x(\omega)=\lim_{T\to+\infty}\frac{1}{2T}|F_x(\omega,T)|^2$$

即

$$S_x(\omega)=\lim_{T\to+\infty}\frac{1}{2T}\left|\int_{-T}^{T}\mathrm{e}^{-\mathrm{j}\omega t}\,x(t)\,\mathrm{d}t\right|^2$$

称为确定性信号 $x(t)$ 在 ω 处的功率谱密度.

对于平稳过程，类似地有下列定义.

定义 4.4.3 设 $\{X(t),\ -\infty<t<+\infty\}$ 是平稳过程，称

$$\lim_{T\to+\infty}E\left[\frac{1}{2T}\int_{-T}^{T}X^2(t)\,\mathrm{d}t\right]$$

为平稳过程 $\{X(t),\ -\infty<t<+\infty\}$ 的平均功率. 称

$$\lim_{T\to+\infty}\frac{1}{2T}E[|F_X(\omega,T)|^2]$$

其中

$$F_X(\omega,\ T)=\int_{-T}^{T}\mathrm{e}^{-\mathrm{j}\omega t}X(t)\,\mathrm{d}t$$

为平稳过程 $\{X(t),\ -\infty<t<+\infty\}$ 的功率谱密度.

定理 4.4.5 设 $\{X(t),\ -\infty<t<+\infty\}$ 是平稳过程，如果 $R_X(\tau)$ 绝对可积，则 $\{X(t),\ -\infty<t<+\infty\}$ 的谱密度是功率谱密度，即

$$S_X(\omega)=\lim_{T\to+\infty}\frac{1}{2T}E\left[\left|\int_{-T}^{T}\mathrm{e}^{-\mathrm{j}\omega t}X(t)\,\mathrm{d}t\right|^2\right]=\lim_{T\to+\infty}\frac{1}{2T}E[|F_X(\omega,T)|^2]$$

证明

$$\frac{1}{2T}E\left[\left|\int_{-T}^{T}\mathrm{e}^{-\mathrm{j}\omega t}X(t)\,\mathrm{d}t\right|^2\right]=\frac{1}{2T}E\left[\overline{\int_{-T}^{T}\mathrm{e}^{-\mathrm{j}\omega s}X(s)\,\mathrm{d}s}\int_{-T}^{T}\mathrm{e}^{-\mathrm{j}\omega t}X(t)\,\mathrm{d}t\right]$$

$$=\frac{1}{2T}\int_{-T}^{T}\int_{-T}^{T}\mathrm{e}^{-\mathrm{j}\omega(t-s)}R_X(t-s)\,\mathrm{d}s\,\mathrm{d}t$$

作积分变换 $u=t-s$，$v=t+s$，积分区域的变化见图 4-1.

$$\frac{1}{2T}E\left[\left|\int_{-T}^{T}\mathrm{e}^{-\mathrm{j}\omega t}X(t)\,\mathrm{d}t\right|^2\right]=\frac{1}{2T}\int_{-2T}^{2T}\mathrm{d}u\int_{-2T+|u|}^{2T-|u|}\mathrm{e}^{-\mathrm{j}\omega u}R_X(u)\,\frac{1}{2}\,\mathrm{d}v$$

$$=\int_{-2T}^{2T}\left(1-\frac{|u|}{2T}\right)\mathrm{e}^{-\mathrm{j}\omega u}R_X(u)\,\mathrm{d}u$$

令

$$R_X^T(\tau)=\begin{cases}\left(1-\dfrac{|\tau|}{2T}\right)R_X(\tau), & |\tau|\leqslant 2T\\ 0, & |\tau|>2T\end{cases}$$

则 $\lim\limits_{T\to\infty} R_X^T(\tau)=R_X(\tau)$，且

$$\int_{-2T}^{2T}\left(1-\frac{|\tau|}{2T}\right)e^{-j\omega\tau}R_X(\tau)\ d\tau=\int_{-\infty}^{+\infty} e^{-j\omega\tau}R_X^T(\tau)\ d\tau$$

由于 $R_X(\tau)$绝对可积，由定理 4.4.2，有

$$\begin{aligned}\lim_{T\to+\infty}\frac{1}{2T}E\left[\left|\int_{-T}^{T} e^{-j\omega t}X(t)\ dt\right|^2\right]&=\lim_{T\to+\infty}\int_{-2T}^{2T}\left(1-\frac{|u|}{2T}\right) e^{-j\omega u}R_X(u)\ du\\&=\lim_{T\to+\infty}\int_{-\infty}^{+\infty} e^{-j\omega u}R_X^T(u)\ du\\&=\int_{-\infty}^{+\infty} e^{-j\omega\tau}R_X(\tau)\ d\tau\\&=S_X(\omega)\end{aligned}$$

3. 谱密度的性质和计算

定理 4.4.6 设$\{X(t),\ -\infty<t<+\infty\}$是平稳过程，则其谱密度是非负实函数. 特别地，若$\{X(t),\ -\infty<t<+\infty\}$是实平稳过程，则其谱密度是非负实偶函数.

证明 由于$\frac{1}{2T}E[|F_X(\omega,T)|^2]$是非负实函数，因此它的极限也必是非负实函数，即平稳过程的谱密度是非负实函数. 若$\{X(t),\ -\infty<t<+\infty\}$是实平稳过程，则 $R_X(\tau)$是偶函数，由于

$$\begin{aligned}\overline{S_X(\omega)}&=\overline{\int_{-\infty}^{+\infty} e^{-j\omega\tau}R_X(\tau)\ d\tau}=\int_{-\infty}^{+\infty} e^{j\omega\tau}R_X(-\tau)\ d\tau\\&=\int_{-\infty}^{+\infty} e^{-j(-\omega)\tau}R_X(\tau)\ d\tau=S_X(-\omega)\end{aligned}$$

又

$$\overline{S_X(\omega)}=S_X(\omega)$$

故

$$S_X(-\omega)=S_X(\omega)$$

即 $S_X(\omega)$是非负实偶函数.

定理 4.4.7

$$R_X(0)=\frac{1}{2\pi}\int_{-\infty}^{+\infty} S_X(\omega)\ d\omega$$

$$S_X(0)=\int_{-\infty}^{+\infty} R_X(\tau)\ d\tau$$

证明 由定理 4.4.2 直接推得.

$R_X(0)=\frac{1}{2\pi}\int_{-\infty}^{+\infty} S_X(\omega)\ d\omega$ 说明功率谱密度曲线下的总面积(平均功率)等于平稳过程的均方值；$S_X(0)=\int_{-\infty}^{+\infty} R_X(\tau)\ d\tau$ 说明功率谱密度的零频率分量等于相关函数曲线下的总面积.

例 4.4.4 已知平稳过程的功率谱密度

$$S_X(\omega)=\frac{\omega^2+4}{\omega^4+10\omega^2+9}$$

求它的相关函数和平均功率.

解 利用定理 4.4.2 与留数定理，有

$$R_X(\tau)=\frac{1}{2\pi}\int_{-\infty}^{+\infty}\mathrm{e}^{\mathrm{j}\omega\tau}S_X(\tau)\,\mathrm{d}\omega=\frac{1}{2\pi}\int_{-\infty}^{+\infty}\mathrm{e}^{\mathrm{j}\omega\tau}\frac{\omega^2+4}{(\omega^2+9)(\omega^2+1)}\,\mathrm{d}\omega$$

$$=\frac{1}{2\pi}\cdot 2\pi\mathrm{j}\left[\mathrm{Res}\left(\frac{\omega^2+4}{(\omega^2+9)(\omega^2+1)}\mathrm{e}^{\mathrm{j}\omega|\tau|},\mathrm{j}\right)+\mathrm{Res}\left(\frac{\omega^2+4}{(\omega^2+9)(\omega^2+1)}\mathrm{e}^{\mathrm{j}\omega|\tau|},3\mathrm{j}\right)\right]$$

$$=\mathrm{j}\left(\frac{3}{16\mathrm{j}}\mathrm{e}^{-|\tau|}+\frac{5}{48\mathrm{j}}\mathrm{e}^{-3|\tau|}\right)=\frac{3}{16}\mathrm{e}^{-|\tau|}+\frac{5}{48}\mathrm{e}^{-3|\tau|}$$

平均功率为

$$R_X(0)=\frac{3}{16}+\frac{5}{48}=\frac{7}{24}$$

在工程技术中常遇到形如本例的谱密度，称为有理谱密度，其一般形式为

$$S_X(\omega)=S_0\,\frac{\omega^{2n}+a_{2n-2}\omega^{2n-2}+\cdots+a_0}{\omega^{2m}+b_{2m-2}\omega^{2m-2}+\cdots+b_0}$$

其中 $S_0>0$，$m>n$，a_{2n-2}，…，a_2，a_0，b_{2m-2}，…，b_2，b_0 都是实数，且分子、分母没有相同的零点，分母没有实零点.

需要指出的是，在实际问题中常常碰到这样一些平稳过程，它们的相关函数或谱密度在通常情形下的 Fourier 变换或逆变换是不存在的. 例如，正弦波的相关函数，这时需要利用工程上应用极为广泛的 δ 函数，则在新的意义下应用 δ 函数的 Fourier 变换性质，就可圆满解决我们所面临的实际问题.

由于对任意在 $\tau=0$ 处连续的函数 $f(\tau)$，有

$$\int_{-\infty}^{+\infty}\delta(\tau)f(\tau)\,\mathrm{d}\tau=f(0)$$

因此我们有以下的 Fourier 变换对：

$$\begin{cases}\displaystyle\int_{-\infty}^{+\infty}\frac{1}{2\pi}\mathrm{e}^{-\mathrm{j}\omega\tau}\,\mathrm{d}\tau=\delta(\omega)\\[2ex]\displaystyle\frac{1}{2\pi}\int_{-\infty}^{+\infty}\mathrm{e}^{\mathrm{j}\omega\tau}\delta(\omega)\,\mathrm{d}\omega=\frac{1}{2\pi}\end{cases}$$

$$\begin{cases}\displaystyle\int_{-\infty}^{+\infty}\mathrm{e}^{-\mathrm{j}\omega\tau}\delta(\tau)\,\mathrm{d}\tau=1\\[2ex]\displaystyle\frac{1}{2\pi}\int_{-\infty}^{+\infty}\mathrm{e}^{\mathrm{j}\omega\tau}\,\mathrm{d}\omega=\delta(\tau)\end{cases}$$

第一对 Fourier 变换表明，当 $R_X(\tau)=1$ 时，谱密度 $S_X(\omega)=2\pi\delta(\omega)$；

第二对 Fourier 变换表明，当谱密度 $S_X(\omega)=1$ 时，相关函数 $R_X(\tau)=\delta(\tau)$.

据此可求得正弦波的相关函数 $R_X(\tau)=a\cos\alpha\tau$ 的谱密度

$$S_X(\omega)=\pi a[\delta(\omega-\alpha)+\delta(\omega+\alpha)]$$

事实上，

$$S_X(\omega)=\int_{-\infty}^{+\infty}a\cos\alpha\tau\,\mathrm{e}^{-\mathrm{j}\omega\tau}\,\mathrm{d}\tau=\frac{a}{2}\int_{-\infty}^{+\infty}(\mathrm{e}^{\mathrm{j}\alpha\tau}+\mathrm{e}^{-\mathrm{j}\alpha\tau})\mathrm{e}^{-\mathrm{j}\omega\tau}\,\mathrm{d}\tau$$

$$=\frac{a}{2}\left(\int_{-\infty}^{+\infty}\mathrm{e}^{-\mathrm{j}(\omega-\alpha)\tau}\,\mathrm{d}\tau+\int_{-\infty}^{+\infty}\mathrm{e}^{-\mathrm{j}(\omega+\alpha)\tau}\,\mathrm{d}\tau\right)=\pi a[\delta(\omega-\alpha)+\delta(\omega+\alpha)]$$

平稳过程谱密度的计算，包括由相关函数计算谱密度和由谱密度计算相关函数两方面

的内容. 由定理 4.4.2 知，实际上这是计算 Fourier 变换和逆 Fourier 变换的问题. 因此，计算方法有两种，一种是直接计算积分；另一种是利用 Fourier 变换的性质及最常用的相关函数和谱密度的变换结果进行计算. 为使用方便，表 4－1 列出了最常用的相关函数和谱密度的变换.

表 4－1　常用的相关函数 $R_X(\tau)$ 与谱密度 $S_X(\omega)$ 的变换

$R_X(\tau)$	$S_X(\omega)$
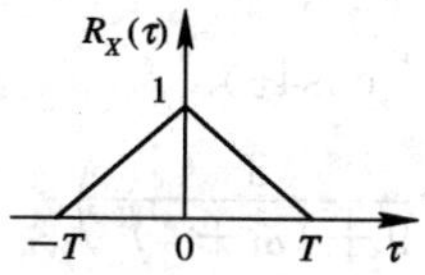 $R_X(\tau)=\begin{cases}1-\frac{\lvert\tau\rvert}{T}, & \lvert\tau\rvert<T\\ 0, & \lvert\tau\rvert\geqslant T\end{cases}$	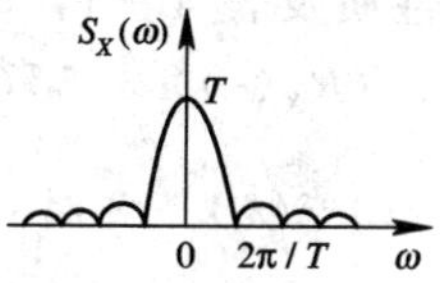 $S_X(\omega)=\dfrac{4\sin^2\frac{\omega T}{2}}{T\omega^2}$
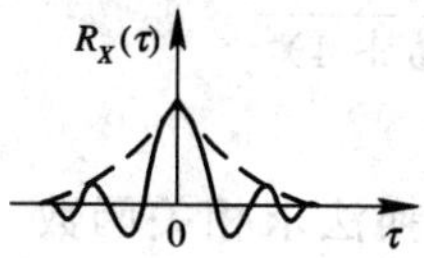 $R_X(\tau)=e^{-\alpha\lvert\tau\rvert}\cos\omega_0\tau$	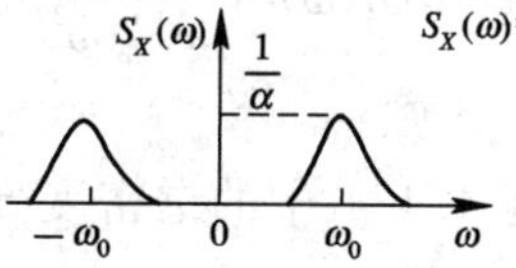 $S_X(\omega)=\dfrac{\alpha}{\alpha^2+(\omega-\omega_0)^2}+\dfrac{\alpha}{\alpha^2+(\omega+\omega_0)^2}$
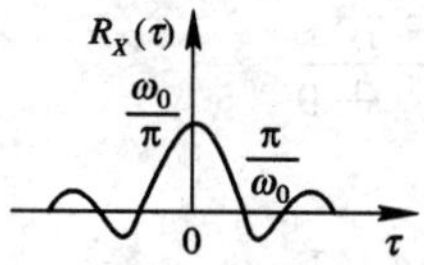 $R_X(\tau)=\dfrac{\sin\omega_0\tau}{\pi\tau}$	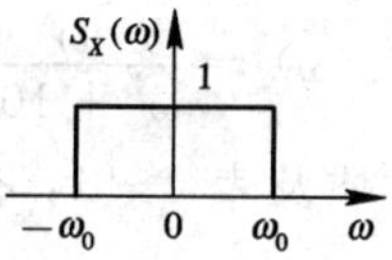 $S_X(\omega)=\begin{cases}1, & \lvert\omega\rvert<\omega_0\\ 0, & \lvert\omega\rvert\geqslant\omega_0\end{cases}$
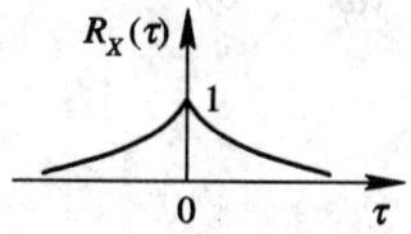 $R_X(\tau)=e^{-\alpha\lvert\tau\rvert}$	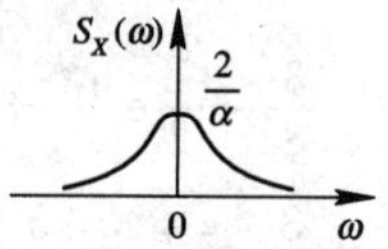 $S_X(\omega)=\dfrac{2\alpha}{\alpha^2+\omega^2}$
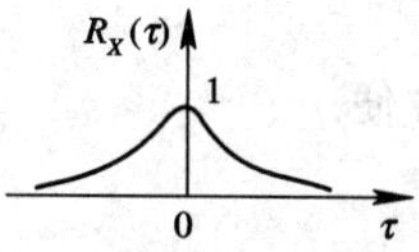 $R_X(\tau)=e^{-\frac{\tau^2}{2\sigma^2}}$	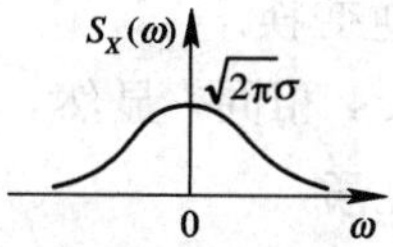 $S_X(\omega)=\sqrt{2\pi}\sigma e^{-\frac{(\sigma\omega)^2}{2}}$
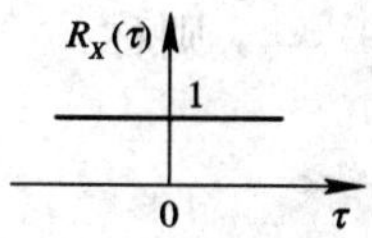 $R_X(\tau)=1$，$-\infty<\tau<\infty$	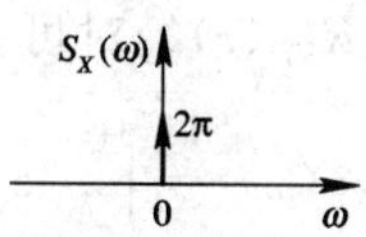 $S_X(\omega)=2\pi\delta(\omega)$
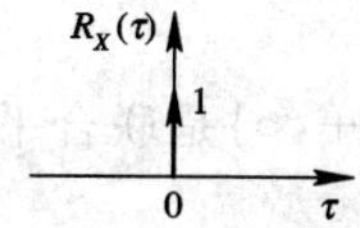 $R_X(\tau)=\delta(\tau)$	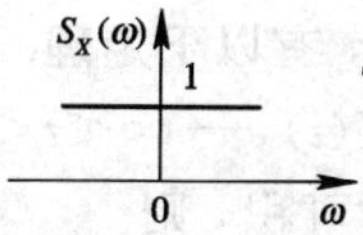 $S_X(\omega)=1$，$-\infty<\omega<\infty$
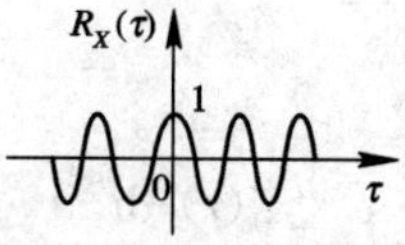 $R_X(\tau)=\cos\omega_0\tau$	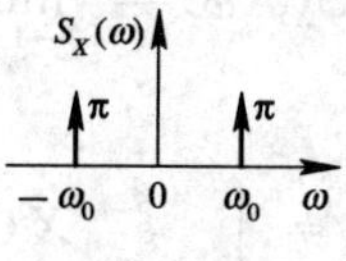 $S_X(\omega)=\pi[\delta(\omega-\omega_0)+\delta(\omega+\omega_0)]$

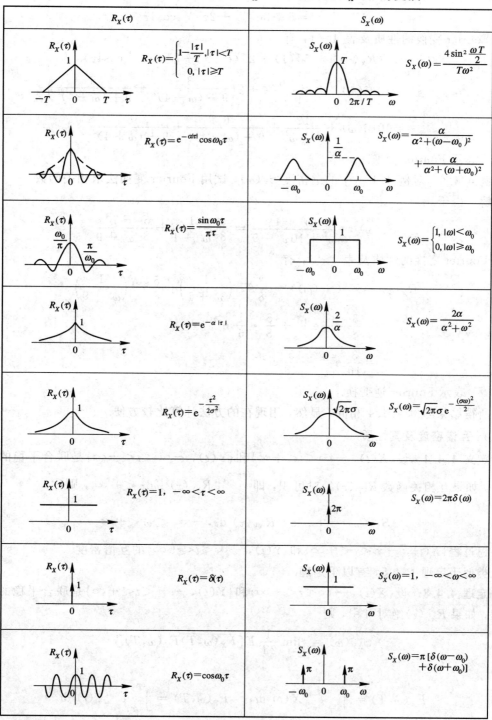

例 4.4.5　已知平稳过程的相关函数为

$$R_X(\tau)=5+4\mathrm{e}^{-3|\tau|}\cos^2 2\tau$$

求谱密度 $S_X(\omega)$.

解　由于

$$\begin{aligned}R_X(\tau)&=5+4\mathrm{e}^{-3|\tau|}\cos^2 2\tau\\&=5+2\mathrm{e}^{-3|\tau|}+2\mathrm{e}^{-3|\tau|}\cos 4\tau\end{aligned}$$

利用 Fourier 变换的性质及表 4－1，有

$$\begin{aligned}S_X(\omega)&=\mathscr{F}(R_X(\tau))=5\mathscr{F}(1)+2\mathscr{F}(\mathrm{e}^{-3|\tau|})+2\mathscr{F}(\mathrm{e}^{-3|\tau|}\cos 4\tau)\\&=10\pi\delta(\omega)+2\cdot\frac{6}{9+\omega^2}+2\left(\frac{3}{9+(\omega-4)^2}+\frac{3}{9+(\omega+4)^2}\right)\\&=10\pi\delta(\omega)+\frac{12}{9+\omega^2}+\frac{6}{9+(\omega-4)^2}+\frac{6}{9+(\omega+4)^2}\end{aligned}$$

其中 $\mathscr{F}$ 表示 Fourier 变换.

例 4.4.6　对例 4.4.4 中的谱密度 $S_X(\omega)$，试用 Fourier 变换法求相关函数.

解　由于

$$S_X(\omega)=\frac{\omega^2+4}{\omega^4+10\omega^2+9}=\frac{3}{8}\frac{1}{\omega^2+1}+\frac{5}{8}\frac{1}{\omega^2+9}$$

利用 Fourier 变换的性质及表 4－1，有

$$\begin{aligned}R_X(\tau)&=\mathscr{F}^{-1}(S_X(\omega))=\frac{3}{8}\mathscr{F}^{-1}\left(\frac{1}{\omega^2+1}\right)+\frac{5}{8}\mathscr{F}^{-1}\left(\frac{1}{\omega^2+9}\right)\\&=\frac{3}{8}\cdot\frac{1}{2}\mathrm{e}^{-|\tau|}+\frac{5}{8}\cdot\frac{1}{6}\mathrm{e}^{-3|\tau|}\\&=\frac{3}{16}\mathrm{e}^{-|\tau|}+\frac{5}{48}\mathrm{e}^{-3|\tau|}\end{aligned}$$

其中 $\mathscr{F}^{-1}$ 表示 Fourier 逆变换.

所得结果与例 4.4.4 相同，显然，用现在的方法计算比较方便.

4. 互谱密度及其性质

定义 4.4.4　设$\{X(t),-\infty<t<+\infty\}$和$\{Y(t),-\infty<t<+\infty\}$是联合平稳的平稳过程，如果互相关函数 $R_{XY}(\tau)$绝对可积，即 $\int_{-\infty}^{+\infty}|R_{XY}(\tau)|\,\mathrm{d}\tau<+\infty$，则称

$$S_{XY}(\omega)=\int_{-\infty}^{+\infty}\mathrm{e}^{-\mathrm{j}\omega\tau}R_{XY}(\tau)\,\mathrm{d}\tau,\ -\infty<\omega<+\infty$$

为平稳过程$\{X(t),-\infty<t<+\infty\}$和$\{Y(t),-\infty<t<+\infty\}$的互谱密度.

类似于定理 4.4.5，有以下定理.

定理 4.4.8　设$\{X(t),-\infty<t<+\infty\}$和$\{Y(t),-\infty<t<+\infty\}$是联合平稳的平稳过程，如果 $R_{XY}(\tau)$绝对可积，则

$$S_{XY}(\omega)=\lim_{T\to+\infty}\frac{1}{2T}E[\overline{F_X(\omega,T)}F_Y(\omega,T)]$$

其中

$$F_X(\omega,T)=\int_{-T}^{T}\mathrm{e}^{-\mathrm{j}\omega t}X(t)\,\mathrm{d}t,\quad F_Y(\omega,T)=\int_{-T}^{T}\mathrm{e}^{-\mathrm{j}\omega t}Y(t)\,\mathrm{d}t$$

虽然我们有类似于定理 4.4.5 的定理 4.4.8，但是互谱密度一般是 ω 的复函数，不能像谱密度那样有物理意义. 它的作用在于把在时域上描述平稳过程$\{X(t), -\infty<t<+\infty\}$和$\{Y(t), -\infty<t<+\infty\}$相互关系的互相关函数，转换到频域上来研究它们的相互关系. 这样的互谱密度具有以下简单的性质(定理 4.4.9).

定理 4.4.9　(1) $\overline{S_{XY}(\omega)}=S_{YX}(\omega)$；

(2) $R_{XY}(\tau)$和 $S_{XY}(\omega)$是一对 Fourier 变换，即

$$S_{XY}(\omega)=\int_{-\infty}^{+\infty}\mathrm{e}^{-\mathrm{j}\omega\tau}R_{XY}(\tau)\,\mathrm{d}\tau,\quad -\infty<\omega<+\infty$$

$$R_{XY}(\tau)=\frac{1}{2\pi}\int_{-\infty}^{+\infty}\mathrm{e}^{\mathrm{j}\omega\tau}S_{XY}(\omega)\,\mathrm{d}\omega,\quad -\infty<\tau<+\infty$$

(3) 若$\{X(t), -\infty<t<+\infty\}$和$\{Y(t), -\infty<t<+\infty\}$是实的联合平稳的平稳过程，则$S_{XY}(\omega)$的实部 $\mathrm{Re}(S_{XY}(\omega))$是偶函数，虚部 $\mathrm{Im}(S_X(\omega))$是奇函数；

(4) $|S_{XY}(\omega)|^2\leqslant S_X(\omega)S_Y(\omega)$，$|S_{YX}(\omega)|^2\leqslant S_X(\omega)S_Y(\omega)$.

证明　(1)、(2)显然.

(3) 由于

$$\begin{aligned}S_{XY}(\omega)&=\int_{-\infty}^{+\infty}\mathrm{e}^{-\mathrm{j}\omega\tau}R_{XY}(\tau)\,\mathrm{d}\tau\\&=\int_{-\infty}^{+\infty}(R_{XY}(\tau)\cos\omega\tau-\mathrm{j}R_{XY}(\tau)\sin\omega\tau)\,\mathrm{d}\tau\\&=\int_{-\infty}^{+\infty}R_{XY}(\tau)\cos\omega\tau\,\mathrm{d}\tau-\mathrm{j}\int_{-\infty}^{+\infty}R_{XY}(\tau)\sin\omega\tau\,\mathrm{d}\tau\end{aligned}$$

故

$$\mathrm{Re}(S_{XY}(\omega))=\int_{-\infty}^{+\infty}R_{XY}(\tau)\cos\omega\tau\,\mathrm{d}\tau$$

$$\mathrm{Im}(S_{XY}(\omega))=-\int_{-\infty}^{+\infty}R_{XY}(\tau)\sin\omega\tau\,\mathrm{d}\tau$$

显然 $\mathrm{Re}(S_{XY}(\omega))$是偶函数，$\mathrm{Im}(S_{XY}(\omega))$是奇函数.

(4)
$$\begin{aligned}|S_{XY}(\omega)|^2&=\left|\lim_{T\to+\infty}\frac{1}{2T}E[\overline{F_X(\omega,T)}F_Y(\omega,T)]\right|^2\\&=\lim_{T\to+\infty}\frac{1}{4T^2}\,|E[\overline{F_X(\omega,T)}F_Y(\omega,T)]|^2\\&\leqslant\lim_{T\to+\infty}\frac{1}{4T^2}E[|F_X(\omega,T)|^2]E[|F_Y(\omega,T)|^2]\\&=\lim_{T\to+\infty}\frac{1}{2T}[E|F_X(\omega,T)|^2]\lim_{T\to+\infty}\frac{1}{2T}E[|F_Y(\omega,T)|^2]\\&=S_X(\omega)S_Y(\omega)\end{aligned}$$

同理可证 $|S_{YX}(\omega)|^2\leqslant S_X(\omega)S_Y(\omega)$.

例 4.4.7　设$\{X(t), -\infty<t<+\infty\}$和$\{Y(t), -\infty<t<+\infty\}$是联合平稳的平稳过程，其互谱密度为

$$S_{XY}(\omega)=\begin{cases}a+\dfrac{\mathrm{j}b\omega}{c}, & |\omega|<c\\0, & \text{其它}\end{cases}$$

其中 $c>0$，a 和 b 为实常数，求互相关函数 $R_{XY}(\tau)$.

解 $R_{XY}(\tau)=\dfrac{1}{2\pi}\displaystyle\int_{-\infty}^{+\infty}e^{j\omega\tau}S_{XY}(\omega)d\omega=\dfrac{1}{2\pi}\int_{-c}^{c}e^{j\omega\tau}\left(a+\dfrac{jb\omega}{c}\right)d\omega$

$$=\frac{1}{\pi c\tau^2}[(ac\tau-b)\sin c\tau+bc\tau\cos c\tau]$$

例 4.4.8 设$\{X(t),-\infty<t<+\infty\}$和$\{Y(t),-\infty<t<+\infty\}$是联合平稳的平稳过程，它们的谱密度和互谱密度分别为 $S_X(\omega)$、$S_Y(\omega)$和 $S_{XY}(\omega)$，令 $Z(t)=X(t)+Y(t)$，$-\infty<t<+\infty$，试求$\{Z(t),-\infty<t<+\infty\}$的谱密度.

解 由例 4.2.1 知，$\{Z(t),-\infty<t<+\infty\}$是平稳过程，且相关函数为

$$R_Z(\tau)=R_X(\tau)+R_{XY}(\tau)+R_{YX}(\tau)+R_Y(\tau)$$

所以

$$\begin{aligned}S_Z(\omega)&=\mathscr{F}(R_Z(\tau))=\mathscr{F}(R_X(\tau))+\mathscr{F}(R_{XY}(\tau))+\mathscr{F}(R_{YX}(\tau))+\mathscr{F}(R_Y(\tau))\\&=S_X(\omega)+S_{XY}(\omega)+S_{YX}(\omega)+S_Y(\omega)\\&=S_X(\omega)+S_Y(\omega)+2\mathrm{Re}(S_{XY}(\omega))\end{aligned}$$

4.5 平稳过程的谱分解

在上一节研究谱密度的物理意义时我们曾经指出，如果一个确定性信号 $x(t)$，$-\infty<t<+\infty$，满足 Dirichlet 条件且绝对可积，那么 $x(t)$存在频谱

$$F_x(\omega)=\int_{-\infty}^{+\infty}e^{-j\omega t}x(t)\,dt$$

从而有

$$x(t)=\frac{1}{2\pi}\int_{-\infty}^{+\infty}e^{j\omega t}F_x(\omega)\,d\omega$$

此式说明 $x(t)$是复谱分量 $F_x(\omega)\,d\omega\,e^{j\omega t}$ 的无限叠加和，对于平稳过程$\{X(t),-\infty<t<+\infty\}$是否也有类似的结论呢？为此，我们来讨论平稳过程的谱分解. 不失一般性，本节假设平稳过程$\{X(t),-\infty<t<+\infty\}$是零均值，即 $m_X=0$.

定理 4.5.1(复平稳过程的谱分解) 设$\{X(t),-\infty<t<+\infty\}$是零均值均方连续的平稳过程，其谱函数为 $F_X(\omega)$，则 $X(t)$可以表示为

$$X(t)=\int_{-\infty}^{+\infty}e^{j\omega t}\,dZ(\omega),-\infty<t<+\infty$$

其中

$$Z(\omega)=\underset{T\to+\infty}{\mathrm{l.i.m}}\frac{1}{2\pi}\int_{-T}^{T}\frac{e^{-j\omega t}-1}{-jt}X(t)\,dt,\quad -\infty<\omega<+\infty$$

称为$\{X(t),-\infty<t<+\infty\}$的随机谱函数. 其具有如下性质：

(1) $E[Z(\omega)]=0$；

(2) $\forall\,\omega_1<\omega_2\leqslant\omega_3<\omega_4$，$E[\overline{(Z(\omega_2)-Z(\omega_1))}(Z(\omega_4)-Z(\omega_3))]=0$；

(3) $\forall\,\omega_1<\omega_2$，$E[|Z(\omega_2)-Z(\omega_1)|^2]=\dfrac{1}{2\pi}[F_X(\omega_2)-F_X(\omega_1)]$.

此定理的证明很复杂，在此省略. 下面说明这个定理的实际意义. 由于

$$X(t)=\int_{-\infty}^{+\infty} e^{j\omega t}\, dZ(\omega)$$

即
$$X(t)=\underset{T\to+\infty}{\mathrm{l.i.m}}\int_{-T}^{T} e^{j\omega t}\, dZ(\omega)$$

把区间$[-T,T]$等分为$2N$个子区间，均方积分的定义

$$X(t)\overset{\text{def}}{=}\underset{T\to+\infty}{\mathrm{l.i.m}}\ \underset{N\to\infty}{\mathrm{l.i.m}}\sum_{k=-N+1}^{N} e^{jt\frac{k}{N}T}\left(Z\left(\frac{kT}{N}\right)-Z\left(\frac{(k-1)T}{N}\right)\right)$$

说明均方连续的平稳过程$\{X(t),-\infty<t<+\infty\}$可以看成振幅为$Z\left(\frac{kT}{N}\right)-Z\left(\frac{(k-1)T}{N}\right)$，角频率为$\frac{kT}{N}$的谐分量的有限次叠加和的均方极限. 简单地说，$X(t)$是谐分量$dZ(\omega)e^{jt\omega}$，$-\infty<\omega<+\infty$的无限叠加和.

定理 4.5.2（实平稳过程的谱分解） 设$\{X(t),-\infty<t<+\infty\}$是零均值均方连续的实平稳过程，其谱函数为$F_X(\omega)$，则$X(t)$可以表示为

$$X(t)=\int_0^{+\infty}\cos\omega t\ dZ_1(\omega)+\int_0^{+\infty}\sin\omega t\ dZ_2(\omega),\quad -\infty<t<+\infty$$

其中

$$Z_1(\omega)=\underset{T\to+\infty}{\mathrm{l.i.m}}\frac{1}{\pi}\int_{-T}^{T}\frac{\sin\omega t}{t}X(t)\,dt,\quad -\infty<\omega<+\infty$$

$$Z_2(\omega)=\underset{T\to+\infty}{\mathrm{l.i.m}}\frac{1}{\pi}\int_{-T}^{T}\frac{1-\cos\omega t}{t}X(t)\,dt,\quad -\infty<\omega<+\infty$$

称为实平稳过程$\{X(t),-\infty<t<+\infty\}$的随机谱函数. 其具有如下性质：

(1) $E[Z_1(\omega)]=E[Z_2(\omega)]=0$；

(2) 若$i\neq j$或$i=j$，则$\forall\,\omega_1<\omega_2\leqslant\omega_3<\omega_4$，有

$$E[(Z_i(\omega_2)-Z_i(\omega_1))(Z_j(\omega_4)-Z_j(\omega_3))]=0,\quad i,j=1,2$$

(3) $\forall\,\omega_1<\omega_2,E[Z_1(\omega_2)-Z_1(\omega_1)]^2=E[Z_2(\omega_2)-Z_2(\omega_1)]^2=\frac{1}{\pi}[F_X(\omega_2)-F_X(\omega_1)]$.

证明 由定理 4.5.1，仅需证平稳过程$\{X(t),-\infty<t<+\infty\}$及随机谱函数$Z_1(\omega)$、$Z_2(\omega)$具有定理给出的表示式.

由于

$$\begin{aligned}Z(\omega)&=\underset{T\to+\infty}{\mathrm{l.i.m}}\frac{1}{2\pi}\int_{-T}^{T}\frac{e^{-j\omega t}-1}{-jt}X(t)\,dt\\&=\underset{T\to+\infty}{\mathrm{l.i.m}}\frac{1}{2\pi}\int_{-T}^{T}\frac{\cos\omega t-j\sin\omega t-1}{-jt}X(t)\,dt\\&=\underset{T\to+\infty}{\mathrm{l.i.m}}\frac{1}{2\pi}\int_{-T}^{T}\left(\frac{\sin\omega t}{t}X(t)+j\frac{\cos\omega t-1}{t}X(t)\right)dt\\&=\underset{T\to+\infty}{\mathrm{l.i.m}}\frac{1}{2\pi}\int_{-T}^{T}\frac{\sin\omega t}{t}X(t)\,dt+j\,\underset{T\to+\infty}{\mathrm{l.i.m}}\frac{1}{2\pi}\int_{-T}^{T}\frac{\cos\omega t-1}{t}X(t)\,dt\\&\overset{\text{def}}{=}\mathrm{Re}(Z(\omega))+j\,\mathrm{Im}(Z(\omega))\end{aligned}$$

显然$\mathrm{Re}(Z(\omega))$为奇函数，$\mathrm{Im}(Z(\omega))$为偶函数，又

$$
\begin{aligned}
X(t) &= \int_{-\infty}^{+\infty} e^{j\omega t}\, dZ(\omega) \\
&= \int_{-\infty}^{+\infty} (\cos\omega t + j\sin\omega t)(d\mathrm{Re}(Z(\omega)) + j\, d\mathrm{Im}(Z(\omega))) \\
&= \int_{-\infty}^{+\infty} \cos\omega t\, d\mathrm{Re}(Z(\omega)) - \int_{-\infty}^{+\infty} \sin\omega t\, d\mathrm{Im}(Z(\omega)) \\
&= 2\int_{0}^{+\infty} \cos\omega t\, d\mathrm{Re}(Z(\omega)) - 2\int_{0}^{+\infty} \sin\omega t\, d\mathrm{Im}(Z(\omega)) \\
&= \int_{0}^{+\infty} \cos\omega t\, dZ_1(\omega) + \int_{0}^{+\infty} \sin\omega t\, dZ_2(\omega)
\end{aligned}
$$

其中

$$
\begin{aligned}
Z_1(\omega) &= 2\mathrm{Re}(Z(\omega)) = 2\ \underset{T\to+\infty}{\mathrm{l.i.m}}\frac{1}{2\pi}\int_{-T}^{T}\frac{\sin\omega t}{t}X(t)\,dt \\
&= \underset{T\to+\infty}{\mathrm{l.i.m}}\frac{1}{\pi}\int_{-T}^{T}\frac{\sin\omega t}{t}X(t)\,dt \\
Z_2(\omega) &= -2\,\mathrm{Im}(Z(\omega)) = -2\ \underset{T\to+\infty}{\mathrm{l.i.m}}\frac{1}{2\pi}\int_{-T}^{T}\frac{\cos\omega t - 1}{t}X(t)\,dt \\
&= \underset{T\to+\infty}{\mathrm{l.i.m}}\frac{1}{\pi}\int_{-T}^{T}\frac{1-\cos\omega t}{t}X(t)\,dt
\end{aligned}
$$

对于平稳时间序列也有类似的谱分解.

定理 4.5.3(复平稳时间序列的谱分解)　设$\{X_n,\ n=0,\ \pm1,\ \pm2,\ \cdots\}$是零均值的平稳时间序列，其谱函数为$F_X(\omega)$，则$X_n$可表示为

$$X_n = \int_{-\pi}^{\pi} e^{j\omega n}\, dZ(\omega),\quad n = 0, \pm1, \pm2, \cdots$$

其中

$$Z(\omega) = \frac{1}{2\pi}\left(\omega X_0 - \sum_{n\neq 0}\frac{e^{-j\omega n}-1}{jn}X_n\right),\quad -\pi\leqslant\omega\leqslant\pi$$

称为平稳时间序列$\{X_n,\ n=0,\ \pm1,\ \pm2,\ \cdots\}$的随机谱函数. 其具有如下性质:

(1) $E[Z(\omega)]=0$;

(2) $\forall\,\omega_1<\omega_2\leqslant\omega_3<\omega_4$, $E[\overline{(Z(\omega_2)-Z(\omega_1))}(Z(\omega_4)-Z(\omega_3))]=0$;

(3) $\forall\,\omega_1<\omega_2$, $E[|Z(\omega_2)-Z(\omega_1)|^2]=\frac{1}{2\pi}[F_X(\omega_2)-F_X(\omega_1)]$.

定理 4.5.4(实平稳时间序列的谱分解)　设$\{X_n,\ n=0, \pm1, \pm2, \cdots\}$是零均值的实平稳时间序列，其谱函数为$F_X(\omega)$，则$X_n$可表示为

$$X_n = \int_0^{\pi}\cos\omega n\, dZ_1(\omega) + \int_0^{\pi}\sin\omega n\, dZ_2(\omega),\quad n = 0, \pm1, \pm2, \cdots$$

其中

$$Z_1(\omega) = \frac{1}{\pi}\left(\omega X_0 + \sum_{n\neq0}\frac{\sin\omega n}{n}X_n\right),\quad -\pi\leqslant\omega\leqslant\pi$$

$$Z_2(\omega) = \frac{1}{\pi}\sum_{n\neq0}\frac{1-\cos\omega n}{n}X_n,\quad -\pi\leqslant\omega\leqslant\pi$$

称为实平稳时间序列$\{X_n,\ n=0,\ \pm1,\ \pm2,\ \cdots\}$的随机谱函数. 其具有如下性质:

(1) $E[Z_1(\omega)]=E[Z_2(\omega)]=0$;

(2) 若 $i \neq j$ 或 $i=j$，则 $\forall \omega_1 < \omega_2 \leqslant \omega_3 < \omega_4$，有

$$E[(Z_i(\omega_2) - Z_i(\omega_1))(Z_j(\omega_4) - Z_j(\omega_3))] = 0,\quad i,j = 1,2$$

(3) $\forall \omega_1 < \omega_2, E[Z_1(\omega_2) - Z_1(\omega_1)]^2 = E[Z_2(\omega_2) - Z_2(\omega_1)]^2 = \frac{1}{\pi}[F_X(\omega_2) - F_X(\omega_1)]$.

4.6　线性系统中的平稳过程

在工程和物理中经常会遇到线性系统. 在线性系统中，如果输入是一个平稳过程，那么输出应该是一个随机过程. 这个输出随机过程是否为平稳过程？如何求输出随机过程的概率特性？输入随机过程与输出随机过程的相关情况又怎样呢？本节将要讨论这些问题.

1. 线性时不变系统

所谓系统，是指能对各种输入按照一定的规则 L 产生输出的装置. 而研究系统的各种特性就是讨论输入、输出间的联系及其各种指标间的相互关系.

一般地，系统的输入激励 $x(t)$ 和输出响应 $y(t)$ 之间的关系(见图 4 - 2)可用数学运算表示：

$$y(t) = L[x(t)]$$

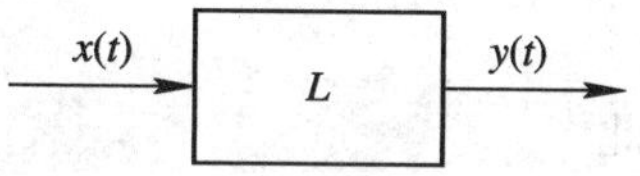

图　4 - 2

其中 L 表示系统对输入进行某种运算，它可以是各种数学运算，如微分、积分等. L 的性质将决定系统的特性，所以我们也用 L 表示系统.

定义 4.6.1　设系统 L，如果 $y_1(t)=L[x_1(t)]$，$y_2(t)=L[x_2(t)]$，而对于任意的常数 c_1 和 c_2，有

$$\begin{aligned} L[c_1x_1(t) + c_2x_2(t)] &= c_1L[x_1(t)] + c_2L[x_2(t)] \\ &= c_1y_1(t) + c_2y_2(t) \end{aligned}$$

则称 L 是线性系统.

定义 4.6.2　设系统 L，如果对任意常数 τ，有

$$L[x(t+\tau)] = y(t+\tau)$$

则称 L 是定常的或时不变的.

显然，对于不同的线性时不变系统，即使在同一激励之下，其响应也是不同的. 但是，在线性时不变系统中，当激励 $x(t)=e^{j\omega t}$ 时，有其特定的作用，从而可引出频率响应函数的概念.

定理 4.6.1　对线性时不变系统 L，若其输入 $x(t)=e^{j\omega t}$，则其输出为

$$y(t) = H(\omega)e^{j\omega t} \tag{4.6.1}$$

其中 $H(\omega)=L[e^{j\omega t}]|_{t=0}$.

证明　设 $L[e^{j\omega t}]=y(t)$，由定义 4.6.2 可知，

$$L[e^{j\omega(t+\tau)}] = y(t+\tau)$$

所以

$$y(t+\tau) = L[e^{j\omega\tau} \cdot e^{j\omega t}] = e^{j\omega\tau}L[e^{j\omega t}] = e^{j\omega\tau}y(t)$$

在 $t=0$ 时，

$$y(0) = L[e^{j\omega t}]|_{t=0} \stackrel{\text{def}}{=} H(\omega)$$

因此

$$y(\tau) = e^{j\omega\tau}y(0) = H(\omega)e^{j\omega\tau}$$

故

$$y(t) = H(\omega)e^{j\omega t}$$

此定理表明，对于线性时不变系统，若输入为 $x(t)=e^{j\omega t}$，则其输出仍为同一频率的函数，但振幅和相位一般要改变. 称 $H(\omega)$为系统 L 的频率响应函数.

定义 4.6.3 设系统 L，如果当$\lim\limits_{n\to\infty} x_n(t)=x(t)$，$L[x_n(t)]=y_n(t)$，$n=1, 2, \cdots$ 时，有

$$\lim_{n\to\infty} y_n(t) = L[x(t)]$$

则称 L 保持连续性.

设 L 保持连续性，当输入 $x(t)$ 为一满足 Dirichlet 条件且绝对可积函数时，即 $\int_{-\infty}^{+\infty} |x(t)| dt < +\infty$，则 $x(t)$的频谱

$$F_x(\omega) = \int_{-\infty}^{+\infty} e^{-j\omega t}x(t)\, dt \tag{4.6.2}$$

因此

$$x(t) = \frac{1}{2\pi}\int_{-\infty}^{+\infty} e^{j\omega t}F_x(\omega)\, d\omega \tag{4.6.3}$$

对于(4.6.3)式，我们也可以认为 $x(t)$是下列和式 $x_n(t)$的极限：

$$x_n(t) = \frac{1}{2\pi}\sum_i F_x(\omega_i)e^{jt\omega_i}\Delta\omega_i$$

所以

$$\begin{aligned} y_n(t) &= L[x_n(t)] \\ &= \frac{1}{2\pi}\sum_i F_x(\omega_i)L[e^{jt\omega_i}]\Delta\omega_i \\ &= \frac{1}{2\pi}\sum_i F_x(\omega_i)H(\omega_i)e^{jt\omega_i}\Delta\omega_i \end{aligned}$$

又 L 保持连续性，所以

$$\begin{aligned} y(t) &= \lim_{n\to\infty} y_n(t) = \lim_{n\to\infty} L[x_n(t)] \\ &= \lim_{n\to\infty}\frac{1}{2\pi}\sum_i F_x(\omega_i)H(\omega_i)\, e^{jt\omega_i}\Delta\omega_i \\ &= \frac{1}{2\pi}\int_{-\infty}^{+\infty} e^{j\omega t}H(\omega)F_x(\omega)\, d\omega \end{aligned}$$

如果输出 $y(t)$也满足 Dirichlet 条件且绝对可积，则 $y(t)$的频谱为

$$F_y(\omega) = \int_{-\infty}^{+\infty} e^{-j\omega t}y(t)\, dt$$

从而

$$y(t) = \frac{1}{2\pi}\int_{-\infty}^{+\infty} e^{j\omega t}F_y(\omega)\, d\omega$$

所以

$$F_y(\omega) = H(\omega)F_x(\omega) \tag{4.6.4}$$

由于 $F_x(\omega)$、$F_y(\omega)$完全对应着 $x(t)$、$y(t)$，因此 $H(\omega)$就完全确定了系统的输入与输出之间的关系，这就表明线性时不变系统可由它的频率特性完全确定.

如果 $H(\omega)$绝对可积，即 $\int_{-\infty}^{+\infty} |H(\omega)| \mathrm{d}\omega < +\infty$，则我们可以从(4.6.4)式出发，直接求出 $x(t)$与 $y(t)$之间的关系.

设 $h(t)$满足

$$h(t) = \frac{1}{2\pi}\int_{-\infty}^{+\infty} \mathrm{e}^{\mathrm{j}\omega t} H(\omega)\, \mathrm{d}\omega \tag{4.6.5}$$

利用卷积定理可得

$$\begin{aligned} y(t) &= \frac{1}{2\pi}\int_{-\infty}^{+\infty} \mathrm{e}^{\mathrm{j}\omega t} F_y(\omega)\, \mathrm{d}\omega \\ &= \frac{1}{2\pi}\int_{-\infty}^{+\infty} \mathrm{e}^{\mathrm{j}\omega t} H(\omega) F_x(\omega)\, \mathrm{d}\omega \\ &= h(t) * x(t) = \int_{-\infty}^{+\infty} h(t-s)x(s)\, \mathrm{d}s \end{aligned} \tag{4.6.6}$$

由(4.6.4)式出发得到(4.6.6)式，这就表明由 $F_y(\omega) = H(\omega)F_x(\omega)$找到了 $x(t)$与 $y(t)$之间的关系式，(4.6.6)式表明了从时域上联系输入 $x(t)$与输出 $y(t)$之间的关系，其纽带就是重要的函数 $h(t)$. 不难发现，当 $x(t) = \delta(t)$时，则

$$y(t) = \int_{-\infty}^{+\infty} h(t-\tau)\delta(\tau)\, \mathrm{d}\tau = h(t)$$

换句话说，$h(t)$就是当输入为单位脉冲函数时的输出.

定义 4.6.4　设 L 为线性时不变系统，则称输入函数为单位脉冲函数 $\delta(t)$时的输出为该系统的脉冲响应函数.

由(4.6.5)式可以看出，系统的频率响应与脉冲响应构成一对 Fourier 变换，即

$$h(t) = \frac{1}{2\pi}\int_{-\infty}^{+\infty} \mathrm{e}^{\mathrm{j}\omega t} H(\omega) \mathrm{d}\omega, \quad -\infty < t < +\infty$$

$$H(\omega) = \int_{-\infty}^{+\infty} \mathrm{e}^{-\mathrm{j}\omega t} h(t)\, \mathrm{d}t, \quad -\infty < \omega < +\infty$$

由(4.6.4)式和(4.6.6)式可知，它们都能完全确定系统的输入与输出之间的依赖关系，在不同的问题中，可依据问题的条件和不同要求，分别选用(4.6.4)式或(4.6.6)式来解决问题，即在频域中分析系统采用(4.6.4)式而在时域中采用(4.6.6)式.

2. 线性时不变系统对随机输入的响应

由前面的讨论知道，对于线性时不变系统，可以通过频率响应 $H(\omega)$或脉冲响应 $h(t)$来研究系统的输入为确定函数的响应. 现在的问题是：如果该系统的输入是一个平稳过程$\{X(t), -\infty<t<+\infty\}$，该系统的输出是否仍为平稳过程？如果是平稳过程，则其均值函数、相关函数及谱密度如何确定？下面我们从平稳过程的均方积分和脉冲响应 $h(t)$所满足的条件出发来解决以上问题.

定理 4.6.2　设$\{X(t), -\infty<t<+\infty\}$是平稳过程，$R_X(\tau)$和 $S_X(\omega)$分别为其相关函数和谱密度，且 $R_X(\tau)$绝对可积，L 是以 $h(t)$和 $H(\omega)$分别为脉冲响应和频率响应的线性时不变系统，且满足：

(1) $$\int_{-\infty}^{+\infty} |h(t)|\, dt < +\infty$$

(2) $$\int_{-\infty}^{+\infty}\int_{-\infty}^{+\infty} |\overline{h(s)}h(t)R_X(t-s)|\, ds\, dt < +\infty$$

则：

(1) 输出$\{Y(t), -\infty < t < +\infty\}$也是平稳过程，其中

$$Y(t) = \int_{-\infty}^{+\infty} h(t-s)X(s)\, ds, \quad -\infty < t < +\infty \tag{4.6.7}$$

(2) $$m_Y(t) = m_X\int_{-\infty}^{+\infty} h(t)\, dt$$

$$R_Y(\tau) = \int_{-\infty}^{+\infty}\int_{-\infty}^{+\infty} \overline{h(s)}h(t)R_X(s+\tau-t)\, ds\, dt \tag{4.6.8}$$

(3) $\{Y(t), -\infty < t < +\infty\}$的谱密度存在，且

$$S_Y(\omega) = |H(\omega)|^2 S_X(\omega) \tag{4.6.9}$$

证明 (1) 由(4.6.6)式，系统的输出为

$$Y(t) = \int_{-\infty}^{+\infty} h(t-s)X(s)\, ds, \quad -\infty < t < +\infty$$

因为

$$\begin{aligned} m_Y(t) = E[Y(t)] &= E\left[\int_{-\infty}^{+\infty} h(t-s)X(s)\, ds\right] \\ &= E\left[\int_{-\infty}^{+\infty} h(s)X(t-s)\, ds\right] \\ &= m_X\int_{-\infty}^{+\infty} h(t)\, dt \end{aligned}$$

$$\begin{aligned} R_Y(t,t+\tau) &= E[\overline{Y(t)}Y(t+\tau)] \\ &= E\left[\overline{\int_{-\infty}^{+\infty} h(t-u)X(u)\, du}\int_{-\infty}^{+\infty} h(t+\tau-v)X(v)\, dv\right] \\ &= E\left[\overline{\int_{-\infty}^{+\infty} h(u)X(t-u)\, du}\int_{-\infty}^{+\infty} h(v)X(t+\tau-v)\, dv\right] \\ &= \int_{-\infty}^{+\infty}\int_{-\infty}^{+\infty} \overline{h(u)}h(v)R_X(\tau+u-v)\, du\, dv \\ &= \int_{-\infty}^{+\infty}\int_{-\infty}^{+\infty} \overline{h(s)}h(t)R_X(s+\tau-t)\, ds\, dt \\ &\overset{\text{def}}{=} R_Y(\tau) \end{aligned}$$

所以$\{Y(t), -\infty<t<+\infty\}$是平稳过程.

(2) 由(1)直接推得.

(3) 因为

$$\begin{aligned} \int_{-\infty}^{+\infty} |R_Y(\tau)|\, d\tau &= \int_{-\infty}^{+\infty} \left|\int_{-\infty}^{+\infty}\int_{-\infty}^{+\infty} \overline{h(s)}h(t)R_X(s+\tau-t)\, ds\, dt\right| d\tau \\ &\leqslant \int_{-\infty}^{+\infty}\int_{-\infty}^{+\infty}\int_{-\infty}^{+\infty} |h(s)||h(t)||R_X(s+\tau-t)|\, ds\, dt\, d\tau \end{aligned}$$

又 $R_X(\tau)$绝对可积，即 $\int_{-\infty}^{+\infty} |R_X(\tau)| \mathrm{d}\tau < +\infty$，故∃$M>0$，使得

$$\int_{-\infty}^{+\infty} |R_X(s+\tau-t)| \mathrm{d}\tau \leqslant M$$

于是

$$\begin{aligned}\int_{-\infty}^{+\infty} |R_Y(\tau)| \mathrm{d}\tau &\leqslant \int_{-\infty}^{+\infty}\int_{-\infty}^{+\infty} |h(s)||h(t)| \left(\int_{-\infty}^{+\infty} |R_X(s+\tau-t)| \mathrm{d}\tau\right)\mathrm{d}s\, \mathrm{d}t \\ &\leqslant M\int_{-\infty}^{+\infty}\int_{-\infty}^{+\infty} |h(s)||h(t)| \mathrm{d}s\, \mathrm{d}t \\ &= M\left(\int_{-\infty}^{+\infty} |h(t)| \mathrm{d}t\right)^2 < +\infty\end{aligned}$$

所以 $R_Y(\tau)$绝对可积，从而谱密度存在，且

$$\begin{aligned}S_Y(\omega) &= \int_{-\infty}^{+\infty} \mathrm{e}^{-\mathrm{j}\omega\tau} R_Y(\tau)\, \mathrm{d}\tau \\ &= \int_{-\infty}^{+\infty} \mathrm{e}^{-\mathrm{j}\omega\tau} \left[\int_{-\infty}^{+\infty}\int_{-\infty}^{+\infty} \overline{h(s)} h(t) R_X(s+\tau-t)\, \mathrm{d}s\, \mathrm{d}t\right] \mathrm{d}\tau \\ &= \int_{-\infty}^{+\infty}\int_{-\infty}^{+\infty} \overline{h(s)} h(t) \left[\int_{-\infty}^{+\infty} \mathrm{e}^{-\mathrm{j}\omega\tau} R_X(s+\tau-t)\, \mathrm{d}\tau\right] \mathrm{d}s\, \mathrm{d}t\end{aligned}$$

对于积分 $\int_{-\infty}^{+\infty} \mathrm{e}^{-\mathrm{j}\omega\tau} R_X(s+\tau-t)\, \mathrm{d}\tau$ 作变换 $u=s+\tau-t$，得

$$\begin{aligned}\int_{-\infty}^{+\infty} \mathrm{e}^{-\mathrm{j}\omega\tau} R_X(s+\tau-t)\, \mathrm{d}\tau &= \int_{-\infty}^{+\infty} \mathrm{e}^{-\mathrm{j}\omega(u-s+t)} R_X(u)\mathrm{d}u \\ &= \mathrm{e}^{-\mathrm{j}\omega(t-s)} \int_{-\infty}^{+\infty} \mathrm{e}^{-\mathrm{j}\omega u} R_X(u)\mathrm{d}u \\ &= \mathrm{e}^{-\mathrm{j}\omega(t-s)} S_X(\omega)\end{aligned}$$

于是

$$\begin{aligned}S_Y(\omega) &= S_X(\omega) \int_{-\infty}^{+\infty} \mathrm{e}^{\mathrm{j}\omega s}\, \overline{h(s)}\, \mathrm{d}s \int_{-\infty}^{+\infty} \mathrm{e}^{-\mathrm{j}\omega t} h(t)\, \mathrm{d}t \\ &= S_X(\omega) \overline{\int_{-\infty}^{+\infty} \mathrm{e}^{-\mathrm{j}\omega s} h(s)\, \mathrm{d}s} \int_{-\infty}^{+\infty} \mathrm{e}^{-\mathrm{j}\omega t} h(t)\, \mathrm{d}t \\ &= |H(\omega)|^2 S_X(\omega)\end{aligned}$$

3. 输入和输出的互相关函数与互谱密度

由前可知，对一个线性时不变系统输入一个平稳过程$\{X(t), -\infty<t<+\infty\}$，那么输出$\{Y(t), -\infty<t<+\infty\}$也是平稳过程. 现在的问题是：$\{X(t), -\infty<t<+\infty\}$与$\{Y(t), -\infty<t<+\infty\}$是否联合平稳呢? 对此，我们有下列的定理.

定理 4.6.3　设平稳过程$\{X(t), -\infty<t<+\infty\}$是线性时不变系统 L 的输入，平稳过程$\{Y(t), -\infty<t<+\infty\}$为其输出，且$\{X(t), -\infty<t<+\infty\}$存在谱密度 $S_X(\omega)$，则$\{X(t), -\infty<t<+\infty\}$与$\{Y(t), -\infty<t<+\infty\}$是联合平稳的平稳过程，且它们的互谱密度为

$$S_{XY}(\omega) = H(\omega)S_X(\omega) \tag{4.6.10}$$

其中 $H(\omega)$为系统 L 的频率响应.

证明 由(4.6.7)式得

$$
\begin{aligned}
R_{XY}(t,t+\tau) &= E[\overline{X(t)}Y(t+\tau)] \\
&= E\left[\overline{X(t)}\int_{-\infty}^{+\infty} h(t+\tau-s)X(s)\,\mathrm{d}s\right] \\
&= E\left[\overline{X(t)}\int_{-\infty}^{+\infty} h(s)X(t+\tau-s)\,\mathrm{d}s\right] \\
&= \int_{-\infty}^{+\infty} h(s)E[\overline{X(t)}X(t+\tau-s)]\,\mathrm{d}s \\
&= \int_{-\infty}^{+\infty} h(s)R_X(\tau-s)\,\mathrm{d}s \overset{\text{def}}{=} R_{XY}(\tau)
\end{aligned} \tag{4.6.11}
$$

所以$\{X(t),\ -\infty<t<+\infty\}$与$\{Y(t),\ -\infty<t<+\infty\}$是联合平稳的平稳过程.

$$
\begin{aligned}
S_{XY}(\omega) &= \int_{-\infty}^{+\infty} \mathrm{e}^{-\mathrm{j}\omega\tau}R_{XY}(\tau)\,\mathrm{d}\tau \\
&= \int_{-\infty}^{+\infty} \mathrm{e}^{-\mathrm{j}\omega\tau}\left(\int_{-\infty}^{+\infty} h(s)R_X(\tau-s)\,\mathrm{d}s\right)\mathrm{d}\tau \\
&= \int_{-\infty}^{+\infty} h(s)\left(\int_{-\infty}^{+\infty} \mathrm{e}^{-\mathrm{j}\omega\tau}R_X(\tau-s)\,\mathrm{d}\tau\right)\mathrm{d}s \\
&= \int_{-\infty}^{+\infty} \mathrm{e}^{-\mathrm{j}\omega s}h(s)\,\mathrm{d}s\int_{-\infty}^{+\infty} \mathrm{e}^{-\mathrm{j}\omega u}R_X(u)\,\mathrm{d}u \\
&= H(\omega)S_X(\omega)
\end{aligned}
$$

从(4.6.10)式和(4.6.11)式可以发现，$\{X(t),\ -\infty<t<+\infty\}$与$\{Y(t),\ -\infty<t<+\infty\}$的互谱密度等于$\{X(t),\ -\infty<t<+\infty\}$的谱密度和频率响应函数的乘积；它们的互相关函数等于$\{X(t),\ -\infty<t<+\infty\}$的相关函数与脉冲函数的卷积.

例 4.6.1 设系统 L：

$$\sum_{i=0}^{n} a_i y^{(n-i)}(t) = \sum_{k=0}^{m} b_k x^{(m-k)}(t)$$

且初始条件为 $y^{(i)}(t_0)=0$，$0\leqslant i\leqslant n-1$，求该系统的频率响应函数.

解 系统 L 显然是线性时不变系统. 因为 $y(t)=L[x(t)]=H(\omega)\,\mathrm{e}^{\mathrm{j}\omega t}$，所以

$$\sum_{i=0}^{n} a_i y^{(n-i)}(t) = \sum_{i=0}^{n} a_i H(\omega)(\mathrm{j}\omega)^{n-i}\mathrm{e}^{\mathrm{j}\omega t}$$

又

$$\sum_{k=0}^{m} b_k x^{(m-k)}(t) = \sum_{k=0}^{m} b_k(\mathrm{j}\omega)^{m-k}\mathrm{e}^{\mathrm{j}\omega t}$$

所以

$$\sum_{i=0}^{n} a_i H(\omega)(\mathrm{j}\omega)^{n-i}\,\mathrm{e}^{\mathrm{j}\omega t} = \sum_{k=0}^{m} b_k(\mathrm{j}\omega)^{m-k}\,\mathrm{e}^{\mathrm{j}\omega t}$$

故

$$H(\omega) = \frac{\sum_{k=0}^{m} b_k(\mathrm{j}\omega)^{m-k}\mathrm{e}^{\mathrm{j}\omega t}}{\sum_{i=0}^{n} a_i(\mathrm{j}\omega)^{n-i}\mathrm{e}^{\mathrm{j}\omega t}} = \frac{\sum_{k=0}^{m} b_k(\mathrm{j}\omega)^{m-k}}{\sum_{i=0}^{n} a_i(\mathrm{j}\omega)^{n-i}} = \frac{\sum_{k=0}^{m} b_{m-k}(\mathrm{j}\omega)^{k}}{\sum_{i=0}^{n} a_{n-i}(\mathrm{j}\omega)^{i}}$$

例 4.6.2 设系统的输入为实平稳过程$\{X(t),\ t\geqslant 0\}$，其均值函数 $m_X=0$，相关函数为 $R_X(\tau)=\sigma_0^2\,\mathrm{e}^{-\beta|\tau|}$，$\beta>0$，$\{Y(t),\ t\geqslant 0\}$为输出，且输入与输出满足线性微分方程

$$Y'(t)+\alpha Y(t)=\alpha X(t),\ \alpha>0,\ \alpha\neq\beta$$

试求输出$\{Y(t),t\geqslant 0\}$的均值函数与相关函数.

解　由于该系统是线性时不变系统，由定理4.6.2，得

$$m_Y(t)=0,\quad t\geqslant 0$$

如取$X(t)=e^{j\omega t}$，$Y(t)=L[X(t)]=H(\omega)e^{j\omega t}$，有

$$(j\omega)H(\omega)e^{j\omega t}+\alpha H(\omega)e^{j\omega t}=\alpha e^{j\omega t}$$

$$j\omega H(\omega)+\alpha H(\omega)=\alpha$$

因此频率响应为

$$H(\omega)=\frac{\alpha}{j\omega+\alpha},\quad -\infty<\omega<+\infty$$

又$\{X(t),-\infty<t<+\infty\}$的相关函数$R_X(\tau)=\sigma_0^2 e^{-\beta|\tau|}$，故其谱密度为

$$S_X(\omega)=\int_{-\infty}^{+\infty}e^{-j\omega\tau}R_X(\tau)\,d\tau=\int_{-\infty}^{+\infty}e^{-j\omega\tau}\sigma_0^2\,e^{-\beta|\tau|}\,d\tau=\frac{2\sigma_0^2\beta}{\omega^2+\beta^2}$$

由定理4.6.2知，$\{Y(t),t\geqslant 0\}$的谱密度为

$$S_Y(\omega)=|H(\omega)|^2S_X(\omega)=\left|\frac{\alpha}{j\omega+\alpha}\right|^2\frac{2\sigma_0^2\beta}{\omega^2+\beta^2}=\frac{2\sigma_0^2\alpha^2\beta}{(\omega^2+\alpha^2)(\omega^2+\beta^2)}$$

于是

$$\begin{aligned}R_Y(\tau)&=\frac{1}{2\pi}\int_{-\infty}^{+\infty}e^{j\omega\tau}S_Y(\omega)d\omega\\&=\frac{1}{2\pi}\int_{-\infty}^{+\infty}e^{j\omega\tau}\frac{2\sigma_0^2\alpha^2\beta}{(\omega^2+\alpha^2)(\omega^2+\beta^2)}d\omega\\&=\frac{\alpha\sigma_0^2}{\alpha^2-\beta^2}\left[\frac{\alpha}{2\pi}\int_{-\infty}^{+\infty}e^{j\omega\tau}\frac{2\beta}{\omega^2+\beta^2}\,d\omega-\frac{\beta}{2\pi}\int_{-\infty}^{+\infty}e^{j\omega\tau}\frac{2\alpha}{\omega^2+\alpha^2}\,d\omega\right]\\&=\frac{\alpha\sigma_0^2}{\alpha^2-\beta^2}[\alpha e^{-\beta|\tau|}-\beta e^{-\alpha|\tau|}]\end{aligned}$$

例 4.6.3　在例4.6.2中求互相关函数和互谱密度.

解　由于频率响应函数$H(\omega)=\frac{\alpha}{j\omega+\alpha}$. 因此脉冲响应函数为

$$h(t)=\frac{1}{2\pi}\int_{-\infty}^{+\infty}e^{j\omega t}H(\omega)\,d\omega=\mathscr{F}^{-1}\left(\frac{\alpha}{j\omega+\alpha}\right)=\begin{cases}\alpha e^{-\alpha t}, & t\geqslant 0\\ 0, & t<0\end{cases}$$

从而

$$R_{XY}(\tau)=\int_{-\infty}^{+\infty}h(s)R_X(\tau-s)\,ds$$

当$\tau>0$时，

$$\begin{aligned}R_{XY}(\tau)&=\int_{-\infty}^{+\infty}h(s)R_X(\tau-s)\,ds\\&=\int_0^{+\infty}\alpha e^{-\alpha s}\sigma_0^2\,e^{-\beta|\tau-s|}\,ds=\alpha\sigma_0^2\int_0^{+\infty}e^{-\alpha s-\beta|\tau-s|}\,ds\\&=\alpha\sigma_0^2\left[\int_0^{\tau}e^{-\alpha s-\beta(\tau-s)}\,ds+\int_{\tau}^{+\infty}e^{-\alpha s-\beta(s-\tau)}\,ds\right]\\&=\alpha\sigma_0^2\frac{\alpha e^{-\beta\tau}+\beta e^{-\beta\tau}-2\beta e^{-\alpha\tau}}{\alpha^2-\beta^2}\end{aligned}$$

当 $\tau\leqslant 0$ 时，

$$R_{XY}(\tau)=\alpha\sigma_0^2\int_0^{+\infty}\mathrm{e}^{-\alpha s-\beta(s-\tau)}\,\mathrm{d}s=\frac{\alpha\sigma_0^2}{\alpha+\beta}\mathrm{e}^{\beta\tau}$$

故

$$R_{XY}(\tau)=\begin{cases}\alpha\sigma_0^2\dfrac{\alpha\mathrm{e}^{-\beta\tau}+\beta\mathrm{e}^{-\beta\tau}-2\beta\mathrm{e}^{-\alpha\tau}}{\alpha^2-\beta^2}, & \tau>0\\[2ex] \dfrac{\alpha\sigma_0^2}{\alpha+\beta}\mathrm{e}^{\beta\tau}, & \tau\leqslant 0\end{cases}$$

$$S_{XY}(\omega)=H(\omega)S_X(\omega)=\frac{\alpha}{\mathrm{j}\omega+\alpha}\frac{2\sigma_0^2\beta}{\beta^2+\omega^2}=\frac{2\sigma_0^2\alpha\beta}{(\beta^2+\omega^2)(\mathrm{j}\omega+\alpha)}$$

习　题　四

1. 设 $X(t)=\sin Ut$，$t=1, 2, \cdots$，其中 U 服从区间 $[0, 2\pi]$ 上的均匀分布，试讨论 $\{X(t), t=1, 2, \cdots\}$ 的平稳性.

2. 设 $\{X_n, n=1, 2, \cdots\}$ 是相互独立同分布的随机变量序列，且 $P(X_i=-1)=q=1-p$，$P(X_i=1)=p$，令 $Y_n=\sum\limits_{i=1}^{n}X_i$，$n=1, 2, \cdots$，试讨论 $\{Y_n, n=1, 2, \cdots\}$ 的平稳性.

3. 设 $X(t)=A\cos(\omega_0 t+\Theta)$，$-\infty<t<+\infty$，其中 ω_0 是实常数，A 与 Θ 是相互独立的随机变量，且 Θ 服从 $[0,2\pi]$ 上的均匀分布，A 服从参数为 $\sigma(\sigma>0)$ 的 Rayleigh 分布，即概率密度函数为

$$f(x)=\begin{cases}\dfrac{x}{\sigma^2}\mathrm{e}^{-\frac{x^2}{2\sigma^2}}, & x\geqslant 0\\ 0, & x<0\end{cases}$$

试证明 $\{X(t), -\infty<t<+\infty\}$ 是平稳过程.

4. 设 $X(t)=A\cos\omega t$，$-\infty<t<+\infty$，其中 ω 是实常数，A 是随机变量，具有概率密度函数

$$f_A(x)=\begin{cases}1, & 0\leqslant x\leqslant 1\\ 0, & \text{其它}\end{cases}$$

试讨论 $\{X(t), -\infty<t<+\infty\}$ 的严平稳性.

5. 设 A 是任意的随机变量，Θ 是与 A 相互独立的，且在 $[0, 2\pi]$ 上服从均匀分布的随机变量，令 $X(t)=A\sin(\omega t+\Theta)$，$-\infty<t<+\infty$，$\omega>0$ 是常数，试证明 $\{X(t), -\infty<t<+\infty\}$ 是严平稳过程.

6. 设 $X(t)=A\sin(t+\Phi)$，$-\infty<t<+\infty$，其中 A 与 Φ 是相互独立的随机变量，且 $P\left(\Phi=\frac{\pi}{4}\right)=\frac{1}{2}$，$P\left(\Phi=-\frac{\pi}{4}\right)=\frac{1}{2}$，$A$ 服从区间 $(-1, 1)$ 内的均匀分布，讨论 $\{X(t), -\infty<t<+\infty\}$ 的平稳性.

7. 设 $Z(t)=\sum_{k=1}^{n}A_k e^{j\omega_k t}$，$-\infty<t<+\infty$，其中 A_k，$k=1,2,\cdots,n$ 是 n 个实随机变量，ω_k，$k=1,2,\cdots,n$ 是 n 个实数，试问 A_k 之间应满足怎样的条件才能使 $\{Z(t),-\infty<t<+\infty\}$ 是一平稳过程.

8. 设 Θ 是实随机变量，其特征函数为 $\varphi(t)$，$X(t)=\cos(\omega t+\Theta)$，$-\infty<t<+\infty$，其中 ω 是实常数，试证明 $\{X(t),-\infty<t<+\infty\}$ 是平稳过程的充分必要条件为 $\varphi(1)=\varphi(2)=0$.

9. 设 $Z(t)=Z_1 e^{j\lambda_1 t}+Z_2 e^{j\lambda_2 t}$，$-\infty<t<+\infty$，其中 $\lambda_1\neq\lambda_2$ 均为实数，Z_1、Z_2 是不相关的复随机变量，且 $EZ_1=EZ_2=0$，$E|Z_1|^2=\sigma_1^2$，$E|Z_2|^2=\sigma_2^2$，试说明 $\{Z(t),-\infty<t<+\infty\}$ 的平稳性.

10. 设 $Z(t)=Y\cos t+X\sin t$，$-\infty<t<+\infty$，其中 X、Y 为相互独立的随机变量，且 $P(X=-1)=P(Y=-1)=\dfrac{2}{3}$，$P(X=2)=P(Y=2)=\dfrac{1}{3}$.

(1) 试求 $\{Z(t),-\infty<t<+\infty\}$ 的均值函数和相关函数；

(2) 试证 $\{Z(t),-\infty<t<+\infty\}$ 是宽平稳过程，但不是严平稳过程.

11. 设 $\{W(t),t\geqslant 0\}$ 是参数为 σ^2 的 Wiener 过程，令 $X(t)=W(t+a)-W(t)$，$t\geqslant 0$，其中 $a>0$ 为常数，试证明 $\{X(t),t\geqslant 0\}$ 是严平稳过程.

12. 设 $\{X(t),-\infty<t<+\infty\}$ 是一个零均值的平稳过程，而且不恒等于一个随机变量. 令 $Y(t)=X(t)+X(0)$，$-\infty<t<+\infty$. 试判断 $\{Y(t),-\infty<t<+\infty\}$ 是否为平稳过程.

13. 设有相位调制的正弦波过程 $\{X(t),t\geqslant 0\}$，其中 $X(t)=A\cos(\omega t+\pi Y(t))$，$\{Y(t),t\geqslant 0\}$ 是 Piosson 过程，$\omega>0$ 为常数，A 为对称 Bernoulli 随机变量，即 $P(A=1)=1/2$，$P(A=-1)=1/2$，且 A 与 $\{Y(t),t\geqslant 0\}$ 相互独立. 问样本函数是否连续？求 $\{X(t),t\geqslant 0\}$ 的相关函数 $R_X(s,t)$；问该过程是否为平稳过程？是否均方连续？

14. 设平稳过程 $\{X(t),t\geqslant 0\}$ 的相关函数为

$$R_X(\tau)=e^{-\alpha|\tau|}[1+\alpha|\tau|]$$

其中 $\alpha>0$ 为常数. 试判断 $\{X(t),t\geqslant 0\}$ 是否均方可导；若均方可导，试求导数过程 $\{X'(t),t\geqslant 0\}$ 的均值函数和相关函数.

15. 设平稳过程 $\{X(t),t\geqslant 0\}$ 的相关函数为

$$R_X(\tau)=\frac{1}{\beta}e^{-\beta|\tau|}-\frac{1}{\alpha}e^{-\alpha|\tau|}$$

其中 $\alpha\geqslant\beta$ 为正数，试判断 $\{X(t),t\geqslant 0\}$ 是否均方可导；若均方可导，试求：

(1) $E[\overline{X(t)}X'(t+\tau)]$；

(2) $E[\overline{X'(t)}X'(t+\tau)]$.

16. 设 $\{X(t),t\geqslant 0\}$ 是零均值的实平稳的正态过程，且二阶均方可导. 试证明 $\forall t>0$，$X(t)$ 与 $X'(t)$ 相互独立，但 $X(t)$ 与 $X''(t)$ 不相互独立，并求 $R_{XX''}(\tau)$.

17. 设 $\{X(t),t\geqslant 0\}$ 是平稳过程，均值函数 $m_X=0$，相关函数为 $R_X(\tau)$，若：

(1) $$R_X(\tau)=e^{-\alpha|\tau|},\ \alpha>0$$

(2) $$R_X(\tau)=\begin{cases}1-|\tau|, & |\tau|\leqslant 1\\ 0, & |\tau|>1\end{cases}$$

令 $Y(t)=\frac{1}{T}\int_0^t X(s)\,\mathrm{d}s$，$t\geqslant 0$，其中 T 是固定的正数，分别计算$\{Y(t),\ t\geqslant 0\}$的相关函数.

18. 设$\{X(t),\ -\infty<t<+\infty\}$是实平稳过程，其相关函数为 $R_X(\tau)$，证明 $\forall\,\varepsilon>0$，

$$P(|X(t+\tau)-X(t)|\geqslant\varepsilon)\leqslant\frac{2(R_X(0)-R_X(\tau))}{\varepsilon^2}$$

19. 设 $X(t)=a\cos(\omega t+\Theta)$，$Y(t)=b\sin(\omega t+\Theta)$，$-\infty<t<+\infty$，其中 $\omega>0$，a，b 为实常数，$\Theta\sim U[0,2\pi]$，且$\{X(t),\ -\infty<t<+\infty\}$与$\{Y(t),\ -\infty<t<+\infty\}$是联合平稳的平稳过程，试求 $R_{XY}(\tau)$与 $R_{YX}(\tau)$.

20. 设$\{X(t),\ -\infty<t<+\infty\}$是平稳过程，其相关函数为 $R_X(\tau)$，且 $R_X(T)=R_X(0)$，$T>0$ 为常数. 证明：

(1) $$P(X(t+T)=X(t))=1$$

(2) $$R_X(\tau+T)=R_X(\tau)$$

21. 设$\{X(t),\ t\geqslant 0\}$是雷达的发射信号，遇目标后返回接收机的微弱信号是$\{aX(t-\tau_1),\ t\geqslant\tau_1\}$. 其中 $a\ll 1$，τ_1 是信号的返回时间. 由于接收到的信号总是伴有噪声的，记噪声为$\{N(t),\ t\geqslant 0\}$，令 $Y(t)=aX(t-\tau_1)+N(t)$，$t\geqslant\tau_1$，于是接收到的全信号为$\{Y(t),\ t\geqslant\tau_1\}$.

(1) 若$\{X(t),\ t\geqslant 0\}$和$\{Y(t),\ t\geqslant\tau_1\}$是联合平稳的平稳过程，求互相关函数 $R_{XY}(\tau)$；

(2) 在(1)的条件下，假设$\{N(t),\ t\geqslant 0\}$为零均值且与$\{X(t),\ t\geqslant 0\}$相互独立，求 $R_{XY}(\tau)$.

22. 设平稳过程$\{X(t),\ -\infty<t<+\infty\}$的相关函数为 $R_X(\tau)=\sigma^2\mathrm{e}^{-\alpha^2\tau^2}$，其中 σ，α 是常数. 令 $Y(t)=a\frac{\mathrm{d}X(t)}{\mathrm{d}t}$，$-\infty<t<+\infty$，其中 a 为常数，求$\{Y(t),\ -\infty<t<+\infty\}$的相关函数.

23. 设有零均值的平稳过程$\{X(t),\ t\geqslant 0\}$，其相关函数为 $R_X(\tau)$，令

$$Y(t)=\int_0^t X(s)\,\mathrm{d}s,\quad t\geqslant 0$$

求$\{Y(t),\ t\geqslant 0\}$的方差函数和协方差函数.

24. 设 $X(t)=A\cos t+B\sin t$，$-\infty<t<+\infty$，其中 A 与 B 相互独立且 $EA=EB=0$，$DA=DB=\sigma^2$，试讨论$\{X(t),\ -\infty<t<+\infty\}$的各态历经性.

25. 设 $X(t)=A\cos(\omega t+\Phi)$，$-\infty<t<+\infty$，其中 $\omega>0$ 是常数，A 和 Φ 是相互独立的随机变量，且 $\Phi\sim U[0,2\pi]$. 试研究$\{X(t),\ -\infty<t<+\infty\}$的各态历经性.

26. 设 $X(t)=A\cos(\omega t+\Phi)$，$-\infty<t<+\infty$，其中 A，ω，Φ 是相互独立的随机变量，$EA=2$，$DA=4$，$\omega\sim U(-5,5)$，$\Phi\sim U(-\pi,\pi)$. 试研究$\{X(t),\ -\infty<t<+\infty\}$的平稳性和各态历经性.

27. 设$\{X(t),\ -\infty<t<+\infty\}$是平稳过程，其协方差函数 $C_X(\tau)$ 绝对可积，即 $\int_{-\infty}^{+\infty}|C_X(\tau)|\,\mathrm{d}\tau<+\infty$. 试证明$\{X(t),\ -\infty<t<+\infty\}$的均值具有各态历经性.

28. 设平稳过程$\{X(t),\ -\infty<t<+\infty\}$的均值函数 $m_X=0$，相关函数为 $R_X(\tau)=\sigma^2\mathrm{e}^{-\alpha|\tau|}$，其中 σ^2，$\alpha>0$ 为常数. 试证明$\{X(t),\ -\infty<t<+\infty\}$的均值具有各态历经性.

29. 设平稳过程$\{X(t), -\infty<t<+\infty\}$的均值函数 $m_X=0$，相关函数 $R_X(\tau)=e^{-|\tau|}$，平稳过程$\{Y(t), -\infty<t<+\infty\}$满足

$$Y'(t)+Y(t)=X(t)$$

(1) 求$\{Y(t), -\infty<t<+\infty\}$的均值函数、相关函数和功率谱密度；

(2) 求$\{X(t), -\infty<t<+\infty\}$与$\{Y(t), -\infty<t<+\infty\}$的互相关函数和互谱密度.

30. 已知平稳过程$\{X(t), -\infty<t<+\infty\}$的相关函数如下，试求$\{X(t), -\infty<t<+\infty\}$的谱密度.

(1) $R_X(\tau)=e^{-a|\tau|}\cos\omega_0\tau$，$a>0$

(2) $R_X(\tau)=e^{-|\tau|}\cos\pi\tau+\cos3\pi\tau$

(3) $R_X(\tau)=\sigma^2 e^{-a|\tau|}\left(\cos\beta\tau+\dfrac{\alpha}{\beta}\sin\beta|\tau|\right)$，$\alpha>0$

(4) $R_X(\tau)=\begin{cases}1-\dfrac{|\tau|}{T_0}, & |\tau|\leqslant T_0\\ 0, & |\tau|>T_0\end{cases}$

31. 已知平稳过程$\{X(t), -\infty<t<+\infty\}$的功率谱密度如下，试求$\{X(t), -\infty<t<+\infty\}$的相关函数.

(1) $S_X(\omega)=\dfrac{\omega^2+1}{\omega^4+5\omega^2+6}$

(2) $S_X(\omega)=\begin{cases}1, & |\omega|\leqslant a\\ 0, & 其它\end{cases}$

(3) $S_X(\omega)=\begin{cases}b^2, & a\leqslant|\omega|\leqslant 2a\\ 0, & 其它\end{cases}$

(4) $S_X(\omega)=\dfrac{1}{(1+\omega^2)^2}$

32. 设 $X(t)=a\cos(\Omega t+\Phi)$，$-\infty<t<+\infty$，其中 $a>0$ 为常数，Ω 是概率密度函数 $f(\omega)$为偶函数的随机变量，$\Phi\sim U(0, 2\pi)$，且 Ω 与 Φ 相互独立，试证明$\{X(t), -\infty<t<+\infty\}$的谱密度 $S_X(\omega)=\pi a^2 f(\omega)$.

33. 设$\{X(t), -\infty<t<+\infty\}$是平稳过程，令 $Y(t)=X(t)\cos(\omega_0 t+\Theta)$，$-\infty<t<+\infty$，其中 ω_0 是实常数，$\Theta\sim U[0, 2\pi]$，且$\{X(t), -\infty<t<+\infty\}$与 Θ 相互独立，$R_X(\tau)$和$S_X(\omega)$分别是$\{X(t), -\infty<t<+\infty\}$的相关函数和功率谱密度. 试证：

(1) $\{Y(t), -\infty<t<+\infty\}$是平稳过程，且相关函数

$$R_Y(\tau)=\frac{1}{2}R_X(\tau)\cos\omega_0\tau$$

(2) $\{Y(t), -\infty<t<+\infty\}$的功率谱密度为

$$S_Y(\omega)=\frac{1}{4}[S_X(\omega-\omega_0)+S_X(\omega+\omega_0)]$$

34. 设$\{X(t), -\infty<t<+\infty\}$和$\{Y(t), -\infty<t<+\infty\}$是联合平稳的平稳过程，且 $E[X(t)]=E[Y(t)]=0$，$R_X(\tau)=R_Y(\tau)$，$R_{YX}(\tau)=-R_{XY}(\tau)$，令 $W(t)=X(t)\cos\omega_0 t+Y(t)\sin\omega_0 t$，$-\infty<t<+\infty$，$\omega_0$ 是实常数. 试证$\{W(t), -\infty<t<+\infty\}$是平稳过程，若$\{X(t), -\infty<t<+\infty\}$和$\{Y(t), -\infty<t<+\infty\}$的谱密度存在，试用$\{X(t), -\infty<t<$

$+\infty\}$和$\{Y(t),-\infty<t<+\infty\}$的谱密度和互谱密度表示$\{W(t),-\infty<t<+\infty\}$的谱密度.

35. 设$\{X(t),-\infty<t<+\infty\}$是平稳过程，其谱密度为$S_X(\omega)$，令$Y(t)=X(t+a)-X(t)$，$-\infty<t<+\infty$，其中$a>0$是常数. 试证明$\{Y(t),-\infty<t<+\infty\}$是平稳过程，并求其谱密度.

36. 设$\{X(t),-\infty<t<+\infty\}$是平稳过程，其谱密度为$S_X(\omega)$，令$Y(t)=X(t)+X(t-T)$，$-\infty<t<+\infty$，其中$T>0$是常数。试证明：

(1) $\{Y(t),-\infty<t<+\infty\}$是平稳过程；

(2) $\{Y(t),-\infty<t<+\infty\}$的谱密度$S_Y(\omega)=2S_X(\omega)(1+\cos\omega T)$.

37. 设$\{X(t),-\infty<t<+\infty\}$和$\{Y(t),-\infty<t<+\infty\}$是两个相互独立的平稳过程，均值函数$m_X$和$m_Y$都不为零，令$Z(t)=X(t)+Y(t)$，$-\infty<t<+\infty$. 试计算$S_{XY}(\omega)$和$S_{XZ}(\omega)$.

38. 设$\{X(t),-\infty<t<+\infty\}$是平稳过程，均值函数$m_X=0$，谱密度为$S_X(\omega)$，将其输入到脉冲响应函数为

$$h(t)=\begin{cases}\alpha e^{-\alpha t}, & 0\leqslant t<T \\ 0, & \text{其它}\end{cases}\qquad \alpha>0$$

的线性滤波器，试求它的输出$\{Y(t),-\infty<t<+\infty\}$的功率谱密度.

39. 设$\{X(t),-\infty<t<+\infty\}$是平稳过程，其谱密度为$S_X(\omega)$，通过一个微分器，输出过程为$\{Y(t),-\infty<t<+\infty\}$，其中$Y(t)=\dfrac{dX(t)}{dt}$，$-\infty<t<+\infty$. 试求：

(1) 系统的频率响应函数；

(2) 输入与输出的互谱密度；

(3) 输出的功率谱密度.

40. 设$\{X(t),-\infty<t<+\infty\}$是谱密度为$S_X(\omega)$的平稳过程，输入到积分电路，其输入和输出满足如下关系：

$$Y(t)=\int_{t-T}^{t}X(s)\,ds,\quad -\infty<t<+\infty$$

其中T为积分时间，试求输出过程$\{Y(t),-\infty<t<+\infty\}$的功率谱密度$S_Y(\omega)$.

41. 设$\{X(t),-\infty<t<+\infty\}$是二阶均方可导的平稳过程，$\{Y(t),-\infty<t<+\infty\}$是均方连续的平稳过程，谱密度为$S_Y(\omega)$，且

$$X''(t)+\beta X'(t)+\omega_0^2X(t)=Y(t)$$

其中β、ω_0为常数. 试求$S_X(\omega)$和$S_{YX}(\omega)$.

42. 设线性时不变系统L的脉冲响应$h(t)=U(t)$（$U(t)$为单位阶跃函数），该系统的输入具有相关函数

$$R_\varepsilon(\tau)=A\delta(\tau),\quad A\text{为常数}$$

的白噪声$\{\varepsilon(t),t\geqslant 0\}$，求输入与输出的互相关函数.

第 5 章　马尔可夫过程

马尔可夫过程是无后效性的随机过程，现已成为内容十分丰富、理论相当完整、应用非常广泛的一门数学分支. 马尔可夫过程的理论在近代物理学、生物学、管理科学、信息处理、数字计算方法等方面都有着重要的应用. 本章主要介绍马尔可夫过程的定义、转移概率及其关系、状态类型、转移概率的极限性态以及平稳分布等.

5.1　马尔可夫过程的定义

1. 马尔可夫性

定义 5.1.1　设$\{X(t), t\in T\}$是一个随机过程，当$\{X(t), t\in T\}$在 t_0 时刻所处的状态为已知时，它在时刻 $t>t_0$ 所处状态的条件分布与其在 t_0 之前所处的状态无关. 通俗地说，就是知道过程“现在”的条件下，其“将来”的条件分布不依赖于“过去”，则称$\{X(t), t\in T\}$具有马尔可夫(Markov)性.

2. 马尔可夫过程

定义 5.1.2　设$\{X(t), t\in T\}$的状态空间为 S，如果$\forall n\geqslant 2$，$\forall t_1<t_2<\cdots<t_n\in T$，在条件 $X(t_i)=x_i$，$x_i\in S$，$i=1, 2, \cdots, n-1$ 下，$X(t_n)$的条件分布函数恰好等于在条件 $X(t_{n-1})=x_{n-1}$下的条件分布函数，即

$$\begin{aligned}&P(X(t_n)\leqslant x_n \mid X(t_1)=x_1, X(t_2)=x_2, \cdots, X(t_{n-1})=x_{n-1})\\&=P(X(t_n)\leqslant x_n \mid X(t_{n-1})=x_{n-1}),\ x_n\in \mathbf{R}\end{aligned}\tag{5.1.1}$$

则称$\{X(t), t\in T\}$为马尔可夫过程.

3. 马尔可夫链

定义 5.1.3　参数集和状态空间都是离散的马尔可夫过程称为马尔可夫链.

为了讨论简单起见，在以后取马尔可夫链的状态空间为有限或可列无限，此时马尔可夫性可表示为

$$\forall n\geqslant 2,\ \forall t_1<t_2<\cdots<t_n\in T,\ i_1, i_2, \cdots, i_n\in S,$$

$$\begin{aligned}&P(X(t_n)=i_n \mid X(t_1)=i_1, X(t_2)=i_2, \cdots, X(t_{n-1})=i_{n-1})\\&=P(X(t_n)=i_n \mid X(t_{n-1})=i_{n-1})\end{aligned}\tag{5.1.2}$$

特别地，取 $T=\{0, 1, 2, \cdots\}$ 的马尔可夫链常记为 $\{X(n), n\geqslant 0\}$ 或 $\{X_n, n\geqslant 0\}$，此时马尔可夫性为 $\forall n\geqslant 1, i_0, i_1, \cdots, i_n\in S$，

$$\begin{aligned}&P(X(n)=i_n \mid X(0)=i_0, X(1)=i_1, \cdots, X(n-1)=i_{n-1})\\=&P(X(n)=i_n \mid X(n-1)=i_{n-1})\end{aligned}\tag{5.1.3}$$

或

$$\begin{aligned}&P(X_n=i_n \mid X_0=i_0, X_1=i_1, \cdots, X_{n-1}=i_{n-1})\\=&P(X_n=i_n \mid X_{n-1}=i_{n-1})\end{aligned}\tag{5.1.4}$$

容易证明，对于马尔可夫链 $\{X(n), n\geqslant 0\}$，(5.1.2)式等价于(5.1.3)式或(5.1.4)式.

5.2 马尔可夫链的转移概率与概率分布

为讨论方便，记 $S=\{1, 2, 3, \cdots\}$，它可以是有限的也可以是可列无限的，$T=\{0, 1, 2, \cdots\}$，相应的马尔可夫链为 $\{X_n, n\geqslant 0\}$. 为简单起见，有时称 $\{X_n, n\geqslant 0\}$ 为系统.

1. 转移概率

定义 5.2.1 设 $\{X_n, n\geqslant 0\}$ 是马尔可夫链，称 $\{X_n, n\geqslant 0\}$ 在 n 时处于状态 i 的条件下经过 k 步转移，于 $n+k$ 时到达状态 j 的条件概率 $p_{ij}^{(k)}(n)\overset{\text{def}}{=}P(X_{n+k}=j\mid X_n=i)$，$i, j\in S$，$n\geqslant 0$，$k\geqslant 1$ 为 $\{X_n, n\geqslant 0\}$ 在 n 时的 k 步转移概率；称以 $p_{ij}^{(k)}(n)$ 为第 i 行第 j 列元素的矩阵 $\boldsymbol{P}^{(k)}(n)\overset{\text{def}}{=}(p_{ij}^{(k)}(n))$ 为 $\{X_n, n\geqslant 0\}$ 在 n 时的 k 步转移概率矩阵. 特别地，当 $k=1$ 时，$\{X_n, n\geqslant 0\}$ 在 n 时的一步转移概率和一步转移概率矩阵分别简记为 $p_{ij}(n)$ 和 $\boldsymbol{P}(n)$.

定义 5.2.2 称可数维的矩阵 $\boldsymbol{P}=(p_{ij})$ 为随机矩阵，如果

$$p_{ij}\geqslant 0, \ \forall i, j; \ \sum_j p_{ij}=1, \ \forall i$$

显然，$\{X_n, n\geqslant 0\}$ 的 k 步转移概率矩阵 $\boldsymbol{P}^{(k)}(n)$ 是一随机矩阵. 事实上，由于 $p_{ij}^{(k)}(n)\geqslant 0$，$i, j\in S$，并且

$$\begin{aligned}\sum_j p_{ij}^{(k)}(n)&=\sum_j P(X_{n+k}=j\mid X_n=i)\\&=P(\bigcup_j (X_{n+k}=j)\mid X_n=i)\\&=P(\Omega\mid X_n=i)\\&=1\end{aligned}$$

如果我们进一步约定 $p_{ij}^{(0)}(n)=\delta_{ij}$，$i, j\in S$，$n\geqslant 0$，则 $\boldsymbol{P}^{(0)}(n)=\boldsymbol{I}$ 为单位矩阵.

2. Chapman - Kolmogorov 方程

定理 5.2.1(C-K 方程)

$$p_{ij}^{(k+m)}(n)=\sum_l p_{il}^{(k)}(n)p_{lj}^{(m)}(n+k), \ n, k, m\geqslant 0, \ i, j\in S$$

或

$$\boldsymbol{P}^{(k+m)}(n)=\boldsymbol{P}^{(k)}(n)\boldsymbol{P}^{(m)}(n+k)$$

证明

$$\begin{aligned} p_{ij}^{(k+m)}(n) &= P(X_{n+k+m}=j \mid X_n=i) \\ &= P(\bigcup_l (X_{n+k}=l),\ X_{n+k+m}=j \mid X_n=i) \\ &= P(\bigcup_l (X_{n+k}=l,\ X_{n+k+m}=j) \mid X_n=i) \\ &= \sum_l P(X_{n+k}=l,\ X_{n+k+m}=j \mid X_n=i) \\ &= \sum_l P(X_{n+k}=l \mid X_n=i)P(X_{n+k+m}=j \mid X_{n+k}=l,\ X_n=i) \\ &= \sum_l P(X_{n+k}=l \mid X_n=i)P(X_{n+k+m}=j \mid X_{n+k}=l) \\ &= \sum_l p_{il}^{(k)}(n)p_{lj}^{(m)}(n+k) \end{aligned}$$

C-K 方程是指：$\{X_n, n\geqslant 0\}$在 n 时处于状态 i 的条件下经过 $k+m$ 步转移于 $n+k+m$ 时到达状态 j，可以先在 n 时从状态 i 出发，经过 k 步于 $n+k$ 时到达某种中间状态 l，再在 $n+k$ 时从状态 l 出发经过 m 步转移于 $n+k+m$ 时到达最终状态 j，而中间状态 l 要取遍整个状态空间.

在 C-K 方程矩阵形式中取 $m=1$，得

$$\boldsymbol{P}^{(k+1)}(n) = \boldsymbol{P}^{(k)}(n)\boldsymbol{P}(n+k), \quad n, k \geqslant 0$$

一直推下去，可得

$$\boldsymbol{P}^{(k+1)}(n) = \boldsymbol{P}(n)\boldsymbol{P}(n+1)\cdots\boldsymbol{P}(n+k), \quad n, k \geqslant 0$$

其分量形式为

$$p_{ij}^{(k+1)}(n) = \sum_{j_1}\sum_{j_2}\cdots\sum_{j_k} p_{ij_1}(n)p_{j_1j_2}(n+1)\cdots p_{j_kj}(n+k), \quad n, k \geqslant 0;\ i, j \in S$$

在上式中把 $k+1$ 换成 k，便可得到如下结论.

定理 5.2.2　马尔可夫链的 k 步转移概率由一步转移概率所完全确定.

3. 马尔可夫链的分布

1) 初始分布

称 $q_i^{(0)} \overset{\text{def}}{=} P(X_0=i)$，$i\in S$ 为马尔可夫链$\{X_n, n\geqslant 0\}$的初始分布；

称第 i 个分量为 $q_i^{(0)}$ 的(行)向量 $\boldsymbol{q}^{(0)}$ 为马尔可夫链$\{X_n, n\geqslant 0\}$的初始分布向量，即 $\boldsymbol{q}^{(0)}=(q_i^{(0)})$.

2) 有限维分布

定理 5.2.3　马尔可夫链$\{X_n, n\geqslant 0\}$的有限维分布由其初始分布和一步转移概率所完全确定.

证明　$\forall n\geqslant 1$，$\forall 0\leqslant t_1<t_2<\cdots<t_n$，$i_1, i_2, \cdots, i_n, i\in S$，

$$\begin{aligned} &P(X_{t_1}=i_1,\ X_{t_2}=i_2,\ \cdots,\ X_{t_n}=i_n) \\ &= P(\bigcup_i (X_0=i),\ X_{t_1}=i_1,\ X_{t_2}=i_2,\cdots,\ X_{t_n}=i_n) \\ &= P(\bigcup_i (X_0=i,\ X_{t_1}=i_1,\ X_{t_2}=i_2,\ \cdots,\ X_{t_n}=i_n)) \\ &= \sum_i P(X_0=i,\ X_{t_1}=i_1,\ X_{t_2}=i_2,\ \cdots,\ X_{t_n}=i_n) \end{aligned}$$

$$
\begin{aligned}
&= \sum_i P(X_0 = i)P(X_{t_1} = i_1 \mid X_0 = i)P(X_{t_2} = i_2 \mid X_0 = i,\ X_{t_1} = i_1)\cdots \\
&\quad \cdot P(X_{t_n} = i_n \mid X_0 = i,\ X_{t_1} = i_1,\ \cdots,\ X_{t_{n-1}} = i_{n-1}) \\
&= \sum_i P(X_0 = i)P(X_{t_1} = i_1 \mid X_0 = i)P(X_{t_2} = i_2 \mid X_{t_1} = i_1)\cdots \\
&\quad \cdot P(X_{t_n} = i_n \mid X_{t_{n-1}} = i_{n-1}) \\
&= \sum_i q_i^{(0)} p_{ii_1}^{(t_1)}(0) p_{i_1 i_2}^{(t_2-t_1)}(t_1)\cdots p_{i_{n-1}i_n}^{(t_n-t_{n-1})}(t_{n-1})
\end{aligned}
$$

由定理 5.2.2 知，$\{X_n,\ n\geqslant 0\}$的有限维分布由其初始分布和一步转移概率所完全确定.

3）绝对分布

称 $q_j^{(n)} \overset{\text{def}}{=} P(X_n=j)$，$n\geqslant 0$，$j\in S$ 为马尔可夫链$\{X_n,\ n\geqslant 0\}$的绝对分布；

称第 j 个分量为 $q_j^{(n)}$ 的（行）向量 $\boldsymbol{q}^{(n)}$ 为马尔可夫链$\{X_n,\ n\geqslant 0\}$的绝对分布向量，即 $\boldsymbol{q}^{(n)}=(q_j^{(n)})$.

显然，绝对分布与初始分布和 n 步转移概率有如下关系：

$$
q_j^{(n)} = \sum_i q_i^{(0)} p_{ij}^{(n)}(0),\ n \geqslant 0,\ i,\ j \in S
$$

或

$$
\boldsymbol{q}^{(n)} = \boldsymbol{q}^{(0)} \boldsymbol{P}^{(n)}(0)
$$

事实上，

$$
\begin{aligned}
q_j^{(n)} &= P(X_n = j) = P(\bigcup_i (X_0 = i),\ X_n = j) \\
&= P(\bigcup_i (X_0 = i,\ X_n = j)) \\
&= \sum_i P(X_0 = i,\ X_n = j) \\
&= \sum_i P(X_0 = i)P(X_n = j \mid X_0 = i) \\
&= \sum_i q_i^{(0)} p_{ij}^{(n)}(0)
\end{aligned}
$$

4. 齐次马尔可夫链

定义 5.2.3 设$\{X_n,\ n\geqslant 0\}$是一马尔可夫链，如果其一步转移概率 $p_{ij}(n)$恒与起始时刻 n 无关，记为 p_{ij}，则称$\{X_n,\ n\geqslant 0\}$为齐次（时间齐次或时齐）马尔可夫链；否则，称为非齐次马尔可夫链.

今后无特别指出，总是讨论齐次马尔可夫链.

对于齐次马尔可夫链$\{X_n,\ n\geqslant 0\}$，由定理 5.2.2 知，k 步转移概率 $p_{ij}^{(k)}(n)$也恒与起始时刻 n 无关，可记为 $p_{ij}^{(k)}$. 因此在具体讨论时，总可以假定时间起点为零，即

$$
p_{ij}^{(k)} = P(X_k = j \mid X_0 = i),\quad i,\ j \in S,\ k \geqslant 0
$$

进而 k 步转移概率矩阵 $\boldsymbol{p}^{(k)}(n)$和一步转移概率矩阵 $\boldsymbol{p}(n)$也恒与起始时刻 n 无关，分别记为 $\boldsymbol{P}^{(k)}$ 和 $\boldsymbol{P}$.

结合上述的讨论，对于齐次马尔可夫链，我们有以下定理.

定理 5.2.4 （1）$\boldsymbol{P}^{(k)}=\boldsymbol{P}^k$，$k\geqslant 0$；

（2）$\boldsymbol{q}^{(k)}=\boldsymbol{q}^{(0)}\boldsymbol{P}^k$，$k\geqslant 0$；

（3）$\{X_n,\ n\geqslant 0\}$的有限维分布由其初始分布和一步转移概率所完全确定.

例 5.2.1(天气预报问题)　如果明天是否有雨仅与今天的天气(是否有雨)有关，而与过去的天气无关，并设今天下雨、明天有雨的概率为 α，今天无雨而明天有雨的概率为 β；又假定把有雨称为 0 状态天气，把无雨称为 1 状态天气，X_n 表示时刻 n 时的状态天气，则 $\{X_n, n\geqslant 0\}$ 是以 $S=\{0, 1\}$ 为状态空间的齐次马尔可夫链，其一步转移概率矩阵为

$$\boldsymbol{P}=\begin{bmatrix}\alpha & 1-\alpha\\ \beta & 1-\beta\end{bmatrix}$$

例 5.2.2(有限制随机游动问题)　设有一质点只能在 $\{0, 1, 2, \cdots, a\}$ 中的各点上作随机游动，移动规则如下：移动前若在点 $i\in\{1, 2, \cdots, a-1\}$ 上，则以概率 p 向右移动一格到 $i+1$ 处，以概率 q 向左移动一格到 $i-1$ 处，而以概率 r 停留在 i 处，其中 $p, q, r\geqslant 0$，$p+q+r=1$；移动前若在 0 处，则以概率 p_0 向右移动一格到 1 处，而以概率 r_0 停留在 0 处，其中 $p_0, r_0\geqslant 0$，$p_0+r_0=1$；移动前若在 a 处，则以概率 q_a 向左移动一格到 $a-1$ 处，而以概率 r_a 停留在 a 处，其中 $q_a, r_a\geqslant 0$，$q_a+r_a=1$. 设 X_n 表示质点在 n 时刻所处的位置，则 $\{X_n, n\geqslant 0\}$ 是以 $S=\{0,1,2,\cdots,a\}$ 为状态空间的齐次马尔可夫链，其一步转移概率矩阵为

$$\boldsymbol{P}=\begin{bmatrix}r_0 & p_0 & 0 & 0 & \cdots & 0 & 0 & 0\\ q & r & p & 0 & \cdots & 0 & 0 & 0\\ 0 & q & r & p & \cdots & 0 & 0 & 0\\ \vdots & \vdots & \vdots & \vdots & & \vdots & \vdots & \vdots\\ 0 & 0 & 0 & 0 & \cdots & q & r & p\\ 0 & 0 & 0 & 0 & \cdots & 0 & q_a & r_a\end{bmatrix}$$

其中 0 和 a 是限制质点游动的两道墙壁. 当 $r_0=1$，$p_0=0$ 时，称 0 为吸收壁；当 $r_0=0$，$p_0=1$ 时，称 0 为完全反射壁；当 $0<r_0<1$，$0<p_0<1$ 时，称 0 为部分吸收壁或部分反射壁. 对于 a 也有类似的含义.

例 5.2.3(无限制随机游动问题)　设有一质点只能在 $\{\cdots, -a, -(a-1), \cdots, -2, -1, 0, 1, 2, \cdots, a, \cdots\}$ 中的各点上作随机游动，移动规则如下：移动前若点在 $i\in\{\cdots, -a, -(a-1), \cdots, -2, -1, 0, 1, 2, \cdots, a, \cdots\}$ 上，则以概率 p 向右移动一格到 $i+1$ 处，以概率 q 向左移动一格到 $i-1$ 处，其中 $p, q\geqslant 0$，$p+q=1$. 设 X_n 表示质点在 n 时刻所处的位置，则 $\{X_n, n\geqslant 0\}$ 是以 $S=\{\cdots, -a, -(a-1), \cdots, -2, -1, 0, 1, 2, \cdots, a, \cdots\}$ 为状态空间的齐次马尔可夫链，其一步转移概率矩阵为

$$\boldsymbol{P}=\begin{bmatrix}\vdots & \vdots & \vdots & \vdots & \vdots & \vdots & \vdots\\ \cdots & 0 & p & 0 & 0 & 0 & \cdots\\ \cdots & q & 0 & p & 0 & 0 & \cdots\\ \cdots & 0 & q & 0 & p & 0 & \cdots\\ \cdots & 0 & 0 & q & 0 & p & \cdots\\ \cdots & 0 & 0 & 0 & q & 0 & \cdots\\ \vdots & \vdots & \vdots & \vdots & \vdots & \vdots & \vdots\end{bmatrix}$$

例 5.2.4(赌徒输光问题)　有两个赌徒甲、乙进行一系列赌博. 在每一局中甲获胜的概率为 p，乙获胜的概率为 q，$p+q=1$，每一局后，负者要付 1 元给胜者. 如果起始时甲有资本 a 元，乙有资本 b 元，$a+b=c$ 元，两人赌博直到甲输光或乙输光为止，求甲先输光的概率.

解　根据题设，这个问题可看成以 $S=\{0, 1, 2, \cdots, c\}$ 为状态空间的随机游动 $\{X_n, n\geqslant 0\}$，质点从 a 点出发到达 0 状态先于到达 c 状态的概率就是甲先输光的概率. 设 $0<j<c$，u_j 为质点从 j 出发到达 0 状态先于到达 c 状态的概率. 由全概率公式有

$$u_j = u_{j+1}p + u_{j-1}q$$

显然 $u_0=1$，$u_c=0$，从而得到了一个具有边界条件的差分方程. 设

$$r=\frac{q}{p},\ d_j = u_j - u_{j+1}$$

则可得到两个相邻差分间的递推关系：

$$d_j = rd_{j-1}$$

于是

$$d_j = rd_{j-1} = r^2 d_{j-2} = \cdots = r^j d_0$$

当 $r\neq 1$ 时，

$$u_0 - u_c = 1 = \sum_{j=0}^{c-1}(u_j - u_{j+1})$$

$$= \sum_{j=0}^{c-1} d_j = \sum_{j=0}^{c-1} r^j d_0 = \frac{1-r^c}{1-r}d_0$$

于是

$$d_0 = \frac{1-r}{1-r^c}$$

而

$$u_j = u_j - u_c = \sum_{k=j}^{c-1}(u_k - u_{k+1})$$

$$= \sum_{k=j}^{c-1} d_k = \sum_{k=j}^{c-1} r^k d_0$$

$$= r^j(1+r+\cdots+r^{c-j-1})d_0 = \frac{r^j - r^c}{1-r}d_0$$

所以

$$u_j = \frac{r^j - r^c}{1-r^c}$$

故

$$u_a = \frac{r^a - r^c}{1-r^c} = \frac{\left(\dfrac{q}{p}\right)^a - \left(\dfrac{q}{p}\right)^c}{1-\left(\dfrac{q}{p}\right)^c}$$

当 $r=1$ 时，

$$u_0 - u_c = 1 = cd_0$$

而

$$u_j = (c-j)d_0$$

故

$$u_a = \frac{c-a}{c} = \frac{b}{c}$$

根据以上计算结果可知，当 $r\neq 1$ 即 $p\neq q$ 时，甲先输光的概率为

$$\frac{\left(\dfrac{q}{p}\right)^a - \left(\dfrac{q}{p}\right)^c}{1-\left(\dfrac{q}{p}\right)^c}$$

当 $r=1$ 即 $p=q$ 时，甲先输光的概率为 b/c.

例 5.2.5(艾伦菲斯特(Ehrenfest)问题)　设一个坛子中装有 m 个球，它们或是红色的，或是黑色的，从坛中随机地摸出一个球，并换入一个相反颜色的球. 设经过 n 次摸换坛中黑球数为 X_n，则$\{X_n, n\geqslant 0\}$是以 $S=\{0, 1, 2, \cdots, m\}$为状态空间的齐次马尔可夫链. 其一步转移概率矩阵为

$$P=\begin{bmatrix} 0 & 1 & 0 & 0 & \cdots & 0 & 0 & 0 \\ \frac{1}{m} & 0 & \frac{m-1}{m} & 0 & \cdots & 0 & 0 & 0 \\ 0 & \frac{2}{m} & 0 & \frac{m-2}{m} & \cdots & 0 & 0 & 0 \\ \vdots & \vdots & \vdots & \vdots & & \vdots & \vdots & \vdots \\ 0 & 0 & 0 & 0 & \cdots & \frac{m-1}{m} & 0 & \frac{1}{m} \\ 0 & 0 & 0 & 0 & \cdots & 0 & 1 & 0 \end{bmatrix}$$

例 5.2.6(卜里耶(Polya)问题)　设坛子中有 a 只红球，b 只黑球，从坛中随机地摸出一个球，然后把该球放回，并加入与摸出的球颜色相同的球 c 只. 设经过 n 次摸取坛中黑球数为 X_n，则$\{X_n, n\geqslant 0\}$是以 $S=\{b, b+c, b+2c, \cdots\}$为状态空间的非齐次马尔可夫链，其一步转移概率矩阵为

$$P=\begin{bmatrix} 1-\frac{b}{a+b+nc} & \frac{b}{a+b+nc} & 0 & 0 & \cdots \\ 0 & 1-\frac{b+c}{a+b+nc} & \frac{b+c}{a+b+nc} & 0 & \cdots \\ 0 & 0 & 1-\frac{b+2c}{a+b+nc} & \frac{b+2c}{a+b+nc} & \cdots \\ \vdots & \vdots & \vdots & \vdots & \vdots \end{bmatrix}$$

例 5.2.7　设$\{X_n, n\geqslant 0\}$是具有三个状态 0、1、2 的齐次马尔可夫链，其一步转移概率矩阵为

$$P=\begin{bmatrix} \frac{3}{4} & \frac{1}{4} & 0 \\ \frac{1}{4} & \frac{1}{2} & \frac{1}{4} \\ 0 & \frac{3}{4} & \frac{1}{4} \end{bmatrix}$$

初始分布 $q_i^{(0)}=\frac{1}{3}$，$i=0, 1, 2$. 试求：

(1) $P(X_0=0, X_2=1)$；

(2) $P(X_2=1)$.

解　由于

$$P^{(2)}=P^2=\begin{bmatrix} \frac{5}{8} & \frac{5}{16} & \frac{1}{16} \\ \frac{5}{16} & \frac{1}{2} & \frac{3}{16} \\ \frac{3}{16} & \frac{9}{16} & \frac{1}{4} \end{bmatrix}$$

因此

(1) $$P(X_0=0, X_2=1)=P(X_0=0)P(X_2=1|X_0=0)$$
$$=q_0^{(0)}p_{01}^{(2)}=\frac{1}{3}\times\frac{5}{16}=\frac{5}{48}$$

(2) $$P(X_2=1)=\sum_{i=0}^{2}q_i^{(0)}p_{i1}^{(2)}=\frac{1}{3}\left(\frac{5}{16}+\frac{1}{2}+\frac{9}{16}\right)=\frac{11}{24}$$

例 5.2.8 有一多级传输系统只传输数字 0 和 1，设每一级的传真率为 p，误码率为 $q=1-p$，且一个单位时间传输一级，X_0 是第一级的输入，X_n 是第 n 级的输出，则 $\{X_n, n\geqslant 1\}$是以 $S=\{0, 1\}$为状态空间的齐次马尔可夫链，其一步转移概率矩阵为

$$\boldsymbol{P}=\begin{bmatrix} p & q \\ q & p \end{bmatrix}$$

(1) 设 $p=0.9$，求系统二级传输后的传真率与三级传输后的误码率；

(2) 设初始分布 $q_1^{(0)}=\alpha$，$q_0^{(0)}=1-\alpha$，又已知系统经 n 级传输后输出为 1，求原发数字也是 1 的概率.

解 由于

$$\boldsymbol{P}=\begin{bmatrix} p & q \\ q & p \end{bmatrix}$$

有相异特征值 $\lambda_1=1$，$\lambda_2=p-q$，则 $\boldsymbol{P}$ 可表示成对角阵

$$\boldsymbol{\Lambda}=\begin{bmatrix} \lambda_1 & 0 \\ 0 & \lambda_2 \end{bmatrix}=\begin{bmatrix} 1 & 0 \\ 0 & p-q \end{bmatrix}$$

的相似矩阵.

又因 λ_1、λ_2 对应的特征向量分别为

$$\begin{pmatrix} \frac{1}{\sqrt{2}} \\ \frac{1}{\sqrt{2}} \end{pmatrix}, \quad \begin{pmatrix} -\frac{1}{\sqrt{2}} \\ \frac{1}{\sqrt{2}} \end{pmatrix}$$

令

$$\boldsymbol{H}=\begin{bmatrix} \frac{1}{\sqrt{2}} & -\frac{1}{\sqrt{2}} \\ \frac{1}{\sqrt{2}} & \frac{1}{\sqrt{2}} \end{bmatrix}$$

则

$$\boldsymbol{P}=\boldsymbol{H\Lambda H}^{-1}$$

从而

$$\boldsymbol{P}^n=(\boldsymbol{H\Lambda H}^{-1})^n=\boldsymbol{H\Lambda}^n\boldsymbol{H}^{-1}$$
$$=\begin{bmatrix} \frac{1}{2}+\frac{1}{2}(p-q)^n & \frac{1}{2}-\frac{1}{2}(p-q)^n \\ \frac{1}{2}-\frac{1}{2}(p-q)^n & \frac{1}{2}+\frac{1}{2}(p-q)^n \end{bmatrix}$$

(1) 当 $p=0.9$ 时，系统经二级传输后的传真率与三级传输后的误码率分别为

$$p_{11}^{(2)} = p_{00}^{(2)} = \frac{1}{2} + \frac{1}{2}(0.9 - 0.1)^2 = 0.820$$

$$p_{10}^{(3)} = p_{01}^{(3)} = \frac{1}{2} - \frac{1}{2}(0.9 - 0.1)^3 = 0.244$$

(2) 根据贝叶斯(Bayes)公式，当已知系统经 n 级传输后输出为 1，原发数字也是 1 的概率为

$$\begin{aligned} P(X_0 = 1 \mid X_n = 1) &= \frac{P(X_0 = 1)P(X_n = 1 \mid X_0 = 1)}{P(X_n = 1)} \\ &= \frac{q_1^{(0)} p_{11}^{(n)}}{q_0^{(0)} p_{01}^{(n)} + q_1^{(0)} p_{11}^{(n)}} \\ &= \frac{\alpha\left(\frac{1}{2} + \frac{1}{2}(p-q)^n\right)}{(1-\alpha)\left(\frac{1}{2} - \frac{1}{2}(p-q)^n\right) + \alpha\left(\frac{1}{2} + \frac{1}{2}(p-q)^n\right)} \\ &= \frac{\alpha + \alpha(p-q)^n}{1 + (2\alpha - 1)(p-q)^n} \end{aligned}$$

5.3 齐次马尔可夫链状态的分类

本节将从齐次马尔可夫链的转移概率出发，建立若干有意义的数字特征，用它们来表示各个状态的属性，以便将所有状态按其概率特性加以区别，并从整体上进行分类，进而揭示出齐次马尔可夫链的基本结构.

1. 状态的基本属性

定义 5.3.1　设 $i, j \in S$，称

$$f_{ij}^{(n)} \overset{\text{def}}{=} P(X_n = j, X_k \neq j, k = 1, 2, \cdots, n-1 \mid X_0 = i) \tag{5.3.1}$$

为系统在 0 时从状态 i 出发经过 n 步转移后首次到达状态 j 的概率，简称首达概率.

称

$$f_{ij} \overset{\text{def}}{=} \sum_{n=1}^{\infty} f_{ij}^{(n)} = P\left(\bigcup_{n=1}^{\infty}(X_n = j, X_k \neq j, k = 1, 2, \cdots, n-1) \mid X_0 = i\right) \tag{5.3.2}$$

为系统在 0 时从状态 i 出发经过有限步转移后迟早要回到状态 j 的概率，简称迟早概率.

称

$$f_{ij}^{(+\infty)} \overset{\text{def}}{=} P(X_n \neq j, n = 1, 2, \cdots \mid X_0 = i) \tag{5.3.3}$$

为系统在 0 时从状态 i 出发永远也不能回到状态 j 的概率.

引理 5.3.1

(1)
$$0 \leqslant f_{ij}^{(n)} \leqslant p_{ij}^{(n)} \leqslant f_{ij} \leqslant 1 \tag{5.3.4}$$

(2)
$$f_{ij}^{(n)} = \sum_{i_1 \neq j}\sum_{i_2 \neq j}\cdots\sum_{i_{n-1} \neq j} p_{ii_1} p_{i_1 i_2} \cdots p_{i_{n-1} j} \tag{5.3.5}$$

(3)
$$p_{ij}^{(n)} = \sum_{l=1}^{n} f_{ij}^{(l)} p_{jj}^{(n-l)} \tag{5.3.6}$$

证明　(1) $0 \leqslant f_{ij}^{(n)} = P(X_n = j,\ X_k \neq j,\ k = 1, 2, \cdots, n-1 \mid X_0 = i)$

$$\leqslant P(X_n = j \mid X_0 = i)$$

$$= p_{ij}^{(n)}$$

$$\leqslant P(\bigcup_{n=1}^{\infty}(X_n = j,\ X_k \neq j,\ k = 1, 2, \cdots, n-1) \mid X_0 = i)$$

$$= f_{ij} \leqslant 1$$

(2) $f_{ij}^{(n)} = P(X_n = j,\ X_k \neq j,\ k = 1, 2, \cdots, n-1 \mid X_0 = i)$

$$= P(X_n = j,\ \bigcup_{i_k \neq j}(X_k = i_k),\ k = 1, 2, \cdots, n-1 \mid X_0 = i)$$

$$= P(\bigcup_{i_k \neq j}(X_n = j,\ X_k = i_k),\ k = 1, 2, \cdots, n-1 \mid X_0 = i)$$

$$= P(\bigcup_{i_1 \neq j}\bigcup_{i_2 \neq j}\cdots\bigcup_{i_{n-1} \neq j}(X_1 = i_1,\ X_2 = i_2,\ \cdots,\ X_{n-1} = i_{n-1},\ X_n = j) \mid X_0 = i)$$

$$= \sum_{i_1 \neq j}\sum_{i_2 \neq j}\cdots\sum_{i_{n-1} \neq j} P(X_1 = i_1,\ X_2 = i_2,\ \cdots,\ X_{n-1} = i_{n-1},\ X_n = j \mid X_0 = i)$$

$$= \sum_{i_1 \neq j}\sum_{i_2 \neq j}\cdots\sum_{i_{n-1} \neq j} P(X_1 = i_1 \mid X_0 = i)P(X_2 = i_2 \mid X_0 = i,\ X_1 = i_1)\cdots$$
$$\cdot P(X_n = j \mid X_0 = i,\ X_1 = i_1,\ \cdots,\ X_{n-1} = i_{n-1})$$

$$= \sum_{i_1 \neq j}\sum_{i_2 \neq j}\cdots\sum_{i_{n-1} \neq j} P(X_1 = i_1 \mid X_0 = i)P(X_2 = i_2 \mid X_1 = i_1)\cdots$$
$$\cdot P(X_n = j \mid X_{n-1} = i_{n-1})$$

$$= \sum_{i_1 \neq j}\sum_{i_2 \neq j}\cdots\sum_{i_{n-1} \neq j} p_{ii_1}p_{i_1 i_2}\cdots p_{i_{n-1}j}$$

(3) $P_{ij}^{(n)} = P(X_n = j \mid X_0 = i)$

$$= P(\bigcup_{l=1}^{n}(X_l = j,\ X_k \neq j,\ k = 1, 2, \cdots, l-1),\ X_n = j \mid X_0 = i)$$

$$= P(\bigcup_{l=1}^{n}(X_l = j,\ X_k \neq j,\ k = 1, 2, \cdots, l-1,\ X_n = j) \mid X_0 = i)$$

$$= \sum_{l=1}^{n} P(X_l = j,\ X_k \neq j,\ k = 1, 2, \cdots, l-1,\ X_n = j \mid X_0 = i)$$

$$= \sum_{l=1}^{n} P(X_l = j,\ X_k \neq j,\ k = 1, 2, \cdots, l-1 \mid X_0 = i)$$
$$\cdot P(X_n = j \mid X_0 = i,\ X_l = j,\ X_k \neq j,\ k = 1, 2, \cdots, l-1)$$

$$= \sum_{l=1}^{n} P(X_l = j,\ X_k \neq j,\ k = 1, 2, \cdots, l-1 \mid X_0 = i)P(X_n = j \mid X_l = j)$$

$$= \sum_{l=1}^{n} f_{ij}^{(l)} p_{jj}^{(n-l)}$$

定义 5.3.2　设 $j \in S$，称 $T_j \overset{\text{def}}{=} \min\{n \mid n \geqslant 1,\ X_n = j\}$ 为系统首次到达状态 j 的时间，简称首达时. 当 $\{n \mid n \geqslant 1,\ X_n = j\} = \varnothing$，即 $\forall\, n \geqslant 1$，$X_n \neq j$ 时，$T_j \overset{\text{def}}{=} +\infty$，即系统在有限时间内不可能到达状态 j. 显然 T_j 是一个随机变量.

引理 5.3.2

(1)　　$f_{ij}^{(n)} = P(T_j = n \mid X_0 = i)$　　(5.3.7)

(2)　　$f_{ij} = P(T_j < +\infty \mid X_0 = i)$　　(5.3.8)

(3) $$\mu_{ij} \stackrel{\text{def}}{=} E(T_j \mid X_0 = i) = \sum_{n=1}^{\infty} n f_{ij}^{(n)} \tag{5.3.9}$$

证明 (1) $$P(T_j=n|X_0=i)=P(X_n=j,\ X_k\neq j,\ k=1,\ 2,\ \cdots,\ n-1|X_0=i) = f_{ij}^{(n)}$$

(2) $$P(T_j<+\infty \mid X_0 = i) = P(\bigcup_{n=1}^{\infty}(T_j = n) \mid X_0 = i) = \sum_{n=1}^{\infty} P(T_j = n \mid X_0 = i) = \sum_{n=1}^{\infty} f_{ij}^{(n)} = f_{ij}$$

(3) $$\mu_{ij} = E(T_j \mid X_0 = i) = \sum_{n=1}^{\infty} nP(T_j = n \mid X_0 = i) = \sum_{n=1}^{\infty} n f_{ij}^{(n)}$$

称 μ_{ij} 为从状态 i 出发，首次到达状态 j 的平均转移步数；μ_{jj} 称为从状态 j 出发，首次返回状态 j 的平均返回时间.

定义 5.3.3 设 $i\in S$，若 $\{n|n\geqslant1,\ p_{ii}^{(n)}>0\}\neq\varnothing$，则称其最大公约数为状态 i 的周期，记为 d_i，即

$$d_i = \mathrm{GCD}\{n \mid n \geqslant 1,\ p_{ii}^{(n)} > 0\} \tag{5.3.10}$$

若 $\{n|n\geqslant1,\ f_{ii}^{(n)}>0\}\neq\varnothing$，则其最大公约数记为 h_i，即

$$h_i = \mathrm{GCD}\{n \mid n \geqslant 1,\ f_{ii}^{(n)} > 0\} \tag{5.3.11}$$

引理 5.3.3 (1) 若 $p_{ii}^{(n)}>0$，则存在 $m\geqslant1$，使得

$$n = md_i$$

(2) 若 $f_{ii}^{(n)}>0$，则存在 $m'\geqslant1$，使得

$$n = m'h_i$$

(3) 若 d_i 和 h_i 中一个存在，则另一个也存在，并且相等，即 $d_i=h_i$.

证明 (1)、(2)显然.

(3) 首先，$\forall\, i\in S$，令 $N_1=\{n|n\geqslant1,\ p_{ii}^{(n)}>0\}$，$N_2=\{n|n\geqslant1,\ f_{ii}^{(n)}>0\}$，则 N_1 和 N_2 中一个非空，另一个也非空. 事实上，若 $N_1\neq\varnothing$，则存在 $n\geqslant1$，$p_{ii}^{(n)}>0$，即

$$p_{ii}^{(n)} = \sum_{l=1}^{n} f_{ii}^{(l)} p_{ii}^{(n-l)} > 0$$

从而 $\exists\, 1\leqslant l'\leqslant n$，使 $f_{ii}^{(l')}>0$，否则 $p_{ii}^{(n)}=0$，故 $l'\in N_2$，即 $N_2\neq\varnothing$. 反之，由于 $f_{ii}^{(n)}\leqslant p_{ii}^{(n)}$，因而当 $N_2\neq\varnothing$ 时，$N_1\neq\varnothing$. 因此，若 d_i 和 h_i 中一个存在，则另一个也存在.

其次，由于 $f_{ii}^{(n)}\leqslant p_{ii}^{(n)}$，因而 $N_2\subset N_1$，从而 $d_i\leqslant h_i$.

当 $h_i=1$ 时，$d_i=1$，从而 $d_i=h_i$.

当 $h_i\geqslant1$ 且 $n=1,\ 2,\ \cdots,\ h_i-1$ 时，$f_{ii}^{(n)}=0$，由 $p_{ii}^{(n)} = \sum_{l=1}^{n} f_{ii}^{(l)} p_{ii}^{(n-l)}$，得

$$p_{ii}^{(n)} = 0$$

当 $n=h_i+l$，$l=1,\ 2,\ \cdots,\ h_i-1$ 时，$f_{ii}^{(n)}=0$，再由 $p_{ii}^{(n)} = \sum_{l'=1}^{n} f_{ii}^{(l')} p_{ii}^{(n-l')}$ 及 $p_{ii}^{(l)}=0$，得

$$\begin{aligned} p_{ii}^{(n)} &= f_{ii}^{(1)} p_{ii}^{(h_i+l-1)} + \cdots + f_{ii}^{(h_i-1)} p_{ii}^{(l+1)} + f_{ii}^{(h_i)} p_{ii}^{(l)} \\ &\quad + f_{ii}^{(h_i+1)} p_{ii}^{(l-1)} + \cdots + f_{ii}^{(h_i+l)} p_{ii}^{(0)} \\ &= f_{ii}^{(h_i)} p_{ii}^{(l)} = 0 \end{aligned}$$

假设对于 $l=1, 2, \cdots, h_i-1$，当 $n=l, n=h_i+l, \cdots, n=(k-1)h_i+l$ 时，由 $f_{ii}^{(n)}=0$，得

$$p_{ii}^{(n)}=0$$

当 $n=kh_i+l(l=1, 2, \cdots, h_i-1)$ 时，由于 $f_{ii}^{(n)}=0$ 及 $p_{ii}=\sum_{l'=1}^{n} f_{ii}^{(l')} p_{ii}^{(n-l')}$，得

$$\begin{aligned} p_{ii}^{(n)} = p_{ii}^{(kh_i+l)} &= f_{ii}^{(1)} p_{ii}^{(kh_i+l-1)}+\cdots+f_{ii}^{(h_i-1)} p_{ii}^{((k-1)h_i+l+1)}+f_{ii}^{(h_i)} p_{ii}^{((k-1)h_i+l)} \\ &+ f_{ii}^{(h_i+1)} p_{ii}^{((k-1)h_i+l-1)}+\cdots+f_{ii}^{(2h_i-1)} p_{ii}^{((k-2)h_i+l+1)}+f_{ii}^{(2h_i)} p_{ii}^{((k-2)h_i+l)} \\ &+ f_{ii}^{(2h_i+1)} p_{ii}^{((k-2)h_i+l-1)}+\cdots+f_{ii}^{(kh_i-1)} p_{ii}^{(l+1)}+f_{ii}^{(kh_i)} p_{ii}^{(l)}+f_{ii}^{(kh_i+1)} p_{ii}^{(l-1)}+\cdots \\ &+ f_{ii}^{(kh_i+l)} p_{ii}^{(0)} \\ &= f_{ii}^{(h_i)} p_{ii}^{((k-1)h_i+l)}+f_{ii}^{(2h_i)} p_{ii}^{((k-2)h_i+l)}+\cdots+f_{ii}^{(kh_i)} p_{ii}^{(l)}=0 \end{aligned}$$

由数学归纳法得，$\forall n\geqslant 1$，当 $f_{ii}^{(n)}=0$ 时，$p_{ii}^{(n)}=0$，即当$h_i\nmid n$时，$d_i\nmid n$，从而当 $d_i|n$ 时，$h_i|n$. 又 $d_i|d_i$，故 $h_i|d_i$，于是 $h_i\leqslant d_i$，所以 $d_i=h_i$.

定义 5.3.4 设 $i\in S$，

(1) 若 $f_{ii}=1$，则称状态 i 为常返状态，或称状态 i 为返回状态；若 $f_{ii}<1$，则称状态 i 为非常返状态，或称状态 i 为滑过状态.

(2) 若 i 是常返状态且 $\mu_{ii}<+\infty$，则称状态 i 为正常返状态；若 i 是常返状态且 $\mu_{ii}=+\infty$，则称状态 i 为零常返状态，或称状态 i 为消极常返状态.

(3) 若 $d_i>1$，则称状态 i 为周期状态，且周期为 d_i；若 $d_i=1$，则称状态 i 为非周期状态；若状态 i 是正常返的非周期状态，则称状态 i 为遍历状态.

定义 5.3.5 设 $i, j\in S$，若 $\exists n\geqslant 1$，使 $p_{ij}^{(n)}>0$，则称状态 i 可达状态 j，记为 $i\to j$；若 $i\to j$ 且 $j\to i$，则称状态 i 与状态 j 互通，记为 $i\leftrightarrow j$.

引理 5.3.4 (1) 可达的传递性：若 $i\to j$，$j\to k$，则 $i\to k$；

(2) 互通的传递性：若 $i\leftrightarrow j$，$j\leftrightarrow k$，则 $i\leftrightarrow k$；

(3) 互通的对称性：若 $i\leftrightarrow j$，则 $j\leftrightarrow i$.

证明 只需证明(1)，(2)和(3)类似或显然.

设 $i\to j$，$j\to k$，则 $\exists n_1, n_2\geqslant 1$，使得

$$p_{ij}^{(n_1)}>0,\ p_{jk}^{(n_2)}>0$$

又

$$p_{ik}^{(n_1+n_2)}=\sum_l p_{il}^{(n_1)} p_{lk}^{(n_2)} \geqslant p_{ij}^{(n_1)} p_{jk}^{(n_2)}>0$$

故 $i\to k$.

引理 5.3.5 设 $i, j\in S$，则 $i\to j \Longleftrightarrow f_{ij}>0$；$i\leftrightarrow j\Longleftrightarrow f_{ij}f_{ji}>0$.

证明 设 $i\to j$，则 $\exists n\geqslant 1$，使 $p_{ij}^{(n)}>0$，从而

$$f_{ij}\geqslant p_{ij}^{(n)}>0$$

反之，设 $f_{ij}>0$，即 $f_{ij}=\sum_{n=1}^{\infty} f_{ij}^{(n)}>0$，则 $\exists n\geqslant 1$，使得 $f_{ij}^{(n)}>0$，从而 $p_{ij}^{(n)}\geqslant f_{ij}^{(n)}>0$. 即 $i\to j$.

同理

$$i\leftrightarrow j\Longleftrightarrow f_{ij}f_{ji}>0$$

引理 5.3.6　设 $i\neq j\in S$，j 是常返状态，$j\to i$，则 $i\leftrightarrow j$，且 $f_{ij}=f_{ji}=1$.

证明　令 ${}_jf_{ji}$ 表示从 j 出发最终到达 i 而中间不经过 j 的概率. 由于 $j\to i$，由引理 5.3.5 知 $f_{ji}>0$，从而 ${}_jf_{ji}>0$，于是存在 $N\geqslant 1$，使得 ${}_jf_{ji}^{(N)}>0$. 用反证法证明 $f_{ij}=1$. 假设 $f_{ij}<1$，则从 j 出发最终不能回到 j 的概率为 $1-f_{jj}\geqslant {}_jf_{ji}^{(N)}(1-f_{ij})>0$，其中 $1-f_{ij}$ 表示从 i 出发最终不能回到 j 的概率，从而 $f_{jj}<1$，即 j 是非常返状态，这与 j 是常返状态矛盾. 所以 $f_{ij}=1$，从而 $i\leftrightarrow j$. 同理，$f_{ji}=1$.

对于齐次马尔可夫链，现在我们可以根据它们的常返性、平均返回时间、周期性上的各种不同表现加以区分. 但是，如果仅仅依据上述定义来判别一个状态是否具有某种属性，往往是困难或麻烦的，因而需要建立一些简便而有效的判别方法.

2. 状态属性的判定

定理 5.3.1(Doeblin 公式)　$\forall i,j\in S$，有

$$f_{ij}=\lim_{N\to\infty}\frac{\sum\limits_{n=1}^{N}p_{ij}^{(n)}}{1+\sum\limits_{n=1}^{N}p_{jj}^{(n)}} \tag{5.3.12}$$

证明　因为

$$\begin{aligned}\sum_{n=1}^{N}p_{ij}^{(n)}&=\sum_{n=1}^{N}\sum_{l=1}^{n}f_{ij}^{(l)}p_{jj}^{(n-l)}=\sum_{l=1}^{N}f_{ij}^{(l)}\sum_{n=l}^{N}p_{jj}^{(n-l)}\\&\xlongequal{n-l=m}\sum_{l=1}^{N}f_{ij}^{(l)}\sum_{m=0}^{N-l}p_{jj}^{(m)}\leqslant\sum_{l=1}^{N}f_{ij}^{(l)}\sum_{m=0}^{N}p_{jj}^{(m)}\\&=\sum_{l=1}^{N}f_{ij}^{(l)}\left(1+\sum_{m=1}^{N}p_{jj}^{(m)}\right)\end{aligned}$$

所以

$$\frac{\sum\limits_{n=1}^{N}p_{ij}^{(n)}}{1+\sum\limits_{n=1}^{N}p_{jj}^{(n)}}\leqslant\sum_{l=1}^{N}f_{ij}^{(l)}\leqslant 1$$

即

$$\frac{\sum\limits_{n=1}^{N}p_{ij}^{(n)}}{1+\sum\limits_{n=1}^{N}p_{jj}^{(n)}}$$

有上界，从而有上极限，让 $N\to\infty$ 取上极限

$$\varlimsup_{N\to\infty}\frac{\sum\limits_{n=1}^{N}p_{ij}^{(n)}}{1+\sum\limits_{n=1}^{N}p_{jj}^{(n)}}\leqslant\lim_{N\to\infty}\sum_{l=1}^{N}f_{ij}^{(l)}=f_{ij}$$

又 $\forall 1<N'<N$，

$$\begin{aligned}\sum_{n=1}^{N}p_{ij}^{(n)}&=\sum_{l=1}^{N}f_{ij}^{(l)}\sum_{m=0}^{N-l}p_{jj}^{(m)}\geqslant\sum_{l=1}^{N'}f_{ij}^{(l)}\sum_{m=0}^{N-l}p_{jj}^{(m)}\\&\geqslant\sum_{l=1}^{N'}f_{ij}^{(l)}\sum_{m=0}^{N-N'}p_{jj}^{(m)}=\sum_{l=1}^{N'}f_{ij}^{(l)}\left(1+\sum_{m=1}^{N-N'}p_{jj}^{(m)}\right)\end{aligned}$$

所以

$$\frac{\sum_{n=1}^{N} p_{ij}^{(n)}}{1+\sum_{n=1}^{N-N'} p_{jj}^{(n)}} \geqslant \sum_{l=1}^{N'} f_{ij}^{(l)}$$

即

$$\frac{\sum_{n=1}^{N} p_{ij}^{(n)}}{1+\sum_{n=1}^{N-N'} p_{jj}^{(n)}}$$

对于固定的 N' 有下界，从而有下极限．于是对于固定的 N'，让 $N \to \infty$ 取下极限

$$\varliminf_{N\to\infty} \frac{\sum_{n=1}^{N} p_{ij}^{(n)}}{1+\sum_{n=1}^{N-N'} p_{jj}^{(n)}} = \varliminf_{N\to\infty} \frac{\sum_{n=1}^{N} p_{ij}^{(n)}}{1+\sum_{n=1}^{N} p_{jj}^{(n)}} \geqslant \sum_{l=1}^{N'} f_{ij}^{(l)}$$

再让 $N' \to \infty$ 取极限，得

$$\varliminf_{N\to\infty} \frac{\sum_{n=1}^{N} p_{ij}^{(n)}}{1+\sum_{n=1}^{N} p_{jj}^{(n)}} \geqslant \lim_{N'\to\infty} \sum_{l=1}^{N'} f_{ij}^{(l)} = f_{ij}$$

从而

$$f_{ij} \leqslant \varliminf_{N\to\infty} \frac{\sum_{n=1}^{N} p_{ij}^{(n)}}{1+\sum_{n=1}^{N} p_{jj}^{(n)}} \leqslant \varlimsup_{N\to\infty} \frac{\sum_{n=1}^{N} p_{ij}^{(n)}}{1+\sum_{n=1}^{N} p_{jj}^{(n)}} \leqslant f_{ij}$$

故

$$f_{ij} = \lim_{N\to\infty} \frac{\sum_{n=1}^{N} p_{ij}^{(n)}}{1+\sum_{n=1}^{N} p_{jj}^{(n)}}$$

推论 5.3.1 设 $i \in S$，则

$$f_{ii} = 1 - \lim_{N\to\infty} \frac{1}{1+\sum_{n=1}^{N} p_{ii}^{(n)}} \tag{5.3.13}$$

推论 5.3.2 设 $i \in S$，则：

(1)
$$\sum_{n=1}^{\infty} p_{ii}^{(n)} = +\infty \Longleftrightarrow f_{ii} = 1 \tag{5.3.14}$$

(2)
$$\sum_{n=1}^{\infty} p_{ii}^{(n)} < +\infty \Longleftrightarrow f_{ii} < 1 \tag{5.3.15}$$

定理 5.3.2 $i \in S$ 是常返状态的充要条件是以下三个条件之一成立：

(1) $f_{ii} = 1$；

(2) $P(T_i < +\infty \mid X_0 = i) = 1$；

(3) $\sum_{n=1}^{\infty} p_{ii}^{(n)} = +\infty$.

$i\in S$ 是非常返状态的充要条件是以下三个条件之一成立：

(1) $f_{ii}<1$；

(2) $P(T_i<+\infty|X_0=i)<1$；

(3) $\sum_{n=1}^{\infty}p_{ii}^{(n)}<+\infty$.

证明　由推论 5.3.2 及引理 5.3.2 直接推得.

定理 5.3.3　对任意给定的状态 i，如果 i 是常返状态且周期为 d_i，则存在极限

$$\lim_{n\to\infty}p_{ii}^{(nd_i)}=\frac{d_i}{\mu_{ii}} \tag{5.3.16}$$

规定当 $\mu_{ii}=+\infty$ 时，$\frac{1}{\mu_{ii}}=0$.

证明　因为状态 i 暂时固定，不妨简记 $p_{ii}^{(n)}$、$f_{ii}^{(n)}$、d_i、μ_{ii} 分别依次为 p_n、f_n、d、μ. 令

$$r_n=\sum_{k=n+1}^{\infty}f_k,\quad n=0,1,2,\cdots$$

由于 i 是常返状态及(5.3.6)式，则有

$$r_0p_n=p_n=\sum_{k=1}^{n}f_kp_{n-k}=\sum_{k=1}^{n}(r_{k-1}-r_k)p_{n-k},\quad n=0,1,2,\cdots$$

从而对一切 $n=0,1,2,\cdots$，

$$\sum_{k=0}^{n}r_kp_{n-k}=\sum_{k=0}^{n-1}r_kp_{n-1-k}$$

成立，即 $\sum_{k=0}^{n}r_kp_{n-k}$ 不依赖于 $n\geqslant0$. 注意到 $r_0p_0=1$，于是

$$\sum_{k=0}^{n}r_kp_{n-k}\equiv1,\quad n=0,1,2,\cdots \tag{5.3.17}$$

令 $\lambda=\overline{\lim_{n\to\infty}}p_{nd}$，由 d 的定义知

$$\lambda=\overline{\lim_{n\to\infty}}p_{nd}=\overline{\lim_{n\to\infty}}p_n \tag{5.3.18}$$

于是必有子列 $\{n_m,m=1,2,\cdots\}$，使得当 $m\to\infty$ 时，$n_m\to\infty$，且 $\lambda=\lim_{m\to\infty}p_{n_md}$.

由于 i 是常返状态，$f_{ii}=1$，故必有某正整数 t，使 $f_t>0$，由引理 5.3.3 知 $d|t$，再利用(5.3.6)式得

$$\begin{aligned}\lambda&=\lim_{m\to\infty}p_{n_md}=\lim_{m\to\infty}\Big(f_tp_{n_md-t}+\sum_{\substack{k=1\\k\neq t}}^{n_md}f_kp_{n_md-k}\Big)\\&\leqslant f_t\,\underline{\lim_{m\to\infty}}p_{n_md-t}+\Big(\sum_{\substack{k=1\\k\neq t}}^{\infty}f_k\Big)\overline{\lim_{m\to\infty}}p_m\\&=f_t\,\underline{\lim_{m\to\infty}}p_{n_md-t}+(1-f_t)\lambda\end{aligned}$$

因此 $\underline{\lim_{m\to\infty}}p_{n_md-t}\geqslant\lambda$，结合(5.3.18)式便知对每个使 $f_t>0$ 的 t 及每个使 $\lim_{m\to\infty}p_{n_md}=\lambda$ 的子列 $\{n_m,m=1,2,\cdots\}$ 都有 $\lim_{m\to\infty}p_{n_md-t}=\lambda$. 注意到 $d|t$，反复应用此式，则对任何正整数 c 都有 $\lim_{m\to\infty}p_{n_md-ct}=\lambda$，从而更一般地对形如 $u=\sum_{z=1}^{l}c_zt_z$ 的正整数 u 仍有

$$\lim_{m\to\infty} p_{n_m d-u} = \lambda \tag{5.3.19}$$

其中，l，c_z，$1\leqslant z\leqslant l$ 皆为任意的正整数，而每个 $t_z(1\leqslant z\leqslant l)$是使 $f_{t_z}>0$ 的正整数. 由引理 5.3.3 知，必有满足 $f_{t_z}>0$ 的 t_z，$1\leqslant z\leqslant l$，使 $d=\mathrm{GCD}\{t_z, 1\leqslant z\leqslant l\}$；再由初等数论知识知，必存在某正整数 N_0，对每个正整数 $N\geqslant N_0$，有相应的正整数 c_z，$1\leqslant z\leqslant l$，使得 $Nd = \sum_{z=1}^{l} c_z t_z$，由(5.3.19)式，有

$$\lim_{m\to\infty} p_{(n_m-N)d} = \lambda,\quad N\geqslant N_0 \tag{5.3.20}$$

现在(5.3.17)式中取 $n=(n_m-N_0)d$，并注意到 $d\nmid k$ 时，$p_k=0$，便有

$$\sum_{k=0}^{n_m-N_0} r_{kd}\, p_{(n_m-N_0-k)d} = 1 \tag{5.3.21}$$

当 $\sum_{k=0}^{\infty} r_{kd} <+\infty$ 时，在(5.3.21)式中令 $m\to\infty$，由(5.3.20)式及 Lebesgue 控制收敛定理得 $\lambda\sum_{k=0}^{\infty} r_{kd}=1$；当 $\sum_{k=0}^{\infty} r_{kd}=+\infty$ 时，容易分析推得 $\lambda=0$(参见文献 9). 于是无论哪种情形，都有

$$\lambda = \frac{1}{\sum_{k=0}^{\infty} r_{kd}} \tag{5.3.22}$$

由(5.3.10)、(5.3.11)式及引理 5.3.3，当 $d\nmid k$ 时，$f_k=0$，再依 r_n 的定义便知

$$r_{kd} = \frac{1}{d}\sum_{n=kd}^{kd+d-1} r_n$$

于是

$$\sum_{k=0}^{\infty} r_{kd} = \frac{1}{d}\sum_{n=0}^{\infty} r_n \tag{5.3.23}$$

利用 Fubini 定理还有

$$\sum_{n=0}^{\infty} r_n = \sum_{n=1}^{\infty} n f_n = \mu \tag{5.3.24}$$

将(5.3.24)、(5.3.23)式代入(5.3.22)式中得

$$\lambda = \frac{d}{\mu}$$

若令 $\beta=\underline{\lim}_{n\to\infty} p_{nd}$，对应地，仿照前面的方法可证 $\beta=d/\mu$，综合两者断言 $\lim_{n\to\infty} p_{nd}$ 存在并为 d/μ，即

$$\lim_{n\to\infty} p_{ii}^{(nd_i)} = \frac{d_i}{\mu_{ii}}$$

定理 5.3.4 设 $i\in S$ 是常返状态，则：

(1) i 是零常返状态的充要条件是 $\lim_{n\to\infty} p_{ii}^{(n)}=0$；

(2) i 是遍历状态的充要条件是 $\lim_{n\to\infty} p_{ii}^{(n)}=\frac{1}{\mu_{ii}}>0$；

(3) i 是正常返周期状态的充要条件是 $\lim_{n\to\infty} p_{ii}^{(n)}$ 不存在，但此时有一收敛于某正数的子列.

证明 (1) 设 i 是零常返状态，则由定理 5.3.3 知，$\lim\limits_{n\to\infty}p_{ii}^{(nd_i)}=0$，当 $d_i\nmid n$ 时，$p_{ii}^{(n)}=0$，故 $\lim\limits_{n\to\infty}p_{ii}^{(n)}=0$. 反之，若$\lim\limits_{n\to\infty}p_{ii}^{(n)}=0$，则 i 是零常返状态，否则，由定理 5.3.3 知，$\lim\limits_{n\to\infty}p_{ii}^{(nd_i)}=\dfrac{d_i}{\mu_{ii}}>0$，这与$\lim\limits_{n\to\infty}p_{ii}^{(n)}=0$ 矛盾.

(2) 设 i 是遍历状态，则 $d_i=1$，由定理 5.3.3 有$\lim\limits_{n\to\infty}p_{ii}^{(n)}=\lim\limits_{n\to\infty}p_{ii}^{(nd_i)}=\dfrac{d_i}{\mu_{ii}}=\dfrac{1}{\mu_{ii}}>0$.

反之，设$\lim\limits_{n\to\infty}p_{ii}^{(n)}=\dfrac{1}{\mu_{ii}}>0$，则由(1)知 i 是正常返状态，且由极限的保号性知，$\exists N\geqslant 1$，当 $n>N$ 时，$p_{ii}^{(n)}>0$，$p_{ii}^{(n+1)}>0$，因此 i 非周期，从而 i 是遍历状态.

(3) 设 i 是正常返周期状态，假设$\lim\limits_{n\to\infty}p_{ii}^{(n)}$ 存在，由 $p_{ii}^{(n)}\geqslant 0$ 及极限的不等式性，$\lim\limits_{n\to\infty}p_{ii}^{(n)}\geqslant 0$. 若$\lim\limits_{n\to\infty}p_{ii}^{(n)}=0$，则由(1)知 i 是零常返状态，这与 i 是正常返状态矛盾；若$\lim\limits_{n\to\infty}p_{ii}^{(n)}>0$，则由(2)知 i 是遍历状态，这与 i 有周期矛盾，故$\lim\limits_{n\to\infty}p_{ii}^{(n)}$ 不存在. 但此时由定理 5.3.3 知，$\lim\limits_{n\to\infty}p_{ii}^{(nd_i)}=d_i/\mu_{ii}$，从而子列$\{p_{ii}^{(nd_i)}\}$收敛于正数 d_i/μ_{ii}.

反之，若$\lim\limits_{n\to\infty}p_{ii}^{(n)}$不存在，则由(1)知 i 不是零常返状态，由(2)知 i 不是遍历状态，但 i 是常返状态，故 i 是正常返周期状态.

推论 5.3.3 设 $j\in S$ 是非常返状态或零常返状态，则 $\forall\, i\in S$，有$\lim\limits_{n\to\infty}p_{ij}^{(n)}=0$.

证明 设 $j\in S$ 是非常返状态或零常返状态，则由定理 5.3.2 或定理 5.3.4 知，当 $i=j$ 时，$\lim\limits_{n\to\infty}p_{ij}^{(n)}=0$.

当 $i\neq j$ 时，$\forall\, 1<n'<n$，由于

$$p_{ij}^{(n)}=\sum_{l=1}^{n}f_{ij}^{(l)}p_{jj}^{(n-l)}\leqslant\sum_{l=1}^{n'}f_{ij}^{(l)}p_{jj}^{(n-l)}+\sum_{l=n'+1}^{n}f_{ij}^{(l)}$$

对于任意固定的 n'，让 $n\to\infty$取上极限，得

$$\overline{\lim_{n\to\infty}}p_{ij}^{(n)}\leqslant\sum_{l=1}^{n'}f_{ij}^{(l)}\lim_{n\to\infty}p_{jj}^{(n-l)}+\sum_{l=n'+1}^{\infty}f_{ij}^{(l)}=\sum_{l=n'+1}^{\infty}f_{ij}^{(l)}$$

再让 $n'\to\infty$，得

$$\overline{\lim_{n\to\infty}}p_{ij}^{(n)}\leqslant 0$$

又

$$p_{ij}^{(n)}\geqslant 0$$

故

$$\underline{\lim_{n\to\infty}}p_{ij}^{(n)}\geqslant 0$$

因此

$$\lim_{n\to\infty}p_{ij}^{(n)}=0$$

定理 5.3.5 设 $i, j\in S$，

(1) 若存在正整数 n，使得 $p_{ii}^{(n)}>0$，$p_{ii}^{(n+1)}>0$，则 i 非周期；

(2) 若存在正整数 m，使得 m 步转移概率矩阵 $\boldsymbol{P}^{(m)}$ 中相应于状态 j 的那列元素全不为零，则 j 非周期；

(3) 设状态 i 的周期为 d，则必存在正整数 N_0，使得当 $N\geqslant N_0$ 时都有 $p_{ii}^{(Nd)}>0$.

证明　(1) 显然.

(2) $\forall i\in S$，由于 $p_{ij}^{(m)}>0$，由定理 5.2.2 知，存在 $i_1\in S$，使得 $p_{ii_1}>0$. 再由 C-K 方程及 $p_{i_1 j}^{(m)}>0$ 得

$$p_{ij}^{(m+1)}\geqslant p_{ii_1}p_{i_1 j}^{(m)}>0$$

特别地，取 $i=j$，有

$$p_{jj}^{(m)}>0,\ p_{jj}^{(m+1)}>0$$

由(1)得 j 非周期.

(3) 先将 $\{n\mid n\geqslant 1,\ p_{ii}^{(n)}>0\}$ 记为 $\{n_m\mid m=1, 2, \cdots\}$，令 $d_m=\mathrm{GCD}\{n_t\mid t=1, 2, \cdots, m\}$，$m\geqslant 1$，则 $d_1\geqslant d_2\geqslant\cdots\geqslant d\geqslant 1$. 由于 d_1 是一有限正整数，故存在正整数 l，使得 $d_l=d_{l+1}=\cdots=d$. 因此 $d=d_l=\mathrm{GCD}\{n_t\mid t=1, 2, \cdots, l\}$. 应用初等数论知识，存在正整数 N_0，使得 $\forall N\geqslant N_0$，有

$$Nd=N_1n_1+N_2n_2+\cdots+N_ln_l \tag{5.3.25}$$

其中 N_m，$m=1, 2, \cdots, l$ 为相应的正整数，由(5.3.25)式及 C-K 方程有

$$\begin{aligned}
p_{ii}^{(Nd)}&=P_{ii}^{(N_1n_1+N_2n_2+\cdots+N_ln_l)}=\sum_{k_1}\sum_{k_2}\cdots\sum_{k_{l-1}}p_{ik_1}^{(N_1n_1)}p_{k_1k_2}^{(N_2n_2)}\cdots p_{k_{l-1}i}^{(N_ln_l)}\\
&\geqslant p_{ii}^{(N_1n_1)}p_{ii}^{(N_2n_2)}\cdots p_{ii}^{(N_ln_l)}\\
&=\prod_{m=1}^{l}p_{ii}^{(N_mn_m)}=\prod_{m=1}^{l}p_{ii}^{\overbrace{(n_m+n_m+\cdots+n_m)}^{N_m\text{个}n_m}}\\
&=\prod_{m=1}^{l}\Big[\sum_{i_1}\sum_{i_2}\cdots\sum_{i_{N_m-1}}p_{ii_1}^{(n_m)}p_{i_1i_2}^{(n_m)}\cdots p_{i_{N_m-1}i}^{(n_m)}\Big]\\
&\geqslant\prod_{m=1}^{l}(p_{ii}^{(n_m)}p_{ii}^{(n_m)}\cdots p_{ii}^{(n_m)})=\prod_{m=1}^{l}(p_{ii}^{(n_m)})^{N_m}>0
\end{aligned}$$

定理 5.3.6　互通的两个状态有相同的状态类型. 即设 $i, j\in S$，且 $i\leftrightarrow j$，则 i 和 j 或者同为非常返状态，或者同为零常返状态，或者同为正常返非周期状态，或者同为正常返周期状态且周期相同.

证明　设 $i\leftrightarrow j$，则存在正整数 l 和 n，使得 $\alpha\overset{\text{def}}{=}p_{ij}^{(l)}>0$，$\beta\overset{\text{def}}{=}p_{ji}^{(n)}>0$，由 C-K 方程，对于任何正整数 m，有

$$p_{ii}^{(l+m+n)}=\sum_{k}\sum_{s}p_{ik}^{(l)}p_{ks}^{(m)}p_{si}^{(n)}$$

从而

$$p_{ii}^{(l+m+n)}\geqslant p_{ij}^{(l)}p_{jj}^{(m)}p_{ji}^{(n)}=\alpha\beta p_{jj}^{(m)} \tag{5.3.26}$$

同理

$$p_{jj}^{(l+m+n)}\geqslant\alpha\beta p_{ii}^{(m)} \tag{5.3.27}$$

设 j 是常返状态，则由定理 5.3.2 知

$$\sum_{m=1}^{\infty}p_{jj}^{(m)}=+\infty$$

从而由(5.3.26)式知

$$\sum_{m=1}^{\infty}p_{ii}^{(l+m+n)}=+\infty$$

于是 $\sum\limits_{m=1}^{\infty}p_{ii}^{(m)}=+\infty$，由定理 5.3.2 知 i 也是常返状态.

同理，设 i 是常返状态，则 j 也是常返状态，结合逆否命题得 i 和 j 或者同为非常返状态，或者同为常返状态.

设 j 是零常返状态，则由定理 5.3.4 知，$\lim\limits_{m\to\infty} p_{jj}^{(m)}=0$，于是 $\lim\limits_{m\to\infty} p_{jj}^{(l+m+n)}=0$，从而由(5.3.27)式知，$\lim\limits_{m\to\infty} p_{ii}^{(m)}=0$，由定理 5.3.4 知 i 也是零常返状态.

同理，设 i 是零常返状态，则 j 也是零常返状态，结合逆否命题得 i 和 j 或者同为零常返状态，或者同为正常返状态.

设 i 和 j 都是正常返状态，其周期分别为 d_i 和 d_j，只需证明 $d_i=d_j$. 由 C－K 方程，有

$$p_{jj}^{(n+l)}=\sum_k p_{jk}^{(n)}p_{kj}^{(l)}\geqslant p_{ji}^{(n)}p_{ij}^{(l)}=\alpha\beta>0$$

故 $d_j \mid n+l$，$\forall m\in\{m \mid m\geqslant 1,\ p_{ii}^{(m)}>0\}$，由(5.3.27)式有

$$p_{jj}^{(l+m+n)}\geqslant \alpha\beta p_{ii}^{(m)}>0$$

所以 $d_j \mid l+m+n$，于是 $d_j \mid m$，从而 $d_j \mid d_i$，因此 $d_j\leqslant d_i$. 同理 $d_i\leqslant d_j$. 故 $d_i=d_j$.

因此 i 和 j 或者同为正常返非周期状态，或者同为正常返周期状态且周期相同.

3. 状态空间的分解

我们约定若 $i\to i$，则 $i\leftrightarrow i$，从而互通满足：

(1) 自反性：$i\leftrightarrow i$；

(2) 对称性：若 $i\leftrightarrow j$，则 $j\leftrightarrow i$；

(3) 传递性：若 $i\leftrightarrow j$，$j\leftrightarrow k$，则 $i\leftrightarrow k$.

所以互通是一种等价关系. 利用互通这一等价关系，可将状态空间 S 划分成有限个或可列无限多个互不相交的子集 S_1，S_2，…之并，即

$$S=\bigcup_n S_n,\ S_m\cap S_n=\varnothing,\quad m\neq n,\ m,\ n=1,\ 2,\ \cdots$$

显然，同一子集 S_n 中的所有状态都互通，不同子集 S_m 和 $S_n(m\neq n)$ 中的状态不互通(但单向可达是可以的). 称 S_n 为一个等价类，包含 i 的等价类 S_n 也常记为 $S(i)$，于是

$$S(i)=\{i\}\cup\{j \mid j\leftrightarrow i\}$$
$$S(i)=S(j)\Longleftrightarrow i\leftrightarrow j$$
$$S(i)=S_n\Longleftrightarrow i\in S_n$$

定义 5.3.6　(1) 闭集：设 C 是 S 的一个子集，如果 $\forall i\in C$，$\forall j\notin C$ 和 $\forall n\geqslant 0$，有 $p_{ij}^{(n)}=0$，则称 C 为闭集. 显然状态空间 S 是闭集.

(2) 吸收状态：设 $i\in S$，如果状态子集 $\{i\}$ 是闭集，则状态 i 称为吸收状态.

(3) 不可约闭集：设 C 是闭集，如果 C 中不再含有任何非空真闭子集，则称 C 是不可约闭集，或称 C 是不可约的，或不可分的，或最小的.

(4) 不可约的齐次马尔可夫链：如果状态空间 S 是不可约的，那么称该齐次马尔可夫链是不可约的，否则称为可约的.

引理 5.3.7　(1) C 是闭集的充要条件是 $p_{ij}=0$，$\forall i\in C$，$j\notin C$.

(2) C 是闭集的充要条件是 $\sum\limits_{j\in C} p_{ij}=1$，$\forall i\in C$.

(3) C 是闭集的充要条件是 $\sum\limits_{j\in C} p_{ij}^{(n)}=1$，$\forall i\in C$，$n\geqslant 0$.

(4) $i\in S$ 是吸收状态的充要条件是 $p_{ii}=1$.

证明 只需证明(1)，(2)与(3)显然与(1)等价，(4)是(2)的直接结果.

设 C 是闭集，由闭集的定义，显然 $p_{ij}=0$，$\forall i\in C, j\notin C$.

反之，用数学归纳法证明：$\forall n\geqslant 0$，$p_{ij}^{(n)}=0$. $\forall i\in C, j\notin C$. 显然 $p_{ij}^{(0)}=0$，$\forall i\in C$，$j\notin C$，由题设知 $p_{ij}=0$，$\forall i\in C, j\notin C$，即当 $n=1$ 时，$p_{ij}^{(n)}=0$，$\forall i\in C, j\notin C$.

假设当 $n=k$ 时，$p_{ij}^{(n)}=p_{ij}^{(k)}=0$，$\forall i\in C$，$\forall j\notin C$.

当 $n=k+1$ 时，由 C-K 方程，有

$$p_{ij}^{(n)}=p_{ij}^{(k+1)}=\sum_{l}p_{il}^{(k)}p_{lj}=\sum_{l\in C}p_{il}^{(k)}p_{lj}+\sum_{l\notin C}p_{il}^{(k)}p_{lj}$$

从而当 $l\in C$ 时，$p_{lj}=0$；当 $l\notin C$ 时，由归纳假设知 $p_{il}^{(k)}=0$，从而 $p_{ij}^{(k+1)}=0$. 这就是说，当 $n=k+1$ 时，$p_{ij}^{(n)}=0$，$\forall i\in C, j\notin C$. 由数学归纳法知，$\forall n\geqslant 0$，$p_{ij}^{(n)}=0$，$\forall i\in C, j\notin C$. 因此 C 是闭集.

引理 5.3.8 等价类 $S(i)$ 若是闭集，则 $S(i)$ 是不可约的.

证明 设 $C\subset S(i)$ 是非空闭集，则由闭集的定义，$\forall j\in C$，若 $j\to k$，则 $k\in C$. $\forall l\in S(i)$，由于 $S(i)$ 是等价类，且 $j\in C\subset S(i)$，因此 $j\leftrightarrow l$，从而 $j\to l$，于是 $l\in C$，从而 $S(i)\subset C$，所以 $C=S(i)$，即 $S(i)$ 是不可约的.

引理 5.3.9 设 C 是闭集，当且仅当 C 中的任何两个状态都互通时，C 是不可约的.

证明 设闭集 C 中的任何两个状态互通，$D\subset C$ 是非空闭集，则 $\forall j\in D$，若 $j\to k$，则 $k\in D$. $\forall l\in C$，由于 $j\in D\subset C$，因此 $j\leftrightarrow l$，从而 $j\to l$，于是 $l\in D$，从而 $C\subset D$，所以 $D=C$，即 C 是不可约的.

反过来，设 C 是不可约的，假设有 $i, j\in C$，$i\neq j$，且 $i\nrightarrow j$，令 $D=\{i\}\cup\{l: i\neq l\in C, i\to l\}$，则 $D\subset C$ 是非空闭集. 事实上非空显然，倘若 D 不是闭集，由闭集的定义必有状态 $l\in D$，$k\notin D$，使得 $l\to k$；依 D 的定义知 $i\neq l$ 且 $i\to l$，再由可达的传递性得 $i\to k$，从而 $k\in D$，这与 $k\notin D$ 矛盾. 所以 D 是不含 j 的 C 的非空真闭子集. 这与 C 是不可约的矛盾，所以 $i\to j$，对称地，也有 $j\to i$，即 $i\leftrightarrow j$.

推论 5.3.4 齐次马尔可夫链不可约的充要条件是它的任何两个状态都互通.

证明 设齐次马尔可夫链是不可约的，则 S 是不可约的闭集，由引理 5.3.9 知 S 中的任何两个状态互通.

反过来，设齐次马尔可夫链的任何两个状态都互通，又因 S 是闭集，所以 S 是不可约的，即齐次马尔可夫链是不可约的.

在实际应用中，我们常遇到有限状态的马尔可夫链. 关于有限齐次马尔可夫链有以下结果.

定理 5.3.7 (1) 有限齐次马尔可夫链的所有非常返状态之集 D 不可能是闭集.

(2) 有限齐次马尔可夫链不可能存在零常返状态.

(3) 不可约的有限齐次马尔可夫链的所有状态都是正常返状态.

证明 (1) 假设 D 是闭集，由引理 5.3.7 知：

$$\sum_{j\in D}p_{ij}^{(n)}=1,\quad \forall i\in D, n\geqslant 0$$

再由推论 5.3.3 有 $\lim\limits_{n\to\infty}p_{ij}^{(n)}=0$，又因 D 是有限集，所以上式两边取极限得出 $0=1$，这是不可能的，因此 D 不可能是闭集.

(2) 证明与(1)完全相同.

(3) 由(1)、(2)直接推得.

此定理说明，不管系统自什么状态出发，迟早总要进入常返状态的闭集中. 即在有限个非常返状态中的转移步数总是有限的，从而不可约的有限齐次马尔可夫链的所有状态都是正常返状态. 此事实也说明，等价类不一定是闭集，但当等价类含有常返状态时，有如下结果.

定理 5.3.8　设 $i\in S$ 是常返状态，则包含 i 的等价类 $S(i)$ 是闭集，从而是不可约的.

证明　$\forall j\in S(i)$，$\forall k\in S$，若 $j\to k$，由引理 5.3.6 知，$j\leftrightarrow k$，从而 $k\in S(i)$，所以 $S(i)$ 是闭集. 再由引理 5.3.8 知，$S(i)$ 是不可约的.

综上所述，我们就可以得到以下关于状态空间的分解定理.

定理 5.3.9　齐次马尔可夫链的状态空间 S 可唯一地分解成有限个或可列无限多个互不相交的状态子集 D，C_1，C_2，…之并，即

$$S=D\cup C_1\cup C_2\cup\cdots$$

其中 D 是所有非常返状态构成的状态子集，$C_n(n=1,2,\cdots)$ 是由常返状态构成的不可约闭集，每个状态子集中的状态有着相同的状态类型，且 $\forall i,j\in C_n$，总有 $f_{ij}=1$.

引理 5.3.10　设 C 是不可约闭集，周期为 d，$\forall i,j\in C$，如果 $p_{ij}^{(n_1)}>0$，$p_{ij}^{(n_2)}>0$，则 $d\,|\,n_2-n_1$.

证明　设 C 是不可约闭集，则由引理 5.3.9 知，$\forall i,j\in C$，$i\leftrightarrow j$，从而存在 $n\geqslant 0$，使得 $p_{ji}^{(n)}>0$，由 C-K 方程，有

$$p_{ii}^{(n_1+n)}\geqslant p_{ij}^{(n_1)}p_{ji}^{(n)}>0,\quad p_{ii}^{(n_2+n)}\geqslant p_{ij}^{(n_2)}p_{ji}^{(n)}>0$$

从而 $d\,|\,n_1+n$，$d\,|\,n_2+n$，故 $d\,|\,n_2-n_1$.

定理 5.3.10　设 C 是周期为 d 的不可约闭集，则 C 可唯一地分解为 d 个互不相交的状态子集 J_1，J_2，…，J_d 之并，即

$$C=\bigcup_{m=1}^{d}J_m,\ J_m\cap J_l=\varnothing,\ m\neq l,\ m,l=1,2,\cdots,d \tag{5.3.28}$$

而且 $\forall k\in J_m$，$m=1,2,\cdots,d$，有

$$\sum_{j\in J_{m+1}}p_{kj}=1 \tag{5.3.29}$$

其中 $J_{d+1}\overset{\text{def}}{=}J_1$.

证明　首先证明分解式的存在性. $\forall i\in C$，对 $m=1,2,\cdots,d$，定义

$$J_m\overset{\text{def}}{=}\{j:\ \exists n\geqslant 0,\ p_{ij}^{(nd+m)}>0\} \tag{5.3.30}$$

因为 C 是不可约闭集，所以 $C=\bigcup\limits_{m=1}^{d}J_m$. 现在来证当 $m\neq l$ 时，$J_m\cap J_l=\varnothing$. 倘若有 $j\in J_m\cap J_l$，由 J_m 的定义(5.3.30)式，$\exists n_1,n_2\geqslant 0$，使得 $p_{ij}^{(n_1d+m)}>0$，$p_{ij}^{(n_2d+l)}>0$；由引理 5.3.10 知，$d\,|\,l-m$，但 $1\leqslant m,l\leqslant d$，因此 $l-m=0$，即 $m=l$，这与 $m\neq l$ 矛盾，故 $J_m\cap J_l=\varnothing$，$m\neq l$，从而(5.3.28)式得证.

其次证明 $\forall k\in J_m$，$\sum\limits_{j\in J_{m+1}}p_{kj}=1$. $\forall k\in J_m\subset C(m=1,2,\cdots,d)$，因为 C 是闭集，由引理 5.3.7，有

$$1=\sum_{j\in C}p_{kj}=\sum_{j\in J_{m+1}}p_{kj}+\sum_{j\in C-J_{m+1}}p_{kj} \tag{5.3.31}$$

由 J_m 与 J_{m+1} 的定义(5.3.30)式，$\exists n\geqslant 0$，使 $p_{ik}^{(nd+m)}>0$，对上述的 n 及 $j\in C-J_{m+1}$，有

$$0=p_{ij}^{(nd+m+1)}\geqslant p_{ik}^{(nd+m)}p_{kj}\geqslant 0$$

从而 $p_{ik}^{(nd+m)}p_{kj}=0$，但 $p_{ik}^{(nd+m)}>0$，故 $p_{kj}=0$，将此代入(5.3.31)式，得

$$\sum_{j\in J_{m+1}}p_{kj}=1$$

最后证明分解式的唯一性，即要证 J_1，J_2，…，J_d 与最初 i 的选择无关. 假设对状态 i，C 分解为 $\bigcup_{m=1}^{d}J_m$，而对另一个状态 i'，C 分解为 $\bigcup_{m'=1}^{d}J'_{m'}$，只要证 $\forall j,k\in J_m$，也有 $j,k\in J'_{m'}$ 即可，其中 m 与 m' 未必相同. 不妨设 $i'\in J_l$，那么，当 $m\geqslant l$ 时，从 i' 出发，能也只能在第 $m-l$，$m-l+d$，$m-l+2d$，…等步上到达 j 或 k，故依定义 $j,k\in J'_{m-l}$. 当 $m<l$ 时，从 i' 出发，能也只能在第 $d-(l-m)=m-l+d$，$m-l+2d$，…等步上到达 j 或 k，故 $j,k\in J'_{m-l+d}$，所以分解式是唯一的.

定理 5.3.11 设 $\{X_n, n=0,1,2,\cdots\}$ 是周期为 d 的不可约的齐次马尔可夫链，其状态空间 S 已被唯一地分解为 d 个互不相交的状态子集 J_1，J_2，…，J_d 之并. 现仅在时刻 0，d，$2d$，…上考虑 $\{X_n, n=0,1,2,\cdots\}$，即令 $Y_n=X_{nd}$，$n=0,1,2,\cdots$，则：

(1) $\{Y_n, n=0,1,2,\cdots\}$ 是以 $\boldsymbol{P}^{(d)}=(p_{ij}^{(d)})$ 为一步转移概率矩阵的新的齐次马尔可夫链；

(2) 对 $\{Y_n, n=0,1,2,\cdots\}$ 而言，每个 $J_m(m=1,2,\cdots,d)$ 都是不可约闭集，而且 J_m 中的状态都是非周期的；

(3) 如果 $\{X_n, n=0,1,2,\cdots\}$ 的所有状态皆为常返状态，那么 $\{Y_n, n=0,1,2,\cdots\}$ 的所有状态也都是常返状态.

证明 (1) $\forall n\geqslant 0$，由 $\{X_n, n=0,1,2,\cdots\}$ 的马尔可夫性、齐次性及 $\forall i_0,i_1,\cdots,i_{n-1},i,j\in S$，有

$$\begin{aligned}&P(Y_{n+1}=j\mid Y_0=i_0,Y_1=i_1,\cdots,Y_{n-1}=i_{n-1},Y_n=i)\\&=P(X_{(n+1)d}=j\mid X_0=i_0,X_d=i_1,\cdots,X_{(n-1)d}=i_{n-1},X_{nd}=i)\\&=P(X_{(n+1)d}=j\mid X_{nd}=i)=P(Y_{n+1}=j\mid Y_n=i)\\&P(Y_{n+1}=j\mid Y_n=i)=P(X_{(n+1)d}=j\mid X_{nd}=i)\\&=P(X_d=j\mid X_0=i)=p_{ij}^{(d)}\end{aligned}$$

由此可知 $\{Y_n, n=0,1,2,\cdots\}$ 是齐次马尔可夫链，且一步转移概率矩阵为 $\boldsymbol{P}^{(d)}=(p_{ij}^{(d)})$.

(2) 由定理 5.3.10 知，$\forall k\in J_m$，$\sum_{j\in J_{m+1}}p_{kj}=1$，从而有 $\sum_{j\in J_m}p_{kj}^{(d)}=1$，$\forall k\in J_m$，由引理 5.3.7 知，每个 $J_m(m=1,2,\cdots,d)$ 对 $\{Y_n, n=0,1,2,\cdots\}$ 而言都是闭集. 又 $\forall j,k\in J_m$，因为 $\{X_n, n=0,1,2,\cdots\}$ 是不可约的，由推论 5.3.4 知，$\exists N\geqslant 0$，使 $p_{jk}^{(N)}>0$，又因 j、k 在同一 J_m 中，由定理 5.3.10 知，N 只能为形如 nd 的正整数，于是对 $\{Y_n, n=0,1,2,\cdots\}$ 而言，$j\to k$，同理 $k\to j$，故 $j\leftrightarrow k$，应用引理 5.3.9 得 J_m 是不可约的. 由于 i 的周期为 d，因此由定理 5.3.5 知，$\exists N>0$，当 $n\geqslant N$ 时，$p_{ii}^{(nd)}>0$，$p_{ii}^{((n+1)d)}>0$，即 $P(Y_n=i\mid Y_0=i)>0$，

$P(Y_{n+1}=i|Y_0=i)>0$，故对$\{Y_n, n=0, 1, 2, \cdots\}$而言，状态 i 是非周期的.

(3) 设$\{X_n, n=0, 1, 2, \cdots\}$的状态全为常返的，$\forall j\in J_m$，由周期的定义知，当 $d\nmid n$ 时，$p_{jj}^{(n)}=0$，从而 $f_{jj}^{(n)}=0$. 故

$$1 = f_{jj} = \sum_{n=1}^{\infty} f_{jj}^{(n)} = \sum_{n=1}^{\infty} f_{jj}^{(nd)}$$

即 j 对$\{Y_n, n=0, 1, 2, \cdots\}$而言也是常返的.

例 5.3.1　设状态空间 $S=\{0, 1, 2\}$的齐次马尔可夫链，它的一步转移概率矩阵为

$$\boldsymbol{P}=\begin{bmatrix} \frac{1}{2} & \frac{1}{2} & 0 \\ \frac{1}{2} & \frac{1}{4} & \frac{1}{4} \\ 0 & \frac{1}{3} & \frac{2}{3} \end{bmatrix}$$

研究其各状态间的关系以及状态类型.

解　由于$⓪\xrightarrow{\frac{1}{2}}①\xrightarrow{\frac{1}{4}}②$，$②\xrightarrow{\frac{1}{3}}①\xrightarrow{\frac{1}{2}}⓪$，其中圈中的数字代表状态，箭头上的数字代表概率，于是可得到如图 5-1 所示状态转移图. 由于 $p_{00}=\frac{1}{2}$，由周期的定义可知，状态 0 是非周期的. 由于三个状态互通，故该齐次马尔可夫链是不可约的，且只有三个状态，故三个状态都是正常返状态，从而都是遍历状态.

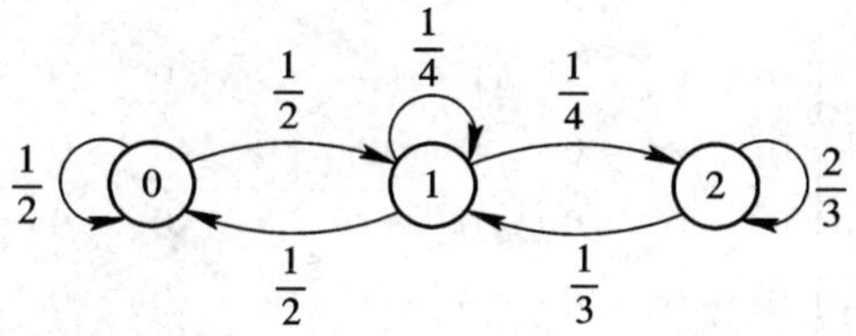

图　5-1

例 5.3.2　设状态空间 $S=\{1, 2, 3, 4\}$的齐次马尔可夫链，其一步转移概率矩阵为

$$\boldsymbol{P}=\begin{bmatrix} \frac{1}{2} & \frac{1}{2} & 0 & 0 \\ \frac{1}{2} & \frac{1}{2} & 0 & 0 \\ \frac{1}{4} & \frac{1}{4} & \frac{1}{4} & \frac{1}{4} \\ 0 & 0 & 0 & 1 \end{bmatrix}$$

试分析其状态类型.

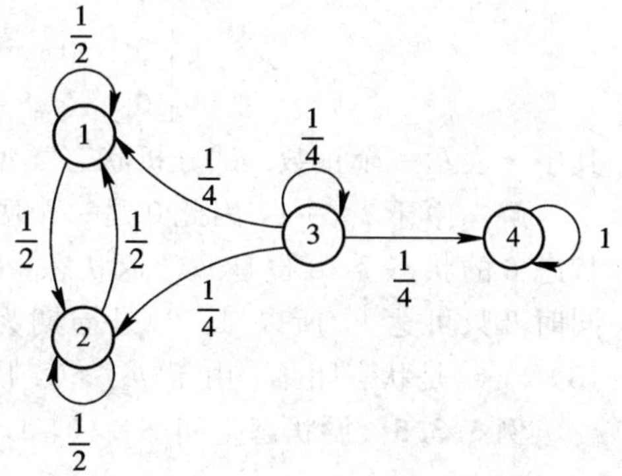

图　5-2

解　状态转移图如图 5-2 所示. 状态 3 可达状态 1、2 和 4，但这三个状态不能可达状态 3，故$\{3\}$是非常返状态集，闭集有两个$\{1, 2\}$和$\{4\}$，其中$\{4\}$是吸收状态集.

例 5.3.3　设$\{X_n, n=0,1,2,\cdots\}$是一齐次马尔可夫链，状态空间 $S=\{1,2,3,4,5\}$，其一步转移概率矩阵为

$$P=\begin{bmatrix}0.5 & 0 & 0.5 & 0 & 0\\ 0 & 0.25 & 0 & 0.75 & 0\\ 0 & 0 & 0.3 & 0 & 0.7\\ 0.25 & 0.5 & 0 & 0.25 & 0\\ 0.3 & 0 & 0.3 & 0 & 0.4\end{bmatrix}$$

试分析状态类型.

解　状态转移图如图 5-3 所示. 状态 2、4 可达状态 1、3、5，但反过来却是不可达的，于是一旦离开状态集{2, 4}就不可能回到状态 2 或 4，所以{2, 4}为非常返状态集，{1, 3, 5}是闭集.

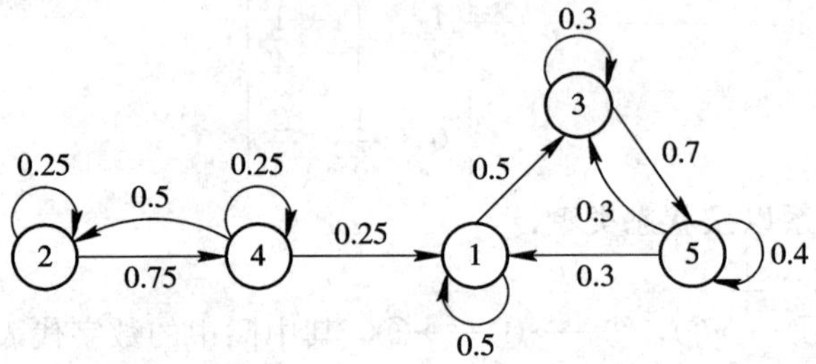

图 5-3

例 5.3.4　设齐次马尔可夫链的状态空间 $S=\{0, 1, 2, 3, 4, 5, 6, 7, 8\}$，其一步转移概率矩阵为

$$P=\begin{bmatrix}* & 0 & 0 & 0 & 0 & 0 & 0 & 0 & 0\\ 0 & 0 & * & 0 & 0 & 0 & 0 & 0 & 0\\ 0 & * & 0 & 0 & 0 & 0 & 0 & 0 & 0\\ 0 & 0 & 0 & 0 & * & * & 0 & 0 & 0\\ 0 & 0 & 0 & 0 & * & * & 0 & 0 & 0\\ 0 & 0 & 0 & * & 0 & 0 & 0 & 0 & 0\\ * & * & 0 & 0 & * & 0 & * & 0 & 0\\ 0 & 0 & 0 & 0 & 0 & 0 & * & * & *\\ 0 & 0 & 0 & 0 & 0 & 0 & * & 0 & 0\end{bmatrix}$$

其中 * 表示一个正数. 试分析状态类型.

解　由于 $p_{00}=1$，因此 0 是一个吸收状态，又因 $p_{60}>0$，故 6 是非常返状态，从而可达状态 6 的状态 7、8 也是非常返状态，故 $D=\{6, 7, 8\}$是非常返状态集. 状态 1 只可达 2，同时 2 只可达 1，所以{1, 2}是周期为 2 的正常返状态集，可分解为 $J_1=\{1\}$，$J_2=\{2\}$. {3, 4, 5}是状态闭集，由于 $p_{44}>0$，因此其周期为 1.

例 5.3.5　设状态空间 $S=\{0, 1, 2, 3\}$的齐次马尔可夫链，其一步转移概率矩阵为

$$P=\begin{bmatrix}0 & 0 & \frac{1}{2} & \frac{1}{2}\\ 1 & 0 & 0 & 0\\ 0 & 1 & 0 & 0\\ 0 & 1 & 0 & 0\end{bmatrix}$$

试对其状态进行分类.

解　状态转移图如图 5-4 所示. 它是一个有限齐次马尔可夫链, 所有状态都是互通的, 所以所有状态均为常返状态, 整个状态空间 $S=\{0, 1, 2, 3\}$ 构成一个不可约闭集.

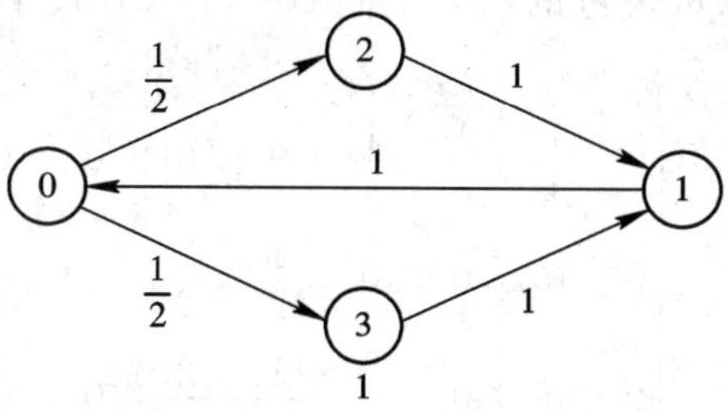

图 5-4

例 5.3.6　设齐次马尔可夫链的状态空间 $S=\{0, 1, 2, 3, 4\}$, 它的一步转移概率矩阵为

$$P=\begin{bmatrix} \frac{1}{2} & \frac{1}{2} & 0 & 0 & 0 \\ \frac{1}{2} & \frac{1}{2} & 0 & 0 & 0 \\ 0 & 0 & \frac{1}{2} & \frac{1}{2} & 0 \\ 0 & 0 & \frac{1}{2} & \frac{1}{2} & 0 \\ \frac{1}{4} & \frac{1}{4} & 0 & 0 & \frac{1}{2} \end{bmatrix}$$

试对其状态进行分类.

解　(1) 从一步转移概率矩阵可知状态 2 和 3 不能和其它状态互通, $\{2, 3\}$组成一个闭集. 如果过程初始就处于 2 状态或 3 状态, 则过程永远处于 2、3 状态, 故$\{2, 3\}$是常返状态.

(2) 状态 4 可转移到$\{0, 1\}$状态, 但 0, 1 两个状态不能到达 4 状态, $\{0, 1\}$组成一个闭集, 并且 0, 1 是常返状态, 4 为非常返状态.

例 5.3.7　设齐次马尔可夫链的状态空间 $S=\{0, 1, 2, 3\}$, 其一步转移概率矩阵为

$$P=\begin{bmatrix} 0 & 0 & \frac{1}{2} & \frac{1}{2} \\ 0 & 0 & \frac{1}{2} & \frac{1}{2} \\ \frac{1}{2} & \frac{1}{2} & 0 & 0 \\ \frac{1}{2} & \frac{1}{2} & 0 & 0 \end{bmatrix}$$

试分析过程的周期性.

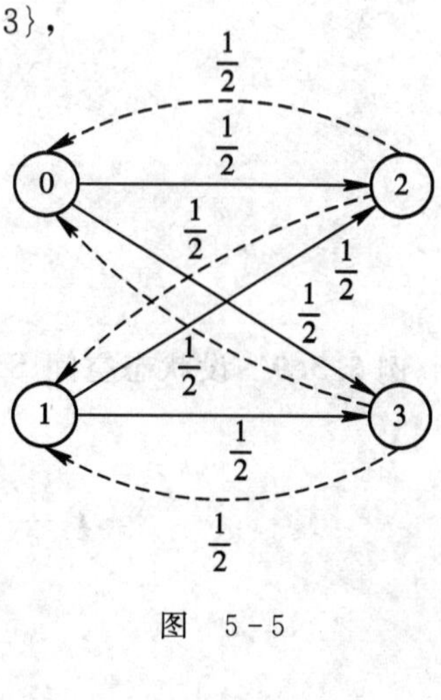

图 5-5

解　状态转移图如图 5-5 所示. 四个状态可以分成$\{0, 1\}$和 $\{2, 3\}$两个子集, 该过程有确定性的周期转移.

$$\{0, 1\}\to\{2, 3\}\to\{0, 1\}\to\{2, 3\}\to\cdots$$

显然它的周期 $d=2$.

例 5.3.8 设齐次马尔可夫链的状态空间 $S=\{1, 2, 3, 4, 5, 6, 7, 8\}$，其一步转移概率矩阵为

$$P=\begin{bmatrix} 0 & \frac{1}{4} & \frac{1}{2} & \frac{1}{4} & 0 & 0 & 0 & 0 \\ 0 & 0 & 0 & 0 & \frac{1}{2} & \frac{1}{2} & 0 & 0 \\ 0 & 0 & 0 & 0 & \frac{1}{3} & \frac{2}{3} & 0 & 0 \\ 0 & 0 & 0 & 0 & 0 & 1 & 0 & 0 \\ 0 & 0 & 0 & 0 & 0 & 0 & 1 & 0 \\ 0 & 0 & 0 & 0 & 0 & 0 & \frac{1}{2} & \frac{1}{2} \\ 1 & 0 & 0 & 0 & 0 & 0 & 0 & 0 \\ 1 & 0 & 0 & 0 & 0 & 0 & 0 & 0 \end{bmatrix}$$

试研究过程的周期性.

解 状态转移图如图 5-6 所示. 八个状态可以分成四个状态子集 $J_1=\{1\}$，$J_2=\{2, 3, 4\}$，$J_3=\{5, 6\}$，$J_4=\{7, 8\}$. J_1、J_2、J_3、J_4 是互不相交的状态子集，它们的并是整个状态空间，该过程有确定性的周期转移

$$J_1\to J_2\to J_3\to J_4\to J_1\to\cdots$$

显然它的周期 $d=4$.

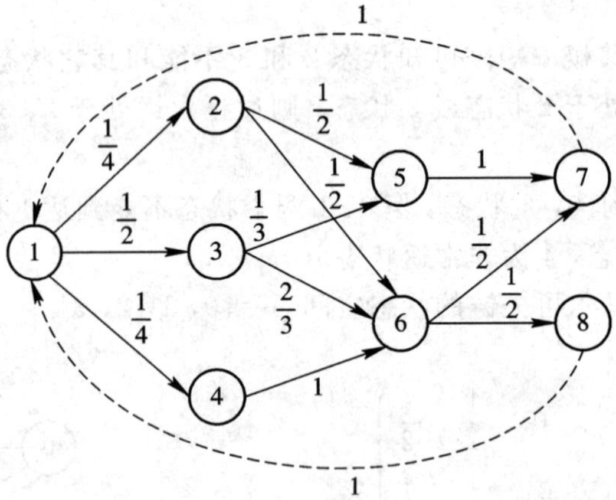

图 5-6

例 5.3.9 设状态空间 $S=\{0, 1, 2, \cdots\}$的齐次马尔可夫链，其一步转移概率矩阵为

$$P=\begin{bmatrix} 1-p_0 & p_0 & 0 & 0 & 0 & 0 & \cdots \\ 1-p_1 & 0 & p_1 & 0 & 0 & 0 & \cdots \\ 1-p_2 & 0 & 0 & p_2 & 0 & 0 & \cdots \\ \vdots & \vdots & \vdots & \vdots & \vdots & \vdots & \vdots \end{bmatrix}$$

试研究该链是常返链的充要条件.

解　状态转移图如图 5-7 所示.

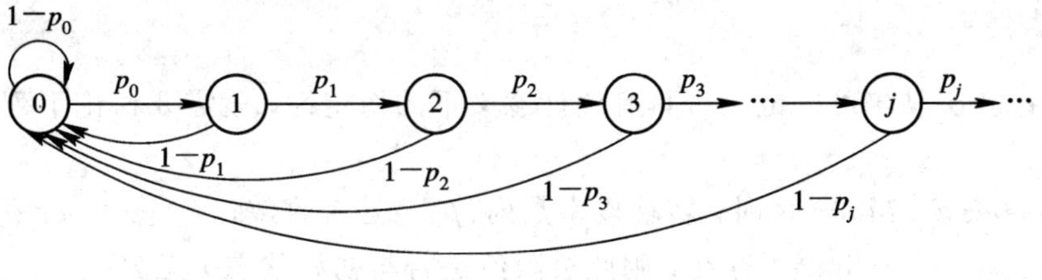

图　5-7

由于

$$f_{00}^{(1)} = 1 - p_0$$
$$f_{00}^{(2)} = p_0(1 - p_1) = p_0 - p_0 p_1$$
$$f_{00}^{(3)} = p_0 p_1(1 - p_2) = p_0 p_1 - p_0 p_1 p_2$$
$$\vdots$$
$$f_{00}^{(n)} = p_0 p_1 \cdots p_{n-2} - p_0 p_1 \cdots p_{n-1}$$

故

$$\sum_{k=1}^{n} f_{00}^{(k)} = 1 - p_0 p_1 \cdots p_{n-1}$$

从而

$$f_{00} = \sum_{k=1}^{\infty} f_{00}^{(k)} = 1 - \lim_{n\to\infty} p_0 p_1 \cdots p_{n-1}$$

所以 $f_{00}=1$ 的充要条件是 $\lim\limits_{n\to\infty} p_0 p_1 \cdots p_{n-1}=0$，即 0 是常返状态的充要条件是 $\lim\limits_{n\to\infty} p_0 p_1 \cdots p_{n-1}=0$. 由于链中的所有状态互通，所以所有状态都是常返状态，故该链是常返链的充要条件是 $\lim\limits_{n\to\infty} p_0 p_1 \cdots p_{n-1}=0$. 此条件相当于以下正项级数发散：

$$\sum_{n=0}^{\infty} \ln\left(\frac{1}{p_n}\right) = +\infty$$

反之，如果级数 $\sum\limits_{n=0}^{\infty} \ln\left(\frac{1}{p_n}\right)$ 收敛，则该链为非常返链. 例如，若 $p_n = e^{-\frac{1}{n+1}}$，$n=0, 1, 2, \cdots$，则

$$\sum_{n=0}^{\infty} \ln\left(\frac{1}{p_n}\right) = \sum_{n=0}^{\infty} \frac{1}{n+1} = +\infty$$

此时齐次马尔可夫链是常返链.

若 $p_n = e^{-\frac{1}{(n+1)^2}}$，$n=0, 1, 2, \cdots$，则

$$\sum_{n=0}^{\infty} \ln\left(\frac{1}{p_n}\right) = \sum_{n=0}^{\infty} \frac{1}{(n+1)^2} < +\infty$$

级数收敛，此时齐次马尔可夫链是非常返链，而且

$$f_{00} = 1 - \exp\left[-\sum_{n=0}^{\infty} \frac{1}{(n+1)^2}\right] = 1 - e^{-\frac{\pi^2}{6}} \approx 0.8070$$

5.4 转移概率的稳定性能

为了讨论齐次马尔可夫链是否具有统计意义下的稳定性，就需要讨论下列一系列重要的数学问题：

(1) $\forall i, j\in S$，当 $n\to\infty$ 时，转移概率数列 $\{p_{ij}^{(n)}\}$ 是否收敛；

(2) $\forall i, j\in S$，若 $\lim\limits_{n\to\infty}p_{ij}^{(n)}$ 存在，则此极限值是否与初始状态 i 无关；

(3) 在怎样的条件下才能保证 $\lim\limits_{n\to\infty}p_{ij}^{(n)}$ 存在且与初始状态 i 无关.

1. 转移概率的极限

推论 5.3.3 告诉我们，若 j 是非常返状态或零常返状态，则 $\forall i\in S$，总有

$$\lim_{n\to\infty}p_{ij}^{(n)} = 0 \tag{5.4.1}$$

据此在下面的讨论中我们总是假定 j 是正常返状态且 i 是非常返状态或 i 与 j 属于同一正常返状态类，其它情形均有 $\lim\limits_{n\to\infty}p_{ij}^{(n)}=0$. 但当 j 为正常返周期状态时，由定理 5.3.4 知，$\{p_{ij}^{(n)}\}$ 的极限一般不存在，即使极限存在，此极限值也可能依赖于初始状态 i，因此不宜仅局限在讨论极限 $\lim\limits_{n\to\infty}p_{ij}^{(n)}$ 的存在性问题上. 回顾定理 5.3.3，受 $\lim\limits_{n\to\infty}p_{ii}^{(nd_i)}=\dfrac{d_i}{\mu_{ii}}$ 的启发，我们转而讨论 $p_{ij}^{(nd_j+r)}$ 在 $n\to\infty$ 时的极限问题，其中 $r=1, 2, \cdots, d_j$.

为此，需要引进下面概念：

$$f_{ij}(r) = \sum_{n=0}^{\infty} f_{ij}^{(nd_j+r)}, \quad i, j\in S, r=1, 2, \cdots, d_j \tag{5.4.2}$$

$f_{ij}(r)$ 表示系统从状态 i 出发，在某时刻 $m=nd_j+r$ 首次到达状态 j 的迟早概率，且

$$\sum_{r=1}^{d_j} f_{ij}(r) = \sum_{r=1}^{d_j}\Big(\sum_{n=0}^{\infty} f_{ij}^{(nd_j+r)}\Big) = \sum_{n=0}^{\infty}\Big(\sum_{r=1}^{d_j} f_{ij}^{(nd_j+r)}\Big)$$

$$= \sum_{m=1}^{\infty} f_{ij}^{(m)} = f_{ij} \tag{5.4.3}$$

定理 5.4.1 设 j 是正常返状态，则

$$\lim_{n\to\infty}p_{ij}^{(nd_j+r)} = f_{ij}(r)\frac{d_j}{\mu_{jj}}, \quad i\in S, r=1, 2, \cdots, d_j \tag{5.4.4}$$

其中 μ_{jj} 是 j 的平均转回时间.

证明 由于当 $d_j\nmid n$ 时，$p_{jj}^{(n)}=0$，因此仅当 $v=ld_j+r(l=0, 1, 2, \cdots, n)$ 时，$p_{jj}^{(nd_j+r-v)}>0$，从而

$$p_{ij}^{(nd_j+r)} = \sum_{v=1}^{nd_j+r} f_{ij}^{(v)} p_{jj}^{(nd_j+r-v)} = \sum_{l=0}^{n} f_{ij}^{(ld_j+r)} p_{jj}^{((n-l)d_j)}$$

$\forall 1<N<n$，

$$\sum_{l=0}^{N} f_{ij}^{(ld_j+r)} p_{jj}^{((n-l)d_j)} \leqslant p_{ij}^{(nd_j+r)} \leqslant \sum_{l=0}^{N} f_{ij}^{(ld_j+r)} p_{jj}^{((n-l)d_j)} + \sum_{l=N+1}^{n} f_{ij}^{(ld_j+r)}$$

固定 N，让 $n\to\infty$，由定理 5.3.3 得

$$\sum_{l=0}^{N} f_{ij}^{(ld_j+r)}\frac{d_j}{\mu_{jj}}\leqslant \varliminf_{n\to\infty} p_{ij}^{(nd_j+r)}\leqslant \varlimsup_{n\to\infty} p_{ij}^{(nd_j+r)}\leqslant \sum_{l=0}^{N} f_{ij}^{(ld_j+r)}\frac{d_j}{\mu_{jj}}+\sum_{l=N+1}^{\infty} f_{ij}^{(ld_j+r)}$$

再让 $N\to\infty$，得

$$f_{ij}(r)\frac{d_j}{\mu_{jj}}\leqslant \varliminf_{n\to\infty} p_{ij}^{(nd_j+r)}\leqslant \varlimsup_{n\to\infty} p_{ij}^{(nd_j+r)}\leqslant f_{ij}(r)\frac{d_j}{\mu_{jj}}$$

故

$$\lim_{n\to\infty} p_{ij}^{(nd_j+r)}=f_{ij}(r)\frac{d_j}{\mu_{jj}}$$

推论 5.4.1　设$\{X_n,n=0,1,2,\cdots\}$是不可约的齐次马尔可夫链，它的每个状态都是正常返的，而且都有周期 d，状态空间 S 已被唯一地分解成 $S=\bigcup_{m=1}^{d} J_m$，则 $\forall i,j\in S$，

$$\lim_{n\to\infty} p_{ij}^{(nd)}=\begin{cases}\dfrac{d}{\mu_{jj}}, & \text{若 } i\text{、}j \text{ 属于同一个 } J_m\\ 0, & \text{否则}\end{cases} \tag{5.4.5}$$

特别地，如果 $d=1$，则 $\forall i,j\in S$，

$$\lim_{n\to\infty} p_{ij}^{(n)}=\frac{1}{\mu_{jj}} \tag{5.4.6}$$

证明　在定理 5.4.1 中取 $r=d$，则存在极限

$$\lim_{n\to\infty} p_{ij}^{(nd)}=f_{ij}(d)\frac{d}{\mu_{jj}} \tag{5.4.7}$$

由(5.4.2)式知，$f_{ij}(d)=\sum_{n=1}^{\infty} f_{ij}^{(nd)}$. 如果 i 与 j 不属于同一个 J_m，那么由定理 5.3.10 知，$p_{ij}^{(nd)}=0$，$n=1,2,\cdots$，又因 $0\leqslant f_{ij}^{(nd)}\leqslant p_{ij}^{(nd)}$，故 $f_{ij}^{(nd)}=0$，$n=1,2,\cdots$，于是 $f_{ij}(d)=0$. 如果 i 与 j 属于同一个 J_m，仍由定理 5.3.10 知，若 $d\nmid n$，则 $p_{ij}^{(n)}=0$，从而 $f_{ij}^{(n)}=0$，于是

$$f_{ij}(d)=\sum_{n=1}^{\infty} f_{ij}^{(nd)}=\sum_{m=1}^{\infty} f_{ij}^{(m)}=f_{ij}$$

再由引理 5.3.6 知 $f_{ij}=1$，所以 $f_{ij}(d)=1$. 将此式代入(5.4.7)式即得(5.4.5)式，由(5.4.5)式直接得到(5.4.6)式.

定理 5.4.2　设齐次马尔可夫链$\{X_n,n=0,1,2,\cdots\}$的状态空间为 S，如果存在某正整数 m，使$\{X_n,n=0,1,2,\cdots\}$的一步转移概率矩阵 $\boldsymbol{P}$ 的 m 次幂 $\boldsymbol{P}^m=(p_{ij}^{(m)})$中的每个元素都大于 0，则$\{X_n,n=0,1,2,\cdots\}$是不可约的，而且 $\forall i,j\in S$，必存在极限 $\lim_{n\to\infty} p_{ij}^{(n)}$，且此极限与初始状态 i 无关，记为 π_j，即有

$$\lim_{n\to\infty} p_{ij}=\pi_j=\begin{cases}0, & j \text{ 为非常返状态或零常返状态}\\ \dfrac{1}{\mu_{jj}}, & j \text{ 为正常返非周期状态}\end{cases} \tag{5.4.8}$$

证明　因为 $\forall i,j\in S$，$p_{ij}^{(m)}>0$，所以 $i\leftrightarrow j$，故状态空间构成不可约闭集，即$\{X_n,n=0,1,2,\cdots\}$是不可约的齐次马尔可夫链. 再由定理 5.3.5 知每个状态都是非周期的. 根据定理5.3.6、推论 5.3.3 及推论 5.4.1 便得：如果 S 中有一个状态是非常返状态(或零常返状态)，则 S 中的每个状态都是非常返状态(或零常返状态)，而且 $\forall i,j\in S$，存在 $\lim_{n\to\infty} p_{ij}^{(n)}=0$. 如

果 S 中的状态有一个是正常返状态，则 S 中的每个状态都是正常返状态，而且 $\forall i, j\in S$，必存在 $\lim\limits_{n\to\infty}p_{ij}^{(n)}=\dfrac{1}{\mu_{jj}}$.

综上所述，我们有如下结果.

定理 5.4.3 设 $S=D\cup C^0\cup C_1^+\cup C_2^+\cup\cdots$，其中 D 为非常返状态集，C^0 为零常返状态闭集，$C_m^+(m=1, 2, \cdots)$为正常返状态闭集，则

$$\lim_{n\to\infty}p_{ij}^{(n)}=\begin{cases}0,\ j\in D\cup C^0,\ i\in S\\ \dfrac{f_{ij}}{\mu_{jj}},\ j\in C_m^+\ \text{遍历},\ i\in S\\ 0,\ j\in C_m^+\ \text{有周期},\ i\in C^0\cup C_l^+,\ l\neq m\\ \text{一般不存在},\ j\in C_m^+\ \text{有周期},\ i\in D\cup C_m^+\end{cases}\tag{5.4.9}$$

顺便指出，对于 $j\in C_m^+$ 有周期，可根据推论 5.4.1 进一步细分，还可以对 f_{ij} 取值作进一步的讨论. 容易得到下面推论.

推论 5.4.2 设$\{X_n, n=0, 1, 2, \cdots\}$是不可约的齐次马尔可夫链，其状态空间 S 中的每个状态都是正常返非周期状态，则 $\forall i, j\in S$，极限 $\lim\limits_{n\to\infty}p_{ij}^{(n)}$ 存在，且此极限值与初始状态 i 无关，记作 π_j，即

$$\lim_{n\to\infty}p_{ij}^{(n)}=\pi_j=\frac{1}{\mu_{jj}}$$

定理 5.4.4 设 C 为互通的遍历状态构成的闭集，则

$$\sum_{j\in C}\frac{1}{\mu_{jj}}=1\tag{5.4.10}$$

证明 由推论 5.4.2 知，$\lim\limits_{n\to\infty}p_{ij}^{(n)}=\dfrac{1}{\mu_{jj}}$，$i, j\in C$，又因 C 是闭集，故 $\sum\limits_{j\in C}p_{ij}^{(n)}=1$，$i\in C$，由 Fatou 引理，得

$$\sum_{j\in C}\frac{1}{\mu_{jj}}\leqslant 1\tag{5.4.11}$$

对于任意的自然数 m，由 C-K 方程

$$p_{ij}^{(n+m)}=\sum_{k\in C}p_{ik}^{(n)}p_{kj}^{(m)}\tag{5.4.12}$$

两边取极限，并由 Fatou 引理，得

$$\frac{1}{\mu_{jj}}\geqslant\sum_{k\in C}\frac{1}{\mu_{kk}}p_{kj}^{(m)}\tag{5.4.13}$$

现证明对一切 $j\in C$ 及 m，均有

$$\frac{1}{\mu_{jj}}=\sum_{k\in C}\frac{1}{\mu_{kk}}p_{kj}^{(m)}\tag{5.4.14}$$

否则，$\exists j_0\in C$，使得

$$\frac{1}{\mu_{j_0j_0}}>\sum_{k\in C}\frac{1}{\mu_{kk}}p_{kj_0}^{(m)}$$

在(5.4.13)式两边关于 $j\in C$ 求和，并注意到(5.4.11)式，得

$$1\geqslant\sum_{j\in C}\frac{1}{\mu_{jj}}>\sum_{j\in C}\Big(\sum_{k\in C}\frac{1}{\mu_{kk}}p_{kj}^{(m)}\Big)=\sum_{k\in C}\Big(\sum_{j\in C}p_{kj}^{(m)}\Big)\frac{1}{\mu_{kk}}=\sum_{k\in C}\frac{1}{\mu_{kk}}$$

矛盾，故(5.4.14)式成立.

对于(5.4.14)式，让 $m\to\infty$，利用控制收敛定理，有

$$\frac{1}{\mu_{jj}}=\lim_{m\to\infty}\sum_{k\in C}\frac{1}{\mu_{kk}}p_{kj}^{(m)}=\sum_{k\in C}\frac{1}{\mu_{kk}}\lim_{m\to\infty}p_{kj}^{(m)}=\sum_{k\in C}\frac{1}{\mu_{kk}}\frac{1}{\mu_{jj}}$$

从而

$$\sum_{j\in C}\frac{1}{\mu_{jj}}=1$$

定义 5.4.1 设$\{X_n, n=0, 1, 2, \cdots\}$是一个齐次马尔可夫链，如果$\forall i, j\in S$, $\lim\limits_{n\to\infty}p_{ij}^{(n)}=\frac{1}{\mu_{jj}}$，且$\frac{1}{\mu_{jj}}>0$，$\sum\limits_{j\in C}\frac{1}{\mu_{jj}}=1$，则$\left\{\frac{1}{\mu_{jj}}, j\in S\right\}$构成一概率分布，称为齐次马尔可夫链$\{X_n, n=0,1,2,\cdots\}$的极限分布.

推论 5.4.3 不可约的齐次马尔可夫链是遍历链的充要条件是极限分布存在且唯一.

2. 平稳分布

定义 5.4.2 称概率分布$\{\pi_i, i\in S\}$是转移概率矩阵$\boldsymbol{P}=(p_{ij})$的齐次马尔可夫链$\{X_n, n=0, 1, 2, \cdots\}$的一个平稳分布，如果

$$\pi_j=\sum_{i\in S}\pi_i p_{ij}, \ j\in S \tag{5.4.15}$$

如果齐次马尔可夫链$\{X_n, n=0, 1, 2, \cdots\}$有一个平稳分布$\{\pi_i, i\in S\}$，则由 C-K 方程

$$\begin{aligned}\pi_j&=\sum_{i\in S}\pi_i p_{ij}=\sum_{i\in S}\Big(\sum_{k\in S}\pi_k p_{ki}\Big)p_{ij}\\&=\sum_{k\in S}\pi_k\Big(\sum_{i\in S}p_{ki}p_{ij}\Big)\\&=\sum_{k\in S}\pi_k p_{kj}^{(2)}\end{aligned}$$

再利用 C-K 方程和归纳法可得一般关系式：

$$\pi_j=\sum_{i\in S}\pi_i p_{ij}^{(n)}, \quad j\in S, n=1, 2, \cdots \tag{5.4.16}$$

定理 5.4.5 设$\{\pi_i, i\in S\}$是齐次马尔可夫链$\{X_n, n=0, 1, 2, \cdots\}$的一个平稳分布，如果取$\{\pi_i, i\in S\}$为$\{X_n, n=0, 1, 2, \cdots\}$的初始分布，即$P(X_0=i)=\pi_i, i\in S$，则对任意正整数 n，都有

$$P(X_n=i)=\pi_i, \quad i\in S \tag{5.4.17}$$

并且对任意的正整数 n 和 m，以及$\forall\, 0\leqslant t_1<t_2<\cdots<t_n$ 和$\forall\, i_1, i_2, \cdots, i_n\in S$，有

$$P(X_{t_1+m}=i_1, X_{t_2+m}=i_2, \cdots, X_{t_n+m}=i_n)=P(X_{t_1}=i_1, X_{t_2}=i_2, \cdots, X_{t_n}=i_n) \tag{5.4.18}$$

证明 由全概率公式及(5.4.16)式，对于任意正整数 n，

$$\begin{aligned}P(X_n=i)&=\sum_{k\in S}P(X_0=k)P(X_n=i\mid X_0=k)\\&=\sum_{k\in S}\pi_k p_{ki}^{(n)}=\pi_i, \ i\in S\end{aligned}$$

再利用$\{X_n, n=0, 1, 2, \cdots\}$的马尔可夫性、齐次性及(5.4.17)式，有

$$
\begin{aligned}
&P(X_{t_1+m}=i_1,X_{t_2+m}=i_2,\cdots,X_{t_n+m}=i_n)\\
&=P(\bigcup_{i_0\in S}(X_0=i_0),X_{t_1+m}=i_1,X_{t_2+m}=i_2,\cdots,X_{t_n+m}=i_n)\\
&=P(\bigcup_{i_0\in S}(X_0=i_0,X_{t_1+m}=i_1,X_{t_2+m}=i_2,\cdots,X_{t_n+m}=i_n))\\
&=\sum_{i_0\in S}P(X_0=i_0,X_{t_1+m}=i_1,X_{t_2+m}=i_2,\cdots,X_{t_n+m}=i_n)\\
&=\sum_{i_0\in S}P(X_0=i_0)P(X_{t_1+m}=i_1\mid X_0=i_0)P(X_{t_2+m}=i_2\mid X_0=i_0,X_{t_1+m}=i_1)\\
&\quad\cdots P(X_{t_n+m}=i_n\mid X_0=i_0,X_{t_1+m}=i_1,\cdots,X_{t_{n-1}+m}=i_{n-1})\\
&=\sum_{i_0\in S}P(X_0=i_0)P(X_{t_1+m}=i_1\mid X_0=i_0)P(X_{t_2+m}=i_2\mid X_{t_1+m}=i_1)\\
&\quad\cdots P(X_{t_n+m}=i_n\mid X_{t_{n-1}+m}=i_{n-1})\\
&=\sum_{i_0\in S}\pi_{i_0}p_{i_0i_1}^{(t_1+m)}p_{i_1i_2}^{(t_2-t_1)}\cdots p_{i_{n-1}i_n}^{(t_n-t_{n-1})}\\
&=\pi_{i_1}p_{i_1i_2}^{(t_2-t_1)}\cdots p_{i_{n-1}i_n}^{(t_n-t_{n-1})}\\
&=P(X_{t_1}=i_1)P(X_{t_2}=i_2\mid X_{t_1}=i_1)\cdots P(X_{t_n}=i_n\mid X_{t_{n-1}}=i_{n-1})\\
&=P(X_{t_1}=i_1,X_{t_2}=i_2,\cdots,X_{t_n}=i_n)
\end{aligned}
$$

定理 5.4.5 说明：如果$\{X_n,n=0,1,2,\cdots\}$有平稳分布$\{\pi_i,i\in S\}$，而且以它作为$\{X_n,n=0,1,2,\cdots\}$的初始分布，则相应的系统无论在何时n处于状态i的绝对概率恒为确定的π_i，$i\in S$，不随n而异. 而且$(X_{t_1+m},X_{t_2+m},\cdots,X_{t_n+m})$的联合分布与$(X_{t_1},X_{t_2},\cdots,X_{t_n})$的联合分布相同，即在整个观测过程中，有限维分布经时间推移都保持不变，故$\{X_n,n=0,1,2,\cdots\}$是严平稳时间序列，这反映了系统就分布而言处在动态平稳之中，以上所述也就是平稳分布这一名称的含义. 由此可见，对一个齐次马尔可夫链平稳分布是否存在？如果存在，是否唯一？如何计算平稳分布等在理论和应用上都是极为重要的问题.

引理 5.4.1 设$i,j\in S$，则必存在极限

$$
\lim_{n\to\infty}\frac{1}{n}\sum_{m=1}^{n}p_{ij}^{(m)}=\begin{cases}0, & j\text{ 是非常返状态或零常返状态}\\ \dfrac{f_{ij}}{\mu_{jj}}, & j\text{ 是正常返状态}\end{cases}\tag{5.4.19}
$$

证明 若j是非常返状态或零常返状态，由(5.4.1)式知，$\forall i\in S$，$\lim_{n\to\infty}p_{ij}^{(n)}=0$，从而

$$
\lim_{n\to\infty}\frac{1}{n}\sum_{m=1}^{n}p_{ij}^{(m)}=0,\quad i\in S
$$

若j是正常返状态，并有周期d，则由定理 5.4.1 及(5.4.3)式得

$$
\begin{aligned}
\lim_{n\to\infty}\frac{1}{n}\sum_{m=1}^{n}p_{ij}^{(m)}&=\frac{1}{d}\sum_{r=1}^{d}f_{ij}(r)\frac{d}{\mu_{jj}}\\
&=\frac{1}{\mu_{jj}}\sum_{r=1}^{d}f_{ij}(r)=\frac{f_{ij}}{\mu_{jj}}
\end{aligned}
$$

推论 5.4.4 如果齐次马尔可夫链是不可约的，它的所有状态都是常返状态，则$\forall i,j\in S$，有

$$
\lim_{n\to\infty}\frac{1}{n}\sum_{m=1}^{n}p_{ij}^{(m)}=\frac{1}{\mu_{jj}}
$$

当 $\mu_{jj}=+\infty$ 时，约定 $\dfrac{1}{\mu_{jj}}=0$.

定理 5.4.6　设 $\{X_n, n=0, 1, 2, \cdots\}$ 是不可约的齐次马尔可夫链，其状态空间 S 中的每个状态都是正常返状态，则 $\{X_n, n=0, 1, 2, \cdots\}$ 有唯一的平稳分布 $\left\{\pi_j=\dfrac{1}{\mu_{jj}}, j\in S\right\}$. 特别地，若 S 中的每个状态都是遍历状态，则 $\{X_n, n=0, 1, 2, \cdots\}$ 有唯一的平稳分布 $\left\{\pi_j=\dfrac{1}{\mu_{jj}}, j\in S\right\}$，且此时的平稳分布就是极限分布.

证明　对任意的正整数 n，有

$$\sum_{j\in S}\frac{1}{n}\sum_{m=1}^{n}p_{ij}^{(m)}=\frac{1}{n}\sum_{m=1}^{n}\sum_{j\in S}p_{ij}^{(m)}=\frac{n}{n}=1,\quad i, j\in S$$

由假设条件及推论 5.4.4，应用 Fatou 引理于上式，得

$$\sum_{j\in S}\pi_j=\sum_{j\in S}\frac{1}{\mu_{jj}}=\sum_{j\in S}\lim_{n\to\infty}\frac{1}{n}\sum_{m=1}^{n}p_{ij}^{(m)}\leqslant\lim_{n\to\infty}\sum_{j\in S}\frac{1}{n}\sum_{m=1}^{n}p_{ij}^{(m)}=1 \tag{5.4.20}$$

又

$$\frac{1}{n}\sum_{m=1}^{n}p_{ij}^{(m+1)}=\frac{1}{n}\sum_{m=1}^{n}\Big(\sum_{k\in S}p_{ik}^{(m)}p_{kj}\Big)=\sum_{k\in S}\Big(\frac{1}{n}\sum_{m=1}^{n}p_{ik}^{(m)}\Big)p_{kj}, i, j\in S \tag{5.4.21}$$

再由推论 5.4.4 及 Fatou 引理，从(5.4.21)式可得

$$\begin{aligned}\pi_j&=\frac{1}{\mu_{jj}}=\lim_{n\to\infty}\frac{n+1}{n}\cdot\frac{1}{n+1}\Big(\sum_{m=1}^{n+1}p_{ij}^{(m)}-p_{ij}\Big)\\&\geqslant\sum_{k\in S}\Big(\lim_{n\to\infty}\frac{1}{n}\sum_{m=1}^{n}p_{ik}^{(m)}\Big)p_{kj}=\sum_{k\in S}\pi_kp_{kj}, j\in S\end{aligned}\tag{5.4.22}$$

下面证明(5.4.22)式中等号成立. 事实上，假设 $\exists j\in S$，使得 $\pi_j>\sum\limits_{k\in S}\pi_kp_{kj}$，那么由(5.4.20)、(5.4.22)式便有

$$1\geqslant\sum_{j\in S}\pi_j>\sum_{j\in S}\Big(\sum_{k\in S}\pi_kp_{kj}\Big)=\sum_{k\in S}\pi_k\Big(\sum_{j\in S}p_{kj}\Big)=\sum_{k\in S}\pi_k$$

导致矛盾. 所以

$$\pi_j=\sum_{k\in S}\pi_kp_{kj}, j\in S \tag{5.4.23}$$

易知 $\pi_j>0, j\in S$，$\sum\limits_{k\in S}\pi_k=1$，所以 $\{\pi_j, j\in S\}$ 是 $\{X_n, n=0, 1, 2, \cdots\}$ 的平稳分布. 唯一性显然.

特别地，若 S 中的每个状态都是遍历状态，由推论 5.4.2 及定义 5.4.1 知，平稳分布 $\{\pi_j, j\in S\}$ 就是极限分布.

这样，就对一个齐次马尔可夫链的平稳分布是否存在？若存在是否唯一？如何计算平稳分布等问题在特殊的情况下作了回答，即若 $\{X_n, n=0, 1, 2, \cdots\}$ 是不可约的齐次马尔可夫链，其状态空间每个状态都是正常返的，其平稳分布存在唯一，计算就是解线性方程组

$$\pi_j=\sum_{k\in S}\pi_kp_{kj}, j\in S$$
$$\sum_{k\in S}\pi_k=1$$

对于一般的齐次马尔可夫链，如果它不是不可约的遍历链，则极限分布一定不存在，这时

其平稳分布可能存在，也可能不存在，若存在还可能不是唯一(有无穷多个)的，但是我们有如下结果.

引理 5.4.2 设 C 是周期为 d 的正常返状态的不可约闭集，则

$$\sum_{j\in C}\frac{1}{\mu_{jj}}=1 \tag{5.4.24}$$

证明 根据定理 5.3.10，C 有分解式 $C=\sum_{m=1}^{d}J_m$，由推论 5.4.1 知，$\forall\, i,j\in J_m$，有

$$\lim_{n\to\infty}p_{ij}^{(nd)}=\frac{d}{\mu_{jj}} \tag{5.4.25}$$

于是由定理 5.3.11 知，若将 $\boldsymbol{P}^d=(p_{ij}^{(d)})$ 作为一步转移概率矩阵，则每个 $J_m(m=1, 2, \cdots, d)$ 都是不可约闭集，而且其中每个状态 $j\in J_m$ 都是非周期的。这时对 $\boldsymbol{P}^d$ 而言，由(5.4.25)式有极限

$$\pi_j(d)\overset{\text{def}}{=}\lim_{n\to\infty}p_{ij}^{(d)^{(n)}}=\lim_{n\to\infty}p_{ij}^{(nd)}=\frac{d}{\mu_{jj}},\quad i,j\in J_m \tag{5.4.26}$$

再依定理 5.4.6 有

$$\sum_{j\in J_m}\frac{d}{\mu_{jj}}=\sum_{j\in J_m}\pi_j(d)=1,\quad m=1, 2, \cdots, d \tag{5.4.27}$$

由此便得

$$\sum_{j\in C}\frac{1}{\mu_{jj}}=\sum_{m=1}^{d}\sum_{j\in J_m}\frac{1}{\mu_{jj}}=\sum_{m=1}^{d}\frac{1}{d}=1$$

定理 5.4.7 设 $S=D\cup C^0\cup C_1^+\cup C_2^+\cup\cdots=Q\cup H$，其中 D 是非常返状态集，C^0 是零常返状态闭集，$C_m^+(m=1, 2, \cdots)$是正常返状态的不可约闭集，$Q=D\cup C^0$，$H=\bigcup_{\gamma\in\Gamma}C_\gamma^+$，如果 $\pi_j\geqslant 0,\ j\in S,\ \sum_{j\in S}\pi_j<+\infty$，则$\{\pi_j,\ j\in S\}$ 为一齐次马尔可夫链的平稳分布的充要条件是存在非负数列$\{\lambda_\gamma,\ \gamma\in\Gamma\}$，使得

(1) $$\sum_{\gamma\in\Gamma}\lambda_\gamma=1 \tag{5.4.28}$$

(2) $$\pi_j=0,\quad j\in Q \tag{5.4.29}$$

(3) $$\pi_j=\frac{\lambda_\gamma}{\mu_{jj}},\quad j\in C_\gamma^+,\ \gamma\in\Gamma \tag{5.4.30}$$

证明 先证明必要性. 如果$\{\pi_j,\ j\in S\}$是齐次马尔可夫链的平稳分布，当 $j\in Q$ 时，由(5.4.1)式对 $\forall\, i\in S$，都有$\lim_{n\to\infty}p_{ij}^{(n)}=0$. 由(5.4.16)式知，$\pi_j=\sum_{i\in S}\pi_i p_{ij}^{(n)},\quad j\in Q,\ n=1, 2, \cdots$，此式右端的级数一致收敛，故

$$\pi_j=\sum_{i\in S}\pi_j(\lim_{n\to\infty}p_{ij}^{(n)})=0,\quad j\in Q$$

当 $j\in C_\gamma^+(\gamma\in\Gamma)$，再由(5.4.16)式可得

$$\pi_j=\sum_{i\in S}\pi_i\left(\frac{1}{n}\sum_{m=1}^{n}p_{ij}^{(m)}\right),\quad j\in C_\gamma^+,\ \gamma\in\Gamma,\ n=1, 2, \cdots$$

此式右方级数也一致收敛，令 $n\to\infty$，并用引理 5.4.1，便有

$$\pi_j=\sum_{i\in S}\pi_i\frac{f_{ij}}{\mu_{jj}},\quad j\in C_\gamma^+,\ \gamma\in\Gamma \tag{5.4.31}$$

由前面已证的结果知，当 $i\in Q$ 时，$\pi_i=0$，又每 C_γ^+ 是正常返状态的不可约闭集，于是仅当 i、j 属于同一个 C_γ^+ 时，$f_{ij}=1$，而当 i、j 分别属于不同的闭集时，$f_{ij}=0$，故由(5.4.31)式得

$$\pi_j=\sum_{i\in C_\gamma^+}\pi_i\frac{1}{\mu_{jj}},\quad j\in C_\gamma^+,\gamma\in\Gamma$$

令 $\lambda_\gamma=\sum\limits_{i\in C_\gamma^+}\pi_i$，$\gamma\in\Gamma$，由上式得 $\pi_j=\dfrac{\lambda_\gamma}{\mu_{jj}}$，$j\in C_\gamma$，$\gamma\in\Gamma$，而且

$$\sum_{\gamma\in\Gamma}\lambda_\gamma=\sum_{\gamma\in\Gamma}\Big(\sum_{i\in C_\gamma^+}\pi_i\Big)=\sum_{i\in H}\pi_i=\sum_{i\in H}\pi_i+\sum_{i\in Q}\pi_i=\sum_{i\in S}\pi_i=1$$

再证充分性. 假设存在$\{\lambda_\gamma,\ \gamma\in\Gamma\}$使(5.4.28)、(5.4.29)、(5.4.30)式成立，由(5.4.29)、(5.4.30)式知，$\pi_j\geqslant 0$，$j\in S$，再利用引理 5.4.2 及(5.4.28)式，得

$$\sum_{j\in S}\pi_j=\sum_{j\in H}\pi_j=\sum_{\gamma\in\Gamma}\sum_{j\in C_\gamma^+}\frac{\lambda_\gamma}{\mu_{jj}}=\sum_{\gamma\in\Gamma}\lambda_\gamma\Big(\sum_{j\in C_\gamma^+}\frac{1}{\mu_{jj}}\Big)=\sum_{\gamma\in\Gamma}\lambda_\gamma=1$$

故$\{\pi_j,\ j\in S\}$是一概率分布. 下面再证它满足方程组(5.4.15)，即为齐次马尔可夫链的平稳分布.

当 $j\in Q$ 时，$\forall i\in S$，因为 H 是闭集以及(5.4.29)式，故有

$$\sum_{i\in S}\pi_i p_{ij}=\sum_{i\in H}\pi_i p_{ij}+\sum_{i\in Q}\pi_i p_{ij}=0=\pi_j$$

当 $j\in H$ 时，那么 j 必属于某个 $C_{\gamma_0}^+$($\gamma_0\in\Gamma$)，既然每个 C_γ^+ 是不可约闭集，于是当 $i\in H-C_{\gamma_0}^+$ 时，$p_{ij}=0$，再由(5.4.29)、(5.4.30)式可得

$$\sum_{i\in S}\pi_i p_{ij}=\sum_{i\in H}\pi_i p_{ij}=\sum_{i\in C_{\gamma_0}^+}\pi_i p_{ij}=\lambda_{\gamma_0}\Big(\sum_{i\in C_{\gamma_0}^+}\frac{1}{\mu_{ii}}p_{ij}\Big)\tag{5.4.32}$$

根据引理 5.4.2，$\forall\varepsilon>0$，必存在仅含有限多个状态的集 B_{γ_0}，使得 $B_{\gamma_0}\subset C_{\gamma_0}^+$，而且 $\sum\limits_{i\in C_{\gamma_0}^+-B_{\gamma_0}}\dfrac{1}{\mu_{ii}}<\varepsilon$，于是由(5.4.32)式知：

$$\sum_{i\in S}\pi_i p_{ij}<\lambda_{\gamma_0}\Big(\sum_{i\in B_{\gamma_0}}\frac{1}{\mu_{ii}}p_{ij}\Big)+\varepsilon,\quad j\in C_{\gamma_0}\subset H\tag{5.4.33}$$

$\forall k\in C_{\gamma_0}^+$，由引理 5.4.1 及引理 5.3.6 得

$$\sum_{i\in B_{\gamma_0}}\frac{p_{ij}}{\mu_{ii}}=\sum_{i\in B_{\gamma_0}}\Big(\lim_{n\to\infty}\frac{1}{n}\sum_{m=1}^{n}p_{ki}^{(m)}\Big)p_{ij}\leqslant\lim_{n\to\infty}\frac{1}{n}\sum_{m=1}^{n}p_{kj}^{(m+1)}=\frac{1}{\mu_{jj}}\tag{5.4.34}$$

从而由(5.4.33)、(5.4.34)式以及 ε 的任意性得

$$\sum_{i\in S}\pi_i p_{ij}\leqslant\frac{\lambda_{\gamma_0}}{\mu_{jj}}=\pi_j,\quad j\in C_{\gamma_0}^+\subset H,\ \gamma_0\in\Gamma\tag{5.4.35}$$

假设$\exists j\in H$ 使(5.4.35)式中的等号不成立，那么由假设 $\sum\limits_{j\in S}\pi_j<+\infty$，将(5.4.35)式两边对所有的 $j\in H$ 求和，并注意到 $j\in Q$ 时已证的结果，便导致 $\sum\limits_{i\in S}\pi_i<\sum\limits_{j\in S}\pi_j$ 的矛盾，故只能有 $\sum\limits_{i\in S}\pi_i p_{ij}=\pi_j$，$j\in H$.

推论 5.4.5 对于齐次马尔可夫链，

(1) 其平稳分布存在的充要条件是存在正常返状态的不可约闭集. 等价地，不存在平稳分布的充要条件是 $H=\varnothing$；

(2) 存在唯一的平稳分布的充要条件是恰有一个正常返状态的不可约闭集；

(3) 存在无穷多个平稳分布的充要条件是至少有两个不同的正常返状态的不可约闭集；

(4) 不可约的齐次马尔可夫链存在唯一的平稳分布的充要条件是所有状态都是正常返状态.

证明 (1) 如果 $H=\varnothing$，便找不到满足条件(5.4.28)、(5.4.29)、(5.4.30)式的非负数列$\{\lambda_\gamma, \gamma\in\Gamma\}$和概率分布$\{\pi_j, j\in S\}$，根据定理 5.4.7，平稳分布不存在. 若 $H\neq\varnothing$，则至少有一个正常返状态的不可约闭集 C_γ^+，$\gamma\in\Gamma\neq\varnothing$，这时总可以构造出满足(5.4.28)、(5.4.29)、(5.4.30)式的非负数列$\{\lambda_\gamma, \gamma\in\Gamma\}$及概率分布$\{\pi_j, j\in S\}$，再依定理 5.4.7，$\{\pi_j, j\in S\}$便是齐次马尔可夫链的平稳分布.

(2) 状态空间 S 中恰含有一个正常返状态的不可约闭集 C_γ^+，即 Γ 为单点集$\{\gamma\}$，这时 λ_γ 只有唯一地选择 $\lambda_\gamma=1$，依定理 5.4.7 只能构造出唯一的平稳分布.

(3) 若状态空间 S 中至少含有两个不同的正常返状态的不可约闭集，则 Γ 含有两个或两个以上的元素，于是，可以构造出无穷多个满足条件(5.4.28)、(5.4.29)、(5.4.30)式的非负数列$\{\lambda_\gamma, \gamma\in\Gamma\}$及$\{\pi_j, j\in S\}$，由定理 5.4.7 知，每个$\{\pi_j, j\in S\}$都是平稳分布.

(4) 由不可约的定义及(1)和(2)直接推得.

定理 5.4.8 不可约的齐次马尔可夫链$\{X_n, n=0, 1, 2, \cdots\}$具有平稳分布的充要条件是线性方程组

$$z_j=\sum_{i\in S}z_i p_{ij},\quad j\in S \tag{5.4.36}$$

有非零的绝对收敛解$\{w_j, j\in S\}$，即 $0<\sum_{j\in S}|w_j|<+\infty$，而且此时还有

$$w_j=\sum_{i\in S}w_i\frac{1}{\mu_{jj}},\quad j\in S \tag{5.4.37}$$

证明 先证明必要性. 如果$\{X_n, n=0, 1, 2, \cdots\}$有平稳分布，则由推论 5.4.5(1)知$\{X_n, n=0, 1, 2, \cdots\}$的所有状态都是正常返状态，再由定理 5.4.6 知，$\left\{\pi_j=\frac{1}{\mu_{jj}}, j\in S\right\}$是$\{X_n, n=0, 1, 2, \cdots\}$的平稳分布，依平稳分布的定义，$\left\{\frac{1}{\mu_{jj}}, j\in S\right\}$就是方程组(5.4.36)的非零绝对收敛解.

再证明充分性. 如果方程组(5.4.36)有非零绝对收敛解$\{w_j, j\in S\}$，则利用 C－K 方程、绝对收敛性及 Fubini 定理，有

$$\sum_{i\in S}w_i p_{ij}^{(2)}=\sum_{i\in S}w_i\sum_{k\in S}p_{ik}p_{kj}=\sum_{k\in S}\Big(\sum_{i\in S}w_i p_{ik}\Big)p_{kj}=\sum_{k\in S}w_k p_{kj}=w_j,\ j\in S$$

由此，利用数学归纳法，对任意正整数 n，都有

$$w_j=\sum_{i\in S}w_i p_{ij}^{(n)},\ j\in S$$

由此可得

$$w_j=\sum_{i\in S}w_i\Big(\frac{1}{n}\sum_{m=1}^{n}p_{ij}^{(m)}\Big),\quad n=1, 2, \cdots$$

由绝对收敛的假设，上式右端的级数一致收敛，从而有

$$w_j = \sum_{i\in S} w_i \left(\lim_{n\to\infty}\frac{1}{n}\sum_{m=1}^{n} p_{ij}^{(m)}\right),\quad j\in S \tag{5.4.38}$$

已假设$\{w_j, j\in S\}$是非零的，那么$\exists j\in S$，使得$w_j\neq 0$，故在(5.4.38)式中不可能对所有$i\in S$，有

$$\lim_{n\to\infty}\frac{1}{n}\sum_{m=1}^{n} p_{ij}^{(m)} = 0$$

由引理 5.4.1 知：

$$\lim_{n\to\infty}\frac{1}{n}\sum_{m=1}^{n} p_{ij}^{(m)} = \frac{f_{ij}}{\mu_{jj}}$$

并且$\exists i\in S$，使得$\dfrac{f_{ij}}{\mu_{jj}}>0$，于是$\dfrac{1}{\mu_{jj}}>0$，所以$j$是正常返状态. 又因为$\{X_n, n=0, 1, 2, \cdots\}$是不可约的，故$S$中的所有状态都是正常返状态，由定理 5.4.6 知$\{X_n, n=0, 1, 2, \cdots\}$存在平稳分布. 再由(5.4.38)式及引理 5.3.6 得(5.4.37)式，即

$$w_j = \sum_{i\in S} w_i \frac{1}{\mu_{jj}},\ j\in S$$

定理 5.4.8 不仅给出了不可约的齐次马尔可夫链存在平稳分布的代数判别法，同时还给出了寻找平稳分布的一种代数方法，即求解线性方程组(5.4.36)的非零绝对收敛解$\{w_j, j\in S\}$，然后由(5.4.37)式得平稳分布$\left\{\pi_j = \dfrac{1}{\mu_{jj}} = \dfrac{w_j}{\sum_{i\in S} w_i},\ j\in S\right\}$.

例 5.4.1　设有状态空间$S=\{0, 1, 2, \cdots\}$的齐次马尔可夫链$\{X_n, n=0, 1, 2, \cdots\}$，其一步转移概率矩阵为

$$\boldsymbol{P} = \begin{bmatrix} r_0 & p_0 & 0 & 0 & 0 & 0 & \cdots \\ q_1 & r_1 & p_1 & 0 & 0 & 0 & \cdots \\ 0 & q_2 & r_2 & p_2 & 0 & 0 & \cdots \\ 0 & 0 & q_3 & r_3 & p_3 & 0 & \cdots \\ \vdots & \vdots & \vdots & \vdots & \vdots & \vdots & \vdots \end{bmatrix}$$

其中$p_i>0$，$r_i\geqslant 0$，$i=0, 1, 2, \cdots$，$q_i>0$，$i=1, 2, \cdots$，$r_0+p_0=1$，$q_i+r_i+p_i=1$，$i=1, 2, \cdots$，试研究$\{X_n, n=0, 1, 2, \cdots\}$的平稳分布.

解　由于$\forall i\in S$，$i\leftrightarrow i+1$，从而S中的任何两个状态互通，所以$\{X_n, n=0, 1, 2, \cdots\}$是不可约的. 讨论相应于(5.4.36)式的方程组：

$$\begin{cases} z_0 = r_0 z_0 + q_1 z_1 \\ z_i = p_{i-1} z_{i-1} + r_i z_i + q_{i+1} z_{i+1}, \quad i=1, 2, \cdots \end{cases} \tag{5.4.39}$$

它可化成

$$\begin{cases} q_1 z_1 - p_0 z_0 = 0 \\ q_{i+1} z_{i+1} - p_i z_i = q_i z_i - p_{i-1} z_{i-1}, \quad i=1, 2, \cdots \end{cases}$$

由此可见

$$q_{i+1} z_{i+1} - p_i z_i = 0,\quad i=0, 1, 2, \cdots$$

$$z_{i+1} = \frac{p_i}{q_{i+1}} z_i = \frac{p_i \cdots p_0}{q_{i+1}\cdots q_1} z_0 = \frac{p_0}{p_{i+1}}\cdot\frac{1}{\rho_{i+1}} z_0,\quad i=0, 1, 2, \cdots \tag{5.4.40}$$

其中

$$\rho_i=\frac{q_1\cdots q_i}{p_1\cdots p_i},\quad i=1,2,\cdots$$

根据定理 5.4.8，$\{X_n, n=0,1,2,\cdots\}$有平稳分布的充要条件是方程组(5.4.39)有非零绝对收敛解，即

$$\sum_{i=1}^{\infty}\frac{1}{p_i\rho_i}<+\infty$$

这时由(5.4.37)、(5.4.40)式知：

$$\pi_0=\left(1+p_0\sum_{i=1}^{\infty}\frac{1}{p_i\rho_i}\right)^{-1},\ \pi_i=\frac{p_0}{p_i}\frac{\pi_0}{\rho_i},\ i=1,2,\cdots \tag{5.4.41}$$

是$\{X_n, n=0,1,2,\cdots\}$的平稳分布，再由推论 5.4.5 知，这是唯一的平稳分布.

特别地，当 $p_i=p$，$q_i=q$，$i=1,2,\cdots$时，有

$$\sum_{i=1}^{\infty}\frac{1}{p_i\rho_i}=\frac{1}{p}\sum_{i=1}^{\infty}\left(\frac{p}{q}\right)^i$$

于是$\{X_n, n=0,1,2,\cdots\}$有平稳分布的充要条件是 $p<q$，而且这时$\{X_n, n=0,1,2,\cdots\}$的平稳分布为

$$\pi_0=\frac{q-p}{q-p+p_0},\ \pi_i=\frac{p_0(q-p)}{p(q-p+q_0)}\left(\frac{p}{q}\right)^i,\ i=1,2,\cdots \tag{5.4.42}$$

再进一步，若 $p_0=p$，则$\{X_n, n=0,1,2,\cdots\}$的平稳分布为

$$\pi_i=\left(1-\frac{p}{q}\right)\left(\frac{p}{q}\right)^i,\ i=0,1,2,\cdots \tag{5.4.43}$$

即$\{X_n, n=0,1,2,\cdots\}$的平稳分布为几何分布.

例 5.4.2　设有状态空间 $S=\{0,1,2\}$的齐次马尔可夫链，它的一步转移概率矩阵为

$$\boldsymbol{P}=\begin{bmatrix}0.5 & 0.4 & 0.1\\ 0.3 & 0.4 & 0.3\\ 0.2 & 0.3 & 0.5\end{bmatrix}$$

试求它的极限分布.

解　由一步转移概率矩阵知，此齐次马尔可夫链是不可约的遍历链，根据定理 5.4.6，它的平稳分布就是极限分布，设极限分布为 $\pi=\{\pi_0,\pi_1,\pi_2\}$，求解方程组

$$\pi=\pi\boldsymbol{P},\ \pi_0+\pi_1+\pi_2=1$$

即

$$\begin{cases}\pi_0=0.5\pi_0+0.3\pi_1+0.2\pi_2\\ \pi_1=0.4\pi_0+0.4\pi_1+0.3\pi_2\\ \pi_2=0.1\pi_0+0.3\pi_1+0.5\pi_2\\ \pi_0+\pi_1+\pi_2=1\end{cases}$$

得

$$\pi_0=\frac{21}{62},\ \pi_1=\frac{23}{62},\ \pi_2=\frac{18}{62}$$

所以极限分布为 $\pi=\left\{\frac{21}{62},\frac{23}{62},\frac{18}{62}\right\}$.

例 5.4.3　设齐次马尔可夫链的状态空间 $S=\{0,1,2,3,4\}$，其一步转移概率矩阵为

$$P=\begin{bmatrix}\frac{1}{3}&\frac{2}{3}&0&0&0\\ \frac{1}{3}&0&\frac{2}{3}&0&0\\ 0&\frac{1}{3}&0&\frac{2}{3}&0\\ 0&0&\frac{1}{3}&0&\frac{2}{3}\\ 0&0&0&\frac{1}{3}&\frac{2}{3}\end{bmatrix}$$

求它的平稳分布.

解　由一步转移概率矩阵知，该齐次马尔可夫链是不可约遍历链，故其平稳分布存在唯一，设平稳分布 $\pi=\{\pi_0,\pi_1,\pi_2,\pi_3,\pi_4\}$. 求解方程组

$$\pi=\pi\boldsymbol{P},\ \pi_0+\pi_1+\pi_2+\pi_3+\pi_4=1$$

即

$$\begin{aligned}&\pi_0=\frac{1}{3}\pi_0+\frac{1}{3}\pi_1,\quad \pi_1=\frac{2}{3}\pi_0+\frac{1}{3}\pi_2\\&\pi_2=\frac{2}{3}\pi_1+\frac{1}{3}\pi_3,\quad \pi_3=\frac{2}{3}\pi_2+\frac{1}{3}\pi_4\\&\pi_4=\frac{2}{3}\pi_3+\frac{2}{3}\pi_4\\&\pi_0+\pi_1+\pi_2+\pi_3+\pi_4=1\end{aligned}$$

得

$$\pi_0=\frac{1}{31},\ \pi_1=\frac{2}{31},\ \pi_2=\frac{4}{31},\ \pi_3=\frac{8}{31},\ \pi_4=\frac{16}{31}$$

所以马尔可夫链的平稳分布为

$$\pi=\left\{\frac{1}{31},\frac{2}{31},\frac{4}{31},\frac{8}{31},\frac{16}{31}\right\}$$

例 5.4.4　设有状态空间 $S=\{0,1,2,\cdots,6\}$ 的齐次马尔可夫链，其一步转移概率矩阵为

$$P=\begin{bmatrix}\frac{1}{2}&\frac{1}{2}&0&0&0&0&0\\ 0&\frac{2}{3}&\frac{1}{3}&0&0&0&0\\ \frac{1}{3}&0&\frac{2}{3}&0&0&0&0\\ 0&0&0&\frac{1}{2}&\frac{1}{2}&0&0\\ 0&0&0&\frac{1}{2}&\frac{1}{2}&0&0\\ 0&0&0&0&0&1&0\\ \frac{1}{7}&\frac{1}{7}&\frac{1}{7}&\frac{1}{7}&\frac{1}{7}&\frac{1}{7}&\frac{1}{7}\end{bmatrix}$$

(1) 试对 S 进行分类，并说明各状态类型；

(2) 求平稳分布，其平稳分布是否唯一？为什么？

(3) 求 $P(X_{n+2}=1|X_n=0)$，$P(X_{n+2}=2|X_n=0)$.

解 (1) 画状态转移图，如图 5-8 所示. 依据状态转移图，6 是非常返状态，$D=\{6\}$ 是非常返状态集，0、1、2、3、4、5 是正常返非周期状态，正常返状态的不可约闭集有三个：

$$C_1^+=\{0,1,2\},C_2^+=\{3,4\},C_3^+=\{5\}$$

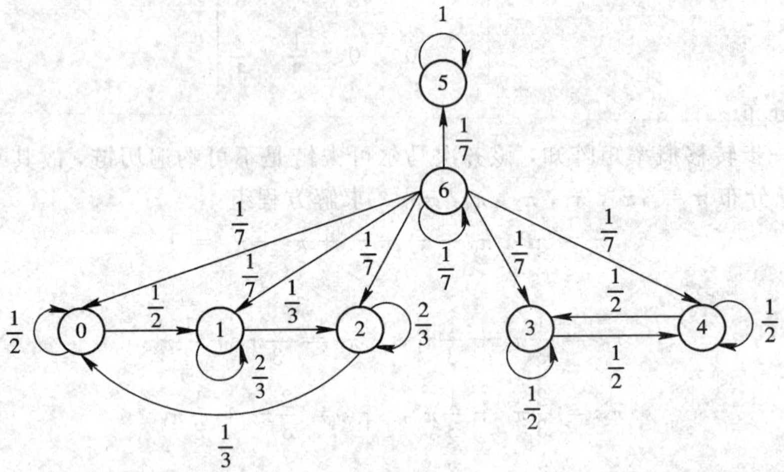

图 5-8

(2) 由(1)知，此齐次马尔可夫链有三个不同的正常返状态的不可约闭集，故其平稳分布不唯一，并且有无穷多个平稳分布. 设对应于 C_1^+、C_2^+、C_3^+ 的转移概率矩阵分别为

$$\boldsymbol{P}_1=\begin{bmatrix}\frac{1}{2}&\frac{1}{2}&0\\0&\frac{2}{3}&\frac{1}{3}\\\frac{1}{3}&0&\frac{2}{3}\end{bmatrix},\boldsymbol{P}_2=\begin{bmatrix}\frac{1}{2}&\frac{1}{2}\\\frac{1}{2}&\frac{1}{2}\end{bmatrix},\boldsymbol{P}_3=(1)$$

令 $$\pi^{(1)}=\{\pi_1^{(1)},\pi_2^{(1)},\pi_3^{(1)}\},\pi^{(2)}=\{\pi_1^{(2)},\pi_2^{(2)}\},\pi^{(3)}=\{\pi_1^{(3)}\}$$

求解方程组

$$\begin{cases}\pi^{(1)}=\pi^{(1)}\boldsymbol{P}_1,\pi_1^{(1)}+\pi_2^{(1)}+\pi_3^{(1)}=1\\\pi^{(2)}=\pi^{(2)}\boldsymbol{P}_2,\pi_1^{(2)}+\pi_2^{(2)}=1\\\pi^{(3)}=\pi^{(3)}\boldsymbol{P}_1,\pi_1^{(3)}=1\end{cases}$$

得非负解

$$\pi^{(1)}=\left\{\frac{2}{8},\frac{3}{8},\frac{3}{8}\right\},\pi^{(2)}=\left\{\frac{1}{2},\frac{1}{2}\right\},\pi^{(3)}=\{1\}$$

所以平稳分布为

$$\pi=\left\{\frac{2\lambda_1}{8},\frac{3\lambda_1}{8},\frac{3\lambda_1}{8},\frac{\lambda_2}{2},\frac{\lambda_2}{2},\lambda_3,0\right\},\lambda_1+\lambda_2+\lambda_3=1,\lambda_1,\lambda_2,\lambda_3\geqslant 0$$

(3) 由于 $\boldsymbol{P}^{(2)}=\boldsymbol{P}^2$，所以

$$P(X_{n+2}=1 \mid X_n=0)=\frac{1}{2}\times\frac{1}{2}+\frac{1}{2}\times\frac{2}{3}=\frac{7}{12}$$

$$P(X_{n+2}=2 \mid X_n=0)=\frac{1}{2}\times\frac{1}{3}=\frac{1}{6}$$

5.5　状态离散参数连续的马尔可夫过程

1. 基本概念与性质

设$\{X_t,t\in T\}$是概率空间$(\Omega,\mathscr{F},P)$上的随机过程，不妨假设 $T=[0,+\infty)$，其状态空间 S 仍假设可数. 若对任意的正整数 $n\geqslant 1$，任意的非负实数 $0\leqslant t_1<t_2<\cdots<t_n<t_{n+1}$，以及 $\forall\, i_1,i_2,\cdots,i_n,i_{n+1}\in S$，当 $P(X_{t_1}=i_1,X_{t_2}=i_2,\cdots,X_{t_n}=i_n)>0$ 时，总有

$$P(X_{t_{n+1}}=i_{n+1}\mid X_{t_1}=i_1,X_{t_2}=i_2,\cdots,X_{t_n}=i_n)=P(X_{t_{n+1}}=i_{n+1}\mid X_{t_n}=i_n) \tag{5.5.1}$$

则称$\{X_t,t\geqslant 0\}$为状态离散参数连续的马尔可夫链，(5.5.1)式称为马尔可夫性.

研究状态离散参数连续的马尔可夫链的主要问题仍然是描述和探讨它的状态转移的统计规律与性质. 为此，我们需要引入转移概率与转移概率矩阵的概念. 当 $P(X_s=i)>0$ 时，

$$p_{ij}(s,t)=P(X_t=j\mid X_s=i),\quad 0\leqslant s<t,\ i,j\in S \tag{5.5.2}$$

称 $p_{ij}(s,t)$为$\{X_t,t\geqslant 0\}$在 s 时处于状态 i 的条件下，于 t 时刻到达状态 j 的转移概率，称以 $p_{ij}(s,t)$为第 i 行第 j 列元素的矩阵$\boldsymbol{P}(s,t)=(p_{ij}(s,t))$为$\{X_t,t\geqslant 0\}$的$(s,t)$转移概率矩阵.

定理 5.5.1　设 $p_{ij}(s,t)$，$0\leqslant s\leqslant t$，$i,j\in S$，为状态离散参数连续的马尔可夫链的转移概率，则：

(1)　$$0\leqslant p_{ij}(s,t)\leqslant 1 \tag{5.5.3}$$

(2)　$$\sum_{j\in S}p_{ij}(s,t)=1,\quad 0\leqslant s\leqslant t,\ i\in S \tag{5.4.4}$$

(3)　$$\forall\, 0\leqslant s\leqslant t\leqslant u,\ \forall\, i,j\in S,\ p_{ij}(s,u)=\sum_{k\in S}p_{ik}(s,t)p_{kj}(t,u) \tag{5.5.5}$$

或

$$\boldsymbol{P}(s,u)=\boldsymbol{P}(s,t)\boldsymbol{P}(t,u) \tag{5.5.6}$$

(4)　$$p_{ij}(s,s)=\delta_{ij}=\begin{cases}1, & i=j\\ 0, & i\neq j\end{cases}\qquad i,j\in S,\ s\geqslant 0 \tag{5.5.7}$$

称(5.5.5)式或(5.5.6)式为 C-K 方程.

如果状态离散参数连续的马尔可夫链$\{X_t,t\geqslant 0\}$的转移概率 $p_{ij}(s,t),i,j\in S,0\leqslant s\leqslant t$，恒与起始时间 s 的具体取值无关，而只依赖于 $t-s$，即 $p_{ij}(s,t)=p_{ij}(t-s)$，$0\leqslant s\leqslant t$，$i,j\in S$，则称$\{X_t,t\geqslant 0\}$是齐次的. 这时$\{X_t,t\geqslant 0\}$的转移概率可写成 $p_{ij}(t)$，$t\geqslant 0$，$i,j\in S$.

定理 5.5.2　设 $p_{ij}(t),t\geqslant 0,i,j\in S$ 是状态离散参数连续的齐次马尔可夫链$\{X_t,t\geqslant 0\}$的转移概率，则下列条件等价：

(1) $$\lim_{t\to 0^+} p_{ij}(t)=\delta_{ij}=\begin{cases}1,\ i=j\\0,\ i\neq j\end{cases}\quad i,j\in S \tag{5.5.8}$$

(2) $$\lim_{t\to 0^+} p_{ii}(t)=1,\quad i\in S \tag{5.5.9}$$

(3) $\forall \varepsilon>0$，$\forall t\geqslant 0$，$\forall i\in S$，

$$\lim_{h\to 0^+} P(|X_{t+h}-X_t|\geqslant \varepsilon \mid X_0=i)=0 \tag{5.5.10}$$

证明　由(5.5.3)、(5.5.4)式，$\forall t\geqslant 0$ 及 $\forall i,j\in S$，$i\neq j$，得

$$0\leqslant p_{ij}(t)\leqslant 1-p_{ii}(t) \tag{5.5.11}$$

由(5.5.11)式即得(1)与(2)等价.

现证(1)⇒(3). 不妨设 $0<\varepsilon<1$，则 $\forall h>0$，有

$$P(|X_{t+h}-X_t|\geqslant\varepsilon\mid X_0=i)=P(X_{t+h}\neq X_t\mid X_0=i)$$
$$=\sum_{j\in S}p_{ij}(t)P(X_{t+h}\neq j\mid X_t=j)=\sum_{j\in S}p_{ij}(t)(1-p_{jj}(h))$$

利用 Lebesgue 控制收敛定理及(5.5.8)式，得

$$\lim_{h\to 0^+}P(|X_{t+h}-X_t|\geqslant\varepsilon\mid X_0=i)=0$$

(3)⇒(1). 仍设 $0<\varepsilon<1$，在(5.5.10)式中取 $t=0$，有

$$1-p_{ii}(h)=P(X_h\neq i\mid X_0=i)=P(|X_h-X_0|\geqslant\varepsilon\mid X_0=i),\ i\in S$$

故 $\lim\limits_{t\to 0^+}p_{ii}(t)=1$，再由(5.5.11)式得

$$\lim_{t\to 0^+}p_{ij}(t)=\delta_{ij}=\begin{cases}1,\ i=j\\0,\ i\neq j\end{cases}\quad i,j\in S$$

定理 5.5.2 中的(5.5.8)式表示在很短的时间内发生状态转移的可能性是很小的，这与常见的客观事实是相符的，称为连续性条件，以后我们总假设它是成立的.

定理 5.5.3　对状态离散参数连续的齐次马尔可夫链 $\{X_t,\ t\geqslant 0\}$ 的转移概率 $p_{ij}(t)$，$t\geqslant 0$，$i,j\in S$，有

$$\sum_{j\in S}|p_{ij}(t+h)-p_{ij}(t)|\leqslant 2(1-p_{ii}(h)),\ t\geqslant 0,\ h>0,\ i\in S \tag{5.5.12}$$

从而如果还有连续性条件，则 $\forall i,j\in S$，$p_{ij}(t)$ 是 $t\geqslant 0$ 的一致连续函数.

证明　$\forall i,j\in S$，$t\geqslant 0$，$h>0$，由 C-K 方程，有

$$p_{ij}(t+h)-p_{ij}(t)=\sum_{k\in S}p_{ik}(h)p_{kj}(t)-p_{ij}(t)$$
$$=\sum_{k\neq i}p_{ik}(h)p_{kj}(t)-(1-p_{ii}(h))p_{ij}(t)$$

于是 $\forall i,j\in S$，$t\geqslant 0$，$h>0$，

$$-(1-p_{ii}(h))p_{ij}(t)\leqslant p_{ij}(t+h)-p_{ij}(t)\leqslant\sum_{k\neq i}p_{ik}(h)p_{kj}(t) \tag{5.5.13}$$

对于任一实数 r，记其正部和负部分别为 $r^+=\max\{r,0\}$，$r^-=\max\{-r,0\}$，于是由(5.5.13)式得 $\forall i\in S$，$t\geqslant 0$，$h>0$，有

$$\sum_{j\in S}(p_{ij}(t+h)-p_{ij}(t))^-\leqslant\sum_{j\in S}(1-p_{ii}(h))p_{ij}(t)=1-p_{ii}(h) \tag{5.5.14}$$

$$\sum_{j\in S}(p_{ij}(t+h)-p_{ij}(t))^+\leqslant\sum_{j\in S}\sum_{k\neq i}p_{ik}(h)p_{kj}(t)=\sum_{k\neq i}p_{ik}(h)=1-p_{ii}(h) \tag{5.5.15}$$

将(5.5.14)式与(5.5.15)式相加得(5.5.12)式.

在(5.5.12)式中，可用 $t-h(\geqslant 0)$ 来替换 t，得

$$\sum_{j\in S}\mid p_{ij}(t)-p_{ij}(t-h)\mid \leqslant 2(1-p_{ii}(h)),\ t\geqslant 0,\ t-h\geqslant 0,\ h>0,\ i\in S \tag{5.5.16}$$

从而由(5.5.12)、(5.5.16)式得

$$\sum_{j\in S}\mid p_{ij}(t+h)-p_{ij}(t)\mid \leqslant 2(1-p_{ii}(\mid h\mid)),\ t\geqslant 0,\ t+h\geqslant 0,\ i\in S \tag{5.5.17}$$

由(5.5.8)、(5.5.17)式便得 $p_{ij}(t)$ 是 $t\geqslant 0$ 的一致连续函数.

定理 5.5.4　设状态离散参数连续的齐次马尔可夫链的转移概率 $p_{ij}(t)$，$t\geqslant 0$，$i,j\in S$，满足连续性条件，则：

(1) $\forall i\in S$，$p_{ii}(t)>0$，$t\geqslant 0$；

(2) $\forall i,j\in S$，$i\neq j$，若 $\exists t_0>0$，使得 $p_{ij}(t_0)>0$，则 $\forall t\geqslant t_0$，都有 $p_{ij}(t)>0$.

证明　(1) $\forall u,v>0$，由 C-K 方程有

$$p_{ii}(u+v)=\sum_{k\in S}p_{ik}(u)p_{ki}(v)\geqslant p_{ii}(u)p_{ii}(v) \tag{5.5.18}$$

于是 $\forall t>0$ 及任意的正整数 n，有

$$p_{ii}(t)\geqslant \left(p_{ii}\left(\frac{t}{n}\right)\right)^n \tag{5.5.19}$$

由于 $\lim\limits_{n\to\infty}p_{ii}\left(\frac{t}{n}\right)=1$，故当 n 充分大时，$p_{ii}\left(\frac{t}{n}\right)>0$，从而由(5.5.19)式知 $p_{ii}(t)>0$.

(2) $\forall i,j\in S$，$t_0>0$，若 $p_{ij}(t_0)>0$，则 $\forall t\geqslant t_0$，由 C-K 方程及(1)得

$$p_{ij}(t)\geqslant p_{ij}(t_0)p_{jj}(t-t_0)>0$$

2. 转移概率的可微性

引理 5.5.1　设定义在$[0,+\infty)$上的实函数 $\varphi(t)$ 满足条件：

$$\lim_{t\to 0^+}\varphi(t)=0$$

及

$$\varphi(t+s)\leqslant\varphi(t)+\varphi(s),\quad s,t>0 \tag{5.5.20}$$

则存在极限(有限或$+\infty$)

$$\lim_{t\to 0^+}\frac{\varphi(t)}{t}=\sup_{t>0}\frac{\varphi(t)}{t} \tag{5.5.21}$$

证明　设 $0<h<t$，$t=nh+s$，n 为正整数，$s\in(0,h)$，由(5.5.20)式有

$$\frac{\varphi(t)}{t}\leqslant\frac{n\varphi(h)}{t}+\frac{\varphi(s)}{t}=\frac{\varphi(h)}{h}\cdot\frac{nh}{t}+\frac{\varphi(s)}{t} \tag{5.5.22}$$

令 $h\to 0^+$，则 $s\to 0^+$，从而

$$\begin{aligned}\frac{\varphi(t)}{t}&\leqslant\varliminf_{h\to 0^+}\left(\frac{\varphi(h)}{h}\frac{nh}{t}+\frac{\varphi(s)}{t}\right)\\&=\varliminf_{h\to 0^+}\frac{\varphi(h)}{h}\lim_{s\to 0^+}\left(1-\frac{s}{t}\right)+\lim_{s\to 0^+}\frac{\varphi(s)}{t}\\&=\varliminf_{h\to 0^+}\frac{\varphi(h)}{h}\end{aligned}$$

从而有

$$\overline{\lim_{t\to 0^+}}\frac{\varphi(t)}{t}\leqslant\sup_{t>0}\frac{\varphi(t)}{t}\leqslant\underline{\lim_{h\to 0^+}}\frac{\varphi(h)}{h}$$

由此便得

$$\lim_{t\to 0^+}\frac{\varphi(t)}{t}=\sup_{t>0}\frac{\varphi(t)}{t}$$

定理 5.5.5　设 $p_{ij}(t)$，$t\geqslant 0$，i，$j\in S$，是状态离散参数连续的齐次马尔可夫链的转移概率，满足连续性条件，则 $\forall i\in S$ 存在极限(可能为$-\infty$)

$$q_{ii}\stackrel{\text{def}}{=}p_{ii}'(0)=\lim_{t\to 0^+}\frac{p_{ii}(t)-1}{t}\leqslant 0 \tag{5.5.23}$$

证明　由定理5.5.4，$p_{ii}(t)>0$，$t\geqslant 0$，$i\in S$，令 $\varphi(t)=-\ln p_{ii}(t)$，$t\geqslant 0$，则 $\varphi(t)$满足引理5.5.1 条件，故存在极限

$$\lim_{t\to 0^+}\frac{\varphi(t)}{t}=\sup_{t>0}\frac{\varphi(t)}{t}$$

从而

$$\begin{aligned}\lim_{t\to 0^+}\frac{p_{ii}(t)-1}{t}&=\lim_{t\to 0^+}\frac{e^{-\varphi(t)}-1}{t}=\lim_{t\to 0^+}\frac{\varphi(t)}{t}\cdot\frac{e^{-\varphi(t)}-1}{\varphi(t)}\\&=-\lim_{t\to 0^+}\frac{\varphi(t)}{t}=-\sup_{t>0}\frac{\varphi(t)}{t}\end{aligned} \tag{5.5.24}$$

从而 $q_{ii}=p_{ii}'(0)$存在.

另一方面，$\forall t>0$，由于

$$p_{ii}(t)=e^{-\frac{\varphi(t)}{t}\cdot t}\geqslant e^{q_{ii}t}$$

故

$$\frac{p_{ii}(t)-1}{t}\geqslant\frac{e^{q_{ii}t}-1}{t}\geqslant q_{ii}$$

由此即得 $q_{ii}\leqslant 0$.

定理 5.5.6　设 $p_{ij}(t)$，$t\geqslant 0$，i，$j\in S$，是状态离散参数连续的齐次马尔可夫链$\{X_t, t\geqslant 0\}$的转移概率，满足连续性条件，则 $\forall i$，$j\in S$，存在极限

$$0\leqslant q_{ij}\stackrel{\text{def}}{=}\lim_{t\to 0^+}\frac{p_{ij}(t)}{t}<+\infty \tag{5.5.25}$$

$$0\leqslant\sum_{j\neq i}q_{ij}\leqslant -q_{ii},\ i\in S \tag{5.5.26}$$

证明　$\forall\varepsilon>0$，$\exists\delta>0$，使 $t\in(0,\delta)$时

$$1-p_{ii}(t)<\varepsilon,\ 1-p_{jj}(t)<\varepsilon$$

先取 $t\in(0,\delta)$，再取 $h\in(0,t)$，并设 $nh\leqslant t\leqslant(n+1)h$，其中 n 为正整数. 对 $1\leqslant k\leqslant n$，令

$$p_k=P(X_{kh}=j,\ X_{lh}\neq j,\ 0<l<k\mid X_0=i)$$
$$r_k=P(X_{kh}=i,\ X_{lh}\neq j,\ 0<l<k\mid X_0=i)$$

于是

$$\begin{aligned}p_k&\geqslant P(X_{kh}=j,\ X_{(k-1)h}=i,\ X_{lh}\neq j,\ 0<l<k-1\mid X_0=i)\\&\geqslant r_{k-1}p_{ij}(h)\end{aligned} \tag{5.5.27}$$

$$\begin{aligned}
p_{ij}(t) &= P(X_t = j \mid X_0 = i) \\
&\geqslant P(X_t = j,\ X_{kh} = j,\ \exists 1 \leqslant k \leqslant n \mid X_0 = i) \\
&= \sum_{k=1}^{n} P(X_{kh} = j,\ X_{lh} \neq j,\ 0 < l < k \mid X_0 = i) P(X_t = j \mid X_{kh} = j) \\
&= \sum_{k=1}^{n} p_k p_{jj}(t - kh) > (1-\varepsilon) \sum_{k=1}^{n} p_k
\end{aligned} \tag{5.5.28}$$

另一方面

$$p_{ij}(t) \leqslant \sum_{k \neq i} p_{ik}(t) = 1 - p_{ii}(t) < \varepsilon$$

因此有

$$\sum_{k=1}^{n} p_k < \frac{\varepsilon}{1-\varepsilon}$$

对 $1 \leqslant k \leqslant n$，同理有

$$\begin{aligned}
1 - \varepsilon < p_{ii}(kh) &= P(X_{kh} = i,\ X_{lh} = j,\ \exists 0 < l < k \mid X_0 = i) \\
&\quad + P(X_{kh} = i,\ X_{lh} \neq j,\ 0 < l < k \mid X_0 = i) \\
&= \sum_{l=1}^{k-1} p_l p_{ji}((k-l)h) + r_k \\
&\leqslant \sum_{l=1}^{k-1} p_l + r_k < \frac{\varepsilon}{1-\varepsilon} + r_k
\end{aligned}$$

从而

$$r_k > 1 - \varepsilon - \frac{\varepsilon}{1-\varepsilon} > \frac{1-3\varepsilon}{1-\varepsilon} \tag{5.5.29}$$

由(5.5.28)式及(5.5.29)式，有

$$\begin{aligned}
p_{ij}(t) &\geqslant \sum_{k=1}^{n} p_k p_{jj}(t-kh) \geqslant \sum_{k=1}^{n} r_{k-1} p_{ij}(h) p_{jj}(t-kh) \\
&> n \cdot \frac{1-3\varepsilon}{1-\varepsilon} p_{ij}(h)(1-\varepsilon) = n(1-3\varepsilon) p_{ij}(h)
\end{aligned}$$

从而

$$\frac{p_{ij}(h)}{h} < \frac{p_{ij}(t)}{nh} \cdot \frac{1}{1-3\varepsilon} \leqslant \frac{p_{ij}(t)}{t-h} \cdot \frac{1}{1-3\varepsilon}$$

令 $h \to 0^+$，得

$$\overline{\lim_{h \to 0^+}} \frac{p_{ij}(h)}{h} \leqslant \frac{p_{ij}(t)}{t} \cdot \frac{1}{1-3\varepsilon} < +\infty$$

再令 $t \to 0^+$，得

$$\overline{\lim_{h \to 0^+}} \frac{p_{ij}(h)}{h} \leqslant \underline{\lim_{t \to 0^+}} \frac{p_{ij}(t)}{t} \cdot \frac{1}{1-3\varepsilon}$$

最后令 $\varepsilon \to 0^+$，即得(5.5.25)式.

对等式

$$\sum_{j \neq i} \frac{p_{ij}(t)}{t} = \frac{1 - p_{ii}(t)}{t} = -\frac{p_{ii}(t) - 1}{t}$$

令 $t \to 0^+$，再由 Fatou 引理与定理 5.5.5 有

$$\sum_{j \neq i} q_{ij} \leqslant \lim_{t \to 0^+} \left(-\frac{p_{ii}(t) - 1}{t} \right) = -q_{ii}$$

故(5.5.26)式成立.

定理5.5.5与定理5.5.6表明状态离散参数连续的齐次马尔可夫链的转移概率$p_{ij}(t)$，$t\geqslant 0$，i，$j\in S$，在$t=0$处有右导数$p_{ij}'(0)=q_{ij}$，i，$j\in S$. 称以q_{ij}为第i行第j列元素的矩阵$\boldsymbol{Q}=(q_{ij})$为$\{X_t, t\geqslant 0\}$的密度矩阵或无穷小矩阵.

(1) 显然$\boldsymbol{Q}$仅由$\boldsymbol{P}(t)=(p_{ij}(t))$在无论多么短的时间间隔$t\in[0, \varepsilon)$中的值所完全确定，所以$\boldsymbol{Q}$往往比$\boldsymbol{P}(t)$更容易得到. 而且当$\boldsymbol{Q}$已知时，可以由$\boldsymbol{Q}$求出$\boldsymbol{P}(t)$.

(2) 在文献10中已证明：对实际问题中常见的状态离散参数连续的齐次马尔可夫链$\{X_t, t\geqslant 0\}$，令$\tau=\inf\{t, t>0, X_t\neq X_0\}$，则$\forall t>0$，$\forall i\in S$，有

$$P(\tau>t\mid X_0=i)=P(X_s=i, 0\leqslant s\leqslant t\mid X_0=i)=\mathrm{e}^{q_{ii}t} \tag{5.5.30}$$

如果$q_{ii}=0$，由(5.5.30)式知，$p_{ii}(t)=1$，$t\geqslant 0$. 这表明系统从状态i出发将永远保持在状态i上而不离开，故称此状态i为吸收状态.

如果$q_{ii}=-\infty$，由(5.5.30)式知，$p_{ii}(t)=0$，$t>0$，这表明系统从状态i出发，在不论多么短的时间间隔内，它都不可能继续保持或停留在状态i上，必须即刻离开状态i，故称此状态i为瞬时状态.

如果$-\infty<q_{ii}<0$，那么系统从状态i出发，将在状态i上停留一段时间后再离开状态i，由(5.5.30)式知，系统停留在状态i上的时间τ是服从参数为$(-q_{ii})$的指数分布，从而系统平均停留在状态i上的时间为

$$E(\tau\mid X_0=i)=-\frac{1}{q_{ii}} \tag{5.5.31}$$

由此可见，$(-q_{ii})$越大，系统停留在状态i上的平均时间越短，发生转移越快，否则转移越慢.

(3) 如果$-\infty<q_{ii}<0$，则当$j\neq i$时，有

$$P(\tau<+\infty, \lim_{t\to\tau^+}X_t=j\mid X_0=i)=-\frac{q_{ij}}{q_{ii}} \tag{5.5.32}$$

这就表示在系统定要离开初始状态i的条件下，首次转移进入到状态j的条件概率是$-\dfrac{q_{ij}}{q_{ii}}$.

(4) 如果$\forall i\in S$，都有$\sum\limits_{j\neq i}q_{ij}=-q_{ii}<+\infty$，那么称密度矩阵$\boldsymbol{Q}$或$\{X_t, t\geqslant 0\}$是保守的. 显然如果$S$是有限集，那么在等式

$$\sum_{j\neq i}\frac{p_{ij}(t)}{t}=\frac{1-p_{ii}(t)}{t},\quad t>0, i\in S$$

中令$t\to 0^+$，由定理5.5.5和定理5.5.6知，$\boldsymbol{Q}$是保守的，所以满足连续性条件的状态离散参数连续的有限齐次马尔可夫链必是保守的.

另一方面，转移概率$p_{ij}(t)$，$t\geqslant 0$，i，$j\in S$，在$t=0$点处的可导性也保证了$p_{ij}(t)$，$t\geqslant 0$，i，$j\in S$，在$t\in(0, +\infty)$的每一点处的可导性，对此我们有下面重要的定理.

定理5.5.7　设状态离散参数连续的齐次马尔可夫链的转移概率$p_{ij}(t)$，$t\geqslant 0$，i，$j\in S$，满足连续性条件，则：

(1) $\forall i, j\in S$，$p_{ij}(t)$在$t\in(0, +\infty)$上有有穷的连续的导函数$p_{ij}'(t)$；如果$q_{ii}>-\infty$，那么$p_{ij}'(t)$在$t=0$处也连续；

(2) $\forall i \in S$ 及 $\forall t>0$，$\sum_{j\in S} |p_{ij}'(t)| < +\infty$，且关于 t 不上升；如果 $q_{ii} > -\infty$，那么

$$\sum_{j\in S} |p_{ij}'(t)| \leqslant -2q_{ii}, \quad \sum_{j\in S} p_{ij}'(t) = 0, \quad t>0, \ j\in S \tag{5.5.33}$$

(3) $\forall i, j\in S$，$p_{ij}(t)$，$t\geqslant 0$，满足下列方程：

$$p_{ij}'(t+s) = \sum_{k\in S} p_{ik}'(t) p_{kj}(s), \quad t>0, \ s\geqslant 0 \tag{5.5.34}$$

$$p_{ij}'(t+s) = \sum_{k\in S} p_{ik}(t) p_{kj}'(s), \quad t\geqslant 0, \ s>0 \tag{5.5.35}$$

定理 5.5.7 的证明要用到测度论等分析知识，在此不再给出，可参考文献 12.

5.6　Kolmogorov 方程

在实际应用中，经检验判定所讨论系统的数学模型是状态离散参数连续的齐次马尔可夫链之后，要想直接给出其转移概率 $p_{ij}(t)$，$t\geqslant 0$，$i, j\in S$，一般是很困难的. 但是我们知道，在连续性条件下，有穷的连续的导数 $p_{ij}'(t)$，$t\geqslant 0$，$i, j\in S$ 必然存在. 于是很自然地会产生如下合理设想：试图建立关于 $p_{ij}(t)$，$t\geqslant 0$，$i, j\in S$ 的微分方程组，通过解该微分方程组，达到求 $p_{ij}(t)$，$t\geqslant 0$，$i, j\in S$ 的目的.

定理 5.6.1　$\forall i, j\in S$ 及 $\forall t\geqslant 0$，有

$$p_{ij}'(t) \geqslant \sum_k q_{ik} p_{kj}(t) \tag{5.6.1}$$

$$p_{ij}'(t) \geqslant \sum_k p_{ik}(t) q_{kj} \tag{5.6.2}$$

证明　在下列等式中：

$$\frac{p_{ij}(t+h)-p_{ij}(t)}{h} = \frac{p_{ii}(h)-1}{h} p_{ij}(t) + \sum_{k\neq i} \frac{p_{ik}(h)}{h} p_{kj}(t)$$

$$\frac{p_{ij}(t+h)-p_{ij}(t)}{h} = p_{ij}(t)\frac{p_{jj}(h)-1}{h} + \sum_{k\neq j} p_{ik}(t) \frac{p_{kj}(h)}{h}$$

令 $h\to 0^+$，即可分别得到(5.6.1)式及(5.6.2)式.

定理 5.6.2　$\forall i, j\in S$ 及 $\forall t\geqslant 0$，有

$$p_{ij}'(t) = \sum_k q_{ik} p_{kj}(t) \tag{5.6.3}$$

的充要条件是密度矩阵 $\boldsymbol{Q}=(q_{ij})$ 为保守的.

证明　先证明充分性. (5.6.3)式对 $t=0$ 显然是成立的. 假设 $\exists t>0$ 及 $i, j\in S$，(5.6.3)式不成立，由(5.6.1)式及定理 5.5.7，有

$$0 = \sum_{l\in S} p_{il}'(t) > \sum_{l\in S} q_{ii} p_{il}(t) + \sum_{l\in S}\sum_{k\neq i} q_{ik} p_{kl}(t) = q_{ii} + \sum_{k\neq i} q_{ik} = 0$$

得出矛盾，所以 $\forall i, j\in S$ 及 $t>0$，(5.6.3)式成立.

再证明必要性. $\forall i\in S$ 及 $t>0$，采用同样方法，得

$$\begin{aligned} 0 = \sum_{j\in S} p_{ij}'(t) &= \sum_{j\in S} q_{ii} p_{ij}(t) + \sum_{j\in S}\sum_{k\neq i} q_{ik} p_{kj}(t) \\ &= q_{ii} + \sum_{k\neq i} q_{ik} \end{aligned}$$

即密度矩阵 $\boldsymbol{Q}$ 是保守的.

定理 5.6.3 设 $q=\sup\limits_{i\in S}(-q_{ii})<+\infty$，$\forall i, j\in S$ 及 $\forall t\geqslant 0$，有

$$p_{ij}'(t)=\sum_{k\in S}p_{ik}(t)q_{kj} \tag{5.6.4}$$

证明 $\forall i, j\in S$，$t\geqslant 0$，$h>0$ 及 $\forall k\in S$，$k\neq j$，记 $\varphi_k(t)=-\ln p_{kk}(t)\geqslant 0$，则

$$0\leqslant\frac{p_{kj}(h)}{h}\leqslant\sum_{\substack{l\in S\\ l\neq k}}\frac{p_{kl}(h)}{h}=\frac{1-p_{kk}(h)}{h}=\frac{1-\mathrm{e}^{-\varphi_k(h)}}{h}$$

$$=\frac{1-\mathrm{e}^{-\frac{\varphi_k(h)}{h}\cdot h}}{h}\leqslant\frac{1-\mathrm{e}^{q_{kk}h}}{h}\leqslant -q_{kk}\leqslant q<+\infty$$

在等式

$$\frac{p_{ij}(t+h)-p_{ij}(t)}{h}=p_{ij}(t)\frac{p_{jj}(h)-1}{h}+\sum_{\substack{k\in S\\ k\neq j}}p_{ik}(t)\frac{p_{kj}(h)}{h}$$

中，令 $h\to 0^+$，注意到上式中的级数关于 h 一致收敛，即得

$$p_{ij}'(t)=p_{ij}(t)q_{jj}+\sum_{k\neq j}p_{ik}(t)q_{kj}$$

方程组(5.6.3)及(5.6.4)称为 Kolmogorov 方程，其中(5.6.3)式称为向后方程，(5.6.4)式称为向前方程. 形式上对 Chapman-Kolmogorov 方程

$$p_{ij}(t+s)=\sum_{k\in S}p_{ik}(t)p_{kj}(s)$$

求导就得到 Kolmogorov 方程. 对前面的参数 t 在零点求导，即得向后方程；对后面的参数 s 在零点求导，即得向前方程. 这也就是这些名称的由来. Kolmogorov 方程的矩阵形式也是十分简洁的：

$$\boldsymbol{P}'(t)=\boldsymbol{QP}(t)\quad（向后方程）$$

$$\boldsymbol{P}'(t)=\boldsymbol{P}(t)\boldsymbol{Q}\quad（向前方程）$$

定理 5.6.4 设 $\boldsymbol{Q}=(q_{ij})$ 是状态离散参数连续的齐次马尔可夫链的密度矩阵，转移概率 $p_{ij}(t)$，$t\geqslant 0$，$i, j\in S$ 满足连续性条件，则 $\{-q_{ii}, i\in S\}$ 有界的充要条件是

$$\lim_{t\to 0^+}p_{ii}(t)=1,\ i\in S \tag{5.6.5}$$

对 i 一致成立. 这时

$$\lim_{t\to 0^+}\frac{p_{ii}(t)-1}{t}=q_{ii},\ i\in S \tag{5.6.6}$$

对 i 也一致成立.

证明 先证明必要性. 记 $\varphi_i(t)=-\ln p_{ii}(t)$，则

$$p_{ii}(t)=\mathrm{e}^{-\frac{\varphi_i(t)}{t}t}\geqslant \mathrm{e}^{q_{ii}t},\ t>0,\ i\in S \tag{5.6.7}$$

如果 $\{-q_{ii}, i\in S\}$ 有上界 $M\geqslant 0$，则由(5.6.7)式知

$$p_{ii}(t)\geqslant \mathrm{e}^{-Mt},\ 1-p_{ii}(t)\leqslant 1-\mathrm{e}^{-Mt},\ t\geqslant 0,\ i\in S$$

于是 $\forall\varepsilon>0$，$\exists\delta>0$，使得 $0\leqslant 1-\mathrm{e}^{-Mt}<\varepsilon$，$\forall t\in[0, \delta]$，故

$$0\leqslant 1-p_{ii}(t)<\varepsilon,\ \forall i\in S,\ 0\leqslant t\leqslant\delta \tag{5.6.8}$$

即 $\lim\limits_{t\to 0^+}p_{ii}(t)=1$ 对 i 一致成立.

再证明充分性. 设(5.6.8)式成立，对任取的一组非负数 $0=t_0<t_1<\cdots<t_n=\delta$，令

$$
{}_{v}p_{ii}=\begin{cases}1, & v=0\\ P(X_{t_m}=i,\ m=0,1,2,\cdots,v\mid X_0=i), & n\geqslant v\geqslant 1\end{cases} \tag{5.6.9}
$$

由(5.6.8)式得

$$
\begin{aligned}
1-\varepsilon<p_{ii}(\delta)&={}_{n}p_{ii}+\sum_{v=0}^{n-2}\sum_{j\neq i}{}_{v}p_{ii}p_{ij}(t_{v+1}-t_v)p_{ji}(\delta-t_{v+1})\\
&<{}_{n}p_{ii}+\sum_{v=0}^{n-2}\sum_{j\neq i}{}_{v}p_{ii}p_{ij}(t_{v+1}-t_v)\varepsilon\\
&<{}_{n}p_{ii}+\varepsilon(1-{}_{n}p_{ii})
\end{aligned}
$$

从而

$$
(1-\varepsilon)(1-{}_{n}p_{ii})<1-p_{ii}(\delta)<\varepsilon \tag{5.6.10}
$$

应用连续性条件及(5.6.10)式，得

$$
(1-\varepsilon)(1-\mathrm{e}^{q_{ii}\delta})<1-p_{ii}(\delta)<\varepsilon \tag{5.6.11}
$$

取 $\varepsilon=\frac{1}{3}$，由(5.6.11)式得 $\mathrm{e}^{q_{ii}\delta}>\frac{1}{2}$，故 $-q_{ii}<-\frac{1}{\delta}\ln\frac{1}{2}$，对一切 $i\in S$ 都成立，即 $\{-q_{ii},i\in S\}$ 有界.

最后再由(5.6.11)式与(5.6.7)式知：

$$
(1-\varepsilon)\frac{1-\mathrm{e}^{q_{ii}\delta}}{\delta}-(-q_{ii})<\frac{1-p_{ii}(\delta)}{\delta}-(-q_{ii})<\frac{1-\mathrm{e}^{q_{ii}\delta}}{\delta}-(-q_{ii})
$$

故

$$
\left|\frac{1-p_{ii}(\delta)}{\delta}-(-q_{ii})\right|<\varepsilon\frac{1-\mathrm{e}^{q_{ii}\delta}}{\delta}\leqslant\varepsilon\frac{1-\mathrm{e}^{-M\delta}}{\delta}\leqslant\varepsilon M,\ i\in S \tag{5.6.12}
$$

即

$$
\left|\frac{p_{ii}(t)-1}{t}-q_{ii}\right|<\varepsilon M,\quad 0\leqslant t\leqslant\delta,\ i\in S
$$

从而(5.6.6)式关于 i 一致成立.

当 $\{X_t,t\geqslant 0\}$ 是状态离散参数连续的有限齐次马尔可夫链时，显然 $\sup\limits_{i\in S}(-q_{ii})<+\infty$ 或 $\{-q_{ii},i\in S\}$ 有界，因此对此马尔可夫链，Kolmogorov 方程总是成立的：

$$
\boldsymbol{P}'(t)=\boldsymbol{Q}\boldsymbol{P}(t)=\boldsymbol{P}(t)\boldsymbol{Q},\quad t\geqslant 0 \tag{5.6.13}
$$

初始条件为 $\boldsymbol{P}(0)=\boldsymbol{I}$，该常系数线性微分方程组的解是

$$
\boldsymbol{P}(t)=\mathrm{e}^{\boldsymbol{Q}t}=\boldsymbol{I}+\sum_{n=1}^{\infty}\frac{(\boldsymbol{Q}t)^n}{n!},\quad t\geqslant 0 \tag{5.6.14}
$$

(5.6.14)式右端级数收敛，并是方程组(5.6.13)的唯一解. 所以状态离散参数连续的有限齐次马尔可夫链的转移概率矩阵通过(5.6.13)、(5.6.14)式被它的密度矩阵唯一确定.

5.7 状态分类与平稳分布

与参数离散的齐次马尔可夫链一样，我们对状态离散参数连续的齐次马尔可夫链也要讨论状态的分类、转移概率函数的极限性质以及平稳分布. 有些概念，例如两个状态的互通及由此基础上所作的状态分类等，可以直接从参数离散的情形搬到参数连续的情形；但也有些概念，例如常返状态及正常返状态等，却无法立即照搬过去. 我们需要引进离散骨

架的方法，建立起状态离散参数连续的齐次马尔可夫链的状态分类．这样做可以充分利用参数离散情形的已知结果，这也是本节讨论方法的一个显著特点．

定义 5.7.1 设$\{X_t, t\geqslant 0\}$是转移概率矩阵为$\boldsymbol{P}(t)=(p_{ij}(t))$的状态离散参数连续的齐次马尔可夫链，$h>0$为一常数，则称$X(h)\overset{\text{def}}{=}\{X_{nh}, n=0, 1, 2, \cdots\}$为$\{X_t, t\geqslant 0\}$的步长为$h$的离散骨架．

由定义 5.7.1，显然有：

(1) $X(h)$是一马尔可夫链；

(2) $X(h)$是一齐次马尔可夫链；

(3) $X(h)$与$\{X_t, t\geqslant 0\}$有相同的初始分布；

(4) $X(h)$的一步转移概率矩阵为$\boldsymbol{P}(h)$；

(5) $X(h)$的m步转移概率矩阵为$\boldsymbol{P}(mh)$．

定义 5.7.2 设$i, j\in S$，如果$\exists\, t>0$，使得$p_{ij}(t)>0$，则称状态i可达状态j，记作$i\to j$，若$i\to j$，$j\to i$，则称状态i与状态j互通，记作$i\leftrightarrow j$．

定理 5.7.1 设$i, j\in S$，则下列命题等价：

(1) 在状态离散参数连续的齐次马尔可夫链中，$i\to j$；

(2) 在任一骨架$X(h)$中，$i\to j$；

(3) 在某一骨架$X(h)$中，$i\to j$．

证明 (2)⇒(3)⇒(1)是显然的，只需证明(1)⇒(2)．设$t>0$使得$p_{ij}(t)>0$，取n充分大，使得$nh\geqslant t$，由定理 5.5.4 知$p_{ij}(nh)>0$，$\forall h>0$，即在任一骨架$X(h)$中，$i\to j$．

需要指出，在定理 5.7.1 中，将可达改为互通显然也是成立的．

定理 5.7.2 $\forall i\in S$，若

$$\int_0^{+\infty} p_{ii}(t)\,\mathrm{d}t=+\infty \tag{5.7.1}$$

则对一切$h>0$，有

$$\sum_{n=1}^{\infty} p_{ii}(nh)=+\infty \tag{5.7.2}$$

反过来，若对某一$h>0$，(5.7.2)式成立，则(5.7.1)式成立．

证明 由于$p_{ii}(h)>0$是连续函数，$\forall h>0$，令

$$\min_{0\leqslant r\leqslant h} p_{ii}(r)\overset{\text{def}}{=}\delta(h)>0$$

则

$$\min_{0\leqslant r\leqslant h} p_{ii}(t+r)\geqslant p_{ii}(t)\min_{0\leqslant r\leqslant h} p_{ii}(r)=p_{ii}(t)\delta(h) \tag{5.7.3}$$

令

$$m_n(h)=\min_{nh\leqslant t=nh+r\leqslant(n+1)h} p_{ii}(t)\geqslant p_{ii}(nh)\delta(h)$$

由(5.7.3)式知，当$0\leqslant r\leqslant h$时，有

$$p_{ii}(t)\geqslant p_{ii}(t-r)\delta(h)$$
$$p_{ii}((n+1)h)\geqslant p_{ii}(nh+(h-r))\delta(h)$$

从而有

$$p_{ii}((n+1)h)\geqslant \max_{nh\leqslant t\leqslant(n+1)h} p_{ii}(t)\delta(h)$$

令

$$M_n(h) = \max_{nh \leqslant t \leqslant (n+1)h} p_{ii}(t)$$

则

$$M_n(h) \leqslant \frac{1}{\delta(h)} p_{ii}((n+1)h)$$

从而

$$\begin{aligned}
h\delta(h)\sum_{n=1}^{\infty} p_{ii}(nh) &\leqslant h\sum_{n=0}^{\infty}\delta(h)p_{ii}(nh) \leqslant h\sum_{n=0}^{\infty}m_n(h) \\
&= \sum_{n=0}^{\infty}\int_{nh}^{(n+1)h} m_n(h)\,\mathrm{d}t \leqslant \sum_{n=0}^{\infty}\int_{nh}^{(n+1)h} p_{ii}(t)\,\mathrm{d}t = \int_0^{+\infty} p_{ii}(t)\,\mathrm{d}t \\
&= \sum_{n=0}^{\infty}\int_{nh}^{(n+1)h} p_{ii}(t)\,\mathrm{d}t \leqslant \sum_{n=0}^{\infty}\int_{nh}^{(n+1)h} M_n(h)\,\mathrm{d}t = h\sum_{n=0}^{\infty}M_n(h) \\
&\leqslant h\sum_{n=0}^{\infty}\frac{1}{\delta(h)}p_{ii}((n+1)h) = h\,\frac{1}{\delta(h)}\sum_{n=0}^{\infty}p_{ii}((n+1)h) \\
&= h\,\frac{1}{\delta(h)}\sum_{n=1}^{\infty}p_{ii}(nh)
\end{aligned}$$

由此即得定理结论.

由定理 5.7.2 可知，一个状态是常返状态或非常返状态，对全部离散骨架来说是一样的，于是我们有如下定义.

定义 5.7.3 设 $i \in S$，称状态 i 为常返状态或非常返状态，若对全部离散骨架这个状态是常返状态或非常返状态.

推论 5.7.1 设 $i \in S$，则状态 i 是常返状态的充要条件是

$$\int_0^{+\infty} p_{ii}(t)\,\mathrm{d}t = +\infty$$

为了进一步讨论正常返状态与零常返状态，我们也需要先讨论转移概率的性质. 在离散参数情况下，由于状态可能是周期状态，因而使情况复杂化了. 但在连续参数情况下，由于对一切 $h>0$ 及正整数 n，对一切 $i \in S$，$p_{ii}(nh)>0$，因此对任一离散骨架，每个状态都是非周期的.

定理 5.7.3 设 $i, j \in S$，则存在极限

$$\lim_{t \to +\infty} p_{ij}(t) = \pi_{ij}$$

证明 由于状态离散参数连续的齐次马尔可夫链中的状态是非周期的，因此由离散参数情形的结果知，$\forall h>0$，存在极限

$$\lim_{n \to \infty} p_{ij}(nh) = \pi_{ij}(h) \tag{5.7.4}$$

由于 $p_{ij}(t)$ 在 $[0, +\infty)$ 上一致连续，故 $\forall \varepsilon>0$，$\exists h>0$，使当 $|t-t'|<h$ 时，有

$$|\, p_{ij}(t) - p_{ij}(t')\,| < \frac{\varepsilon}{3}$$

对上述 $h>0$，存在正整数 N，使当 $n, n'>N$ 时，有

$$|\, p_{ij}(nh) - p_{ij}(n'h)\,| < \frac{\varepsilon}{3}$$

于是，对任意 t，$t'>Nh$，取正整数 n，$n'>N$，使得 $nh\leqslant t<(n+1)h$，$n'h\leqslant t'<(n'+1)h$，那么有 n，$n'>N$，$|t-nh|<h$，$|t'-n'h|<h$，所以

$$|p_{ij}(t)-p_{ij}(t')|\leqslant|p_{ij}(t)-p_{ij}(nh)|+|p_{ij}(nh)-p_{ij}(n'h)|$$
$$+|p_{ij}(n'h)-p_{ij}(t')|<\frac{\varepsilon}{3}+\frac{\varepsilon}{3}+\frac{\varepsilon}{3}=\varepsilon$$

这就证明了存在极限

$$\lim_{t\to+\infty}p_{ij}(t)=\pi_{ij}$$

且该极限与骨架步长 h 无关.

需要指出，当状态离散参数连续的齐次马尔可夫链中一切状态都互通时，极限 $\lim\limits_{t\to+\infty}p_{ij}(t)$ 存在且与初始状态 i 无关，记为 π_j，即 $\lim\limits_{t\to+\infty}p_{ij}(t)=\pi_j$，$i$，$j\in S$.

由定理 5.7.3 知，若 i 是常返状态，$\lim\limits_{n\to\infty}p_{ii}(nh)=\pi_{ii}$，因此一个常返状态 i 为正常返状态或零常返状态对全部离散骨架来说也都是一样的，于是有如下定义.

定义 5.7.4 设 $i\in S$ 是常返状态，称状态 i 是正常返状态或零常返状态，若对全部离散骨架这个状态是正常返状态或零常返状态.

推论 5.7.2 设 $i\in S$ 是常返状态，则状态 i 是正常返状态的充要条件是 $\pi_{ii}>0$；状态 i 是零常返状态的充要条件是 $\pi_{ii}=0$.

对于状态离散参数连续的有限齐次马尔可夫链，参数离散情形的结果显然继续成立：正常返状态必定存在；不可约的状态离散参数连续的齐次马尔可夫链的状态空间是一个正常返的不可约闭集.

定理 5.7.4 设不可约的状态离散参数连续的齐次马尔可夫链 $\{X_t,\ t\geqslant0\}$ 的所有状态都是常返状态，转移概率 $p_{ij}(t)$，$t\geqslant0$，i，$j\in S$ 满足连续性条件，则 $\{\pi_j,\ j\in S\}$ 具有下列性质：

$$\pi_j\geqslant0,\ j\in S,\ \sum_{j\in S}\pi_j\leqslant1 \tag{5.7.5}$$

$$\pi_j=\sum_{k\in S}\pi_k p_{kj}(t),\ j\in S,\ t\geqslant0 \tag{5.7.6}$$

如果 $\exists j\in S$ 使 $\pi_j>0$，那么

$$\pi_i>0,\ i\in S,\ \sum_{i\in S}\pi_i=1 \tag{5.7.7}$$

证明 $\pi_j\geqslant0$，$j\in S$ 是显然的，$\forall t>0$，$\sum\limits_{j\in S}p_{ij}(t)=1$，$i\in S$，由定理 5.7.3 及 Fatou 引理知

$$\sum_{j\in S}\pi_j\leqslant1$$

又由

$$p_{ij}(u+t)=\sum_{k\in S}p_{ik}(u)p_{kj}(t),\ i,\ j\in S,\ u,\ t\geqslant0$$

及定理 5.7.3 及 Fatou 引理，得

$$\pi_j\geqslant\sum_{k\in S}\pi_k p_{kj}(t),\ j\in S,\ t\geqslant0$$

将上式对 $j\in S$ 求和，再应用 Fubini 定理：

$$\sum_{j\in S}\pi_j \geqslant \sum_{j\in S}\sum_{k\in S}\pi_k p_{kj}(t) = \sum_{k\in S}\pi_k\sum_{j\in S}p_{kj}(t) = \sum_{k\in S}\pi_k$$

故

$$\pi_j = \sum_{k\in S}\pi_k p_{kj}(t),\ j\in S,\ t\geqslant 0$$

当 $\pi_j>0$ 时，由定理 5.7.3 得 $\pi_j(h)>0$，故 j 是 $X(h)$ 的正常返状态，由于 $X(h)$ 是不可约的及每个状态都是非周期的，从而 $X(h)$ 的每个状态都是正常返非周期的，故 $\pi_i>0$，$i\in S$，且显然

$$\sum_{i\in S}\pi_i = 1$$

综上讨论，关于状态离散参数连续的齐次马尔可夫链有以下结果：

定理 5.7.5　(1) 状态离散参数连续的齐次马尔可夫链的状态空间 S 可唯一地分解成有限个或可列无限多个互不相交的状态子集 D，C_1，C_2，…之并，即

$$S = D\cup C_1\cup C_2\cup\cdots$$

其中 D 是所有非常返状态组成的状态子集，每个 $C_n(n=1,2,\cdots)$是由常返状态组成的不可约闭集，从而 $C_n(n=1,2,\cdots)$中的状态具有相同的状态类型：或者同为零常返状态，或者同为正常返非周期状态(遍历状态).

(2) 若 C^0 表示零常返状态组成的不可约闭集，$C_n^+(n=1,2,\cdots)$为正常返状态组成的不可约闭集，则

$$S = D\cup C^0\cup C_1^+\cup C_2^+\cup\cdots$$

且

$$\lim_{t\to+\infty}p_{ij}(t) = \pi_{ij} = \begin{cases}0,\ j\in D\cup C^0,\ i\in S\\ \pi_{ij},\ j\in C_m^+,\ i\in D\\ 0,\ j\in C_m^+,\ i\in C^0\cup C_l^+,\ m\neq l\\ \pi_j,\ j\in C_m^+,\ i\in C_m^+\end{cases}$$

(3) $\pi_j>0$，$j\in C_m^+$，$\sum_{j\in C_m^+}\pi_j = 1$.

现在平稳分布的概念及其有关结果可以直接用于状态离散参数连续的齐次马尔可夫链的情形.

在讨论平稳分布及转移概率 $p_{ij}(t)$，$t\geqslant 0$，i，$j\in S$ 的遍历性之前，先来讨论绝对分布 $p_j(t)=P(X_t=j)$，$t\geqslant 0$，$j\in S$ 所满足的微分方程.

设 $p_j(t)=P(X_t=j)$，$t\geqslant 0$，$j\in S$，为状态离散参数连续的齐次马尔可夫链的绝对分布，则不难证明

$$p_j'(t) = p_j(t)q_{jj} + \sum_{k\neq j}p_k(t)q_{kj}$$

此式称为福克－普朗克(Fokker - Planck)方程.

事实上，由全概率公式有

$$p_j(t) = P(X_t = j) = \sum_{i\in S}p_i p_{ij}(t)$$

其中 $p_i=P(X_0=i)$为初始分布. 由于级数 $\sum_{i\in S}p_i p_{ij}(t)$ 关于 t 是一致收敛的，所以对上式两

边求导得

$$p_j'(t) = \sum_{i\in S} p_i p_{ij}'(t)$$

再由 Kolmogorov 向前方程得

$$\begin{aligned} p_j'(t) &= \sum_{i\in S} p_i \big(p_{ij}(t) q_{jj} + \sum_{k\neq j} p_{ik}(t) q_{kj} \big) \\ &= p_j(t) q_{jj} + \sum_{k\neq j} \big(\sum_{i\in S} p_i p_{ik}(t) q_{kj} \big) \\ &= p_j(t) q_{jj} + \sum_{k\neq j} p_k(t) q_{kj} \end{aligned}$$

定义 5.7.5　称概率分布 $\{q_j, j\in S\}$ 为状态离散参数连续的齐次马尔可夫链的平稳分布，如果 $\forall\, t>0$，有

$$q_j = \sum_{k\in S} q_k p_{kj}(t),\ j\in S$$

因为 $\{q_j, j\in S\}$ 是状态离散参数连续的齐次马尔可夫链的平稳分布，所以 $\{q_j, j\in S\}$ 也就是全部离散骨架的平稳分布，进而参数离散情形平稳分布存在及其一般形式对连续参数仍旧有效. 于是有如下结论.

定理 5.7.6　设

$$S = D \cup C^0 \cup C_1^+ \cup C_2^+ \cup \cdots = Q \cup H$$

其中 D 是所有非常返状态组成的状态子集，C^0 是零常返状态组成的不可约闭集，$Q = D\cup C^0$，$C_n^+ (n=1,2,\cdots)$ 是正常返状态组成的不可约闭集，$H = \bigcup_{\gamma\in\Gamma} C_\gamma^+$，$q = \{q_j, j\in S\}$，则 q 是状态离散参数连续的齐次马尔可夫链平稳分布的充要条件是存在非负数列 $\{\lambda_\gamma, \gamma\in\Gamma\}$，使得

(1)　$\sum_{\gamma\in\Gamma} \lambda_\gamma = 1$

(2)　$q_j = 0,\ j\in Q$

(3)　$q_j = \lambda_\gamma \pi_j,\ j\in C_\gamma^+,\ \gamma\in\Gamma$

推论 5.7.3　对于状态离散参数连续的齐次马尔可夫链，

(1) 存在平稳分布的充要条件是存在正常返的不可约闭集；

(2) 存在唯一平稳分布的充要条件是恰有一个正常返的不可约闭集；

(3) 存在无穷多个平稳分布的充要条件是存在至少两个不同的正常返的不可约闭集.

习　题　五

1. 设 $U_1, U_2, \cdots, U_n, \cdots$ 是相互独立的随机变量序列，试问下列的 $\{X_n, n=1, 2, \cdots\}$ 是不是马尔可夫链，并说明理由：

(1) $X_n = U_1 + U_2 + \cdots + U_n$；

(2) $X_n = (U_1 + U_2 + \cdots + U_n)^2$；

(3) $X_n = \rho X_{n-1} + U_n$，其中 ρ 是一已知常数，$X_0 = 0$.

2. 设齐次马尔可夫链$\{X_n, n=1, 2, \cdots\}$的状态空间 $S=\{0, 1\}$，其一步转移概率矩阵为

$$\boldsymbol{P}=\begin{bmatrix} p_{00} & p_{01} \\ p_{10} & p_{11} \end{bmatrix}$$

(1) 证明两步转移概率矩阵是

$$\boldsymbol{P}^{(2)}=\begin{bmatrix} p_{00}^2+p_{01}p_{10} & p_{01}(p_{00}+p_{11}) \\ p_{10}(p_{00}+p_{11}) & p_{11}^2+p_{01}p_{10} \end{bmatrix}$$

(2) 当$|p_{00}+p_{11}-1|<1$ 时，试用数学归纳法证明 n 步转移概率矩阵为

$$\boldsymbol{P}^{(n)}=\frac{1}{2-p_{00}-p_{11}}\begin{bmatrix} 1-p_{11} & 1-p_{00} \\ 1-p_{11} & 1-p_{00} \end{bmatrix}$$

$$+\frac{(p_{00}+p_{11}-1)^n}{2-p_{00}-p_{11}}\begin{bmatrix} 1-p_{00} & -(1-p_{00}) \\ -(1-p_{11}) & 1-p_{11} \end{bmatrix}$$

(3) 由(2)进一步证明

$$\lim_{n\to\infty}p_{00}^{(n)}=\lim_{n\to\infty}p_{10}^{(n)}=\frac{1-p_{11}}{2-p_{00}-p_{11}}$$

$$\lim_{n\to\infty}p_{01}^{(n)}=\lim_{n\to\infty}p_{11}^{(n)}=\frac{1-p_{00}}{2-p_{00}-p_{11}}$$

(4) 证明特别当 $p_{00}=p_{11}=p$，$p_{01}=p_{10}=q=1-p$ 时，有

$$\boldsymbol{P}^{(n)}=\begin{bmatrix} \frac{1}{2}+\frac{1}{2}(p-q)^n & \frac{1}{2}-\frac{1}{2}(p-q)^n \\ \frac{1}{2}-\frac{1}{2}(p-q)^n & \frac{1}{2}+\frac{1}{2}(p-q)^n \end{bmatrix}$$

(5) 在(4)的条件下，证明

$$P(X_0=1\mid X_n=1)=\frac{\alpha+\alpha(p-q)^n}{1+(\alpha-\beta)(p-q)^n}$$

其中 $\alpha=P(X_0=1)$，$\beta=1-\alpha$.

3. 有三个黑球和三个白球，把这六个球任意等分给甲、乙两个袋中，并把甲袋中的白球数定义为该过程的状态，则有四种状态：0，1，2，3. 现每次从甲、乙两袋中各取一球，然后相互交换，即把从甲袋取出的球放入乙袋，把从乙袋取出的球放入甲袋，经过 n 次交换，过程的状态为 X_n，$n=1, 2, \cdots$

(1) 试问该过程是否为齐次马尔可夫链；

(2) 试计算它的一步转移概率矩阵.

4. 设 X_1 在 1、2、3、4、5、6 中等可能地取值，$X_n(n=2, 3, \cdots)$在 $1, 2, \cdots, X_{n-1}$ 中等可能地取值，试说明$\{X_n, n=1, 2, \cdots\}$是一齐次马尔可夫链并求其状态空间和一步转移概率矩阵.

5. 设齐次马尔可夫链$\{X_n, n=0, 1, 2, \cdots\}$的状态空间 $S=\{0, 1, 2\}$，初始分布 $P(X_0=0)=\frac{1}{4}$，$P(X_0=1)=\frac{1}{2}$，$P(X_0=2)=\frac{1}{4}$，其一步转移概率矩阵为

$$P=\begin{bmatrix}\frac{1}{4} & \frac{3}{4} & 0\\ \frac{1}{3} & \frac{1}{3} & \frac{1}{3}\\ 0 & \frac{1}{4} & \frac{3}{4}\end{bmatrix}$$

(1) 计算概率 $P(X_0=0, X_1=1, X_2=2)$；

(2) 计算条件概率 $P(X_{n+2}=1|X_n=0)$.

6. 设有齐次马尔可夫链，它的状态空间 $S=\{0, 1, 2\}$，一步转移概率矩阵为

$$P=\begin{bmatrix}0 & 1 & 0\\ 1-p & 0 & p\\ 0 & 1 & 0\end{bmatrix}$$

(1) 试求 $P^{(2)}$，并证明 $P^{(2)}=P^{(4)}$；

(2) 求 $P^{(n)}$，$n\geqslant 1$.

7. 天气预报问题. 其模型是：今天是否下雨依赖于前三天是否有雨(即一连三天有雨；前面两天有雨，第三天是晴天；……)，问能否把这个问题归纳为一齐次马尔可夫链？如果可以，问该过程的状态有几个？如果过去一连三天有雨，今天有雨的概率为 0.8；过去三天连续为晴天，而今天有雨的概率为 0.2；在其它天气情况时，今天的天气和昨天相同的概率为 0.6. 求这个齐次马尔可夫链的转移概率矩阵.

8. 设有齐次马尔可夫链，它的状态空间 $S=\{0, 1\}$，一步转移概率矩阵为

$$P=\begin{bmatrix}\frac{1}{2} & \frac{1}{2}\\ \frac{1}{3} & \frac{2}{3}\end{bmatrix}$$

试求 $f_{00}^{(1)}$、$f_{00}^{(2)}$、$f_{00}^{(3)}$、$f_{01}^{(1)}$、$f_{01}^{(2)}$，$f_{01}^{(3)}$.

9. 设有齐次马尔可夫链，它的状态空间 $S=\{0, 1, 2\}$，一步转移概率矩阵为

$$P=\begin{bmatrix}p_1 & q_1 & 0\\ 0 & p_2 & q_2\\ q_3 & 0 & p_3\end{bmatrix}$$

其中，$p_i+q_i=1$，$i=1, 2, 3$. 试求 $f_{00}^{(1)}$、$f_{00}^{(2)}$、$f_{00}^{(3)}$、$f_{01}^{(1)}$、$f_{01}^{(2)}$、$f_{01}^{(3)}$.

10. 设齐次马尔可夫链$\{X_n, n=0, 1, 2, \cdots\}$的状态空间为 $S=\{0, 1, 2, 3\}$，其一步转移概率矩阵为

$$P=\begin{bmatrix}\frac{1}{2} & \frac{1}{2} & 0 & 0\\ 1 & 0 & 0 & 0\\ 0 & \frac{1}{3} & \frac{2}{3} & 0\\ \frac{1}{2} & 0 & \frac{1}{2} & 0\end{bmatrix}$$

试对其状态进行分类，确定哪些状态是常返态并确定其周期.

11. 设齐次马尔可夫链$\{X_n, n=0, 1, 2, \cdots\}$的状态空间为 $S=\{0, 1, 2, 3, 4\}$，其一

步转移概率矩阵为

$$P=\begin{bmatrix} \frac{1}{2} & 0 & \frac{1}{2} & 0 & 0 \\ 0 & \frac{1}{4} & 0 & \frac{3}{4} & 0 \\ 0 & 0 & \frac{1}{3} & 0 & \frac{2}{3} \\ \frac{1}{4} & \frac{1}{2} & 0 & \frac{1}{4} & 0 \\ \frac{1}{3} & 0 & \frac{1}{3} & 0 & \frac{1}{3} \end{bmatrix}$$

求其闭集及不可约闭集所对应的转移概率矩阵.

12. 设齐次马尔可夫链$\{X_n, n=0, 1, 2, \cdots\}$的状态空间为$S=\{0, 1, 2, 3, 4, 5\}$，其一步转移概率矩阵为

$$P=\begin{bmatrix} 0 & 0 & \frac{1}{2} & 0 & \frac{1}{2} & 0 \\ \frac{1}{3} & 0 & 0 & \frac{1}{3} & 0 & \frac{1}{3} \\ 0 & 1 & 0 & 0 & 0 & 0 \\ 0 & 0 & 1 & 0 & 0 & 0 \\ 0 & 1 & 0 & 0 & 0 & 0 \\ 0 & 0 & \frac{3}{4} & 0 & \frac{1}{4} & 0 \end{bmatrix}$$

试求状态的周期 d、闭集及 $P^{(d)}$.

13. 设齐次马尔可夫链$\{X_n, n=0, 1, 2, \cdots\}$的状态空间为$S=\{0, 1, 2, 3, 4, 5\}$，其一步转移概率矩阵为

$$P=\begin{bmatrix} 0 & 0 & 1 & 0 & 0 & 0 \\ 0 & 0 & 0 & 0 & 0 & 1 \\ 0 & 0 & 0 & 0 & 1 & 0 \\ \frac{1}{3} & \frac{1}{3} & 0 & \frac{1}{3} & 0 & 0 \\ 1 & 0 & 0 & 0 & 0 & 0 \\ 0 & \frac{1}{2} & 0 & 0 & 0 & \frac{1}{2} \end{bmatrix}$$

试对其状态空间进行分解并求各状态的周期.

14. 将小白鼠放在如图 5-9 所示的迷宫中，假设小白鼠在其中作随机移动，即当它处于某一格子中，而此格子又有 k 条路通入别的格子，则小白鼠以概率 $1/k$ 选择任一条路. 如果小白鼠每次移动一个格子，并以 X_n 表示经 n 次移动后它所在格子的号码.

(1) 说明$\{X_n, n=1, 2, \cdots\}$是一齐次马尔可夫链；

(2) 计算其转移概率矩阵；

(3) 分解它的状态空间.

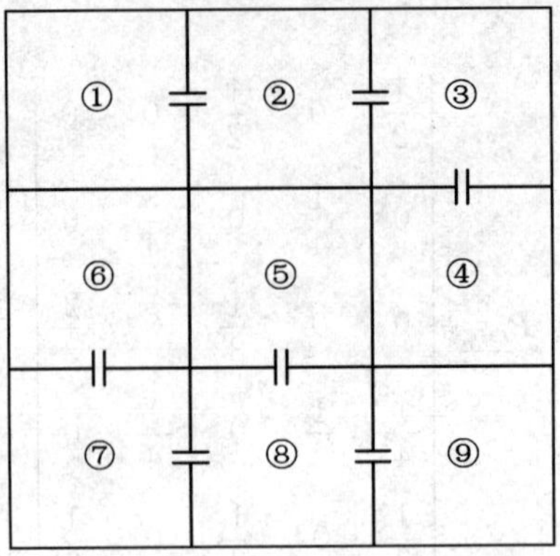

图　5-9

15. 试对以下列矩阵为一步转移概率矩阵的齐次马尔可夫链的状态空间进行分解.

(1) $\boldsymbol{P}=\begin{bmatrix} 0 & 0.5 & 0.5 \\ 0.5 & 0 & 0.5 \\ 0.5 & 0.5 & 0 \end{bmatrix}$　　(2) $\boldsymbol{P}=\begin{bmatrix} 0 & 0 & 0 & 1 \\ 0 & 0 & 0 & 1 \\ 0.5 & 0.5 & 0 & 0 \\ 0 & 0 & 1 & 0 \end{bmatrix}$

(3) $\boldsymbol{P}=\begin{bmatrix} 0.7 & 0 & 0.3 & 0 & 0 \\ 0.1 & 0.8 & 0.1 & 0 & 0 \\ 0.4 & 0 & 0.6 & 0 & 0 \\ 0 & 0 & 0 & 0.5 & 0.5 \\ 0 & 0 & 0 & 0.5 & 0.5 \end{bmatrix}$　　(4) $\boldsymbol{P}=\begin{bmatrix} \frac{1}{4} & \frac{3}{4} & 0 & 0 & 0 \\ \frac{1}{2} & \frac{1}{2} & 0 & 0 & 0 \\ 0 & 0 & 1 & 0 & 0 \\ 0 & 0 & \frac{1}{3} & \frac{2}{3} & 0 \\ 1 & 0 & 0 & 0 & 0 \end{bmatrix}$

16. 设齐次马尔可夫链$\{X_n, n=0, 1, 2, \cdots\}$的状态空间为$S=\{0, 1, 2, 3\}$，其一步转移概率矩阵为

$$\boldsymbol{P}=\begin{bmatrix} 0 & \frac{1}{2} & 0 & \frac{1}{2} \\ \frac{1}{2} & 0 & \frac{1}{2} & 0 \\ 0 & \frac{1}{2} & 0 & \frac{1}{2} \\ \frac{1}{2} & 0 & \frac{1}{2} & 0 \end{bmatrix}$$

试讨论其遍历性.

17. 一质点沿圆周游动，圆周按顺时针等距排列五个点0、1、2、3、4，把圆周分成五格. 质点每次按顺时针或逆时针移动一格，顺时针移动一格的概率为p，逆时针移动一格的概率为$1-p$，设X_n表示经n次移动后质点所处的位置，则$\{X_n, n=0, 1, 2, \cdots\}$是一齐次马尔可夫链. 试求：

(1) 它的状态空间；

(2) 一步转移概率矩阵；

(3) 极限分布.

18. 在一计算系统中，每一循环具有误差的概率取决于先前一个循环是否有误差. 以 0 表示误差状态，以 1 表示无误差状态. 设状态的一步转移概率矩阵为

$$P=\begin{bmatrix}0.75 & 0.25\\0.5 & 0.5\end{bmatrix}$$

试说明相应齐次马尔可夫链是遍历的，并求其极限分布：

(1) 用定义解；

(2) 利用遍历性解.

19. 设有齐次马尔可夫链 $\{X_n, n=0, 1, 2, \cdots\}$，其一步转移概率矩阵为

$$P=\begin{bmatrix}\frac{1}{2} & \frac{1}{2} & 0\\ \frac{1}{4} & 0 & \frac{3}{4}\\ 0 & \frac{1}{3} & \frac{2}{3}\end{bmatrix}$$

试求其极限分布.

20. 设有齐次马尔可夫链 $\{X_n, n=0, 1, 2, \cdots\}$，其一步转移概率矩阵为

(1) $P=\begin{bmatrix}0 & 1 & 0\\ \frac{1}{4} & \frac{1}{2} & \frac{1}{4}\\ 0 & 1 & 0\end{bmatrix}$　　(2) $P=\begin{bmatrix}0 & \frac{1}{2} & \frac{1}{2}\\ 0 & \frac{1}{2} & \frac{1}{2}\\ 1 & 0 & 0\end{bmatrix}$

(3) $P=\begin{bmatrix}\frac{1}{2} & \frac{1}{2} & 0\\ \frac{1}{3} & \frac{1}{3} & \frac{1}{3}\\ 0 & \frac{1}{2} & \frac{1}{2}\end{bmatrix}$　　(4) $P=\begin{bmatrix}\frac{1}{4} & 0 & \frac{1}{4} & \frac{1}{2}\\ \frac{1}{4} & \frac{1}{4} & \frac{1}{4} & \frac{1}{4}\\ 0 & 0 & \frac{1}{2} & \frac{1}{2}\\ \frac{1}{2} & 0 & \frac{1}{2} & 0\end{bmatrix}$

(5) $P=\begin{bmatrix}\frac{1}{2} & \frac{1}{2} & 0 & 0\\ 1 & 0 & 0 & 0\\ 0 & 0 & \frac{1}{3} & \frac{2}{3}\\ 0 & 0 & \frac{1}{2} & \frac{1}{2}\end{bmatrix}$　　(6) $P=\begin{bmatrix}\frac{1}{2} & \frac{1}{2} & 0 & 0\\ \frac{1}{3} & \frac{1}{3} & \frac{1}{3} & 0\\ \frac{1}{4} & \frac{1}{4} & \frac{1}{4} & \frac{1}{4}\\ \frac{1}{4} & \frac{1}{4} & \frac{1}{4} & \frac{1}{4}\end{bmatrix}$

试求其平稳分布.

21. 设齐次马尔可夫链 $\{X_n, n=0, 1, 2, \cdots\}$ 的状态空间 $S=\{0, 1, 2, 3, 4, 5\}$，其一步转移概率矩阵为

$$P=\begin{bmatrix}0.6 & 0 & 0 & 0 & 0 & 0.4\\ 0 & 0.6 & 0 & 0 & 0.4 & 0\\ 0.1 & 0.1 & 0.1 & 0.1 & 0.5 & 0.1\\ 0 & 0.2 & 0.2 & 0.4 & 0.2 & 0\\ 0 & 0.2 & 0 & 0 & 0.8 & 0\\ 0.4 & 0 & 0 & 0 & 0 & 0.6\end{bmatrix}$$

(1) 试对 S 进行分类，并说明各状态类型；

(2) 求平稳分布，其平稳分布是否唯一？为什么？

(3) 求 $P(X_{n+2}=1|X_n=0)$，$P(X_{n+2}=2|X_n=0)$.

22. 设袋中有 a 只球，球为黑色的或白色的，每次从袋中任取一球，然后放回一个不同颜色的球. 以 X_n 记取了 n 次球之后袋中白球的个数，则 $\{X_n, n=0, 1, 2, \cdots\}$ 为正常返状态的不可约马尔可夫链. 求其平稳分布.

23. 设某人有 r 把伞，分别放在家里和办公室里，如果出门遇下雨(下雨的概率为 p，$0<p<1$)，手边也有伞，他就带一把用，如果天晴他就不带伞. 试证：长时间后，这个人遇下雨但手边无伞可用的概率不超过 $\dfrac{1}{4r}$.

24. 一个工厂使用 S 部同样的机器，一旦一部机器出毛病就予以更新，在每周开始时，工厂提出新机器的定单以保持机器的总数为 S，但需等一周方能收到定货. 以 X_{n-1} 表示第 n 周开始时正常工作的机器数，设 $X_0=S$，以 Y_n 记第 n 周内出毛病的机器数，假设

$$P(Y_n=j \mid X_{n-1}=i)=\frac{1}{i+1},\quad j=0,1,\cdots,i$$

则 $\{X_n, n=0, 1, 2, \cdots\}$ 为一马尔可夫链. 求长时间后，每周开始工作时正常工作着的机器的平均数.

25. 设转移概率为

$$p_{0i}=p_i>0,\ i\geqslant 0,\ p_{i\,i-1}=1,\ i=1,2,\cdots$$

证明：

(1) 该马尔可夫链是常返状态的不可约的；

(2) 马尔可夫链是零常返状态的充要条件是 $\sum\limits_{n=1}^{\infty} np_{n-1}=+\infty$；

(3) 马尔可夫链是正常返状态的充要条件是 $\sum\limits_{n=1}^{\infty} np_{n-1}<+\infty$，且这时的平稳分布为

$$\left\{\pi_i=\frac{\sum\limits_{n=i}^{\infty}p_n}{\sum\limits_{n=1}^{\infty}np_{n-1}},\ i=0,1,2,\cdots\right\}$$

26. 设 $\{X_t, t\geqslant 0\}$ 为状态离散参数连续的齐次马尔可夫链，其状态空间 $S=\{1, 2, \cdots, m\}$，且

$$q_{ij}=\begin{cases}1, & i\neq j\\ -(m-1), & i=j\end{cases}\qquad i,j=1,2,\cdots,m$$

求 $p_{ij}(t)$.

27. 对于随机信号，考虑计算机中某个触发器，它可能有两个状态，记为 0 与 1，假设触发器状态的变化构成一状态离散参数连续的齐次马尔可夫链，且

$$p_{01}(\Delta t)=\lambda\Delta t+o(\Delta t)$$
$$p_{10}(\Delta t)=\mu\Delta t+o(\Delta t)$$

试求：

(1) 密度矩阵 $\boldsymbol{Q}$；

(2) 平稳分布；

(3) 平稳时的均值函数和协方差函数.

第 6 章　排队和服务系统

排队和服务系统理论是通过对各种服务系统在排队等待现象中概率特性的研究，来解决服务系统最优设计与最优控制的一门学科. 目前，它已在计算系统、计算机通信网络系统、电子对抗系统、交通运输系统、医疗卫生系统、矿山采掘系统、库存管理系统、军事作战系统等方面有着重要的应用，并已成为工程技术人员、管理人员在系统分析与设计中的重要数学工具之一.

6.1 生灭过程

定义 6.1.1 设 $\{X_t, t\geqslant 0\}$ 是状态离散参数连续的齐次马尔可夫链，其状态空间 $S=\{0,1,2,\cdots\}$，如果它的转移概率 $p_{ij}(t)$，$t\geqslant 0$，$i, j\in S$ 满足：

(1) $p_{i\,i+1}(h)=\lambda_i h+o(h)$，$\lambda_i>0$

(2) $p_{i\,i-1}(h)=\mu_i h+o(h)$，$\mu_i>0$，$\mu_0=0$

(3) $p_{ii}(h)=1-(\lambda_i+\mu_i)h+o(h)$

(4) $p_{ij}(h)=o(h)$，$|i-j|\geqslant 2$

则称该马尔可夫链 $\{X_t, t\geqslant 0\}$ 为生灭过程.

不难看出，生灭过程的所有状态都是互通的，生灭过程的名称是由上述诸式的如下概率解释得到的，即在间隔为 h 的一小段时间中，在忽略高阶无穷小以后，只有三种可能：

(1) 状态由 i 变到 $i+1$，也就是增加 1(如将 X_t 理解为 t 时刻某群体的大小，则在时间间隔 h 中生出一个个体)，其概率为 $\lambda_i h$；

(2) 状态由 i 变到 $i-1$，也就是减少 1(表明死去一个个体)，其概率为 $\mu_i h$；

(3) 状态由 i 变到 i，即状态不变(表明个体无增减)，其概率为 $1-(\lambda_i+\mu_i)h$.

下面我们来讨论转移概率 $p_{ij}(t)$，$t\geqslant 0$，$i, j\in S$ 的有关问题.

(1) $p_{ij}(t)$，$t\geqslant 0$，$i, j\in S$ 的可微性. 因为

$$q_{ii}=\lim_{h\to 0^+}\frac{p_{ii}(h)-1}{h}=-(\lambda_i+\mu_i)$$

$$q_{ij}=\lim_{h\to 0^+}\frac{p_{ij}(h)}{h}=\begin{cases}\lambda_i, & j=i+1\\ \mu_i, & j=i-1\\ 0, & |i-j|\geqslant 2\end{cases}$$

所以密度矩阵为

$$
\boldsymbol{Q}=\begin{bmatrix}
-\lambda_0 & \lambda_0 & 0 & 0 & \cdots \\
\mu_1 & -(\lambda_1+\mu_1) & \lambda_1 & 0 & \cdots \\
0 & \mu_2 & -(\lambda_2+\mu_2) & \lambda_2 & \cdots \\
0 & 0 & \mu_3 & -(\lambda_3+\mu_3) & \cdots \\
\vdots & \vdots & \vdots & \vdots & \vdots
\end{bmatrix}
$$

(2) Kolmogorov 方程. 由于生灭过程的状态空间未必有限，但可以证明 $\boldsymbol{Q}$ 是保守的，从而 $p_{ij}(t)$，$t\geqslant 0$，i，$j\in S$，满足 Kolmogorov 向后方程，即

$$
\begin{aligned}
p_{ij}'(t) &= q_{ii}p_{ij}(t)+\sum_{k\neq i}q_{ik}p_{kj}(t) \\
&= -(\lambda_i+\mu_i)p_{ij}(t)+\lambda_i p_{i+1\,j}(t)+\mu_i p_{i-1\,j}(t)
\end{aligned}
$$

又因为当 $|i-j|\geqslant 2$ 时，有

$$
\lim_{h\to 0^+}\frac{p_{ij}(h)}{h}=0
$$

所以 $\forall j\in S$，关于 i 一致成立

$$
\lim_{h\to 0^+}\frac{p_{ij}(h)}{h}=q_{ij}
$$

从而 $p_{ij}(t)$，$t\geqslant 0$，i，$j\in S$，满足 Kolmogorov 向前方程，即

$$
\begin{aligned}
p_{ij}'(t) &= p_{ij}(t)q_{jj}+\sum_{k\neq j}p_{ik}(t)q_{kj} \\
&= -p_{ij}(t)(\lambda_j+\mu_j)+p_{i\,j-1}(t)\lambda_{j-1}+p_{i\,j+1}(t)\mu_{j+1}
\end{aligned}
$$

(3) Fokker-Planck 方程. 一般来说，要从 Kolmogorov 向后、向前方程中解出 $p_{ij}(t)$ 是比较困难的，为此先写 $p_j(t)$ 所满足的 Fokker-Planck 方程，然后再求平稳分布. 因此

$$
\begin{aligned}
p_j'(t) &= p_j(t)q_{jj}+\sum_{k\neq j}p_k(t)q_{kj} \\
&= -p_j(t)(\lambda_j+\mu_j)+p_{j-1}(t)\lambda_{j-1}+p_{j+1}(t)\mu_{j+1}
\end{aligned}
\tag{6.1.1}
$$

其中 $j=0$，1，2，…，并规定 $p_{-1}(t)=0$.

(4) 如果平稳分布 $\{\pi_j,\ j\in S\}$ 存在，求此平稳分布. 若生灭过程的初始分布 $\{p_i=P(X_0=i),\ i\in S\}$ 为上述的平稳分布，则由平稳分布的定义知：

$$
p_j(t)=\sum_{i\in S}p_i p_{ij}(t)=\pi_j
$$

这就表明，对任何时刻 t，$\{p_j(t),\ t\geqslant 0,\ j\in S\}$ 也是平稳分布，而且正好就是 $\{\pi_j,\ j\in S\}$，从而有 $p_j'(t)=0$，代入(6.1.1)式可得 π_i：

$$
0=-(\lambda_j+\mu_j)\pi_j+\lambda_{j-1}\pi_{j-1}+\mu_{j+1}\pi_{j+1},\quad j\in S
$$

当 $j=0$ 时，$-(\lambda_0+\mu_0)\pi_0+0+\mu_1\pi_1=0$，即

$$
\pi_1=\frac{\lambda_0}{\mu_1}\pi_0 \tag{6.1.2}
$$

当 $j=1$ 时，$-(\lambda_1+\mu_1)\pi_1+\lambda_0\pi_0+\mu_2\pi_2=0$，即

$$
\pi_2=\frac{\lambda_0\lambda_1}{\mu_1\mu_2}\pi_0 \tag{6.1.3}
$$

由数学归纳法可得

$$
\pi_k=\frac{\lambda_0\lambda_1\lambda_2\cdots\lambda_{k-1}}{\mu_1\mu_2\cdots\mu_k}\pi_0 \tag{6.1.4}
$$

又

$$1 = \sum_{k \in S} \pi_k = \pi_0 + \sum_{k=1}^{\infty} \frac{\lambda_0 \lambda_1 \lambda_2 \cdots \lambda_{k-1}}{\mu_1 \mu_2 \cdots \mu_k} \pi_0$$

所以

$$\pi_0 = \left(1 + \sum_{k=1}^{\infty} \frac{\lambda_0 \lambda_1 \lambda_2 \cdots \lambda_{k-1}}{\mu_1 \mu_2 \cdots \mu_k}\right)^{-1} \tag{6.1.5}$$

代入(6.1.2)、(6.1.3)、(6.1.4)式，可求得 $\pi_1, \pi_2, \cdots, \pi_k, \cdots$，从而求出生灭过程的平稳分布$\{\pi_k, k \in S\}$，显然只要 π_0 存在，即级数

$$\sum_{k=1}^{\infty} \frac{\lambda_0 \lambda_1 \lambda_2 \cdots \lambda_{k-1}}{\mu_1 \mu_2 \cdots \mu_k}$$

收敛，否则生灭过程不存在平稳分布.

在生灭过程的定义中，如果 $\mu_i = 0$，则称此生灭过程为纯生过程；如果 $\lambda_i = 0$，则称此生灭过程为纯灭过程.

例 6.1.1 设有 m 台机床，s 名维修工人($s \leqslant m$)；机床或者工作，或者损坏等待修理；机床损坏后，如有维修工人闲着，则闲着的工人立即来维修，否则等着，直到有一个工人维修好手中的一台机床后，再来维修且先坏先修，如果假定：

(1) 在时刻 t，正在工作的一台机床在$(t, t+\Delta t)$内损坏的概率为 $\lambda \Delta t + o(\Delta t)$，

(2) 在时刻 t，正在修理的一台机床在$(t, t+\Delta t)$内被修好的概率为 $\mu \Delta t + o(\Delta t)$，

(3) 各机床之间的状态(指工作或损坏)是相互独立的，

若 X_t 表示在时刻 t 时损坏了的(包括正在维修和等待维修的，即不在工作中的)机床个数，证明$\{X_t, t \geqslant 0\}$是一个生灭过程，并求该过程的平稳分布.

证明 由题设不难说明$\{X_t, t \geqslant 0\}$是一个状态离散参数连续的有限齐次马尔可夫链，且 $0 \leqslant X_t \leqslant m$. 因为转移概率为

$$p_{kk+1}(\Delta t) = P(X_{t+\Delta t} = k+1 \mid X_t = k)$$

表明在时刻 t，有 k 台机床损坏的条件下，在$(t, t+\Delta t)$内又有一台损坏的概率. 也就是说，在 $X_t = k$ 条件下，正在工作的 $m-k$ 台机床在$(t, t+\Delta t)$内恰好有一台损坏的概率，所以

$$\begin{aligned} p_{kk+1}(\Delta t) &= C_{m-k}^1 [1 - (\lambda \Delta t + o(\Delta t))]^{m-k-1} (\lambda \Delta t + o(\Delta t)) \\ &= (m-k)\lambda \Delta t + o(\Delta t),\ k = 1, 2, \cdots, m-1 \end{aligned} \tag{6.1.6}$$

类似地，有

$$p_{kk-1}(\Delta t) = P(X_{t+\Delta t} = k-1 \mid X_t = k)$$

表明在 $X_t = k$ 的条件下，在$(t, t+\Delta t)$内恰有一台机床被修好的概率.

当 $1 \leqslant k \leqslant s$ 时，有

$$\begin{aligned} p_{kk-1}(\Delta t) &= C_k^1 [\mu \Delta t + o(\Delta t)][1 - (\mu \Delta t + o(\Delta t))]^{k-1} \\ &= k\mu \Delta t + o(\Delta t), \quad 0 \leqslant k \leqslant s \end{aligned} \tag{6.1.7}$$

当 $s < k \leqslant m$ 时，有

$$\begin{aligned} p_{kk-1}(\Delta t) &= C_s^1 [\mu \Delta t + o(\Delta t)][1 - (\mu \Delta t + o(\Delta t))]^{s-1} \\ &= s\mu \Delta t + o(\Delta t), \quad s < k \leqslant m \end{aligned} \tag{6.1.8}$$

当 $j-k \geqslant 2$ 时，有

$$\begin{aligned}p_{kj}(\Delta t) &= P(X_{t+\Delta t}=j \mid X_t=k)\\ &= C_{m-k}^{j-k}(\lambda\Delta t+o(\Delta t))^{j-k}[1-(\lambda\Delta t+o(\Delta t))]^{m-j}\\ &= o(\Delta t)\end{aligned}$$

当 $k-j\geqslant 2$ 时，有

$$p_{kj}(\Delta t)=\begin{cases}C_k^{k-j}(\mu\Delta t+o(\Delta t))^{k-j}[1-(\mu\Delta t+o(\Delta t))]^{j}, & 1\leqslant k\leqslant s\\ C_s^{k-j}(\mu\Delta t+o(\Delta t))^{k-j}[1-(\mu\Delta t+o(\Delta t))]^{s-(k-j)}, & s<k\leqslant m\end{cases}$$
$$=o(\Delta t)$$

因此

$$p_{kj}(\Delta t)=o(\Delta t),\ |k-j|\geqslant 2 \tag{6.1.9}$$

再由

$$1=\sum_{j\in S}p_{kj}(\Delta t)=p_{kk}(\Delta t)+p_{kk-1}(\Delta t)+p_{kk+1}(\Delta t)+\sum_{|k-j|\geqslant 2}p_{kj}(\Delta t)$$

得

$$p_{kk}(\Delta t)=\begin{cases}1-[(m-k)\lambda+k\mu]\Delta t+o(\Delta t), & 1\leqslant k\leqslant s\\ 1-[(m-k)\lambda+s\mu]\Delta t+o(\Delta t), & s<k\leqslant m\end{cases} \tag{6.1.10}$$

由(6.1.6)式至(6.1.10)式可得$\{X_t,\ t\geqslant 0\}$是一个生灭过程.

下面来求该过程的平稳分布，由生灭过程的定义，相应地，有

$$\lambda_k=(m-k)\lambda,\quad k=0,1,2,\cdots,m-1$$

$$\mu_k=\begin{cases}k\mu, & 1\leqslant k\leqslant s\\ s\mu, & s<k\leqslant m\end{cases}$$

当 $k\leqslant s$ 时，有

$$\begin{aligned}\pi_k &= \frac{\lambda_0\lambda_1\lambda_2\cdots\lambda_{k-1}}{\mu_1\mu_2\cdots\mu_k}\pi_0\\ &= \frac{m(m-1)(m-2)\cdots(m-k+1)\lambda^k}{k!\mu^k}\pi_0\\ &= C_m^k\left(\frac{\lambda}{\mu}\right)^k\pi_0\end{aligned}$$

当 $s<k\leqslant m$ 时，有

$$\begin{aligned}\pi_k &= \frac{\lambda_0\lambda_1\lambda_2\cdots\lambda_{s-1}\lambda_s\cdots\lambda_{k-1}}{\mu_1\mu_2\cdots\mu_s\mu_{s+1}\cdots\mu_k}\pi_0\\ &= \frac{m(m-1)\cdots(m-s+1)}{s!}\left(\frac{\lambda}{\mu}\right)^s\frac{(m-s)\cdots(m-k+1)}{s^{k-s}}\left(\frac{\lambda}{\mu}\right)^{k-s}\pi_0\\ &= C_m^k\frac{(s+1)(s+2)\cdots k}{s^{k-s}}\left(\frac{\lambda}{\mu}\right)^k\pi_0\end{aligned}$$

而

$$\begin{aligned}\pi_0 &= \left[1+\sum_{k=1}^{m}\frac{\lambda_0\lambda_1\lambda_2\cdots\lambda_{k-1}}{\mu_1\mu_2\cdots\mu_k}\right]^{-1}\\ &= \left[1+\sum_{k=1}^{s}C_m^k\left(\frac{\lambda}{\mu}\right)^k+\sum_{k=s+1}^{m}C_m^k\frac{(s+1)(s+2)\cdots k}{s^{k-s}}\left(\frac{\lambda}{\mu}\right)^k\right]^{-1}\end{aligned}$$

所以，在给定了 m、λ、μ 之后，对于不同的 s 就可以利用上述公式求出平稳分布 $\{\pi_k, k\in S\}$.

6.2 排队与服务问题

1. 排队问题与服务系统分类

排队论是研究大量服务过程的数学理论，它包括三个不同的历程：到达过程、排队、服务过程. 排队内容虽然不同，但排队过程都具有下列共同的特征.

(1) 有请求服务的人或物. 如需要就餐的顾客、请求着陆的飞机等，通称它们为“顾客”.

(2) 有为顾客服务的人或物. 如食堂的服务员、飞机跑道等，通称它们为“服务员”. 顾客和服务员组成服务系统.

(3) 顾客在随机的时刻，一个(批)一个(批)地来到服务系统. 每位顾客的服务时间也不一定是确定的，服务过程的随机性造成某个阶段顾客排长队，而某个阶段服务员却闲着.

服务系统一般分为以下三类：

(1) 消失制系统. 当顾客到达这种服务系统时，服务员都不闲，顾客立即离去，另求服务. 例如，打电话遇到占线，用户搁置而去. 本系统的基本特征是，没有顾客排队或顾客在系统内的排队时间为零. 消失概率是该系统的基本运行指标.

(2) 等待制系统. 顾客到达这种服务系统时，服务员都在为先到的顾客服务，只好参加排队，等待服务，直到有闲的服务员为它服务为止. 例如，旅客进站时，检票员都不闲，则旅客排队等待检票. 本系统的基本特征是，顾客无限排队. 排队时间是该系统研究的中心问题.

(3) 混合制系统. 顾客到达这种服务系统时，服务员都不闲. 如果排队位置未满，他就排队，否则，他就立即离去. 例如，旅客投宿某招待所，如果客满，只好另找旅馆. 本系统的基本特征是，服务系统容量有限制.

在等待制和混合制系统中，有服务原则问题：

(1) 先到先服务；

(2) 随机服务；

(3) 优先服务.

2. 排队模型的表示与研究问题

排队模型用四个符号表示，在符号之间用竖线(或斜线)隔开，即 $G_1|G_2|n|m$. 第一个符号 G_1 表示顾客到达流服从 G_1 分布；第二个符号 G_2 表示服务时间服从 G_2 分布；第三个符号 n 表示服务员的数目；最后一个符号 m 表示顾客排队容许的长度或系统内顾客的容量，$0\leqslant m\leqslant\infty$. 当 $m=0$ 时，服务系统为消失制系统；m 是有限整数时，服务系统为混合制系统；当 $m=\infty$时，服务系统为等待制系统. 在等待制系统中，$m=\infty$，这时∞省略不写.

对于任何排队问题需要研究以下几个问题：

(1) 系统绝对通过能力 A，即单位时间内被服务顾客的平均数；

(2) 系统相对通过能力 Q，即被服务的顾客数与请求服务的顾客数的比值；

(3) 系统消失概率 $P_{消}$，即服务系统满员的概率或服务员都在忙着，排队位置满座的概率；

(4) 系统内顾客平均数 L；

(5) 系统内排队等候的顾客平均数 L_Q；

(6) 系统内顾客所花费时间的平均值 W；

(7) 系统内顾客排队等候时间的平均值 W_Q.

3. Little 公式

当系统达到统计平稳状态后，系统内顾客的平均数 L 和系统内顾客所花费时间的平均值 W 之间有着重要的关系.

设 $\{X(t), t\geqslant 0\}$ 和 $\{Y(t), t\geqslant 0\}$ 分别表示到达顾客流和离去顾客流，其到达强度为 λ，进入强度为 λ_e，则 $X(t)$ 表示直到 t 时刻进入的顾客数，$Y(t)$ 表示直到 t 时刻离去的顾客数，它们都是随机变量. 顾客的来、去是整数个的，即系统状态的变化是跳跃式进行的. 图 6－1 中的两条阶梯曲线分别表示进入过程 $\{X(t), t\geqslant 0\}$ 和离去过程 $\{Y(t), t\geqslant 0\}$ 的样本曲线. 显然，在任何时刻 t，它们的差 $z(t)\stackrel{\text{def}}{=}x(t)-y(t)$ 是系统内的顾客数，当 $x(t)$ 和 $y(t)$ 两条曲线合在一起时，在系统内就没有顾客.

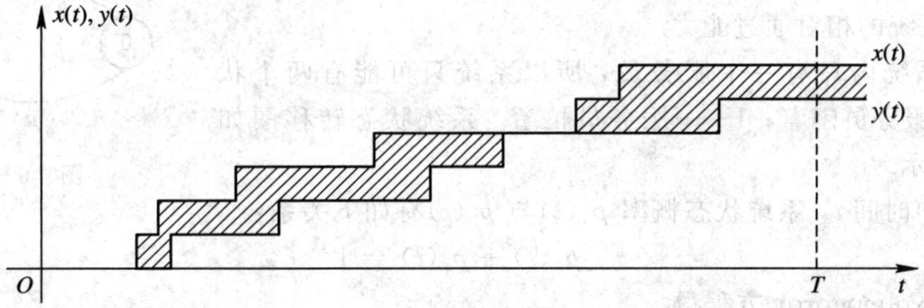

图　6－1

取足够长的时间 T，并计算在 T 时间内的顾客平均数：

$$L=\frac{1}{T}\int_0^T z(t)\,\mathrm{d}t \tag{6.2.1}$$

积分值表示图 6－1 中阴影部分的面积，它是由很多长方形组成的，每个长方形的高等于 1，其底边等于相应的第一、第二 ……个顾客在系统内的停留时间，用 t_1，t_2，…表示. 当 T 足够大时，有

$$\int_0^T z(t)\,\mathrm{d}t=\sum_i t_i \tag{6.2.2}$$

在(6.2.2)式的两边同除以 T，得

$$\frac{1}{T}\int_0^T z(t)\,\mathrm{d}t=\frac{1}{T}\sum_i t_i$$

即

$$L=\frac{1}{T}\sum_i t_i \tag{6.2.3}$$

由(6.2.3)式得

$$L = \lambda_e \left(\frac{1}{\lambda_e T} \sum_i t_i \right) \tag{6.2.4}$$

从而

$$L = \lambda_e W \tag{6.2.5}$$

或

$$W = \frac{L}{\lambda_e} \tag{6.2.6}$$

称(6.2.6)式为 Little 公式.

类似地，系统内顾客排队等候时间的平均值 W_Q 与系统内排队等候的顾客平均数 L_Q 也满足以下的 Little 公式：

$$W_Q = \frac{L_Q}{\lambda_e} \tag{6.2.7}$$

6.3 排队系统

1. $M|M|1|0$ 系统

设系统内只有一个服务员，顾客按强度为 λ 的 Poisson 过程到达，顾客到达时，服务员不闲，顾客立即离去，服务时间 T 服从参数为 μ 的负指数分布. 这里需要讨论：

(1) 系统的绝对通过能力；

(2) 系统的相对通过能力.

因为系统内只有一个服务员，所以系统只可能有两个状态：0——服务员闲着；1——服务员忙着. 系统状态转移图如图 6-2 所示.

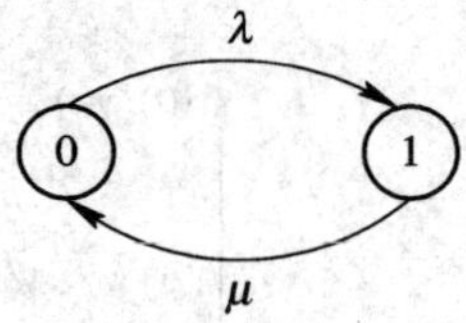

图　6-2

对任何时间 t，系统状态概率 $p_0(t)$ 与 $p_1(t)$ 有如下关系：

$$p_0(t) + p_1(t) = 1 \tag{6.3.1}$$

建立 Kolmogorov 方程得

$$\begin{cases} \dfrac{\mathrm{d}p_0(t)}{\mathrm{d}t} = -\lambda p_0(t) + \mu p_1(t) \\ \dfrac{\mathrm{d}p_1(t)}{\mathrm{d}t} = -\mu p_1(t) + \lambda p_0(t) \end{cases} \tag{6.3.2}$$

又 $p_1(t) = 1 - p_0(t)$，由(6.3.2)式得

$$\frac{\mathrm{d}p_0(t)}{\mathrm{d}t} = -\lambda p_0(t) + \mu(1 - p_0(t))$$

或

$$\frac{\mathrm{d}p_0(t)}{\mathrm{d}t} = -(\mu + \lambda) p_0(t) + \mu \tag{6.3.3}$$

初始条件 $p_0(0) = 1$，$p_1(0) = 0$，解这个线性微分方程得

$$p_0(t) = \frac{\mu}{\lambda + \mu} + \frac{\lambda}{\lambda + \mu} \mathrm{e}^{-(\lambda+\mu)t} \tag{6.3.4}$$

$$p_1(t) = \frac{\lambda}{\lambda + \mu} - \frac{\lambda}{\lambda + \mu} \mathrm{e}^{-(\lambda+\mu)t} \tag{6.3.5}$$

$p_0(t)$、$p_1(t)$和时间 t 的关系如图 6-3 所示.

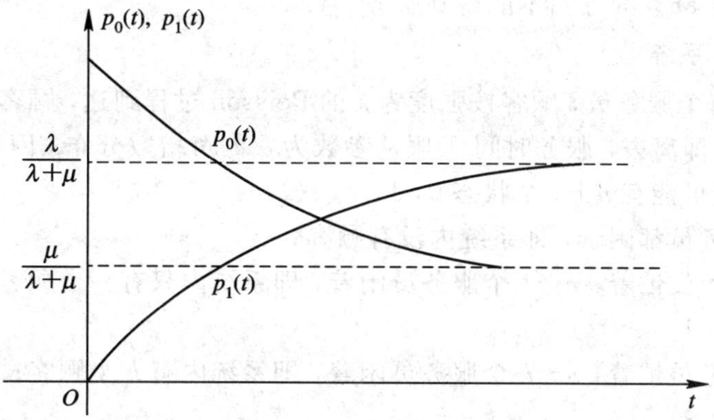

图　6-3

显然，系统的相对通过能力 $Q=p_0(t)$. 事实上，$p_0(t)$是在 t 时刻，系统处于空闲状态的概率，即给定时刻 t，被服务的顾客数与请求服务的顾客数之比，亦即 $Q=p_0(t)$.

当系统达到平稳状态时，系统的相对通过能力

$$Q=\frac{\mu}{\lambda+\mu} \tag{6.3.6}$$

从而系统的绝对通过能力

$$A=\lambda Q \tag{6.3.7}$$

当系统达到平稳状态时，系统的绝对通过能力

$$A=\frac{\lambda\mu}{\lambda+\mu} \tag{6.3.8}$$

系统的消失概率

$$P_{消}=1-Q \tag{6.3.9}$$

当系统达到平稳状态时，系统的消失概率

$$P_{消}=1-\frac{\mu}{\lambda+\mu}=\frac{\lambda}{\lambda+\mu} \tag{6.3.10}$$

从(6.3.10)式可以看出，系统的消失概率等于服务员被占用的概率 p_1.

例 6.3.1　一条电话线，平均每分钟有 0.8 次呼叫，即 $\lambda=0.8$. 如果每次通话时间平均为 1.5 分钟，求该条电话线的相对通过能力、绝对通过能力和消失概率.

解　依题设知，服务时间服从负指数分布，参数 $\mu=\frac{1}{1.5}=0.667$，所以由(6.3.6)式得电话线的相对通过能力：

$$Q=\frac{\mu}{\lambda+\mu}=\frac{0.667}{0.8+0.667}=0.455$$

即在平稳状态时有 45%的呼叫得到服务.

电话线的绝对通过能力为

$$A=\lambda Q=0.8\times 0.455=0.364$$

即在平稳状态时电话线每分钟平均有 0.364 次呼叫得到服务.

电话线的消失概率为

$$P_{消}=1-Q=1-0.455=0.545$$

即在平稳状态时有 55％的呼叫不能得到服务.

2. $M|M|n|0$ 系统

设系统内有 n 个服务员，顾客按强度为 λ 的 Poisson 过程到达，顾客到达时，所有的服务员不闲，顾客立即离去，服务时间 T 服从参数为 μ 的负指数分布. 因为系统内有 n 个服务员，所以系统只可能有 $n+1$ 个状态 0，1，2，…，n：

0——n 个服务员都闲着，即系统内没有顾客；

1——1 个服务员忙着，$n-1$ 个服务员闲着，即系统内只有一个顾客；

⋮

k——k 个服务员忙着，$n-k$ 个服务员闲着，即系统内有 k 个顾客；

⋮

n——n 个服务员都忙着，即系统内有 n 个顾客.

系统状态的转移图如图 6 - 4 所示.

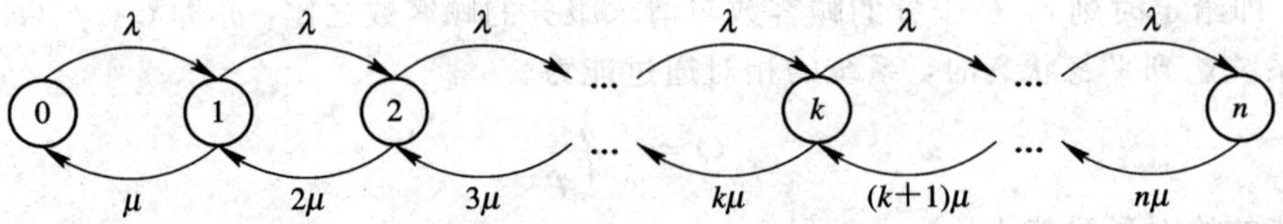

图　6 - 4

建立 Kolmogorov 方程组：

$$\begin{cases} \dfrac{\mathrm{d}p_0(t)}{\mathrm{d}t} = -\lambda p_0(t) + \mu p_1(t) \\ \dfrac{\mathrm{d}p_1(t)}{\mathrm{d}t} = -(\lambda+\mu)p_1(t) + \lambda p_0(t) + 2\mu p_2(t) \\ \qquad\vdots \\ \dfrac{\mathrm{d}p_k(t)}{\mathrm{d}t} = -(\lambda+k\mu)p_k(t) + \lambda p_{k-1}(t) + (k+1)\mu p_{k+1}(t) \\ \qquad\vdots \\ \dfrac{\mathrm{d}p_n(t)}{\mathrm{d}t} = -n\mu p_n(t) + \lambda p_{n-1}(t) \end{cases} \tag{6.3.11}$$

初始条件 $p_0(0)=1$，$p_1(0)=p_2(0)=\cdots=p_n(0)=0$. 解方程组(6.3.11)，求得状态概率：

$$p_0(t),\ p_1(t),\ \cdots,\ p_k(t),\ \cdots,\ p_n(t)$$

由于系统内的状态互通且状态数有限，因而极限概率存在：

$$p_0,\ p_1,\ \cdots,\ p_k,\ \cdots,\ p_n$$

在系统进入平稳状态后，由状态转移图 6 - 4 知：

在状态 0 处：

$$\lambda p_0 = \mu p_1,\ p_1 = \frac{\lambda}{\mu}p_0 = \rho p_0,\ \rho = \frac{\lambda}{\mu}$$

在状态 1 处：

$$\lambda p_1 = 2\mu p_2,\ p_2 = \left(\frac{\lambda}{\mu}\right)^2 \frac{p_0}{2!} = \frac{\rho^2}{2!}p_0$$

在状态 2 处：

$$\lambda p_2 = 3\mu p_3 ,\ p_3 = \left(\frac{\lambda}{\mu}\right)^3 \frac{p_0}{3!} = \frac{\rho^3}{3!} p_0$$

⋮

在状态 $k-1$ 处：

$$\lambda p_{k-1} = k\mu p_k ,\ p_k = \left(\frac{\lambda}{\mu}\right)^k \frac{p_0}{k!} = \frac{\rho^k}{k!} p_0$$

⋮

在状态 $n-1$ 处：

$$\lambda p_{n-1} = n\mu p_n ,\ p_n = \left(\frac{\lambda}{\mu}\right)^n \frac{p_0}{n!} = \frac{\rho^n}{n!} p_0$$

因为

$$p_0 + p_1 + \cdots + p_n = 1$$

所以

$$p_0 + \frac{\rho}{1!}p_0 + \frac{\rho^2}{2!}p_0 + \cdots + \frac{\rho^k}{k!}p_0 + \cdots + \frac{\rho^n}{n!}p_0 = 1$$

从而

$$p_0 = \left(1 + \frac{\rho}{1!} + \frac{\rho^2}{2!} + \cdots + \frac{\rho^k}{k!} + \cdots + \frac{\rho^n}{n!}\right)^{-1}$$

即

$$p_0 = \frac{1}{\sum_{k=0}^{n} \frac{\rho^k}{k!}} \tag{6.3.12}$$

因此

$$p_1 = \rho p_0 ,\ p_2 = \frac{\rho^2}{2!}p_0 ,\ \cdots ,\ p_k = \frac{\rho^k}{k!}p_0 ,\ \cdots ,\ p_n = \frac{\rho^n}{n!}p_0$$

系统的消失概率(系统内 n 个服务员都不闲的概率)为

$$P_{消} = p_n = \frac{\rho^n}{n!}p_0 = \frac{\frac{\rho^n}{n!}}{\sum_{k=0}^{n} \frac{\rho^k}{k!}} \tag{6.3.13}$$

系统的相对通过能力为

$$Q = 1 - P_{消} = 1 - \frac{\rho^n}{n!}p_0 \tag{6.3.14}$$

系统的绝对通过能力为

$$A = \lambda Q = \lambda\left(1 - \frac{\rho^n}{n!}p_0\right) \tag{6.3.15}$$

例 6.3.2　某电话总机有两条中继线，其中一条电话线平均每分钟有 0.8 次呼叫，每次通话时间平均为 1.5 分钟. 试求系统状态的极限概率、绝对通过能力、相对通过能力和消失概率.

解　由于

$$n=2,\lambda=0.8,\mu=\frac{1}{1.5}=0.667,\rho=\frac{\lambda}{\mu}=1.2$$

因此由(6.3.12)式得

$$p_0=\frac{1}{1+\rho+\frac{\rho^2}{2!}}=0.342$$

系统状态的极限概率为

$$p_1=\rho p_0=1.2\times0.342=0.411$$

$$p_2=\frac{\rho^2}{2!}p_0=\frac{1.2^2}{2}\times0.342=0.247$$

系统消失概率为

$$P_{消}=p_2=0.247$$

系统的相对通过能力为

$$Q=1-P_{消}=1-0.247=0.753$$

系统的绝对通过能力为

$$A=\lambda Q=0.8\times0.753=0.6024$$

3. $M|M|1$ 系统

设系统内有一个服务员，顾客按强度为 λ 的 Poisson 过程到达，顾客到达时，服务员不闲，顾客参加排队，等待服务，直到有服务员为他服务为止，服务时间 T 服从参数为 μ 的负指数分布. 因为系统内只有一个服务员，顾客没有得到服务不离去，所以系统的可能状态为 0，1，2，…：

0——服务员闲着，系统内没有顾客；

1——服务员忙着，系统内有一个顾客，没有顾客排队；

2——服务员忙着，系统内有两个顾客，有一个顾客排队；

⋮

k——服务员忙着，系统内有 k 个顾客，有 $k-1$ 个顾客排队；

⋮

系统的状态转移图如图 6-5 所示.

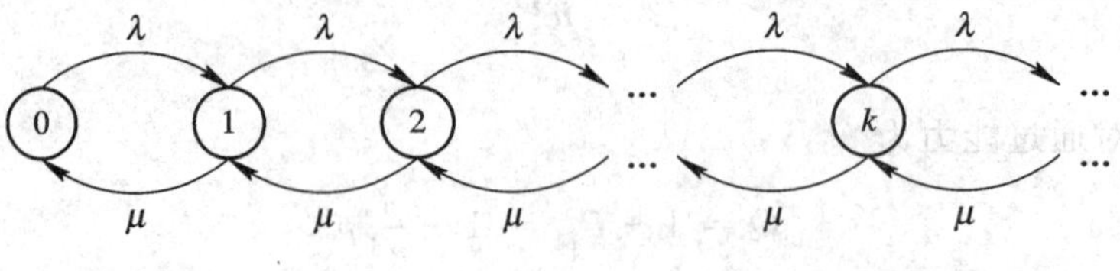

图 6-5

由系统的状态转移图知，该系统是一生灭过程. 当系统进入平稳状态后，我们得到：

在状态 0 处：

$$\lambda p_0=\mu p_1,\ p_1=\frac{\lambda}{\mu}p_0=\rho p_0,\ \rho=\frac{\lambda}{\mu}$$

在状态 1 处：

$$\lambda p_1 = \mu p_2,\ p_2 = \frac{\lambda}{\mu} p_1 = \rho^2 p_0$$

$\vdots$

在状态 k 处：

$$\lambda p_k = \mu p_{k+1},\ p_{k+1} = \frac{\lambda}{\mu} p_k = \rho^{k+1} p_0$$

$\vdots$

由于

$$1 = \sum_{k=0}^{\infty} p_k = p_0(1+\rho+\rho^2+\cdots+\rho^k+\cdots) = \frac{p_0}{1-\rho}$$

上式要求 $\rho<1$，否则该过程不存在极限分布. $\rho<1$ 说明了平均服务时间小于两个先后到达的顾客间的平均时间，在这个条件下上述级数收敛，过程才存在极限分布. 当 $\rho<1$ 时，有

$$p_0 = 1-\rho \tag{6.3.16}$$

$$p_1 = \rho(1-\rho) \tag{6.3.17}$$

$\vdots$

$$p_k = \rho^k(1-\rho) \tag{6.3.18}$$

$\vdots$

系统内顾客的平均数为

$$L = \sum_{k=0}^{\infty} k p_k = \sum_{k=1}^{\infty} k\rho^k(1-\rho) = (1-\rho)\rho[1+2\rho+3\rho^2+\cdots]$$

$$= \rho\frac{1}{1-\rho} = \frac{\lambda}{\mu-\lambda} \tag{6.3.19}$$

若系统内有 k 个顾客，其中一个顾客被服务，$k-1$ 个顾客排队等候，则排队等候顾客的平均数为

$$L_Q = \sum_{k=1}^{\infty}(k-1)p_k = \sum_{k=1}^{\infty} k p_k - \sum_{k=1}^{\infty} p_k$$

$$= \frac{\lambda}{\mu-\lambda} - (1-p_0) = \frac{\lambda}{\mu-\lambda} - \frac{\lambda}{\mu} = \frac{\lambda^2}{\mu(\mu-\lambda)} \tag{6.3.20}$$

若一个顾客到达服务系统，系统内已有 k 个顾客，其中一个顾客在被服务，$k-1$ 个顾客在排队等候，由于服务时间是服从负指数分布的随机变量，它是无记忆的，每个顾客的服务时间是相互独立同分布的随机变量，故该顾客到达服务系统后需要等候平均时间 k/μ 才能轮到被服务，他本人的平均服务时间为 $1/\mu$. 因此，如果该顾客到达服务系统，系统内已有 k 个顾客，则他在系统内花费时间的平均值为 $(k+1)/\mu$，于是，在系统内顾客所花费时间的平均值 W 为

$$W = \sum_{k=0}^{\infty} \frac{k+1}{\mu} p_k = \frac{1}{\mu}\left(\sum_{k=0}^{\infty} k p_k + \sum_{k=0}^{\infty} p_k\right)$$

$$= \frac{1}{\mu}\left(\frac{\lambda}{\mu-\lambda}+1\right) = \frac{1}{\mu-\lambda} \tag{6.3.21}$$

顾客排队等候所花费时间的平均值 W_Q 为

$$W_Q = \sum_{k=0}^{\infty} \frac{k}{\mu} p_k = \frac{1}{\mu}\sum_{k=0}^{\infty} k p_k = \frac{1}{\mu}\cdot\frac{\lambda}{\mu-\lambda} \tag{6.3.22}$$

需要指出：由(6.3.20)式知，排队等候顾客的平均数等于系统内顾客的平均数减去正被服务顾客的平均数；顾客在系统内所花费时间的平均值 W 和顾客排队等候所花费时间的平均值 W_Q 也可以利用 Little 公式求得.

4. $M|M|1|m$ 系统

设系统内有一个服务员，顾客按强度为 λ 的 Poisson 过程到达，顾客到达时，服务员不闲，如果 m 个排队位置不满，顾客参加排队，等待服务，否则，即 m 个排队位置满座时，顾客立即离去，服务时间 T 服从参数为 μ 的负指数分布. 因为系统内只有一个服务员，当 m 个排队位置不满座时顾客排队，等待服务，否则离去，所以系统的可能状态为 0，1，2，…，$m+1$：

0——服务员闲着，系统内没有顾客排队；

1——服务员忙着，系统内没有顾客排队；

2——服务员忙着，系统内有一个顾客排队；

⋮

k——服务员忙着，系统内有 $k-1$ 个顾客排队；

⋮

$m+1$——服务员忙着，系统内有 m 个顾客排队.

系统的状态转移图如图 6-6 所示.

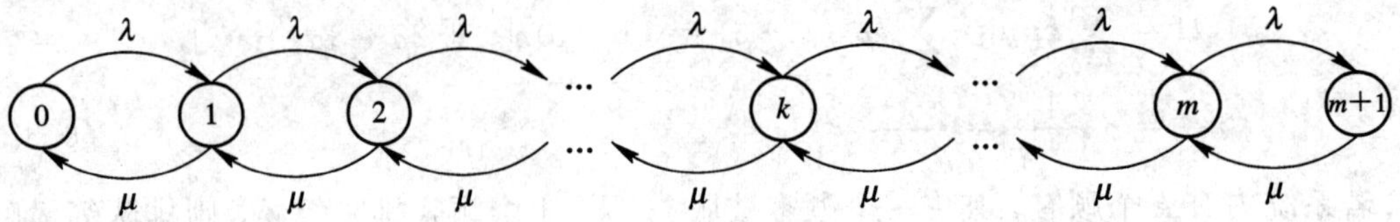

图　6-6

当系统进入平稳状态后，我们得到：

在状态 0 处：

$$\lambda p_0 = \mu p_1,\ p_1 = \frac{\lambda}{\mu} p_0 = \rho p_0,\ \rho = \frac{\lambda}{\mu}$$

在状态 1 处：

$$\lambda p_1 = \mu p_2,\ p_2 = \frac{\lambda}{\mu} p_1 = \rho^2 p_0$$

在状态 2 处：

$$\lambda p_2 = \mu p_3,\ p_3 = \frac{\lambda}{\mu} p_2 = \rho^3 p_0$$

⋮

在状态 k 处：

$$\lambda p_k = \mu p_{k+1},\ p_{k+1} = \frac{\lambda}{\mu} p_k = \rho^{k+1} p_0$$

⋮

在状态 m 处：

$$\lambda p_m = \mu p_{m+1}, \quad p_{m+1} = \frac{\lambda}{\mu} p_m = \rho^{m+1} p_0$$

因为
$$1 = \sum_{k=0}^{m+1} p_k = p_0 (1 + \rho + \rho^2 + \cdots + \rho^{m+1}) = p_0 \frac{1-\rho^{m+2}}{1-\rho}$$

所以
$$p_0 = \frac{1-\rho}{1-\rho^{m+2}} \tag{6.3.23}$$

$$p_1 = \frac{\rho(1-\rho)}{1-\rho^{m+2}} \tag{6.3.24}$$

$$\vdots$$

$$p_k = \frac{\rho^k (1-\rho)}{1-\rho^{m+2}} \tag{6.3.25}$$

$$\vdots$$

$$p_{m+1} = \frac{\rho^{m+1}(1-\rho)}{1-\rho^{m+2}} \tag{6.3.26}$$

系统的消失概率 $P_{消}$ 即为当系统满座(服务员忙着，排队位置满座)时，顾客到达后立即离去的概率，于是

$$P_{消} = p_{m+1} = \frac{\rho^{m+1}(1-\rho)}{1-\rho^{m+2}} \tag{6.3.27}$$

系统的相对通过能力为

$$Q = 1 - P_{消} = 1 - \frac{\rho^{m+1}(1-\rho)}{1-\rho^{m+2}} \tag{6.3.28}$$

系统的绝对通过能力为

$$A = \lambda Q = \lambda \left(1 - \frac{\rho^{m+1}(1-\rho)}{1-\rho^{m+2}}\right) \tag{6.3.29}$$

系统内顾客的平均数为

$$\begin{aligned} L &= \sum_{k=0}^{m+1} k p_k = \frac{1-\rho}{1-\rho^{m+2}} \sum_{k=0}^{m+1} k\rho^k \\ &= \frac{\rho(1-\rho)}{1-\rho^{m+2}} [1 + 2\rho + 3\rho^2 + \cdots + (m+1)\rho^m] \\ &= \frac{\rho(1-\rho)}{1-\rho^{m+2}} \cdot \frac{1 + (m+1)\rho^{m+2} - (m+2)\rho^{m+1}}{(1-\rho)^2} \\ &= \frac{\rho}{1-\rho} \cdot \frac{1 + (m+1)\rho^{m+2} - (m+2)\rho^{m+1}}{1-\rho^{m+2}} \end{aligned} \tag{6.3.30}$$

排队等候顾客的平均数为

$$\begin{aligned} L_Q &= \sum_{k=1}^{m+1} (k-1) p_k = \sum_{k=1}^{m+1} k p_k - \sum_{k=1}^{m+1} p_k \\ &= \sum_{k=0}^{m+1} k p_k - (1 - p_0) \\ &= L - (1 - p_0) \\ &= \frac{\rho^2}{1-\rho} \cdot \frac{1 + m\rho^{m+1} - (m+1)\rho^m}{1-\rho^{m+2}} \end{aligned} \tag{6.3.31}$$

由 Little 公式可得在系统内顾客所花费时间的平均值 W 为

$$W=\frac{L}{\lambda}=\frac{\rho}{\lambda(1-\rho)}\cdot\frac{1+(m+1)\rho^{m+2}-(m+2)\rho^{m+1}}{1-\rho^{m+2}}$$

$$=\frac{1}{\mu(1-\rho)}\cdot\frac{1+(m+1)\rho^{m+2}-(m+2)\rho^{m+1}}{1-\rho^{m+2}} \tag{6.3.32}$$

在系统内顾客排队等候所花费时间的平均值 W_Q 为

$$W_Q=\frac{L_Q}{\lambda}=\frac{\rho^2}{\lambda(1-\rho)}\cdot\frac{1+m\rho^{m+1}-(m+1)\rho^m}{1-\rho^{m+2}}$$

$$=\frac{\rho}{\mu(1-\rho)}\cdot\frac{1+m\rho^{m+1}-(m+1)\rho^m}{1-\rho^{m+2}} \tag{6.3.33}$$

需要指出：有一些顾客当他们到达时发现排队位置已满，就不再等候而立即离去，这部分顾客在系统中花费的时间为零，在计算 $W(W_Q)$时，我们也把这些顾客计算在内，此时在 Little 公式中，$\lambda_e=\lambda$；否则，由于顾客到达服务系统时，以概率 p_{m+1}不进入系统排队，而以概率$(1-p_{m+1})$进入系统，此时在 Little 公式中应取 $\lambda_e=\lambda(1-p_{m+1})$来计算 $W(W_Q)$.

例 6.3.3　某汽车修理站只有一个修理工，在站内最多只能停 3 辆汽车. 若需要修理的汽车超过 3 辆，则需要修理的汽车到达后立即离去. 设修理汽车按照强度为 $\lambda=1$ 辆/小时的 Poisson 过程到达. 修理时间服从参数为 $\mu=0.8$ 辆/小时的负指数分布，试求：

(1) 系统的消失概率 $P_{消}$；

(2) 系统的相对通过能力 Q；

(3) 系统的绝对通过能力 A；

(4) 系统内修理汽车的平均数 L；

(5) 系统内排队等候修理汽车的平均数 L_Q；

(6) 系统内修理汽车所花费时间的平均值 W；

(7) 系统内修理汽车排队等候所花费时间的平均值 W_Q.

解　由于

$$n=1,\ m=3,\ \lambda=1,\ \mu=0.8,\ \rho=\frac{\lambda}{\mu}=1.25$$

因此由(6.3.26)式得

$$p_4=\frac{\rho^4(1-\rho)}{1-\rho^5}=\frac{1.25^4(1-1.25)}{1-1.25^5}=0.297$$

从而

(1)　$P_{消}=p_4=0.297$

(2)　$Q=1-P_{消}=1-0.297=0.703$

(3)　$A=\lambda Q=1\times 0.703=0.703$

(4)　$$L=\frac{\rho}{1-\rho}\cdot\frac{1+(m+1)\rho^{m+2}-(m+2)\rho^{m+1}}{1-\rho^{m+2}}$$

$$=\frac{1.25}{1-1.25}\cdot\frac{1+(3+1)\times 1.25^5-(3+2)\times 1.25^4}{1-1.25^5}$$

$$=2.44(辆)$$

(5)
$$L_Q=\frac{\rho^2}{1-\rho}\cdot\frac{1+m\rho^{m+1}-(m+1)\rho^m}{1-\rho^{m+2}}$$
$$=\frac{1.25^2}{1-1.25}\cdot\frac{1+3\times1.25^4-(3+1)\times1.25^3}{1-1.25^5}$$
$$=1.56(\text{辆})$$

(6)
$$W=\frac{L}{\lambda}=\frac{2.44}{1}=2.44(\text{小时})$$

(7)
$$W_Q=\frac{L_Q}{\lambda}=\frac{1.56}{1}=1.56(\text{小时})$$

例 6.3.4　某洗车车间可容纳一辆汽车洗涤，车间外有容纳四辆车的空地．设洗涤车辆按照强度为 40 辆每小时的 Poisson 过程到达，洗车时间服从参数为 60 辆每小时的负指数分布．试求 L、L_Q、W、W_Q．

解　由于

$$n=1,\ m=4,\ \lambda=40,\ \mu=60,\ \rho=\frac{\lambda}{\mu}=\frac{2}{3}$$

因此

$$L=\frac{\rho}{1-\rho}\cdot\frac{1+(m+1)\rho^{m+2}-(m+2)\rho^{m+1}}{1-\rho^{m+2}}$$
$$=\frac{\frac{2}{3}}{1-\frac{2}{3}}\cdot\frac{1+(4+1)\left(\frac{2}{3}\right)^6-(4+2)\left(\frac{2}{3}\right)^5}{1-\left(\frac{2}{3}\right)^6}$$
$$=1.43(\text{辆})$$
$$L_Q=\frac{\rho^2}{1-\rho}\cdot\frac{1+m\rho^{m+1}-(m+1)\rho^m}{1-\rho^{m+2}}$$
$$=\frac{\left(\frac{2}{3}\right)^2}{1-\frac{2}{3}}\cdot\frac{1+4\left(\frac{2}{3}\right)^5-(4+1)\left(\frac{2}{3}\right)^4}{1-\left(\frac{2}{3}\right)^6}=0.788(\text{辆})$$
$$W=\frac{L}{\lambda}=\frac{1.43}{40}=0.036(\text{小时})$$
$$W_Q=\frac{L_Q}{\lambda}=\frac{0.788}{40}=0.020(\text{小时})$$

5. $M|M|n$ 系统

设系统内有 n 个服务员，顾客按强度为 λ 的 Poisson 过程到达，顾客到达时，如果所有服务员都不闲，顾客便参加排队，直到有服务员为他服务为止，所有服务员的服务时间都服从参数为 μ 的负指数分布．因为系统内有 n 个服务员，顾客没有得到服务不离去，所以系统的可能状态为 0，1，2，…：

0——n 个服务员闲着，系统内没有顾客；

1——1 个服务员忙着，系统内有一个顾客，没有顾客排队；

2——2 个服务员忙着，系统内有两个顾客，没有顾客排队；

⋮

n——n 个服务员都忙着，系统内有 n 个顾客，没有顾客排队；

$n+1$——n 个服务员都忙着，系统内有 $n+1$ 个顾客，有一个顾客排队；

⋮

$n+r$——n 个服务员都忙着，系统内有 $n+r$ 个顾客，有 r 个顾客排队；

⋮

系统的状态转移图如图 6 - 7 所示.

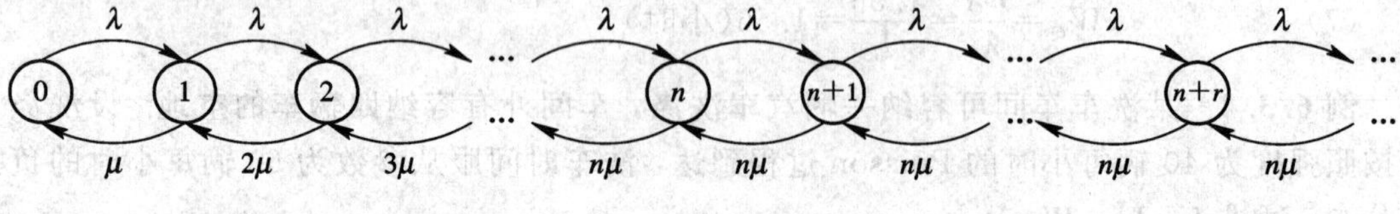

图 6 - 7

由系统的状态转移图知，该系统是一生灭过程，当系统进入平稳状态后，我们得到：

在状态 0 处：

$$\lambda p_0 = \mu p_1,\ p_1 = \frac{\lambda}{\mu} p_0 = \rho p_0,\ \rho = \frac{\lambda}{\mu}$$

在状态 1 处：

$$\lambda p_1 = 2\mu p_2,\ p_2 = \frac{\lambda}{2\mu} p_1 = \frac{\rho^2}{2!} p_0$$

在状态 2 处：

$$\lambda p_2 = 3\mu p_3,\ p_3 = \frac{\lambda}{3\mu} p_2 = \frac{\rho^3}{3!} p_0$$

⋮

在状态 $n-1$ 处：

$$\lambda p_{n-1} = n\mu p_n,\ p_n = \frac{\lambda}{n\mu} p_{n-1} = \frac{\rho^n}{n!} p_0$$

在状态 n 处：

$$\lambda p_n = n\mu p_{n+1},\ p_{n+1} = \frac{\lambda}{n\mu} p_n = \frac{\rho^{n+1}}{n \cdot n!} p_0$$

在状态 $n+1$ 处：

$$\lambda p_{n+1} = n\mu p_{n+2},\ p_{n+2} = \frac{\lambda}{n\mu} p_{n+1} = \frac{\rho^{n+2}}{n^2 \cdot n!} p_0$$

⋮

在状态 $n+r-1$ 处：

$$\lambda p_{n+r-1} = n\mu p_{n+r},\ p_{n+r} = \frac{\lambda}{n\mu} p_{n+r-1} = \frac{\rho^{n+r}}{n^r \cdot n!} p_0$$

⋮

因为

$$1=\sum_{k=0}^{\infty}p_k=p_0+\rho p_0+\frac{\rho^2}{2!}p_0+\frac{\rho^3}{3!}p_0+\cdots+\frac{\rho^n}{n!}p_0+\frac{\rho^{n+1}}{n\cdot n!}p_0$$

$$+\cdots+\frac{\rho^{n+r}}{n^r\cdot n!}p_0+\cdots$$

$$=p_0\left[\left(1+\rho+\frac{\rho^2}{2!}+\cdots+\frac{\rho^n}{n!}\right)+\frac{\rho^{n+1}}{n\cdot n!}\left(1+\frac{\rho}{n}+\cdots+\left(\frac{\rho}{n}\right)^r+\cdots\right)\right]$$

$$=p_0\left[\left(1+\rho+\frac{\rho^2}{2!}+\cdots+\frac{\rho^n}{n!}\right)+\frac{\rho^{n+1}}{n\cdot n!}\cdot\frac{1}{1-\frac{\rho}{n}}\right]$$

所以

$$p_0=\left[\left(1+\rho+\frac{\rho^2}{2!}+\cdots+\frac{\rho^n}{n!}\right)+\frac{\rho^{n+1}}{n!(n-\rho)}\right]^{-1} \tag{6.3.34}$$

上式要求 $\rho/n<1$，否则该过程不存在极限分布. 当 $\rho/n<1$ 时，有

$$p_1=\rho p_0,\ p_2=\frac{\rho^2}{2!}p_0,\ \cdots,\ p_n=\frac{\rho^n}{n!}p_0,\ p_{n+1}=\frac{\rho^{n+1}}{n\cdot n!}p_0$$

$$p_{n+2}=\frac{\rho^{n+2}}{n^2\cdot n!}p_0,\ \cdots,\ p_{n+r}=\frac{\rho^{n+r}}{n^r\cdot n!}p_0,\ \cdots \tag{6.3.35}$$

系统内顾客的平均数为

$$L=\sum_{k=0}^{\infty}kp_k$$

$$=\rho p_0+2\cdot\frac{\rho^2}{2!}p_0+3\cdot\frac{\rho^3}{3!}p_0+\cdots+n\cdot\frac{\rho^n}{n!}p_0+(n+1)\cdot\frac{\rho^{n+1}}{n\cdot n!}p_0$$

$$+(n+2)\cdot\frac{\rho^{n+2}}{n^2\cdot n!}p_0+\cdots+(n+r)\cdot\frac{\rho^{n+r}}{n^r\cdot n!}p_0+\cdots$$

$$=\rho p_0\left[1+\rho+\frac{\rho^2}{2!}+\cdots+\frac{\rho^n}{n!}+\frac{\rho^{n+1}}{n\cdot n!}\left(1+\frac{\rho}{n}+\left(\frac{\rho}{n}\right)^2+\cdots\right)\right]$$

$$+\frac{\rho^{n+1}}{n\cdot n!}p_0\left(1+2\cdot\frac{\rho}{n}+\cdots+r\left(\frac{\rho}{n}\right)^{r-1}+\cdots\right)$$

$$=\rho+\frac{\rho^{n+1}p_0}{n\cdot n!\left(1-\frac{\rho}{n}\right)^2} \tag{6.3.36}$$

系统内排队等候顾客的平均数为

$$L_Q=\sum_{k=1}^{\infty}kp_{n+k}$$

$$=p_{n+1}+2p_{n+2}+\cdots+rp_{n+r}+\cdots$$

$$=\frac{\rho^{n+1}}{n\cdot n!}p_0+2\,\frac{\rho^{n+2}}{n^2\cdot n!}p_0+\cdots+r\,\frac{\rho^{n+r}}{n^r\cdot n!}p_0+\cdots$$

$$=\frac{\rho^{n+1}}{n\cdot n!}p_0\left(1+2\,\frac{\rho}{n}+\cdots+r\left(\frac{\rho}{n}\right)^{r-1}+\cdots\right)$$

$$=\frac{\rho^{n+1}p_0}{n\cdot n!\left(1-\frac{\rho}{n}\right)^2} \tag{6.3.37}$$

系统内顾客所花费时间的平均值为

$$W = \frac{L}{\lambda} = \frac{1}{\mu} + \frac{\rho^n p_0}{n\mu \cdot n!\left(1 - \frac{\rho}{n}\right)^2} \tag{6.3.38}$$

系统内顾客排队等候所花费时间的平均值为

$$W_Q = \frac{L_Q}{\lambda} = \frac{\rho^n p_0}{n\mu \cdot n!\left(1 - \frac{\rho}{n}\right)^2} \tag{6.3.39}$$

例 6.3.5　某考试中心有两个咨询服务台，考生按照强度 0.8 个每分钟的 Poisson 过程到来，咨询时间服从参数为 0.5 个每分钟的负指数分布，试求 L、L_Q、W、W_Q.

解　由于

$$n = 2,\ \lambda = 0.8,\ \mu = 0.5,\ \rho = \frac{\lambda}{\mu} = 1.6$$

$$\frac{\rho}{n} = \frac{1.6}{2} = 0.8 < 1$$

因此由(6.3.34)式得

$$\begin{aligned} p_0 &= \left[1 + \rho + \frac{\rho^2}{2!} + \frac{\rho^3}{2!(2-\rho)}\right]^{-1} \\ &= \left[1 + 1.6 + 1.28 + \frac{4.09}{2 \times 0.4}\right]^{-1} \\ &= 0.111 \end{aligned}$$

由(6.3.36)式得

$$\begin{aligned} L &= \rho + \frac{\rho^{n+1} p_0}{n \cdot n!\left(1 - \frac{\rho}{n}\right)^2} \\ &= 1.6 + \frac{1.6^3 \times 0.111}{2 \times 2 \times 0.2^2} = 4.44\ (\text{个}) \end{aligned}$$

由(6.3.37)式得

$$L_Q = \frac{\rho^{n+1} p_0}{n \cdot n!\left(1 - \frac{\rho}{n}\right)^2} = \frac{1.6^3 \times 0.111}{2 \times 2 \times 0.2^2} = 2.84\ (\text{个})$$

所以

$$W = \frac{L}{\lambda} = \frac{4.44}{0.8} = 5.55(\text{分钟})$$

$$W_Q = \frac{L_Q}{\lambda} = \frac{2.84}{0.8} = 3.55(\text{分钟})$$

6. $M|M|n|m$ 系统

该系统内有 n 个服务员，顾客按强度为 λ 的 Poisson 过程到达，顾客到达时，服务员不闲，如果 m 个排队位置不满，顾客参加排队，等待服务，否则，即 m 个排队位置满座时，顾客立即离去，所有服务员的服务时间都服从参数为 μ 的负指数分布. 因为系统内有 n 个服务员，当 m 个排队位置不满座时顾客排队，等待服务，否则离去，所以系统的可能状态为 0，1，2，…，n，$n+1$，…，$n+m$：

0——n 个服务员闲着，系统内没有顾客；
1——1 个服务员忙着，系统内有一个顾客，没有顾客排队；
2——2 个服务员忙着，系统内有两个顾客，没有顾客排队；
⋮
n——n 个服务员都忙着，系统内有 n 个顾客，没有顾客排队；
$n+1$——n 个服务员都忙着，系统内有 $n+1$ 个顾客，有一个顾客排队；
⋮
$n+r$——n 个服务员都忙着，系统内有 $n+r$ 个顾客，有 r 个顾客排队；
⋮
$n+m$——n 个服务员都忙着，系统内有 $n+m$ 个顾客，有 m 个顾客排队.

系统的状态转移图如图 6-8 所示.

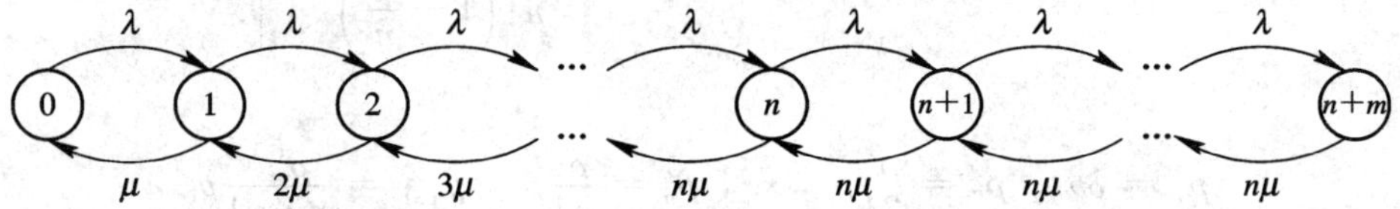

图　6-8

由系统的状态转移图知，当系统进入平稳状态后，我们得到：

在状态 0 处：

$$\lambda p_0 = \mu p_1,\ p_1 = \frac{\lambda}{\mu} p_0 = \rho p_0,\ \rho = \frac{\lambda}{\mu}$$

在状态 1 处：

$$\lambda p_1 = 2\mu p_2,\ p_2 = \frac{\lambda}{2\mu} p_1 = \frac{\rho^2}{2!} p_0$$

在状态 2 处：

$$\lambda p_2 = 3\mu p_3,\ p_3 = \frac{\lambda}{3\mu} p_2 = \frac{\rho^3}{3!} p_0$$

⋮

在状态 $n-1$ 处：

$$\lambda p_{n-1} = n\mu p_n,\ p_n = \frac{\lambda}{n\mu} p_{n-1} = \frac{\rho^n}{n!} p_0$$

在状态 n 处：

$$\lambda p_n = n\mu p_{n+1},\ p_{n+1} = \frac{\lambda}{n\mu} p_n = \frac{\rho^{n+1}}{n \cdot n!} p_0$$

在状态 $n+1$ 处：

$$\lambda p_{n+1} = n\mu p_{n+2},\ p_{n+2} = \frac{\lambda}{n\mu} p_{n+1} = \frac{\rho^{n+2}}{n^2 \cdot n!} p_0$$

⋮

在状态 $n+m-1$ 处：

$$\lambda p_{n+m-1} = n\mu p_{n+m},\ p_{n+m} = \frac{\lambda}{n\mu} p_{n+m-1} = \frac{\rho^{n+m}}{n^m \cdot n!} p_0$$

因为

$$1=\sum_{k=0}^{n+m}p_k=p_0+\rho p_0+\frac{\rho^2}{2!}p_0+\cdots+\frac{\rho^n}{n!}p_0+\frac{\rho^{n+1}}{n\cdot n!}p_0+\cdots+\frac{\rho^{n+m}}{n^m\cdot n!}p_0$$

$$=p_0\left[1+\rho+\frac{\rho^2}{2!}+\cdots+\frac{\rho^n}{n!}+\frac{\rho^n}{n!}\left(\frac{\rho}{n}+\left(\frac{\rho}{n}\right)^2+\cdots+\left(\frac{\rho}{n}\right)^m\right)\right]$$

$$=p_0\left[1+\rho+\frac{\rho^2}{2!}+\cdots+\frac{\rho^n}{n!}+\frac{\rho^n\left(\frac{\rho}{n}-\left(\frac{\rho}{n}\right)^{m+1}\right)}{n!\left(1-\frac{\rho}{n}\right)}\right]$$

所以

$$p_0=\left[1+\rho+\frac{\rho^2}{2!}+\cdots+\frac{\rho^n}{n!}+\frac{\rho^n\left(\frac{\rho}{n}-\left(\frac{\rho}{n}\right)^{m+1}\right)}{n!\left(1-\frac{\rho}{n}\right)}\right]^{-1} \tag{6.3.40}$$

从而

$$p_1=\rho p_0,\ p_2=\frac{\rho^2}{2!}p_0,\ \cdots,\ p_n=\frac{\rho^n}{n!}p_0,\ p_{n+1}=\frac{\rho^{n+1}}{n\cdot n!}p_0$$

$$p_{n+2}=\frac{\rho^{n+2}}{n^2\cdot n!}p_0,\ \cdots,\ p_{n+m}=\frac{\rho^{n+m}}{n^m\cdot n!}p_0 \tag{6.3.41}$$

系统的消失概率为

$$P_{\text{消}}=p_{n+m}=\frac{\rho^{n+m}}{n^m\cdot n!}p_0$$

系统的相对通过能力为

$$Q=1-P_{\text{消}}=1-\frac{\rho^{n+m}}{n^m\cdot n!}p_0$$

系统的绝对通过能力为

$$A=\lambda Q=\lambda\left(1-\frac{\rho^{n+m}}{n^m\cdot n!}p_0\right)$$

系统内顾客的平均数为

$$L=\sum_{k=0}^{n+m}kp_k$$

$$=p_1+2p_2+\cdots+np_n+(n+1)p_{n+1}+\cdots+(n+m)p_{n+m}$$

$$=\rho p_0+2\cdot\frac{\rho^2}{2!}p_0+\cdots+n\cdot\frac{\rho^n}{n!}p_0+(n+1)\frac{\rho^{n+1}}{n\cdot n!}p_0+\cdots+(n+m)\frac{\rho^{n+m}}{n^m\cdot n!}p_0$$

$$=\rho p_0+\rho^2p_0+\cdots+\frac{\rho^n}{(n-1)!}p_0+\frac{\rho^{n+1}}{n!}p_0+\cdots+\frac{\rho^{n+m}}{n^{m-1}n!}p_0$$

$$+\frac{\rho^{n+1}}{n\cdot n!}p_0+2\cdot\frac{\rho^{n+2}}{n^2\cdot n!}p_0+\cdots+m\cdot\frac{\rho^{n+m}}{n^m\cdot n!}p_0$$

$$=\rho p_0\left(1+\rho+\frac{\rho^2}{2!}+\cdots+\frac{\rho^n}{n!}+\frac{\rho^{n+1}}{n\cdot n!}+\cdots+\frac{\rho^{n+m-1}}{n^{m-1}\cdot n!}\right.$$

$$\left.+\frac{\rho^{n+m}}{n^m\cdot n!}-\frac{\rho^{n+m}}{n^m\cdot n!}\right)+\frac{\rho^{n+1}}{n\cdot n!}p_0\left(1+2\frac{\rho}{n}+\cdots+m\left(\frac{\rho}{n}\right)^{m-1}\right)$$

$$= \rho - \rho p_0 \frac{\rho^{n+m}}{n^m \cdot n!} + \frac{\rho^{n+1}}{n \cdot n!} p_0 \cdot \frac{1-(m+1)\left(\frac{\rho}{n}\right)^m + m\left(\frac{\rho}{n}\right)^{m+1}}{\left(1-\frac{\rho}{n}\right)^2}$$

$$= \rho\left(1 - \frac{\rho^{n+m} p_0}{n^m \cdot n!}\right) + \frac{\rho^{n+1} p_0\left[1-(m+1)\left(\frac{\rho}{n}\right)^m + m\left(\frac{\rho}{n}\right)^{m+1}\right]}{n \cdot n!\left(1-\frac{\rho}{n}\right)^2}$$

系统内排队等候顾客的平均数为

$$\begin{aligned} L_Q &= \sum_{k=1}^{m} k p_{n+k} \\ &= p_{n+1} + 2p_{n+2} + \cdots + m p_{n+m} \\ &= \frac{\rho^{n+1}}{n \cdot n!} p_0 + 2 \cdot \frac{\rho^{n+2}}{n^2 \cdot n!} p_0 + \cdots + m \cdot \frac{\rho^{n+m}}{n^m \cdot n!} p_0 \\ &= \frac{\rho^{n+1}}{n \cdot n!} p_0 \left[1 + 2\frac{\rho}{n} + \cdots + m\left(\frac{\rho}{n}\right)^{m-1}\right] \\ &= \frac{\rho^{n+1}}{n \cdot n!} p_0 \frac{1-(m+1)\left(\frac{\rho}{n}\right)^m + m\left(\frac{\rho}{n}\right)^{m+1}}{\left(1-\frac{\rho}{n}\right)^2} \\ &= \frac{\rho^{n+1} p_0\left[1-(m+1)\left(\frac{\rho}{n}\right)^m + m\left(\frac{\rho}{n}\right)^{m+1}\right]}{n \cdot n!\left(1-\frac{\rho}{n}\right)^2} \end{aligned}$$

系统内顾客所花费时间的平均值为

$$W = \frac{L}{\lambda} = \frac{1}{\mu}\left(1 - \frac{\rho^{n+m} p_0}{n^m \cdot n!}\right) + \frac{\rho^n p_0\left[1-(m+1)\left(\frac{\rho}{n}\right)^m + m\left(\frac{\rho}{n}\right)^{m+1}\right]}{n\mu \cdot n!\left(1-\frac{\rho}{n}\right)^2}$$

系统内顾客排队等候所花费时间的平均值为

$$W_Q = \frac{L_Q}{\lambda} = \frac{\rho^n p_0\left[1-(m+1)\left(\frac{\rho}{n}\right)^m + m\left(\frac{\rho}{n}\right)^{m+1}\right]}{n\mu \cdot n!\left(1-\frac{\rho}{n}\right)^2}$$

需要指出：有一些顾客当他们到达时发现排队位置已满，就不再等候而立即离去，这部分顾客在系统中花费的时间为零，在计算 $W(W_Q)$时，我们也把这些顾客计算在内，此时在 Little 公式中 $\lambda_e=\lambda$；否则，由于顾客到达服务系统时，以概率 p_{m+n}不进入系统排队，而以概率$(1-p_{m+n})$进入系统，此时在 Little 公式中，应取 $\lambda_e=\lambda(1-p_{m+n})$来计算 $W(W_Q)$.

例 6.3.6　汽车加油站上设有两条加油管，汽车按 2 辆每分钟的 Poisson 过程到达，汽车加油时间服从参数为 0.5 辆每分钟的负指数分布. 设自动加油站上最多只能停 3 辆汽车，如果汽车到来时系统满员，则汽车离去. 试求 L、L_Q、W、W_Q.

解　由于 $n=2$，$m=3$，$\lambda=2$，$\mu=0.5$，$\rho=\frac{\lambda}{\mu}=4$，因此

$$p_0=\left[1+\rho+\frac{\rho^2}{2!}+\cdots+\frac{\rho^n}{n!}+\frac{\rho^n}{n!}\frac{\left(\frac{\rho}{n}-\left(\frac{\rho}{n}\right)^{m+1}\right)}{1-\frac{\rho}{n}}\right]^{-1}$$

$$=\left[1+4+\frac{4^2}{2}+\frac{4^2}{2}\cdot\frac{2-2^4}{1-2}\right]^{-1}=0.008$$

$$L=\rho\left(1-\frac{\rho^{n+m}p_0}{n^m\cdot n!}\right)+\frac{\rho^{n+1}p_0\left[1-(m+1)\left(\frac{\rho}{n}\right)^m+m\left(\frac{\rho}{n}\right)^{m+1}\right]}{n\cdot n!\left(1-\frac{\rho}{n}\right)^2}$$

$$=4\left(1-\frac{4^{2+3}\times 0.008}{2^3\cdot 2!}\right)+\frac{4^{2+1}\times 0.008\times\left[1-(3+1)\times\left(\frac{4}{2}\right)^3+3\times\left(\frac{4}{2}\right)^{3+1}\right]}{2\cdot 2!\left(1-\frac{4}{2}\right)^2}$$

$$=4.132(\text{辆})$$

$$L_Q=\frac{\rho^{n+1}p_0\left[1-(m+1)\left(\frac{\rho}{n}\right)^m+m\left(\frac{\rho}{n}\right)^{m+1}\right]}{n\cdot n!\left(1-\frac{\rho}{n}\right)^2}$$

$$=\frac{4^{2+1}\times 0.008\times\left[1-(3+1)\times\left(\frac{4}{2}\right)^3+3\times\left(\frac{4}{2}\right)^{3+1}\right]}{2\cdot 2!\left(1-\frac{4}{2}\right)^2}$$

$$=2.18(\text{辆})$$

$$W=\frac{L}{\lambda}=\frac{4.132}{2}=2.066(\text{分钟})$$

$$W_Q=\frac{L_Q}{\lambda}=\frac{2.18}{2}=1.09(\text{分钟})$$

7. $M|M|1$ 成批到达系统

设系统内仅有一个服务员，顾客按强度为 λ 的 Poisson 过程成批到达，每批的顾客数为 k（k 为常数），服务员每次对一位顾客服务，其服务时间服从参数为 μ 的负指数分布. 因为系统内仅有一个服务员，顾客到达时参加排队等候服务，所以系统的可能状态为 0，1，2，…：

0——服务员闲着，系统内没有顾客；

1——服务员忙着，系统内有一个顾客，没有顾客排队；

2——服务员忙着，系统内有两个顾客，有一个顾客排队；

⋮

系统的状态转移图如图 6-9 所示.

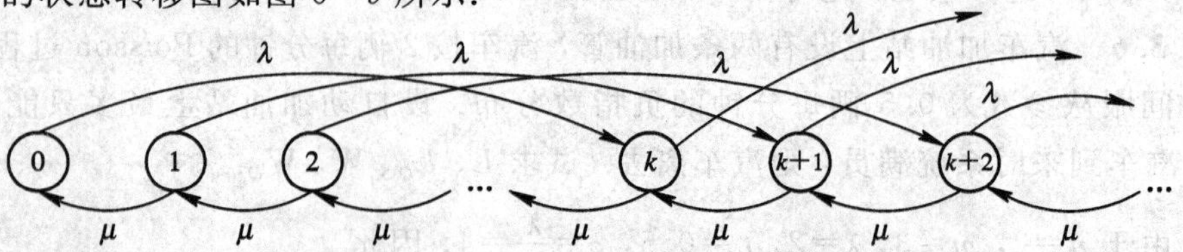

图 6-9

当系统进入平稳状态后，我们得到：

在状态 0 处：

$$\lambda p_0 = \mu p_1$$

在状态 1 处：

$$(\lambda + \mu) p_1 = \mu p_2$$

在状态 2 处：

$$(\lambda + \mu) p_2 = \mu p_3$$

…

在状态 $k-1$ 处：

$$(\lambda + \mu) p_{k-1} = \mu p_k$$

在状态 k 处：

$$(\lambda + \mu) p_k = \lambda p_0 + \mu p_{k+1}$$

在状态 $n(n>k)$ 处：

$$(\lambda + \mu) p_n = \lambda p_{n-k} + \mu p_{n+1}$$

利用 $\sum_{n=0}^{\infty} p_n = 1$ 可在平稳分布存在的条件下求得 p_0，p_1，…

在系统内顾客所花费时间的平均值：

如果某批顾客到达时系统处于 n 的条件下，该批顾客在系统中需平均花费 n/μ 才能轮上对本批顾客服务，本批顾客有 k 人，其中第一人的平均服务时间为 $1/\mu$，而最后一人需等候 $(k-1)/\mu$ 后才被服务，其平均服务时间也为 $1/\mu$，因此本批顾客的平均服务时间为

$$\frac{1}{2}\left(\frac{1}{\mu} + \frac{k}{\mu}\right) = \frac{k+1}{2\mu}$$

所以

$$W = \sum_{n=0}^{\infty}\left(n + \frac{k+1}{2}\right)\frac{1}{\mu} p_n = \frac{1}{\mu}\sum_{n=0}^{\infty} n p_n + \frac{k+1}{2\mu}\sum_{n=0}^{\infty} p_n = \frac{1}{\mu}L + \frac{k+1}{2\mu}$$

其中

$$L = \sum_{n=0}^{\infty} n p_n$$

由 Little 公式 $W = \frac{L}{\lambda k}$ 得

$$W = \frac{\lambda}{\mu} k W + \frac{k+1}{2\mu} = \rho k W + \frac{k+1}{2\mu}$$

其中

$$\rho = \frac{\lambda}{\mu}$$

所以

$$W = \frac{k+1}{2\mu(1-\rho k)} \tag{6.3.42}$$

系统内顾客的平均数为

$$L = \lambda k W = \frac{\lambda k (k+1)}{2\mu(1-\rho k)} = \frac{\rho k (k+1)}{2(1-\rho k)} \tag{6.3.43}$$

系统内顾客排队等候所花费时间的平均值为

$$W_Q = W - \frac{1}{\mu} = \frac{k+1}{2\mu(1-\rho k)} - \frac{1}{\mu} \tag{6.3.44}$$

系统内排队等候顾客的平均数为

$$L_Q = \lambda k W_Q = \frac{\rho k(k+1)}{2(1-\rho k)} - \rho k \tag{6.3.45}$$

8. 服务时间服从 Gamma 分布系统

设系统内仅有一个服务员，顾客按强度为 λ 的 Poisson 过程到达，服务时间服从参数为(k, μ)的 Gamma 分布，即其概率密度函数为

$$f(t) = \begin{cases} \mu e^{-\mu t} \dfrac{(\mu t)^{k-1}}{(k-1)!}, & t \geqslant 0 \\ 0, & t < 0 \end{cases}$$

其中 k、μ 是常数.

虽然服务时间已不是负指数分布的随机变量，但是在系统的假设下，我们可以这样处理：因为以(k, μ)为参数的 Gamma 分布的随机变量可以看做 k 个相互独立且同服从参数为 μ 的负指数分布的随机变量的和，所以可把本问题看做“顾客成批到达，每批 k 个顾客，顾客到达的批数是一参数为 λ 的 Poisson 过程；一个服务员，服务时间服从参数为 μ 的负指数分布”这样的一个 $M|M|1$ 成批到达系统. 于是根据(6.3.42)式，得

系统内顾客所花费时间的平均值为

$$\begin{aligned} W &= \frac{k+1}{2\mu(1-\rho k)} + \frac{1}{\mu}\left(k - \frac{k+1}{2}\right) \\ &= \frac{2k - \rho k(k-1)}{2\mu(1-\rho k)} \end{aligned}$$

系统内顾客的平均数为

$$L = \lambda W = \frac{\rho[2k - \rho k(k-1)]}{2(1-\rho k)}$$

需要指出：本问题中的系统内顾客所花费时间的平均值相当于 $M|M|1$ 成批到达系统中的一批顾客(k 人)在系统中全部结束服务所需的平均时间，它等于(6.3.42)式中给出的平均时间

$$\frac{k+1}{2\mu(1-\rho k)}$$

再加上

$$\frac{1}{\mu}\left(k - \frac{k+1}{2}\right)$$

事实上，(6.3.42)式的平均时间计算的是 k 人中的中间一人服务结束所需的平均时间，从中间一人到最后第 k 人结束服务还需要增加

$$\frac{1}{\mu}\left(k - \frac{k+1}{2}\right)$$

当然本问题中要求 $\mu > \lambda k$，否则该系统没有极限分布.

习　题　六

1. 设两个电话局之间有 s 条用来通话的中继线. 两个电话局均有比 s 多得多的用户，他们之间通话要占用这些中继线，且认为不管正在通话的用户有几个，不在通话的用户数总看成是不变的. 假设在 $(t, t+\Delta t)$ 中又有一个用户要求通话的概率为 $\lambda\Delta t+o(\Delta t)$，而与正在通话的用户数无关；它表明如有空着的中继线，就可以进行通话，否则上述用户的要求因线路占满而被拒绝. 又假设在 $(t, t+\Delta t)$ 中一个用户结束通话而空出一条线路的概率为 $\mu\Delta t+o(\Delta t)$，且认为各用户之间彼此独立，令 $X(t)$ 表示时刻 t 正在使用的中继线的个数.

(1) 说明 $\{X(t), t\geqslant 0\}$ 是一个生灭过程；

(2) 求它的平稳分布；

(3) 当电话局间的中继线路的个数 s 无限增加时，平稳分布服从什么分布？

2. 一个服务系统，顾客按强度为 λ 的 Poisson 过程到达，系统内只有一个服务员，并且服务时间服从参数为 μ 的负指数分布，如果服务系统内没有顾客，则顾客到达就开始服务，否则他就排队. 但是，如果系统内有两个顾客在排队，他就离开而不返回. 令 $X(t)$ 表示在服务系统中的顾客数目.

(1) 写出状态空间；

(2) 求密度矩阵 $\boldsymbol{Q}$；

(3) 求平稳分布.

3. 设货船按 Poisson 过程到达某港，平均每天到达两艘，装卸货物时间服从负指数分布，平均每天可装卸 3 艘船，试求每只船在港内平均等待装卸货时间和等待装卸货的船只的平均数.

4. 某超级市场，顾客按 Poisson 过程到达，平均每半小时到达 6 人，收款台计价收费时间服从负指数分布，平均为 4 分钟，试求：

(1) 超市内顾客的平均数；

(2) 超市内等待付款顾客的平均数；

(3) 超市内顾客所花费时间的平均值；

(4) 超市内等待付款顾客所花费时间的平均值.

5. 某接待室，接待人员每天工作 10 小时，来访人员的到来和被接待时间都是随机的. 设每天平均有 90 人到来，接待的平均速度为 10 人每小时.

(1) 试求排队等待接待的平均人数；

(2) 试求等待接待至少为两人的概率；

(3) 如果使等待接待的人平均为两人，接待速度应提高多少？

6. 某修理店，顾客按每小时 12 名的 Poisson 过程到达，服务时间服从负指数分布，每次服务时间平均 6 分钟，店内有两名工人. 试求：

(1) 店内没有顾客的概率；

(2) 店内至少有两名顾客的概率；

(3) 店内等候服务顾客的平均数；

(4) 店内等候服务顾客所花费时间的平均值；

(5) 店内顾客所花费时间的平均值；

(6) 店内顾客的平均数.

7. 自动加油站仅有两根加油管，平均每分钟有两辆汽车到达，每次加油时间平均为2分钟. 加油站最多只能停三辆汽车，超过三辆不予加油. 试求：

(1) 加油站的消失概率；

(2) 加油站的相对通过能力；

(3) 加油站的绝对通过能力；

(4) 加油站内等候加油汽车的平均数；

(5) 加油站内等候加油汽车所花费时间的平均值；

(6) 加油站内汽车所花费时间的平均值.

8. 设$[0, t]$内到达的顾客服从Poisson分布，参数为λt. 设单个服务员，其服务时间为负指数分布的排队系统$(M|M|1)$，平均服务时间为$1/\mu$. 试证明：

(1) 在服务员的服务时间内到达顾客的平均数为λ/μ；

(2) 在服务员的服务时间内无顾客到达的概率为$\mu/(\lambda+\mu)$.

9. 设有单个服务员，服务时间为负指数分布的排队系统，平均服务时间为$1/\mu$；到达服务点的顾客数服从Poisson分布，参数为λ，求顾客到达时系统中已有n个或n个以上的顾客的概率$(n\geqslant 0)$. 又设排队已达到统计平衡状态，服务规则是先到先服务. 设Y代表一顾客花费在排队等候的时间和服务时间的和，求Y的概率密度函数$f_Y(y)$，并证明：

(1) 一个顾客花费在系统内的时间小于或等于x的概率为$1-\mathrm{e}^{-(\mu-\lambda)x}$；

(2) 一个顾客花费在排队的时间小于或等于x的概率为

$$\begin{cases} 1-\dfrac{\lambda}{\mu}, & x=0 \\ \left(1-\dfrac{\lambda}{\mu}\right)+\dfrac{\lambda}{\mu}\left(1-\mathrm{e}^{-(\mu-\lambda)x}\right), & x>0 \end{cases}$$

10. 设有一出租汽车站，到达该站的出租汽车数服从Poisson分布，平均每分钟到达一辆出租汽车；到达该站的顾客数也服从Poisson分布，平均每分钟到达2名顾客. 如果出租汽车到站时无顾客候车，不论是否已有汽车停留在站上，该辆汽车就停留在站上候客；反之，如果顾客到达汽车站时发现站上没有汽车，他就离去；如果顾客到站时有汽车在候客，他就可以立即雇一辆. 试求：

(1) 在汽车站上等候的出租车的平均数；

(2) 在到站的潜在顾客中有多少雇得了出租汽车.

11. 设有一生灭过程$\{X(t), t\geqslant 0\}$，其中参数$\lambda_n=\lambda$，$\mu_n=n\mu$，λ、μ均为常数，且$\lambda>0$，$\mu>0$，其初始状态$X(0)=0$.

(1) 试证明$p_n(t)=P(X(t)=n)$满足下列方程式：

$$\begin{cases} \dfrac{\mathrm{d}p_0(t)}{\mathrm{d}t}=-\lambda p_0(t)+\mu p_1(t) \\ \dfrac{\mathrm{d}p_n(t)}{\mathrm{d}t}=\lambda p_{n-1}(t)-(\lambda+n\mu)p_n(t)+(n+1)\mu p_{n+1}(t), \quad (n\geqslant 1) \end{cases}$$

(2) 求其均值函数 $m_X(t)$；

(3) 试证明 $\lim\limits_{t\to+\infty} p_0(t)=e^{-\frac{\lambda}{\mu}}$.

12. 设有一单个服务员，服务时间服从负指数分布的排队服务系统. 到达服务点的顾客数服从 Poisson 分布，其参数为 λ. 在这个系统中再作如下规定：当顾客被服务结束后，他以概率 α 离开系统，而以概率 $1-\alpha$ 重新再去排队，于是一顾客可多次被服务，设每次服务的平均时间为 $1/\mu$.

(1) 建立该系统的平稳方程，求系统进入统计平稳后取各状态的概率，并说明存在统计平稳的条件；

(2) 求顾客从进入系统起到他第一次被服务所花费的排队等候时间的平均值；

(3) 求顾客进入系统后一共被服务了 n 次的概率($n\geqslant 1$)；

(4) 求顾客被服务的时间平均值(不包括该顾客在系统内排队等候的时间).

13. 考虑一个出租汽车站，其出租汽车到达汽车站和顾客到达汽车站分别按强度为 λ_1 和 λ_2 的独立的 Poisson 过程进行(其中 $\lambda_1<\lambda_2$). 一辆出租汽车来到，不管出租汽车队伍多长都得等待；而一个顾客来到，只有两个或更少的顾客在等待汽车时，他才等待. 当系统进入平稳后，试求：

(1) 等待出租汽车的顾客的平均数；

(2) 一个顾客到来不需要等待就能坐上汽车的概率.

第7章 更新过程

我们已经知道，Poisson 过程的到达时间间隔是相互独立同服从指数分布的随机变量序列. 一种自然的推广是考虑到达时间间隔相互独立同分布，但分布函数任意的计数随机过程. 这样的计数过程称为更新过程.

7.1 更新过程的定义

例 7.1.1 考虑一个设备(它可以是灯泡、电子元件或机器零件)，它一直使用到损坏或发生故障为止，然后用一个同类的设备来更换. 假设这类设备的使用寿命 T 是分布函数为 $F(t)$ 的非负随机变量，那么相继投入使用的设备的寿命 T_1，T_2，…是一列与 T 相互独立同分布的随机变量. 若 $N(t)$ 表示 $[0, t)$ 时间段更换的设备数，即

$$N(t) = \sup\{n \mid T_1 + T_2 + \cdots + T_n \leqslant t\}$$

那么 $\{N(t), t\geqslant 0\}$ 是一更新过程.

例 7.1.2 设想许多轮船进入一个码头，τ_n 表示第 n 艘轮船进入码头的时刻，$n=1$，2，…，令 $T_1=\tau_1$，$T_2=\tau_2-\tau_1$，…，则 T_1，T_2，…相互独立同分布，若 $N(t)$ 表示 $[0, t)$ 时间段进入码头的轮船数，即

$$N(t) = \sup\{n \mid T_1 + T_2 + \cdots + T_n \leqslant t\}$$

那么 $\{N(t), t\geqslant 0\}$ 是一更新过程.

例 7.1.3 设想一个有许多订货来源的中心邮购商行，或一个有许多呼叫到来的电话交换台，定货或呼叫在时刻 τ_1，τ_2，…到达，令 $T_1=\tau_1$，$T_2=\tau_2-\tau_1$，…，则可以认为 T_1，T_2，…相互独立同分布，设 $N(t)$ 表示时间段 $[0, t)$ 内接到的定货或呼叫的数目，即

$$N(t) = \sup\{n \mid T_1 + T_2 + \cdots + T_n \leqslant t\}$$

那么 $\{N(t), t\geqslant 0\}$ 是一更新过程.

定义 7.1.1 设 $\{T_n, n=1, 2, \cdots\}$ 是一列相互独立同分布的非负随机变量，令 $\tau_n = \sum_{k=1}^{n} T_k$，$\tau_0=0$，$N(t)=\sup\{n \mid \tau_n \leqslant t\}$，$t\geqslant 0$，则称 $\{N(t), t\geqslant 0\}$ 为一更新过程，称 $\tau_n (n=0, 1, 2, \cdots)$ 为第 n 个更新时刻，$T_n (n=1, 2, \cdots)$ 为第 n 个更新间距. 显然，更新过程 $\{N(t), t\geqslant 0\}$ 的状态空间为 $S=\{0, 1, 2, \cdots\}$.

图 7-1 表示更新过程 $\{N(t), t\geqslant 0\}$ 的一条样本曲线. 图中，$\tau_0=0$ 代表过程的起始点，$\tau_1=T_1$ 代表过程中第一次更新时刻，$\tau_2 = T_1 + T_2$ 代表过程中第二次更新时刻，…，$\tau_n=T_1+T_2+\cdots+T_n$ 代表过程中的第 n 次更新时刻……

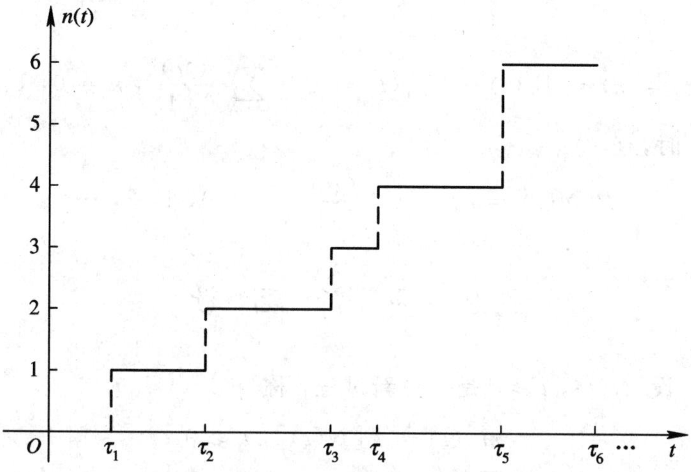

图 7-1

设 T_1, T_2, …, T_n, …的分布函数为 $F(t)$, 概率密度函数为 $f(t)$, 则随机变量 τ_n 的概率密度函数为 $f(t)$的 n 重卷积. 设 $\mu=ET_n$, $n=1, 2, \cdots$, 由 T_n 为非负随机变量且不恒为零知, $\mu>0$, 从而

$$F(0)=P(T_n=0)<1$$

并且事件$\{N(t)=n\}$的概率为

$$\begin{aligned}P(N(t)=n)&=P(N(t)\geqslant n)-P(N(t)\geqslant n+1)\\&=P(\tau_n\leqslant t)-P(\tau_{n+1}\leqslant t)=F_n(t)-F_{n+1}(t)\end{aligned}$$

其中 $F_n(t)=P(\tau_n\leqslant t)$是 $F(t)$的 n 重卷积.

例 7.1.4 设$\{N(t), t\geqslant 0\}$是更新过程, 更新间距 T_n 服从参数为 m 和 λ 的 Gamma 分布, 即 T_n 的概率密度函数为

$$f(t)=\begin{cases}\lambda e^{-\lambda t}\dfrac{(\lambda t)^{m-1}}{(m-1)!}, & t\geqslant 0\\0, & t<0\end{cases}$$

求 $P(N(t)=n)$.

解 由于 T_n 的特征函数为

$$\varphi_{T_n}(t)=\left(1-\frac{\mathrm{j}t}{\lambda}\right)^{-m}$$

因此 $\tau_n=T_1+T_2+\cdots+T_n$ 的特征函数为

$$\varphi_{\tau_n}(t)=\left(1-\frac{\mathrm{j}t}{\lambda}\right)^{-mn}$$

于是, τ_n 的概率密度函数为

$$f_{\tau_n}(t)=\begin{cases}\dfrac{1}{(mn-1)!}\lambda^{mn}t^{mn-1}e^{-\lambda t}, & t\geqslant 0\\0, & t<0\end{cases}$$

从而 τ_n 的分布函数为

$$F_{\tau_n}(t)=\begin{cases}\displaystyle\int_0^t f_{\tau_n}(s)\,\mathrm{d}s=\frac{1}{(mn-1)!}\lambda^{mn}\int_0^t s^{mn-1}e^{-\lambda s}\,\mathrm{d}s=1-e^{-\lambda t}\sum_{r=0}^{mn-1}\frac{(\lambda t)^r}{r!}, & t\geqslant 0\\0, & t<0\end{cases}$$

所以

$$P(N(t)=n)=F_n(t)-F_{n+1}(t)=\mathrm{e}^{-\lambda t}\sum_{r=mn}^{mn+m-1}\frac{(\lambda t)^r}{r!},\ n=0,1,2,\cdots$$

特别地，当 $m=1$ 时，有

$$P(N(t)=n)=\mathrm{e}^{-\lambda t}\frac{(\lambda t)^n}{n!},\ n=0,1,2,\cdots$$

7.2 更新函数

定义 7.2.1 设$\{N(t),\ t\geqslant 0\}$是一更新过程，称

$$m_N(t)\overset{\mathrm{def}}{=}E[N(t)],\ t\geqslant 0 \tag{7.2.1}$$

为更新过程$\{N(t),\ t\geqslant 0\}$的更新函数.

定理 7.2.1 更新函数 $m_N(t)$与更新时刻 τ_n 的分布函数 $F_n(t)$之间有下列关系：

$$m_N(t)=\sum_{n=1}^{\infty}F_n(t) \tag{7.2.2}$$

其中 $F_n(t)=P(\tau_n\leqslant t)$.

证明 令

$$I_n(t)=\begin{cases}1,\ \tau_n\leqslant t\\0,\ \tau_n>t\end{cases}$$

则 $N(t)=\sum\limits_{n=1}^{\infty}I_n(t)$，所以

$$\begin{aligned}m_N(t)&=E[N(t)]=E\Big[\sum_{n=1}^{\infty}I_n\Big]=\sum_{n=1}^{\infty}E[I_n]\\&=\sum_{n=1}^{\infty}P(\tau_n\leqslant t)=\sum_{n=1}^{\infty}F_n(t)\end{aligned}$$

定理 7.2.2 对任意 $t\geqslant 0$，$0\leqslant m_N(t)<+\infty$.

证明 因为 $N(t)\geqslant 0$，$t\geqslant 0$，所以 $m_N(t)=E[N(t)]\geqslant 0$. 下面证明 $m_N(t)<+\infty$.

因为 $P(T_n=0)<1$，所以由概率的连续性知，$\exists\, a>0$，使 $P(T_n\geqslant a)>0$，令

$$\overline{T}_n=\begin{cases}0,\ T_n<a\\a,\ T_n\geqslant a\end{cases}$$

$$\overline{N}(t)=\sup\{n\mid \overline{T}_1+\overline{T}_2+\cdots+\overline{T}_n\leqslant t\}$$

易知$\{\overline{N}(t),\ t\geqslant 0\}$是更新过程，并且它只能在 $t=na$，$n=0,1,2,\cdots$处更新，在每个这样的时刻上更新次数相互独立且服从几何分布，其均值为

$$\frac{1}{P(T_n\geqslant a)}$$

所以

$$E[\overline{N}(t)]\leqslant\frac{\frac{t}{a}+1}{P(T_n\geqslant a)}<+\infty$$

又 $\overline{N}(t)\geqslant N(t)$，故对任意 $t\geqslant 0$

$$E[N(t)]\leqslant E[\overline{N}(t)]<+\infty$$

若记 $N(+\infty)=\lim\limits_{t\to+\infty}N(t)$ 为所发生的更新总数，容易看到以概率1有

$$N(+\infty)=+\infty \tag{7.2.3}$$

这是因为使所发生的更新总数 $N(+\infty)$ 为有限的唯一方法是有一更新间隔为无穷大. 所以

$$\begin{aligned}P(N(+\infty)<+\infty)&=P(T_n=+\infty,\text{对某个 }n)\\&=P\left(\bigcup_{n=1}^{\infty}(T_n=+\infty)\right)\leqslant\sum_{n=1}^{\infty}P(T_n=+\infty)=0\end{aligned}$$

于是当 t 趋于无穷时 $N(t)$ 趋于无穷，所以 $N(t)$ 趋于无穷的速度便是我们关心的问题.

定理 7.2.3 以概率1有

$$\lim_{t\to+\infty}\frac{N(t)}{t}=\frac{1}{\mu}$$

其中 $\mu=ET_n$.

证明 因为 $\tau_{N(t)}\leqslant t<\tau_{N(t)+1}$，所以

$$\frac{\tau_{N(t)}}{N(t)}\leqslant\frac{t}{N(t)}<\frac{\tau_{N(t)+1}}{N(t)} \tag{7.2.4}$$

又 $\tau_{N(t)}/N(t)$ 是前 $N(t)$ 个更新间距的平均值，根据强大数定律，当 $N(t)\to+\infty$ 时，$\tau_{N(t)}/N(t)\to\mu$，但由(7.2.3)式知，$\lim\limits_{t\to+\infty}N(t)=+\infty$，所以以概率1有

$$\lim_{t\to+\infty}\frac{\tau_{N(t)}}{N(t)}=\mu$$

而

$$\frac{\tau_{N(t)+1}}{N(t)}=\frac{\tau_{N(t)+1}}{N(t)+1}\cdot\frac{N(t)+1}{N(t)}$$

由强大数定律知，以概率1有

$$\lim_{t\to+\infty}\frac{\tau_{N(t)+1}}{N(t)}=\mu$$

从而由(7.2.4)式知，以概率1有

$$\lim_{t\to+\infty}\frac{N(t)}{t}=\frac{1}{\mu}$$

定理 7.2.4 设 $\{N(t),\ t\geqslant0\}$ 是一更新过程，T_n 是更新间距，如果 $ET_n=\mu<+\infty$，$DT_n=\sigma^2<+\infty$，则

$$\lim_{t\to+\infty}P\left(\frac{N(t)-\dfrac{t}{\mu}}{\sqrt{\dfrac{t\sigma^2}{\mu^3}}}\leqslant x\right)=\int_{-\infty}^{x}\frac{1}{\sqrt{2\pi}}e^{-\frac{u^2}{2}}\,du$$

证明 对于固定的 x，令

$$t=n\mu-\sqrt{n}\sigma x \tag{7.2.5}$$

则 $P(\tau_n>t)=P(\tau_n>n\mu-\sqrt{n}\sigma x)=P\left(\dfrac{\tau_n-n\mu}{\sqrt{n}\sigma}>-x\right)$，由中心极限定理得

$$\lim_{n\to\infty}P(\tau_n>t)=\lim_{n\to\infty}P\left(\frac{\tau_n-n\mu}{\sqrt{n}\sigma}>-x\right)=\int_{-x}^{+\infty}\frac{1}{\sqrt{2\pi}}e^{-\frac{u^2}{2}}\,du=\int_{-\infty}^{x}\frac{1}{\sqrt{2\pi}}e^{-\frac{u^2}{2}}\,du$$

又因

$$P(\tau_n > t) = P(N(t) \leqslant n) = P\left\{\frac{N(t) - \frac{t}{\mu}}{\sqrt{\frac{t\sigma^2}{\mu^3}}} \leqslant \frac{n - \frac{t}{\mu}}{\sqrt{\frac{t\sigma^2}{\mu^3}}}\right\}$$

$$= P\left\{\frac{N(t) - \frac{t}{\mu}}{\sqrt{\frac{t\sigma^2}{\mu^3}}} \leqslant x\left(1 + \frac{x\sigma\sqrt{n}}{t}\right)^{\frac{1}{2}}\right\}$$

由(7.2.5)式得

$$\sqrt{n} = \frac{x\sigma + \sqrt{x^2\sigma^2 + 4t\mu}}{2\mu}$$

从而

$$\lim_{t\to+\infty} \frac{\sqrt{n}}{t} = 0$$

所以

$$\lim_{t\to+\infty} \frac{n - \frac{t}{\mu}}{\sqrt{\frac{t\sigma^2}{\mu^3}}} = x$$

故

$$\lim_{t\to+\infty} P\left\{\frac{N(t) - \frac{t}{\mu}}{\sqrt{\frac{t\sigma^2}{\mu^3}}} \leqslant x\right\} = \int_{-\infty}^{x} \frac{1}{\sqrt{2\pi}} e^{-\frac{u^2}{2}}\, du$$

定理 7.2.4 说明 $N(t)$是渐近正态的，均值为 t/μ，方差为 $t\sigma^2/\mu^3$.

定理 7.2.5　设$\{N(t),\ t\geqslant 0\}$是一更新过程，则更新间距的分布函数 $F(t)$与更新函数 $m_N(t)$相互唯一确定.

证明　在(7.2.2)式两边取 Laplace 变换可得

$$\mathscr{L}(m_N(t)) = \sum_{n=1}^{\infty} \mathscr{L}(F_n(t)) = \sum_{n=1}^{\infty} (\mathscr{L}(F(t)))^n = \frac{\mathscr{L}(F(t))}{1 - \mathscr{L}(F(t))} \tag{7.2.6}$$

从而

$$\mathscr{L}(F(t)) = \frac{\mathscr{L}(m_N(t))}{1 + \mathscr{L}(m_N(t))} \tag{7.2.7}$$

所以由(7.2.2)式知，$m_N(t)$由 $F(t)$唯一确定；由(7.2.7)式知，$\mathscr{L}(F(t))$由 $\mathscr{L}(m_N(t))$唯一确定，即 $F(t)$由 $m_N(t)$唯一确定.

7.3　更新方程与更新定理

设 $g(t)$、$h(t)$是定义在 $t\geqslant 0$ 上的函数，$F(t)$为分布函数，它们满足

$$g(t) = h(t) + \int_0^t g(t-s)\, dF(s) \tag{7.3.1}$$

如果 $h(t)$和 $F(t)$是已知函数，而 $g(t)$是未知函数，则 $g(t)$可作为积分方程(7.3.1)的解来确定. 称积分方程(7.3.1)为更新方程.

定理 7.3.1　设$\{N(t),\ t\geqslant 0\}$是一更新过程，更新间距的分布函数为 $F(t)$，则更新函

数 $m_N(t)$满足更新方程，即

$$m_N(t) = F(t) + \int_0^t m_N(t-s)\,\mathrm{d}F(s) \tag{7.3.2}$$

证明　由条件期望的性质得

$$m_N(t) = \int_0^{+\infty} E[N(t) \mid T_1 = s]\,\mathrm{d}F(s) \tag{7.3.3}$$

当第一次更新发生时间 $s \leqslant t$ 时，从 s 开始，系统与新的一样，于是$[0, t]$内的期望更新数等于发生在 s 上的更新数 1 加上在$(s, t]$内的期望更新数；而当 $s > t$ 时，$[0, t]$内没有更新. 于是

$$E[N(t) \mid T_1 = s] = \begin{cases} 0, & s > t \\ 1 + m_N(t-s), & s \leqslant t \end{cases} \tag{7.3.4}$$

将(7.3.4)式代入(7.3.3)式，得

$$\begin{aligned} m_N(t) &= \int_0^t [1 + m_N(t-s)]\,\mathrm{d}F(s) \\ &= F(t) + \int_0^t m_N(t-s)\,\mathrm{d}F(s) \end{aligned}$$

这个定理告诉我们，如果知道了更新过程$\{N(t), t \geqslant 0\}$的更新间距的分布函数 $F(t)$，通过解上述积分方程就可求得更新函数 $m_N(t)$.

定理 7.3.2　设

$$g(t) = h(t) + \int_0^t g(t-s)\,\mathrm{d}F(s),\ t \geqslant 0$$

则

$$g(t) = h(t) + \int_0^t h(t-s)\,\mathrm{d}m_N(s) \tag{7.3.5}$$

其中 $m_N(t) = \sum\limits_{n=1}^{\infty} F_n(t)$ 为更新函数.

证明　注意到(7.3.1)式的卷积形式为 $g = h + g * F$，两边取 Laplace 变换可得

$$\mathscr{L}(g(t)) = \mathscr{L}(h(t)) + \mathscr{L}(g(t))\mathscr{L}(F(t))$$

从而

$$\begin{aligned} \mathscr{L}(g(t)) &= \frac{\mathscr{L}(h(t))}{1 - \mathscr{L}(F(t))} = \mathscr{L}(h(t))\left[\frac{1 - \mathscr{L}(F(t)) + \mathscr{L}(F(t))}{1 - \mathscr{L}(F(t))}\right] \\ &= \mathscr{L}(h(t)) + \mathscr{L}(h(t))\frac{\mathscr{L}(F(t))}{1 - \mathscr{L}(F(t))} \\ &= \mathscr{L}(h(t)) + \mathscr{L}(h(t))\mathscr{L}(m_N(t)) \end{aligned}$$

再取 Laplace 反变换得

$$g(t) = h(t) + h(t) * m_N(t)$$

即

$$g(t) = h(t) + \int_0^t h(t-s)\,\mathrm{d}m_N(s)$$

我们已经证明了在概率 1 下有

$$\lim_{t \to +\infty} \frac{N(t)}{t} = \frac{1}{\mu}$$

由此自然地想到

$$\lim_{t\to+\infty}\frac{m_N(t)}{t}=\frac{1}{\mu}$$

是否也成立. 为了回答这一问题，先引入停时的概念.

定义 7.3.1 设 $T_1, T_2, \cdots, T_n, \cdots$ 是一随机变量序列，N 是取正整数值的随机变量，如果对于任意自然数 n，事件 $\{N=n\}$ 与 $T_{n+1}, T_{n+2}, \cdots$ 相互独立，则称 N 为随机变量序列 $T_1, T_2, \cdots, T_n, \cdots$ 的停时.

停时的直观意义：我们一个一个地观察 $T_1, T_2, \cdots, T_n, \cdots$，$N$ 表示停止观察之前所观察的次数，$N=n$ 表示在观察了 $T_1, T_2, \cdots, T_n$ 之后在观察 $T_{n+1}, T_{n+2}, \cdots$ 之前停止观察.

例 7.3.1 设 $T_1, T_2, \cdots, T_n, \cdots$ 是相互独立的随机变量序列，且

$$P(T_n=0)=P(T_n=1)=\frac{1}{2},\ n=1,2,\cdots$$

令
$$N=\min\{n \mid T_1+T_2+\cdots+T_n=10\}$$

则 N 是一个停时. 我们可以将 N 看做连续地掷一枚均匀硬币的试验的停时，观察到正面出现次数达到 10 次时停止.

例 7.3.2 设 $T_1, T_2, \cdots, T_n, \cdots$ 是相互独立的随机变量序列，且

$$P(T_n=-1)=P(T_n=1)=\frac{1}{2},\ n=1,2,\cdots$$

令
$$N=\min\{n \mid T_1+T_2+\cdots+T_n=1\}$$

则 N 是一个停时.

定理 7.3.3（Wald 等式） 设 $T_1, T_2, \cdots, T_n, \cdots$ 是相互独立同分布的随机变量序列，$ET_1<+\infty$，N 是 $T_1, T_2, \cdots, T_n, \cdots$ 的停时，$EN<+\infty$，则

$$E\Big[\sum_{n=1}^{N}T_n\Big]=EN\cdot ET_1 \tag{7.3.6}$$

证明 令

$$I_n=\begin{cases}1, & N\geqslant n\\ 0, & N<n\end{cases}$$

由停时的定义知，$I_n=1$ 当且仅当在依次观察了 $T_1, T_2, \cdots, T_{n-1}$ 之后没有停止，因此 I_n 由 $T_1, T_2, \cdots, T_{n-1}$ 确定且与 T_n 相互独立. 所以

$$\begin{aligned}E\Big[\sum_{n=1}^{N}T_n\Big]&=E\Big[\sum_{n=1}^{\infty}T_nI_n\Big]=\sum_{n=1}^{\infty}E[T_nI_n]\\&=\sum_{n=1}^{\infty}(ET_n\cdot EI_n)=ET_1\sum_{n=1}^{\infty}EI_n\\&=ET_1\sum_{n=1}^{\infty}P(N\geqslant n)=ET_1\cdot EN\end{aligned}$$

例 7.3.3 讨论例 7.3.1 及例 7.3.2 中的 Wald 等式.

解 对于例 7.3.1，由 $ET_1=\frac{1}{2}<+\infty$，应用 Wald 等式，有

$$10=E(T_1+T_2+\cdots+T_N)=ET_1\cdot EN=\frac{1}{2}EN$$

所以
$$EN=20$$

对于例 7.3.2，$ET_1=0<+\infty$，应用 Wald 等式，有

$$1 = E(T_1 + T_2 + \cdots + T_N) = ET_1 \cdot EN = 0 \cdot EN$$

得出矛盾，所以 Wald 等式不可应用，这就得出结论 $EN=+\infty$.

如果 $T_1, T_2, \cdots, T_n, \cdots$ 是更新过程 $\{N(t), t\geqslant 0\}$ 的更新间距，设在时刻 t 之后第一次更新时停止，即第 $N(t)+1$ 次更新时刻停止，那么 $N(t)+1$ 是 $T_1, T_2, \cdots, T_n, \cdots$ 的停时. 事实上

$$\{N(t)+1=n\} = \{N(t)=n-1\} = \{\tau_{n-1} \leqslant t, \tau_n > t\}$$

所以事件 $\{N(t)+1=n\}$ 只依赖于 $T_1, T_2, \cdots, T_n$，故 $\{N(t)+1=n\}$ 与 $T_{n+1}, T_{n+2}, \cdots$ 相互独立，即 $N(t)+1$ 是 $T_1, T_2, \cdots, T_n, \cdots$ 的停时，于是当 $\mu=ET_1<+\infty$ 时，由 Wald 等式，有

$$E\tau_{N(t)+1} = E\Big[\sum_{k=1}^{N(t)+1} T_k\Big] = ET_1 E(N(t)+1) = \mu(m_N(t)+1)$$

于是我们有以下推论.

推论 7.3.1　设 $\{N(t), t\geqslant 0\}$ 是更新过程，$T_1, T_2, \cdots, T_n, \cdots$ 是更新间距，若 $\mu= ET_1<+\infty$，则

$$E\tau_{N(t)+1} = \mu(m_N(t)+1) \tag{7.3.7}$$

定理 7.3.4(基本更新定理)　设 $\{N(t), t\geqslant 0\}$ 是更新过程，$T_1, T_2, \cdots, T_n, \cdots$ 是更新间距，则

$$\lim_{t\to+\infty} \frac{m_N(t)}{t} = \frac{1}{\mu} \tag{7.3.8}$$

其中 $\mu=ET_1$，当 $\mu=+\infty$ 时，$1/\mu=0$.

证明　首先我们假设 $\mu<+\infty$，因为

$$\tau_{N(t)+1} > t$$

由(7.3.7)式得

$$\mu(m_N(t)+1) > t$$

所以

$$\varliminf_{t\to+\infty} \frac{m_N(t)}{t} \geqslant \frac{1}{\mu} \tag{7.3.9}$$

另一方面，对于固定常数 $M>0$，定义一个新的更新过程 $\{\overline{N}(t), t\geqslant 0\}$，其更新间距如下：

$$\overline{T}_n = \begin{cases} T_n, & T_n \leqslant M \\ M, & T_n > M \end{cases} \quad n=1, 2, \cdots$$

则 $\{\overline{N}(t), t\geqslant 0\}$ 的更新时间 $\bar{\tau}_n=\overline{T}_1+\overline{T}_2+\cdots+\overline{T}_n$，更新次数 $\overline{N}(t)=\sup\{n \mid \bar{\tau}_n\leqslant t\}$. 因为 $\overline{T}_n\leqslant M$, $n=1,2,\cdots$，所以

$$\bar{\tau}_{\overline{N}(t)+1} \leqslant t+M$$

由(7.3.7)式得

$$(m_{\overline{N}}(t)+1)\mu_M \leqslant t+M$$

其中 $m_{\overline{N}}(t)=E[\overline{N}(t)]$，$\mu_M=E\overline{T}_1$. 于是

$$\varlimsup_{t\to+\infty} \frac{m_{\overline{N}}(t)}{t} \leqslant \frac{1}{\mu_M}$$

因 $\bar{\tau}_n\leqslant\tau_n$，所以 $\overline{N}(t)\geqslant N(t)$，从而 $m_{\overline{N}}(t)\geqslant m_N(t)$，于是

$$\varlimsup_{t\to+\infty} \frac{m_N(t)}{t} \leqslant \frac{1}{\mu_M} \tag{7.3.10}$$

令 $M \to +\infty$，得

$$\overline{\lim_{t \to +\infty}} \frac{m_N(t)}{t} \leqslant \frac{1}{\mu} \tag{7.3.11}$$

所以由(7.3.9)式及(7.3.11)式知，当 $\mu < +\infty$ 时，有

$$\lim_{t \to +\infty} \frac{m_N(t)}{t} = \frac{1}{\mu}$$

当 $\mu = +\infty$ 时，我们再考虑更新过程 $\{\bar{N}(t), t \geqslant 0\}$，因为当 $M \to +\infty$ 时，$\mu_M \to +\infty$，所以由(7.3.10)式得

$$\overline{\lim_{t \to +\infty}} \frac{m_N(t)}{t} \leqslant 0 \tag{7.3.12}$$

再由(7.3.9)式及(7.3.12)式知，当 $\mu = +\infty$ 时，

$$\lim_{t \to +\infty} \frac{m_N(t)}{t} = \frac{1}{\mu}$$

仍然成立.

定义 7.3.2　非负随机变量 T 称为格点的，如果存在 $d > 0$，使得 $\sum_{n=0}^{\infty} P(T = nd) = 1$，即 T 只取 d 的非负整数倍的值，则称满足这种性质的最大 d 为 T 的周期. 如果 T 是格点的，则称其分布函数 F 也是格点的.

定理 7.3.5(Blackwell 更新定理)　如果 $\{N(t), t \geqslant 0\}$ 是一更新过程，$T_1, T_2, \cdots, T_n, \cdots$ 是更新间距，$F(t)$ 是其分布函数，那么：

(1) 若 $F(t)$ 不是格点的，则 $\forall a \geqslant 0$，有

$$\lim_{t \to +\infty} [m_N(t+a) - m_N(t)] = \frac{a}{\mu} \tag{7.3.13}$$

(2) 若 $F(t)$ 是格点的，周期为 d，则

$$\lim_{n \to \infty} E[\text{在 } nd \text{ 时刻的更新次数}] = \frac{d}{\mu} \tag{7.3.14}$$

Blackwell 更新定理的严格证明可参见文献 36，这里不证. Blackwell 定理说明，如果 $F(t)$ 不是格点的，则在一远离原点的长为 a 的区间中更新次数的期望近似于 a/μ. 这是十分直观的，因为远离原点时，初始影响几乎消失，所以

$$g(a) \overset{\text{def}}{=} \lim_{t \to +\infty} [m_N(t+a) - m_N(t)] \tag{7.3.15}$$

应当存在. 然而，如果上述极限存在，作为基本更新定理的推论它必等于 a/μ. 为说明这点，我们注意到

$$\begin{aligned} g(a+b) &= \lim_{t \to +\infty} [m_N(t+a+b) - m_N(t)] \\ &= \lim_{t \to +\infty} [m_N(t+a+b) - m_N(t+a) + m_N(t+a) - m_N(t)] \\ &= g(a) + g(b) \end{aligned}$$

又因方程 $g(a+b) = g(a) + g(b)$ 唯一的增函数解只能是

$$g(a) = ca, \ a > 0$$

其中 c 是某个常数.

以下只需证明 $c = 1/\mu$，为此定义：

$$t_1 = m_N(1) - m_N(0)$$
$$t_2 = m_N(2) - m_N(1)$$
$$\vdots$$
$$t_n = m_N(n) - m_N(n-1)$$
$$\vdots$$

则
$$\lim_{n\to\infty} t_n = c$$

所以
$$\lim_{n\to\infty} \frac{t_1 + t_2 + \cdots + t_n}{n} = c$$

即
$$\lim_{n\to\infty} \frac{m_N(n)}{n} = c$$

再由基本更新定理，有

$$c = \frac{1}{\mu}$$

当 $F(t)$ 是格点的，则(7.3.15)式的极限不存在，因为此时更新只能发生在 d 的整数倍时刻，于是在一远离原点的区间中更新次数的期望不依赖于区间的长度，而是依赖于它包含多少个形如 $nd(n\geqslant 0)$ 的点. 所以在格点情况下有关的极限是在 nd 时刻更新次数的期望的极限，并且当 $\lim\limits_{n\to\infty} E$[在 nd 时刻的更新次数]存在时，由基本更新定理可知它必须等于 d/μ. 如果更新间距总是正的，则 Blackwell 更新定理说明，在格点的情况下，有

$$\lim_{n\to\infty} P(\text{在 } nd \text{ 时刻更新}) = \frac{d}{\mu}$$

定义 7.3.3 设 $h(t)$ 是定义在 $[0, +\infty)$ 上的一个函数，$\underline{m}_n(a)$ 与 $\overline{m}_n(a)$ 分别是 $h(t)$ 在区间 $[(n-1)a, na](a>0)$ 上的下确界与上确界，如果 $\forall a>0$，$\sum\limits_{n=1}^{\infty} \underline{m}_n(a)$ 与 $\sum\limits_{n=1}^{\infty} \overline{m}_n(a)$ 有限，并且

$$\lim_{a\to 0^+} a\sum_{n=1}^{\infty} \underline{m}_n(a) = \lim_{a\to 0^+} a\sum_{n=1}^{\infty} \overline{m}_n(a)$$

则称 $h(t)$ 为直接 Riemann 可积.

容易证明以下引理.

引理 7.3.1 设 $h(t)$ 满足：

(1) $h(t)\geqslant 0$，$t\geqslant 0$，

(2) $h(t)$ 非增，

(3) $\int_0^{+\infty} h(t)\,\mathrm{d}t < +\infty$，

则 $h(t)$ 直接 Riemann 可积.

定理 7.3.6(关键更新定理) 设 $m_N(t)$ 是更新函数，若 $F(t)$ 不是格点的，且 $h(t)$ 直接 Riemann 可积，则

$$\lim_{t\to+\infty} \int_0^t h(t-s)\,\mathrm{d}m_N(s) = \frac{1}{\mu}\int_0^{+\infty} h(t)\,\mathrm{d}t$$

当 $\mu = +\infty$ 时，$1/\mu = 0$.

关键更新定理这里不证. 需要说明的是，它是很重要而且很有用的结果. 当要计算 t

时刻的某些概率或均值的极限时，便要用到它. 应用它时，我们采用的技巧是先以在 t 时刻之前或 t 时刻的最后一个更新的时刻取条件而导出一个需要的形如

$$g(t) = h(t) + \int_0^t h(t-s)\,\mathrm{d}m_N(s)$$

的方程，然后通过该方程求得我们所要的某些概率或均值的极限等.

为此先讨论更新过程 $\{N(t),\ t\geqslant 0\}$ 在 t 时刻之前或在 t 时刻的最后一个更新时刻 $\tau_{N(t)}$ 的分布.

引理 7.3.2 设 $\{N(t),\ t\geqslant 0\}$ 是一更新过程，$T_1, T_2, \cdots, T_n, \cdots$ 是更新间距，$F(t)$ 是其分布函数，$\tau_1, \tau_2, \cdots, \tau_n, \cdots$ 是更新时刻，则

$$P(\tau_{N(t)} \leqslant x) = \bar{F}(t) + \int_0^x \bar{F}(t-s)\,\mathrm{d}m_N(s),\ t \geqslant x \geqslant 0$$

其中 $\bar{F}(t)=1-F(t)$.

证明

$$\begin{aligned} P(\tau_{N(t)} \leqslant x) &= \sum_{n=0}^{\infty} P(\tau_n \leqslant x,\ \tau_{n+1} > t) \\ &= \bar{F}(t) + \sum_{n=1}^{\infty} P(\tau_n \leqslant x,\ \tau_{n+1} > t) \\ &= \bar{F}(t) + \sum_{n=1}^{\infty}\int_0^{+\infty} P(\tau_n \leqslant x,\ \tau_{n+1} > t \mid \tau_n = s)\,\mathrm{d}F_n(s) \\ &= \bar{F}(t) + \sum_{n=1}^{\infty}\int_0^{x} \bar{F}(t-s)\,\mathrm{d}F_n(s) \\ &= \bar{F}(t) + \int_0^{x} \bar{F}(t-s)\,\mathrm{d}\Big(\sum_{n=1}^{\infty} F_n(s)\Big) \\ &= \bar{F}(t) + \int_0^{x} \bar{F}(t-s)\,\mathrm{d}m_N(s) \end{aligned}$$

即

$$P(\tau_{N(t)} \leqslant x) = \bar{F}(t) + \int_0^{x} \bar{F}(t-s)\,\mathrm{d}m_N(s)$$

考虑一个系统，其工作寿命为 Z_1，发生故障后进行修理，修理时间为 Y_1，修理后系统与新的一样，工作寿命为 Z_2，发生故障后再进行修理，修理时间为 Y_2，…. 设 $Z_1, Z_2, \cdots, Z_n, \cdots$ 相互独立并具有相同的分布函数 $H(t)$；$Y_1, Y_2, \cdots, Y_n, \cdots$ 相互独立并具有相同的分布函数 $G(t)$，且 $\{Z_n,\ n=1, 2, \cdots\}$ 与 $\{Y_n,\ n=1, 2, \cdots\}$ 也相互独立，从而 Z_n+Y_n，$n\geqslant 1$ 相互独立并具有相同的分布函数 $R(t)$，其相应的更新过程为 $\{N(t),\ t\geqslant 0\}$，则关于概率 $P(t)=P$(系统在 t 时工作着)有如下结果.

定理 7.3.7 设 $E[Z_1+Y_1]<+\infty$，$R(t)$ 不是格点的，则

$$\lim_{t\to+\infty} P(t) = \frac{EZ_1}{EZ_1+EY_1}$$

证明

$$\begin{aligned} P(t) &= P(\text{系统在 } t \text{ 时工作着}) \\ &= P(\text{系统在 } t \text{ 时工作着} \mid \tau_{N(t)} = 0)P(\tau_{N(t)} = 0) \\ &\quad + \int_0^{+\infty} P(\text{系统在 } t \text{ 时工作着} \mid \tau_{N(t)} = s)\,\mathrm{d}R_{\tau_{N(t)}}(s) \end{aligned}$$

又因

$$P(\text{系统在 } t \text{ 时工作着} \mid \tau_{N(t)} = 0) = P(Z_1 > t \mid Z_1 + Y_1 > t) = \frac{\overline{H}(t)}{\overline{R}(t)}$$

其中
$$\overline{H}(t)=1-H(t),\ \overline{R}(t)=1-R(t)$$
而当 $s>t\geqslant 0$ 时，P(系统在 t 时刻工作着$|\tau_{N(t)}=s)=0$，当 $0\leqslant s<t$ 时，

$$P(\text{系统在 } t \text{ 时刻工作着} \mid \tau_{N(t)}=s)=P(Z_1>t-s \mid Z_1+Y_1>t-s)=\frac{\overline{H}(t-s)}{\overline{R}(t-s)}$$

所以由引理 7.3.2 得

$$P(t)=\overline{H}(t)+\int_0^t \overline{H}(t-s)\,\mathrm{d}m_N(s)$$

其中 $m_N(s)=\sum_{n=1}^{\infty}R_n(s)$. 显然 $\overline{H}(t)$非负非增，且 $\int_0^{+\infty}\overline{H}(t)\,\mathrm{d}t<+\infty$，所以由关键更新定理得

$$\lim_{t\to+\infty}P(t)=\frac{\int_0^{+\infty}\overline{H}(t)\,\mathrm{d}t}{\int_0^{+\infty}t\,\mathrm{d}R(t)}=\frac{EZ_1}{EZ_1+EY_1}$$

7.4　剩余寿命和现时寿命

定义 7.4.1　设$\{N(t),t\geqslant 0\}$是一更新过程，$T_1, T_2, \cdots, T_n, \cdots$是更新间距，$\tau_1, \tau_2, \cdots, \tau_n, \cdots$是更新时刻，称

$$\gamma(t)\overset{\text{def}}{=}\tau_{N(t)+1}-t \tag{7.4.1}$$

为 t 时刻的剩余寿命；

称

$$\delta(t)\overset{\text{def}}{=}t-\tau_{N(t)} \tag{7.4.2}$$

为 t 时刻的现时寿命或年龄；

称

$$\beta(t)\overset{\text{def}}{=}\gamma(t)+\delta(t) \tag{7.4.3}$$

为 t 时刻的总寿命.

图 7-2 是更新过程$\{N(t),t\geqslant 0\}$的一条样本曲线，表示三种寿命之间的关系.

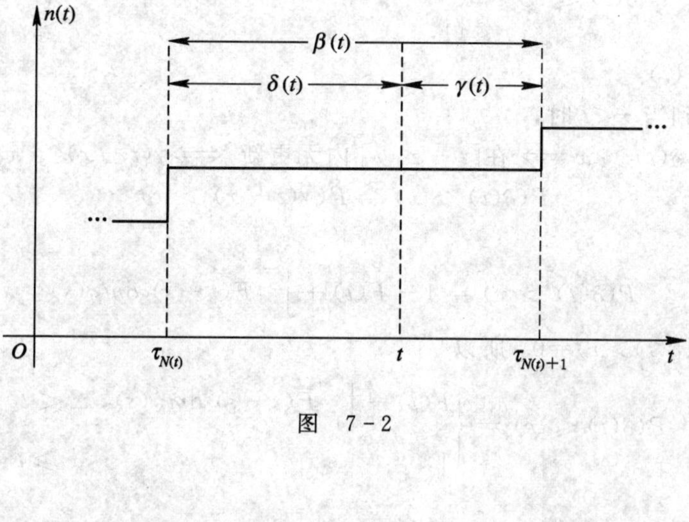

图　7-2

定理 7.4.1 设$\{N(t),\ t\geqslant 0\}$是一更新过程，$m_N(t)$为更新函数，$F(t)$为更新间距$T_n(n=1,2,\cdots)$的分布函数，则剩余寿命$\gamma(t)$的分布函数为

$$P(\gamma(t)\leqslant x)=F(t+x)-\int_0^t \overline{F}(t+x-s)\ \mathrm{d}m_N(s) \tag{7.4.4}$$

若$F(t)$不是格点的，则

$$\lim_{t\to+\infty}P(\gamma(t)\leqslant x)=\frac{1}{\mu}\int_0^x \overline{F}(s)\ \mathrm{d}s \tag{7.4.5}$$

其中$\overline{F}(x)=1-F(x)$.

证明 设$P(t)=P(\gamma(t)>x)$，则以T_1为条件可得

$$P(t)=\int_0^{+\infty}P(\gamma(t)>x\mid T_1=s)\ \mathrm{d}F(s) \tag{7.4.6}$$

注意到$\gamma(t)>x\Longleftrightarrow$在$[t,\ t+x]$中没有更新，从而过程在$T_1$时重新开始，于是

$$P(\gamma(t)>x\mid T_1=s)=\begin{cases}P(t-s), & s\leqslant t\\ 0, & t<s\leqslant t+x\\ 1, & t+x<s\end{cases}$$

所以

$$\begin{aligned}P(t)&=\int_0^t P(t-s)\ \mathrm{d}F(s)+\int_{t+x}^{+\infty}\mathrm{d}F(s)\\ &=1-F(t+x)+\int_0^t P(t-s)\ \mathrm{d}F(s)\end{aligned} \tag{7.4.7}$$

于是

$$P(t)=1-F(t+x)+\int_0^t \overline{F}(t+x-s)\ \mathrm{d}m_N(s) \tag{7.4.8}$$

即

$$P(\gamma(t)\leqslant x)=F(t+x)-\int_0^t \overline{F}(t+x-s)\ \mathrm{d}m_N(s)$$

若$F(t)$不是格点的，则由关键更新定理，可得

$$\lim_{t\to+\infty}P(\gamma(t)\leqslant x)=\frac{1}{\mu}\int_0^x \overline{F}(s)\ \mathrm{d}s$$

定理 7.4.2 设$\{N(t),\ t\geqslant 0\}$是一更新过程，$m_N(t)$为更新函数，$F(t)$为更新间距$T_n(n=1,2,\cdots)$的分布函数，则现时寿命$\delta(t)$的分布函数为

$$P(\delta(t)\leqslant x)=\begin{cases}F(t)-\int_0^{t-x}\overline{F}(t-s)\ \mathrm{d}m_N(s), & x<t\\ 1, & x\geqslant t\end{cases} \tag{7.4.9}$$

其中$\overline{F}(t)=1-F(t)$.

证明 注意到当$x<t$时，

$$\delta(t)>x\Longleftrightarrow \text{在}[t-x,\ t]\text{内无更新}\Longleftrightarrow\gamma(t-x)>x$$

所以

$$P(\delta(t)>x)=P(\gamma(t-x)>x)$$

由(7.4.8)式得

$$P(\delta(t)>x)=1-F(t)+\int_0^{t-x}\overline{F}(t-s)\ \mathrm{d}m_N(s)$$

而当$x\geqslant t$时，$P(\delta(t)>x)=0$，所以

$$P(\delta(t)\leqslant x)=\begin{cases}F(t)-\int_0^{t-x}\overline{F}(t-s)\ \mathrm{d}m_N(s), & x<t\\ 1, & x\geqslant t\end{cases}$$

类似地，关于总寿命 $\beta(t)$ 的分布函数，我们有以下定理.

定理 7.4.3　设 $\{N(t),\ t\geqslant 0\}$ 是一更新过程，$m_N(t)$ 为更新函数，$F(t)$ 为更新间距 $T_n(n=1,\ 2,\ \cdots)$ 的分布函数，则总寿命 $\beta(t)$ 的分布函数为

$$P(\beta(t)\leqslant x)=F(\max(x,\ t))-\int_0^t \bar{F}(\max(x,\ t)-s)\,\mathrm{d}m_N(s)$$

若 $F(t)$ 不是格点的，则

$$\lim_{t\to+\infty}P(\beta(t)\leqslant x)=\frac{1}{\mu}\int_0^x \bar{F}(s)\,\mathrm{d}s$$

其中 $\bar{F}(t)=1-F(t)$.

定理 7.4.4　设 $\{N(t),\ t\geqslant 0\}$ 是更新过程，更新间距 T 的分布函数 $F(t)$ 不是格点的，且 $ET^2<+\infty$，则

$$\lim_{t\to+\infty}E[\gamma(t)]=\frac{1}{2\mu}ET^2$$

证明　由引理 7.3.2 知：

$$\begin{aligned}E[\gamma(t)]=&E[\gamma(t)\mid\tau_{N(t)}=0]\bar{F}(t)\\&+\int_0^t E[\gamma(t)\mid\tau_{N(t)}=s]\bar{F}(t-s)\,\mathrm{d}m_N(s)\end{aligned}$$

其中　$\bar{F}(t)=1-F(t)$.

由于

$$E[\gamma(t)\mid\tau_{N(t)}=0]=E[T-t\mid T>t]$$
$$E[\gamma(t)\mid\tau_{N(t)}=s]=E[T-(t-s)\mid T>t-s]$$

事实上，$\tau_{N(t)}=s$ 意味着在 s 时刻有一更新且下一个来到的时间(记为 T)要大于 $t-s$，如图 7-3 所示. 所以

$$E[\gamma(t)]=E[T-t\mid T>t]\bar{F}(t)+\int_0^t E[T-(t-s)\mid T>t-s]\bar{F}(t-s)\,\mathrm{d}m_N(s)$$

因为 $ET^2<+\infty$，所以 $E[T-t|T>t]\bar{F}(t)$ 直接 Riemann 可积，从而由关键更新定理得

$$\begin{aligned}\lim_{t\to+\infty}E[\gamma(t)]&=\frac{1}{\mu}\int_0^{+\infty}E[T-t\mid T>t]\bar{F}(t)\,\mathrm{d}t\\&=\frac{1}{\mu}\int_0^{+\infty}\int_t^{+\infty}(s-t)\,\mathrm{d}F(s)\,\mathrm{d}t\\&=\frac{1}{\mu}\int_0^{+\infty}\int_0^{s}(s-t)\,\mathrm{d}t\,\mathrm{d}F(s)\\&=\frac{1}{2\mu}\int_0^{+\infty}s^2\,\mathrm{d}F(s)=\frac{1}{2\mu}ET^2\end{aligned}$$

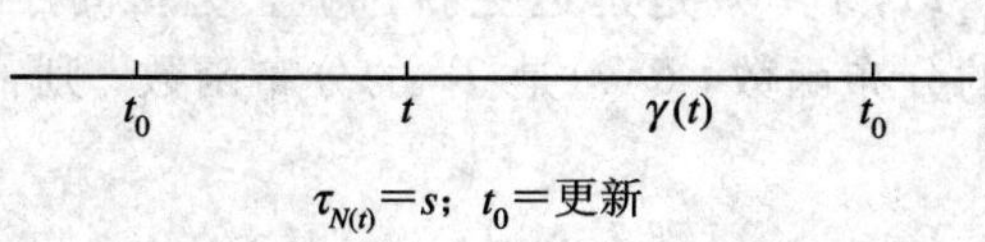

图　7-3

推论 7.4.1 设$\{N(t), t\geqslant 0\}$是一更新过程，更新间距 T 的分布函数 $F(t)$不是格点的，且 $ET^2<+\infty$，则

$$\lim_{t\to+\infty}\left(m_N(t)-\frac{t}{\mu}\right)=\frac{1}{2\mu^2}ET^2-1$$

证明 因为

$$\tau_{N(t)+1}=t+\gamma(t)$$

所以两边取数学期望并利用推论 7.3.1，得

$$\mu(m_N(t)+1)=t+E[\gamma(t)]$$

或

$$m_N(t)-\frac{t}{\mu}=\frac{E[\gamma(t)]}{\mu}-1$$

所以由定理 7.4.4，可得

$$\lim_{t\to+\infty}\left(m_N(t)-\frac{t}{\mu}\right)=\frac{1}{2\mu^2}ET^2-1$$

7.5 延迟更新过程

在很多计数过程中，它的第一个更新间距与其余的更新间距有不同的分布. 例如，我们可以在某时刻 $t>0$ 开始观察一个更新过程，若在时刻 t 未发生更新，则我们首次观察到更新所必须等待的时间的分布不同于其余更新间距的分布. 这样便产生了延迟更新过程的概念.

定义 7.5.1 设$\{T_n, n=1, 2, \cdots\}$为一列相互独立非负随机变量，T_1 具有分布函数 $G(t)$，而 $T_n(n=2, 3, \cdots)$具有分布函数 $F(t)$，令 $\tau_0=0$，$\tau_n=\sum\limits_{i=1}^{n}T_i$，$n=1, 2, \cdots$，$N_D(t)=\sup\{n\mid \tau_n\leqslant t\}$，$t\geqslant 0$，则称$\{N_D(t), t\geqslant 0\}$为一延迟更新过程.

显然，当 $G(t)=F(t)$时，延迟更新过程就是通常的更新过程. 与通常的更新过程一样，对于延迟更新过程$\{N_D(t), t\geqslant 0\}$，我们有

$$\begin{aligned}P(N_D(t)=n)&=P(\tau_n\leqslant t)-P(\tau_{n+1}\leqslant t)\\&=G(t)*F_{n-1}(t)-G(t)*F_n(t)\end{aligned}$$

并且容易证明

$$m_{N_D}(t)=\sum_{n=1}^{\infty}G(t)*F_{n-1}(t) \tag{7.5.1}$$

对(7.5.1)式两边取 Laplace 变换，得

$$\mathscr{L}(m_{N_D}(t))=\frac{\mathscr{L}(G(t))}{1-\mathscr{L}(F(t))} \tag{7.5.2}$$

利用通常的更新过程的相应结果，容易证得延迟更新过程的下列结果.

定理 7.5.1 设$\{N_D(t), t\geqslant 0\}$是延迟更新过程，更新间距为 $T_1, T_2, \cdots, T_n, \cdots$；$F(t)$是$T_n(n=2, 3, \cdots)$的分布函数，$G(t)$是 T_1 的分布函数，则：

(1) 以概率 1 有

$$\lim_{t\to+\infty}\frac{N_D(t)}{t}=\frac{1}{\mu}$$

(2)
$$\lim_{t\to+\infty}\frac{m_{N_D}(t)}{t}=\frac{1}{\mu}$$

(3) 若 $F(t)$ 不是格点的，则 $\forall a\geqslant 0$，

$$\lim_{t\to+\infty}(m_{N_D}(t+a)-m_{N_D}(t))=\frac{a}{\mu}$$

(4) 若 $F(t)$ 与 $G(t)$ 是格点的，周期为 d，则

$$\lim_{n\to\infty}E[\text{在 } nd \text{ 时刻的更新次数}]=\frac{d}{\mu}$$

(5) 若 $F(t)$ 不是格点的，$\mu<+\infty$ 且 $h(t)$ 直接 Riemann 可积，则

$$\lim_{t\to+\infty}\int_0^t h(t-s)\,\mathrm{d}m_{N_D}(s)=\frac{1}{\mu}\int_0^{+\infty}h(t)\,\mathrm{d}t$$

其中 $\mu=\int_0^{+\infty}x\,\mathrm{d}F(x)$.

采用通常的更新过程中同样的证明方法可得，在 t 时刻之前或 t 时刻的最后一次更新时刻的分布为

$$P(\tau_{N_D}(t)\leqslant x)=\bar{G}(t)+\int_0^x\bar{F}(t-s)\,\mathrm{d}m_{N_D}(s)\tag{7.5.3}$$

其中 $\bar{F}(t)=1-F(t)$，$\bar{G}(t)=1-G(t)$.

定义 7.5.2 设 $\mu<+\infty$，则

$$F_e(t)=\frac{1}{\mu}\int_0^t\bar{F}(s)\,\mathrm{d}s,\ t\geqslant 0$$

是一分布函数，称 $F_e(t)$ 为 $F(t)$ 的平衡分布，其 Laplace 变换为

$$\mathscr{L}(F_e(t))=\frac{1-\mathscr{L}(F(t))}{\mu s}$$

事实上，有

$$\begin{aligned}\mathscr{L}(F_e(t))&=\int_0^{+\infty}\mathrm{e}^{-st}\,\mathrm{d}F_e(t)\\&=\frac{1}{\mu}\int_0^{+\infty}\mathrm{e}^{-st}\int_t^{+\infty}\mathrm{d}F(y)\,\mathrm{d}t=\frac{1}{\mu}\int_0^{+\infty}\int_0^y\mathrm{e}^{-st}\,\mathrm{d}t\,\mathrm{d}F(y)\\&=\frac{1}{s\mu}\int_0^{+\infty}(1-\mathrm{e}^{-sy})\,\mathrm{d}F(y)=\frac{1}{s\mu}\int_0^{+\infty}(1-\mathrm{e}^{-st})\,\mathrm{d}F(t)\\&=\frac{1-\mathscr{L}(F(t))}{\mu s}\end{aligned}\tag{7.5.4}$$

若 $G(t)=F_e(t)$，则此时延迟更新过程称为平衡更新过程. 平衡更新过程是极其重要的，因为假设在时刻 t 我们开始观察一个更新过程，那么所观察的过程是一个延迟更新过程，其初始分布是 $\gamma(t)$ 的分布. 于是当 t 很大时，可得所观察的过程是平衡更新过程. 若以 $\gamma_D(t)$ 记一个延迟更新过程在时刻 t 的剩余寿命，则有下列重要的结果.

定理 7.5.2 设 $\{N_D(t),\ t\geqslant 0\}$ 是平衡更新过程，则：

(1) $m_{N_D}(t)=\frac{t}{\mu}$；

(2) $P(\gamma_D(t)\leqslant x)=F_e(x)$，$t\geqslant 0$；

(3) $\{N_D(t),\ t\geqslant 0\}$ 具有平稳增量.

证明 (1) 由(7.5.2)式与(7.5.4)式可得

$$\mathscr{L}(m_{N_D}(t)) = \frac{1}{\mu s}$$

又

$$\mathscr{L}\left(\frac{t}{\mu}\right) = \frac{1}{\mu s}$$

于是由 Laplace 变换的唯一性，可得

$$m_{N_D}(t) = \frac{t}{\mu}$$

(2) 由(7.5.3)式可得

$$\begin{aligned} P(\gamma_D(t) > x) = &P(\gamma_D(t) > x \mid \tau_{N(t)} = 0)\overline{G}(t) \\ &+ \int_0^t P(\gamma_D(t) > x \mid \tau_{N(t)} = s)\overline{F}(t-s)\,\mathrm{d}m_{N_D}(s) \end{aligned}$$

其中

$$\overline{F}(t) = 1 - F(t), \overline{G}(t) = 1 - G(t)$$

而

$$\begin{aligned} P(\gamma_D(t) > x \mid \tau_{N(t)} = 0) &= P(T_1 > t + x \mid T_1 > t) \\ &= \frac{\overline{G}(t+x)}{\overline{G}(t)} \end{aligned}$$

$$\begin{aligned} P(\gamma_D(t) > x \mid \tau_{N(t)} = s) &= P(T > t + x - s \mid T > t - s) \\ &= \frac{\overline{F}(t+x-s)}{\overline{F}(t-s)} \end{aligned}$$

所以

$$P(\gamma_D(t) > x) = \overline{G}(t+x) + \int_0^t \overline{F}(t+x-s)\,\mathrm{d}m_{N_D}(s)$$

令 $G(t)=F_e(t)$，由(1)可得

$$\begin{aligned} P(\gamma_D(t) > x) &= \overline{F}_e(t+x) + \frac{1}{\mu}\int_0^t \overline{F}(t+x-s)\,\mathrm{d}s \\ &= \overline{F}_e(t+x) + \frac{1}{\mu}\int_x^{t+x} \overline{F}(s)\,\mathrm{d}s \\ &= \overline{F}_e(x) \end{aligned}$$

其中

$$\overline{F}_e(x) = 1 - F_e(x)$$

故

$$P(\gamma_D(t) \leqslant x) = F_e(x), t \geqslant 0$$

(3) 注意到 $N_D(t+s)-N_D(s)$可看做是一个延迟更新过程在 t 时间内的更新次数，其初始分布是 $\gamma_D(t)$的分布，从而由(2)可得(3)的结论.

7.6 报酬过程与再生过程

设$\{N(t), t\geqslant 0\}$是一更新过程，更新间距 T_1，T_2，…，T_n，…具有相同的分布函数 $F(t)$. 假设每发生一次更新，我们收到一份报酬，第 n 次更新时刻所获得的报酬记为 R_n. 设 R_1，R_2，…，R_n，…相互独立同分布，且(T_1, R_1)，(T_2, R_2)，…，(T_n, R_n)，…相同独立同分布. 令

$$R(t) = \sum_{n=1}^{N(t)} R_n$$

则 $R(t)$ 表示到时刻 t 所获得的全部报酬.

定理 7.6.1　若 $ER_1 < +\infty$, $ET_1 < +\infty$, 则:

(1) 以概率 1, 有

$$\lim_{t \to +\infty} \frac{R(t)}{t} = \frac{ER_1}{ET_1}$$

(2)

$$\lim_{t \to +\infty} \frac{E[R(t)]}{t} = \frac{ER_1}{ET_1}$$

证明　(1) 由于

$$\frac{R(t)}{t} = \frac{\sum_{n=1}^{N(t)} R_n}{t} = \frac{\sum_{n=1}^{N(t)} R_n}{N(t)} \cdot \frac{N(t)}{t}$$

再由强大数定律可得

$$\lim_{t \to +\infty} \frac{\sum_{n=1}^{N(t)} R_n}{N(t)} = ER_1$$

且

$$\lim_{t \to +\infty} \frac{N(t)}{t} = \frac{1}{ET_1}$$

故以概率 1, 有

$$\lim_{t \to +\infty} \frac{R(t)}{t} = \frac{ER_1}{ET_1}$$

(2) 由于 $N(t)+1$ 是 $T_1, T_2, \cdots, T_n, \cdots$ 的一个停时, 也是 $R_1, R_2, \cdots, R_n, \cdots$ 的一个停时, 于是 Wald 等式

$$\begin{aligned} E\Big[\sum_{i=1}^{N(t)} R_i\Big] &= E\Big[\sum_{i=1}^{N(t)+1} R_i\Big] - E[R_{N(t)+1}] \\ &= (m_N(t)+1)ER_1 - E[R_{N(t)+1}] \end{aligned}$$

于是

$$\frac{E[R(t)]}{t} = \frac{m_N(t)+1}{t} ER_1 - \frac{E[R_{N(t)+1}]}{t}$$

所以只需证明 $\lim\limits_{t \to +\infty} \dfrac{E[R_{N(t)+1}]}{t} = 0$, 于是, 令

$$g(t) = E[R_{N(t)+1}]$$

则

$$g(t) = E[R_{N(t)+1} \mid \tau_{N(t)} = 0]\bar{F}(t) + \int_0^t E[R_{N(t)+1} \mid \tau_{N(t)} = s]\bar{F}(t-s)\, \mathrm{d}m_N(s)$$

其中 $\bar{F}(t) = 1 - F(t)$.

又因

$$E[R_{N(t)+1} \mid \tau_{N(t)} = 0] = E[R_1 \mid T_1 > t]$$
$$E[R_{N(t)+1} \mid \tau_{N(t)} = s] = E[R_n \mid T_n > t - s]$$

故

$$g(t)=E[R_1 \mid T_1>t]\bar{F}(t)+\int_0^t E[R_n \mid T_n>t-s]\bar{F}(t-s)\,\mathrm{d}m_N(s)$$

再令

$$h(t)=E[R_1 \mid T_1>t]\bar{F}(t)=\int_t^{+\infty} E[R_1 \mid T_1=s]\,\mathrm{d}F(s)$$

而

$$E\mid R_1\mid=\int_0^{+\infty} E[\mid R_1\mid \mid T_1=t]\,\mathrm{d}F(t)<+\infty$$

故 $\lim\limits_{t\to+\infty} h(t)=0$，且 $h(t)\leqslant E|R_1|$，$t\geqslant 0$. 于是 $\exists\, T_0>0$，使得当 $t\geqslant T_0$ 时，$|h(t)|<\varepsilon$，因此由基本更新定理，可得

$$\begin{aligned}\frac{\mid g(t)\mid}{t}&\leqslant\frac{\mid h(t)\mid}{t}+\int_0^{t-T_0}\frac{\mid h(t-s)\mid}{t}\,\mathrm{d}m_N(s)+\int_{t-T_0}^{t}\frac{\mid h(t-s)\mid}{t}\,\mathrm{d}m_N(s)\\&\leqslant\frac{\varepsilon}{t}+\frac{\varepsilon}{t}m_N(t-T_0)+E\mid R_1\mid\frac{m_N(t)-m_N(t-T_0)}{t}\end{aligned}$$

即

$$\lim_{t\to+\infty}\frac{g(t)}{t}=0$$

所以

$$\lim_{t\to+\infty}\frac{E[R(t)]}{t}=\frac{ER_1}{ET_1}$$

例 7.6.1 设$\{N(t),\ t\geqslant 0\}$是一更新过程，$\delta(t)$是 t 时刻的年龄，试计算

$$\lim_{t\to+\infty}\frac{\int_0^t \delta(s)\,\mathrm{d}s}{t}$$

解 由于$\delta(s)$可看成在时刻 s 获得报酬的比率，因而$\int_0^t \delta(s)\,\mathrm{d}s$ 表示到时刻 t 的总报酬. 因为每当一次更新发生，一切从头开始，所以以概率 1，有

$$\lim_{t\to+\infty}\frac{\int_0^t \delta(s)\,\mathrm{d}s}{t}=\frac{E[\text{一个更新循环中的报酬}]}{E[\text{一个更新循环的时间}]}$$

因为进入一个更新循环时间 s 之后，更新过程的年龄是 s，所以

$$\text{一个更新循环中报酬}=\int_0^T s\,\mathrm{d}s=\frac{T^2}{2}$$

其中 T 是更新循环的时间，因此以概率 1，有

$$\lim_{t\to+\infty}\frac{\int_0^t \delta(s)\,\mathrm{d}s}{t}=\frac{ET^2}{2ET}$$

类似地，对剩余寿命 $\gamma(t)$，如果假设以与该时刻的剩余寿命相等的比率获得报酬，可得

$$\lim_{t\to+\infty}\frac{\int_0^t \gamma(s)\,\mathrm{d}s}{t}=\frac{ET^2}{2ET}$$

例 7.6.2 设乘客按照一个更新过程来到一火车站，其平均来到间隔时间为 μ. 每当有 N 个人在车站上等待时，就开出一辆火车，若每当有 n 个乘客等待时车站就以每单位时间 nc 元的比率开支费用，且每开出一辆火车要多开支 k 元，那么此车站每单位时间的平均费用是多少?

解 由于每当一辆火车开出就完成了一次循环，因此上述过程是一更新报酬过程. 一次循环的平均长度是来到 N 个乘客所需的平均时间，又因为乘客平均来到的间隔时间是 μ，所以

$$E[\text{循环的长度}] = N\mu$$

令 T_n 表示一次循环中第 n 个乘客与第 $n+1$ 个乘客来到的时间间隔，则一个循环的平均费用可表示为

$$\begin{aligned} E[\text{一次循环的费用}] &= E[cT_1 + 2cT_2 + \cdots + (N-1)cT_{N-1}] + k \\ &= \frac{c\mu N(N-1)}{2} + k \end{aligned}$$

所以平均费用为

$$\frac{c(N-1)}{2} + \frac{k}{N\mu}$$

现在让我们考虑具有下面性质的一类随机过程，存在着一些时刻，过程在这些时刻在概率上又重新开始，即假设以概率 1 存在一时刻 τ_1，使得 τ_1 之后过程的继续在概率上是从时刻 0 开始的全过程的复制.

定义 7.6.1 设$\{X(t), t\geqslant 0\}$为一随机过程，其状态空间 $S=\{0, 1, 2, \cdots\}$，如果以概率 1 存在随机变量 τ_1，使得随机过程$\{X(t-\tau_1), t\geqslant\tau_1\}$与原过程$\{X(t), t\geqslant 0\}$在概率上完全相同，则称$\{X(t), t\geqslant 0\}$为再生过程.

由定义 7.6.1 知，如果$\{X(t), t\geqslant 0\}$是再生过程，那么在 τ_1 之后还存在 τ_2，τ_3，…，它们具有与 τ_1 相同的性质，从而 τ_1，τ_2，…，τ_n，…构成一个更新过程的更新时刻. 每当发生一次更新，可看成一次循环，则

$$N(t) \stackrel{\text{def}}{=} \sup\{n \mid \tau_n \leqslant n\}$$

表示到时刻 t 的循环次数.

定理 7.6.2 设$\{X(t), t\geqslant 0\}$是一再生过程，τ_1 在某区间上的分布函数和概率密度函数分别为 $F(t)$和 $f(t)$，$E\tau_1<+\infty$，则对 $j\in S$，有

$$P_j = \lim_{t\to+\infty} P(X(t) = j) = \frac{E[\text{一个循环中处于状态 } j \text{ 的时间}]}{E[\text{一个循环的时间}]}$$

证明 令 $P(t)=P(X(t)=j)$，则

$$\begin{aligned} P(t) = P(X(t) = j) &= P(X(t) = j \mid \tau_{N(t)} = 0)\overline{F}(t) \\ &\quad + \int_0^t P(X(t) = j \mid \tau_{N(t)} = s)\overline{F}(t-s)\,\mathrm{d}m_N(s) \end{aligned}$$

其中
$$\overline{F}(t) = 1 - F(t),\ N(t) = \sup\{n \mid \tau_n \leqslant t\}$$

又

$$P(X(t) = j \mid \tau_{N(t)} = 0) = P(X(t) = j \mid \tau_1 > t)$$
$$P(X(t) = j \mid \tau_{N(t)} = s) = P(X(t-s) = j \mid \tau_1 > t-s)$$

所以

$$P(t) = P(X(t) = j, \tau_1 > t) + \int_0^t P(X(t-s) = j, \tau_1 > t-s)\,\mathrm{d}m_N(s)$$

令 $h(t)=P(X(t)=j, \tau_1>t)$，则易证 $h(t)$是直接 Riemann 可积的，所以由关键更新定理可得

$$\lim_{t\to+\infty} P(t) = \frac{1}{E\tau_1}\int_0^{+\infty} P(X(t)=j,\ \tau_1 > t)\ \mathrm{d}t$$

再令

$$I(t) = \begin{cases} 1,\ X(t)=j,\ \tau_1 > t \\ 0,\ 其它 \end{cases}$$

则 $\int_0^{+\infty} I(t)\ \mathrm{d}t$ 表示首次循环中 $X(t)=j$ 的时间，因而有

$$E\left[\int_0^{+\infty} I(t)\ \mathrm{d}t\right] = \int_0^{+\infty} E[I(t)]\ \mathrm{d}t = \int_0^{+\infty} P(X(t)=j,\ \tau_1 > t)\ \mathrm{d}t$$

故所证结论成立.

从更新报酬过程的理论知，P_j 也表示长时间后 $X(t)=j$ 所占的时间的比率. 事实上我们有如下结论.

定理 7.6.3 设 $\{X(t),\ t\geqslant 0\}$ 是一再生过程，$E\tau_1 < +\infty$，则以概率 1 对于 $j\in S$，有

$$\lim_{t\to+\infty}\frac{[在(0,\ t)中处于 j 的时间]}{t} = \frac{E[一个循环中处于 j 的时间]}{E[一个循环的时间]}$$

证明 只需假设每当过程处于状态 j 时以比率 1 获得报酬，这样便产生一个更新报酬过程，从而由定理 7.6.1 直接推得.

习 题 七

1. 设 $\{N(t),\ t\geqslant 0\}$ 是一更新过程，其更新间距的概率密度函数为

$$f(x) = \begin{cases} \alpha e^{-\alpha(x-\beta)}, & x > \beta \\ 0, & x \leqslant \beta \end{cases}$$

试求 $P(N(t)\geqslant k)$.

2. 设 $\{N(t),\ t\geqslant 0\}$ 是一更新过程，$T_1,\ T_2,\ \cdots,\ T_n,\ \cdots$ 是其更新间距，$m_N(t)=\lambda t$，$t\geqslant 0$ 是其更新函数，试求 $E[\exp(-t\sum_{k=1}^{n} T_k)]$，$t>0$.

3. 设 $\{N(t),\ t\geqslant 0\}$ 是一更新过程，更新间距的分布函数为 $F(t)$，令 $T_{N(t)+1}$ 为包含 t 的更新间距的长度，试证明

$$P(T_{N(t)+1} > x) \geqslant \overline{F}(x)$$

其中 $\overline{F}(x)=1-F(x)$.

4. 设 $m_N(t)$ 是更新过程 $\{N(t),\ t\geqslant 0\}$ 的更新函数，证明

$$E[N(t)]^2 = m_N(t) + 2\int_0^t m_N(t-s)\ \mathrm{d}m_N(s)$$

5. 有一个计数器，粒子的到达服从到达时间间隔的分布函数为 $F(t)$ 的更新过程，计数器每记录一个粒子后锁住一段固定时间 L，在此期间它不记录任何到达的粒子. 试求从锁住结束到下一个粒子到达的时间长度的分布函数.

6. 设乘客相继到达一个汽车站，形成一个均值为 μ 的更新过程，当有 N 个乘客时就发一辆汽车. 假定汽车站需给逗留在汽车站的每个乘客以比率 λ 支付费用. 试研究汽车站

在长期运行下单位时间的费用.

7. 若更新过程$\{N(t), t\geqslant 0\}$的更新间距的概率密度函数为

$$f(t)=\begin{cases}\lambda^2 t\mathrm{e}^{-\lambda t}, & t\geqslant 0\\ 0, & t<0\end{cases}$$

试证明更新函数

$$m_N(t)=\frac{1}{2}\lambda t-\frac{1}{4}(1-\mathrm{e}^{-2\lambda t})$$

8. 随机变量$T_1, T_2, \cdots, T_n$称为可换的，如果$i_1, i_2, \cdots, i_n$是$1, 2, \cdots, n$的一个置换，那么$T_{i_1}, T_{i_2}, \cdots, T_{i_n}$与$T_1, T_2, \cdots, T_n$有相同的联合分布，也就是说，若$P(T_1\leqslant t_1, T_2\leqslant t_2, \cdots, T_n\leqslant t_n)$是$(t_1, t_2, \cdots, t_n)$的一个对称函数，则它们是可换的. 设$\{N(t), t\geqslant 0\}$是一更新过程，$T_1, T_2, \cdots, T_n, \cdots$是其更新间距.

(1) 证明在$N(t)=n$的条件下，$T_1, T_2, \cdots, T_n$是可换的. 问$T_1, T_2, \cdots, T_n, T_{n+1}$在$N(t)=n$的条件下是否可换?

(2) 证明对$n>0$，有

$$E\left[\frac{T_1+T_2+\cdots+T_{N(t)}}{N(t)}\middle| N(t)=n\right]=E[T_1 \mid N(t)=n]$$

(3) 证明

$$E\left[\frac{T_1+T_2+\cdots+T_{N(t)}}{N(t)}\middle| N(t)>0\right]=E[T_1 \mid T_1<t]$$

9. 设有一单个服务员的银行，顾客按参数为λ的 Poisson 过程到来，但仅在他们到来时服务员有空的情况下才进入银行，服务时间的分布函数为$G(t)$. 试求：

(1) 顾客进入银行的速率；

(2) 潜在进入银行顾客的比例.

10. 设$\{N(t), t\geqslant 0\}$是一更新过程，$\delta(t)$和$\gamma(t)$分别表示在时刻t的年龄和剩余寿命.

(1) 试求$P(\gamma(t)>x|\delta(t)=s)$；

(2) 试求$P\left(\gamma(t)>x|\delta\left(t+\frac{x}{2}\right)=s\right)$；

(3) 试求当$\{N(t), t\geqslant 0\}$是 Poisson 过程时的$P(\gamma(t)>x|\delta(t+x)>s)$；

(4) 试求$P(\gamma(t)>x, \delta(t)>y)$；

(5) 若更新间距T_1的期望有限，即$ET_1<+\infty$，证明以概率 1 有

$$\lim_{t\to+\infty}\frac{\delta(t)}{t}=0$$

11. 设$\{N(t), t\geqslant 0\}$是一更新过程，更新间距服从参数为n、λ的 Gamma 分布，试证明

$$\lim_{t\to+\infty}E[\gamma(t)]=\frac{n+1}{2\lambda}$$

12. 一辆小汽车的寿命是分布函数为$F(t)$的随机变量，当小汽车损坏或用了A年时，车主就以旧换新. 以$R(A)$记一辆用了A年的旧车卖出价格，一辆损坏的车没有任何价值，以C_1记一辆新车的价格，且假设每当小汽车损坏时还要额外承担费用C_2.

(1) 每当购置一辆新车时就说一个循环开始，计算长时间后单位时间的平均费用；

(2) 每当使用中的汽车损坏时就说一个循环开始，计算长时间后单位时间的平均费用.

第8章 时间序列分析

在客观世界与工程实践中，经常可以观察到各种系统的随时间变化又相互关联的一串数据，这一串数据一般就是时间序列. 论述这种数据的统计方法称为时间序列分析. 时间序列最为重要和有用的特征是承认观察值之间的依赖关系或相关性，这种相关性一旦被定量地描述出来，就可以从系统的过去值预测将来的值. 本章主要介绍平稳时间序列的线性模型及其统计特性以及进行预报的方法.

8.1 平稳时间序列的线性模型

设$\{X_n, n=0, \pm1, \pm2, \cdots\}$是平稳时间序列，即$EX_n=m_X$(常数)，$E[X_nX_{n+m}]$与$n$无关，仅依赖于$m$. 为讨论问题简单起见，不妨设$\{X_n, n=0, \pm1, \pm2, \cdots\}$是零均值的平稳时间序列，如果$EX_n=m_X\neq0$，令$Y_n=X_n-m_X$，$n=0, \pm1, \pm2, \cdots$，则$\{Y_n, n=0, \pm1, \pm2, \cdots\}$就是零均值的平稳时间序列. 本章我们总是假设$\{X_n, n=0, \pm1, \pm2, \cdots\}$是零均值的平稳时间序列.

定义 8.1.1 设$\{X_n, n=0, \pm1, \pm2, \cdots\}$是零均值的平稳时间序列，$\{\varepsilon_n, n=0, \pm1, \pm2, \cdots\}$是白噪声，如果

$$\begin{aligned}X_n-\varphi_1X_{n-1}-\varphi_2X_{n-2}-\cdots-\varphi_pX_{n-p}&=\varepsilon_n-\psi_1\varepsilon_{n-1}\\&-\psi_2\varepsilon_{n-2}-\cdots-\psi_q\varepsilon_{n-q},\ n=0, \pm1, \pm2, \cdots\end{aligned}\tag{8.1.1}$$

其中，$p\geqslant0$，$q\geqslant0$，$p+q\neq0$，$\varphi_p\neq0$，$\psi_q\neq0$，则称平稳时间序列$\{X_n, n=0, \pm1, \pm2, \cdots\}$具有自回归滑动平均模型或混合模型，简记为ARMA$(p, q)$；$p$与$q$称为自回归滑动平均模型的阶数；$\varphi_1, \varphi_2, \cdots, \varphi_p, \psi_1, \psi_2, \cdots, \psi_q$称为自回归滑动平均模型的参数.

当$q=0$时，模型ARMA(p, q)称为自回归模型，简记为AR(p)；p称为AR(p)的阶数；$\varphi_1, \varphi_2, \cdots, \varphi_p$称为AR$(p)$的参数.

当$p=0$时，模型ARMA(p, q)称为滑动平均模型，简记为MA(q)；q称为MA(q)的阶数；$\psi_1, \psi_2, \cdots, \psi_q$称为MA$(q)$的参数.

定义 8.1.2 设

$$\Phi(z)=1-\varphi_1z-\varphi_2z^2-\cdots-\varphi_pz^p$$
$$\Psi(z)=1-\psi_1z-\psi_2z^2-\cdots-\psi_qz^q$$

是z的实系数多项式，$\Phi(z)$与$\Psi(z)$没有公因子，且$\Phi(z)$和$\Psi(z)$的零点全部在复平面上的单位圆$|z|=1$之外，$\{X_n, n=0, \pm1, \pm2, \cdots\}$是零均值的平稳时间序列，$\{\varepsilon_n, n=0,$

$\pm 1, \pm 2, \cdots\}$是白噪声，$E\varepsilon_n = 0$，且当 $m > n$ 时，$E(X_n \varepsilon_m) = 0$，如果(8.1.1)式成立，则称$\{X_n, n=0, \pm 1, \pm 2, \cdots\}$是随机差分方程(8.1.1)的平稳解.

需要指出：工程上常见的平稳时间序列的线性模型必为上面定义的三种线性模型中的一种. 为进一步研究这类模型，我们需要引进向后移位算子的概念.

定义 8.1.3 称算子 B 为平稳时间序列$\{X_n, n=0, \pm 1, \pm 2, \cdots\}$的向后移位算子，如果对任意 $n=0, \pm 1, \pm 2, \cdots$，则有

$$BX_n = X_{n-1}$$

由向后移位算子 B 的定义知，对于自然数 k，有

$$B^k X_n = \underbrace{BB\cdots B}_{k\text{个}} X_n = X_{n-k}, \ n = 0, \pm 1, \pm 2, \cdots$$

利用向后移位算子 B，三种线性模型 AR(p)，MA(q)和 ARMA(p, q)的算子表达式分别为

AR(p)：

$$\Phi(B) X_n = \varepsilon_n, \ n = 0, \pm 1, \pm 2, \cdots \tag{8.1.2}$$

MA(q)：

$$X_n = \Psi(B) \varepsilon_n, \ n = 0, \pm 1, \pm 2, \cdots \tag{8.1.3}$$

ARMA(p, q)：

$$\Phi(B) X_n = \Psi(B) \varepsilon_n, \ n = 0, \pm 1, \pm 2, \cdots \tag{8.1.4}$$

其中

$$\Phi(B) = 1 - \varphi_1 B - \varphi_2 B^2 - \cdots - \varphi_p B^p$$
$$\Psi(B) = 1 - \psi_1 B - \psi_2 B^2 - \cdots - \psi_q B^q$$

由平稳解的定义知，要使平稳解存在，实系数的多项式 $\Phi(z)$与 $\Psi(z)$应该满足一定的条件，这样便引入了平稳域与可逆域的概念.

定义 8.1.4 称 p 维欧氏空间的子集 $\Phi \overset{\text{def}}{=} \{(\varphi_1, \varphi_2, \cdots, \varphi_p) \mid \Phi(z) = 1 - \varphi_1 z - \varphi_2 z^2 - \cdots - \varphi_p z^p = 0$ 的 p 个根全都在单位圆$|z|=1$ 外$\}$为 ARMA(p, q)模型的平稳域；称 q 维欧氏空间的子集 $\Psi \overset{\text{def}}{=} \{(\psi_1, \psi_2, \cdots, \psi_q) \mid \Psi(z) = 1 - \psi_1 z - \psi_2 z^2 - \cdots - \psi_q z^q = 0$ 的 q 个根全都在单位圆$|z|=1$外$\}$为 ARMA(p, q)模型的可逆域.

例 8.1.1 试求 AR(2)和 MA(2)的平稳域和可逆域.

解 先求 AR(2)即 ARMA(2, 0)的平稳域. 由于 $\Phi(z) = 1 - \varphi_1 z - \varphi_2 z^2$，因而 $\Phi(z) = 0$ 在复数域中有两个根 z_1、z_2，由韦达定理有

$$z_1 z_2 = -\frac{1}{\varphi_2}$$

$$z_1 + z_2 = -\frac{\varphi_1}{\varphi_2}$$

从而由 $|\varphi_2| = \dfrac{1}{|z_1 z_2|} < 1$ 得 $-1 < \varphi_2 < 1$. 又因

$$\varphi_2 \pm \varphi_1 = -\frac{1}{z_1 z_2} \pm \frac{z_1 + z_2}{z_1 z_2} = 1 - \left(1 \mp \frac{1}{z_1}\right)\left(1 \mp \frac{1}{z_2}\right)$$

当 z_1、z_2 是实根时，显然有 $\varphi_2 \pm \varphi_1 < 1$；当 z_1、z_2 是复根时，$\bar{z}_1 = z_2$，从而

$$\overline{\left(1\mp\frac{1}{z_1}\right)}=\left(1\mp\frac{1}{z_2}\right)$$

于是

$$\varphi_2\pm\varphi_1=1-\left|1\mp\frac{1}{z_1}\right|^2<1$$

所以平稳域为

$$\Phi=\{(\varphi_1,\varphi_2)\mid -1<\varphi_2<1,\ \varphi_2\pm\varphi_1<1\}$$

再求 MA(2)即 ARMA(0, 2)的可逆域. 由于 $\Psi(z)=1-\psi_1 z-\psi_2 z^2$, 因此类似于 AR(2)的平稳域的求法得 MA(2)的可逆域为

$$\Psi=\{(\psi_1,\psi_2)\mid -1<\psi_2<1,\ \psi_2\pm\psi_1<1\}$$

其图像如图 8-1 所示.

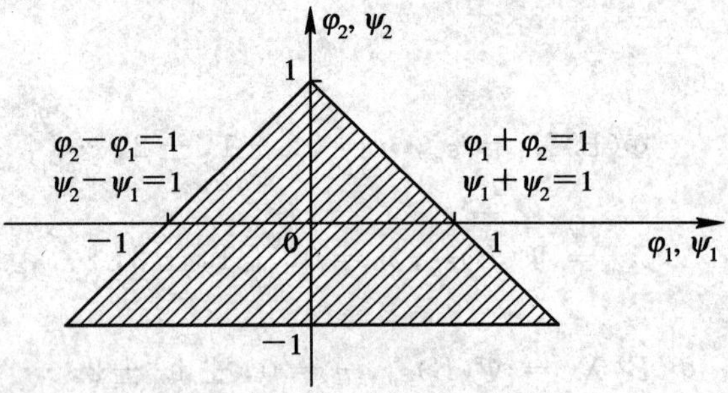

图 8-1

例 8.1.2 试求 ARMA(1, 1)的平稳可逆域.

解 先求 ARMA(1, 1)的平稳域. 由于 $\Phi(z)=1-\varphi_1 z$, 因此 $\Phi(z)=0$ 的根为 $z=1/\varphi_1$, 从而由 $|z|>1$ 得 $|\varphi_1|<1$, 故平稳域为

$$\Phi=\{\varphi_1\mid -1<\varphi_1<1\}$$

再求 ARMA(1, 1)的可逆域. 因为 $\Psi(z)=1-\psi_1 z$, 类似于平稳域的求法可求得可逆域为

$$\Psi=\{\psi_1\mid -1<\psi_1<1\}$$

所以 ARMA(1, 1)模型的平稳可逆域为

$$\{(\varphi_1,\psi_1)\mid -1<\varphi_1<1,\ -1<\psi_1<1\}$$

其图像如图 8-2 所示.

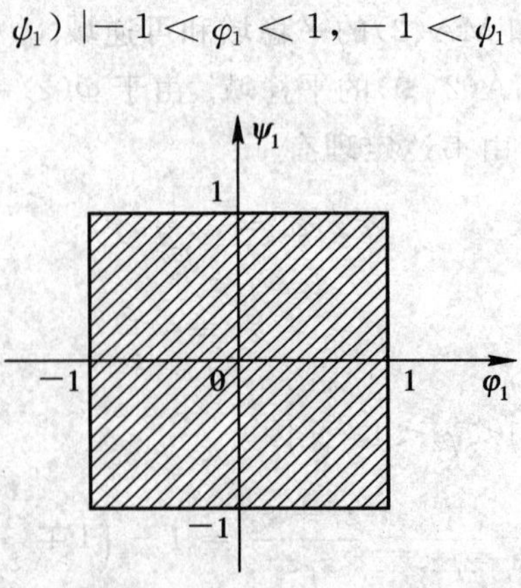

图 8-2

在下面的讨论中，我们总是假设$(\varphi_1, \varphi_2, \cdots, \varphi_p)\in\Phi$，$(\psi_1, \psi_2, \cdots, \psi_q)\in\Psi$. 在对一般的 ARMA$(p, q)$模型的讨论中经常会遇到 X_n 怎样用ε_n，ε_{n-1}，…来表示和ε_n 又怎样用 X_n，X_{n-1}，…来表示的问题，为此便引出了 ARMA(p, q)模型的传递形式和逆转形式的问题. 由(8.1.4)式首先可得

$$X_n = \Phi^{-1}(B)\Psi(B)\varepsilon_n,\ n = 0, \pm 1, \pm 2, \cdots \tag{8.1.5}$$

令 $G(B)=\Phi^{-1}(B)\Psi(B)$，由于$(\varphi_1, \varphi_2, \cdots, \varphi_p)\in\Phi$，$(\psi_1, \psi_2, \cdots, \psi_q)\in\Psi$，因此 $G(z)$在$|z|<1$ 中解析，从而可展开成幂级数

$$G(z) = \sum_{k=0}^{\infty} G_k z^k,\ |z|<1 \tag{8.1.6}$$

其中

$$G_0 = G(0) = \Phi^{-1}(0)\Psi(0) = 1$$

由(8.1.6)式得

$$G(B) = \sum_{k=0}^{\infty} G_k B^k \tag{8.1.7}$$

由(8.1.5)式和(8.1.7)式得

$$X_n = G(B)\varepsilon_n = \sum_{k=0}^{\infty} G_k \varepsilon_{n-k} \tag{8.1.8}$$

再由(8.1.4)式得

$$\varepsilon_n = \Psi^{-1}(B)\Phi(B)X_n,\ n = 0, \pm 1, \pm 2, \cdots \tag{8.1.9}$$

令 $I(B)=\Psi^{-1}(B)\Phi(B)$，则 $I(B)=G^{-1}(B)$. 因为$(\varphi_1,\varphi_2,\cdots,\varphi_p)\in\Phi$，$(\psi_1,\psi_2,\cdots,\psi_q)\in\Psi$，所以 $I(z)$在$|z|<1$ 中解析，从而可展开成幂级数

$$I(z) = I_0 - \sum_{k=1}^{\infty} I_k z^k,\ |z|<1 \tag{8.1.10}$$

其中

$$I_0 = \Psi^{-1}(0)\Phi(0) = 1$$

由(8.1.10)式得

$$I(B) = I_0 - \sum_{k=1}^{\infty} I_k B^k \tag{8.1.11}$$

由(8.1.9)式和(8.1.11)式得

$$\varepsilon_n = X_n - \sum_{k=1}^{\infty} I_k X_{n-k} \tag{8.1.12}$$

定义 8.1.5　称(8.1.8)式为 ARMA(p, q)模型的传递形式，G_k，$k=0, 1, 2, \cdots$称为 ARMA(p, q)模型的 Green 函数；称(8.1.12)式为 ARMA(p, q)模型的逆转形式，I_k，$k=0, 1, 2, \cdots$ 称为 ARMA(p, q)模型的逆 Green 函数.

特别地，对于 MA(q)模型 $X_n=\Psi(B)\varepsilon_n$，则有 $G(B)=\Psi(B)$，此时 Green 函数为

$$G_k = \begin{cases} 1, & k = 0 \\ -\psi_k, & k = 1, 2, \cdots, q \\ 0, & k = q+1, q+2, \cdots \end{cases}$$

对于 AR(p)模型 $\Phi(B)X_n=\varepsilon_n$，则有 $I(B)=\Phi(B)$，此时逆 Green 函数为

$$I_k = \begin{cases} 1, & k = 0 \\ \varphi_k, & k = 1, 2, \cdots, p \\ 0, & k = p+1, p+2, \cdots \end{cases}$$

对于 ARMA(p, q)模型，利用其传递形式可得当 $m>0$ 时，$E[X_n\varepsilon_{n+m}]=0$，$n=0$，$\pm1$，$\pm2$，…. 事实上，有

$$E[X_n\varepsilon_{n+m}] = E\Big[\sum_{k=0}^{\infty} G_k \varepsilon_{n-k}\varepsilon_{n+m}\Big] = \sum_{k=0}^{\infty} G_k E[\varepsilon_{n-k}\varepsilon_{n+m}] = 0$$

例 8.1.3　设有 AR(2)模型

$$X_n - \frac{1}{6}X_{n-1} - \frac{1}{6}X_{n-2} = \varepsilon_n$$

求其 Green 函数和传递形式.

解　因为

$$\Phi(B) = 1 - \frac{1}{6}B - \frac{1}{6}B^2$$

$$\Psi(B) = 1$$

所以

$$\begin{aligned} G(B) &= \frac{1}{1-\frac{1}{6}B-\frac{1}{6}B^2} = \frac{1}{\left(1-\frac{B}{2}\right)\left(1+\frac{B}{3}\right)} \\ &= \frac{3}{5}\,\frac{1}{1-\frac{B}{2}} + \frac{2}{5}\,\frac{1}{1+\frac{B}{3}} \\ &= \frac{3}{5}\sum_{k=0}^{\infty}\left(\frac{B}{2}\right)^k + \frac{2}{5}\sum_{k=0}^{\infty}(-1)^k\left(\frac{B}{3}\right)^k \\ &= \sum_{k=0}^{\infty}\Big[\frac{3}{5}\left(\frac{1}{2}\right)^k + \frac{2}{5}(-1)^k\left(\frac{1}{3}\right)^k\Big]B^k \end{aligned}$$

所以 Green 函数为

$$G_k = \frac{3}{5}\left(\frac{1}{2}\right)^k + (-1)^k\,\frac{2}{5}\left(\frac{1}{3}\right)^k,\ k = 0, 1, 2, \cdots$$

传递形式为

$$X_n = \sum_{k=0}^{\infty}\Big[\frac{3}{5}\left(\frac{1}{2}\right)^k + (-1)^k\,\frac{2}{5}\left(\frac{1}{3}\right)^k\Big]\varepsilon_{n-k},\ n = 0, \pm1, \pm2, \cdots$$

例 8.1.4　设有 ARMA(1, 1)模型

$$X_n - \frac{2}{3}X_{n-1} = \varepsilon_n - \frac{1}{2}\varepsilon_{n-1}$$

求其 Green 函数和传递形式.

解　由于

$$\Phi(B) = 1 - \frac{2}{3}B$$

$$\Psi(B) = 1 - \frac{1}{2}B$$

因此

$$G(B)=\frac{\Psi(B)}{\Phi(B)}=\frac{1-\frac{1}{2}B}{1-\frac{2}{3}B}=\left(1-\frac{1}{2}B\right)\sum_{k=0}^{\infty}\left(\frac{2}{3}B\right)^{k}$$

$$=\sum_{k=0}^{\infty}\left(\frac{2}{3}\right)^{k}B^{k}-\sum_{k=0}^{\infty}\frac{1}{2}\left(\frac{2}{3}\right)^{k}B^{k+1}$$

$$=1+\sum_{k=1}^{\infty}\left(\frac{2}{3}\right)^{k}B^{k}-\sum_{l=1}^{\infty}\frac{1}{2}\left(\frac{2}{3}\right)^{l-1}B^{l}$$

$$=1+\sum_{k=1}^{\infty}\frac{1}{6}\left(\frac{2}{3}\right)^{k-1}B^{k}$$

所以 Green 函数为

$$G_0=1,\ G_k=\frac{1}{6}\left(\frac{2}{3}\right)^{k-1},\ k=1,2,\cdots$$

传递形式为

$$X_n=\varepsilon_n+\sum_{k=1}^{\infty}\frac{1}{6}\left(\frac{2}{3}\right)^{k-1}\varepsilon_{n-k},\ n=0,\pm1,\pm2,\cdots$$

例 8.1.5　设有 MA(2)模型

$$X_n=\varepsilon_n-\frac{1}{12}\varepsilon_{n-1}-\frac{1}{12}\varepsilon_{n-2}$$

求其逆 Green 函数和逆转形式.

解　由于　　$\Phi(B)=1,\quad \Psi(B)=1-\frac{1}{12}B-\frac{1}{12}B^2$

因此

$$I(B)=\frac{1}{\Psi(B)}=\frac{1}{1-\frac{1}{12}B-\frac{1}{12}B^2}=\frac{1}{\left(1-\frac{B}{3}\right)\left(1+\frac{B}{4}\right)}$$

$$=\frac{4}{7}\frac{1}{1-\frac{B}{3}}+\frac{3}{7}\frac{1}{1+\frac{B}{4}}=\frac{4}{7}\sum_{k=0}^{\infty}\left(\frac{B}{3}\right)^{k}+\frac{3}{7}\sum_{k=0}^{\infty}(-1)^{k}\left(\frac{B}{4}\right)^{k}$$

$$=\sum_{k=0}^{\infty}\left[\frac{4}{7}\left(\frac{1}{3}\right)^{k}+(-1)^{k}\frac{3}{7}\left(\frac{1}{4}\right)^{k}\right]B^{k}$$

$$=1-\sum_{k=1}^{\infty}\left[-\frac{4}{7}\left(\frac{1}{3}\right)^{k}+(-1)^{k+1}\frac{3}{7}\left(\frac{1}{4}\right)^{k}\right]B^{k}$$

所以逆 Green 函数为

$$I_0=1,\ I_k=-\frac{4}{7}\left(\frac{1}{3}\right)^{k}+(-1)^{k+1}\frac{3}{7}\left(\frac{1}{4}\right)^{k},\ k=1,2,\cdots$$

逆转形式为

$$\varepsilon_n=X_n-\sum_{k=1}^{\infty}\left[-\frac{4}{7}\left(\frac{1}{3}\right)^{k}+(-1)^{k+1}\frac{3}{7}\left(\frac{1}{4}\right)^{k}\right]X_{n-k},\ n=0,\pm1,\pm2,\cdots$$

例 8.1.6　设有 ARMA(1, 1)模型

$$X_n-\frac{1}{3}X_{n-1}=\varepsilon_n-\frac{1}{4}\varepsilon_{n-1}$$

试求其逆 Green 函数和逆转形式.

解　由于

$$\Phi(B) = 1 - \frac{1}{3}B,\ \Psi(B) = 1 - \frac{1}{4}B$$

因此

$$\begin{aligned} I(B) = \frac{\Phi(B)}{\Psi(B)} = \frac{1 - \frac{1}{3}B}{1 - \frac{1}{4}B} &= \left(1 - \frac{1}{3}B\right)\sum_{k=0}^{\infty}\left(\frac{B}{4}\right)^k \\ &= \sum_{k=0}^{\infty}\left(\frac{1}{4}\right)^k B^k - \sum_{k=0}^{\infty}\frac{1}{3}\left(\frac{1}{4}\right)^k B^{k+1} \\ &= 1 + \sum_{k=1}^{\infty}\left(\frac{1}{4}\right)^k B^k - \sum_{l=1}^{\infty}\frac{1}{3}\left(\frac{1}{4}\right)^{l-1} B^l \\ &= 1 - \sum_{k=1}^{\infty}\frac{1}{12}\left(\frac{1}{4}\right)^{k-1} B^k \end{aligned}$$

所以逆 Green 函数为

$$I_0 = 1,\ I_k = \frac{1}{12}\left(\frac{1}{4}\right)^{k-1},\ k = 1, 2, \cdots$$

逆转形式为

$$\varepsilon_n = X_n - \sum_{k=1}^{\infty}\frac{1}{12}\left(\frac{1}{4}\right)^{k-1} X_{n-k},\ n = 0, \pm 1, \pm 2, \cdots$$

8.2　平稳时间序列线性模型的性质

关于平稳时间序列线性模型性质的讨论，主要是对自相关函数和偏相关函数的讨论. 这里的自相关函数与前面定义的自相关函数含义不同，所以有必要把它重新加以定义.

定义 8.2.1　设$\{X_n,\ n=0,\ \pm1,\ \pm2,\ \cdots\}$是零均值的平稳时间序列. 称

$$\gamma_k = E[X_n X_{n+k}],\ k = 0, \pm 1, \pm 2, \cdots$$

为$\{X_n,\ n=0,\ \pm1,\ \pm2,\ \cdots\}$的自协方差函数. 称

$$\rho_k = \frac{\gamma_k}{\gamma_0},\ k = 0, \pm 1, \pm 2, \cdots$$

为$\{X_n,\ n=0,\ \pm1,\ \pm2,\ \cdots\}$的自相关函数.

由于$\{X_n,\ n=0,\ \pm1,\ \pm2,\ \cdots\}$的均值函数为零，因而其自协方差函数 γ_k 的定义没有变化，而自相关函数实际上就是相关系数函数.

定义 8.2.2　设 $\varphi_{k1}, \varphi_{k2}, \cdots, \varphi_{kk}$ 满足

$$\begin{bmatrix} \gamma_0 & \gamma_1 & \gamma_2 & \cdots & \gamma_{k-1} \\ \gamma_1 & \gamma_0 & \gamma_1 & \cdots & \gamma_{k-2} \\ \gamma_2 & \gamma_1 & \gamma_0 & \cdots & \gamma_{k-3} \\ \vdots & \vdots & \vdots & & \vdots \\ \gamma_{k-1} & \gamma_{k-2} & \gamma_{k-3} & \cdots & \gamma_0 \end{bmatrix} \begin{bmatrix} \varphi_{k1} \\ \varphi_{k2} \\ \varphi_{k3} \\ \vdots \\ \varphi_{kk} \end{bmatrix} = \begin{bmatrix} \gamma_1 \\ \gamma_2 \\ \gamma_3 \\ \vdots \\ \gamma_k \end{bmatrix} \tag{8.2.1}$$

或

$$\begin{bmatrix} 1 & \rho_1 & \rho_2 & \cdots & \rho_{k-1} \\ \rho_1 & 1 & \rho_1 & \cdots & \rho_{k-2} \\ \rho_2 & \rho_1 & 1 & \cdots & \rho_{k-3} \\ \vdots & \vdots & \vdots & & \vdots \\ \rho_{k-1} & \rho_{k-2} & \rho_{k-3} & \cdots & 1 \end{bmatrix} \begin{bmatrix} \varphi_{k1} \\ \varphi_{k2} \\ \varphi_{k3} \\ \vdots \\ \varphi_{kk} \end{bmatrix} = \begin{bmatrix} \rho_1 \\ \rho_2 \\ \rho_3 \\ \vdots \\ \rho_k \end{bmatrix} \tag{8.2.2}$$

约定 $\varphi_{00}=1$，则称 $\varphi_{kk}(k\geqslant 0)$为偏相关函数. 称方程(8.2.1)和方程(8.2.2)中的系数矩阵为 Toeplitz 矩阵，称方程(8.2.1)和方程(8.2.2)为 Yule - Walker 方程.

偏相关函数 φ_{kk} 在概率上刻画了平稳时间序列$\{X_n, n=0, \pm 1, \pm 2, \cdots\}$的任意一个长为 $k+1$ 的片断 $X_n, X_{n+1}, \cdots, X_{n+k-1}, X_{n+k}$，在中间量 $X_{n+1}, X_{n+2}, \cdots, X_{n+k-1}$ 固定的条件下，两端 X_n 和 X_{n+k} 的线性联系的密切程度. 显然 $\varphi_{00}=1$.

定理 8.2.1　设 AR(p)模型为

$$X_n - \varphi_1 X_{n-1} - \varphi_2 X_{n-2} - \cdots - \varphi_p X_{n-p} = \varepsilon_n$$

则$\{X_n, n=0, \pm 1, \pm 2, \cdots\}$的自协方差函数和自相关函数满足下列线性方程组：

$$\begin{bmatrix} \gamma_1 \\ \gamma_2 \\ \vdots \\ \gamma_p \end{bmatrix} = \begin{bmatrix} \gamma_0 & \gamma_1 & \gamma_2 & \cdots & \gamma_{p-1} \\ \gamma_1 & \gamma_0 & \gamma_1 & \cdots & \gamma_{p-2} \\ \vdots & \vdots & \vdots & & \vdots \\ \gamma_{p-1} & \gamma_{p-2} & \gamma_{p-3} & \cdots & \gamma_0 \end{bmatrix} \begin{bmatrix} \varphi_1 \\ \varphi_2 \\ \vdots \\ \varphi_p \end{bmatrix} \tag{8.2.3}$$

或

$$\begin{bmatrix} \rho_1 \\ \rho_2 \\ \vdots \\ \rho_p \end{bmatrix} = \begin{bmatrix} 1 & \rho_1 & \rho_2 & \cdots & \rho_{p-1} \\ \rho_1 & 1 & \rho_1 & \cdots & \rho_{p-2} \\ \vdots & \vdots & \vdots & & \vdots \\ \rho_{p-1} & \rho_{p-2} & \rho_{p-3} & \cdots & 1 \end{bmatrix} \begin{bmatrix} \varphi_1 \\ \varphi_2 \\ \vdots \\ \varphi_p \end{bmatrix} \tag{8.2.4}$$

$$D\varepsilon_n = \sigma_0^2 = \gamma_0 - \sum_{k=1}^{p} \varphi_k \gamma_k \tag{8.2.5}$$

证明

$$X_n - \varphi_1 X_{n-1} - \varphi_2 X_{n-2} - \cdots - \varphi_p X_{n-p} = \varepsilon_n$$

两边乘以 X_{n-m}，再在两边取均值，可得

$$\begin{aligned} E[X_n X_{n-m}] = {} & \varphi_1 E[X_{n-1} X_{n-m}] + \varphi_2 E[X_{n-2} X_{n-m}] + \cdots \\ & + \varphi_p E[X_{n-p} X_{n-m}] + E[\varepsilon_n X_{n-m}] \end{aligned}$$

又 $E[\varepsilon_n X_{n-m}]=0$，$m>0$，所以

$$\gamma_{-m} = \gamma_{1-m}\varphi_1 + \gamma_{2-m}\varphi_2 + \cdots + \gamma_{p-m}\varphi_p,\ m = 1, 2, \cdots, p \tag{8.2.6}$$

从而

$$\rho_{-m} = \rho_{1-m}\varphi_1 + \rho_{2-m}\varphi_2 + \cdots + \rho_{p-m}\varphi_p,\ m = 1, 2, \cdots, p \tag{8.2.7}$$

由于 $\gamma_{-m}=\gamma_m$，$\rho_{-m}=\rho_m$，因此即得(8.2.3)式及(8.2.4)式. 又因为

$$\begin{aligned} \sigma_0^2 &= E[\varepsilon_n]^2 \\ &= E[X_n - \varphi_1 X_{n-1} - \cdots - \varphi_p X_{n-p}]^2 \\ &= \gamma_0 - 2\sum_{k=1}^{p} \varphi_k \gamma_{-k} + \sum_{l,k=1}^{p} \varphi_l \varphi_k \gamma_{l-k} \end{aligned}$$

由(8.2.6)式得

$$\gamma_{-k} = \sum_{l=1}^{p} \gamma_{l-k}\varphi_l$$

从而

$$\begin{aligned}\sigma_0^2 &= \gamma_0 - 2\sum_{k=1}^{p}\varphi_k\gamma_{-k} + \sum_{k=1}^{p}\varphi_k\Big(\sum_{l=1}^{p}\gamma_{l-k}\varphi_l\Big)\\ &= \gamma_0 - 2\sum_{k=1}^{p}\varphi_k\gamma_{-k} + \sum_{k=1}^{p}\varphi_k\gamma_{-k}\\ &= \gamma_0 - \sum_{k=1}^{p}\varphi_k\gamma_{-k}\\ &= \gamma_0 - \sum_{k=1}^{p}\varphi_k\gamma_k\end{aligned}$$

关于定理 8.2.1 我们指出：由(8.2.6)式及差分方程求解方法，可以求出 AR(p)模型的自协方差函数 γ_k 的一般表达式，并可以看出它是被负指数控制的，即有

$$|\gamma_k| \leqslant c\mathrm{e}^{-\delta k},\ c > 0,\ \delta > 0$$

对于自相关函数 ρ_k，也有同样的性质. 这种性质称为拖尾性. 此时$\lim\limits_{k\to\infty}\rho_k = 0$，其图像如图 8-3 所示.

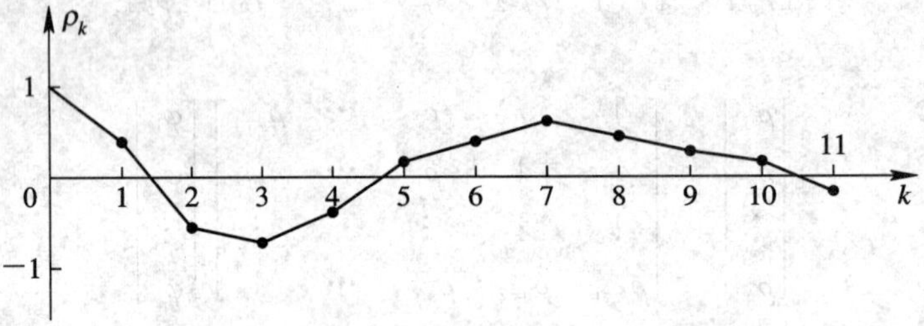

图 8-3

定理 8.2.2 设 AR(p)模型

$$X_n - \varphi_1 X_{n-1} - \varphi_2 X_{n-2} - \cdots - \varphi_p X_{n-p} = \varepsilon_n$$

则 φ_{kk} 截尾，即当 $k=p$ 时，$\varphi_{kk}\neq 0$；当 $k>p$ 时，$\varphi_{kk}=0$.

证明 要证明当 $k>p$ 时，$\varphi_{kk}=0$，$\varphi_{pp}\neq 0$，为此需要计算 φ_{kk}. 当 $k>p$ 时，由于 $E[X_n\varepsilon_{n+m}]=0$，$m>0$，因而

$$\begin{aligned}\delta &\overset{\text{def}}{=} E\Big[X_{n+k} - \sum_{l=1}^{k}\varphi_{kl}X_{n+k-l}\Big]^2\\ &= E\Big[\varepsilon_{n+k} + \sum_{l=1}^{p}\varphi_l X_{n+k-l} - \sum_{l=1}^{k}\varphi_{kl}X_{n+k-l}\Big]^2\\ &= E\varepsilon_{n+k}^2 + E\Big[\sum_{l=1}^{p}\varphi_l X_{n+k-l} - \sum_{l=1}^{k}\varphi_{kl}X_{n+k-l}\Big]^2\\ &= E\varepsilon_{n+k}^2 + E\Big[\sum_{l=1}^{p}(\varphi_l - \varphi_{kl})X_{n+k-l} - \sum_{l=p+1}^{k}\varphi_{kl}X_{n+k-l}\Big]^2\\ &\geqslant \sigma_0^2\end{aligned}$$

取

$$\varphi_{kl} = \begin{cases} \varphi_l, & 1 \leqslant l \leqslant p \\ 0, & p+1 \leqslant l \leqslant k \end{cases}$$

使 δ 达到最小. 此时有当 $k>p$ 时，$\varphi_{kk}=0$，而 $\varphi_{pp}\neq 0$，即 φ_{kk} 在 $k=p$ 处截尾.

φ_{kk} 在 $k=p$ 截尾，其图像如图 8-4 所示.

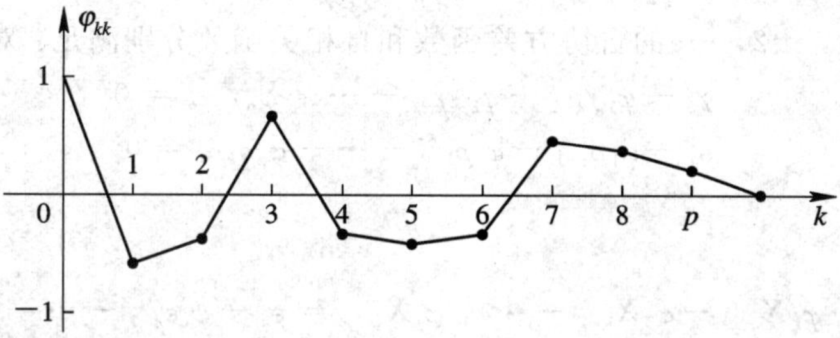

图 8-4

定理 8.2.3 设 MA(q)模型为

$$X_n = \varepsilon_n - \psi_1\varepsilon_{n-1} - \psi_2\varepsilon_{n-2} - \cdots - \psi_q\varepsilon_{n-q}$$

则$\{X_n, n=0, \pm 1, \pm 2, \cdots\}$的自协方差函数和自相关函数分别为

$$\gamma_k = \begin{cases} \sigma_0^2(1+\psi_1^2+\psi_2^2+\cdots+\psi_q^2), & k=0 \\ \sigma_0^2(-\psi_k+\psi_1\psi_{k+1}+\cdots+\psi_{q-k}\psi_q), & 1\leqslant k\leqslant q \\ 0, & k>q \end{cases} \tag{8.2.8}$$

$$\rho_k = \begin{cases} 1, & k=0 \\ \dfrac{-\psi_k+\psi_1\psi_{k+1}+\cdots+\psi_{q-k}\psi_q}{1+\psi_1^2+\psi_2^2+\cdots+\psi_q^2}, & 1\leqslant k\leqslant q \\ 0, & k>q \end{cases} \tag{8.2.9}$$

约定 $\psi_0=0$.

证明

$$X_n = \varepsilon_n - \psi_1\varepsilon_{n-1} - \psi_2\varepsilon_{n-2} - \cdots - \psi_q\varepsilon_{n-q}$$

两边乘以 X_{n+k}，再在两边取均值，可得

$$\begin{aligned} \gamma_k &= E[X_nX_{n+k}] \\ &= E[(\varepsilon_n-\psi_1\varepsilon_{n-1}-\psi_2\varepsilon_{n-2}-\cdots-\psi_q\varepsilon_{n-q})(\varepsilon_{n+k}-\psi_1\varepsilon_{n+k-1}-\psi_2\varepsilon_{n+k-2}-\cdots-\psi_q\varepsilon_{n+k-q})] \\ &= \begin{cases} \sigma_0^2(1+\psi_1^2+\psi_2^2+\cdots+\psi_q^2), & k=0 \\ \sigma_0^2(-\psi_k+\psi_1\psi_{k+1}+\cdots+\psi_{q-k}\psi_q), & 1\leqslant k\leqslant q \\ 0, & k>q \end{cases} \end{aligned}$$

从而

$$\rho_k = \begin{cases} 1, & k=0 \\ \dfrac{-\psi_k+\psi_1\psi_{k+1}+\cdots+\psi_{q-k}\psi_q}{1+\psi_1^2+\psi_2^2+\cdots+\psi_q^2}, & 1\leqslant k\leqslant q \\ 0, & k>q \end{cases}$$

由定理 8.2.3 直接推得

$$\rho_q = -\frac{\psi_q}{1+\psi_1^2+\psi_2^2+\cdots+\psi_q^2} \neq 0$$

所以 ρ_k 在 $k=q$ 处截尾. 对于 MA(q)模型，利用差分方程的求解方法可以证明 φ_{kk} 拖尾.

定理 8.2.4 设 ARMA(p, q)模型为

$$X_n - \varphi_1 X_{n-1} - \varphi_2 X_{n-2} - \cdots - \varphi_p X_{n-p} = \varepsilon_n - \psi_1 \varepsilon_{n-1} - \cdots - \psi_q \varepsilon_{n-q}$$

则$\{X_n, n=0, \pm1, \pm2, \cdots\}$的自协方差函数和自相关函数分别满足：对于 $k>q$，有

$$\gamma_k - \varphi_1 \gamma_{k-1} - \varphi_2 \gamma_{k-2} - \cdots - \varphi_p \gamma_{k-p} = 0 \tag{8.2.10}$$

$$\rho_k - \varphi_1 \rho_{k-1} - \varphi_2 \rho_{k-2} - \cdots - \varphi_p \rho_{k-p} = 0 \tag{8.2.11}$$

且 ρ_k 拖尾.

证明

$$X_n - \varphi_1 X_{n-1} - \varphi_2 X_{n-2} - \cdots - \varphi_p X_{n-p} = \varepsilon_n - \psi_1 \varepsilon_{n-1} - \cdots - \psi_q \varepsilon_{n-q}$$

两边乘以 X_{n-k}，再在两边取均值，可得

$$\begin{aligned} & E[X_n X_{n-k}] - \varphi_1 E[X_{n-1} X_{n-k}] - \cdots - \varphi_p E[X_{n-p} X_{n-k}] \\ & = E[\varepsilon_n X_{n-k}] - \psi_1 E[\varepsilon_{n-1} X_{n-k}] - \cdots - \psi_q E[\varepsilon_{n-q} X_{n-k}] \end{aligned}$$

当 $k>q$ 时，利用 $E[X_n \varepsilon_{n+m}]=0$，$m>0$，得

$$\gamma_k - \varphi_1 \gamma_{k-1} - \varphi_2 \gamma_{k-2} - \cdots - \varphi_p \gamma_{k-p} = 0$$

从而当 $k>q$ 时，有

$$\rho_k - \varphi_1 \rho_{k-1} - \varphi_2 \rho_{k-2} - \cdots - \varphi_p \rho_{k-p} = 0$$

以下证明 ρ_k 拖尾. (8.2.11)式可写成

$$\Phi(B)\rho_k = 0$$

这是线性差分方程，可用差分方程的解法求得 ρ_k. 令 $\rho_l=\lambda^l$，其中 λ 的值待定. 当 $l>-p$ 时，由(8.2.11)式得

$$\lambda^l = \varphi_1 \lambda^{l-1} + \varphi_2 \lambda^{l-2} + \cdots + \varphi_p \lambda^{l-p}$$

于是

$$1 - \varphi_1 \lambda^{-1} - \varphi_2 \lambda^{-2} - \cdots - \varphi_p \lambda^{-p} = 0$$

所以 λ^{-1}是 $\Phi(z)=0$ 的根.

设方程 $\Phi(z)=0$ 在单位圆$|z|=1$ 外有 p 个不同的根 z_1^{-1}, z_2^{-1}, $\cdots$, z_p^{-1}，其中$|z_k|<1$, $k=1, 2, \cdots, p$. λ 可取 z_k, $k=1, 2, \cdots, p$，从而 $\rho_l=z_k^l$, $l>-p$ 是差分方程(8.2.11)的解，进而

$$\rho_l = a_1 z_1^l + a_2 z_2^l + \cdots + a_p z_p^l, \ l > -p$$

是差分方程(8.2.11)的解，其中 a_1, a_2, $\cdots$, a_p 是常数，它们可以根据 p 个关系式 $\rho_0=1$, $\rho_l=\rho_{-l}(0<l<p)$确定.

显然，当 $l\to\infty$时，有 $\rho_l\to0$. 又因为当 $l\geqslant0$ 时，有

$$\begin{aligned} |\rho_l| & \leqslant |a_1||z_1|^l + |a_2||z_2|^l + \cdots + |a_p||z_p|^l \\ & \leqslant pc_1 M^l = pc_1 \mathrm{e}^{-l\ln\frac{1}{M}} = c\mathrm{e}^{-l\delta} \end{aligned}$$

其中

$$c_1 = \max_{1\leqslant k\leqslant p} |a_k| > 0, \ M = \max_{1\leqslant k\leqslant p} |z_k| < 1$$

$$\delta = \ln \frac{1}{M} > 0, \ c = pc_1$$

故 ρ_k 拖尾.

若方程 $\Phi(z)=0$ 有重根，则类似地可以证明 ρ_k 拖尾.

对于 ARMA(p, q)模型，利用差分方程的求解方法，依同样的方法可以证明 φ_{kk} 拖尾. 类似地，对于 AR(p)模型，可以证明 ρ_k 拖尾.

8.3 自协方差函数、自相关函数、偏相关函数的矩估计及其性质

定义 8.3.1 设$\{X_n, n=0, \pm1, \pm2, \cdots\}$是零均值的平稳时间序列，$X_1, X_2, \cdots, X_N$ 是来自于$\{X_n, n=0, \pm1, \pm2, \cdots\}$的一个样本，则称

$$\hat{\gamma}_k = \frac{1}{N}\sum_{l=1}^{N-|k|} X_l X_{l+|k|}, \ k = 0, \pm1, \pm2, \cdots, \pm m, \ m < N \tag{8.3.1}$$

为样本自协方差函数.

称

$$\hat{\rho}_k = \frac{\hat{\gamma}_k}{\hat{\gamma}_0}, \ k = 0, \pm1, \pm2, \cdots, \pm m, \ m < N \tag{8.3.2}$$

为样本自相关函数.

定义 8.3.2 设 $\hat{\varphi}_{k1}, \hat{\varphi}_{k2}, \cdots, \hat{\varphi}_{kk}$ 满足

$$\begin{bmatrix} \hat{\gamma}_0 & \hat{\gamma}_1 & \hat{\gamma}_2 & \cdots & \hat{\gamma}_{k-1} \\ \hat{\gamma}_1 & \hat{\gamma}_0 & \hat{\gamma}_1 & \cdots & \hat{\gamma}_{k-2} \\ \hat{\gamma}_2 & \hat{\gamma}_1 & \hat{\gamma}_0 & \cdots & \hat{\gamma}_{k-3} \\ \vdots & \vdots & \vdots & & \vdots \\ \hat{\gamma}_{k-1} & \hat{\gamma}_{k-2} & \hat{\gamma}_{k-3} & \cdots & \hat{\gamma}_0 \end{bmatrix} \begin{bmatrix} \hat{\varphi}_{k1} \\ \hat{\varphi}_{k2} \\ \hat{\varphi}_{k3} \\ \vdots \\ \hat{\varphi}_{kk} \end{bmatrix} = \begin{bmatrix} \hat{\gamma}_1 \\ \hat{\gamma}_2 \\ \hat{\gamma}_3 \\ \vdots \\ \hat{\gamma}_k \end{bmatrix} \tag{8.3.3}$$

或

$$\begin{bmatrix} 1 & \hat{\rho}_1 & \hat{\rho}_2 & \cdots & \hat{\rho}_{k-1} \\ \hat{\rho}_1 & 1 & \hat{\rho}_1 & \cdots & \hat{\rho}_{k-2} \\ \hat{\rho}_2 & \hat{\rho}_1 & 1 & \cdots & \hat{\rho}_{k-3} \\ \vdots & \vdots & \vdots & & \vdots \\ \hat{\rho}_{k-1} & \hat{\rho}_{k-2} & \hat{\rho}_{k-3} & \cdots & 1 \end{bmatrix} \begin{bmatrix} \hat{\varphi}_{k1} \\ \hat{\varphi}_{k2} \\ \hat{\varphi}_{k3} \\ \vdots \\ \hat{\varphi}_{kk} \end{bmatrix} = \begin{bmatrix} \hat{\rho}_1 \\ \hat{\rho}_2 \\ \hat{\rho}_3 \\ \vdots \\ \hat{\rho}_k \end{bmatrix} \tag{8.3.4}$$

则称 $\hat{\varphi}_{kk}(k \geqslant 1)$为样本偏相关函数.

定理 8.3.1　设 ARMA(p, q)模型为

$$X_n - \varphi_1 X_{n-1} - \varphi_2 X_{n-2} - \cdots - \varphi_p X_{n-p} = \varepsilon_n - \psi_1 \varepsilon_{n-1} - \cdots - \psi_q \varepsilon_{n-q}$$

且$\{X_n, n=0, \pm1, \pm2, \cdots\}$是实平稳正态序列，则

$$\lim_{N\to\infty} E\hat{\gamma}_k = \gamma_k, \ \lim_{N\to\infty} E\hat{\rho}_k = \rho_k$$

$$p \lim_{N\to\infty} \hat{\gamma}_k = \gamma_k, \ p \lim_{N\to\infty} \hat{\rho}_k = \rho_k$$

证明　因为

$$E\hat{\gamma}_k = \frac{1}{N}\sum_{l=1}^{N-|k|} E[X_l X_{l+|k|}] = \frac{N-|k|}{N}\gamma_k$$

所以

$$\lim_{N\to\infty} E\hat{\gamma}_k = \lim_{N\to\infty} \frac{N-|k|}{N}\gamma_k = \gamma_k$$

又因为$\{X_n, n=0, \pm1, \pm2, \cdots\}$是实平稳正态序列并且满足 ARMA($p$, q)模型，所以由各态历经性有

$$\begin{aligned} \underset{N\to\infty}{\mathrm{l.i.m}}\, \hat{\gamma}_k &= \underset{N\to\infty}{\mathrm{l.i.m}}\, \frac{1}{N}\sum_{l=1}^{N-|k|} X_l X_{l+|k|} \\ &= \underset{N\to\infty}{\mathrm{l.i.m}}\, \frac{N-|k|}{N}\left(\frac{1}{N-|k|}\sum_{l=1}^{N-|k|} X_l X_{l+|k|}\right) \\ &= \gamma_k \end{aligned}$$

从而

$$p \lim_{N\to\infty} \hat{\gamma}_k = \gamma_k$$

关于 $\hat{\rho}_k$ 的性质可类似证明.

下面我们不加证明地给出样本自协方差函数、样本自相关函数及样本偏相关函数的几个性质，有兴趣的读者可参阅有关书籍，如参考文献 37.

定理 8.3.2　设 ARMA(p, q)模型为

$$X_n - \varphi_1 X_{n-1} - \varphi_2 X_{n-2} - \cdots - \varphi_p X_{n-p} = \varepsilon_n - \psi_1 \varepsilon_{n-1} - \cdots - \psi_q \varepsilon_{n-q}$$

且$\{X_n, n=0, \pm1, \pm2, \cdots\}$是实平稳正态序列，则

$$\lim_{N\to\infty} D\hat{\gamma}_k = \sum_{l=-\infty}^{+\infty} [\gamma_l^2 + \gamma_{l+k}\gamma_{l-k}]$$

$$\lim_{N\to\infty} D\hat{\rho}_k = \sum_{l=-\infty}^{+\infty} [\rho_l^2 + \rho_{l+k}\rho_{l-k} + 2\rho_k^2\rho_l^2 - 4\rho_k\rho_l\rho_{l-k}]$$

定理 8.3.3　设 ARMA(p, q)模型为

$$X_n - \varphi_1 X_{n-1} - \varphi_2 X_{n-2} - \cdots - \varphi_p X_{n-p} = \varepsilon_n - \psi_1 \varepsilon_{n-1} - \cdots - \psi_q \varepsilon_{n-q}$$

且$\{X_n, n=0, \pm1, \pm2, \cdots\}$是实平稳正态序列，则对任意的 k_0，当 $N\to\infty$时，k_0 维随机变量

$$(\sqrt{N}(\hat{\gamma}_0 - \gamma_0), \sqrt{N}(\hat{\gamma}_1 - \gamma_1), \cdots, \sqrt{N}(\hat{\gamma}_{k_0-1} - \gamma_{k_0-1}))$$

的极限分布为 k_0 维正态分布 $N(\mathbf{0}, \boldsymbol{\Sigma}^{(1)})$，其中

$$\boldsymbol{\Sigma}^{(1)} = (\sigma_{kl}^{(1)})$$

而 $$\sigma_{kl}^{(1)} = \sum_{n=-\infty}^{+\infty} [\gamma_n \gamma_{n+k-l} + \gamma_n \gamma_{n+k+l}],\ 0 \leqslant k,\ l \leqslant k_0 - 1$$

k_0 维随机变量

$$(\sqrt{N}(\hat{\rho}_0 - \rho_0),\ \sqrt{N}(\hat{\rho}_1 - \rho_1),\ \cdots,\ \sqrt{N}(\hat{\rho}_{k_0-1} - \rho_{k_0-1}))$$

的极限分布为 k_0 维正态分布 $N(\mathbf{0}, \boldsymbol{\Sigma}^{(2)})$，其中

$$\boldsymbol{\Sigma}^{(2)} = (\sigma_{kl}^{(2)})$$

$$\sigma_{kl}^{(2)} = \sum_{n=-\infty}^{+\infty} [\rho_{k+n}\rho_{l+n} + \rho_{k-n}\rho_{l+n} + 2\rho_k\rho_l\rho_n^2 - 2\rho_n\rho_k\rho_{l+n} + \rho_l\rho_{k+n}],\ 0 \leqslant k,\ l \leqslant k_0 - 1$$

定理 8.3.4　设 MA(q)模型为

$$X_n = \varepsilon_n - \psi_1\varepsilon_{n-1} - \psi_2\varepsilon_{n-2} - \cdots - \psi_q\varepsilon_{n-q}$$

且$\{X_n,\ n=0,\ \pm1,\ \pm2,\ \cdots\}$是实平稳正态序列，则：

(1) $$D\hat{\gamma}_k = E[\hat{\gamma}_k - \gamma_k]^2 \approx \begin{cases} \dfrac{2}{N}\Big[\gamma_0^2 + 2\sum_{l=1}^{q}\gamma_l^2\Big],\ k = 0 \\ \dfrac{1}{N}\Big[\gamma_0^2 + 2\sum_{l=1}^{q}\gamma_l^2\Big],\ k > q \end{cases}$$

$$D\hat{\rho}_k \approx \frac{1}{N}\Big[1 + 2\sum_{l=1}^{q}\rho_l^2\Big],\ k > q$$

(2) 当 $k=0$ 时，

$$\sqrt{N}(\hat{\gamma}_k - \gamma_k) \text{ 的极限分布服从正态分布 } N\Big(0,\ 2\Big[\gamma_0^2 + 2\sum_{l=1}^{q}\gamma_l^2\Big]\Big)$$

当 $k>q$ 时，

$$\sqrt{N}(\hat{\gamma}_k - \gamma_k) \text{ 的极限分布服从正态分布 } N\Big(0,\ \gamma_0^2 + 2\sum_{l=1}^{q}\gamma_l^2\Big)$$

$$\sqrt{N}(\hat{\rho}_k - \rho_k) \text{ 的极限分布服从正态分布 } N\Big(0,\ 1 + 2\sum_{l=1}^{q}\rho_l^2\Big)$$

定理 8.3.4 的结论(2)中，ρ_l 实际上未知，一般用 $\hat{\rho}_l$ 替代，再由正态分布的性质知，当 N 充分大时，有下列近似公式：

$$P\Big(|\hat{\rho}_k - \rho_k| \leqslant \frac{1}{\sqrt{N}}\Big(1 + 2\sum_{l=1}^{q}\hat{\rho}_l^2\Big)^{\frac{1}{2}}\Big) \approx 68.3\%$$

$$P\Big(|\hat{\rho}_k - \rho_k| \leqslant \frac{2}{\sqrt{N}}\Big(1 + 2\sum_{l=1}^{q}\hat{\rho}_l^2\Big)^{\frac{1}{2}}\Big) \approx 95.5\%$$

定理 8.3.5　设 AR(p)模型为

$$X_n - \varphi_1 X_{n-1} - \varphi_2 X_{n-2} - \cdots - \varphi_p X_{n-p} = \varepsilon_n$$

且$\{X_n,\ n=0,\ \pm1,\ \pm2,\ \cdots\}$是实平稳正态序列，则

(1) $\lim\limits_{N\to\infty} E\hat{\varphi}_{kk} = \varphi_{kk}$，$p\lim\limits_{N\to\infty}\hat{\varphi}_{kk} = \varphi_{kk}$；

(2) 当 $k>p$ 时，$\sqrt{N}(\hat{\varphi}_{kk} - \varphi_{kk})$的极限分布为 $N(0, 1)$分布.

例 8.3.1　某水文站记录了某河流每年最大径流量的 59 个数据，如表 8-1 所示. 试计算自相关函数.

表 8-1 某河流每年最大径流量数据表

n	X_n	n	X_n	n	X_n	n	X_n	n	X_n
1	6931	13	−29	25	461	37	2031	49	−6329
2	291	14	−2289	26	−1189	38	−2479	50	2431
3	1731	15	−1859	27	−1689	39	941	51	−3579
4	1931	16	151	28	981	40	−1085	52	2231
5	2131	17	5731	29	−1409	41	1321	53	−2179
6	1211	18	−1229	30	81	42	−2519	54	3931
7	1181	19	−1429	31	1231	43	−419	55	−2029
8	2231	20	−2239	32	−1359	44	−2639	56	−1239
9	141	21	2331	33	371	45	311	57	−1909
10	1291	22	−1329	34	−1359	46	−2489	58	1331
11	3531	23	591	35	181	47	961	59	631
12	−1159	24	−3379	36	−829	48	821		

解 由于

$$\overline{X}=\frac{1}{59}(6931+291+\cdots+1331+631)=0$$

因此由(8.3.1)式，对于 $k=15$，得

$$\hat{\gamma}_0=\frac{1}{59}(6931^2+291^2+\cdots+1331^2+631^2)=5\ 020\ 385$$

$$\hat{\gamma}_1=\frac{1}{59}(6931\times 291+291\times 1731+\cdots+1331\times 631)=-1\ 156\ 994$$

$$\hat{\gamma}_2=\frac{1}{59}(6931\times 1731+291\times 1931+\cdots+(-1909)\times 631)=1\ 470\ 118$$

$$\hat{\gamma}_3=\frac{1}{59}(6931\times 1931+291\times 2131+\cdots+(-1239)\times 631)=-817\ 156$$

$$\vdots$$

$$\hat{\gamma}_{15}=\frac{1}{59}(6931\times 151+291\times 5731+\cdots+(-2639)\times 631)=186\ 411$$

由(8.3.2)式得

$$\hat{\rho}_1=\frac{\hat{\gamma}_1}{\hat{\gamma}_0}=-0.23,\ \hat{\rho}_2=\frac{\hat{\gamma}_2}{\hat{\gamma}_0}=0.29,\ \hat{\rho}_3=\frac{\hat{\gamma}_3}{\hat{\gamma}_0}=-0.16$$

$$\hat{\rho}_4=\frac{\hat{\gamma}_4}{\hat{\gamma}_0}=0.28,\ \cdots,\ \hat{\rho}_{15}=\frac{\hat{\gamma}_{15}}{\hat{\gamma}_0}=0.04$$

关于偏相关函数，如果利用(8.3.3)式或(8.3.4)式计算，则要用到 Toeplitz 矩阵求逆和作矩阵的乘法的方法，计算量大. 通过利用下面的递推公式设计简单的算法来计算，可使计算量减少.

$$\hat{\varphi}_{11}=\hat{\rho}_1 \tag{8.3.5}$$

$$\hat{\varphi}_{k+1\,k+1}=\Big[\hat{\rho}_{k+1}-\sum_{l=1}^{k}\hat{\rho}_{k+1-l}\hat{\varphi}_{kl}\Big]\Big[1-\sum_{l=1}^{k}\hat{\rho}_l\hat{\varphi}_{kl}\Big]^{-1} \quad (8.3.6)$$

$$\hat{\varphi}_{k+1\,l}=\hat{\varphi}_{kl}-\hat{\varphi}_{k+1\,k+1}\hat{\varphi}_{k\,k-(l-1)},\ l=1,2,\cdots,k \quad (8.3.7)$$

例 8.3.2　计算例 8.3.1 中的样本偏相关函数.

解　由(8.3.5)式有

$$\hat{\varphi}_{11}=\hat{\rho}_1=-0.23$$

在(8.3.6)式中取 $k=1$，得

$$\hat{\varphi}_{22}=\frac{\hat{\rho}_2-\hat{\rho}_1\hat{\varphi}_{11}}{1-\hat{\rho}_1\hat{\varphi}_{11}}=\frac{0.29-(-0.23)^2}{1-(-0.23)^2}=0.25$$

在(8.3.7)式中取 $k=1$，$l=1$，得

$$\hat{\varphi}_{21}=\hat{\varphi}_{11}-\hat{\varphi}_{22}\hat{\varphi}_{11}=(-0.23)-0.25\times(-0.23)=-0.17$$

在(8.3.6)式中取 $k=2$，得

$$\hat{\varphi}_{33}=\frac{\hat{\rho}_3-\hat{\rho}_2\hat{\varphi}_{21}-\hat{\rho}_1\hat{\varphi}_{22}}{1-\hat{\rho}_1\hat{\varphi}_{21}-\hat{\rho}_2\hat{\varphi}_{22}}=\frac{(-0.16)-0.29\times(-0.17)-(-0.23)\times 0.25}{1-(-0.23)\times(-0.17)-0.29\times 0.25}$$
$$=-0.06$$

在(8.3.7)式中取 $k=2$，$l=1$，得

$$\hat{\varphi}_{31}=\hat{\varphi}_{21}-\hat{\varphi}_{33}\hat{\varphi}_{22}=(-0.17)-(-0.06)\times 0.25=-0.15$$

在(8.3.7)式中取 $k=2$，$l=2$，得

$$\hat{\varphi}_{32}=\hat{\varphi}_{22}-\hat{\varphi}_{33}\hat{\varphi}_{21}=0.25-(-0.06)\times(-0.17)=0.24$$

在(8.3.6)式中取 $k=3$，得

$$\hat{\varphi}_{44}=\frac{\hat{\rho}_4-\hat{\rho}_3\hat{\varphi}_{31}-\hat{\rho}_2\hat{\varphi}_{32}-\hat{\rho}_1\hat{\varphi}_{33}}{1-\hat{\rho}_1\hat{\varphi}_{31}-\hat{\rho}_2\hat{\varphi}_{32}-\hat{\rho}_3\hat{\varphi}_{33}}$$
$$=\frac{0.28-(-0.16)\times(-0.15)-0.29\times 0.24-(-0.23)\times(-0.06)}{1-(-0.23)\times(-0.15)-0.29\times 0.24-(-0.16)\times(-0.06)}$$
$$=0.20$$
$$\vdots$$
$$\hat{\varphi}_{15\,15}=0.00$$

对于线性模型的类别，在理论上可以根据 ρ_k 和 φ_{kk} 的拖尾和截尾性来确定. 然而，在实际工作中，我们由一个样本只能算出 $\hat{\rho}_k$ 和 $\hat{\varphi}_{kk}$. 但是在一定条件下，$\hat{\rho}_k\approx\rho_k$，$\hat{\varphi}_{kk}\approx\varphi_{kk}$，所以可用 $\hat{\rho}_k$ 和 $\hat{\varphi}_{kk}$ 分别判断 ρ_k 和 φ_{kk} 是拖尾的还是截尾的.

对于 MA(q)模型，由于当 $k>q$ 时，$\rho_k=0$，由定理 8.3.4 知，当 N 充分大时有如下近似式：

$$P\Big(|\hat{\rho}_k|\leqslant\frac{1}{\sqrt{N}}\big(1+2\sum_{l=1}^{q}\hat{\rho}_l^2\big)^{\frac{1}{2}}\Big)\approx 68.3\%$$

$$P\Big(|\hat{\rho}_k|\leqslant\frac{2}{\sqrt{N}}\big(1+2\sum_{l=1}^{q}\hat{\rho}_l^2\big)^{\frac{1}{2}}\Big)\approx 95.5\%$$

利用该性质可判断 ρ_k 的截尾性. 对每一 $q>0$，检查 $\hat{\rho}_{q+1}$，$\hat{\rho}_{q+2}$，…，$\hat{\rho}_{q+M}$(M 一般可取 $\sqrt{N}$ 左右)中落入

$$|\hat{\rho}_k| \leqslant \frac{1}{\sqrt{N}}\left(1+2\sum_{l=1}^{q}\hat{\rho}_l^2\right)^{\frac{1}{2}}$$

或

$$|\hat{\rho}_k| \leqslant \frac{2}{\sqrt{N}}\left(1+2\sum_{l=1}^{q}\hat{\rho}_l^2\right)^{\frac{1}{2}}$$

的个数是否占总数 $M(M=\sqrt{N})$ 的 68.3%或 95.5%左右，如在某 q_0 之前 $\hat{\rho}_k$ 都明显地不能认为是零，而当 $q=q_0$ 时，$\hat{\rho}_{q_0+1}$，$\hat{\rho}_{q_0+2}$，…，$\hat{\rho}_{q_0+M}$ 中满足上述不等式的个数达到了比例，则认为 ρ_k 在 q_0 处截尾，即为 MA(q)模型.

对于 AR(p)模型，当 $k>p$ 时，$\varphi_{kk}=0$，由定理 8.3.5 知，当 $k>p$ 时，$\hat{\varphi}_{kk}$ 近似服从正态分布 $N\left(0,\frac{1}{N}\right)$，用上述类似的方法可对 φ_{kk} 的截尾性进行判断. 如果 φ_{kk} 在 p_0 处截尾，即为 AR(p)模型.

例 8.3.3 确定例 8.3.1 线性模型的类别.

解 计算样本自相关函数和样本偏相关函数(如表 8-2 所示)，分别画出 $\hat{\rho}_k$ 和 $\hat{\varphi}_{kk}$ 的图像，如图 8-5 和图 8-6 所示.

表 8-2 样本自相关函数和样本偏相关函数

k	$\hat{\rho}_k$	$\hat{\varphi}_{kk}$	k	$\hat{\rho}_k$	$\hat{\varphi}_{kk}$	k	$\hat{\rho}_k$	$\hat{\varphi}_{kk}$	k	$\hat{\rho}_k$	$\hat{\varphi}_{kk}$
1	−0.23	−0.23	5	−0.01	0.14	9	0.05	−0.02	13	0.03	−0.09
2	0.29	0.25	6	0.22	0.14	10	0.02	−0.01	14	−0.05	−0.04
3	−0.16	−0.06	7	0.08	0.18	11	0.09	−0.02	15	0.04	0.00
4	0.28	0.20	8	0.00	−0.08	12	−0.07	−0.11			

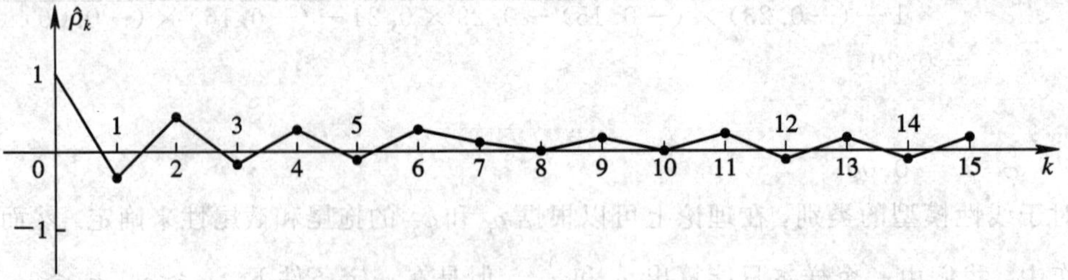

图 8-5

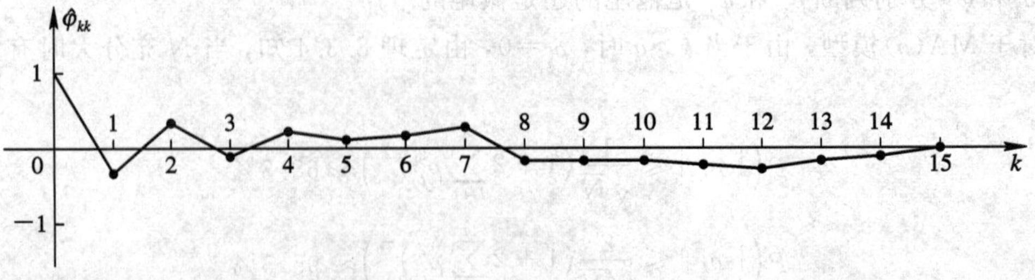

图 8-6

由于

$$\frac{2}{\sqrt{N}}=\frac{2}{\sqrt{59}}\approx 0.26$$

当 $k>2$ 时，$|\hat{\varphi}_{kk}|<0.26$，因此 φ_{kk} 在 $k=2$ 处截尾. 显然，ρ_k 拖尾，故该模型为 AR(2) 模型.

例 8.3.4　根据由 200 个数据计算的样本自相关函数和样本偏相关函数(如表 8－3 所示)，确定线性模型的类别.

表 8－3　样本自相关函数和样本偏相关函数

k	$\hat{\rho}_k$	$\hat{\varphi}_{kk}$	k	$\hat{\rho}_k$	$\hat{\varphi}_{kk}$	k	$\hat{\rho}_k$	$\hat{\varphi}_{kk}$	k	$\hat{\rho}_k$	$\hat{\varphi}_{kk}$
1	−0.73	−0.73	5	−0.01	−0.73	9	−0.08	0.14	13	−0.05	−0.12
2	−0.84	−0.64	6	−0.04	−0.75	10	0.13	−0.32	14	0.02	−0.10
3	−0.13	−0.71	7	0.09	−0.76	11	−0.04	0.11	15	0.03	−0.07
4	−0.11	−0.82	8	−0.05	−0.72	12	0.07	−0.16			

解　分别画出 $\hat{\rho}_k$ 和 $\hat{\varphi}_{kk}$ 的图像，如图 8－7 和图 8－8 所示.

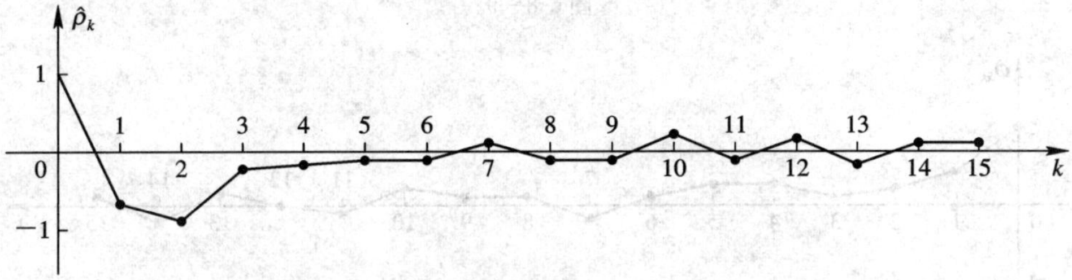

图　8－7

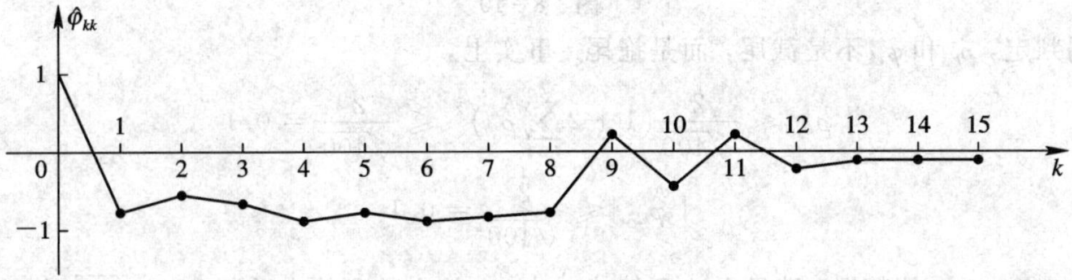

图　8－8

由于

$$\frac{2}{\sqrt{N}}\left(1+2\sum_{l=1}^{2}\hat{\rho}_l^2\right)^{\frac{1}{2}}\approx 0.29$$

当 $k>2$ 时，$|\hat{\rho}_k|<0.29$，故 ρ_k 在 $k=2$ 处截尾. 显然，φ_{kk} 拖尾，由此可确定该模型为 MA(2)模型.

例 8.3.5　根据由 400 个数据计算的样本自相关函数和样本偏相关函数(如表 8－4 所示)，确定线性模型的类别.

表 8-4　样本自相关函数和样本偏相关函数

k	$\hat{\rho}_k$	$\hat{\varphi}_{kk}$	k	$\hat{\rho}_k$	$\hat{\varphi}_{kk}$	k	$\hat{\rho}_k$	$\hat{\varphi}_{kk}$	k	$\hat{\rho}_k$	$\hat{\varphi}_{kk}$
1	0.57	0.57	5	0.45	0.11	9	0.39	0.09	13	0.27	0.06
2	0.47	0.22	6	0.38	0.01	10	0.42	0.13	14	0.25	−0.07
3	0.44	0.16	7	0.53	−0.03	11	0.32	−0.03	15	0.24	0.01
4	0.47	0.20	8	0.37	0.10	12	0.31	−0.02			

解　分别画出 $\hat{\rho}_k$ 和 $\hat{\varphi}_{kk}$ 的图像，如图 8-9 和图 8-10 所示.

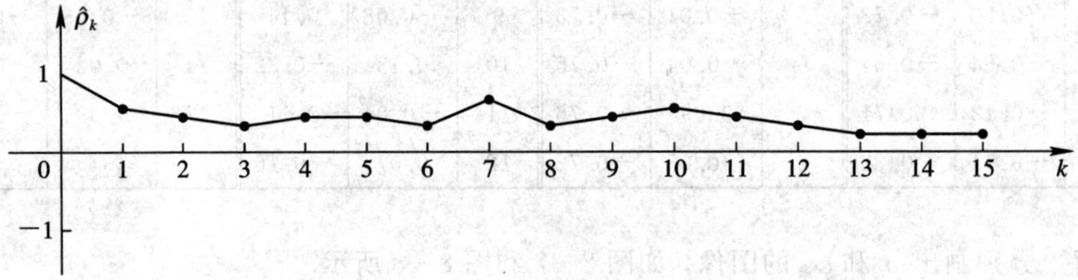

图　8-9

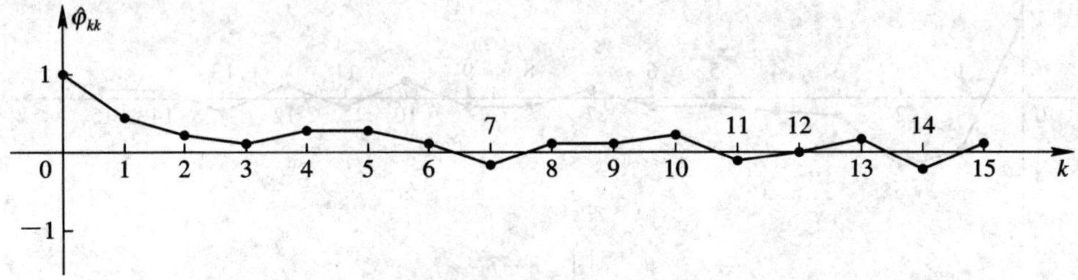

图　8-10

据判定，ρ_k 和 φ_{kk} 不是截尾，而是拖尾. 事实上，

$$|\hat{\rho}_k| \leqslant \frac{2}{\sqrt{400}}\left(1+2\sum_{l=1}^{q}\hat{\rho}_l^2\right)^{\frac{1}{2}} \leqslant \frac{2}{\sqrt{400}} = 0.1$$

及

$$|\hat{\varphi}_{kk}| \leqslant \frac{2}{\sqrt{400}} = 0.1$$

由表 8-4 中的数据，满足上述不等式 $\hat{\rho}_k$ 与 $\hat{\varphi}_{kk}$ 的个数不能占总数 $M=\sqrt{400}$ 的 95.5%，故 ρ_k 和 φ_{kk} 都是拖尾，从而线性模型为混合模型. 但此时混合模型的阶数不能确定，我们只能主观取 p 和 q 的值，却需都不能为零. 一般取 p 和 q 较小的数值. 如模型为 ARMA(1, 1)，或 ARMA(1, 2)，或 ARMA(2, 1)等.

8.4　模型的参数估计

模型参数 $\varphi_1, \varphi_2, \cdots, \varphi_p; \psi_1, \psi_2, \cdots, \psi_q; \sigma_0^2$ 需要用一个样本作估计. 参数 $\varphi_1, \varphi_2, \cdots, \varphi_p; \psi_1, \psi_2, \cdots, \psi_q; \sigma_0^2$ 的估计量分别记为 $\hat{\varphi}_1, \hat{\varphi}_2, \cdots, \hat{\varphi}_p; \hat{\psi}_1, \hat{\psi}_2, \cdots, \hat{\psi}_q; \hat{\sigma}_0^2$. 下面分

三种模型分别介绍参数估计值的算法.

1. AR(p)模型

设 AR(p)模型为

$$X_n - \varphi_1 X_{n-1} - \varphi_2 X_{n-2} - \cdots - \varphi_p X_{n-p} = \varepsilon_n \tag{8.4.1}$$

则自协方差函数 γ_k 和自相关函数 ρ_k 满足 Yule - Walker 方程：

$$\gamma_k - \varphi_1 \gamma_{k-1} - \cdots - \varphi_p \gamma_{k-p} = 0,\ k = 1, 2, \cdots, p \tag{8.4.2}$$

及

$$\rho_k - \varphi_1 \rho_{k-1} - \cdots - \varphi_p \rho_{k-p} = 0,\ k = 1, 2, \cdots, p \tag{8.4.3}$$

且

$$\sigma_0^2 = \gamma_0 - \sum_{k=1}^{p} \varphi_k \gamma_k \tag{8.4.4}$$

这样我们可得到 AR(p)模型参数估计的全部公式. 具体做法是：先由一个样本求得 γ_k(或 ρ_k)的估计值：

$$\hat{\gamma}_k = \frac{1}{N} \sum_{l=1}^{N-|k|} X_l X_{l+|k|}$$

或 $\hat{\rho}_k = \dfrac{\hat{\gamma}_k}{\hat{\gamma}_0}$，再由 $\hat{\gamma}_k$ 或 $\hat{\rho}_k$，$1 \leqslant k \leqslant p$ 便可由(8.4.2)式或(8.4.3)式求出 φ_k 的估计值 $\hat{\varphi}_k$，最后由(8.4.4)式求得 σ_0^2 的估计值 $\hat{\sigma}_0^2$.

若将求解 $\hat{\varphi}_k$ 的方程组具体写出为

$$\hat{\gamma}_k = \varphi_1 \hat{\gamma}_{k-1} + \varphi_2 \hat{\gamma}_{k-2} + \cdots + \varphi_p \hat{\gamma}_{k-p},\ k = 1, 2, \cdots, p \tag{8.4.5}$$

或

$$\hat{\rho}_k = \varphi_1 \hat{\rho}_{k-1} + \varphi_2 \hat{\rho}_{k-2} + \cdots + \varphi_p \hat{\rho}_{k-p},\ k = 1, 2, \cdots, p \tag{8.4.6}$$

上述方程组的系数矩阵为

$$\begin{bmatrix} \hat{\gamma}_0 & \hat{\gamma}_{-1} & \cdots & \hat{\gamma}_{1-p} \\ \hat{\gamma}_1 & \hat{\gamma}_0 & \cdots & \hat{\gamma}_{2-p} \\ \vdots & \vdots & & \vdots \\ \hat{\gamma}_{p-1} & \hat{\gamma}_{p-2} & \cdots & \hat{\gamma}_0 \end{bmatrix}$$

或

$$\begin{bmatrix} 1 & \hat{\rho}_{-1} & \cdots & \hat{\rho}_{1-p} \\ \hat{\rho}_1 & 1 & \cdots & \hat{\rho}_{2-p} \\ \vdots & \vdots & & \vdots \\ \hat{\rho}_{p-1} & \hat{\rho}_{p-2} & \cdots & 1 \end{bmatrix}$$

可以证明当 $\hat{\gamma}_0 \neq 0$，即 X_n 不全为零时，上述矩阵是正定矩阵，所以方程组(8.4.5)或方程组(8.4.6)有唯一解. 由 $\hat{\gamma}_{-k} = \hat{\gamma}_k$，$\hat{\rho}_{-k} = \hat{\rho}_k$，得唯一解为

$$\begin{bmatrix}\hat{\varphi}_1\\ \hat{\varphi}_2\\ \vdots\\ \hat{\varphi}_p\end{bmatrix}=\begin{bmatrix}\hat{\gamma}_0 & \hat{\gamma}_{-1} & \cdots & \hat{\gamma}_{1-p}\\ \hat{\gamma}_1 & \hat{\gamma}_0 & \cdots & \hat{\gamma}_{2-p}\\ \vdots & \vdots & & \vdots\\ \hat{\gamma}_{p-1} & \hat{\gamma}_{p-2} & \cdots & \hat{\gamma}_0\end{bmatrix}^{-1}\begin{bmatrix}\hat{\gamma}_1\\ \hat{\gamma}_2\\ \vdots\\ \hat{\gamma}_p\end{bmatrix}=\begin{bmatrix}\hat{\gamma}_0 & \hat{\gamma}_1 & \cdots & \hat{\gamma}_{p-1}\\ \hat{\gamma}_1 & \hat{\gamma}_0 & \cdots & \hat{\gamma}_{p-2}\\ \vdots & \vdots & & \vdots\\ \hat{\gamma}_{p-1} & \hat{\gamma}_{p-2} & \cdots & \hat{\gamma}_0\end{bmatrix}^{-1}\begin{bmatrix}\hat{\gamma}_1\\ \hat{\gamma}_2\\ \vdots\\ \hat{\gamma}_p\end{bmatrix} \tag{8.4.7}$$

或

$$\begin{bmatrix}\hat{\varphi}_1\\ \hat{\varphi}_2\\ \vdots\\ \hat{\varphi}_p\end{bmatrix}=\begin{bmatrix}1 & \hat{\rho}_{-1} & \cdots & \hat{\rho}_{1-p}\\ \hat{\rho}_1 & 1 & \cdots & \hat{\rho}_{2-p}\\ \vdots & \vdots & & \vdots\\ \hat{\rho}_{p-1} & \hat{\rho}_{p-2} & \cdots & 1\end{bmatrix}^{-1}\begin{bmatrix}\hat{\rho}_1\\ \hat{\rho}_2\\ \vdots\\ \hat{\rho}_p\end{bmatrix}=\begin{bmatrix}1 & \hat{\rho}_1 & \cdots & \hat{\rho}_{p-1}\\ \hat{\rho}_1 & 1 & \cdots & \hat{\rho}_{p-2}\\ \vdots & \vdots & & \vdots\\ \hat{\rho}_{p-1} & \hat{\rho}_{p-2} & \cdots & 1\end{bmatrix}^{-1}\begin{bmatrix}\hat{\rho}_1\\ \hat{\rho}_2\\ \vdots\\ \hat{\rho}_p\end{bmatrix} \tag{8.4.8}$$

再由(8.4.4)式得

$$\hat{\sigma}_0^2=\hat{\gamma}_0-\sum_{k=1}^{p}\hat{\varphi}_k\hat{\gamma}_k \tag{8.4.9}$$

由(8.4.7)式或(8.4.8)式可见，在求 $\hat{\varphi}_1$，$\hat{\varphi}_2$，…，$\hat{\varphi}_p$时要求矩阵的逆矩阵及作矩阵的乘法. 这种方法通常计算量相当大. 在此，我们利用上节求偏相关函数的估计的方法，即采用如下的递推算法：

$$\hat{\varphi}_{11}=\hat{\rho}_1 \tag{8.4.10}$$

$$\hat{\varphi}_{k+1\,k+1}=\Big[\hat{\rho}_{k+1}-\sum_{l=1}^{k}\hat{\rho}_{k+1-l}\hat{\varphi}_{kl}\Big]\Big[1-\sum_{l=1}^{k}\hat{\rho}_l\hat{\varphi}_{kl}\Big]^{-1} \tag{8.4.11}$$

$$\hat{\varphi}_{k+1\,l}=\hat{\varphi}_{kl}-\hat{\varphi}_{k+1\,k+1}\hat{\varphi}_{k\,k-(l-1)},\ l=1,\ 2,\ \cdots,\ k \tag{8.4.12}$$

当递推到第 p 步时，得 $\hat{\varphi}_{pl}(l=1,\ 2,\ \cdots,\ p)$，即得

$$\hat{\varphi}_l=\hat{\varphi}_{pl}(l=1,\ 2,\ \cdots,\ p)$$

引理 8.4.1 设 p 维随机变量 $\boldsymbol{X}_n$ 的分布收敛于 $N(\boldsymbol{0},\ \boldsymbol{\Sigma})$分布，令 $\boldsymbol{Y}_n=\boldsymbol{U}_n+\boldsymbol{V}_n\boldsymbol{X}_n$，其中 p 维随机变量 $\boldsymbol{U}_n$ 的每个分量都依概率收敛于零，而 $p\times p$ 维的随机变量构成的矩阵 $\boldsymbol{V}_n$ 的每个分量依概率收敛于常数矩阵 $\boldsymbol{A}$ 的每个分量，则 p 维随机变量 $\boldsymbol{Y}_n$ 的分布收敛于 $N(\boldsymbol{0},\ \boldsymbol{A\Sigma A}^{\mathrm{T}})$.

证明 为叙述简单起见，只讨论 $p=1$，$A>0$ 的情况. 设 X_n 的极限分布为 $N(0,\ \sigma^2)$，则对任一 $\varepsilon>0$，有

$$\begin{aligned}P(Y_n\leqslant x)&=P(U_n+V_nX_n\leqslant x)\\&=P(V_nX_n\leqslant x-U_n,\ |U_n|<\varepsilon)+P(V_nX_n\leqslant x-U_n,\ |U_n|\geqslant\varepsilon)\\&\leqslant P(V_nX_n\leqslant x+\varepsilon)+P(|U_n|\geqslant\varepsilon)\\&=P(V_nX_n\leqslant x+\varepsilon,\ |V_n-A|\geqslant\varepsilon)+P(V_nX_n\leqslant x+\varepsilon,\ |V_n-A|<\varepsilon)\\&\quad+P(|U_n|\geqslant\varepsilon)\\&\leqslant P(|V_n-A|\geqslant\varepsilon)+P\Big(X_n\leqslant\frac{x+\varepsilon}{A-\varepsilon}\Big)+P(|U_n|\geqslant\varepsilon)\end{aligned}$$

所以

$$\overline{\lim_{n\to\infty}} P(Y_n \leqslant x) \leqslant \lim_{n\to\infty} P\left(X_n \leqslant \frac{x+\varepsilon}{A-\varepsilon}\right)$$

$$= \frac{1}{\sqrt{2\pi}\sigma}\int_{-\infty}^{\frac{x+\varepsilon}{A-\varepsilon}} e^{-\frac{u^2}{2\sigma^2}}\, du$$

由 ε 的任意性，令 ε→0，即得

$$\overline{\lim_{n\to\infty}} P(Y_n \leqslant x) \leqslant \frac{1}{\sqrt{2\pi}\sigma}\int_{-\infty}^{\frac{x}{A}} e^{-\frac{u^2}{2\sigma^2}}\, du$$

$$= \frac{1}{\sqrt{2\pi}A\sigma}\int_{-\infty}^{x} e^{-\frac{u^2}{2A^2\sigma^2}}\, du \tag{8.4.13}$$

同理，对任一 ε>0，有

$$\begin{aligned} P(Y_n \leqslant x) &= P(U_n + V_n X_n \leqslant x) \\ &= P(V_n X_n \leqslant x - U_n,\ |U_n| < \varepsilon) + P(V_n X_n \leqslant x - U_n,\ |U_n| \geqslant \varepsilon) \\ &\geqslant P(V_n X_n \leqslant x - \varepsilon) + P(V_n X_n \leqslant x - U_n,\ |U_n| \geqslant \varepsilon) \\ &\geqslant P(V_n X_n \leqslant x - \varepsilon) - P(|U_n| \geqslant \varepsilon) \\ &= P(V_n X_n \leqslant x - \varepsilon,\ |V_n - A| < \varepsilon) + P(V_n X_n \leqslant x - \varepsilon,\ |V_n - A| \geqslant \varepsilon) \\ &\quad - P(|U_n| \geqslant \varepsilon) \\ &\geqslant P\left(X_n \leqslant \frac{x-\varepsilon}{A+\varepsilon}\right) - P(|V_n - A| \geqslant \varepsilon) - P(|U_n| \geqslant \varepsilon) \end{aligned}$$

所以
$$\underline{\lim_{n\to\infty}} P(Y_n \leqslant x) \geqslant \lim_{n\to\infty} P\left(X_n \leqslant \frac{x-\varepsilon}{A+\varepsilon}\right) = \frac{1}{\sqrt{2\pi}\sigma}\int_{-\infty}^{\frac{x-\varepsilon}{A+\varepsilon}} e^{-\frac{u^2}{2\sigma^2}}\, du$$

由 ε 的任意性，令 ε→0 可得

$$\underline{\lim_{n\to\infty}} P(Y_n \leqslant x) \geqslant \frac{1}{\sqrt{2\pi}\sigma}\int_{-\infty}^{\frac{x}{A}} e^{-\frac{u^2}{2\sigma^2}}\, du = \frac{1}{\sqrt{2\pi}A\sigma}\int_{-\infty}^{x} e^{-\frac{u^2}{2A^2\sigma^2}}\, du \tag{8.4.14}$$

由(8.4.13)式及(8.4.14)式得

$$\lim_{n\to\infty} P(Y_n \leqslant x) = \frac{1}{\sqrt{2\pi}A\sigma}\int_{-\infty}^{x} e^{-\frac{u^2}{2A^2\sigma^2}}\, du$$

对 $A<0$ 或多维情况，也可类似地加以证明.

定理 8.4.1 设 AR(p)模型

$$X_n - \varphi_1 X_{n-1} - \varphi_2 X_{n-2} - \cdots - \varphi_p X_{n-p} = \varepsilon_n$$

并且$\{X_n,\ n=0,\ \pm1,\ \pm2,\ \cdots\}$是实平稳正态序列，则

(1) $\hat{\varphi}_l$ 是 φ_l 的渐近无偏估计，即

$$\lim_{N\to\infty} E[\hat{\varphi}_l] = \varphi_l,\ l = 1,\ 2,\ \cdots,\ p \tag{8.4.15}$$

(2) $\hat{\varphi}_l$是 φ_l 的一致估计，即 ∀ε>0，有

$$\lim_{N\to\infty} P(|\hat{\varphi}_l - \varphi_l| \geqslant \varepsilon) = 0,\ l = 1,\ 2,\ \cdots,\ p \tag{8.4.16}$$

(3) $\hat{\varphi}_1,\ \hat{\varphi}_2,\ \cdots,\ \hat{\varphi}_p$是渐近正态随机变量，即

$$\sqrt{N}(\varphi_1 - \hat{\varphi}_1),\ \sqrt{N}(\varphi_2 - \hat{\varphi}_2),\ \cdots,\ \sqrt{N}(\varphi_p - \hat{\varphi}_p)$$

的分布收敛于 $N(\mathbf{0},\ \boldsymbol{\Sigma})$分布，其中

$$\boldsymbol{\Sigma} = (\sigma_{kl})_{p\times p} = \sigma^2((\gamma_{k-l})_{p\times p})^{-1}$$

其中 $\sigma^2 = EX_n^2$；

(4) 设

$$\hat{\sigma}_1^2 = \frac{1}{N}\sum_{k=p+1}^{N}\left(X_k + \sum_{l=1}^{p}\hat{\varphi}_l X_{k-l}\right)^2, \quad \hat{\sigma}_2^2 = \sum_{l=0}^{p}\hat{\varphi}_l\hat{\gamma}_{-l}$$

则 $\hat{\sigma}_1^2$，$\hat{\sigma}_2^2$都是 σ^2 的一致估计；

(5) $\hat{\sigma}_0^2$是 σ_0^2 的一致估计.

证明　只需证明(2)、(3)和(5).

(2) 设 $f(x)$为连续函数，则当 $n\to\infty$时，若

$$X_n \xrightarrow{P} X$$

则

$$f(X_n) \xrightarrow{P} f(X)$$

又因为

$$\begin{bmatrix}\hat{\varphi}_1\\ \hat{\varphi}_2\\ \vdots\\ \hat{\varphi}_p\end{bmatrix} = [(\gamma_{k-l})_{p\times p}]^{-1}\begin{bmatrix}\hat{\gamma}_1\\ \hat{\gamma}_2\\ \vdots\\ \hat{\gamma}_p\end{bmatrix}$$

由 $\hat{\gamma}_k$，$k=1, 2, \cdots, p$ 是 γ_k 的一致估计，所以 $\hat{\varphi}_1$，$\hat{\varphi}_2$，…，$\hat{\varphi}_p$是 φ_1，φ_2，…，φ_p 的一致估计.

(3) 令

$$\begin{aligned}U_N^{(i)} &= \frac{1}{N}\sum_{k=p+1}^{N}X_kX_{k-i} - \sum_{l=1}^{p}\hat{\varphi}_l\left(\frac{1}{N}\sum_{k=p+1}^{N}X_{k-l}X_{k-i}\right)\\ &\quad + \frac{1}{N}\left(X_pX_{p-i} - \sum_{l=1}^{p}\hat{\varphi}_l X_{p-l}X_{p-i}\right)\\ &= \hat{\gamma}_i - \sum_{l=1}^{p}\hat{\varphi}_l\hat{\gamma}_{i-l} + \frac{1}{N}\left(X_pX_{p-i} - \sum_{l=1}^{p}\hat{\varphi}_l X_{p-l}X_{p-i}\right)\\ &= \frac{1}{N}\left(X_pX_{p-i} - \sum_{l=1}^{p}\hat{\varphi}_l X_{p-l}X_{p-i}\right) \end{aligned} \tag{8.4.17}$$

所以当 $N\to\infty$时，有

$$\sqrt{N}U_N^{(i)} = \frac{1}{\sqrt{N}}\left(X_pX_{p-i} - \sum_{l=1}^{p}\hat{\varphi}_l X_{p-l}X_{p-i}\right) \xrightarrow{P} 0, \ i = 1, 2, \cdots, p$$

令

$$\begin{aligned}X_N^{(i)} &= \frac{1}{N}\left(\sum_{k=p}^{N}X_kX_{k-i} - \sum_{l=1}^{p}\varphi_l\sum_{k=p}^{N}X_{k-l}X_{k-i}\right)\\ &= \frac{1}{N}\sum_{k=p}^{N}\left(X_k - \sum_{l=1}^{p}\varphi_l X_{k-l}\right)X_{k-i}\\ &= \frac{1}{N}\sum_{k=p}^{N}\varepsilon_k X_{k-i}\end{aligned} \tag{8.4.18}$$

故 $X_N^{(i)}$ 可看做$\{\varepsilon_n, n=0, \pm1, \pm2, \cdots\}$与$\{X_n, n=0, \pm1, \pm2, \cdots\}$的互协方差函数的估计量. 又因

$$E[\varepsilon_n \varepsilon_{n+m}] = 0, \ m > 0$$

所以由定理 8.3.3 得

$$(\sqrt{N}X_N^{(1)}, \sqrt{N}X_N^{(2)}, \cdots, \sqrt{N}X_N^{(p)},)$$

是渐近正态 $N(\mathbf{0}, \boldsymbol{\Sigma}')$分布，而

$$\boldsymbol{\Sigma}' = (\sigma_0^2 \gamma_{k-l})_{p\times p}$$

由(8.4.17)、(8.4.18)式得

$$\sqrt{N}U_N^{(i)} - \sqrt{N}X_N^{(i)} = \sum_{l=1}^{p} \sqrt{N}(\varphi_l - \hat{\varphi}_l)\left\{\frac{1}{N}\sum_{k=p}^{N} X_{k-l}X_{k-i}\right\}$$

令

$$V_{il}(N) = \frac{1}{N}\sum_{k=p}^{N} X_{k-l}X_{k-i}, \ \boldsymbol{V}_N = (V_{il}(N))_{p\times p}$$

又因 $V_{il}(N)$依概率收敛于 γ_{i-l}，则 $\boldsymbol{V}_N$ 依概率收敛于$(\gamma_{i-l})_{p\times p}$，并且

$$\begin{bmatrix} \sqrt{N}(\varphi_1 - \hat{\varphi}_1) \\ \sqrt{N}(\varphi_2 - \hat{\varphi}_2) \\ \vdots \\ \sqrt{N}(\varphi_p - \hat{\varphi}_p) \end{bmatrix} = \boldsymbol{V}_N^{-1} \begin{bmatrix} \sqrt{N}U_N^{(1)} \\ \sqrt{N}U_N^{(2)} \\ \vdots \\ \sqrt{N}U_N^{(p)} \end{bmatrix} - \boldsymbol{V}_N^{-1} \begin{bmatrix} \sqrt{N}X_N^{(1)} \\ \sqrt{N}X_N^{(2)} \\ \vdots \\ \sqrt{N}X_N^{(p)} \end{bmatrix}$$

所以由引理 8.4.1 得

$$\sqrt{N}(\varphi_1 - \hat{\varphi}_1), \sqrt{N}(\varphi_2 - \hat{\varphi}_2), \cdots, \sqrt{N}(\varphi_p - \hat{\varphi}_p)$$

的联合分布收敛于正态分布 $N(\mathbf{0}, \boldsymbol{\Sigma})$，其中

$$\boldsymbol{\Sigma} = (\sigma_{kl})_{p\times p} = \sigma^2((\gamma_{k-l})_{p\times p})^{-1}$$

(5) 类似于(2)的证明.

例 8.4.1　设有 AR(1)模型

$$X_n - \varphi_1 X_{n-1} = \varepsilon_n$$

求 $\hat{\varphi}_1$、$\hat{\sigma}_0^2$.

解　由(8.4.7)式或(8.4.8)式直接得

$$\hat{\varphi}_1 = \hat{\rho}_1 = \frac{\hat{\gamma}_1}{\hat{\gamma}_0}$$

再由(8.4.9)式得

$$\hat{\sigma}_0^2 = \hat{\gamma}_0 - \hat{\varphi}_1 \hat{\gamma}_1 = \hat{\gamma}_0(1 - \hat{\rho}_1^2)$$

例 8.4.2　设有 AR(2)模型

$$X_n - \varphi_1 X_{n-1} - \varphi_2 X_{n-2} = \varepsilon_n$$

求 $\hat{\varphi}_1$、$\hat{\varphi}_2$及 $\hat{\sigma}_0^2$.

解　由(8.4.8)式得

$$\begin{bmatrix} \hat{\varphi}_1 \\ \hat{\varphi}_2 \end{bmatrix} = \begin{bmatrix} 1 & \hat{\rho}_1 \\ \hat{\rho}_1 & 1 \end{bmatrix}^{-1} \begin{bmatrix} \hat{\rho}_1 \\ \hat{\rho}_2 \end{bmatrix}$$

解之得

$$\hat{\varphi}_1=\frac{\hat{\rho}_1(1-\hat{\rho}_2)}{1-\hat{\rho}_1^2},\ \hat{\varphi}_2=\frac{\hat{\rho}_2-\hat{\rho}_1^2}{1-\hat{\rho}_1^2}$$

再由(8.4.9)式得

$$\hat{\sigma}_0^2=\hat{\gamma}_0-\hat{\varphi}_1\hat{\gamma}_1-\hat{\varphi}_2\hat{\gamma}_2=\hat{\gamma}_0(1-\hat{\varphi}_1\hat{\rho}_1-\hat{\varphi}_2\hat{\rho}_2)$$

2. MA(*q*)模型

设 MA(q)模型为

$$X_n=\varepsilon_n-\psi_1\varepsilon_{n-1}-\psi_2\varepsilon_{n-2}-\cdots-\psi_q\varepsilon_{n-q}$$

由定理 8.2.3 知

$$\gamma_k=\begin{cases}\sigma_0^2(1+\psi_1^2+\psi_2^2+\cdots+\psi_q^2), & k=0\\ \sigma_0^2(-\psi_k+\psi_1\psi_{k+1}+\cdots+\psi_{q-k}\psi_q), & 1\leqslant k\leqslant q\\ 0, & k>q\end{cases}$$

两边取估计值，得

$$\begin{cases}\hat{\gamma}_0=\hat{\sigma}_0^2(1+\hat{\psi}_1^2+\hat{\psi}_2^2+\cdots+\hat{\psi}_q^2)\\ \hat{\gamma}_1=\hat{\sigma}_0^2(-\hat{\psi}_1+\hat{\psi}_1\hat{\psi}_2+\cdots+\hat{\psi}_{q-1}\hat{\psi}_q)\\ \hat{\gamma}_2=\hat{\sigma}_0^2(-\hat{\psi}_2+\hat{\psi}_1\hat{\psi}_3+\cdots+\hat{\psi}_{q-2}\hat{\psi}_q)\\ \qquad\vdots\\ \hat{\gamma}_q=\hat{\sigma}_0^2(-\hat{\psi}_q)\end{cases}\tag{8.4.19}$$

因为 $\hat{\gamma}_k$ 的数值可由一个样本得出，所以(8.4.19)式表示的方程组由 $q+1$ 个方程构成，含有 $\hat{\psi}_1$，$\hat{\psi}_2$，…，$\hat{\psi}_q$，$\hat{\sigma}_0^2$ 共 $q+1$ 个未知数，解这个方程组可得到这 $q+1$ 个未知数. 但是在具体解这个方程组时，由于遇到的是非线性方程组，可能使求解过程比较困难，结合所求的是 $\hat{\psi}_1$，$\hat{\psi}_2$，…，$\hat{\psi}_q$，$\hat{\sigma}_0^2$，因此也可以采用近似解法.

例 8.4.3 设有 MA(1)模型

$$X_n=\varepsilon_n-\psi_1\varepsilon_{n-1}$$

求 $\hat{\psi}_1$、$\hat{\sigma}_0^2$.

解 由(8.4.19)式得

$$\hat{\gamma}_0=\hat{\sigma}_0^2(1+\hat{\psi}_1^2)\tag{8.4.20}$$

$$\hat{\gamma}_1=\hat{\sigma}_0^2(-\hat{\psi}_1)\tag{8.4.21}$$

由(8.4.21)式得

$$\hat{\psi}_1=-\frac{\hat{\gamma}_1}{\hat{\sigma}_0^2}$$

将 $\hat{\psi}_1$ 代入(8.4.20)式，得

$$\hat{\gamma}_0 = \hat{\sigma}_0^2\left[1 + \left(\frac{\hat{\gamma}_1}{\hat{\sigma}_0^2}\right)^2\right]$$

即

$$(\hat{\sigma}_0^2)^2 - \hat{\gamma}_0\hat{\sigma}_0^2 + \hat{\gamma}_1^2 = 0$$

解得

$$\hat{\sigma}_0^2 = \frac{\hat{\gamma}_0 + \sqrt{\hat{\gamma}_0^2 - 4\hat{\gamma}_1^2}}{2} = \hat{\gamma}_0\frac{1 + \sqrt{1 - 4\hat{\rho}_1^2}}{2} \quad \text{（舍负根）}$$

从而

$$\hat{\psi}_1 = -\frac{2\hat{\rho}_1}{1 + \sqrt{1 - 4\hat{\rho}_1^2}}$$

3. ARMA(p, q)模型

设 ARMA(p, q)模型为

$$X_n - \varphi_1 X_{n-1} - \varphi_2 X_{n-2} - \cdots - \varphi_p X_{n-p} = \varepsilon_n - \psi_1\varepsilon_{n-1} - \cdots - \psi_q\varepsilon_{n-q} \tag{8.4.22}$$

由定理 8.2.4 知：

$$\rho_k - \varphi_1\rho_{k-1} - \varphi_2\rho_{k-2} - \cdots - \varphi_p\rho_{k-p} = 0,\ k = q+1,\ q+2,\ \cdots,\ q+p$$

两边取估计值，得

$$\hat{\rho}_k - \hat{\varphi}_1\hat{\rho}_{k-1} - \hat{\varphi}_2\hat{\rho}_{k-2} - \cdots - \hat{\varphi}_p\hat{\rho}_{k-p} = 0$$

即

$$\begin{bmatrix}\hat{\rho}_{q+1}\\ \hat{\rho}_{q+2}\\ \vdots\\ \hat{\rho}_{q+p}\end{bmatrix} = \begin{bmatrix}\hat{\rho}_q & \hat{\rho}_{q-1} & \cdots & \hat{\rho}_{q-p+1}\\ \hat{\rho}_{q+1} & \hat{\rho}_q & \cdots & \hat{\rho}_{q-p+2}\\ \vdots & \vdots & & \vdots\\ \hat{\rho}_{q+p-1} & \hat{\rho}_{q+p-2} & \cdots & \hat{\rho}_q\end{bmatrix}\begin{bmatrix}\hat{\varphi}_1\\ \hat{\varphi}_2\\ \vdots\\ \hat{\varphi}_p\end{bmatrix}$$

从而

$$\begin{bmatrix}\hat{\varphi}_1\\ \hat{\varphi}_2\\ \vdots\\ \hat{\varphi}_p\end{bmatrix} = \begin{bmatrix}\hat{\rho}_q & \hat{\rho}_{q-1} & \cdots & \hat{\rho}_{q-p+1}\\ \hat{\rho}_{q+1} & \hat{\rho}_q & \cdots & \hat{\rho}_{q-p+2}\\ \vdots & \vdots & & \vdots\\ \hat{\rho}_{q+p-1} & \hat{\rho}_{q+p-2} & \cdots & \hat{\rho}_q\end{bmatrix}^{-1}\begin{bmatrix}\hat{\rho}_{q+1}\\ \hat{\rho}_{q+2}\\ \vdots\\ \hat{\rho}_{q+p}\end{bmatrix} \tag{8.4.23}$$

利用(8.4.23)式可计算得 $\hat{\varphi}_1$，$\hat{\varphi}_2$，…，$\hat{\varphi}_p$. 令

$$X_n' = X_n - \varphi_1 X_{n-1} - \varphi_2 X_{n-2} - \cdots - \varphi_p X_{n-p} \tag{8.4.24}$$

则(8.4.22)式可化为

$$X_n' = \varepsilon_n - \psi_1\varepsilon_{n-1} - \psi_2\varepsilon_{n-2} - \cdots - \psi_q\varepsilon_{n-q} \tag{8.4.25}$$

于是(8.4.25)式是关于 X_n' 的 MA(q)模型，所以可利用(8.4.19)式来估计 ψ_1，ψ_2，…，ψ_q 及 σ_0^2，但必须求得 X_n' 的自协方差函数 $\gamma_k^{X'}$ 的估计值 $\hat{\gamma}_k^{X'}$.

$$\begin{aligned}\gamma_k^{X'} &= E[X_n' X_{n+k}'] = E\Big[\Big(X_n - \sum_{l=1}^{p}\varphi_l X_{n-l}\Big)\Big(X_{n+k} - \sum_{j=1}^{p}\varphi_j X_{n+k-j}\Big)\Big]\\ &= \gamma_k + \sum_{l=1}^{p}\sum_{j=1}^{p}\varphi_l\varphi_j\gamma_{k-j+l} - \sum_{l=1}^{p}\varphi_l\gamma_{k+l} - \sum_{j=1}^{p}\varphi_j\gamma_{k-j}\end{aligned} \tag{8.4.26}$$

于是，由(8.4.24)式知，$EX_n'=0$，由(8.4.26)式知，$\gamma_k^{X'}$ 与 n 无关，所以$\{X_n', n=0, \pm1, \pm2, \cdots\}$是零均值平稳时间序列. 由(8.4.25)式可通过$\{X_n, n=0, \pm1, \pm2, \cdots\}$的一组样本值得到$\{X_n', n=0, \pm1, \pm2, \cdots\}$的一组样本值，从而算得 $\hat{\gamma}_k^{X'}$，$0\leqslant k\leqslant q$. 但是，这样计算很复杂，于是利用(8.4.26)式得

$$\hat{\gamma}_k^{X'} = \hat{\gamma}_k + \sum_{l=1}^{p}\sum_{j=1}^{p}\hat{\varphi}_l\hat{\varphi}_j\hat{\gamma}_{k-j+l} - \sum_{l=1}^{p}\hat{\varphi}_l\hat{\gamma}_{k+l} - \sum_{j=1}^{p}\hat{\varphi}_j\hat{\gamma}_{k-j},\ 0\leqslant k\leqslant q \tag{8.4.27}$$

其中 $\hat{\gamma}_{-n}=\hat{\gamma}_n$，$n>0$.

例 8.4.4　设有 ARMA(1，1)模型

$$X_n - \varphi_1 X_{n-1} = \varepsilon_n - \psi_1\varepsilon_{n-1}$$

由一组样本值经计算得到 $\hat{\rho}_1=0.567$，$\hat{\rho}_2=0.474$，求 $\hat{\varphi}_1$、$\hat{\psi}_1$.

解　由(8.4.23)式得

$$\hat{\varphi}_1 = \hat{\rho}_1^{-1}\hat{\rho}_2 = \frac{0.474}{0.567} = 0.836$$

令 $X_n'=\varepsilon_n-\psi_1\varepsilon_{n-1}$，利用(8.4.27)式得

$$\begin{aligned}
\hat{\gamma}_0^{X'} &= \hat{\gamma}_0 + \hat{\varphi}_1^2\hat{\gamma}_0 - \hat{\varphi}_1\hat{\gamma}_1 - \hat{\varphi}_1\hat{\gamma}_1 = \hat{\gamma}_0(1+\hat{\varphi}_1^2) - 2\hat{\varphi}_1\hat{\gamma}_1\\
&= \hat{\gamma}_0[(1+\hat{\varphi}_1^2) - 2\hat{\varphi}_1\hat{\rho}_1] = \hat{\gamma}_0[(1+0.836^2) - 2\times0.836\times0.567]\\
&= 0.751\hat{\gamma}_0\\
\hat{\gamma}_1^{X'} &= \hat{\gamma}_1 + \hat{\varphi}_1\hat{\varphi}_1\hat{\gamma}_1 - \hat{\varphi}_1\hat{\gamma}_2 - \hat{\varphi}_1\hat{\gamma}_0 = (1+\hat{\varphi}_1^2)\hat{\gamma}_1 - \hat{\varphi}_1\hat{\gamma}_2 - \hat{\varphi}_1\hat{\gamma}_0\\
&= \hat{\gamma}_0[(1+\hat{\varphi}_1^2)\hat{\rho}_1 - \hat{\varphi}_1\hat{\rho}_2 - \hat{\varphi}_1]\\
&= \hat{\gamma}_0[(1+0.836^2)\times0.567 - 0.836(0.474+1)] = -0.269\hat{\gamma}_0
\end{aligned}$$

从而

$$\hat{\rho}_1^{X'} = \frac{\hat{\gamma}_1^{X'}}{\hat{\gamma}_0^{X'}} = \frac{-0.269\hat{\gamma}_0}{0.751\hat{\gamma}_0} = -0.358$$

由于 $\hat{\rho}_1^{X'}=-0.358$，对于 MA(1)模型，$X_n'=\varepsilon_n-\psi_1\varepsilon_{n-1}$，利用例 8.4.3 的结果，得

$$\hat{\psi}_1 = -\frac{2\times(-0.358)}{1+\sqrt{1-4(-0.358)^2}} = 0.423$$

进而由 $\hat{\varphi}_1=0.836$，$\hat{\psi}_1=0.423$ 得到关于$\{X_n, n=0, \pm1, \pm2, \cdots\}$的线性模型为

$$X_n - 0.836X_{n-1} = \varepsilon_n - 0.423\varepsilon_{n-1}$$

8.5　平稳时间序列的预报

1. 最小方差线性估计

设$\{X(t), t\in T\}$是一随机过程. 由于实际观测条件的限制，对于$\{X(t), t\in T\}$只能观测到 $X(t)$的分量或其线性组合，即我们所能获得的是

$$Y(t)=U(t)X(t)+V(t) \tag{8.5.1}$$

其中 $V(t)$ 是观测的噪声. 若 $\boldsymbol{X}(t)$ 是 N 维随机变量，$\boldsymbol{U}(t)$ 便是一个 $m\times N$ 阶矩阵. (8.5.1)式称为观测方程. 现在的问题是如何利用 $Y(t)$ 在 $[t_1,\ t_2]$ 内的观测值来估计在时刻 $t=t_0$ 时 $X(t_0)$ 的取值. 当 $t_0=t_2$ 时，对 $X(t_0)$ 的估计问题称为滤波；当 $t_0>t_2$ 时，称为预报或外推；当 $t_1<t_0<t_2$ 时，称为内插.

在上述的估计问题中，允许利用的是 $\{Y(t),\ t_1\leqslant t\leqslant t_2\}$，所以，为了对 $X(t_0)$ 进行估计，必须构造 $Y(t)$，$t_1\leqslant t\leqslant t_2$ 的某个函数 $f(Y(t))$，$t_1\leqslant t\leqslant t_2$ 来估计 $X(t_0)$. 为了简单起见，我们把这种函数限制在线性范围之内，即在如下空间中寻找这种函数：

$$H(Y)\overset{\text{def}}{=}\left\{\sum_{i=1}^{n}c_iY(s_i)\ \text{及其均方极限},\ c_i\ \text{为常数},\ t_1<s_i\leqslant t_2\right\} \tag{8.5.2}$$

在这种情况下得到的 $X(t_0)$ 的估计称为线性估计. 在 $X(t_0)$ 的不同线性估计 $\hat{X}(t_0)$ 中，我们希望寻求的是使下列均方偏差为最小的估计，即要求

$$E\mid \hat{X}(t_0)-X(t_0)\mid^2=\min \tag{8.5.3}$$

称之为最小方差线性估计.

在上述讨论的最小方差线性估计中，实际上已假定 $\{X(t),\ t\in T\}$ 和 $\{Y(t),\ t_1\leqslant t\leqslant t_2\}$ 是二阶矩过程，因为 $H(Y)$ 是 $H=\{X|E|X|^2<+\infty\}$ 的线性子空间，而估计量为最佳的准则又是(8.5.3)式，若在 H 中，记

$$(\xi,\ \eta)=E(\overline{\xi}\eta),\ \|\xi\|=(E\mid\xi\mid^2)^{\frac{1}{2}},\ \xi,\ \eta\in H$$

那么(8.5.3)式就是找 $\hat{X}(t_0)\in H(Y)$，使

$$\|X(t_0)-\hat{X}(t_0)\|=\min_{\eta\in H(Y)}\|X(t_0)-\eta\| \tag{8.5.4}$$

即在 $H(Y)$ 中找一元素 $\hat{X}(t_0)$，使其与 $X(t_0)$ 有最短距离. 从投影的角度来看，$\hat{X}(t_0)$ 是 $X(t_0)$ 向 $H(Y)$ 空间的投影，即

$$\hat{X}(t_0)=P_{H(Y)}X(t_0) \tag{8.5.5}$$

而 $X(t_0)-\hat{X}(t_0)$ 就是 $X(t_0)$ 到 $H(Y)$ 的垂线，即

$$X(t_0)-\hat{X}(t_0)\perp H(Y)$$

定理 8.5.1　设 $\{X(t),\ t\in T\}$ 和 $\{Y(t),\ t_1\leqslant t\leqslant t_2\}$ 为二阶矩过程，则(8.5.2)式中 $\{Y(t),\ t_1\leqslant t\leqslant t_2\}$ 对 $X(t_0)$ 的最小方差估计 $\hat{X}(t_0)=P_{H(Y)}X(t_0)$. 即 $\hat{X}(t_0)$ 是满足下列条件的 $H(Y)$ 中的元素：

$$E[\overline{Y(t)}\hat{X}(t_0)]=E[\overline{Y(t)}X(t_0)],\ t_1<t\leqslant t_2 \tag{8.5.6}$$

证明　定理的前一半就是重要的投影定理的结论. 至于(8.5.6)式，我们这样来看，当 $\hat{X}(t_0)=P_{H(Y)}X(t_0)$ 时，$X(t_0)-\hat{X}(t_0)\perp H(Y)$（如图 8-11 所示），所以 $X(t_0)-\hat{X}(t_0)\perp Y(t)$，从而 $E[\overline{Y(t)}(X(t_0)-\hat{X}(t_0))]=0$，即

$$E[\overline{Y(t)}\hat{X}(t_0)]=E[\overline{Y(t)}X(t_0)],\ t_1<t\leqslant t_2$$

反过来，当(8.5.6)式成立时，则

$$(Y(t),\ X(t_0)-\hat{X}(t_0))=0,\ t_1<t\leqslant t_2$$

故当 $\eta=\sum_{i=1}^{n}c_iY(s_i)$，$t_1\leqslant s_i\leqslant t_2$ 时，有

$$(\eta,\ X(t_0)-\hat{X}(t_0))=0$$

进而，对一切 $\eta\in H(Y)$，有

$$(\eta,\ X(t_0)-\hat{X}(t_0))=0$$

又 $\hat{X}(t_0)\in H(Y)$，所以

$$\hat{X}(t_0)=P_{H(Y)}X(t_0)$$

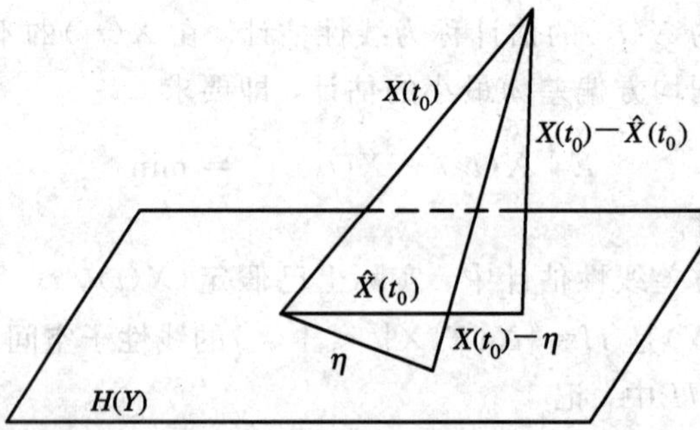

图 8-11

定理 8.5.1 指出，(8.5.6)式是最小方差估计所满足的一个方程式，为了由它求得 $\hat{X}(t_0)$，还必须根据二阶矩过程$\{Y(t),\ t_1\leqslant t\leqslant t_2\}$和 $X(t_0)$协方差的具体形式，由(8.5.6)式推出更明确的表示式，用来求解 $\hat{X}(t_0)$. 下面考虑有限点观测值的简单情形.

例 8.5.1 设$\{Y(t_i),\ 1\leqslant i\leqslant n\}$为已知，试求 $X(t_0)$的最小方差估计.

在这个问题中，因为参数集有限，所以

$$H(Y)=\left\{\sum_{i=1}^{n}c_iY(t_i),\ c_i\ 为任意复数\right\}\tag{8.5.7}$$

因此 $\hat{X}(t_0)\in H(Y)$，即 $\hat{X}(t_0)=\sum_{i=1}^{n}c_iY(t_i)$. 由(8.5.6)式得

$$E\left[\overline{Y(t_j)}\sum_{i=1}^{n}c_iY(t_i)\right]=E[\overline{Y(t_j)}X(t_0)]$$

即

$$\sum_{i=1}^{n}c_iR_Y(t_j,\ t_i)=R_{YX}(t_j,\ t_0),\ 1\leqslant j\leqslant n\tag{8.5.8}$$

其中

$$R_Y(t_j,\ t_i)=E[\overline{Y(t_j)}Y(t_i)]$$
$$R_{YX}(t_j,\ t_0)=E[\overline{Y(t_j)}X(t_0)]$$

当$\{Y(t_i),\ 1\leqslant i\leqslant n\}$线性无关时，$G\stackrel{\text{def}}{=}\det(R_Y(t_j,\ t_i))\neq 0$，所以(8.5.8)式所表示的方程有唯一的一组解 c_j，$1\leqslant j\leqslant n$，并且不难由此推得

$$\hat{X}(t_0) = -\frac{1}{G}\begin{vmatrix} 0 & R_{YX}(t_1, t_0) & \cdots & R_{YX}(t_n, t_0) \\ Y(t_1) & R_Y(t_1, t_1) & \cdots & R_Y(t_n, t_1) \\ \vdots & \vdots & & \vdots \\ Y(t_n) & R_Y(t_1, t_n) & \cdots & R_Y(t_n, t_n) \end{vmatrix}$$

估计误差为

$$E\mid X(t_0) - \hat{X}(t_0)\mid^2 = \frac{1}{G}\begin{vmatrix} E[\overline{X(t_0)}X(t_0)] & R_{YX}(t_1, t_0) & \cdots & R_{YX}(t_n, t_0) \\ R_{XY}(t_0, t_1) & R_Y(t_1, t_1) & \cdots & R_Y(t_n, t_1) \\ \vdots & \vdots & & \vdots \\ R_{XY}(t_0, t_n) & R_Y(t_1, t_n) & \cdots & R_Y(t_n, t_n) \end{vmatrix}$$

所以对有限点观测值的情形，利用(8.5.6)式是很容易求得估计问题的解的. 当进行观测的时间 t 是无限集时，问题要复杂得多，因为这时 $H(Y)$中的元素就不像(8.5.7)式中规定的那样简单，而(8.5.6)式的求解也更困难. 例如$\{Y(t), a\leqslant t\leqslant b\}$，这时假定最佳估计有如下形式：

$$\hat{X}(t_0) = \int_a^b h(t)Y(t)\,\mathrm{d}t$$

其中 $h(t)$是一未知的函数，那么由(8.5.6)式可得求解 $h(t)$的如下积分方程：

$$\int_a^b R_Y(t, s)\,\overline{h(s)}\,\mathrm{d}s = R_{YX}(t, t_0)$$

除非 $R_Y(s, t)$有一些特殊性质可利用或直接进行数值解，否则一般的求解将是十分困难的.

2. 有限参数模型的预报

先讨论无噪声观测的情况，即有如下观测方程：

$$Y_n = X_n,\ n = 0, \pm 1, \pm 2, \cdots$$

并假设$\{X_n, n=0, \pm 1, \pm 2, \cdots\}$满足 ARMA$(p, q)$模型. 由观测值 X_n, $n\leqslant k$求 X_{k+l} $(l>0)$的最小方差线性估计 $\hat{X}_{k+l}$，记为 $\hat{X}_k(l)$，称为在 k 时作 l 步预报. 由(8.5.2)式得

$$H_k(X) = \left\{\sum_{j=0}^{\infty} c_j X_{k-j},\ \sum_{j=0}^{\infty} c_j^2 < +\infty\right\}$$

(8.5.6)式成为

$$\hat{X}_k(l) = P_{H_k(X)} X_{k+l} \tag{8.5.9}$$

在数理统计中我们知道，最小方差估计可用条件数学期望来表示，从而 $X_k(l)$还可如下表示：

$$\hat{X}_k(l) = E[X_{k+l}\mid X_n, n\leqslant k] \tag{8.5.10}$$

由于$\{X_n, n\leqslant k\}$一般是相关的，即不具有正交性，因此用$\{X_n, n\leqslant k\}$的元素线性表示 $\hat{X}_k(l)$是不方便的. 但在 ARMA(p, q)模型中，总存在传递形式和逆转形式，若令

$$H_k(\varepsilon) = \left\{\sum_{j=0}^{\infty} d_j \varepsilon_{k-j},\ \sum_{j=0}^{\infty} d_j^2 < +\infty\right\}$$

则

$$H_k(X) = H_k(\varepsilon)$$

从而 $\hat{X}_k(l)$ 可用 $H_k(\varepsilon)$ 中的元素来表示，所以有

$$\hat{X}_k(l) = E[X_{k+l} \mid H_k(X)] = E[X_{k+l} \mid H_k(\varepsilon)]$$

根据条件数学期望的性质可得最小方差估计具有如下几条性质.

定理 8.5.2 (1)
$$E\Big[\sum_{j=0}^{\infty} c_j X_{k-j} \mid H_k(X)\Big] = \sum_{j=0}^{\infty} c_j E[X_{k-j} \mid H_k(X)] \tag{8.5.11}$$

(2)
$$E[X_{k+l} \mid H_k(X)] = E[X_{k+l} \mid H_k(\varepsilon)] = \begin{cases} \hat{X}_k(l), & l > 0 \\ X_{k+l}, & l \leqslant 0 \end{cases} \tag{8.5.12}$$

(3)
$$E[\varepsilon_{k+l} \mid H_k(\varepsilon)] = E[\varepsilon_{k+l} \mid H_k(X)] = \begin{cases} 0, & l > 0 \\ \varepsilon_{k+l}, & l \leqslant 0 \end{cases} \tag{8.5.13}$$

定理 8.5.3 设 ARMA(p, q) 模型为

$$X_n - \varphi_1 X_{n-1} - \varphi_2 X_{n-2} - \cdots - \varphi_p X_{n-p} = \varepsilon_n - \psi_1 \varepsilon_{n-1} - \cdots - \psi_q \varepsilon_{n-q}$$

其传递形式为

$$X_n = \sum_{k=0}^{\infty} G_k \varepsilon_{n-k} \tag{8.5.14}$$

则

$$\hat{X}_k(l) = \sum_{j=0}^{\infty} G_{j+l} \varepsilon_{k-j} \tag{8.5.15}$$

且

$$e_k(l) \overset{\text{def}}{=} X_{k+l} - \hat{X}_k(l) = \varepsilon_{k+l} + G_1 \varepsilon_{k+l-1} + \cdots + G_{l-1} \varepsilon_{k+1} \tag{8.5.16}$$

$$D[e_k(l)] = \sigma_0^2 (1 + G_1^2 + \cdots + G_{l-1}^2) \tag{8.5.17}$$

证明 由于 $\hat{X}_k(l) \in H_k(\varepsilon)$，因此

$$\hat{X}_k(l) = \sum_{j=0}^{\infty} d_j^* \varepsilon_{k-j}$$

$$\begin{aligned} D[e_k(l)] &= E[X_{k+l} - \hat{X}_k(l)]^2 \\ &= E\Big[\sum_{j=0}^{\infty} G_j \varepsilon_{k+l-j} - \sum_{j=0}^{\infty} d_j^* \varepsilon_{k-j}\Big]^2 \\ &= E\Big[\sum_{j=0}^{l-1} G_j \varepsilon_{k+l-j} + \sum_{j=0}^{\infty} (G_{j+l} - d_j^*) \varepsilon_{k-j}\Big]^2 \\ &= \sigma_0^2 \Big[\sum_{j=0}^{l-1} G_j^2 + \sum_{j=0}^{\infty} (G_{j+l} - d_j^*)^2\Big] \geqslant \sigma_0^2 \sum_{j=1}^{l-1} G_j^2 \end{aligned}$$

显然，当 $d_j^* = G_{j+l}(j=0, 1, 2, \cdots)$ 时，上式等号成立，从而(8.5.15)式成立，进而可得(8.5.16)式和(8.5.17)式.

定理 8.5.4 设 ARMA(p, q) 模型为

$$X_n - \varphi_1 X_{n-1} - \varphi_2 X_{n-2} - \cdots - \varphi_p X_{n-p} = \varepsilon_n - \psi_1 \varepsilon_{n-1} - \cdots - \psi_q \varepsilon_{n-q}$$

则

$$\hat{X}_k(l) = \varphi_1 \hat{X}_k(l-1) + \varphi_2 \hat{X}_k(l-2) + \cdots + \varphi_p \hat{X}_k(l-p), \ l > q \tag{8.5.18}$$

证明 由于

$$\begin{aligned} X_{k+l} = {} & \varphi_1 X_{k+l-1} + \varphi_2 X_{k+l-2} + \cdots + \varphi_p X_{k+l-p} + \varepsilon_{k+l} - \psi_1 \varepsilon_{k+l-1} \\ & - \psi_2 \varepsilon_{k+l-2} - \cdots - \psi_q \varepsilon_{k+l-q} \end{aligned}$$

因为，当 $l>q$ 时，由(8.5.13)式得

$$\begin{aligned}\hat{X}_k(l) &= E[X_{k+l} \mid H_k(X)] \\ &= \varphi_1 E[X_{k+l-1} \mid H_k(X)] + \varphi_2 E[X_{k+l-2} \mid H_k(X)] + \cdots \\ &\quad + \varphi_p E[X_{k+l-p} \mid H_k(X)] + E[\varepsilon_{k+l} \mid H_k(X)] \\ &\quad - \psi_1 E[\varepsilon_{k+l-1} \mid H_k(X)] - \cdots - \psi_q E[\varepsilon_{k+l-q} \mid H_k(X)] \\ &= \varphi_1 \hat{X}_k(l-1) + \varphi_2 \hat{X}_k(l-2) + \cdots + \varphi_p \hat{X}_k(l-p)\end{aligned}$$

推论 8.5.1　设 MA(q)模型为

$$X_n = \varepsilon_n - \psi_1 \varepsilon_{n-1} - \psi_2 \varepsilon_{n-2} - \cdots - \psi_q \varepsilon_{n-q}$$

则

$$\hat{X}_k(l) = 0,\ l > q \tag{8.5.19}$$

推论 8.5.1 说明对 q 阶滑动和过程进行 q 步以上的预报时，历史资料不能提供任何信息，即预报时用不用历史资料是一样的，这主要是它的相关函数具有 q 步截尾性，即由 $\rho_k=0$，$k>q$ 所造成的.

定理 8.5.5　设 ARMA(p, q)模型为

$$X_n - \varphi_1 X_{n-1} - \varphi_2 X_{n-2} - \cdots - \varphi_p X_{n-p} = \varepsilon_n - \psi_1 \varepsilon_{n-1} - \cdots - \psi_q \varepsilon_{n-q}$$

则

$$\hat{X}_{k+1}(l) = \hat{X}_k(l+1) + G_l[X_{k+1} - \hat{X}_k(1)] \tag{8.5.20}$$

证明　由(8.5.15)式和(8.5.16)式得

$$\begin{aligned}\hat{X}_{k+1}(l) &= \sum_{j=0}^{\infty} G_{j+l}\varepsilon_{k+1-j} = G_l \varepsilon_{k+1} + \sum_{j=1}^{\infty} G_{j+l}\varepsilon_{k+1-j} \\ &= G_l[X_{k+1} - \hat{X}_k(1)] + \sum_{i=0}^{\infty} G_{l+1+i}\varepsilon_{k-i} \\ &= \hat{X}_k(l+1) + G_l[X_{k+1} - \hat{X}_k(1)]\end{aligned}$$

定理 8.5.5 中的 $X_{k+1}-\hat{X}_k(1)$表示取得观测值 X_{k+1} 后带来的新息，从而说明 $k+1$ 时刻的 l 步预测值等于 k 时刻的 $l+1$ 步预测值与新息的加权和.

3. 自回归模型预报

设 AR(p)模型为

$$X_n - \varphi_1 X_{n-1} - \varphi_2 X_{n-2} - \cdots - \varphi_p X_{n-p} = \varepsilon_n$$

由于

$$X_{k+l} - \varphi_1 X_{k+l-1} - \varphi_2 X_{k+l-2} - \cdots - \varphi_p X_{k+l-p} = \varepsilon_{k+l}$$

当 $l>0$ 时，由(8.5.13)式得

$$\begin{aligned}\hat{X}_k(l) &= E[X_{k+l} \mid H_k(X)] \\ &= \varphi_1 E[X_{k+l-1} \mid H_k(X)] + \varphi_2 E[X_{k+l-2} \mid H_k(X)] + \cdots \\ &\quad + \varphi_p E[X_{k+l-p} \mid H_k(X)] + E[\varepsilon_{k+l} \mid H_k(X)] \\ &= \varphi_1 \hat{X}_k(l-1) + \varphi_2 \hat{X}_k(l-2) + \cdots + \varphi_p \hat{X}_k(l-p)\end{aligned} \tag{8.5.21}$$

当 $l\leqslant 0$ 时，有

$$\hat{X}_k(l) = X_{k+l} \tag{8.5.22}$$

在此式中分别取 $l=1, 2, \cdots$ 可分别得到一步，二步，…… 预报值，即

$$\begin{cases} \text{取 } l=1,\ \hat{X}_k(1) = \varphi_1 X_k + \varphi_2 X_{k-1} + \cdots + \varphi_p X_{k-p+1} \\ \text{取 } l=2,\ \hat{X}_k(2) = \varphi_1 \hat{X}_k(1) + \varphi_2 X_k + \cdots + \varphi_p X_{k-p+2} \\ \quad\vdots \\ \text{取 } l=p,\ \hat{X}_k(p) = \varphi_1 \hat{X}_k(p-1) + \varphi_2 \hat{X}_k(p-2) + \cdots + \varphi_{p-1}\hat{X}_k(1) + \varphi_p X_k \\ \text{取 } l>p,\ \hat{X}_k(l) = \varphi_1 \hat{X}_k(l-1) + \varphi_2 \hat{X}_k(l-2) + \cdots + \varphi_p \hat{X}_k(l-p) \end{cases} \tag{8.5.23}$$

需要指出：在计算二步预测值时要用到一步预测值，在计算三步预测值时要用到一步、二步预测值，等等.

例 8.5.2 设有 AR(1)模型

$$X_n - \varphi_1 X_{n-1} = \varepsilon_n$$

则由(8.5.21)式得

$$\hat{X}_k(l) = \varphi_1 \hat{X}_k(l-1),\ l>0$$

又因 $\hat{X}_k(0) = X_k$，所以

$$\hat{X}_k(l) = \varphi_1^l X_k,\ l>0$$

例 8.5.3 设有 AR(2)模型

$$X_n - \varphi_1 X_{n-1} - \varphi_2 X_{n-2} = \varepsilon_n$$

则由(8.5.21)式得

$$\hat{X}_k(l) = \varphi_1 \hat{X}_k(l-1) + \varphi_2 \hat{X}_k(l-2)$$

设 z_1^{-1}、z_2^{-1} 为特征方程

$$\varphi(z) = 1 - \varphi_1 z - \varphi_2 z^2 = 0$$

的两个根，则根据齐次差分方程的求解方法得：

(1) 当 z_1，z_2 为不相等的实数时，有

$$\hat{X}_k(l) = b_1^{(k)} z_1^l + b_2^{(k)} z_2^l,\ l \geqslant -1$$

其中 $b_1^{(k)}$、$b_2^{(k)}$ 满足初始条件

$$b_1^{(k)} + b_2^{(k)} = X_k$$
$$b_1^{(k)} z_1^{-1} - b_2^{(k)} z_2^{-1} = X_{k-1}$$

解之得

$$b_1^{(k)} = \frac{X_k - z_2 X_{k-1}}{1 - z_1^{-1} z_2}$$

$$b_2^{(k)} = \frac{X_k - z_1 X_{k-1}}{1 - z_1 z_2^{-1}}$$

$$\hat{X}_k(l) = X_k \frac{z_1^{l+1} - z_2^{l+1}}{z_1 - z_2} - X_{k-1} \frac{z_1 z_2 (z_1^l - z_2^l)}{z_1 - z_2}$$

(2) 当 z_1、z_2 为相等的实数时，有

$$\hat{X}_k(l)=b_1^{(k)}z_1^l+lb_2^{(k)}z_1^l,\ l\geqslant -1$$

其中 $b_1^{(k)}$、$b_2^{(k)}$ 满足初始条件

$$b_1^{(k)}=X_k$$

$$(b_1^{(k)}-b_2^{(k)})z_1^{-1}=X_{k-1}$$

解之得

$$b_1^{(k)}=X_k,\ b_2^{(k)}=X_k-z_1X_{k-1}$$

$$\hat{X}_k(l)=(l+1)X_kz_1^l-lX_{k-1}z_1^{l+1}$$

(3) 当 z_1、z_2 为一对共轭复数时，设

$$z_1=\bar{z}_2=\rho(\cos\theta+\mathrm{j}\sin\theta)$$

则

$$\hat{X}_k(l)=b_1^{(k)}\rho^l\cos l\theta+b_2^{(k)}\rho^l\sin l\theta,\ l\geqslant -1$$

其中 $b_1^{(k)}$、$b_2^{(k)}$ 满足初始条件

$$b_1^{(k)}=X_k$$

$$b_1^{(k)}\rho^{-1}\cos\theta-b_2^{(k)}\rho^{-1}\sin\theta=X_{k-1}$$

解之得

$$b_1^{(k)}=X_k,\ b_2^{(k)}=\frac{1}{\sin\theta}[X_k\cos\theta-\rho X_{k-1}]$$

$$\hat{X}_k(l)=X_k\rho^l\frac{\sin(l+1)\theta}{\sin\theta}-X_{k-1}\rho^{l+1}\frac{\sin l\theta}{\sin\theta}$$

在实际问题中，遇到较多的是作一步预报，由(8.5.23)式知，一步预报值的计算公式是

$$\hat{X}_k(1)=\varphi_1X_k+\varphi_2X_{k-1}+\cdots+\varphi_pX_{k-p+1}$$

而 $k+1$ 时刻的真实数值为

$$X_{k+1}=\varphi_1X_k+\varphi_2X_{k-1}+\cdots+\varphi_pX_{k-p+1}+\varepsilon_{k+1}$$

则一步预报误差为

$$e_k(1)=X_{k+1}-\hat{X}_k(1)=\varepsilon_{k+1}$$

此式说明 k 时刻的一步预报误差等于 $k+1$ 时刻的白噪声数值.
又因

$$Ee_k(1)=E\varepsilon_{k+1}=0,\ De_k(1)=Ee_k^2(1)=E\varepsilon_{k+1}^2=\sigma_0^2$$

所以 σ_0^2 刻画了一步预报的精度. 对于 ARMA(p, q)模型，如果$\{X_n,\ n=0,\ \pm1,\ \pm2,\ \cdots\}$是正态平稳序列，那么$\{\varepsilon_n,\ n=0,\ \pm1,\ \pm2,\ \cdots\}$是正态白噪声，因此一步预报误差 $e_k(1)$服从正态分布 $N(0,\ \sigma_0^2)$，于是

$$P(|e_k(1)|<2\sigma_0)\approx 0.95$$

而其中 σ_0 可用$\sqrt{\hat{\sigma}_0^2}$近似代替，因而一步预报误差绝对值不超过 $2\sqrt{\hat{\sigma}_0^2}$的概率约为 0.95，即置信度为 0.95 的一步预报绝对误差的范围为 $2\sqrt{\hat{\sigma}_0^2}$. 用它可以判断一步预报效果的好坏.

4. 滑动平均模型的预报

设 MA(q)模型为

$$X_n=\varepsilon_n-\psi_1\varepsilon_{n-1}-\psi_2\varepsilon_{n-2}-\cdots-\psi_q\varepsilon_{n-q}$$

由推论 8.5.1 知 $\hat{X}_k(l)=0$，($l>q$)，所以只需求 $\hat{X}_k(l)$，$l=1, 2, \cdots, q$，为此，令

$$\hat{\boldsymbol{X}}_k^{(q)}=(\hat{X}_k(1), \hat{X}_k(2), \cdots, \hat{X}_k(q))^{\mathrm{T}}$$

称 $\hat{\boldsymbol{X}}_k^{(q)}$ 为 MA(q)模型的预报向量，类似于(8.5.20)式，得

$$\hat{X}_{k+1}(l)=\hat{X}_k(l+1)-\psi_l[X_{k+1}-\hat{X}_k(1)] \tag{8.5.24}$$

取 $l=1, 2, \cdots, q$，得

$$\begin{cases}\hat{X}_{k+1}(1)=\psi_1\hat{X}_k(1)+\hat{X}_k(2)-\psi_1X_{k+1}\\ \hat{X}_{k+1}(2)=\psi_2\hat{X}_k(1)+\hat{X}_k(3)-\psi_2X_{k+1}\\ \quad\vdots\\ \hat{X}_{k+1}(q-1)=\psi_{q-1}\hat{X}_k(1)+\hat{X}_k(q)-\psi_{q-1}X_{k+1}\\ \hat{X}_{k+1}(q)=\psi_q\hat{X}_k(1)-\psi_qX_{k+1}\end{cases} \tag{8.5.25}$$

解得

$$\hat{\boldsymbol{X}}_{k+1}^{(q)}=\begin{bmatrix}\psi_1 & 1 & 0 & \cdots & 0\\ \psi_2 & 0 & 1 & \cdots & 0\\ \vdots & \vdots & \vdots & & \vdots\\ \psi_{q-1} & 0 & 0 & \cdots & 1\\ \psi_q & 0 & 0 & \cdots & 0\end{bmatrix}\hat{\boldsymbol{X}}_k^{(q)}-\begin{bmatrix}\psi_1\\ \psi_2\\ \vdots\\ \psi_{q-1}\\ \psi_q\end{bmatrix}X_{k+1} \tag{8.5.26}$$

用上式便可递推计算 $\hat{\boldsymbol{X}}_k^{(q)}$. 当 k_0 较小时，可取 $\hat{\boldsymbol{X}}_{k_0}^{(q)}\equiv\boldsymbol{0}$ 作为初始条件.

例 8.5.4 设有 MA(1)模型

$$X_n=\varepsilon_n-\psi_1\varepsilon_{n-1}$$

则由(8.5.26)式得

$$\hat{X}_{k+1}^{(1)}=\psi_1\hat{X}_k^{(1)}-\psi_1X_{k+1}$$

例 8.5.5 设有 MA(2)模型

$$X_n=\varepsilon_n-\psi_1\varepsilon_{n-1}-\psi_2\varepsilon_{n-2}$$

则由(8.5.26)式得

$$\hat{\boldsymbol{X}}_{k+1}^{(2)}=\begin{bmatrix}\psi_1 & 1\\ \psi_2 & 0\end{bmatrix}\hat{\boldsymbol{X}}_k^{(2)}-\begin{bmatrix}\psi_1\\ \psi_2\end{bmatrix}X_{k+1}$$

特别地，当 $\psi_1=1$，$\psi_2=-0.24$ 时，

$$\hat{\boldsymbol{X}}_{k+1}^{(2)}=\begin{bmatrix}1 & 1\\ -0.24 & 0\end{bmatrix}\hat{\boldsymbol{X}}_k^{(2)}-\begin{bmatrix}1\\ -0.24\end{bmatrix}X_{k+1}$$

5. 混合模型的预报

设 ARMA(p, q)模型为

$$X_n - \varphi_1 X_{n-1} - \varphi_2 X_{n-2} - \cdots - \varphi_p X_{n-p} = \varepsilon_n - \psi_1 \varepsilon_{n-1} - \cdots - \psi_q \varepsilon_{n-q}$$

当 $l>q$ 时，由(8.5.18)式得

$$\hat{X}_k(l) = \varphi_1 \hat{X}_k(l-1) + \varphi_2 \hat{X}_k(l-2) + \cdots + \varphi_p \hat{X}_k(l-p)$$

由此可递推计算出 $\hat{X}_k(l)$，但是我们必须且只需算出 $\hat{X}_k(1)$，$\hat{X}_k(2)$，…，$\hat{X}_k(q)$. 为此，仍令

$$\hat{\boldsymbol{X}}_k^{(q)} = (\hat{X}_k(1), \hat{X}_k(2), \cdots, \hat{X}_k(q))^{\mathrm{T}}$$

称 $\boldsymbol{X}_k^{(q)}$ 为 ARMA(p，q)模型的预报向量.

由(8.5.20)式得

$$\hat{X}_{k+1}(l) = \hat{X}_k(l+1) + G_l[X_{k+1} - \hat{X}_k(1)]$$

取 $l=1$，2，…，q，令

$$\varphi_j^* = \begin{cases} \varphi_j, & 1 \leqslant j \leqslant p \\ 0, & j > p \end{cases}$$

得

$$\begin{aligned}
\hat{X}_{k+1}(1) &= -G_1 \hat{X}_k(1) + \hat{X}_k(2) + G_1 X_{k+1} \\
\hat{X}_{k+1}(2) &= -G_2 \hat{X}_k(1) + \hat{X}_k(3) + G_2 X_{k+1} \\
&\vdots \\
\hat{X}_{k+1}(q-1) &= -G_{q-1} \hat{X}_k(1) + \hat{X}_k(q) + G_{q-1} X_{k+1}
\end{aligned}$$

当 $p \leqslant q$ 时，有

$$\begin{aligned}
\hat{X}_{k+1}(q) &= -G_q \hat{X}_k(1) + \hat{X}_k(q+1) + G_q X_{k+1} \\
&= -G_q \hat{X}_k(1) + \varphi_1^* \hat{X}_k(q) + \cdots + \varphi_p^* \hat{X}_k(q+1-p) \\
&\quad + \cdots + \varphi_q^* \hat{X}_k(1) + G_q X_{k+1}
\end{aligned}$$

当 $p>q$ 时，有

$$\begin{aligned}
\hat{X}_{k+1}(q) &= -G_q \hat{X}_k(1) + \hat{X}_k(q+1) + G_q X_{k+1} \\
&= -G_q \hat{X}_k(1) + \varphi_1^* \hat{X}_k(q) + \cdots + \varphi_q^* \hat{X}_k(1) + \varphi_{q+1}^* X_k \\
&\quad + \cdots + \varphi_p^* X_{k+q-p+1} + G_q X_{k+1} \\
&= -G_q \hat{X}_k(1) + \varphi_1^* \hat{X}_k(q) + \cdots + \varphi_q^* \hat{X}_k(1) + \sum_{j=q+1}^{p} \varphi_j^* X_{k+q-j+1} + G_q X_{k+1}
\end{aligned}$$

从而预报向量递推公式为

$$\hat{\boldsymbol{X}}_{k+1}^{(q)} = \begin{bmatrix} -G_1 & 1 & 0 & \cdots & 0 \\ -G_2 & 0 & 1 & \cdots & 0 \\ \vdots & \vdots & \vdots & & \vdots \\ -G_{q-1} & 0 & 0 & \cdots & 1 \\ -G_q + \varphi_q^* & \varphi_{q-1}^* & \varphi_{q-2}^* & \cdots & \varphi_1^* \end{bmatrix} \hat{\boldsymbol{X}}_k^{(q)} + \begin{bmatrix} G_1 \\ G_2 \\ \vdots \\ G_{q-1} \\ G_q \end{bmatrix} X_{k+1} + \begin{bmatrix} 0 \\ 0 \\ \vdots \\ 0 \\ \sum\limits_{j=q+1}^{p} \varphi_j^* X_{k+q-j+1} \end{bmatrix} \tag{8.5.27}$$

当 $p\leqslant q$ 时，上式中的第三项为零，初始条件的取法与 MA(q)模型的情况完全相同.

例 8.5.6 设有 ARMA(1，2)模型

$$X_n-0.8X_{n-1}=\varepsilon_n-\varepsilon_{n-1}+0.24\varepsilon_{n-2}$$

由于 $p=1$，$q=2$，$\varphi_1=0.8$，$\psi_1=1$，$\psi_2=-0.24$，从而

$$G_j=-\psi_j^*+\sum_{k=0}^{j-1}\varphi_{j-k}^*G_k,\ j=1,2,\cdots,\ G_0=1$$

其中

$$\psi_j^*=\begin{cases}\psi_j, & 0\leqslant j\leqslant q\\ 0, & 其它\end{cases}$$

$$\varphi_j^*=\begin{cases}\varphi_j, & 0\leqslant j\leqslant p\\ 0, & 其它\end{cases}$$

于是

$$G_1=-\psi_1^*+\varphi_1^*G_0=-\psi_1+\varphi_1G_0=-0.2$$

$$G_2=-\psi_2^*+\varphi_2^*G_0+\varphi_1^*G_1=-\psi_2+\varphi_1G_1=0.08$$

令 $\hat{\boldsymbol{X}}_k^{(2)}=(\hat{X}_k(1),\hat{X}_k(2))^{\mathrm{T}}$，由(8.5.27)式得

$$\hat{\boldsymbol{X}}_{k+1}^{(2)}=\begin{bmatrix}-G_1 & 1\\ -G_2 & \varphi_1\end{bmatrix}\hat{\boldsymbol{X}}_k^{(2)}+\begin{bmatrix}G_1\\ G_2\end{bmatrix}X_{k+1}$$

再由(8.5.18)式知，当 $l>2$ 时，有

$$\hat{X}_k(l)=0.8\hat{X}_k(l-1)=\cdots=(0.8)^{l-2}\hat{X}_k(2)$$

8.6 直接预报法

设 ARMA(p，q)模型为

$$\Phi(B)X_n=\Psi(B)\varepsilon_n \tag{8.6.1}$$

我们的问题是：已知 $X_j(-\infty<j\leqslant k)$的值，对 X_{k+l} 作估计(或预报)，即求估计值(或预报值)$\hat{X}_k(l)$. 若已知$\{X_n,n=0,\pm1,\pm2,\cdots\}$中 X_k，X_{k-1}，X_{k-2}，…的值，则

$$\hat{X}_j=X_j,\ j\leqslant k \tag{8.6.2}$$

$$\hat{\varepsilon}_{k+l}=0,\ l>0 \tag{8.6.3}$$

前面已经证明，当 $l>q$ 时，有

$$\hat{X}_k(l)=\varphi_1\hat{X}_k(l-1)+\varphi_2\hat{X}_k(l-2)+\cdots+\varphi_p\hat{X}_k(l-p) \tag{8.6.4}$$

此式的作用是当 $p\geqslant1$ 时，取 $l=q+1$，由 $\hat{X}_k(q+1-p)$，…，$\hat{X}_k(q-1)$，$\hat{X}_k(q)$可得 $\hat{X}_k(q+1)$，进而可得$\hat{X}_k(q+2)$，$\hat{X}_k(q+3)$，…，等等. 因此，知道了 q 步预报前 p 个预报值，可得 $q+1$ 步以后的所有预报值. 下面通过解差分方程(8.6.4)来获得 $\hat{X}_k(l)$的表达式. 由于

$$\Phi(B)\hat{X}_k(l)=\hat{X}_k(l)-\varphi_1\hat{X}_k(l-1)-\cdots-\varphi_p\hat{X}_k(l-p)=0,\ l>q$$

利用差分程的求解方法，得

$$\hat{X}_k(l)=A_1\lambda_1^l+A_2\lambda_2^l+\cdots+A_p\lambda_p^l,\ l>q-p \tag{8.6.5}$$

其中 λ_1^{-1}，λ_2^{-1}，…，λ_p^{-1} 是方程 $\Phi(\lambda)=0$ 在单位圆 $|\lambda|=1$ 外 p 个不相同的根. 利用 $\hat{X}_k(q)$，$\hat{X}_k(q-1)$，…，$\hat{X}_k(q-p+1)$的值，可确定系数 A_1，A_2，…，A_p. 事实上，只要在(8.6.5)式中取 $l=q-p+1$，…，$q-1$，q，就可得

$$\hat{X}_k(l)=A_1\lambda_1^l+A_2\lambda_2^l+\cdots+A_p\lambda_p^l,\ l=q-p+1,\ \cdots,\ q-1,\ q$$

解此方程组可得 A_1，A_2，…，A_p. 于是

$$\hat{X}_k(l)=A_1\lambda_1^l+A_2\lambda_2^l+\cdots+A_p\lambda_p^l,\ l>q,\ p\geqslant 1 \tag{8.6.6}$$

称(8.6.6)式为 $l(l>q)$步预报公式.

定理 8.6.1　对于模型(8.6.1)式：

$$\hat{X}_k(l)=\sum_{j=1}^{\infty}I_j^{(l)}X_{k+1-j},\ l\geqslant 1 \tag{8.6.7}$$

其中

$$\begin{cases} I_j^{(1)}=I_j,\ j\geqslant 1 \\ I_j^{(l)}=I_{j+l-1}+\sum\limits_{m=1}^{l-1}I_mI_j^{(l-m)},\ j\geqslant 1,\ l\geqslant 2 \end{cases}$$

而 $I_j(j\geqslant 1)$是模型(8.6.1)式的逆 Green 函数.

证明　由逆转公式得

$$\varepsilon_{k+l}=X_{k+l}-\sum_{j=1}^{\infty}I_jX_{k+l-j}$$

两边取估计值，得

$$\begin{aligned}\hat{\varepsilon}_{k+l}&=\hat{X}_{k+l}-\sum_{j=1}^{\infty}I_j\hat{X}_{k+l-j}\\&=\hat{X}_{k+l}-\sum_{j=1}^{l-1}I_j\hat{X}_{k+l-j}-\sum_{j=l}^{\infty}I_j\hat{X}_{k+l-j}\end{aligned}$$

由(8.6.2)式及(8.6.3)式得

$$\hat{X}_k(l)=\sum_{j=1}^{l-1}I_j\hat{X}_k(l-j)+\sum_{j=l}^{\infty}I_jX_{k+l-j} \tag{8.6.8}$$

在(8.6.8)式中取 $l=1$，得

$$\hat{X}_k(1)=\sum_{j=1}^{\infty}I_jX_{k+1-j}$$

与(8.6.7)式作比较，得

$$I_j^{(1)}=I_j$$

当 $l\geqslant 2$ 时，把(8.6.7)式代入(8.6.8)式，得

$$\begin{aligned}\sum_{j=1}^{\infty}I_j^{(l)}X_{k+1-j}&=\sum_{j=1}^{l-1}I_j\sum_{m=1}^{\infty}I_m^{(l-j)}X_{k+1-m}+\sum_{j=l}^{\infty}I_jX_{k+l-j}\\&=\sum_{m=1}^{\infty}\Big(\sum_{j=1}^{l-1}I_jI_m^{(l-j)}\Big)X_{k+1-m}+\sum_{m=1}^{\infty}I_{m+l-1}X_{k-m+1}\\&=\sum_{m=1}^{\infty}\Big(\sum_{j=1}^{l-1}I_jI_m^{(l-j)}+I_{m+l-1}\Big)X_{k+1-m}\end{aligned}$$

比较 X_{k+1-j}的系数，得

$$I_j^{(l)} = I_{j+l-1} + \sum_{m=1}^{l-1} I_m I_j^{(l-m)},\ j \geqslant 1$$

定理中的(8.6.7)式表明 l 步预报值可用公式计算，其系数可用逆 Green 函数递推确定.

定理 8.6.2　对于模型(8.6.1)式，其 l 步预报误差为

$$e_k(l) = \sum_{j=0}^{l-1} G_j \varepsilon_{k+l-j},\ l \geqslant 1 \tag{8.6.9}$$

其中 $G_j(j\geqslant 0)$ 是 Green 函数.

证明　由传递公式得

$$X_{k+l} = \sum_{j=0}^{\infty} G_j \varepsilon_{k+l-j}$$

两边取估计值，得

$$\hat{X}_{k+l} = \sum_{j=0}^{\infty} G_j \hat{\varepsilon}_{k+l-j} = \sum_{j=0}^{l-1} G_j \hat{\varepsilon}_{k+l-j} + \sum_{j=l}^{\infty} G_j \hat{\varepsilon}_{k+l-j}$$

由(8.6.3)式及 $\hat{\varepsilon}_n = \varepsilon_n (n \leqslant k)$ 得

$$\hat{X}_k(l) = \sum_{j=l}^{\infty} G_j \varepsilon_{k+l-j} \tag{8.6.10}$$

所以

$$\begin{aligned} e_k(l) &= X_{k+l} - \hat{X}_k(l) \\ &= \sum_{j=0}^{\infty} G_j \varepsilon_{k+l-j} - \sum_{j=l}^{\infty} G_j \varepsilon_{k+l-j} \\ &= \sum_{j=0}^{l-1} G_j \varepsilon_{k+l-j} \end{aligned}$$

(8.6.9)式表明 l 步预报误差可表示成 $\varepsilon_{k+1}, \varepsilon_{k+2}, \cdots, \varepsilon_{k+l}$ 的加权和，而权为 Green 函数. 特别地，当 $l=1$ 时，$e_k(1)=\varepsilon_{k+1}$，即一步预报误差等于 $k+1$ 时刻的白噪声.

假定 $\{X_n, n=0, \pm 1, \pm 2, \cdots\}$ 是正态平稳序列，则 $\{\varepsilon_n, n=0, \pm 1, \pm 2, \cdots\}$ 为正态白噪声，由(8.6.9)式知 $e_k(l)$ 服从正态分布，而且

$$Ee_k(l) = 0,\ De_k(l) = Ee_k^2(l) = \sigma_0^2 \sum_{j=0}^{l-1} G_j^2$$

后一式表明，预报精度与 σ_0^2 有关，且 l 越大，预报精度越低. 利用正态分布性质

$$P\left(|e_k(l)| < 2\hat{\sigma}_0 \sqrt{\sum_{j=0}^{l-1} G_j^2}\right) \approx 0.95$$

因而在置信度为 0.95 下，l 步预报的绝对误差范围是 $2\hat{\sigma}_0 \sqrt{\sum_{j=0}^{l-1} G_j^2}$.

例 8.6.1　设有 AR(1)模型

$$X_n - \varphi_1 X_{n-1} = \varepsilon_n$$

由于 $p=1$，$q=0$，利用(8.6.6)式计算预报值. 先求解特征方程 $1-\varphi_1\lambda=0$，得根 $\lambda=\dfrac{1}{\varphi_1}$，$-1<\varphi_1<1$，所以 $\lambda_1=\varphi_1$，从而 $\hat{X}_k(l)=A_1\varphi_1^l$，$l>-1$. 取 $l=0$，得 $A_1=\hat{X}_k(0)=X_k$，于是预报公式为

$$\hat{X}_k(l) = X_k \varphi_1^l, \quad l \geqslant 1$$

又因 Green 函数 $G_j = \varphi_1^j$，$j \geqslant 0$，所以平均平方预报误差为

$$Ee_k^2(l) = \sigma_0^2 \sum_{j=0}^{l-1} (\varphi_1^j)^2 = \sigma_0^2 \frac{1-\varphi_1^{2l}}{1-\varphi_1^2}$$

例 8.6.2　设有 AR(2)模型

$$X_n - \varphi_1 X_{n-1} - \varphi_2 X_{n-2} = \varepsilon_n$$

设 λ_1^{-1}、λ_2^{-1} 是特征方程 $1-\varphi_1\lambda-\varphi_2\lambda^2=0$ 的两个不相同的实根，且 $|\lambda_1|<1$，$|\lambda_2|<1$，所以由(8.6.6)式得

$$\hat{X}_k(l) = A_1\lambda_1^l + A_2\lambda_2^l, \ l > -2$$

取 $l=0$，得

$$X_k = A_1 + A_2$$

取 $l=-1$，得

$$X_{k-1} = A_1\lambda_1^{-1} + A_2\lambda_2^{-1}$$

解此方程组，得

$$A_1 = \frac{X_k - \lambda_2 X_{k-1}}{1-\lambda_1^{-1}\lambda_2}$$

$$A_2 = \frac{X_k - \lambda_1 X_{k-1}}{1-\lambda_1\lambda_2^{-1}}$$

从而

$$\begin{aligned}\hat{X}_k(l) &= \frac{X_k - \lambda_2 X_{k-1}}{1-\lambda_1^{-1}\lambda_2}\lambda_1^l + \frac{X_k - \lambda_1 X_{k-1}}{1-\lambda_1\lambda_2^{-1}}\lambda_2^l \\ &= X_k \frac{\lambda_1^{l+1} - \lambda_2^{l+1}}{\lambda_1 - \lambda_2} - X_{k-1} \frac{\lambda_1\lambda_2(\lambda_1^l - \lambda_2^l)}{\lambda_1 - \lambda_2}, \ l > 0\end{aligned}$$

例 8.6.3　设有 MA(1)模型

$$X_n = \varepsilon_n - \psi_1 \varepsilon_{n-1}$$

由于 $p=0$，$q=1$，只能用(8.6.7)式，而逆 Green 函数 $I_j = -\psi_1^j$，$j \geqslant 1$. 取 $l=1$，$I_j^{(1)} = I_j = -\psi_1^j$，所以

$$\hat{X}_k(1) = \sum_{j=1}^{\infty} I_j^{(1)} X_{k+1-j} = -\sum_{j=1}^{\infty} \psi_1^j X_{k+1-j}$$

当 k 很大时，有

$$\hat{X}_k(1) \approx -\sum_{j=1}^{k} \psi_1^j X_{k+1-j}$$

当 $l \geqslant 2$ 时，显然

$$\hat{X}_k(l) = \hat{X}_{k+l} = \hat{\varepsilon}_{k+l} - \psi_1 \hat{\varepsilon}_{k+l-1} = 0$$

例 8.6.4　设 MA(2)模型为

$$X_n = \varepsilon_n - \psi_1 \varepsilon_{n-1} - \psi_2 \varepsilon_{n-2}$$

先求逆 Green 函数. 设 μ_1^{-1}、μ_2^{-1} 为方程 $1-\psi_1\mu-\psi_2\mu^2=0$ 的两个不相同的实根，且 $|\mu_1|<1$，$|\mu_2|<1$，由于

$$I(B) = \frac{1}{\Psi(B)} = \frac{1}{1-\psi_1 B - \psi_2 B^2} = \frac{1}{(1-\mu_1 B)(1-\mu_2 B)}$$

$$= \frac{1}{\mu_1-\mu_2}\left[\frac{\mu_1}{1-\mu_1 B} - \frac{\mu_2}{1-\mu_2 B}\right]$$

$$= \sum_{j=0}^{\infty} \frac{\mu_1^{j+1}-\mu_2^{j+1}}{\mu_1-\mu_2} B^j$$

所以

$$I_0 = 1,\ I_j = \frac{\mu_2^{j+1}-\mu_1^{j+1}}{\mu_1-\mu_2}$$

当 $l=1$ 时，$I_j^{(1)}=I_j$，$j\geqslant 1$，所以

$$\hat{X}_k(1) = \sum_{j=1}^{\infty} I_j^{(1)} X_{k+1-j} = \sum_{j=1}^{\infty} \frac{\mu_2^{j+1}-\mu_1^{j+1}}{\mu_1-\mu_2} X_{k+1-j}$$

当 k 很大时，有

$$\hat{X}_k(1) \approx \sum_{j=1}^{k} \frac{\mu_2^{j+1}-\mu_1^{j+1}}{\mu_1-\mu_2} X_{k+1-j}$$

当 $l=2$ 时，有

$$I_j^{(2)} = I_{j+1} + I_1 I_j = \frac{\mu_2^{j+2}-\mu_1^{j+2}}{\mu_1-\mu_2} + \frac{\mu_2^2-\mu_1^2}{\mu_1-\mu_2}\,\frac{\mu_2^{j+1}-\mu_1^{j+1}}{\mu_1-\mu_2}$$

$$= \frac{\mu_1\mu_2(\mu_1^j-\mu_2^j)}{\mu_1-\mu_2}$$

所以

$$\hat{X}_k(2) = \sum_{j=1}^{\infty} I_j^{(2)} X_{k+1-j} = \sum_{j=1}^{\infty} \frac{\mu_1\mu_2(\mu_1^j-\mu_2^j)}{\mu_1-\mu_2} X_{k+1-j}$$

当 k 很大时，有

$$\hat{X}_k(2) \approx \sum_{j=1}^{k} \frac{\mu_1\mu_2(\mu_1^j-\mu_2^j)}{\mu_1-\mu_2} X_{k+1-j}$$

当 $l>2$ 时，容易得 $\hat{X}_k(l)=0$.

例 8.6.5　设有 ARMA(1，1)模型

$$X_n - \varphi_1 X_{n-1} = \varepsilon_n - \psi_1 \varepsilon_{n-1}$$

其中$-1<\varphi_1<1$，$-1<\psi_1<1$.

由于 $I_j^{(1)}=-\psi_1^{j-1}(\psi_1-\varphi_1)$，$j\geqslant 1$，因此

$$\hat{X}_k(1) = \sum_{j=1}^{\infty} I_j^{(1)} X_{k+1-j} = -\sum_{j=1}^{\infty} \psi_1^{j-1}(\psi_1-\varphi_1) X_{k+1-j}$$

由(8.6.4)式得

$$\hat{X}_k(l) = \varphi_1 \hat{X}_k(l-1),\ l>1$$

从而递推可得

$$\hat{X}_k(l) = \varphi_1^{l-1} \hat{X}_k(1)$$

于是

$$\hat{X}_k(l) = -\varphi_1^{l-1} \sum_{j=1}^{\infty} \psi_1^{j-1}(\psi_1-\varphi_1) X_{k+1-j}$$

当 k 很大时，有

$$\hat{X}_k(l) \approx -\varphi_1^{l-1} \sum_{j=1}^{k} \psi_1^{j-1}(\psi_1 - \varphi_1) X_{k+1-j}, \ l \geqslant 1$$

8.7　Kalman 滤波公式

前面我们讨论了最小方差线性估计下三种线性模型的线性预报的具体方法，这些方法的特点是根据全部历史资料 X_k，X_{k-1}，…，X_1 给出 $X_{k+l}(l>0)$的最小方差线性估计值，并且这些讨论都是在平稳序列的范围内进行的. 随着现代控制理论的发展，为了准确地控制系统进入最佳状态，我们必须对系统的状态进行估计，这时由于系统本身是随时间变化或者由于干扰本身是时变的，因而把系统的状态作为平稳过程来处理是不够的，其次，在各种系统中，要求估计的状态还是一个多维随机变量，因此必须对模型加以推广. 另一方面，随着计算技术的发展和实时控制的需要，必须在观测过程中不断地对系统进行估计，并随着新的观测资料的获得而不断地修正这种估计，所以必须有适合实时控制需要的线性估计的递推算法，即根据实际上获得的有限个数据 X_k，X_{k-1}，…，X_1 给出 $X_{k+l}(l>0)$的最小方差线性估计，并以此作为它的预报值，并随着 k 的增加给出预报值的递推算法.

20 世纪 60 年代初，Kalman 首先成功地采用了状态空间的概念. 他所提出的方法不是寻找解析解，而是递推解，同时也把所研究的过程变成了除平稳过程外的随机过程. 这种方法的特点是不要求储存过去的观测数据，当新的数据被观测到后，只要根据新的数据和前一时刻的估计量，借助过程本身的状态转移方程，按照递推公式就可以得到新的估计量. 因此，它随着观测时间的增加，可随时适应新的情况，并大大地减少了计算机的存储量和计算量，便于实时处理.

在 Kalman 理论中，所考虑的模型是如下一对随机过程方程：

$$\boldsymbol{X}_{n+1} = \boldsymbol{A}(n)\boldsymbol{X}_n + \boldsymbol{W}_n, \ n \geqslant 0 \tag{8.7.1}$$

$$\boldsymbol{Y}_n = \boldsymbol{H}(n)\boldsymbol{X}_n + \boldsymbol{V}_n, \ n \geqslant 0 \tag{8.7.2}$$

其中，(8.7.1)式称为系统的状态方程，$\boldsymbol{X}_n$ 表示系统的状态，它是一个 p 维随机变量，$\boldsymbol{A}(n)$为 $p\times p$ 阶矩阵，$\boldsymbol{W}_n$ 表示系统本身的噪声；(8.7.2)式称为系统的观测方程或量测方程，$\boldsymbol{V}_n$ 表示观测噪声，引入 $\boldsymbol{H}(n)$是由于 $\boldsymbol{X}_n$ 的分量不是都能直接被观测，往往只能观测到 $\boldsymbol{X}_n$ 分量的某些线性组合，$\{\boldsymbol{Y}_n, n\geqslant 0\}$是一个随机过程，且 $\boldsymbol{Y}_n$ 是一个 q 维随机变量，$\boldsymbol{H}(n)$为 $q\times p$ 阶矩阵.

假设$\{\boldsymbol{W}_n, n\geqslant 0\}$和$\{\boldsymbol{V}_n, n\geqslant 0\}$满足如下条件：

$$\begin{cases} E\boldsymbol{W}_n = \boldsymbol{0}, \ \mathrm{cov}(\boldsymbol{W}_n, \boldsymbol{W}_m) = \boldsymbol{Q}(n)\delta_{nm} \\ E\boldsymbol{V}_n = \boldsymbol{0}, \ \mathrm{cov}(\boldsymbol{V}_n, \boldsymbol{V}_m) = \boldsymbol{R}(n)\delta_{nm} \end{cases} \tag{8.7.3}$$

$$\begin{cases} \mathrm{cov}(\boldsymbol{W}_n, \boldsymbol{V}_m) = \boldsymbol{0} \\ \mathrm{cov}(\boldsymbol{X}_0, \boldsymbol{V}_n) = \mathrm{cov}(\boldsymbol{X}_0, \boldsymbol{W}_n) = \boldsymbol{0} \end{cases} \tag{8.7.4}$$

我们的问题是要由 $\boldsymbol{Y}_0$，$\boldsymbol{Y}_1$，…，$\boldsymbol{Y}_n$ 作 $\boldsymbol{X}_n$ 的最佳线性估计 $\hat{\boldsymbol{X}}_n$，即要使

$$E\mid \boldsymbol{X}_n - \hat{\boldsymbol{X}}_n \mid^2 = \min \tag{8.7.5}$$

令 S_n 表示由 $\boldsymbol{Y}_0$，$\boldsymbol{Y}_1$，…，$\boldsymbol{Y}_n$ 的分量所生成的 H 的子空间，则由定理 8.5.1 知：

$$\hat{\boldsymbol{X}}_n = P_{S_n}\boldsymbol{X}_n = \begin{bmatrix} P_{S_n}X_n^{(1)} \\ P_{S_n}X_n^{(2)} \\ \vdots \\ P_{S_n}X_n^{(p)} \end{bmatrix}$$

多维随机变量 $\boldsymbol{X}_n$ 在 S_n 上的投影是指每个分量进行投影. 在推导有关结论之前，先引入下列记号：

$$\hat{\boldsymbol{X}}_n = P_{S_n}\boldsymbol{X}_n,\ \hat{\boldsymbol{X}}_{n|n-1} = P_{S_{n-1}}\boldsymbol{X}_n \tag{8.7.6}$$

$$\tilde{\boldsymbol{X}}_n = \boldsymbol{X}_n - \hat{\boldsymbol{X}}_n,\ \tilde{\boldsymbol{X}}_{n|n-1} = \boldsymbol{X}_n - \hat{\boldsymbol{X}}_{n|n-1} \tag{8.7.7}$$

$$\boldsymbol{P}(n) = E[\tilde{\boldsymbol{X}}_n\tilde{\boldsymbol{X}}_n^{\mathrm{T}}],\ \boldsymbol{P}(n \mid n-1) = E[\tilde{\boldsymbol{X}}_{n|n-1}\tilde{\boldsymbol{X}}_{n|n-1}^{\mathrm{T}}] \tag{8.7.8}$$

这里的 $\hat{\boldsymbol{X}}_n$ 为 $\boldsymbol{X}_n$ 的滤波值，$\hat{\boldsymbol{X}}_{n|n-1}$ 为 $\boldsymbol{X}_n$ 的向前一步预测值，$\tilde{\boldsymbol{X}}_n$ 和 $\tilde{\boldsymbol{X}}_{n|n-1}$ 分别为滤波和预测的误差，都是 p 维向量，$\boldsymbol{P}(n)$ 和 $\boldsymbol{P}(n|n-1)$ 为滤波和预测的误差矩阵.

定理 8.7.1 设 $\{\boldsymbol{X}_n, n\geqslant 0\}$ 和 $\{\boldsymbol{Y}_n, n\geqslant 0\}$ 满足(8.7.1)式～(8.7.4)式，令

$$\boldsymbol{Z}_n = \boldsymbol{Y}_n - P_{S_{n-1}}\boldsymbol{Y}_n \tag{8.7.9}$$

则 $\{\boldsymbol{Z}_n, n\geqslant 0\}$ 满足下列条件：

$$S_n = S_{n-1} \oplus H(\boldsymbol{Z}_n) = S_0 \oplus \sum_{i=1}^{n} H(\boldsymbol{Z}_i) \tag{8.7.10}$$

其中 $H(\boldsymbol{Z}_n)$ 表示由 $\boldsymbol{Z}_n$ 的分量所生成的 H 的子空间，$\oplus$ 表示相互正交的 Hilbert 空间 S_{n-1} 和 $H(\boldsymbol{Z}_n)$ 的线性和，并且

$$E[\boldsymbol{Z}_n\boldsymbol{Z}_m^{\mathrm{T}}] = \delta_{nm}[\boldsymbol{H}(n)\boldsymbol{P}(n \mid n-1)\boldsymbol{H}(n)^{\mathrm{T}} + \boldsymbol{R}(n)] \tag{8.7.11}$$

$$E[\boldsymbol{X}_n\boldsymbol{Z}_n^{\mathrm{T}}] = \boldsymbol{P}(n \mid n-1)\boldsymbol{H}(n)^{\mathrm{T}} \tag{8.7.12}$$

证明 由(8.7.9)式得

$$\boldsymbol{Z}_n \perp S_{n-1}$$

即 $\boldsymbol{Z}_n$ 的每个分量与 S_{n-1} 直交，故

$$H(\boldsymbol{Z}_n) \perp S_{n-1}$$

又由于 $\boldsymbol{Z}_n \in S_n$(指每个分量都成立)，因此

$$H(\boldsymbol{Z}_n) \oplus S_{n-1} \subset S_n$$

反过来，由(8.7.9)式得

$$\boldsymbol{Y}_n = \boldsymbol{Z}_n + P_{S_{n-1}}\boldsymbol{Y}_n$$

所以 $\boldsymbol{Y}_n$ 的每个分量都属于 $H(\boldsymbol{Z}_n)\oplus S_{n-1}$，而 S_n 是 S_{n-1} 及 $\boldsymbol{Y}_n$ 的分量所生成的 H 的子空间，所以

$$S_n \subset H(\boldsymbol{Z}_n) \oplus S_{n-1}$$

故

$$S_n = S_{n-1} \oplus H(\boldsymbol{Z}_n) = S_0 \oplus \sum_{i=1}^{n} H(\boldsymbol{Z}_i)$$

当 $n>m$ 时，因为 $\boldsymbol{Z}_m \in S_{n-1}$，$\boldsymbol{Z}_n \perp S_{n-1}$，所以

$$E[\boldsymbol{Z}_n\boldsymbol{Z}_m^{\mathrm{T}}] = 0,\ n > m \tag{8.7.13}$$

由(8.7.3)式及(8.7.4)式得

$$\boldsymbol{W}_n \perp S_n,\ \boldsymbol{V}_n \perp S_{n-1}$$

$$E[\boldsymbol{X}_n\boldsymbol{V}_m^{\mathrm{T}}]=\boldsymbol{0}$$

再由(8.7.1)式和(8.7.2)式可得

$$\begin{aligned}\boldsymbol{Z}_n&=\boldsymbol{Y}_n-P_{S_{n-1}}\boldsymbol{Y}_n\\&=\boldsymbol{Y}_n-P_{S_{n-1}}(\boldsymbol{H}(n)\boldsymbol{X}_n+\boldsymbol{V}_n)\\&=\boldsymbol{H}(n)\boldsymbol{X}_n+\boldsymbol{V}_n-\boldsymbol{H}(n)\hat{\boldsymbol{X}}_{n|n-1}\\&=\boldsymbol{H}(n)\tilde{\boldsymbol{X}}_{n|n-1}+\boldsymbol{V}_n\end{aligned}\tag{8.7.14}$$

因为 $\hat{\boldsymbol{X}}_{n|n-1}\in S_{n-1}$，$\boldsymbol{V}_n\perp S_{n-1}$，所以 $\boldsymbol{V}_n\perp\hat{\boldsymbol{X}}_{n|n-1}$，即

$$E[\hat{\boldsymbol{X}}_{n|n-1}\boldsymbol{V}_n^{\mathrm{T}}]=\boldsymbol{0}\tag{8.7.15}$$

又 $\boldsymbol{V}_n\perp\boldsymbol{X}_n$，所以 $\boldsymbol{V}_n\perp\tilde{\boldsymbol{X}}_{n|n-1}$，即

$$E[\tilde{\boldsymbol{X}}_{n|n-1}\boldsymbol{V}_n^{\mathrm{T}}]=\boldsymbol{0}\tag{8.7.16}$$

于是

$$\begin{aligned}E[\boldsymbol{Z}_n\boldsymbol{Z}_n^{\mathrm{T}}]&=\boldsymbol{H}(n)E[\tilde{\boldsymbol{X}}_{n|n-1}\tilde{\boldsymbol{X}}_{n|n-1}^{\mathrm{T}}]\boldsymbol{H}(n)^{\mathrm{T}}+E[\boldsymbol{V}_n\boldsymbol{V}_n^{\mathrm{T}}]\\&=\boldsymbol{H}(n)\boldsymbol{P}(n\mid n-1)\boldsymbol{H}(n)^{\mathrm{T}}+\boldsymbol{R}(n)\end{aligned}\tag{8.7.17}$$

所以由(8.7.13)式及(8.7.17)式可得

$$E[\boldsymbol{Z}_n\boldsymbol{Z}_m^{\mathrm{T}}]=\delta_{nm}[\boldsymbol{H}(n)\boldsymbol{P}(n\mid n-1)\boldsymbol{H}(n)^{\mathrm{T}}+\boldsymbol{R}(n)]$$

因为

$$\boldsymbol{X}_n=\tilde{\boldsymbol{X}}_{n|n-1}+\hat{\boldsymbol{X}}_{n|n-1}\tag{8.7.18}$$

由(8.7.14)式、(8.7.18)式及(8.7.15)式、(8.7.16)式得

$$\begin{aligned}E[\boldsymbol{X}_n\boldsymbol{Z}_n^{\mathrm{T}}]&=E[\tilde{\boldsymbol{X}}_{n|n-1}\tilde{\boldsymbol{X}}_{n|n-1}^{\mathrm{T}}]\boldsymbol{H}(n)^{\mathrm{T}}+E[\tilde{\boldsymbol{X}}_{n|n-1}\boldsymbol{V}_n^{\mathrm{T}}]\\&\quad+E[\hat{\boldsymbol{X}}_{n|n-1}\tilde{\boldsymbol{X}}_{n|n-1}^{\mathrm{T}}]\boldsymbol{H}(n)^{\mathrm{T}}+E[\hat{\boldsymbol{X}}_{n|n-1}\boldsymbol{V}_n^{\mathrm{T}}]\\&=E[\tilde{\boldsymbol{X}}_{n|n-1}\tilde{\boldsymbol{X}}_{n|n-1}^{\mathrm{T}}]\boldsymbol{H}(n)^{\mathrm{T}}\\&=\boldsymbol{P}(n\mid n-1)\boldsymbol{H}(n)^{\mathrm{T}}\end{aligned}$$

该定理是获得线性估计递推算法的基本出发点，因为定理中的 S_n 是观测到 n 为止，我们可用以对 $\boldsymbol{X}_n$ 进行估计的随机变量的全体，是代表到 n 为止观测到的信息. 随着 n 的增大，已知的信息越多，即 $S_n\supset S_{n-1}$. 另外，由 $\boldsymbol{Z}_n=\boldsymbol{Y}_n-P_{S_{n-1}}\boldsymbol{Y}_n$ 及 $\boldsymbol{Z}_n\perp S_{n-1}$ 表明 $\boldsymbol{Z}_n$ 是代表在时刻 n 所获得的新息. 故称 $\{\boldsymbol{Z}_n,\ n\geqslant 0\}$ 是 $\{\boldsymbol{Y}_n,\ n\geqslant 0\}$ 所对应的新息序列. 这使我们有可能做到若观测直到时刻 $n-1$ 时为止，用 S_{n-1} 中的知识对 $\boldsymbol{X}_n$ 进行最佳估计 $\hat{\boldsymbol{X}}_{n|n-1}$(实为预测值)，那么到时刻 n 只需用新息 $\boldsymbol{Z}_n$ 来修正这一估计就可以得到 $\boldsymbol{X}_n$ 的最佳估计 $\hat{\boldsymbol{X}}_n$(实为滤波值).

定理 8.7.2　设 $\{\boldsymbol{X}_n,\ n\geqslant 0\}$，$\{\boldsymbol{Y}_n,\ n\geqslant 0\}$ 满足(8.7.1)式～(8.7.4)式，且 $\boldsymbol{R}(n)$ 为满秩阵，则由 $(\boldsymbol{Y}_0,\boldsymbol{Y}_1,\cdots,\boldsymbol{Y}_n)$ 对 $\boldsymbol{X}_n$ 计算的滤波值 $\hat{\boldsymbol{X}}_n$ 满足下列递推关系：

$$\begin{aligned}\hat{\boldsymbol{X}}_n&=\boldsymbol{A}(n-1)\hat{\boldsymbol{X}}_{n-1}+\boldsymbol{K}(n)\boldsymbol{Z}_n\\&=\boldsymbol{A}(n-1)\hat{\boldsymbol{X}}_{n-1}+\boldsymbol{K}(n)[\boldsymbol{Y}_n-\boldsymbol{H}(n)\boldsymbol{A}(n-1)\hat{\boldsymbol{X}}_{n-1}]\end{aligned}\tag{8.7.19}$$

其中 $\boldsymbol{Z}_n$ 由(8.7.9)式给出.

$$\begin{aligned}\boldsymbol{K}(n)&=\boldsymbol{P}(n\mid n-1)\boldsymbol{H}(n)^{\mathrm{T}}[\boldsymbol{H}(n)\boldsymbol{P}(n\mid n-1)\boldsymbol{H}(n)^{\mathrm{T}}+\boldsymbol{R}(n)]^{-1}\\&=\boldsymbol{P}(n)\boldsymbol{H}(n)^{\mathrm{T}}\boldsymbol{R}(n)^{-1}\end{aligned}\tag{8.7.20}$$

$$\boldsymbol{P}(n \mid n-1) = \boldsymbol{A}(n-1)\boldsymbol{P}(n-1)\boldsymbol{A}(n-1)^{\mathrm{T}} + \boldsymbol{Q}(n-1) \tag{8.7.21}$$

$$\begin{aligned}\boldsymbol{P}(n) &= [\boldsymbol{I} - \boldsymbol{K}(n)\boldsymbol{H}(n)]\boldsymbol{P}(n \mid n-1)[\boldsymbol{I} - \boldsymbol{K}(n)\boldsymbol{H}(n)]^{\mathrm{T}} + \boldsymbol{K}(n)\boldsymbol{R}(n)\boldsymbol{K}(n)^{\mathrm{T}} \\ &= [\boldsymbol{I} - \boldsymbol{K}(n)\boldsymbol{H}(n)]\boldsymbol{P}(n \mid n-1) \\ &= [\boldsymbol{P}(n \mid n-1)^{-1} + \boldsymbol{H}(n)^{\mathrm{T}}\boldsymbol{R}(n)^{-1}\boldsymbol{H}(n)]^{-1}\end{aligned} \tag{8.7.22}$$

在(8.7.21)式中还假定一切 $\boldsymbol{Q}(n)$ 是满秩的.

证明　由(8.7.10)式得

$$\begin{aligned}\hat{\boldsymbol{X}}_n &= P_{S_n}\boldsymbol{X}_n = P_{S_{n-1}\oplus H(\boldsymbol{Z}_n)}\boldsymbol{X}_n = P_{S_{n-1}}\boldsymbol{X}_n + P_{H(\boldsymbol{Z}_n)}\boldsymbol{X}_n \\ &= P_{S_{n-1}}(\boldsymbol{A}(n-1)\boldsymbol{X}_{n-1} + \boldsymbol{W}_{n-1}) + \boldsymbol{K}(n)\boldsymbol{Z}_n \\ &= \boldsymbol{A}(n-1)\hat{\boldsymbol{X}}_{n-1} + \boldsymbol{K}(n)\boldsymbol{Z}_n\end{aligned} \tag{8.7.23}$$

由于

$$\begin{aligned}\boldsymbol{Z}_n &= \boldsymbol{Y}_n - P_{S_{n-1}}\boldsymbol{Y}_n \\ &= \boldsymbol{Y}_n - P_{S_{n-1}}(\boldsymbol{H}(n)\boldsymbol{X}_n + \boldsymbol{V}_n) \\ &= \boldsymbol{Y}_n - P_{S_{n-1}}\boldsymbol{H}(n)\boldsymbol{X}_n - P_{S_{n-1}}\boldsymbol{V}_n \\ &= \boldsymbol{Y}_n - P_{S_{n-1}}\boldsymbol{H}(n)\boldsymbol{X}_n \\ &= \boldsymbol{Y}_n - P_{S_{n-1}}\boldsymbol{H}(n)[\boldsymbol{A}(n-1)\boldsymbol{X}_{n-1} + \boldsymbol{W}_{n-1}] \\ &= \boldsymbol{Y}_n - \boldsymbol{H}(n)\boldsymbol{A}(n-1)\hat{\boldsymbol{X}}_{n-1}\end{aligned}$$

所以(8.7.19)式成立.

因为

$$\begin{aligned}\hat{\boldsymbol{X}}_{n|n-1} &= P_{S_{n-1}}\boldsymbol{X}_n = P_{S_{n-1}}[\boldsymbol{A}(n-1)\boldsymbol{X}_{n-1} + \boldsymbol{W}_{n-1}] \\ &= \boldsymbol{A}(n-1)\hat{\boldsymbol{X}}_{n-1}\end{aligned} \tag{8.7.24}$$

所以

$$\begin{aligned}\tilde{\boldsymbol{X}}_{n|n-1} &= \boldsymbol{X}_n - \hat{\boldsymbol{X}}_{n|n-1} = \boldsymbol{A}(n-1)\boldsymbol{X}_{n-1} + \boldsymbol{W}_{n-1} - \boldsymbol{A}(n-1)\hat{\boldsymbol{X}}_{n-1} \\ &= \boldsymbol{A}(n-1)[\boldsymbol{X}_{n-1} - \hat{\boldsymbol{X}}_{n-1}] + \boldsymbol{W}_{n-1} \\ &= \boldsymbol{A}(n-1)\tilde{\boldsymbol{X}}_{n-1} + \boldsymbol{W}_{n-1}\end{aligned} \tag{8.7.25}$$

又

$$\boldsymbol{W}_{n-1} \perp S_{n-1},\ \boldsymbol{W}_{n-1} \perp \boldsymbol{X}_{n-1}$$

故

$$\begin{aligned}\boldsymbol{P}(n \mid n-1) &= E[\tilde{\boldsymbol{X}}_{n|n-1}\tilde{\boldsymbol{X}}_{n|n-1}^{\mathrm{T}}] \\ &= E[(\boldsymbol{A}(n-1)\tilde{\boldsymbol{X}}_{n-1} + \boldsymbol{W}_{n-1})(\boldsymbol{A}(n-1)\tilde{\boldsymbol{X}}_{n-1} + \boldsymbol{W}_{n-1})^{\mathrm{T}}] \\ &= E[(\boldsymbol{A}(n-1)\tilde{\boldsymbol{X}}_{n-1} + \boldsymbol{W}_{n-1})(\tilde{\boldsymbol{X}}_{n-1}^{\mathrm{T}}\boldsymbol{A}(n-1)^{\mathrm{T}} + \boldsymbol{W}_{n-1}^{\mathrm{T}})] \\ &= \boldsymbol{A}(n-1)E[\tilde{\boldsymbol{X}}_{n-1}\tilde{\boldsymbol{X}}_{n-1}^{\mathrm{T}}]\boldsymbol{A}(n-1)^{\mathrm{T}} + E[\boldsymbol{W}_{n-1}\boldsymbol{W}_{n-1}^{\mathrm{T}}] \\ &= \boldsymbol{A}(n-1)\boldsymbol{P}(n-1)\boldsymbol{A}(n-1)^{\mathrm{T}} + \boldsymbol{Q}(n-1)\end{aligned}$$

即(8.7.21)式成立.

由于 $\boldsymbol{K}(n)\boldsymbol{Z}_n = P_{H(Z_n)}\boldsymbol{X}_n$，所以 $E[\boldsymbol{K}(n)\boldsymbol{Z}_n\boldsymbol{Z}_n^{\mathrm{T}}] = E[\boldsymbol{X}_n\boldsymbol{Z}_n^{\mathrm{T}}]$，即

$$\begin{aligned}\boldsymbol{K}(n) &= E[\boldsymbol{X}_n\boldsymbol{Z}_n^{\mathrm{T}}](E[\boldsymbol{Z}_n\boldsymbol{Z}_n^{\mathrm{T}}])^{-1} \\ &= \boldsymbol{P}(n \mid n-1)\boldsymbol{H}(n)^{\mathrm{T}}[\boldsymbol{H}(n)\boldsymbol{P}(n \mid n-1)\boldsymbol{H}(n)^{\mathrm{T}} + \boldsymbol{R}(n)]^{-1} \\ &= [\boldsymbol{P}(n \mid n-1)^{-1} + \boldsymbol{H}(n)^{\mathrm{T}}\boldsymbol{R}(n)^{-1}\boldsymbol{H}(n)]^{-1}\boldsymbol{H}(n)^{\mathrm{T}}\boldsymbol{R}(n)^{-1}\end{aligned} \tag{8.7.26}$$

由(8.7.23)式及(8.7.24)式得

$$\hat{\boldsymbol{X}}_n=\boldsymbol{A}(n-1)\hat{\boldsymbol{X}}_{n-1}+\boldsymbol{K}(n)\boldsymbol{Z}_n=\hat{\boldsymbol{X}}_{n|n-1}+\boldsymbol{K}(n)\boldsymbol{Z}_n$$

所以由(8.7.14)式得

$$\begin{aligned}\tilde{\boldsymbol{X}}_n&=\boldsymbol{X}_n-\hat{\boldsymbol{X}}_n=\boldsymbol{X}_n-[\hat{\boldsymbol{X}}_{n|n-1}+\boldsymbol{K}(n)\boldsymbol{Z}_n]\\&=\boldsymbol{X}_n-\hat{\boldsymbol{X}}_{n|n-1}-\boldsymbol{K}(n)\boldsymbol{Z}_n=\tilde{\boldsymbol{X}}_{n|n-1}-\boldsymbol{K}(n)[\boldsymbol{H}(n)\tilde{\boldsymbol{X}}_{n|n-1}+\boldsymbol{V}_n]\\&=[\boldsymbol{I}-\boldsymbol{K}(n)\boldsymbol{H}(n)]\tilde{\boldsymbol{X}}_{n|n-1}-\boldsymbol{K}(n)\boldsymbol{V}_n\end{aligned}$$

由(8.7.26)式得

$$\begin{aligned}\boldsymbol{I}-\boldsymbol{K}(n)\boldsymbol{H}(n)&=[\boldsymbol{P}(n\mid n-1)^{-1}+\boldsymbol{H}(n)^{\mathrm{T}}\boldsymbol{R}(n)^{-1}\boldsymbol{H}(n)]^{-1}\\&\quad\cdot[\boldsymbol{P}(n\mid n-1)^{-1}+\boldsymbol{H}(n)^{\mathrm{T}}\boldsymbol{R}(n)^{-1}\boldsymbol{H}(n)-\boldsymbol{H}(n)^{\mathrm{T}}\boldsymbol{R}(n)^{-1}\boldsymbol{H}(n)]\\&=[\boldsymbol{P}(n\mid n-1)^{-1}+\boldsymbol{H}(n)^{\mathrm{T}}\boldsymbol{R}(n)^{-1}\boldsymbol{H}(n)]^{-1}\boldsymbol{P}(n\mid n-1)^{-1}\end{aligned}\tag{8.7.27}$$

由(8.7.27)式及(8.7.26)式得

$$\begin{aligned}\boldsymbol{P}(n)&=E[\tilde{\boldsymbol{X}}_n\tilde{\boldsymbol{X}}_n^{\mathrm{T}}]\\&=E[(\boldsymbol{I}-\boldsymbol{K}(n)\boldsymbol{H}(n))\tilde{\boldsymbol{X}}_{n|n-1}-\boldsymbol{K}(n)\boldsymbol{V}_n][(\boldsymbol{I}-\boldsymbol{K}(n)\boldsymbol{H}(n))\tilde{\boldsymbol{X}}_{n|n-1}-\boldsymbol{K}(n)\boldsymbol{V}_n]^{\mathrm{T}}\\&=E[(\boldsymbol{I}-\boldsymbol{K}(n)\boldsymbol{H}(n))\tilde{\boldsymbol{X}}_{n|n-1}-\boldsymbol{K}(n)\boldsymbol{V}_n][\tilde{\boldsymbol{X}}_{n|n-1}^{\mathrm{T}}(\boldsymbol{I}-\boldsymbol{K}(n)\boldsymbol{H}(n))^{\mathrm{T}}-\boldsymbol{V}_n^{\mathrm{T}}\boldsymbol{K}(n)^{\mathrm{T}}]\\&=(\boldsymbol{I}-\boldsymbol{K}(n)\boldsymbol{H}(n))\boldsymbol{P}(n\mid n-1)(\boldsymbol{I}-\boldsymbol{K}(n)\boldsymbol{H}(n))^{\mathrm{T}}+\boldsymbol{K}(n)\boldsymbol{R}(n)\boldsymbol{K}(n)^{\mathrm{T}}\\&=[\boldsymbol{P}(n\mid n-1)^{-1}+\boldsymbol{H}(n)^{\mathrm{T}}\boldsymbol{R}(n)^{-1}\boldsymbol{H}(n)]^{-1}\boldsymbol{P}(n\mid n-1)^{-1}\boldsymbol{P}(n\mid n-1)\\&\quad\cdot(\boldsymbol{I}-\boldsymbol{H}(n)^{\mathrm{T}}\boldsymbol{K}(n)^{\mathrm{T}})+\boldsymbol{K}(n)\boldsymbol{R}(n)\boldsymbol{K}(n)^{\mathrm{T}}\\&=[\boldsymbol{P}(n\mid n-1)^{-1}+\boldsymbol{H}(n)^{\mathrm{T}}\boldsymbol{R}(n)^{-1}\boldsymbol{H}(n)]^{-1}[\boldsymbol{I}-\boldsymbol{H}(n)^{\mathrm{T}}\boldsymbol{K}(n)^{\mathrm{T}}]+\boldsymbol{K}(n)\boldsymbol{R}(n)\boldsymbol{K}(n)^{\mathrm{T}}\end{aligned}\tag{8.7.28}$$

再由(8.7.26)式得

$$\begin{aligned}\boldsymbol{K}(n)\boldsymbol{R}(n)\boldsymbol{K}(n)^{\mathrm{T}}&=[\boldsymbol{P}(n\mid n-1)^{-1}+\boldsymbol{H}(n)^{\mathrm{T}}\boldsymbol{R}(n)^{-1}\boldsymbol{H}(n)]^{-1}\boldsymbol{H}(n)^{\mathrm{T}}\boldsymbol{R}(n)^{-1}\boldsymbol{R}(n)\boldsymbol{K}(n)^{\mathrm{T}}\\&=[\boldsymbol{P}(n\mid n-1)^{-1}+\boldsymbol{H}(n)^{\mathrm{T}}\boldsymbol{R}(n)^{-1}\boldsymbol{H}(n)]^{-1}\boldsymbol{H}(n)^{\mathrm{T}}\boldsymbol{K}(n)^{\mathrm{T}}\end{aligned}$$

代入(8.7.28)式可得

$$\begin{aligned}\boldsymbol{P}(n)&=[\boldsymbol{P}(n\mid n-1)^{-1}+\boldsymbol{H}(n)^{\mathrm{T}}\boldsymbol{R}(n)^{-1}\boldsymbol{H}(n)]^{-1}[\boldsymbol{I}-\boldsymbol{H}(n)^{\mathrm{T}}\boldsymbol{K}(n)^{\mathrm{T}}+\boldsymbol{H}(n)^{\mathrm{T}}\boldsymbol{K}(n)^{\mathrm{T}}]\\&=[\boldsymbol{P}(n\mid n-1)^{-1}+\boldsymbol{H}(n)^{\mathrm{T}}\boldsymbol{R}(n)^{-1}\boldsymbol{H}(n)]^{-1}\end{aligned}\tag{8.7.29}$$

将(8.7.29)式代入(8.7.26)式得

$$\boldsymbol{K}(n)=\boldsymbol{P}(n)\boldsymbol{H}(n)^{\mathrm{T}}\boldsymbol{R}(n)^{-1}$$

故(8.7.20)式成立. 又由(8.7.27)式及(8.7.29)式可得

$$\boldsymbol{I}-\boldsymbol{K}(n)\boldsymbol{H}(n)=\boldsymbol{P}(n)\boldsymbol{P}(n\mid n-1)^{-1}$$

所以

$$\boldsymbol{P}(n)=(\boldsymbol{I}-\boldsymbol{K}(n)\boldsymbol{H}(n))\boldsymbol{P}(n\mid n-1)\tag{8.7.30}$$

由(8.7.29)式和(8.7.30)式可得(8.7.22)式.

(8.7.19)式～(8.7.22)式就是计算滤波值的递推公式，又称为 Kalman 滤波公式. 在实际运用这些公式时，首先要确定使用这些递推公式的初态，即求出 $\hat{\boldsymbol{X}}_0$ 和 $\boldsymbol{P}(0)$，然后随着观测资料的增多逐步递推地计算 $\hat{\boldsymbol{X}}_n$. 对于滤波值公式，我们可以这样来解释它，为了方便起见，可认为 X_n、Y_n 是一维的，因为 $\hat{X}_{n-1}$ 是到 $n-1$ 为止对 X_{n-1} 的最佳估计，由于 X_n

本身的递推关系(8.7.1)式，所以 $\hat{X}_{n|n-1}=A(n-1)\hat{X}_{n-1}$，但到时刻 n 获得了新的观测 Y_n，它为我们提供了新息 Z_n，这时我们有可能利用它来修正对 X_n 的估计. 这一修正是在 $A(n-1)X_{n-1}$ 之外加上一项 $K(n)Z_n$，$K(n)$表示加权因子. 当 $Z_n=Y_n-\hat{X}_{n|n-1}$ 较大时，即原来估计 $\hat{X}_{n|n-1}$ 与新获得的对 X_n 的观测 Y_n 相差较大，修正要大一些，若 $Z_n=0$，可不必修正. 另一方面，从 $K(n)$的表示式(8.7.20)可看出，若观测噪声方差 $R(n)$较小，则 $K(n)$要大一些，这是因为此时 Y_n 代表 X_n 较好，$Y_n-\hat{X}_{n|n-1}$ 能较好地反映 $X_n-\hat{X}_{n|n-1}$ 间的偏差，因而修正的权 $K(n)$可大一些；而由(8.7.21)式和(8.7.22)式可见，当 $Q(n)$增大时，$K(n)$也随之增大，这是因为 $Q(n)$的增大表示 X_n 对 $A(n-1)X_{n-1}$ 的变化较大，故 $\hat{X}_n$ 对 $A(n-1)\hat{X}(n-1)$的修正也应加大，这样，滤波递推公式从直观上来看也是合理的. 利用滤波值 $\hat{X}_n$，不难求出预测值如下：

$$P_{S_n}X_{n+m}=A(n+m-1)\cdots A(n+1)A(n)\hat{X}_n$$

定理 8.7.3 设$\{\boldsymbol{X}_n, n\geqslant 0\}$和$\{\boldsymbol{Y}_n, n\geqslant 0\}$满足(8.7.1)式～(8.7.4)式，且 $\boldsymbol{H}(n)=\boldsymbol{I}$，$\boldsymbol{Z}_n$ 和 $\hat{\boldsymbol{X}}_n$ 分别由(8.7.9)式和(8.7.19)式给出，若对 $\boldsymbol{X}_0$ 的初始滤波值 $\hat{\boldsymbol{X}}_0$ 满足

$$E\hat{\boldsymbol{X}}_0=E\boldsymbol{X}_0 \tag{8.7.31}$$

则对一切 n，有

$$E\hat{\boldsymbol{X}}_n=E[\hat{\boldsymbol{X}}_{n|n-1}]=E\boldsymbol{X}_n \tag{8.7.32}$$

$$E\boldsymbol{Z}_n=\boldsymbol{0} \tag{8.7.33}$$

证明 采用归纳法证明(8.7.32)式. 由(8.7.1)、(8.7.2)式得

$$E\boldsymbol{X}_1=\boldsymbol{A}(0)E\boldsymbol{X}_0$$
$$E\boldsymbol{Y}_1=E\boldsymbol{X}_1=\boldsymbol{A}(0)E\boldsymbol{X}_0$$

从而由(8.7.19)式得

$$\begin{aligned}E\hat{\boldsymbol{X}}_1&=\boldsymbol{A}(0)E\hat{\boldsymbol{X}}_0+\boldsymbol{K}(1)[E\boldsymbol{Y}_1-\boldsymbol{A}(0)E\hat{\boldsymbol{X}}_0]\\&=\boldsymbol{A}(0)E\boldsymbol{X}_0+\boldsymbol{K}(1)[\boldsymbol{A}(0)E\boldsymbol{X}_0-\boldsymbol{A}(0)E\boldsymbol{X}_0]\\&=\boldsymbol{A}(0)E\boldsymbol{X}_0=E\boldsymbol{X}_1\end{aligned}$$

又因 $\hat{\boldsymbol{X}}_{n|n-1}=\boldsymbol{A}(n-1)\hat{\boldsymbol{X}}_{n-1}$，所以

$$E\hat{\boldsymbol{X}}_{1|0}=\boldsymbol{A}(0)E\hat{\boldsymbol{X}}_0=\boldsymbol{A}(0)E\boldsymbol{X}_0=E\boldsymbol{X}_1$$

假设当 $n=k$ 时，(8.7.32)式成立，则当 $n=k+1$ 时，由(8.7.1)式及(8.7.2)式可得

$$E\boldsymbol{X}_{k+1}=\boldsymbol{A}(k)E\boldsymbol{X}_k$$
$$E\boldsymbol{Y}_{k+1}=E\boldsymbol{X}_{k+1}$$

再由(8.7.19)式，有

$$\begin{aligned}E\hat{\boldsymbol{X}}_{k+1}&=\boldsymbol{A}(k)E\hat{\boldsymbol{X}}_k+\boldsymbol{K}(k+1)[E\boldsymbol{Y}_{k+1}-\boldsymbol{A}(k)E\hat{\boldsymbol{X}}_k]\\&=\boldsymbol{A}(k)E\boldsymbol{X}_k=E\boldsymbol{X}_{k+1}\end{aligned}$$

又因为 $\hat{\boldsymbol{X}}_{k+1|k}=\boldsymbol{A}(k)\hat{\boldsymbol{X}}_k$，所以

$$E\hat{\boldsymbol{X}}_{k+1|k} = \boldsymbol{A}(k)E\hat{\boldsymbol{X}}_k = \boldsymbol{A}(k)E\boldsymbol{X}_k = E\boldsymbol{X}_{k+1}$$

所以(8.7.32)式成立.

由(8.7.14)式可得

$$\boldsymbol{Z}_n = \boldsymbol{Y}_n - \hat{\boldsymbol{X}}_{n|n-1}$$

所以

$$E\boldsymbol{Z}_n = E\boldsymbol{Y}_n - E\hat{\boldsymbol{X}}_{n|n-1} = E\boldsymbol{X}_n - E\boldsymbol{X}_n = \boldsymbol{0}$$

故(8.7.33)式也成立.

例 8.7.1　设有一个系统

$$X_{n+1} = (-1)^{2n+1}X_n$$
$$Y_n = X_n + V_n$$

其中 X_0 是一个均值为零、方差为 $P_X(0)$ 的正态随机变量，$\{V_n, n\geqslant 0\}$ 是均值为零、方差为 $R(n+1)$ 的正态白噪声序列，它与 X_0 不相关，试求 $\hat{X}_n$.

解　由于系统模型满足 Kalman 滤波的假设条件，并且

$$A(n-1) = (-1)^{2n-1},\ H(n) = 1,\ \mathrm{cov}(V_n, V_m) = R(n)\delta_{nm}$$

所以由 Kalman 滤波公式(8.7.19)式可得

$$\hat{X}_n = (-1)^{2n-1}\hat{X}_{n-1} + K(n)[Y_n - (-1)^{2n-1}\hat{X}_{n-1}]$$

再由 Kalman 滤波公式(8.7.20)、(8.7.21)式和(8.7.22)式得

$$K(n) = P(n \mid n-1)[P(n \mid n-1) + R(n)]^{-1} = \frac{P(n \mid n-1)}{P(n \mid n-1) + R(n)}$$
$$P(n \mid n-1) = (-1)^{2n-1}P(n-1)(-1)^{2n-1} = P(n-1)$$
$$P(n) = \left[1 - \frac{P(n \mid n-1)}{P(n \mid n-1) + R(n)}\right]P(n \mid n-1) = \frac{R(n)P(n-1)}{P(n \mid n-1) + R(n)}$$

这样在 $\hat{X}_0 = EX_0 = 0$，$P(0) = P_X(0)$ 的初始条件下，就可以由观测数据 Y_k，$k=0, 1, 2, \cdots, n$ 递推求得 $\hat{X}_n$.

例 8.7.2　设有系统

$$X_{n+1} = AX_n + W_n$$
$$Y_n = X_n + V_n$$

其中 X_0 是方差为 $P_X(0)$ 的零均值正态分布的随机变量，$\{W_n, n\geqslant 0\}$ 和 $\{V_n, n\geqslant 0\}$ 是方差分别为 Q 和 R 的零均值正态白噪声序列，并且它们与 X_0 独立，试求 $\hat{X}_n$.

解　由假设条件及系统模型和 Kalman 滤波公式可得

$$\hat{X}_n = A\hat{X}_{n-1} + K(n)[Y_n - A\hat{X}_{n-1}]$$
$$K(n) = P(n \mid n-1)[P(n \mid n-1) + R]^{-1} = \frac{P(n \mid n-1)}{P(n \mid n-1) + R}$$
$$P(n \mid n-1) = A^2P(n-1) + Q$$
$$P(n) = \left[1 - \frac{P(n \mid n-1)}{P(n \mid n-1) + R}\right]P(n \mid n-1)$$

即

$$\hat{X}_n = A\hat{X}_{n-1} + K(n)[Y_n - A\hat{X}_{n-1}]$$

$$K(n)=\frac{A^2P(n-1)+Q}{A^2P(n-1)+Q+R}$$

$$P(n)=\frac{R[A^2P(n-1)+Q]}{A^2P(n-1)+Q+R}$$

这样在 $\hat{X}_0=EX_0=0$ 和 $P(0)=P_X(0)$的初始条件下，就可由观测数据 Y_0，Y_1，Y_2，…，Y_n 递推求得 $\hat{X}_n$.

习　题　八

1. 试判断下列线性模型的参数是否在平稳域或可逆域中.

(1)　$X_n-0.7X_{n-1}=\varepsilon_n$

(2)　$X_n=\varepsilon_n+0.46\varepsilon_{n-1}$

(3)　$X_n+1.2X_{n-1}=\varepsilon_n$

(4)　$X_n=\varepsilon_n-2\varepsilon_{n-1}+\varepsilon_{n-2}$

(5)　$X_n-0.6X_{n-1}-0.3X_{n-2}=\varepsilon_n+1.6\varepsilon_{n-1}-0.7\varepsilon_{n-2}$

2. 试求下列线性模型的传递形式和逆转形式，并求出 Green 函数和逆 Green 函数.

(1)　$X_n-0.7X_{n-1}=\varepsilon_n$

(2)　$X_n=\varepsilon_n+0.46\varepsilon_{n-1}$

(3)　$X_n-0.1X_{n-1}-0.72X_{n-2}=\varepsilon_n$

(4)　$X_n=\varepsilon_n+1.2\varepsilon_{n-1}+0.32\varepsilon_{n-2}$

(5)　$X_n-1.6X_{n-1}+0.63X_{n-2}=\varepsilon_n+0.4\varepsilon_{n-1}$

3. 设方程 $1-\varphi_1\lambda-\varphi_2\lambda^2=0$ 有两个不相同的实根 λ_1^{-1} 和 λ_2^{-1}，且$|\lambda_1|<1$，$|\lambda_2|<1$，试证明 AR(2) 模型 $X_n-\varphi_1X_{n-1}-\varphi_2X_{n-2}=\varepsilon_n$ 的传递形式是

$$X_n=\sum_{k=0}^{\infty}\frac{\lambda_1^{k+1}-\lambda_2^{k+1}}{\lambda_1-\lambda_2}\varepsilon_{n-k}$$

并写出 Green 函数.

4. 设方程 $1-\varphi_1\lambda-\varphi_2\lambda^2=0$ 有重根 λ^{-1}，且$|\lambda|<1$，试写出 AR(2)模型 $X_n-\varphi_1X_{n-1}-\varphi_2X_{n-2}=\varepsilon_n$ 的传递形式和 Green 函数.

5. 设方程 $1-\varphi_1\lambda-\varphi_2\lambda^2=0$ 有两个不相同的实根 λ_1^{-1} 和 λ_2^{-1}，且 $-1<\psi_1<1$，试求 ARMA(2，1)模型 $X_n-\varphi_1X_{n-1}-\varphi_2X_{n-2}=\varepsilon_n-\psi_1\varepsilon_{n-1}$ 的传递形式和逆转形式，并写出 Green 函数和逆 Green 函数.

6. 设 AR(2)模型 $X_n-\varphi_1X_{n-1}-\varphi_2X_{n-2}=\varepsilon_n$，令 $DX_n=\sigma_X^2$，证明

$$\sigma_X^2=\frac{(1-\varphi_2)\sigma_0^2}{(1+\varphi_2)(1-\varphi_1-\varphi_2)(1+\varphi_1-\varphi_2)}$$

其中 $\sigma_0^2=D\varepsilon_n$.

7. 设 MA(2)模型 $X_n=\varepsilon_n+0.7\varepsilon_{n-1}-0.2\varepsilon_{n-2}$，试求自相关函数 ρ_k.

8. 试证明 AR(2)模型 $X_n-\frac{1}{3}X_{n-1}-\frac{2}{9}X_{n-2}=\varepsilon_n$ 的自相关函数为

$$\rho_k = \frac{16}{21}\left(\frac{2}{3}\right)^{|k|} + \frac{5}{21}\left(-\frac{1}{3}\right)^{|k|}, k = 0, \pm 1, \pm 2, \cdots$$

9. 设一平稳时间序列(未必零均值)的 50 个样本值如下:

289	285	289	286	288	287	288	292	291	291
292	296	297	301	304	304	303	307	299	296
293	301	293	301	295	284	286	286	287	284
282	278	281	278	277	279	278	270	268	272
273	279	279	280	275	271	277	278	279	285

(1) 求样本自协方差函数 $\hat{\gamma}_k$, $k=1, 2, \cdots, 12$;

(2) 求样本自相关函数 $\hat{\rho}_k$, $k=1, 2, \cdots, 12$;

(3) 求样本偏相关函数 $\hat{\varphi}_{11}$, $\hat{\varphi}_{22}$, $\hat{\varphi}_{33}$.

10. 从一平稳时间序列的一组样本算得样本自相关函数 $\hat{\rho}_k$ 及样本偏相关函数 $\hat{\varphi}_{kk}$ $(k=1, 2, 3, 4, 5)$ 如下($N=200$):

k	1	2	3	4	5
$\hat{\rho}_k$	−0.800	0.670	−0.518	0.390	−0.310
$\hat{\varphi}_{kk}$	−0.800	0.085	0.112	−0.046	−0.061

设 $\hat{\gamma}_0=3.34$,

(1) 作出 $\hat{\rho}_k$、$\hat{\varphi}_{kk}$ 的图,判断模型类型;

(2) 对模型参数及白噪声方差作出估计.

11. 设 MA(2)模型 $X_n=\varepsilon_n-\varepsilon_{n-1}+0.24\varepsilon_{n-2}$,试求 $\hat{X}_k(1)$ 和 $\hat{X}_k(2)$.

12. (1) 设 AR(1)模型 $X_n-0.56X_{n-1}=\varepsilon_n$,且$\{X_n, n=0, \pm 1, \pm 2, \cdots\}$是正态平稳序列,已知 $\sigma_0^2=1.06$, $X_k=6.7$,试求 $\hat{X}_k(l)$,并求置信度为 95% 的 l 步预报绝对误差的范围;

(2) 设 AR(2)模型 $X_n-0.90X_{n-1}+0.14X_{n-2}=\varepsilon_n$,已知 $X_k=3.2$, $X_{k-1}=-0.7$,试求 $\hat{X}_k(l)$;

(3) 设 MA(1)模型 $X_n=\varepsilon_n-0.39\varepsilon_{n-1}$,已知 $X_1, X_2, \cdots, X_k$(k 很大)的值,试求 $\hat{X}_k(1)$;

(4) 设 MA(2)模型 $X_n=\varepsilon_n-1.1\varepsilon_{n-1}+0.24\varepsilon_{n-2}$,已知 $X_1, X_2, \cdots, X_k$(k 很大)的值,试求 $\hat{X}_k(1)$、$\hat{X}_k(2)$;

(5) 设 ARMA(1, 1)模型 $X_n-0.56X_{n-1}=\varepsilon_n-0.90\varepsilon_{n-1}$,已知 $X_1, X_2, \cdots, X_k$(k 很大)的值,试求 $\hat{X}_k(l)$.

第9章 鞅 过 程

鞅过程是一类应用十分广泛的随机过程，其内容属于随机过程的现代部分，其应用涉及到自动控制、随机服务、经济、气象等许多领域. 本章主要介绍单指标鞅的Doob停止定理、收敛定理、分解定理以及两指标鞅的基本概念等内容.

9.1 鞅的定义

定义 9.1.1 $\{X_n, n=0, 1, 2, \cdots\}$是一随机变量序列，如果对一切$n$有

$$E|X_n|<+\infty$$

及

$$E[X_{n+1} \mid X_0, X_1, \cdots, X_n] = X_n \tag{9.1.1}$$

则称$\{X_n, n=0, 1, 2, \cdots\}$是鞅. 如果

$$E[X_{n+1} \mid X_0, X_1, \cdots, X_n] \leqslant X_n \tag{9.1.2}$$

则称$\{X_n, n=0, 1, 2, \cdots\}$是上鞅. 如果

$$E[X_{n+1} \mid X_0, X_1, \cdots, X_n] \geqslant X_n \tag{9.1.3}$$

则称$\{X_n, n=0, 1, 2, \cdots\}$是下鞅.

例 9.1.1 设$Y_1, Y_2, \cdots$为独立的随机变量，且$E|Y_n|<+\infty$，$EY_n=0$，$n=1, 2, \cdots$，令$X_n=\sum_{k=1}^{n} Y_k$，则$\{X_n, n=1, 2, \cdots\}$是鞅.

证明 因为

$$E|X_n| = E\left[\left|\sum_{k=1}^{n} Y_k\right|\right] \leqslant \sum_{k=1}^{n} E|Y_k| < +\infty,\ n=1, 2, \cdots$$

$$\begin{aligned}E[X_{n+1} \mid X_1, X_2, \cdots, X_n] &= E[X_n + Y_{n+1} \mid X_1, X_2, \cdots, X_n] \\ &= E[X_n \mid X_1, X_2, \cdots, X_n] + E[Y_{n+1} \mid X_1, X_2, \cdots, X_n] \\ &= X_n + E[Y_{n+1}] \\ &= X_n\end{aligned}$$

所以$\{X_n, n=1, 2, \cdots\}$是鞅.

例 9.1.2 设$Y_1, Y_2, \cdots$为独立的随机变量，且$E|Y_n|<+\infty$，$EY_n=1$，$n=1, 2, \cdots$，令$X_n=\prod_{k=1}^{n} Y_k$，则$\{X_n, n=1, 2, \cdots\}$是鞅.

证明 因为

$$E\mid X_n\mid = E\left[\left|\prod_{k=1}^{n} Y_k\right|\right] = \prod_{k=1}^{n} E\mid Y_k\mid < +\infty,\ n=1,\ 2,\ \cdots$$

$$\begin{aligned} E[X_{n+1}\mid X_1,\ X_2,\ \cdots,\ X_n] &= E[X_n Y_{n+1}\mid X_1,\ X_2,\ \cdots,\ X_n] \\ &= E[X_n\mid X_1,\ X_2,\ \cdots,\ X_n]E[Y_{n+1}\mid X_1,\ X_2,\ \cdots,\ X_n] \\ &= X_n EY_{n+1} = X_n \end{aligned}$$

所以$\{X_n,\ n=1,\ 2,\ \cdots\}$是鞅.

例 9.1.3 设$\{X_n,\ n=0,\ 1,\ 2,\ \cdots\}$是以$S=\{\cdots,\ -2,\ -1,\ 0,\ 1,\ 2,\ \cdots\}$为状态空间的齐次马尔可夫链，其一步转移概率矩阵为$\boldsymbol{P}=(p_{ij})$，其中

$$p_{ij}=\begin{cases} p, & j=i+1 \\ q, & j=i-1 \\ 0, & |j-i|>1 \end{cases}$$

$0<p<1$，$p+q=1$，则：

(1) $\{X_n,\ n=0,\ 1,\ 2,\ \cdots\}$是上鞅的充要条件为 $p\leqslant q$；

(2) $\{X_n,\ n=0,\ 1,\ 2,\ \cdots\}$是下鞅的充要条件为 $p\geqslant q$；

(3) $\{X_n,\ n=0,\ 1,\ 2,\ \cdots\}$是鞅的充要条件为 $p=q$.

证明 令$\{\xi_n,\ n=1,\ 2,\ \cdots\}$为相互独立且与 X_0 也相互独立的随机变量序列，且 $P(\xi_n=1)=p$，$p(\xi_n=-1)=q$，$n=1,\ 2,\ \cdots$，则依题设$\{X_n,\ n=0,\ 1,\ 2,\ \cdots\}$可看成在整数格子点上的随机游动，从而

$$X_n = X_0+\xi_1+\xi_2+\cdots+\xi_n,\ n=1,\ 2,\ \cdots$$

因为

$$\begin{aligned} E[X_{n+1}\mid X_0,\ X_1,\ \cdots,\ X_n] &= E[X_n+\xi_{n+1}\mid X_0,\ X_1,\ \cdots,\ X_n] \\ &= E[X_n\mid X_0,\ X_1,\ \cdots,\ X_n]+E[\xi_{n+1}\mid X_0,\ X_1,\ \cdots,\ X_n] \\ &= X_n+E\xi_{n+1} = X_n+p-q \end{aligned}$$

所以由上式及定义 9.1.1 可得：

(1) $\{X_n,\ n=0,\ 1,\ 2,\ \cdots\}$是上鞅的充要条件为 $p\leqslant q$；

(2) $\{X_n,\ n=0,\ 1,\ 2,\ \cdots\}$是下鞅的充要条件为 $p\geqslant q$；

(3) $\{X_n,\ n=0,\ 1,\ 2,\ \cdots\}$是鞅的充要条件为 $p=q$.

定理 9.1.1 设$\{X_n,\ n=0,\ 1,\ 2,\ \cdots\}$是随机变量序列，$v_n=g_n(X_0,\ X_1,\ \cdots,\ X_{n-1})$，$|v_n|\leqslant K$，令 $Y_0=X_0$，有

$$Y_n=\sum_{k=1}^{n} v_k(X_k-X_{k-1})+X_0$$

(1) 若$\{X_n,\ n=0,\ 1,\ 2,\ \cdots\}$是下鞅，$v_n\geqslant 0$，则

$$E(Y_{n+1}\mid X_0,\ X_1,\ \cdots,\ X_n)\geqslant Y_n,\ n=0,\ 1,\ 2,\ \cdots \tag{9.1.4}$$

(2) 若$\{X_n,\ n=0,\ 1,\ 2,\ \cdots\}$是上鞅，$v_n\geqslant 0$，则

$$E(Y_{n+1}\mid X_0,\ X_1,\ \cdots,\ X_n)\leqslant Y_n,\ n=0,\ 1,\ 2,\ \cdots \tag{9.1.5}$$

(3) 若$\{X_n,\ n=0,\ 1,\ 2,\ \cdots\}$是鞅，则

$$E(Y_{n+1}\mid X_0,\ X_1,\ \cdots,\ X_n)=Y_n,\ n=0,\ 1,\ 2,\ \cdots \tag{9.1.6}$$

证明 因为 $E|X_n|<+\infty$，$n=0,\ 1,\ 2,\ \cdots$，所以

$$E|Y_n| = E\left[\left|\sum_{k=1}^{n} v_k(X_k - X_{k-1}) + X_0\right|\right]$$
$$\leqslant \sum_{k=1}^{n} |v_k|(E|X_k| + E|X_{k-1}|) + E|X_0| < +\infty$$

又因为

$$\begin{aligned}
E[Y_{n+1} \mid X_0, X_1, \cdots, X_n] &= E[Y_n + v_{n+1}(X_{n+1} - X_n) \mid X_0, X_1, \cdots, X_n] \\
&= E[Y_n \mid X_0, X_1, \cdots, X_n] + E[v_{n+1}(X_{n+1} - X_n) \mid X_0, X_1, \cdots, X_n] \\
&= Y_n + E[v_{n+1}(X_{n+1} - X_n) \mid X_0, X_1, \cdots, X_n] \\
&= Y_n + v_{n+1}[E(X_{n+1} \mid X_0, X_1, \cdots, X_n) - E(X_n \mid X_0, X_1, \cdots, X_n)] \\
&= Y_n + v_{n+1}[E(X_{n+1} \mid X_0, X_1, \cdots, X_n) - X_n]
\end{aligned} \tag{9.1.7}$$

(1) 若$\{X_n, n=0, 1, 2, \cdots\}$是下鞅，则

$$E(X_{n+1} \mid X_0, X_1, \cdots, X_n) \geqslant X_n, \ n = 0, 1, 2, \cdots$$

故由(9.1.7)式，当 $v_n \geqslant 0$ 时，有

$$E(Y_{n+1} \mid X_0, X_1, \cdots, X_n) \geqslant Y_n, \ n = 0, 1, 2, \cdots$$

(2) 若$\{X_n, n=0, 1, 2, \cdots\}$是上鞅，则

$$E(X_{n+1} \mid X_0, X_1, \cdots, X_n) \leqslant X_n, \ n = 0, 1, 2, \cdots$$

故由(9.1.7)式，当 $v_n \geqslant 0$ 时，有

$$E(Y_{n+1} \mid X_0, X_1, \cdots, X_n) \leqslant Y_n, \ n = 0, 1, 2, \cdots$$

(3) 若$\{X_n, n=0, 1, 2, \cdots\}$是鞅，则

$$E(X_{n+1} \mid X_0, X_1, \cdots, X_n) = X_n, \ n = 0, 1, 2, \cdots$$

故由(9.1.7)式可得

$$E(Y_{n+1} \mid X_0, X_1, \cdots, X_n) = Y_n, \ n = 0, 1, 2, \cdots$$

定义 9.1.2　设 $f(x)$是定义在(a, b)上的实值函数，如果对任意的 $x, y \in (a, b)$，$0<\lambda<1$，有

$$f(\lambda x + (1-\lambda)y) \leqslant \lambda f(x) + (1-\lambda) f(y)$$

则称 $f(x)$是凸函数.

定理 9.1.2　(1) 设 $f(x)$为凸函数，$\{X_n, n=0, 1, 2, \cdots\}$是鞅，且 $E(|f(X_n)|) < +\infty$，$n=0, 1, 2, \cdots$，则

$$E[f(X_{n+1}) \mid X_0, X_1, \cdots, X_n] \geqslant f(X_n), \ n = 0, 1, 2, \cdots \tag{9.1.8}$$

(2) 设 $f(x)$为单调不减的凸函数，$\{X_n, n=0, 1, 2, \cdots\}$是下鞅，且 $E(|f(X_n)|) < +\infty$，$n=0, 1, 2, \cdots$，则

$$E[f(X_{n+1}) \mid X_0, X_1, \cdots, X_n] \geqslant f(X_n), \ n = 0, 1, 2, \cdots$$

证明　(1) 因为$\{X_n, n=0, 1, 2, \cdots\}$是鞅，所以

$$X_n = E(X_{n+1} \mid X_0, X_1, \cdots, X_n)$$

从而

$$f(X_n) = f(E(X_{n+1} \mid X_0, X_1, \cdots, X_n))$$

由于 $f(x)$是凸函数，从而利用 Jensen 不等式，可得

$$\begin{aligned}
E[f(X_{n+1}) \mid X_0, X_1, \cdots, X_n] &\geqslant f(E(X_{n+1} \mid X_0, X_1, \cdots, X_n)) \\
&= f(X_n), \ n = 0, 1, 2, \cdots
\end{aligned}$$

（2）由于$\{X_n, n=0, 1, 2, \cdots\}$是下鞅，因此

$$E(X_{n+1} \mid X_0, X_1, \cdots, X_n) \geqslant X_n, n = 0, 1, 2, \cdots$$

由于 $f(x)$是单调不减函数，于是

$$f(E(X_{n+1} \mid X_0, X_1, \cdots, X_n)) \geqslant f(X_n)$$

再由 $f(x)$是凸函数及 Jensen 不等式，可得

$$\begin{aligned} E[f(X_{n+1}) \mid X_0, X_1, \cdots, X_n] &\geqslant f(E(X_{n+1} \mid X_0, X_1, \cdots, X_n)) \\ &\geqslant f(X_n), n = 0, 1, 2, \cdots \end{aligned}$$

推论 9.1.1 （1）设$\{X_n, n=0, 1, 2, \cdots\}$是鞅（或非负下鞅），且 $E|X_n|^p<+\infty$，$n=0, 1, 2, \cdots, 1\leqslant p<+\infty$，则

$$E[|X_{n+1}|^p \mid X_0, X_1, \cdots, X_n] \geqslant |X_n|^p, n = 0, 1, 2, \cdots, 1 \leqslant p <+\infty \tag{9.1.9}$$

（2）设$\{X_n, n=0, 1, 2, \cdots\}$是下鞅，令

$$X_n^+ = \begin{cases} X_n, & X_n > 0 \\ 0, & X_n \leqslant 0 \end{cases}$$

则

$$E[X_{n+1}^+ \mid X_0, X_1, \cdots, X_n] \geqslant X_n^+, n = 0, 1, 2, \cdots \tag{9.1.10}$$

证明 （1）由于 $f(x)=|x|^p$，$1\leqslant p<+\infty$，是凸函数，因此，当$\{X_n, n=0, 1, 2, \cdots\}$是鞅时，由定理 9.1.2(1)即得(9.1.9)式. 又因为 $f(x)=x^p$，$1\leqslant p<+\infty$在$(0, +\infty)$上是单调不减的凸函数，所以，当$\{X_n, n=0, 1, 2, \cdots\}$是非负下鞅时，由定理 9.1.2(2)知(9.1.9)式仍然成立.

（2）由于

$$f(x) = x^+ = \begin{cases} x, & x > 0 \\ 0, & x \leqslant 0 \end{cases}$$

是$(-\infty, +\infty)$上的单调不减函数，再利用定理 9.1.2(2)得(9.1.10)式.

定理 9.1.3 设$\{X_n, n=0, 1, 2, \cdots\}$是鞅（或非负下鞅），令

$$X_n^* = \sup_{0\leqslant k\leqslant n} |X_k|, n = 0, 1, 2, \cdots$$

$$X^* = \sup_{0\leqslant n<+\infty} X_n^*$$

则对一切 $\lambda>0$，有

$$\lambda P(X^* > \lambda) \leqslant \sup_{0\leqslant n<+\infty} E|X_n| \tag{9.1.11}$$

证明 先设$\{X_n, n=0, 1, 2, \cdots\}$是非负下鞅，令

$$A_0 = \{X_0 > \lambda\}, A_k = \{X_0 \leqslant \lambda, X_1 \leqslant \lambda, \cdots, X_{k-1} \leqslant \lambda, X_k > \lambda\}, k = 1, 2, \cdots$$

则 $A_0, A_1, A_2, \cdots$两两互不相容. 由于$\{X_n, n=0, 1, 2, \cdots\}$是下鞅，因此

$$E[X_n \mid X_0, X_1, \cdots, X_k] \geqslant X_k, 0 \leqslant k \leqslant n \tag{9.1.12}$$

而 A_k 完全由 $X_0, X_1, \cdots, X_k$ 所决定，因此由著名的 Radon - Nikodym 定理得

$$\begin{aligned} E[I_{A_k} E(X_n \mid X_0, X_1, \cdots, X_k)] &= E(E(I_{A_k} X_n \mid X_0, X_1, \cdots, X_k)) \\ &= E(I_{A_k} X_n), 0 \leqslant k \leqslant n \end{aligned} \tag{9.1.13}$$

其中 $I_{A_k}=1$，如果 $X_0\leqslant\lambda$，$X_1\leqslant\lambda$，…，$X_{k-1}\leqslant\lambda$，$X_k>\lambda$，否则 $I_{A_k}=0$.

由(9.1.12)、(9.1.13)式得

$$E(I_{A_k}X_k)\leqslant E(I_{A_k}X_n),\ 0\leqslant k\leqslant n \tag{9.1.14}$$

从而由 $A_k\subset\{X_k>\lambda\}$ 及(9.1.14)式得

$$\begin{aligned}\lambda P(X_n^*>\lambda)&=\lambda P(\bigcup_{k=0}^{n}A_k)=\lambda\sum_{k=0}^{n}P(A_k)=\sum_{k=0}^{n}E(\lambda I_{A_k})\\&\leqslant\sum_{k=0}^{n}E(I_{A_k}X_k)\leqslant\sum_{k=0}^{n}E(I_{A_k}X_n)\\&=E(X_nI_{\bigcup_{k=0}^{n}A_k})\leqslant EX_n\leqslant\sup_{0\leqslant n<+\infty}E|X_n|\end{aligned} \tag{9.1.15}$$

令 $n\to\infty$，得

$$\lambda P(X^*>\lambda)\leqslant\sup_{0\leqslant n<+\infty}E|X_n|$$

若$\{X_n,n=0,1,2,\cdots\}$是鞅，则由推论 9.1.1 得

$$E(|X_{n+1}|\,|\,X_0,X_1,\cdots,X_n)\geqslant E|X_n|$$

又

$$E(|X_n|\,|\,X_0,X_1,\cdots,X_k)\geqslant|X_k|,\ 0\leqslant k\leqslant n$$

令

$$B_0=\{|X_0|>\lambda\}$$

$$B_k=\{|X_0|\leqslant\lambda,|X_1|\leqslant\lambda,\cdots,|X_{k-1}|\leqslant\lambda,|X_k|>\lambda\},\quad k=1,2,\cdots$$

重复上述证明可得

$$\lambda P(X^*>\lambda)\leqslant\sup_{0\leqslant n<+\infty}E|X_n|$$

9.2 Doob 停止定理

首先我们要把已有停时的概念加以推广.

定义 9.2.1 设$\{X_n,n=0,1,2,\cdots\}$是随机变量序列，随机变量 T 称为关于$\{X_n,n=0,1,2,\cdots\}$的停时，如果 T 取非负整数值(可能取到$+\infty$)，并且对于任意的非负整数 n，事件$\{T=n\}$完全由 $X_0,X_1,\cdots,X_n$ 确定.

根据停时的定义知，若 T 是关于$\{X_n,n=0,1,2,\cdots\}$的停时，则对于任意的非负整数 n，事件$\{T\leqslant n\}$和$\{T>n\}$也由 $X_0,X_1,\cdots,X_n$ 确定. 事实上，令

$$I_{\{T=n\}}=\begin{cases}1, & T=n\\0, & T\neq n\end{cases}$$

则 $I_{\{T=n\}}$是 $X_0,X_1,\cdots,X_n$ 的函数，即 $I_{\{T=n\}}=I_{\{T=n\}}(X_0,X_1,\cdots,X_n)$，于是

$$I_{\{T\leqslant n\}}=I_{\bigcup_{k=0}^{n}\{T=k\}}=\sum_{k=0}^{n}I_{\{T=n\}}(X_0,X_1,\cdots,X_n)$$

$$I_{\{T>n\}}=1-I_{\{T\leqslant n\}}$$

所以事件$\{T\leqslant n\}$和事件$\{T>n\}$也由 $X_0,X_1,\cdots,X_n$ 确定.

反之，若对于任意的非负整数 n，事件$\{T\leqslant n\}$或$\{T>n\}$由 $X_0,X_1,\cdots,X_n$ 确定，则 T 是关于$\{X_n,n=0,1,2,\cdots\}$的停时.

例 9.2.1 设 $T=k$(k 是常数)，则 T 是停时.

事实上，因为对于任意的 $X_0,X_1,\cdots,X_n$ 而言，有

$$I_{\{T=n\}}=I_{\{T=n\}}(X_0,\ X_1,\ \cdots,\ X_n)=\begin{cases}1,\ n=k\\0,\ n\neq k\end{cases}$$

故 T 是停时.

例 9.2.2　设$\{X_n,\ n=0,\ 1,\ 2,\ \cdots\}$是一齐次马尔可夫链，$S$ 是其状态空间，则首达时 $T_j=\min\{n|X_n=j\}$，$j\in S$ 是停时. 事实上，T_j 取值 0，1，2，…，$+\infty$，并且

$$I_{\{T_j=n\}}=\begin{cases}1,\ X_n=j,\ X_k\neq j,\ k=0,\ 1,\ 2,\ \cdots,\ n-1\\0,\ \text{其它}\end{cases}$$

即 $I_{\{T_j=n\}}$ 是 X_0，X_1，…，X_n 的函数，所以 T_j，$j\in S$ 是停时.

定理 9.2.1　设 T_1、T_2 是停时，则 T_1+T_2，$T_1\wedge T_2\overset{\text{def}}{=}\min\{T_1,T_2\}$，$T_1\vee T_2\overset{\text{def}}{=}\max\{T_1,T_2\}$都是停时.

证明　由于

$$I_{\{T_1+T_2=n\}}=I_{\bigcup\limits_{k=0}^{n}\{T_1=k,\ T_2=n-k\}}=\sum_{k=0}^{n}I_{\{T_1=k\}}I_{\{T_2=n-k\}}$$

$$I_{\{T_1\wedge T_2>n\}}=I_{\{T_1>n\}}I_{\{T_2>n\}}$$

$$I_{\{T_1\vee T_2\leqslant n\}}=I_{\{T_1\leqslant n\}}I_{\{T_2\leqslant n\}}$$

所以若 T_1、T_2 是关于$\{X_n,\ n=0,\ 1,\ 2,\ \cdots\}$的停时，则事件$\{T_1=k\}$，$\{T_2=n-k\}$，$k=0$，1，2，…，$n$，$\{T_1>n\}$，$\{T_2>n\}$，$\{T_1\leqslant n\}$，$\{T_2\leqslant n\}$都由 X_0，X_1，…，X_n 确定，因而 T_1+T_2，$T_1\wedge T_2$，$T_1\vee T_2$ 都是关于$\{X_n,\ n=0,\ 1,\ 2,\ \cdots\}$的停时.

引理 9.2.1　(1) 设$\{X_n,\ n=0,\ 1,\ 2,\ \cdots\}$是鞅，$T$ 是关于$\{X_n,\ n=0,\ 1,\ 2,\ \cdots\}$的停时，则对于任意 $0\leqslant k\leqslant n$，有

$$E[X_nI_{\{T=k\}}]=E[X_kI_{\{T=k\}}]\tag{9.2.1}$$

(2) 设$\{X_n,\ n=0,\ 1,\ 2,\ \cdots\}$是上鞅，$T$ 是关于$\{X_n,\ n=0,\ 1,\ 2,\ \cdots\}$的停时，则对于任意 $0\leqslant k\leqslant n$，有

$$E[X_nI_{\{T=k\}}]\leqslant E[X_kI_{\{T=k\}}]\tag{9.2.2}$$

证明　(1) 由于

$$\begin{aligned}E[X_nI_{\{T=k\}}]&=E[E(X_nI_{\{T=k\}}\mid X_0,\ X_1,\ \cdots,\ X_k)]\\&=E[I_{\{T=k\}}E(X_n\mid X_0,\ X_1,\ \cdots,\ X_k)]\\&=E[X_kI_{\{T=k\}}]\end{aligned}$$

因此(9.2.1)式成立.

(2) 与(1)类似.

引理 9.2.2　(1) 设$\{X_n,\ n=0,\ 1,\ 2,\ \cdots\}$是鞅，$T$ 是关于$\{X_n,\ n=0,\ 1,\ 2,\ \cdots\}$的停时，则对于任意自然数 n，有

$$EX_0=EX_{T\wedge n}=EX_n\tag{9.2.3}$$

(2) 设$\{X_n,\ n=0,\ 1,\ 2,\ \cdots\}$是上鞅，$T$ 是关于$\{X_n,\ n=0,\ 1,\ 2,\ \cdots\}$的停时，则对于任意自然数 n，有

$$EX_0\geqslant EX_{T\wedge n}\geqslant EX_n\tag{9.2.4}$$

证明　(1) 由引理 9.2.1 得

$$EX_{T\wedge n} = \sum_{k=0}^{n-1} E[X_T I_{\{T=k\}}] + E[X_n I_{\{T\geqslant n\}}]$$
$$= \sum_{k=0}^{n-1} E[X_k I_{\{T=k\}}] + E[X_n I_{\{T\geqslant n\}}]$$
$$= \sum_{k=0}^{n-1} E[X_n I_{\{T=k\}}] + E[X_n I_{\{T\geqslant n\}}] = EX_n$$

再由$\{X_n, n=0, 1, 2, \cdots\}$是鞅，即$E[X_{n+1} \mid X_0, X_1, \cdots, X_n]=X_n$，从而$EX_{n+1}=EX_n$，$n=0, 1, 2, \cdots$，所以

$$EX_0 = EX_{T\wedge n} = EX_n$$

(2) 若$\{X_n, n=0, 1, 2, \cdots\}$是上鞅，由引理 9.2.1 知，类似于(1)得$EX_{T\wedge n}\geqslant EX_n$. 下证$EX_0\geqslant EX_{T\wedge n}$.

令$\widetilde{X}_0=0$，$\widetilde{X}_n = \sum_{k=1}^{n}[X_k - E(X_k \mid X_0, X_1, \cdots, X_{k-1})]$，$n=1, 2, \cdots$，则由于$E|X_n|<+\infty$，有$E|\widetilde{X}_n|<+\infty$. 又因为

$$E[\widetilde{X}_{n+1} - \widetilde{X}_n \mid \widetilde{X}_1, \widetilde{X}_2, \cdots, \widetilde{X}_n]$$
$$= E[(X_{n+1} - E(X_{n+1} \mid X_0, X_1, \cdots, X_n)) \mid \widetilde{X}_1, \widetilde{X}_2, \cdots, \widetilde{X}_n]$$
$$= E(X_{n+1} \mid \widetilde{X}_1, \widetilde{X}_2, \cdots, \widetilde{X}_n) - E(E(X_{n+1} \mid X_0, X_1, \cdots, X_n) \mid \widetilde{X}_1, \widetilde{X}_2, \cdots, \widetilde{X}_n)$$
$$= E(X_{n+1} \mid \widetilde{X}_1, \widetilde{X}_2, \cdots, \widetilde{X}_n) - E(X_{n+1} \mid \widetilde{X}_1, \widetilde{X}_2, \cdots, \widetilde{X}_n) = 0$$

从而

$$E(\widetilde{X}_{n+1} \mid \widetilde{X}_1, \widetilde{X}_2, \cdots, \widetilde{X}_n) = E(\widetilde{X}_n \mid \widetilde{X}_1, \widetilde{X}_2, \cdots, \widetilde{X}_n) = \widetilde{X}_n$$

故$\{\widetilde{X}_n, n=0, 1, 2, \cdots\}$是鞅. 于是

$$0 = E\widetilde{X}_0 = E\widetilde{X}_{T\wedge n} = E\Big[\sum_{k=1}^{T\wedge n}(X_k - E(X_k \mid X_0, X_1, \cdots, X_{k-1}))\Big]$$
$$\geqslant E\Big[\sum_{k=1}^{T\wedge n}(X_k - X_{k-1})\Big] = EX_{T\wedge n} - EX_0$$

从而$EX_0\geqslant EX_{T\wedge n}$，所以

$$EX_0 \geqslant EX_{T\wedge n} \geqslant EX_n$$

引理 9.2.3　设 X 是随机变量，$E|X|<+\infty$，T 是停时，且 $P(T<+\infty)=1$，则

$$\lim_{n\to\infty} E(XI_{\{T>n\}}) = 0$$
$$\lim_{n\to\infty} E(XI_{\{T\leqslant n\}}) = EX$$

证明　不妨设 $X\geqslant 0$，由于

$$EX \geqslant E(XI_{\{T\leqslant n\}})$$
$$= E(E(XI_{\{T\leqslant n\}} \mid T))$$
$$= \sum_{k=0}^{\infty} E(XI_{\{T\leqslant n\}} \mid T = k)P(T = k)$$
$$= \sum_{k=0}^{n} E(X \mid T = k)P(T = k)$$

令 $n\to\infty$，得

$$EX \geqslant \sum_{k=0}^{\infty} E(X \mid T = k)P(T = k) = EX$$

所以

$$\lim_{n\to\infty}E(XI_{\{T\leqslant n\}})=EX$$

$$\lim_{n\to\infty}E(XI_{\{T>n\}})=0$$

定理 9.2.2 设$\{X_n, n=0, 1, 2, \cdots\}$是鞅，$T$是关于$\{X_n, n=0, 1, 2, \cdots\}$的停时，$P(T<+\infty)=1$，$E(\sup\limits_{0\leqslant n<+\infty}|X_{T\wedge n}|)<+\infty$，则

$$EX_T=EX_0$$

证明 令$X=\sup\limits_{0\leqslant n<+\infty}|X_{T\wedge n}|$，由$P(T<+\infty)=1$得

$$X_T=\sum_{k=0}^{\infty}X_kI_{\{T=k\}}=\sum_{k=0}^{\infty}X_{T\wedge k}I_{\{T=k\}}$$

从而$|X_T|\leqslant X$，因此$E|X_T|\leqslant EX<+\infty$.

又

$$|EX_{T\wedge n}-EX_T|\leqslant E(|X_{T\wedge n}-X_T|I_{\{T>n\}})\leqslant 2E(XI_{\{T>n\}})$$

由引理 9.2.3 得

$$\lim_{n\to\infty}E(XI_{\{T>n\}})=0$$

从而

$$\lim_{n\to\infty}EX_{T\wedge n}=EX_T$$

再由引理 9.2.2 知

$$EX_T=EX_0$$

推论 9.2.1 设$\{X_n, n=0, 1, 2, \cdots\}$是鞅，$T$是关于$\{X_n, n=0, 1, 2, \cdots\}$的停时，如果$ET<+\infty$，且存在正数$M<+\infty$使得对于任意$n<T$，有

$$E[|X_{n+1}-X_n||X_0, X_1, \cdots, X_n]\leqslant M$$

则

$$EX_T=EX_0$$

证明 令$Y_0=|X_0|$，$Y_n=|X_n-X_{n-1}|$，$n=1,2,\cdots$，$X=Y_0+Y_1+\cdots+Y_T$，则$X\geqslant|X_T|$，从而$X\geqslant|X_{T\wedge n}|$，$n=0, 1, 2, \cdots$，又

$$\begin{aligned}EX&=E(XI_{\{T<+\infty\}})=\sum_{n=0}^{\infty}E(XI_{\{T=n\}})\\&=\sum_{n=0}^{\infty}\sum_{k=0}^{n}E(Y_kI_{\{T=n\}})=\sum_{k=0}^{\infty}\sum_{n=k}^{\infty}E(Y_kI_{\{T=n\}})\\&=\sum_{k=0}^{\infty}E(Y_kI_{\{T\geqslant k\}})\end{aligned}$$

再由假设$E(|X_{n+1}-X_n||X_0, X_1, \cdots, X_n)\leqslant M$得

$$E(Y_k\mid X_0, X_1, \cdots, X_{k-1})\leqslant M$$

所以

$$\begin{aligned}EX&=\sum_{k=0}^{\infty}E(E(Y_kI_{\{T\geqslant k\}}\mid X_0, X_1, \cdots, X_{k-1}))\\&=\sum_{k=0}^{\infty}E(I_{\{T\geqslant k\}}E(Y_k\mid X_0, X_1, \cdots, X_{k-1}))\\&\leqslant M\sum_{k=0}^{\infty}EI_{\{T\geqslant k\}}=M\sum_{k=0}^{\infty}P(T\geqslant k)=M(1+ET)<+\infty\end{aligned}$$

从而 $E|X_{T\wedge n}|\leqslant EX<+\infty$；再由定理 9.2.2 得

$$EX_T = EX_0$$

定理 9.2.3 设$\{X_n, n=0, 1, 2, \cdots\}$是鞅，$T$ 是关于$\{X_n, n=0, 1, 2, \cdots\}$的停时，如果：

(1) $P(T<+\infty)=1$,

(2) $E|X_T|<+\infty$,

(3) $\lim\limits_{n\to\infty}E(X_nI_{\{T>n\}})=0$,

则

$$EX_T = EX_0$$

证明 由于

$$\begin{aligned}EX_T &= E(X_TI_{\{T\leqslant n\}})+E(X_TI_{\{T>n\}})\\ &= E(X_{T\wedge n}(1-I_{\{T>n\}}))+E(X_TI_{\{T>n\}})\\ &= EX_{T\wedge n}-E(X_nI_{\{T>n\}})+E(X_TI_{\{T>n\}})\end{aligned}$$

由引理 9.2.2 知

$$EX_{T\wedge n} = EX_0$$

再由假设(3)及引理 9.2.3 得

$$\lim_{n\to\infty}E(X_nI_{\{T>n\}}) = 0,\ \lim_{n\to\infty}E(X_TI_{\{T>n\}}) = 0$$

所以

$$EX_T = \lim_{n\to\infty}EX_{T\wedge n} = EX_0$$

由定理 9.2.3 知，若$\{X_n, n=0, 1, 2, \cdots\}$是鞅，$T$ 是关于$\{X_n, n=0, 1, 2, \cdots\}$的停时，则 $EX_T=EX_0$, $n=0, 1, 2, \cdots$，所以我们称定理 9.2.3 为 Doob 停止定理. 关于上鞅，我们也有类似的结果，其证明完全类似.

定理 9.2.4 设$\{X_n, n=0, 1, 2, \cdots\}$是上鞅，$T$ 是关于$\{X_n, n=0, 1, 2, \cdots\}$的停时，如果 $P(T<+\infty)=1$ 且存在均值有界的非负值随机变量 X，使得$|X_{T\wedge n}|\leqslant X$, $n=0, 1, 2, \cdots$，则

$$EX_T \leqslant EX_0$$

定义 9.2.2 设 T 是关于$\{X_n, n=0, 1, 2, \cdots\}$的停时，则称 $X_{T\wedge n}$, $n=0, 1, 2, \cdots$为$\{X_n, n=0, 1, 2, \cdots\}$的停止，称$\{X_{T\wedge n}, n=0, 1, 2, \cdots\}$为$\{X_n, n=0, 1, 2, \cdots\}$的停止过程.

定理 9.2.5 设$\{X_n, n=0, 1, 2, \cdots\}$是鞅，$T$ 是关于$\{X_n, n=0, 1, 2, \cdots\}$的停时，则停止过程$\{X_{T\wedge n}, n=0, 1, 2, \cdots\}$是鞅.

证明 由于

$$X_{T\wedge(n+1)} = X_{T\wedge n}+(X_{n+1}-X_n)I_{\{T\geqslant n+1\}}$$

而

$$\begin{aligned}E(X_{T\wedge(n+1)}\mid X_0, X_1, \cdots, X_n) &= E[(X_{T\wedge n}+(X_{n+1}-X_n)I_{\{T\geqslant n+1\}})\mid X_0, X_1, \cdots, X_n]\\ &= X_{T\wedge n}+I_{\{T\geqslant n+1\}}E[(X_{n+1}-X_n)\mid X_0, X_1, \cdots, X_n]\\ &= X_{T\wedge n}\end{aligned}$$

从而

$$
\begin{aligned}
& E(X_{T\wedge(n+1)} \mid X_{T\wedge 0}, X_{T\wedge 1}, \cdots, X_{T\wedge n}) \\
&= E[E(X_{T\wedge(n+1)} \mid X_0, X_1, \cdots, X_n, X_{T\wedge 0}, X_{T\wedge 1}, \cdots, X_{T\wedge n}) \mid X_{T\wedge 0}, X_{T\wedge 1} \cdots, X_{T\wedge n}] \\
&= E[E(X_{T\wedge(n+1)} \mid X_0, X_1, \cdots, X_n) \mid X_{T\wedge 0}, X_{T\wedge 1}, \cdots, X_{T\wedge n}] \\
&= E[X_{T\wedge n} \mid X_{T\wedge 0}, X_{T\wedge 1}, \cdots, X_{T\wedge n}] = X_{T\wedge n}
\end{aligned}
$$

故$\{X_{T\wedge n}, n=0, 1, 2, \cdots\}$是鞅.

9.3 收敛定理与分解定理

引理 9.3.1 设 a、b 为固定实数，$a<b$，$\boldsymbol{x}=(x_0, x_1, \cdots)$为无穷维向量，每个分量皆为实数，令

$$u_0(\boldsymbol{x}) = u_0(x_0, x_1, \cdots) \equiv 1$$

$$u_{n+1}(\boldsymbol{x}) = u_{n+1}(x_0, x_1, \cdots) = \begin{cases} 1, & x_n > b \\ u_n(\boldsymbol{x}), & x_n \in [a, b] \\ 0, & x_n < a \end{cases} \tag{9.3.1}$$

$$g_n^{[a, b]}(\boldsymbol{x}) = \begin{cases} 1, & \boldsymbol{x} = (x_0, x_1, \cdots) \text{ 在时刻 } n \text{ 上穿}[a, b] \\ 0, & \text{其它} \end{cases} \tag{9.3.2}$$

其中，$\boldsymbol{x}=(x_0, x_1, \cdots)$在时刻 n 上穿$[a, b]$或 x_n 上穿$[a, b]$是指 $x_n>b$，且存在 $m>0$，使 $x_{n-m}<a$，$x_k\in[a, b]$，$n-m<k<n$. 再令

$$U_n^{[a, b]}(\boldsymbol{x}) = \sum_{k=0}^{n} g_k^{[a, b]}(\boldsymbol{x}) = \sum_{k=1}^{n} g_k^{[a, b]}(\boldsymbol{x}) \tag{9.3.3}$$

即 $U_n^{[a, b]}(\boldsymbol{x})$为 $\boldsymbol{x}=(x_0, x_1, \cdots)$到时刻 n 为止上穿$[a, b]$的总次数，则

$$(b-a)U_n^{[a, b]}(\boldsymbol{x}) \leqslant \sum_{k=1}^{n} (x_k - a)(u_{k+1}(\boldsymbol{x}) - u_k(\boldsymbol{x})), \ n = 1, 2, \cdots \tag{9.3.4}$$

证明 由(9.3.1)式和(9.3.2)式可知，若 $g_n^{[a, b]}=1$，则 $x_n>b$，且存在 $m>0$，使 $x_{n-m}<a$，$x_k\in[a, b]$，$n-m<k<n$，从而 $u_{n+1}(\boldsymbol{x})=1$，$u_n(\boldsymbol{x})=u_{n-1}(\boldsymbol{x})=\cdots=u_{n-m+1}(\boldsymbol{x})=0$. 于是

$$u_{n+1}(\boldsymbol{x}) - u_n(\boldsymbol{x}) = 1$$

由 $U_n^{[a, b]}(\boldsymbol{x})$的定义得

$$U_n^{[a, b]}(\boldsymbol{x}) \leqslant \sum_{k=1}^{n} (u_{k+1}(\boldsymbol{x}) - u_k(\boldsymbol{x}))^+ \tag{9.3.5}$$

再由 $u_n(\boldsymbol{x})$的定义得

若 $u_{k+1}(\boldsymbol{x})-u_k(\boldsymbol{x})>0$，则 $x_k>b$；

若 $u_{k+1}(\boldsymbol{x})-u_k(\boldsymbol{x})<0$，则 $x_k<a$.

所以

$$(b-a)(u_{k+1}(\boldsymbol{x}) - u_k(\boldsymbol{x}))^+ \leqslant (x_k - a)(u_{k+1}(\boldsymbol{x}) - u_k(\boldsymbol{x})) \tag{9.3.6}$$

于是由(9.3.5)式及(9.3.6)式有

$$(b-a)U_n^{[a,b]}(\boldsymbol{x}) \leqslant \sum_{k=1}^{n}(b-a)(u_{k+1}(\boldsymbol{x})-u_k(\boldsymbol{x}))^+$$
$$\leqslant \sum_{k=1}^{n}(x_k-a)(u_{k+1}(\boldsymbol{x})-u_k(\boldsymbol{x}))$$

引理 9.3.2　设$\{X_n, n=0, 1, 2, \cdots\}$为下鞅，令$\boldsymbol{X}=(X_0, X_1, \cdots)$，$U^{[a,b]}(\boldsymbol{X})=\lim\limits_{n\to\infty}U_n^{[a,b]}(\boldsymbol{X})=\sum\limits_{k=0}^{\infty}g_k^{[a,b]}(\boldsymbol{X})$，则

$$E[U_n^{[a,b]}(\boldsymbol{X})] \leqslant \frac{E|X_n|+|a|}{b-a} \tag{9.3.7}$$

$$E[U^{[a,b]}(\boldsymbol{X})] \leqslant \frac{\sup\limits_{0\leqslant n<+\infty} E|X_n|+|a|}{b-a} \tag{9.3.8}$$

证明　由于

$$\begin{aligned} E[u_k(\boldsymbol{X})(X_k-a)] &= E[E(u_k(\boldsymbol{X})(X_k-a) \mid X_0, X_1, \cdots, X_{k-1})] \\ &= E[u_k(\boldsymbol{X})E((X_k-a) \mid X_0, X_1, \cdots, X_{k-1})] \\ &\geqslant E[u_k(\boldsymbol{X})(X_{k-1}-a)], \quad k=1, 2, \cdots \end{aligned} \tag{9.3.9}$$

由引理 9.3.1 及(9.3.9)式得

$$\begin{aligned} (b-a)E[U_n^{[a,b]}(\boldsymbol{X})] &\leqslant E\Big[\sum_{k=1}^{n}(X_k-a)(u_{k+1}(\boldsymbol{X})-u_k(\boldsymbol{X}))\Big] \\ &\leqslant E\Big[\sum_{k=1}^{n}((X_k-a)u_{k+1}(\boldsymbol{X})-(X_{k-1}-a)u_k(\boldsymbol{X}))\Big] \\ &= E[(X_n-a)u_{n+1}(\boldsymbol{X})-(X_0-a)u_1(\boldsymbol{X})] \end{aligned} \tag{9.3.10}$$

而$u_1(\boldsymbol{X})\geqslant 0$，并且$u_1(\boldsymbol{X})=0$当且仅当$X_0<a$，所以由(9.3.10)式得

$$(b-a)E[U_n^{[a,b]}(\boldsymbol{X})] \leqslant E[(X_n-a)u_{n+1}(\boldsymbol{X})] \tag{9.3.11}$$

再由$|u_{n+1}(\boldsymbol{X})|\leqslant 1$及(9.3.11)式即得(9.3.7)式. (9.3.8)式可直接由(9.3.7)式推得.

定理 9.3.1　设$\{X_n, n=0, 1, 2, \cdots\}$是下鞅，$\sup\limits_{0\leqslant n<+\infty} E|X_n|<+\infty$，则存在随机变量$X_{+\infty}$，使得$E|X_{+\infty}|<+\infty$，并且

$$P(\lim_{n\to\infty}X_n = X_{+\infty}) = 1$$

证明　由引理 9.3.2 得

$$E(U^{[a,b]}(\boldsymbol{X})) \leqslant \frac{\sup\limits_{0\leqslant n<+\infty} E|X_n|+|a|}{b-a} < +\infty$$

令$A=\{\lim\limits_{n\to\infty}X_n$不存在$\}$，有

$$A(a, b) = \{\varliminf_{n\to\infty}X_n < a < b < \varlimsup_{n\to\infty}X_n\}, \ a、b \text{为有理数}$$

则

$$A \subset \{\varliminf_{n\to\infty}X_n < \varlimsup_{n\to\infty}X_n\} \subset \bigcup_{a<b}\{\varliminf_{n\to\infty}X_n < a < b < \varlimsup_{n\to\infty}X_n\} = \bigcup_{a<b}A(a, b)$$

于是

$$0 = P(U^{[a,b]}(\boldsymbol{X}) = +\infty) \geqslant P(A(a, b))$$

$$P(A) \leqslant P(\bigcup_{a<b}A(a, b)) \leqslant \sum_{a<b}P(A(a, b))$$

所以

$$P(A)=0$$

即存在随机变量 $X_{+\infty}$，使得

$$P(\lim_{n\to\infty}X_n=X_{+\infty})=1$$

再由 Fatou 引理得

$$E\mid X_{+\infty}\mid=E(\lim_{n\to\infty}\mid X_n\mid)\leqslant\underline{\lim}_{n\to\infty}E\mid X_n\mid\leqslant\sup_{0\leqslant n<+\infty}E\mid X_n\mid<+\infty$$

即

$$E\mid X_{+\infty}\mid<+\infty$$

定义 9.3.1　设 $\{X_n, n=0, 1, 2, \cdots\}$ 是随机变量序列，如果

$$\overline{\lim_{k\to+\infty}}E(\mid X_n\mid I_{\{\mid X_n\mid>k\}})=0$$

则称 $\{X_n, n=0, 1, 2, \cdots\}$ 为一致可积.

定理 9.3.2　设 $\{X_n, n=0, 1, 2, \cdots\}$ 是鞅，若存在常数 $M>0$，使得对于任意的非负整数 n，$EX_n^2\leqslant M<+\infty$，则存在随机变量 $X_{+\infty}$，使得

$$P(\lim_{n\to\infty}X_n=X_{+\infty})=1$$

并且

$$EX_n=EX_{+\infty}$$

证明　先证明 $\{X_n, n=0, 1, 2, \cdots\}$ 一致可积. 由于 $\forall k\geqslant0$，有

$$E[\mid X_n\mid I_{\{\mid X_n\mid>k\}}]\leqslant\frac{1}{k}E\mid X_n\mid^2\to0,\ k\to+\infty$$

因此 $\{X_n, n=0, 1, 2, \cdots\}$ 一致可积.

再证明 $\sup\limits_{0\leqslant n<+\infty}E|X_n|<+\infty$. 由 Schwarz 不等式得

$$E\mid X_n\mid\leqslant[E\mid X_n\mid^2]^{\frac{1}{2}}<+\infty,\ n=0, 1, 2, \cdots$$

所以

$$\sup_{0\leqslant n<+\infty}E\mid X_n\mid<+\infty$$

从而由定理 9.3.1 知，存在随机变量 $X_{+\infty}$，使得

$$P(\lim_{n\to\infty}X_n=X_{+\infty})=1$$

最后证明 $EX_n=EX_{+\infty}$. 设 T 是关于 $\{X_n, n=0, 1, 2, \cdots\}$ 的停时，且 $P(T<+\infty)=1$，则当 $m\leqslant n$ 时，有

$$\begin{aligned}E(X_nI_{\{T=m\}})&=E(E(X_nI_{\{T=m\}}\mid X_0, X_1, \cdots, X_m))\\&=E(I_{\{T=m\}}E(X_n\mid X_0, X_1, \cdots, X_m))=E(I_{\{T=m\}}X_m)\end{aligned}$$

于是由 $\lim\limits_{n\to\infty}E(X_nI_{\{T=m\}})=E(X_{+\infty}I_{\{T=m\}})$ 得

$$E(X_{+\infty}I_{\{T=m\}})=E(X_mI_{\{T=m\}})$$

所以

$$\begin{aligned}EX_{+\infty}&=\sum_{m=0}^{\infty}E(X_{+\infty}I_{\{T=m\}})\\&=\sum_{m=0}^{\infty}E(X_mI_{\{T=m\}})\\&=\sum_{m=0}^{n}E(X_{+\infty}I_{\{T=m\}})+\sum_{m=n+1}^{\infty}E(X_mI_{\{T=m\}})\\&=\sum_{m=0}^{n}E(X_nI_{\{T=m\}})+\sum_{m=n+1}^{\infty}E(X_mI_{\{T=m\}})\end{aligned}$$

而
$$\left|\sum_{m=n+1}^{\infty}E(X_mI_{\{T=m\}})\right|\leqslant\sum_{m=n+1}^{\infty}E(|X_m|I_{\{T=m\}})$$
$$\leqslant\sum_{m=n+1}^{\infty}(E|X_m|^2)^{\frac{1}{2}}P(T=m)$$
$$\leqslant\sqrt{M}\sum_{m=n+1}^{\infty}P(T=m)$$
$$=\sqrt{M}P(T\geqslant n+1)$$
$$\to 0,\quad n\to\infty$$
故
$$EX_{+\infty}=\sum_{m=0}^{\infty}E(X_nI_{\{T=m\}})=EX_n$$
即
$$EX_n=EX_{+\infty}$$
下面我们不加证明地给出上鞅的分解定理，有兴趣的读者可参阅文献 16.

定理 9.3.3 设$\{X_n, n=0, 1, 2, \cdots\}$是上鞅，如果$\lim\limits_{n\to\infty}EX_n>-\infty$，则以概率 1 存在唯一的一对随机过程$\{Y_n, n=0, 1, 2, \cdots\}$和$\{Z_n, n=0, 1, 2, \cdots\}$，使得
$$X_n=Y_n+Z_n,\ n=0,\ 1,\ 2,\ \cdots$$
其中$\{Y_n, n=0, 1, 2, \cdots\}$满足$E|Y_n|<+\infty$及$E(Y_{n+1}|X_0, X_1, \cdots, X_n)=Y_n$，$n=0, 1, 2, \cdots$，$\{Z_n, n=0, 1, 2, \cdots\}$满足$Z_n\geqslant 0$，$EZ_n<+\infty$，$\lim\limits_{n\to\infty}EZ_n=0$及$E(Z_{n+1}|X_0, X_1, \cdots, X_n)\leqslant Z_n$，$n=0, 1, 2, \cdots$.

上面我们是在概率空间$(\Omega, \mathscr{F}, P)$上讨论了离散时间鞅的问题，这种方法显然不能直接推广到连续时间鞅上，所以我们有必要针对以上的讨论寻找适合研究连续时间鞅的方法. 为此，需要从停时及鞅的定义出发，抽象出一个统一的定义.

令$(\Omega, \mathscr{F}, P)$为一概率空间，$(\mathscr{F}_n)_{n\in\mathbf{N}}$（$\mathbf{N}$为自然数集合）为一列上升的$\mathscr{F}$的子$\sigma$域，由关于随机变量序列$\{X_n, n=0, 1, 2, \cdots\}$的停时$T$的定义知，$T$由$X_0, X_1, \cdots, X_n, \cdots$确定等价于事件$\{T=n\}$由$X_0, X_1, \cdots, X_n$确定，即等价于$\{T=n\}\in\mathscr{F}_n$，从而$E(X_{n+1}|X_0, X_1, \cdots, X_n)=X_n$，$n=0, 1, 2, \cdots$等价于$E(X_{n+1}|\mathscr{F}_n)=X_n$，$n=0, 1, 2, \cdots$. 这样的方法就可用来研究连续时间鞅.

9.4 连续时间鞅

令$(\Omega, \mathscr{F}, P)$为一概率空间，$(\mathscr{F}_t)_{t\in\mathbf{R}_+}$（其中$\mathbf{R}_+$为非负实数的集合）为一族上升的$\mathscr{F}$的子$\sigma$域，即当$s<t\in\mathbf{R}_+$时，$\mathscr{F}_s\subset\mathscr{F}_t$.

定义 9.4.1 设$\{X(t), t\in\mathbf{R}_+\}$是一随机过程，如果$\forall t\in\mathbf{R}_+$，$X(t)\in\mathscr{F}_t$，则称$\{X(t), t\in\mathbf{R}_+\}$关于$(\mathscr{F}_t)_{t\in\mathbf{R}_+}$适应；这一适应过程$\{X(t), t\in\mathbf{R}_+\}$称为鞅（上鞅、下鞅），如果$\forall t\in\mathbf{R}_+$，$E|X(t)|<+\infty$，且当$s<t$，$s, t\in\mathbf{R}_+$时，有
$$E(X(t)\mid\mathscr{F}_s)=X(s)(\leqslant X(s),\ \geqslant X(s))\tag{9.4.1}$$
下面我们只叙述几个结果，其证明与离散时间鞅类似.

定理 9.4.1 设$\{X(t), t\in\mathbf{R}_+\}$和$\{Y(t), t\in\mathbf{R}_+\}$为两个鞅（上鞅），则$\{X(t)+Y(t), t\in\mathbf{R}_+\}$为鞅（上鞅）；$\{\min(X(t), Y(t)), t\in\mathbf{R}_+\}$为上鞅.

定理 9.4.2 (1) 设 $f(x)$ 为凸函数，$\{X(t), t\in \mathbf{R}_+\}$ 是鞅，且 $E(|f(X(t))|)<+\infty$，$t\in \mathbf{R}_+$，则当 $s<t$，s，$t\in \mathbf{R}_+$ 时，有

$$E[f(X(t)) \mid \mathscr{F}_s] \geqslant f(X(s)) \tag{9.4.2}$$

(2) 设 $f(x)$ 为单调不减的凸函数，$\{X(t), t\in \mathbf{R}_+\}$ 是下鞅，$E(|f(X(t))|)<+\infty$，$t\in \mathbf{R}_+$，则当 $s<t$，s，$t\in \mathbf{R}_+$ 时，有

$$E[f(X(t)) \mid \mathscr{F}_s] \geqslant f(X(s)) \tag{9.4.3}$$

定理 9.4.3 设 $\{X(t), t\in \mathbf{R}_+\}$ 为上鞅，其几乎所有轨道右连续. 如果 $\sup\limits_{t\in \mathbf{R}_+} E|X(t)|<+\infty$，则存在随机变量 $X(+\infty)$，使得 $E|X(+\infty)|<+\infty$，并且

$$P(\lim_{t\to+\infty} X(t) = X(+\infty)) = 1$$

定理 9.4.4 设 $\{X(t), t\in \mathbf{R}_+\}$ 为上鞅，其几乎所有轨道右连续，$(\mathscr{F}_t)_{t\in \mathbf{R}_+}$ 右连续，即 $\forall s, t\in \mathbf{R}_+$，$\mathscr{F}_t=\bigcap\limits_{s>t}\mathscr{F}_s$，$\lim\limits_{t\to+\infty} E(X(t))>-\infty$，则以概率 1 存在唯一的一对随机过程 $\{Y(t), t\in \mathbf{R}_+\}$ 和 $\{Z(t), t\in \mathbf{R}_+\}$，使得

$$X(t) = Y(t) + Z(t),\ t \in \mathbf{R}_+ \tag{9.4.4}$$

其中 $\{Y(t), t\in \mathbf{R}_+\}$ 是鞅，$\{Z(t), t\in \mathbf{R}_+\}$ 为非负上鞅，且 $\lim\limits_{t\to+\infty} E(Z(t))=0$.

定义 9.4.2 在 $\mathbf{R}_+$ 中取值(可取 $+\infty$)的随机变量 T 称为 $(\mathscr{F}_t)_{t\in \mathbf{R}_+}$ 停时，如果 $\forall t\in \mathbf{R}_+$，有 $\{T\leqslant t\}\in \mathscr{F}_t$；若 T 为 $(\mathscr{F}_t)_{t\in \mathbf{R}_+}$ 停时，则称

$$\mathscr{F}_T \overset{\text{def}}{=} \{A \in \mathscr{F}_\infty \mid \forall t \in \mathbf{R}_+, A(T \leqslant t) \in \mathscr{F}_t\}$$

为 T 前事件 σ 域.

定理 9.4.5 如果 S、T 为 $(\mathscr{F}_t)_{t\in \mathbf{R}_+}$ 停时，那么

(1) $S\wedge T$，$S\vee T$ 为 $(\mathscr{F}_t)_{t\in \mathbf{R}_+}$ 停时；

(2) 若 $S\leqslant T$，则 $\mathscr{F}_S\subset\mathscr{F}_T$；

(3) $\mathscr{F}_S\cap\mathscr{F}_T=\mathscr{F}_{S\wedge T}$；

(4) 若 $A\in\mathscr{F}_S$，则 $A(S\leqslant T)\in\mathscr{F}_T$.

证明 (1) $\forall s, t\in \mathbf{R}_+$，$\{S\leqslant s\}\in\mathscr{F}_s$，$\{T\leqslant t\}\in\mathscr{F}_t$，所以 $\{S\wedge T\leqslant t\}=\{S\leqslant t\}\cup\{T\leqslant t\}\in\mathscr{F}_t$，故 $S\wedge T$ 是 $(\mathscr{F}_t)_{t\in \mathbf{R}_+}$ 停时.

同理，$\{S\vee T\leqslant t\}=\{S\leqslant t\}\cap\{T\leqslant t\}\in\mathscr{F}_t$，所以 $S\vee T$ 也是 $(\mathscr{F}_t)_{t\in \mathbf{R}_+}$ 停时.

(2) 设 $A\in\mathscr{F}_S$，则 $\forall t\in \mathbf{R}_+$，有

$$A(T \leqslant t) = A(T \leqslant t)(S \leqslant t) \in \mathscr{F}_t$$

从而 $A\in\mathscr{F}_T$，所以 $\mathscr{F}_S\subset\mathscr{F}_T$.

(3) 显然有 $\mathscr{F}_{S\wedge T}\subset\mathscr{F}_S\cap\mathscr{F}_T$. 设 $A\in\mathscr{F}_S\cap\mathscr{F}_T$，则 $\forall t\in \mathbf{R}_+$，有

$$A(S \wedge T \leqslant t) = (A(S \leqslant t)) \cup (A(T \leqslant t)) \in \mathscr{F}_t$$

从而

$$A \in \mathscr{F}_{S\wedge T}$$

所以

$$\mathscr{F}_S \cap \mathscr{F}_T = \mathscr{F}_{S\wedge T}$$

(4) 设 $A\in\mathscr{F}_S$，则 $\forall t\in \mathbf{R}_+$，$A(S\leqslant t)\in\mathscr{F}_t$，从而 $A(S\leqslant T)(T\leqslant t)=A(S\leqslant t)(T\leqslant t)\in\mathscr{F}_t$，所以 $A(S\leqslant T)\in\mathscr{F}_T$.

下面我们给出连续时间鞅的 Doob 停止定理及加强形式的 Doob 停止定理. 证明可参阅文献 14.

定理 9.4.6 设$(\mathscr{F}_t)_{t\in\mathbf{R}_+}$右连续，$\{X(t),\ t\in\mathbf{R}_+\}$是鞅(上鞅)，其几乎所有轨道右连续，$S$、$T$是$(\mathscr{F}_t)_{t\in\mathbf{R}_+}$停时，且$S\leqslant T$，则

$$E(X(T)\mid\mathscr{F}_S)=X(S)(\leqslant X(S))$$

定理 9.4.7 设$(\mathscr{F}_t)_{t\in\mathbf{R}_+}$右连续，$\{X(t),\ t\in\mathbf{R}_+\}$是鞅(上鞅)，其几乎所有轨道右连续，$S$、$T$是$(\mathscr{F}_t)_{t\in\mathbf{R}_+}$停时，则

$$E(X(T)\mid\mathscr{F}_S)=X(T\wedge S)(\leqslant X(T\wedge S))$$

需要指出：对于离散时间鞅也有与定理 9.4.6 和定理 9.4.7 完全类似的结果.

9.5 两指标鞅的基本概念

20 世纪 70 年代人们开始了对两指标鞅的研究，为此，许多学者做出了大量的工作. 现在，两指标鞅已成为多指标随机过程的一个重要分支，并且已广泛应用于工程技术等诸多领域. 为介绍这一理论，我们需要引入一些记号和定义. 指标集$\mathbf{R}_+^2\overset{\text{def}}{=}[0,+\infty)\times[0,+\infty)$，其上定义通常的半序，即当$x=(x_1,\ y_1)$，$y=(x_2,\ y_2)\in\mathbf{R}_+^2$时，$x\leqslant y$当且仅当$x_1\leqslant x_2$且$y_1\leqslant y_2$；$x<y$当且仅当$x_1<x_2$且$y_1<y_2$. 当$x\leqslant y$时，定义区间为$(x,\ y]\overset{\text{def}}{=}\{z\in\mathbf{R}_+^2\mid x<z\leqslant y\}$，$(x,\ +\infty)\overset{\text{def}}{=}\{z\in\mathbf{R}_+^2\mid x<z\}$，其中$+\infty\overset{\text{def}}{=}(+\infty,+\infty)$. 类似地有$(x,y)$，$[x,y]$，$[x,y)$，$[x,\ +\infty)$. 区间$(x,\ y]$表示矩形$(x_1,\ x_2]\times(y_1,\ y_2]$，$x\wedge y\overset{\text{def}}{=}(\min(x_1,\ x_2),\ \min(y_1,\ y_2))$，$x\vee y\overset{\text{def}}{=}(\max(x_1,\ x_2),\ \max(y_1,\ y_2))$. 设$(\Omega,\ \mathscr{F},\ P)$为完备概率空间，$\mathscr{F}$的子$\sigma$域流$(\mathscr{F}_z)_{z\in\mathbf{R}_+^2}$满足通常条件，即$(F1)$单调性：若$z\leqslant z'$，则$\mathscr{F}_z\subset\mathscr{F}_{z'}$；$(F2)$完备性：$\mathscr{F}_0$包含$\mathscr{F}$的一切零概集；$(F3)$右连续性：$\forall z\in\mathbf{R}_+^2$，$\mathscr{F}_z=\bigcap\limits_{z'>z}\mathscr{F}_{z'}$，$z'\in\mathbf{R}_+^2$. $\forall z=(s,\ t)\in\mathbf{R}_+^2$，$\mathscr{F}_s^1=\mathscr{F}_z^1=\bigvee\limits_t\mathscr{F}_z\overset{\text{def}}{=}\sigma(\bigcup\limits_t\mathscr{F}_z)$，$\mathscr{F}_t^2=\mathscr{F}_z^2=\bigvee\limits_s\mathscr{F}_z\overset{\text{def}}{=}\sigma(\bigcup\limits_s\mathscr{F}_z)$，$\mathscr{F}_z^*\overset{\text{def}}{=}\mathscr{F}_s^1\vee\mathscr{F}_t^2$.

定义 9.5.1 设两指标随机过程$\{X(z),\ z\in\mathbf{R}_+^2\}$适应可积，即$\forall z\in\mathbf{R}_+^2$，$X(z)$为$\mathscr{F}_z$可测且$E|X(z)|<+\infty$，如果$\forall z_1,\ z_2\in\mathbf{R}_+^2$，$z_1\leqslant z_2$，有

$$E(X(z_2)\mid\mathscr{F}_{z_1})=X(z_1)\tag{9.5.1}$$

则称$\{X(z),\ z\in\mathbf{R}_+^2\}$为$(\mathscr{F}_z)_{z\in\mathbf{R}_+^2}$鞅.

如果$\forall z_1,\ z_2\in\mathbf{R}_+^2$，$z_1<z_2$，有

$$E(X(z_1,\ z_2]\mid\mathscr{F}_{z_1})=0\tag{9.5.2}$$

其中，若$z_1=(s_1,\ t_1)$，$z_2=(s_2,\ t_2)$，则

$$X(z_1,\ z_2]\overset{\text{def}}{=}X((s_2,\ t_2))-X((s_1,\ t_2))-X((s_2,\ t_1))+X((s_1,\ t_1))$$

则称$\{X(z),\ z\in\mathbf{R}_+^2\}$为$(\mathscr{F}_z)_{z\in\mathbf{R}_+^2}$弱鞅.

如果$\{X(z),\ z\in\mathbf{R}_+^2\}$为$(\mathscr{F}_z)_{z\in\mathbf{R}_+^2}$鞅，且$\forall z_1,\ z_2\in\mathbf{R}_+^2$，$z_1<z_2$，有

$$E(X(z_1,\ z_2]\mid\mathscr{F}_{z_1}^*)=0\tag{9.5.3}$$

则称$\{X(z),\ z\in\mathbf{R}_+^2\}$为$(\mathscr{F}_z)_{z\in\mathbf{R}_+^2}$强鞅.

定义 9.5.2 设随机过程$\{X(z),\ z\in\mathbf{R}_+^2\}$适应可积，固定一个指标$z_j$，$\{X(z),\ z\in\mathbf{R}_+^2\}$为$(\mathscr{F}_z^i)_{z\in\mathbf{R}_+^2}$单指标鞅，$z=(z_1,\ z_2)$，$i\neq j$，$i$，$j=1$，2，则称$\{X(z),\ z\in\mathbf{R}_+^2\}$为适应$i$鞅.

如果$\{X(z), z\in\mathbf{R}_+^2\}$既为适应 1 鞅又为适应 2 鞅，则称$\{X(z), z\in\mathbf{R}_+^2\}$为适应双鞅.

设随机过程$\{X(z), z\in\mathbf{R}_+^2\}$可积，固定一个指标 z_j，$\{X(z), z\in\mathbf{R}_+^2\}$为$(\mathscr{F}_z)_{z\in\mathbf{R}_+^2}$单指标鞅，$i\neq j$，$i, j=1, 2$，则称$\{X(z), z\in\mathbf{R}_+^2\}$为 i 鞅.

如果$\{X(z), z\in\mathbf{R}_+^2\}$既为 1 鞅又为 2 鞅，则称$\{X(z), z\in\mathbf{R}_+^2\}$为双鞅.

定义 9.5.3 设随机过程$\{X(z), z\in\mathbf{R}_+^2\}$适应可积，如果$\forall z_1, z_2\in\mathbf{R}_+^2$，有

$$E(X(z_2)\mid\mathscr{F}_{z_1})=X(z_1\wedge z_2) \tag{9.5.4}$$

则称$\{X(z), z\in\mathbf{R}_+^2\}$为$(\mathscr{F}_z)_{z\in\mathbf{R}_+^2}$广鞅.

例 9.5.1 设 X 为有界随机变量，则$\{E(X|\mathscr{F}_z), z\in\mathbf{R}_+^2\}$是$(\mathscr{F}_z)_{z\in\mathbf{R}_+^2}$鞅.

证明 $\{E(X|\mathscr{F}_z), z\in\mathbf{R}_+^2\}$适应可积性显然. 由于$\forall z_1\leqslant z_2$，$\mathscr{F}_{z_1}\subset\mathscr{F}_{z_2}$，从而

$$E(E(X\mid\mathscr{F}_{z_2})\mid\mathscr{F}_{z_1})=E(X\mid\mathscr{F}_{z_1})$$

所以$\{E(X|\mathscr{F}_z), z\in\mathbf{R}_+^2\}$为$(\mathscr{F}_z)_{z\in\mathbf{R}_+^2}$鞅. 称鞅$\{E(X|\mathscr{F}_z), z\in\mathbf{R}_+^2\}$为 Levy 鞅.

定义 9.5.4 如果对于任意有界随机变量$\alpha\in\mathscr{F}_z^1$，$\beta\in\mathscr{F}_z^2$，有

$$E(\alpha\beta\mid\mathscr{F}_z)=E(\alpha\mid\mathscr{F}_z)E(\beta\mid\mathscr{F}_z) \tag{9.5.5}$$

则称$(\mathscr{F}_z)_{z\in\mathbf{R}_+^2}$满足($F4$)条件. 设 M 是有界随机变量，如果$\forall z\in\mathbf{R}_+^2$，有

$$E(M\mid\mathscr{F}_z)=E(E(M\mid\mathscr{F}_z^1)\mid\mathscr{F}_z^2)=E(E(M\mid\mathscr{F}_z^2)\mid\mathscr{F}_z^1) \tag{9.5.6}$$

则称$(\mathscr{F}_z)_{z\in\mathbf{R}_+^2}$满足可换性.

定理 9.5.1 下列两个条件等价：

(1) ($F4$)条件；

(2) 可换性.

证明 设(1)成立，则$\forall B\in\mathscr{F}_z^2$及有界随机变量 X 满足

$$\begin{aligned}E(I_BE(X\mid\mathscr{F}_z))&=E(E(I_BE(X\mid\mathscr{F}_z)\mid\mathscr{F}_z))\\&=E(E(X\mid\mathscr{F}_z)E(I_B\mid\mathscr{F}_z))\\&=E(E(E(X\mid\mathscr{F}_z^1)\mid\mathscr{F}_z)E(I_B\mid\mathscr{F}_z))\\&=E(E(I_BE(X\mid\mathscr{F}_z^1)\mid\mathscr{F}_z))\\&=E(I_BE(X\mid\mathscr{F}_z^1))\end{aligned}$$

所以

$$E(E(X\mid\mathscr{F}_z^1)\mid\mathscr{F}_z^2)=E(X\mid\mathscr{F}_z)$$

同理

$$E(E(X\mid\mathscr{F}_z^2)\mid\mathscr{F}_z^1)=E(X\mid\mathscr{F}_z)$$

即(2)成立.

设(2)成立，则对于任意有界随机变量$\alpha\in\mathscr{F}_z^1$和$\beta\in\mathscr{F}_z^2$，有

$$\begin{aligned}E(\alpha\beta\mid\mathscr{F}_z)&=E(\alpha E(\beta\mid\mathscr{F}_z^1)\mid\mathscr{F}_z)\\&=E(\alpha E(E(\beta\mid\mathscr{F}_z^2)\mid\mathscr{F}_z^1)\mid\mathscr{F}_z)\\&=E(\alpha E(\beta\mid\mathscr{F}_z)\mid\mathscr{F}_z)\\&=E(\alpha\mid\mathscr{F}_z)E(\beta\mid\mathscr{F}_z)\end{aligned}$$

即(1)成立.

定理 9.5.2 在($F4$)条件下，下列三个断言等价：

(1) $\{X(z), z\in\mathbf{R}_+^2\}$是鞅；

(2) $\{X(z), z\in\mathbf{R}_+^2\}$是广鞅；

(3) $\{X(z), z\in\mathbf{R}_+^2\}$是双鞅.

证明 设(1)成立，即$\{X(z), z\in\mathbf{R}_+^2\}$是鞅，则对于任意的$z_1, z_2\in\mathbf{R}_+^2$，有

$$X(z_1 \wedge z_2) = E[X(z_2) \mid \mathscr{F}_{z_1\wedge z_2}] = E[X(z_2) \mid \mathscr{F}_{z_1}]$$

于是$\{X(z), z\in\mathbf{R}_+^2\}$是广鞅，即(2)成立.

设(2)成立，则对于任意的$z\in\mathbf{R}_+^2$，$E(X(z)\mid\mathscr{F}_z^i)=X(z)$，$i=1, 2$，于是$\{X(z), z\in\mathbf{R}_+^2\}$是双鞅，即(3)成立.

设(3)成立，即$\{X(z), z\in\mathbf{R}_+^2\}$是双鞅，则对于任意的$z\in\mathbf{R}_+^2$，$X(z)$关于$\mathscr{F}_z^i$，$i=1, 2$适应可积，从而关于$\mathscr{F}_z^1\cap\mathscr{F}_z^2$适应可积，即$\{X(z), z\in\mathbf{R}_+^2\}$适应可积. 设$z=(s, t)\in\mathbf{R}_+^2$，$h>0$，$k>0$，则

$$\begin{aligned}E(X(s+h, t+k) \mid \mathscr{F}_{(s,t)}) &= E(E(X(s+h, t+k) \mid \mathscr{F}^2_{(s+h,t)}) \mid \mathscr{F}_{(s,t)}) \\ &= E(X(s+h, t) \mid \mathscr{F}_{(s,t)}) \\ &= E(E(X(s+h, t) \mid \mathscr{F}^1_{(s,t)}) \mid \mathscr{F}_{(s,t)}) \\ &= E(X(s, t) \mid \mathscr{F}_{(s,t)}) = X(s, t)\end{aligned}$$

于是$\{X(z), z\in\mathbf{R}_+^2\}$是鞅，即(1)成立.

定理 9.5.3 $\{X(z), z\in\mathbf{R}_+^2\}$是弱鞅的充要条件是对于任意的$z\in\mathbf{R}_+^2$，$X(z)=X^1(z)+X^2(z)$，其中$\{X^i(z), z\in\mathbf{R}_+^2\}$，$i=1, 2$为适应$i$鞅.

证明 先证明充分性. 设$z_1=(s_1, s_2)$，$z_2=(t_1, t_2)\in\mathbf{R}_+^2$，且$z_1<z_2$，则

$$\begin{aligned}E(X(z_1, z_2] \mid \mathscr{F}_{z_1}) &= E(X^1(z_1, z_2] \mid \mathscr{F}_{z_1}) + E(X^2(z_1, z_2] \mid \mathscr{F}_{z_1}) \\ &= E(E(X^1(z_1, z_2] \mid \mathscr{F}^1_{z_1}) \mid \mathscr{F}_{z_1}) + E(E(X^2(z_1, z_2] \mid \mathscr{F}^2_{z_1}) \mid \mathscr{F}_{z_1})\end{aligned}$$

由于$\{X^1(z), z\in\mathbf{R}_+^2\}$为适应1鞅，所以

$$\begin{aligned}E(X^1(z_1, z_2] \mid \mathscr{F}^1_{z_1}) &= E(X^1(t_1, t_2) - X^1(s_1, t_2) \mid \mathscr{F}^1_{z_1}) \\ &\quad - E(X^1(t_1, s_2) - X^1(s_1, s_2) \mid \mathscr{F}^1_{z_1}) \\ &= 0\end{aligned}$$

同理

$$E(X^2(z_1, z_2] \mid \mathscr{F}^2_{z_1}) = 0$$

故$E(X(z_1, z_2]|\mathscr{F}_{z_1})=0$，即$\{X(z), z\in\mathbf{R}_+^2\}$是弱鞅.

再证明必要性. 设$\{X(z), z\in\mathbf{R}_+^2\}$是弱鞅，则对于任意的$z_1=(s_1, s_2)$，$z_2=(t_1, t_2)\in\mathbf{R}_+^2$，有

$$\begin{aligned}X(z_1) &= E(X(t_1, s_2) \mid \mathscr{F}_{z_1}) + E(X(s_1, t_2) - X(z_2) \mid \mathscr{F}_{z_1}) \\ &\overset{\text{def}}{=} X^1(z_1) + X^2(z_1)\end{aligned}$$

下面证明$X^1(z_1)$是适应1鞅. 设$r_1>s_1$，则

$$\begin{aligned}E(X^1(r_1, s_2) \mid \mathscr{F}^1_{z_1}) &= E(E(X(t_1, s_2) \mid \mathscr{F}_{(r_1,s_2)}) \mid \mathscr{F}^1_{z_1}) \\ &= E(X(t_1, s_2) \mid \mathscr{F}_{z_1}) \\ &= X^1(z_1)\end{aligned}$$

即 $X^1(z_1)$是适应 1 鞅.

同理，$X^2(z_1)$是适应 2 鞅.

定义 9.5.5 称从 Ω 到 $\mathbf{R}_+^2\cup\{+\infty\}$中的映射 $Z(\omega)$为$(\mathscr{F}_z)_{z\in\mathbf{R}_+^2}$停点，如果$\forall z\in\mathbf{R}_+^2$，$(Z\leqslant z)\in\mathscr{F}_z$.

称 A 为不可比较集，如果 $R_A\cap R_{A^+}=\varnothing$，其中 $R_A=\bigcup\limits_{z\in A}[0,z]$，$R_{A^+}=\bigcup\limits_{z\in A}(z,+\infty)$，类似地，有 $R_{A^-}=\bigcup\limits_{z\in A}[0,z)$.

称非空集 A 为分割线，如果它是闭的不可比较集且满足 $R_{A^-}\cup R_{A^+}\cup(R_{\{0\}^+})^c=\mathbf{R}_+^2$，其全体记为 S.

称从 Ω 到 $S\cup\{+\infty\}$的映射 $\lambda(\omega)$为$(\mathscr{F}_z)_{z\in\mathbf{R}_+^2}$停线，如果$\forall z\in\mathbf{R}_+^2$，$(\underline{z}\leqslant\lambda(\omega))\in\mathscr{F}_z$，其中$\underline{z}=\{z'\mid z'\leqslant z\}\cap\{z'\mid z'<z\}^c$.

设 λ 是停线，则称 $\mathscr{F}_\lambda=\{A\in\mathscr{F}_\infty,A\cap(\lambda\leqslant\Gamma)\in\mathscr{F}_\Gamma,\ \forall\Gamma\in S\}$为 λ 前事件 σ 域.

设 Z 为停点，则称 $\mathscr{F}_Z=\{A\in\mathscr{F}_\infty,A\cap(Z\leqslant z)\in\mathscr{F}_z,\ \forall z\in\mathbf{R}_+^2\}$为 Z 前事件 σ 域.

定理 9.5.4 设 Z_1、Z_2 为停点，则 $Z_1\vee Z_2$ 是停点，$Z_1\wedge Z_2$ 不一定是停点；设 λ_1、λ_2 是停线，则 $\lambda_1\wedge\lambda_2$、$\lambda_1\vee\lambda_2$ 是停线.

证明 设 Z_1、Z_2 为停点，则$\forall z\in\mathbf{R}_+^2$，$(Z_1\leqslant z)\in\mathscr{F}_z$，$(Z_2\leqslant z)\in\mathscr{F}_z$，从而

$$(Z_1\vee Z_2\leqslant z)=(Z_1\leqslant z)(Z_2\leqslant z)\in\mathscr{F}_z$$

所以 $Z_1\vee Z_2$ 是停点.

关于 $\lambda_1\wedge\lambda_2$、$\lambda_1\vee\lambda_2$ 是停线显然.

下面的例子说明 $Z_1\wedge Z_2$ 不一定是停点.

例 9.5.2 设 $\Omega=\{1,2,3,4,5\}$，$\mathscr{F}=\{A,A\subset\Omega\}$，$P$ 为 $\mathscr{F}$ 上的古典概率，令 $\mathscr{F}_{00}=\sigma(\{1\},\{2,3,4,5\})$，$\mathscr{F}_{01}=\sigma(\{1\},\{2,3\},\{4,5\})$，$\mathscr{F}_{10}=\sigma(\{1\},\{4\},\{2,3,5\})$，$\mathscr{F}_{11}=\sigma(\{1\},\{2,3\},\{4\},\{5\})$，定义 $\mathscr{F}_z$，$z\in\mathbf{R}_+^2$ 如下：

$$\mathscr{F}_z\overset{\text{def}}{=}\begin{cases}\mathscr{F}_{00},\ z\in[(0,0),(1,1))\\\mathscr{F}_{01},\ z\in[(0,1),(1,+\infty))\\\mathscr{F}_{10},\ z\in[(1,0),(+\infty,1))\\\mathscr{F}_{11},\ z\in[(1,1),(+\infty,+\infty))\end{cases}$$

其中，$\mathscr{F}_{st}\overset{\text{def}}{=}\mathscr{F}_z$，$z=(s,t)$. 令 $S=I_{\{1,4,5\}}$，$T=I_{\{1,4\}}$，$Z_1=(S,+\infty)$，$Z_2=(+\infty,T)$. 因为$\forall z\in\mathbf{R}_+^2$，$(Z_1\leqslant z)=\varnothing\in\mathscr{F}_z$，所以 Z_1 是停点. 同理 Z_2 也是停点，但 $Z_1\wedge Z_2$ 不是停点. 事实上，有

$$\begin{aligned}\mathscr{F}_S^1&=\{A\in\mathscr{F},A(S\leqslant s)\in\mathscr{F}_s,\ \forall s\in\mathbf{R}_+\}\\&=\{A\in\mathscr{F},A(S\leqslant s)\in\mathscr{F}_s^1,\ \forall s<1\}\cap\{A\in\mathscr{F},A(S\leqslant s)\in\mathscr{F}_s^1,\ \forall s\geqslant1\}\\&=\{A\in\mathscr{F},A(\{2,3\})\in\mathscr{F}_{01}\}\cap\{A\in\mathscr{F},A\Omega\in\mathscr{F}_{11}\}\\&=\mathscr{F}_{11}\cap\mathscr{F}_{11}=\mathscr{F}_{11}\end{aligned}$$

同理，$\mathscr{F}_T^2=\mathscr{F}_{10}$. 从而 $S\notin\mathscr{F}_T^2$，于是 $Z_1\wedge Z_2=(S,T)$不是停点.

下面不加证明地给出右连续鞅的停止定理，常称其为有界停点的可选样本定理.

定理 9.5.5 设$\{X(z),z\in\mathbf{R}_+^2\}$为右连续鞅(上鞅)，则对于任意有界停点 S、T，当 $S\leqslant T$时，有

$$E(X(T)\mid \mathscr{F}_S)=X(S)(\leqslant X(S)) \tag{9.5.7}$$

如果去掉停点的有界性条件，我们可以得到如下结果.

定理 9.5.6 设$\{X(z),\ z\in \mathbf{R}_+^2\cup\{+\infty\}\}$为右连续上鞅，则对于任意的停点 Z_1、Z_2，当 $Z_1\leqslant Z_2$ 时，有

$$E(X(Z_2)\mid \mathscr{F}_{Z_1})\leqslant X(Z_1) \tag{9.5.8}$$

证明 令 $M(z)=E(X(+\infty)|\mathscr{F}_z)$，$Y(z)=X(z)-M(z)$. 显然 $M(+\infty)=X(+\infty)$，$Y(+\infty)=0$，且$\{M(z),\ z\in \mathbf{R}_+^2\cup\{+\infty\}\}$为鞅，$\{Y(z),\ z\in \mathbf{R}_+^2\cup\{+\infty\}\}$为非负上鞅. 令

$$Z_i^n=Z_iI_{\{Z_i\leqslant(n,\ n)\}}+(+\infty,+\infty)I_{\{Z_i\leqslant(n,\ n)\}^c},\quad i=1,2$$

显然 Z_i^n 为停点，且$\{Z_i^n\}$单调递减，$\lim\limits_{n\to\infty}Z_i^n=Z_i$，$i=1$，2. 由定理 9.5.5 得

$$E(Y(Z_2^n)\mid \mathscr{F}_{Z_1^n})\leqslant Y(Z_1^n)$$

于是

$$I_{\{Z_1\leqslant(n,\ n)\}}Y(Z_1^n)\geqslant E(Y(Z_2^n)\mid \mathscr{F}_{Z_1^n})I_{\{Z_1\leqslant(n,\ n)\}} \tag{9.5.9}$$

又因为

$$\begin{aligned}E(Y(Z_2^n)\mid \mathscr{F}_{Z_1^n})I_{\{Z_1\leqslant(n,\ n)\}}&=E(Y(Z_2^n)\mid \sigma(\{Z_1\leqslant(n,\ n)\})\cap \mathscr{F}_{Z_1^n})I_{\{Z_1\leqslant(n,\ n)\}}\\&=E(Y(Z_2^n)\mid \sigma(\{Z_1\leqslant(n,\ n)\})\cap \mathscr{F}_{Z_1})I_{\{Z_1\leqslant(n,\ n)\}}\\&=E(Y(Z_2^n)\mid \mathscr{F}_{Z_1})I_{\{Z_1\leqslant(n,\ n)\}}\end{aligned}$$

注意：当 $n\to\infty$ 时，$\{Y(Z_1^n)\}$和$\{Y(Z_2^n)\}$单调上升并分别趋于 $Y(Z_1)$和 $Y(Z_2)$，于是在(9.5.9)式中取极限，得

$$Y(Z_1)I_{\{Z_1<+\infty\}}\geqslant E(Y(Z_2)\mid \mathscr{F}_{Z_1})I_{\{Z_1<+\infty\}}$$

而

$$(Z_1<+\infty)^c=(Z_1=+\infty),\ Y(Z_1)I_{\{Z_1=+\infty\}}=0$$

由 $Z_2\geqslant Z_1$ 得

$$E(Y(Z_2)\mid \mathscr{F}_{Z_1})I_{\{Z_1=+\infty\}}=0$$

于是

$$Y(Z_1)\geqslant E(Y(Z_2)\mid \mathscr{F}_{Z_1})$$

即

$$\begin{aligned}X(Z_1)-M(Z_1)&\geqslant E((X(Z_2)-M(Z_2))\mid \mathscr{F}_{Z_1})\\&=E(X(Z_2)\mid \mathscr{F}_{Z_1})-E(M(Z_2)\mid \mathscr{F}_{Z_1})\end{aligned}$$

由于

$$M(Z_1)=E(X(+\infty)\mid \mathscr{F}_{Z_1})$$

因此

$$\begin{aligned}E(M(Z_2)\mid \mathscr{F}_{Z_1})&=E(E(X(+\infty)\mid \mathscr{F}_{Z_2})\mid \mathscr{F}_{Z_1})\\&=E(X(+\infty)\mid \mathscr{F}_{Z_1})\\&=M(Z_1)\end{aligned}$$

从而

$$E(X(Z_2)\mid \mathscr{F}_{Z_1})\leqslant X(Z_1)$$

定义 9.5.6 如果 $\forall \omega\in\Omega$，$\lambda(\omega)$是简单分割线，则称停线 λ 为阶梯的. 设 λ 是有界阶梯停线，则

$$X(\lambda) \overset{\text{def}}{=} \sum_{i=1}^{n-1}(X(z_{i+1} \vee z_i) - X(z_i)) - X(z_n)$$

其中 z_1，z_2，…，z_n 为阶梯停线上直线节的按第一个坐标增加排列的交点.

容易证明，对于任意的停线，它是某非增阶梯停线列的极限. 类似于定理 9.5.5，关于停线我们有如下结果(证明可参阅文献 17).

定理 9.5.7 设$\{X(z),\ z\in \mathbf{R}_+^2\cup\{+\infty\}\}$是强鞅，则对于任意有界停线 λ、μ，当 $\lambda\leqslant\mu$ 时，有

$$E(X(\mu) \mid \mathscr{F}_\lambda) = X(\lambda)$$

关于两指标鞅更深入的研究，有兴趣的读者可参阅相关文献，如文献 40.

习 题 九

1. 设$\{X_n,\ n=0,1,2,\cdots\}$是下鞅，证明

$$E(X_n \mid X_0, X_1, \cdots, X_k) \geqslant X_k,\ 0\leqslant k\leqslant n$$

2. 设$\{X_n,\ n=0,1,2,\cdots\}$是上鞅，证明$\{-X_n,\ n=0,1,2,\cdots\}$是下鞅.

3. 设$\{X_n,\ n=0,1,2,\cdots\}$是鞅，证明

$$E(X_n \mid X_0, X_1, \cdots, X_k) = X_k,\ 0\leqslant k\leqslant n$$

从而

$$EX_n=C(C\text{ 不依赖于 }n)$$

4. 设$\{X_n,\ n=0,1,2,\cdots\}$是下鞅，证明

$$\lambda P(\min_{0\leqslant k\leqslant n} X_k < -\lambda) \leqslant E\mid X_n\mid + E\mid X_0\mid$$

其中 $\lambda>0$.

5. 设$\{X_n,\ n=0,1,2,\cdots\}$是相互独立同分布的随机变量序列，$P(X_n=1)=p$，$P(X_n=-1)=q$，$p+q=1$. 判断下列的 T 哪个是停时：

(1) $T=\begin{cases}\min\{n\geqslant 0,\ X_n=1\}, & \text{若存在 } n \text{ 使 } X_n=1\\ +\infty, & \text{其它}\end{cases}$

(2) $T=\begin{cases}\min\left\{n\geqslant 0,\ \sum\limits_{k=0}^{n+1}X_k=0\right\}, & \text{若存在 } n \text{ 使} \sum\limits_{k=0}^{n+1}X_k=0\\ +\infty, & \text{其它}\end{cases}$

(3) $T=\begin{cases}\min\left\{n\geqslant 0,\ \sum\limits_{k=0}^{n+1}X_k>0\right\}, & \text{若存在 } n \text{ 使} \sum\limits_{k=0}^{n+1}X_k>0\\ +\infty, & \text{其它}\end{cases}$

6. 设$\{X_n,\ n=0,1,2,\cdots\}$是非负相互独立同分布的随机变量序列，$P(X_0>0)=1$，$EX_0=m$. 令 $S_n=\sum\limits_{k=0}^{n}X_k$，

$$T_x=\begin{cases}\min\{n\geqslant 0,\ S_n>x\}, & \text{若存在 } n \text{ 使 } S_n>x\\ +\infty, & \text{其它}\end{cases}$$

其中 $x>0$，证明：

(1) T_x 是停时；

(2) $\forall x>0$，$\frac{x}{m}\leqslant ET_x<\frac{x}{m}+1$.

7. 设$\{X_n, n=0, 1, 2, \cdots\}$是鞅，$T$ 是停时，证明：如果

(1) $P(T<+\infty)=1$；

(2) 存在 $M>0$，对于所有 n，$EX_{T\wedge n}^2\leqslant M$，

则
$$EX_T=EX_0$$

8. 设$\{X_n, n=0, 1, 2, \cdots\}$是相互独立同分布的随机变量序列，$EX_n=0$，$DX_n=\sigma^2<+\infty$，$n=0, 1, 2, \cdots$. 令 $Y_0=0$，$Y_n=\sum\limits_{k=1}^{n}X_k$，$n=1, 2, \cdots$. 证明：如果 T 是停时，$ET<+\infty$，则 $E|Y_T|<+\infty$，$EY_T=0$，$DY_T=\sigma^2 ET$.

9. 设$\{X_n, n=0, 1, 2, \cdots\}$是相互独立同分布的随机变量序列，$E|X_0|<+\infty$，$T$ 是关于$\{X_n, n=0, 1, 2, \cdots\}$的停时，$E|T|<+\infty$. 证明
$$E\left[\sum_{k=1}^{T}X_k\right]=ETEX_0$$

10. 设 Y 为均值有限的随机变量，W_1，W_2，$\cdots$为随机变量序列，令 $Z_n=E(Y|W_1, W_2, \cdots, W_n)$，证明$\{Z_n, n=1, 2, \cdots\}$是鞅.

11. 设$\{X_n, n=1, 2, \cdots\}$是鞅，令 $Y_n=X_n-X_{n-1}$，$n=1, 2, \cdots$，$X_0=0$. 证明
$$DX_n=\sum_{k=1}^{n}DY_k$$

12. 一个罐子中最初装有一个白球及一个黑球，每次从中取出一球，放回时再放进一个同颜色的球. 设 X_n 表示第 n 次放回之后罐中白球的比例，证明：

(1) $\{X_n, n=1, 2, \cdots\}$是鞅；

(2) 罐中白球的比例达到 3/4 的概率至多为 2/3.

第 10 章　随机过程的若干应用

随机过程已广泛应用于许多领域，并且在这些领域中显示出十分重要的作用. 本章主要介绍随机过程在通信工程、电子工程、经济管理、社会科学等诸多领域中的一些具体应用.

10.1　遍历转换技术

1. 平稳过程均值函数提取法

平稳过程均值函数提取法的原理性方框图见图 10－1. 图中被检测信号$\{X(t), t\geqslant 0\}$输入到转换器中，转换器中有一个时钟，它给出取样时刻 t_k，$k=1, 2, \cdots$，在时刻 t_k 对$\{X(t), t\geqslant 0\}$取样得 $X(t_k)$. $\{Y(t), t\geqslant 0\}$是具有均匀分布的严平稳各态历经随机过程，可作为参考电压. 在 t_k 各个取样时刻比较 $X(t_k)$和 $Y(t_k)$之值，令比较器输出 $Z(t_k)$为

$$Z(t_k)=\begin{cases}1, & X(t_k)>Y(t_k)\\ 0, & \text{其它}\end{cases}$$

由此完成了一个从模拟量到二进制数字量的转换，即 $X(t_k)\rightarrow Z(t_k)$，这一转换称为遍历转换. $\{X(t), t\geqslant 0\}$、$\{Y(t), t\geqslant 0\}$、$\{Z(t_k), k=1, 2, \cdots\}$的关系见图 10－2. 在一定的条件下，$\{Z(t_k), k=1, 2, \cdots\}$保留了$\{X(t), t\geqslant 0\}$的某些统计特征.

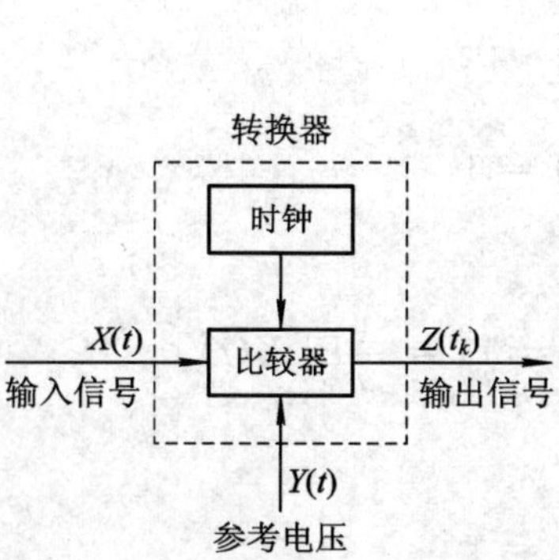

图　10－1

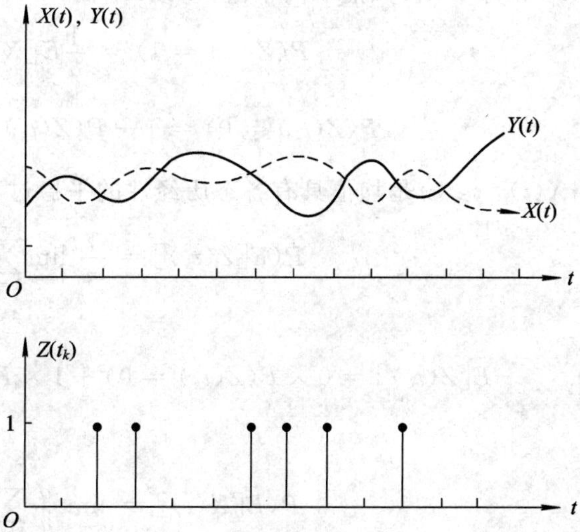

图　10－2

定理 10.1.1　设$\{X(t),\ t\geqslant 0\}$和$\{Y(t),\ t\geqslant 0\}$是相互独立的遍历的平稳过程，$\{Y(t),\ t\geqslant 0\}$的一维分布为$(0,\ a)$内的均匀分布，$X(t)>0$，$\{t_k,\ k=1,\ 2,\ \cdots\}$为取样时刻，$t_1<t_2<\cdots<t_k<\cdots$，令

$$Z(t_k)=\begin{cases}1, & X(t_k)>Y(t_k)\\ 0, & \text{其它}\end{cases}$$

若$E[X(t)]=m_X$存在，则

(1) $P(Z(t_k)=1)=\dfrac{1}{a}E[X(t)]$

(2) $P(E[X(t)]=\lim\limits_{n\to\infty}\dfrac{a}{n}\sum\limits_{k=1}^{n}Z(t_k))=1$

证明　(1) 设$(X(t_k),\ Y(t_k))$的联合概率密度函数为$f(x,\ y)$，$X(t_k)$的概率密度函数为$f_X(x)$，由$Z(t_k)$的定义及图 10-3 可得

$$\begin{aligned}P(Z(t_k)=1)&=P(X(t_k)>Y(t_k))\\&=\iint\limits_{x>y}f(x,\ y)\mathrm{d}x\mathrm{d}y\\&=\int_{-\infty}^{+\infty}\mathrm{d}x\int_{-\infty}^{x}f(x,\ y)\mathrm{d}y\end{aligned}$$

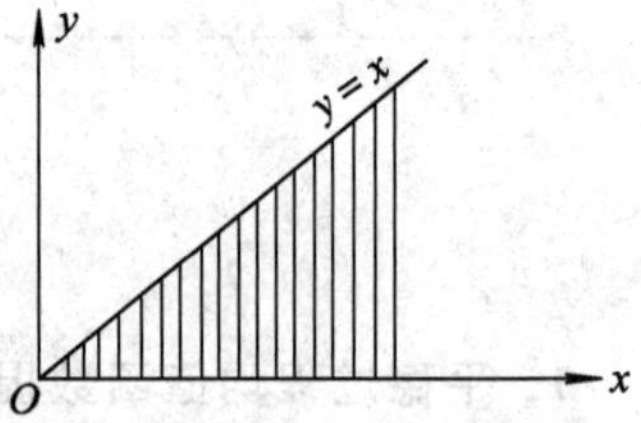

图　10-3

由于$X(t)>0$，$Y(t)>0$，并且$\{X(t),\ t\geqslant 0\}$和$\{Y(t),\ t\geqslant 0\}$是相互独立的平稳过程，因此

$$\begin{aligned}P(Z(t_k)=1)&=P(X(t_k)>Y(t_k))=\int_{-\infty}^{+\infty}\mathrm{d}x\int_{-\infty}^{x}f(x,\ y)\mathrm{d}y\\&=\int_{0}^{+\infty}f_X(x)\mathrm{d}x\int_{0}^{x}\frac{1}{a}\mathrm{d}y=\frac{1}{a}\int_{0}^{+\infty}xf_X(x)\mathrm{d}x\\&=\frac{E[X(t_k)]}{a}=\frac{1}{a}E[X(t)]\end{aligned}$$

上面的推导中假定了a足够大，$P(X(t_k)>a)$很小.

(2) 由于$Z(t_k)$只能取两个值：0 或 1，而

$$P(Z(t_k)=1)=\frac{1}{a}E[X(t)]=\frac{1}{a}m_X$$

$$P(Z(t_k)=0)=1-P(Z(t_k)=1)=1-\frac{1}{a}m_X$$

因为$\{X(t),\ t\geqslant 0\}$是均值具有各态历经性的平稳过程，因此

$$P(E[Z(t_k)]=\frac{1}{n}\lim_{n\to\infty}\sum_{k=1}^{n}Z(t_k))=1$$

又因

$$E[Z(t_k)]=0\times P(Z(t_k)=0)+1\times P(Z(t_k)=1)=\frac{1}{a}E[X(t)]$$

从而

$$P(E[X(t)]=\lim_{n\to\infty}\frac{a}{n}\sum_{k=1}^{n}Z(t_k))=1$$

由定理 10.1.1 可知，为了获得$\{X(t),\ t\geqslant 0\}$的均值函数，只需要在遍历转换器之后的输出端接一个计数器即可.

2. 平稳过程相关函数提取法

平稳过程相关函数提取法的原理性方框图见图 10-4.

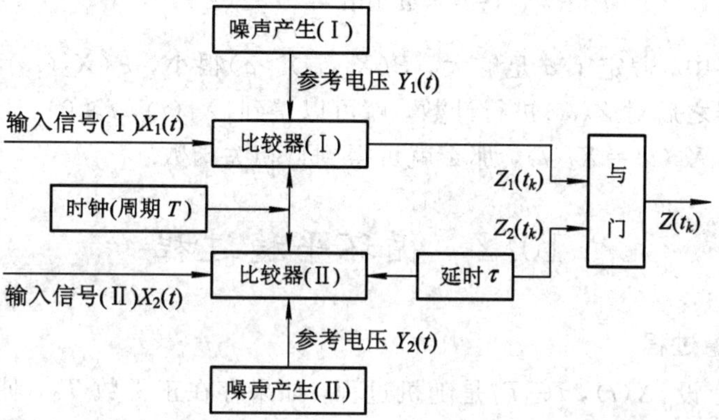

图 10-4

设输入信号$\{X_1(t),\ t\geqslant 0\}$、$\{X_2(t),\ t\geqslant 0\}$是两个严平稳过程，而且是联合平稳的. 噪声产生器(Ⅰ)、(Ⅱ)产生两个相互独立且在$(0,\ a)$内均匀分布的参考电压$\{Y_1(t),\ t\geqslant 0\}$、$\{Y_2(t),\ t\geqslant 0\}$，而且$\{Y_1(t),\ t\geqslant 0\}$、$\{Y_2(t),\ t\geqslant 0\}$也是严平稳的. $\{X_1(t),\ t\geqslant 0\}$、$\{X_2(t),\ t\geqslant 0\}$存在二阶矩，其互相关函数为$R_{X_1X_2}(\tau)$，$\{X_1(t),\ t\geqslant 0\}$与$\{Y_1(t),\ t\geqslant 0\}$、$\{Y_2(t),\ t\geqslant 0\}$相互独立，$\{X_2(t),\ t\geqslant 0\}$与$\{Y_1(t),\ t\geqslant 0\}$、$\{Y_2(t),\ t\geqslant 0\}$也相互独立. 设$X_1(t)>0$，$X_2(t)>0$，令

$$Z_1(t_k)=\begin{cases}1, & X_1(t_k)>Y_1(t_k)\\ 0, & \text{其它}\end{cases}$$

$$Z_2(t_k)=\begin{cases}1, & X_2(t_k)>Y_2(t_k)\\ 0, & \text{其它}\end{cases}$$

$$Z(t_k)=Z_1(t_k)Z_2(t_k+\tau)$$

则

$$Z(t_k)=\begin{cases}1, & X_1(t_k)>Y_1(t_k),\ X_2(t_k+\tau)>Y_2(t_k+\tau)\\ 0, & \text{其它}\end{cases}$$

$$\begin{aligned}P(Z(t_k)=1)&=P(X_1(t_k)>Y_1(t_k),\ X_2(t_k+\tau)>Y_2(t_k+\tau))\\&=\int_0^{+\infty}\int_0^{+\infty}\left(\int_0^{x_1}\frac{1}{a}\,\mathrm{d}y_1\right)\left(\int_0^{x_2}\frac{1}{a}\,\mathrm{d}y_2\right)f(x_1,\ x_2)\mathrm{d}x_1\mathrm{d}x_2\\&=\frac{1}{a^2}\int_0^{+\infty}\int_0^{+\infty}x_1x_2f(x_1,\ x_2)\mathrm{d}x_1\mathrm{d}x_2\\&=\frac{1}{a^2}R_{X_1X_2}(\tau)\end{aligned}$$

其中$f(x_1,\ x_2)$为$(X_1(t_k),\ X_2(t_k+\tau))$的联合概率密度函数. 由$\{Z(t),\ t\geqslant 0\}$的遍历性得

$$P(E[Z(t_k)]=\frac{1}{n}\lim_{n\to\infty}\sum_{k=1}^{n}Z(t_k))=1$$

又因

$$E[Z(t_k)] = 0 \times P(Z(t_k) = 0) + 1 \times P(Z(t_k) = 1) = \frac{1}{a^2} R_{X_1 X_2}(\tau)$$

从而

$$P(R_{X_1 X_2}(\tau) = a^2 \lim_{n \to \infty} \frac{1}{n} \sum_{k=1}^{n} Z(t_k)) = 1$$

在上面的推导中，假定了 a 足够大，$P(X_1(t_k)>a)$很小，$P(X_2(t_k)>a)$也很小. 因此只要在遍历转换器之后对 $Z(t_k)$进行计数，就可以得到$\{X_1(t), t \geqslant 0\}$，$\{X_2(t), t \geqslant 0\}$的互相关函数；如果取 $X_1(t)=X_2(t)$，那么就可得到自相关函数.

10.2 循环平稳过程

1. 严循环平稳过程

定义 10.2.1 设$\{X(t), t \in T\}$是随机过程，如果存在正常数 T_0，使得$\forall n \geqslant 1$，t_1，t_2，…，$t_n \in T$ 和 m，当 t_1+mT_0，t_2+mT_0，…，$t_n+mT_0 \in T$ 时，$(X(t_1), X(t_2), \cdots, X(t_n))$和$(X(t_1+mT_0), X(t_2+mT_0), \cdots, X(t_n+mT_0))$有相同的联合分布，则称$\{X(t), t \in T\}$为一严(强、狭义)循环平稳过程.

严循环平稳过程描述的物理系统其概率特征随时间的推移呈现周期性的变化. 由于定义式不是对每个时间推移 τ 都成立，而是仅对 $\tau=mT_0$才成立，所以严循环平稳过程不是严平稳过程，然而对于任意的 τ 离散时间过程却是严平稳的.

定理 10.2.1 设$\{X(t), t \in T\}$是周期为 T_0的严循环平稳过程，$\Theta \sim U(0, T_0)$且与$\{X(t), t \in T\}$相互独立，令 $Y(t)=X(t-\Theta)$，$t \in T$，则$\{Y(t), t \in T\}$是严平稳过程，且其有限维分布函数为

$$F_Y(t_1, t_2, \cdots, t_n; y_1, y_2, \cdots, y_n) = \frac{1}{T_0} \int_0^{T_0} F_X(t_1 - \alpha, t_2 - \alpha, \cdots, t_n - \alpha; y_1, y_2, \cdots, y_n) \mathrm{d}\alpha$$

证明 只需证明事件 $A=\{Y(t_1+\tau) \leqslant y_1, Y(t_2+\tau) \leqslant y_2, \cdots, Y(t_n+\tau) \leqslant y_n\}$的概率与 τ 无关且等于定理中的积分即可，由于

$$P(A) = \frac{1}{T_0} \int_0^{T_0} P(A \mid \Theta = \theta) \mathrm{d}\theta$$

而

$$\begin{aligned} P(A \mid \Theta = \theta) &= P(X(t_1 + \tau - \theta) \leqslant y_1, X(t_2 + \tau - \theta) \leqslant y_2, \cdots, X(t_n + \tau - \theta) \leqslant y_n) \\ &= F_X(t_1 + \tau - \theta, t_2 + \tau - \theta, \cdots, t_n + \tau - \theta; y_1, y_2, \cdots, y_n) \end{aligned}$$

故

$$\begin{aligned} P(A) &= \frac{1}{T_0} \int_0^{T_0} F_X(t_1 + \tau - \theta, t_2 + \tau - \theta, \cdots, t_n + \tau - \theta; y_1, y_2, \cdots, y_n) \mathrm{d}\theta \\ &= \frac{1}{T_0} \int_0^{T_0} F_X(t_1 - \alpha, t_2 - \alpha, \cdots, t_n - \alpha; y_1, y_2, \cdots, y_n) \mathrm{d}\alpha \end{aligned}$$

2. 宽循环平稳过程

定义 10.2.2 设$\{X(t), t \in T\}$是二阶矩过程，如果存在 T_0，使得

(1) $\forall t \in T$，$m_X(t+mT_0)=m_X(t)$；

(2) $\forall s, t \in T, R_X(s+mT_0, t+mT_0)=R_X(s, t)$，
则称$\{X(t), t\in T\}$为宽(弱、广义)循环平稳过程.

由定义 10.2.2 知，宽循环平稳过程的相关函数 $R_X(s, t)$在 sOt 平面的对角线上呈周期性. 类似于平稳过程，宽循环平稳过程一定是二阶矩过程，而严循环平稳过程则不一定是二阶矩过程，从而也就不一定是宽循环平稳过程. 但是，如果严循环平稳过程存在二阶矩，则它一定是宽循环平稳过程.

宽循环平稳过程也不一定是严循环平稳过程，这是因为仅一、二矩循环平稳并不能确定有限维分布循环平稳.

对于正态过程，宽循环平稳性与严循环平稳性是等价的，这是因为正态过程的有限维分布完全由其均值函数和协方差函数所确定.

定理 10.2.2　设$\{X(t), t\in T\}$是周期为 T_0 的宽循环平稳过程，$\Theta\sim U(0, T_0)$且与$\{X(t), t\in T\}$相互独立，令 $Y(t)=X(t-\Theta)$, $t\in T$，则$\{Y(t), t\in T\}$是平稳过程，且其均值函数和相关函数分别为

$$m_Y=\frac{1}{T_0}\int_0^{T_0} m_X(t)\,\mathrm{d}t$$

$$R_Y(\tau)=\frac{1}{T_0}\int_0^{T_0} R_X(t, t+\tau)\,\mathrm{d}t$$

证明　因为 Θ 与$\{X(t), t\in T\}$相互独立，且 $m_X(t+T_0)=m_X(t)$，故

$$\begin{aligned}m_Y&=E[Y(t)]=E[X(t-\Theta)]=E\{E[X(t-\Theta)\,|\,\Theta]\}\\&=\frac{1}{T_0}\int_0^{T_0} m_X(t-\theta)\,\mathrm{d}\theta=\frac{1}{T_0}\int_0^{T_0} m_X(t)\,\mathrm{d}t\end{aligned}$$

$$\begin{aligned}R_Y(\tau)&=E[\overline{X(t-\Theta)}X(t+\tau-\Theta)]=E\{E[\overline{X(t-\Theta)}X(t+\tau-\Theta)\,|\,\Theta]\}\\&=\frac{1}{T_0}\int_0^{T_0} R_X(t-\theta, t+\tau-\theta)\,\mathrm{d}\theta=\frac{1}{T_0}\int_0^{T_0} R_X(t, t+\tau)\,\mathrm{d}t\end{aligned}$$

3. 二阶循环平稳过程的循环谱

定义 10.2.3　设$\{X(t), t\in T\}$是一随机过程，称

$$\begin{aligned}m_{kX}^{\varepsilon}(t;\tau_1,\tau_2,\cdots,\tau_{k-1})&\overset{\text{def}}{=}E[X^{(\varepsilon_0)}(t)X^{(\varepsilon_1)}(t+\tau_1)\cdots X^{(\varepsilon_{k-1})}(t+\tau_{k-1})]\\&=(-1)^k\frac{\partial^k\varphi_X^{\varepsilon}(\omega_1,\omega_2,\cdots,\omega_k)}{\partial\omega_1\partial\omega_2\cdots\partial\omega_k}\bigg|_{\omega_1=\omega_2=\cdots=\omega_k=0}\end{aligned}$$

$$\begin{aligned}c_{kX}^{\varepsilon}(t;\tau_1,\tau_2,\cdots,\tau_{k-1})&\overset{\text{def}}{=}\mathrm{cum}[X^{(\varepsilon_0)}(t), X^{(\varepsilon_1)}(t+\tau_1),\cdots,X^{(\varepsilon_{k-1})}(t+\tau_{k-1})]\\&=(-1)^k\frac{\partial^k\ln\varphi_X^{\varepsilon}(\omega_1,\omega_2,\cdots,\omega_k)}{\partial\omega_1\partial\omega_2\cdots\partial\omega_k}\bigg|_{\omega_1=\omega_2=\cdots=\omega_k=0}\end{aligned}$$

分别为$\{X(t), t\in T\}$的 k 阶矩和 k 阶累积量，其中 $\varepsilon\overset{\text{def}}{=}(\varepsilon_1,\varepsilon_2,\cdots,\varepsilon_{k-1})$，$\varepsilon_i\in\{-1, +1\}$，及

$$X^{(\varepsilon_i)}(t)\overset{\text{def}}{=}\begin{cases}X(t), & \varepsilon_i=+1\\ \overline{X(t)}, & \varepsilon_i=-1\end{cases}$$

而 $\varphi_X^{\varepsilon}(\omega_1,\omega_2,\cdots,\omega_k)=E\{\exp[\mathrm{j}(\omega_1X^{(\varepsilon_0)}(t)+\omega_2X^{(\varepsilon_1)}(t+\tau_1)+\cdots+\omega_kX^{(\varepsilon_{k-1})}(t+\tau_{k-1}))]\}$

是 k 维随机变量($X^{(\varepsilon_0)}(t)$, $X^{(\varepsilon_1)}(t+\tau_1)$, …, $X^{(\varepsilon_{k-1})}(t+\tau_{k-1})$)的特征函数，其对数 $\ln\varphi_X^{\varepsilon}(\omega_1, \omega_2, \cdots, \omega_k)$称为 k 维随机变量($X^{(\varepsilon_0)}(t)$, $X^{(\varepsilon_1)}(t+\tau_1)$, …, $X^{(\varepsilon_{k-1})}(t+\tau_{k-1})$)的第二特征函数. 高阶累积量和高阶矩之间可以相互转换. 下面给出著名的累积量-矩(C-M)公式和矩-累积量(M-C)公式，它们有着重要的应用.

累积量-矩(C-M)公式：

$$E[X^{(\varepsilon_0)}(t)X^{(\varepsilon_1)}(t+\tau_1)\cdots X^{(\varepsilon_{k-1})}(t+\tau_{k-1})] = \sum_{\bigcup_{p=1}^{q} I_p = I}\prod_{p=1}^{q}\mathrm{cum}\{X^{(\varepsilon_l)}(t+\tau_l),\ l\in I_p\}$$

矩-累积量(M-C)公式：

$$\mathrm{cum}[X^{(\varepsilon_0)}(t), X^{(\varepsilon_1)}(t+\tau_1), \cdots, X^{(\varepsilon_{k-1})}(t+\tau_{k-1})] = \sum_{\bigcup_{p=1}^{q} I_p = I}(-1)^{q-1}(q-1)!\prod_{p=1}^{q}E\{\prod_{l\in I_p}X^{(\varepsilon_l)}(t+\tau_l)\}$$

其中 $I=\{0, 1, 2, \cdots, k-1\}$，而$\{I_1, I_2, \cdots, I_q\}$是 I 的一种分割，$\sum\limits_{\bigcup_{p=1}^{q} I_p = I}$ 表示对 I 的所有可能分割求和. 容易证明累积量具有如下性质.

定理 10.2.3 (1) 设 α_i, $i=1, 2, \cdots, n$ 为复常数，X_i, $i=1, 2, \cdots, n$ 为复随机变量，则

$$\mathrm{cum}\{\alpha_1 X_1^{(\varepsilon_1)}, \alpha_2 X_2^{(\varepsilon_2)}, \cdots, \alpha_n X_n^{(\varepsilon_n)}\} = \left(\prod_{i=1}^{n}\alpha_i\right)\mathrm{cum}\{X_1^{(\varepsilon_1)}, X_2^{(\varepsilon_2)}, \cdots, X_n^{(\varepsilon_n)}\}$$

(2) 设 X_{ik}, $i=1, 2, \cdots, m_k$, $k=1, 2, \cdots, n$ 为复随机变量，则

$$\mathrm{cum}\left\{\sum_{i=1}^{m_1}X_{i1}^{(\varepsilon_{i1})}, \sum_{i=1}^{m_2}X_{i2}^{(\varepsilon_{i2})}, \cdots, \sum_{i=1}^{m_n}X_{in}^{(\varepsilon_{in})}\right\} = \sum_{i_1=1}^{m_1}\cdots\sum_{i_n=1}^{m_n}\mathrm{cum}\{X_{i_1 1}^{(\varepsilon_{i_1 1})}, X_{i_2 2}^{(\varepsilon_{i_2 2})}, \cdots, X_{i_n n}^{(\varepsilon_{i_n n})}\}$$

(3) 设 X_{ik}, $i=1, 2, \cdots, m$, $k=1, 2, \cdots, n$ 为复随机变量，则

$$\mathrm{cum}\left\{\sum_{i=1}^{m}X_{i1}^{(\varepsilon_{i1})}, \sum_{i=1}^{m}X_{i2}^{(\varepsilon_{i2})}, \cdots, \sum_{i=1}^{m}X_{in}^{(\varepsilon_{in})}\right\} = \sum_{i=1}^{m}\mathrm{cum}\{X_{i1}^{(\varepsilon_{i1})}, X_{i2}^{(\varepsilon_{i2})}, \cdots, X_{in}^{(\varepsilon_{in})}\}$$

(4) 设(X_1, X_2, …, X_n)($n>2$)为 n 维高斯随机变量，则

$$\mathrm{cum}\{X_1^{(\varepsilon_1)}, X_2^{(\varepsilon_2)}, \cdots, X_n^{(\varepsilon_n)}\} = 0$$

(5) 设复随机变量 X_i($i=1, 2, \cdots, n$)的一个子集与其余随机变量独立，则

$$\mathrm{cum}\{X_1^{(\varepsilon_1)}, X_2^{(\varepsilon_2)}, \cdots, X_n^{(\varepsilon_n)}\} = 0$$

(6) 设 α_i, $i=1, 2, \cdots, n$ 为复常数，X_i, $i=1, 2, \cdots, n$ 为复随机变量，则

$$\mathrm{cum}\{\alpha_1 + X_1^{(\varepsilon_1)}, \alpha_2 + X_2^{(\varepsilon_2)}, \cdots, \alpha_n + X_n^{(\varepsilon_n)}\} = \mathrm{cum}\{X_1^{(\varepsilon_1)}, X_2^{(\varepsilon_2)}, \cdots, X_n^{(\varepsilon_n)}\}$$

定义 10.2.4 称实数集上的连续函数 $f(t)$是几乎周期的，如果 $\forall\varepsilon>0$，$\exists T_0(\varepsilon)>0$，使得在实直线上任意长为 $T_0(\varepsilon)$的区间内至少存在一点 τ，有$\sup\limits_{t}|f(t+\tau)-f(t)|<\varepsilon$.

显然，具有周期 T_0的周期函数是几乎周期函数. 事实上，设 $f(t)$是周期为 T_0 的周期函数，取 $T_0(\varepsilon)=T_0$，则在任意长为 T_0 的区间内，存在一点 $\tau=kT_0$，其中 k 为某一整数，使得 $f(t+\tau)-f(t)\equiv 0$，所以 $f(t)$是几乎周期函数. 几乎周期函数存在唯一的 Fourier 级数表示.

定义 10.2.5 称整数集上的离散函数 $f(t)$是几乎周期的，如果在实数集上存在连续的几乎周期函数$\tilde{f}(t)$，使得对于任意的整数 t，有 $f(t)=\tilde{f}(t)$.

定义 10.2.6　设$\{X(t), t\in T\}$是一离散参数集的随机过程，如果其一阶和二阶累积量存在且为关于时间 t 的几乎周期函数，则称$\{X(t), t\in T\}$为几乎二阶循环平稳过程. 记 $c_{11X}(t, \tau)\overset{\text{def}}{=}E[\overline{X(t)}X(t+\tau)]$，若对于固定的 τ，$c_{11X}(t, \tau)$可表示为关于 t 的 Fourier 级数：

$$c_{11X}(t, \tau) = \sum_{\alpha\in\chi_{11}} C_{11X}(\alpha, \tau)\mathrm{e}^{\mathrm{j}\alpha t}$$

$$C_{11X}(\alpha, \tau) \overset{\text{def}}{=} \lim_{T\to+\infty}\sum_{t=0}^{T-1} c_{11X}(t, \tau)\mathrm{e}^{-\mathrm{j}\alpha t}$$

$$\chi_{11} = \{\alpha: C_{11X}(\alpha, \tau)\neq 0, 0\leqslant\alpha<2\pi\}$$

则称 Fourier 系数 $C_{11X}(t, \tau)$为$\{X(t), t\in T\}$在循环频率 α 处的二阶循环累积量，称 χ_{11} 为几乎周期累计量的循环频率集.

将时变累积量表示为 Fourier 级数的思想就在于其 Fourier 级数的循环 Fourier 系数是时不变的，因此可以利用单次记录的估计量来估计. 有了这个循环系数，就有可能通过计算相应的 Fourier 级数来合成所需要的统计量，这一方法已应用于许多信号处理的算法中.

定义 10.2.7　设 $c_{11X}(t, \tau)$对于每一 t 关于 τ 绝对可积，称

$$S_{11X}(t; \omega) \overset{\text{def}}{=} \sum_{\tau} c_{11X}(t, \tau)\mathrm{e}^{-\mathrm{j}\omega\tau}$$

$$H_{11X}(\alpha; \omega) \overset{\text{def}}{=} \sum_{\tau} C_{11X}(\alpha, \tau)\mathrm{e}^{-\mathrm{j}\omega\tau}$$

分别为$\{X(t), t\in T\}$的二阶时变累积量谱和二阶循环累积量谱. 利用定义，可以证明：

$$S_{11X}(t; \omega) = \sum_{\alpha\in\chi_{11}} H_{11X}(\alpha; \omega)\mathrm{e}^{\mathrm{j}\alpha t}$$

$$H_{11X}(\alpha; \omega) = \lim_{T\to+\infty}\frac{1}{T}\sum_{t=0}^{T-1} S_{11X}(t; \omega)\mathrm{e}^{-\mathrm{j}\alpha t}$$

$c_{11X}(t, \tau)$、$C_{11X}(\alpha, \tau)$、$S_{11X}(t; \omega)$及 $H_{11X}(\alpha; \omega)$之间的关系见图 10－5，其中 FT 表示 Fourier 变换，FS 表示 Fourier 级数.

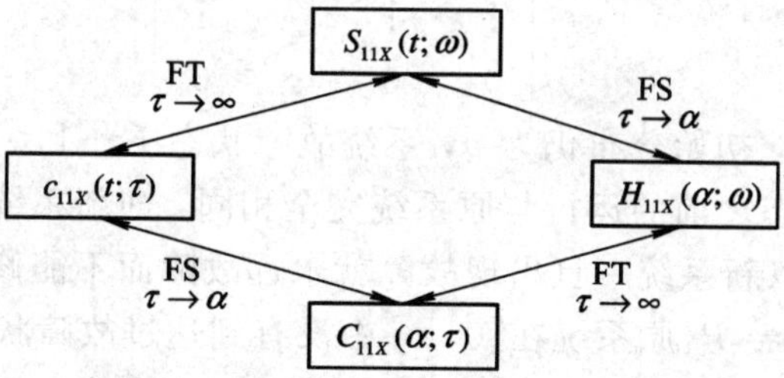

图　10－5

10.3　可 靠 性 分 析

设状态离散参数连续的齐次马尔可夫过程$\{X(t), t\geqslant 0\}$的状态空间 $S=\{1, 2, \cdots, N\}$，其转移概率矩阵为 $\boldsymbol{P}(t)$，密度矩阵为 $\boldsymbol{Q}$，初始分布为 $\boldsymbol{p}=\{p_1, p_2, \cdots, p_N\}$. 假定当系统处于状态 1，2，…，$K$ 时，系统能正常运行；而当处于状态 $K+1$，…，N 时，系统故障不能正常运行，需要修复.

1. 有效度

系统的有效度函数为

$$A(t) = P\{t\text{ 时系统正常}\}$$

显然 $A(t) = \sum_{j=1}^{K} p_j(t) = \sum_{j=1}^{K}\sum_{i=1}^{N} p_i p_{ij}(t)$.

2. 稳态有效度

如果 $\lim_{t\to+\infty} A(t)$存在，记为 A，则称 A 为系统的稳态有效度，它表示运行时间足够长时系统正常的概率，于是

$$A = \lim_{t\to+\infty} A(t) = \sum_{j=1}^{K}\sum_{i=1}^{N} p_i \pi_{ij}$$

如果所有状态互通，则必为正常返状态，从而 $\pi_{ij}=\pi_j$与 i 无关，因此

$$A = \sum_{j=1}^{K} \pi_j$$

即稳态有效度等于系统稳态时处于正常状态的概率之和.

3. 可靠度

系统的可靠度函数为

$$R(t) = P\{\text{系统在}[0,\ t]\text{ 中一直正常}\}$$

可靠度与有效度的区别就在于在可靠度函数 $R(t)$要求系统在$[0,\ t]$中一直正常；而在有效度函数 $A(t)$中，只要求系统在 t 时正常，至于在 t 之前是否正常不知道. 下面求可靠度函数，构造新的齐次马尔可夫过程$\{\overline{X}(t),\ t\geqslant 0\}$，其密度矩阵为

$$\overline{Q} = \begin{bmatrix} q_{11} & q_{12} & \cdots & q_{1N} \\ \vdots & \vdots & & \vdots \\ q_{K1} & q_{K2} & \cdots & q_{KN} \\ 0 & 0 & \cdots & 0 \\ \vdots & \vdots & & \vdots \\ 0 & 0 & \cdots & 0 \end{bmatrix}$$

其转移概率矩阵为 $\overline{\boldsymbol{P}}(t)$，初始分布仍为 $\boldsymbol{p}$，系统故障状态 $K+1$，…，N 均是吸收状态，从而新系统在到达故障状态之前的运行与原系统完全相同，即新系统仅仅是将原系统的故障状态改为吸收状态，所以新系统一旦出现故障就永远故障而不能修复，因此

$$\begin{aligned} R(t) &= P\{\text{原系统在}[0,\ t]\text{ 中没有到达过故障状态}\} \\ &= P\{\text{新系统在}[0,\ t]\text{ 中没有到达过故障状态}\} \\ &= P(\overline{X}(t) = j,\ j = 1,\ 2,\ \cdots,\ K) = \sum_{j=1}^{K} \overline{p}_j(t) \\ &= \sum_{j=1}^{K}\sum_{i=1}^{N} p_i \overline{p}_{ij}(t) \\ &= \sum_{j=1}^{K}\sum_{i=1}^{K} p_i \overline{p}_{ij}(t) \end{aligned}$$

这样将原系统的可靠度函数改为新系统的有效度函数. 所以，对新系统而言，系统的有效度与可靠度是相等的.

10.4　市场预测问题

1. 瞬态分析

设公司 A、B、C 是某地区三家经销某种商品的厂商．根据历史资料得知，公司 A、B、C 商品销售额的市场占有率分别为 50%、30%、20%．C 公司由于实行了改善销售与服务方针的经营管理策略，使其商品销售额逐期稳定上升，而 A 公司的商品销售额却有所下降．通过市场调查发现三家公司间的顾客流动情况如表 10－1 所示．

表 10－1　三家公司的顾客流动情况

公　司	周期 0 的顾客数	周期 1 的供应公司		
		A	B	C
A	5000	3500	500	1000
B	3000	300	2400	300
C	2000	100	100	1800
周期 2 的顾客数	10000	3900	3000	3100

其中商品销售周期是季度．现在的问题是按照目前的趋势发展下去，三家公司商品销售额的占有率将如何变化．

将表 10－1 中数据化为概率得到表 10－2，它列出了各公司顾客流动的转移概率．其中的数据是每家公司在一个周期的顾客数与前一个周期的顾客数相除所得，每一行表示某公司从一个周期到下一个周期将能保住的顾客数的百分比，以及将要丧失给竞争对手的顾客数的百分比；每一列表示各公司在下一个周期将能保住的顾客数的百分比，以及该公司将要从竞争对手那里获得的顾客数的百分比．

表 10－2　顾客流动的转移概率

公司	A	B	C
A	$\frac{3500}{5000}=0.7$	$\frac{500}{5000}=0.1$	$\frac{1000}{5000}=0.2$
B	$\frac{300}{3000}=0.1$	$\frac{2400}{3000}=0.8$	$\frac{300}{3000}=0.1$
C	$\frac{100}{2000}=0.05$	$\frac{100}{2000}=0.05$	$\frac{1800}{2000}=0.9$

用矩阵表示表 10－2 中的数据，便得到如下的转移概率矩阵：

$$\boldsymbol{P}=\begin{bmatrix}0.7 & 0.1 & 0.2\\ 0.1 & 0.8 & 0.1\\ 0.05 & 0.05 & 0.9\end{bmatrix}$$

其中 $\boldsymbol{P}$ 中的元素表示了一个随机挑选的顾客，从一个周期到下一个周期仍购买某一公司商品的概率. 例如，随机挑选一名A公司的顾客，他在下一周期仍购买A公司商品的概率为0.7，购买B公司商品的概率为0.1，购买C公司商品的概率为0.2.

现在来考虑未来各周期的市场占有率. 以A、B、C公司视为要分析的系统状态，则状态概率向量分别为三家公司商品销售额的市场占有率. 初始状态分布向量为

$$\boldsymbol{q}^{(0)}=(q_1^{(0)},q_2^{(0)},q_3^{(0)})=(0.5,0.3,0.2)$$

于是

$$\boldsymbol{q}^{(1)}=\boldsymbol{q}^{(0)}\boldsymbol{P}=(0.5,0.3,0.2)\begin{bmatrix}0.7 & 0.1 & 0.2\\ 0.1 & 0.8 & 0.1\\ 0.05 & 0.05 & 0.9\end{bmatrix}=(0.39,0.3.0.31)$$

从而可用 $\boldsymbol{q}^{(k+1)}=\boldsymbol{q}^{(k)}\boldsymbol{P}$, $k\geqslant 0$ 递推地求出未来各周期的市场占有率.

2. 稳态分析

通过计算转移概率矩阵 $\boldsymbol{P}^{(k)}$ 可以看出，A公司的市场占有率逐期下降，而C公司的市场占有率则逐期上升. 从经营决策和管理的角度来看，希望了解各公司的市场占有率最终将达到什么样的水平，即需要知道稳态市场占有率. 由于该系统对应的齐次马尔可夫链是不可约非周期的，因此稳态市场占有率即为平稳条件下的市场占有率，即齐次马尔可夫链的平稳分布. 解方程组

$$\begin{cases}(x_1,x_2,x_3)\begin{bmatrix}0.7 & 0.1 & 0.2\\ 0.1 & 0.8 & 0.1\\ 0.05 & 0.05 & 0.9\end{bmatrix}=(x_1,x_2,x_3)\\ x_1+x_2+x_3=1\end{cases}$$

得

$$x_1=0.1765,\quad x_2=0.2353,\quad x_3=0.5882$$

从而知A、B、C三家公司的市场占有率最终将分别到17.65%、23.53%、58.82%.

10.5 期权值界的确定

设某种股票的单股上市价 $W_0=w$，以 W_n 表示第 n 天的开盘价，令

$$X_n=\frac{W_n}{W_{n-1}},\quad n\geqslant 1$$

则

$$W_n=wX_1X_2\cdots X_n,\quad n\geqslant 1 \tag{10.5.1}$$

考虑一种期权，它保证期权持有人可以在一定的期限内以预订的价格购入股票. 我们不妨设这一预订的行使期权的价位为1，并假设考虑的期权行使期限为无限. 若 $W_n>1$，则期权持有人有可能在第 n 天行使期权，以价位1购入股票，立即以 W_n 价位抛出，从而获利 W_n-1；若 $W_n<1$，则无法获利. 由此，期权持有人在第 n 天的潜在利润为

$$r(W_n)=(W_n-1)^+=\begin{cases}W_n-1, & W_n\geqslant 1\\ 0, & W_n<1\end{cases},\quad n\geqslant 1 \tag{10.5.2}$$

设贴现率为 $a>0$，将 $r(W_n)$ 贴现到第 n 天为 $e^{-na}r(W_n)$，可取任一停时 T 作为行使期权的时刻，问题是要寻找 $e^{-na}r(W_n)$ 的期望值的上界，即这一期权最高的潜在利润. 为此要对

X_n作出一个假设，假定存在$\theta>1$，使得

$$E[X_n^{\theta} \mid X_0, X_1, \cdots, X_{n-1}] \leqslant e^{a}, \quad n \geqslant 1 \tag{10.5.3}$$

则称

$$f(w, \theta) = \sup_T E[e^{-aT} r(W_T)] \tag{10.5.4}$$

为初始单股价为w的期权值．(10.5.4)式中的上确界是对一切关于$\{X_n, n\geqslant 1\}$的停时取的．因为$\{X_n, n\geqslant 1\}$满足(10.5.3)式，所以该期权值$f(w, \theta)$与(10.5.3)式中的参数θ有关．

定理 10.5.1　设$\{X_n, n\geqslant 1\}$满足(10.5.3)式，则期权值$f(w, \theta)$满足不等式

$$f(w, \theta) \leqslant g(w, \theta)$$

其中

$$g(w, \theta) = \begin{cases} \dfrac{w^{\theta}(\theta-1)^{\theta-1}}{\theta^{\theta}}, & w \leqslant \dfrac{\theta}{\theta-1} \\ w-1, & w > \dfrac{\theta}{\theta-1} \end{cases} \tag{10.5.5}$$

证明　证明分为四个部分．

(1) 对于任意固定的$t>1$，定义

$$v(w, t) = \frac{w^t (t-1)^{t-1}}{t^t}, \quad w \geqslant 0 \tag{10.5.6}$$

则

$$v(w, t) \geqslant g(w, t), \quad 1 < t \leqslant \theta, \quad w \geqslant 0 \tag{10.5.7}$$

事实上，令

$$h_t(w) = v(w, t) - (w-1), \quad w_0 = \frac{t}{t-1} > \frac{\theta}{\theta-1}$$

则

$$h'_t(w_0) = h''_t(w_0) = 0, \quad h''_t(w) > 0, \quad w \geqslant 0$$

从而

$$h_t(w) \geqslant h_t(w_0) = 0, \quad w \geqslant 0$$

即

$$v(w, t) \geqslant w-1, \quad w \geqslant 0 \tag{10.5.8}$$

再计算$\ln v(w, t)$关于t的导数，化简可得

$$\frac{d \ln v(w, t)}{dt} = \ln\left(\frac{w}{t/(t-1)}\right)$$

上式在$w<\dfrac{\theta}{\theta-1}$时为负，从而当$t$从满足$w\leqslant\dfrac{\theta}{\theta-1}$的$\theta$开始减少时，$v(w, t)$增加，于是当$w\leqslant\dfrac{\theta}{\theta-1}$时，有

$$v(w, t) \geqslant v(w, \theta) = g(w, \theta), \quad 1 < t \leqslant \theta \tag{10.5.9}$$

由(10.5.8)式和(10.5.9)式可得(10.5.7)式．

(2) 要证明

$$g(w, \theta) \geqslant e^{-a} E[g(w \times X_n, \theta)], \quad w \geqslant 0, n \geqslant 1 \tag{10.5.10}$$

由(10.5.3)式可知

$$E[X_n^\theta] = E\{E[X_n^\theta \mid X_0, X_1, \cdots, X_{n-1}]\} \leqslant \mathrm{e}^a, \quad n \geqslant 1 \tag{10.5.11}$$

于是，当 $w \leqslant \dfrac{\theta}{\theta-1}$ 时，由(10.5.6)式、(10.5.7)式和(10.5.11)式得

$$g(w, \theta) = v(w, \theta) \geqslant \mathrm{e}^{-a} v(w, \theta) E[X_n^\theta] = \mathrm{e}^{-a} E[v(w \times X_n, \theta)] \geqslant \mathrm{e}^{-a} E[g(w \times X_n, \theta)]$$

当 $w > \dfrac{\theta}{\theta-1}$ 时，X_n^y 是 $y \in [0, \theta]$ 上的凸函数，并且 $E[X_n^0]=1<\mathrm{e}^a$，由 Jensen 不等式和(10.5.11)式得

$$E[X_n^{\frac{w}{w-1}}] \leqslant \mathrm{e}^a, \quad \frac{w}{w-1} < \theta \tag{10.5.12}$$

因此

$$\begin{aligned} g(w, \theta) = w-1 = v\left(w, \frac{w}{w-1}\right) &\geqslant \mathrm{e}^{-a} E\left[v\left(w \times X_n, \frac{w}{w-1}\right)\right] \\ &\geqslant \mathrm{e}^{-a} E[v(w \times X_n, \theta)] \geqslant \mathrm{e}^{-a} E[g(w \times X_n, \theta)] \end{aligned}$$

由此可知(10.5.10)式成立.

(3) 令

$$Y_n = \mathrm{e}^{-na} g(W_n, \theta), \quad n \geqslant 0 \tag{10.5.13}$$

则 $\{Y_n, n \geqslant 0\}$ 是关于 $\{X_n, n \geqslant 1\}$ 的非负上鞅.

事实上，易见 Y_n 是 $X_0, X_1, \cdots, X_n$ 的函数，又因 $W_n = W_{n-1} X_n$，W_{n-1} 是 $X_0, X_1, \cdots, X_{n-1}$ 的函数，由(10.5.13)式和(10.5.10)式可得

$$\begin{aligned} E[Y_n \mid X_0, X_1, \cdots, X_{n-1}] &= \mathrm{e}^{-na} E[g(W_{n-1} \times X_n, \theta) \mid X_0, X_1, \cdots, X_{n-1}] \\ &\leqslant \mathrm{e}^{-(n-1)a} g(W_{n-1}, \theta) = Y_{n-1} \end{aligned}$$

从而 $\{Y_n, n \geqslant 0\}$ 是关于 $\{X_n, n \geqslant 1\}$ 的非负上鞅，于是对于 $\{Y_n, n \geqslant 0\}$ 的任一停时 T，有

$$E[Y_0] \geqslant E[Y_T I_{\{T<+\infty\}}]$$

再由(10.5.13)式知，当 $T=+\infty$ 时，$Y_T=0$，于是上式应为

$$g(w, \theta) \geqslant E[\mathrm{e}^{-aT} g(W_T, \theta)] \tag{10.5.14}$$

(4) 最后证明定理结论，先证明

$$g(w, \theta) \geqslant r(w) = (w-1)^+ \tag{10.5.15}$$

当 $w < \dfrac{\theta}{\theta-1}$ 时，经过计算得

$$\frac{\mathrm{d}g(w, \theta)}{\mathrm{d}w} = \left(\frac{\theta-1}{\theta}\right)^{\theta-1} w^{\theta-1} < 1$$

两边积分得

$$g\left(\frac{\theta}{\theta-1}, \theta\right) - g(w, \theta) < \frac{\theta}{\theta-1} - w$$

所以当 $w < \dfrac{\theta}{\theta-1}$ 时，由(10.5.5)式得

$$g(w, \theta) > w-1$$

又因 $g(w, \theta) \geqslant 0$，$\forall\, w \geqslant 0$，并且当 $w \geqslant \dfrac{\theta}{\theta-1}$ 时，有

$$g(w, \theta) = w-1$$

这就证明了(10.5.15)式. 又由(10.5.14)式和(10.5.15)式可得

$$g(w,\theta) \geqslant E[\mathrm{e}^{-aT} r(W_T)]$$

再由停时的任意性知定理成立.

注 1　由(10.5.7)式知

$$g(w,\theta) \leqslant v(w,\theta) = \frac{w^{\theta}(\theta-1)^{\theta-1}}{\theta^{\theta}}, \quad w \geqslant 0$$

若初始单价股 w 超过$\dfrac{\theta}{\theta-1}$，则期权的平均潜在利润至多为 $g(w,\theta)=w-1$，该值可通过即刻行使期权得到(取 $T=0$). 这表明一旦股票的单股价超过$\dfrac{\theta}{\theta-1}$，期权持有人就应马上行使他的期权以获得最大限度的潜在利润.

注 2　本定理是以(10.5.3)式为前提的，如果对这个假设存在怀疑，则定理不适用，但一般来讲这一假设是合理的，至于 θ 的选择，可根据以往的经验或者统计方法获得.

10.6　人口发展问题

考虑一个确定性的人口模型：设 $B(t)$表示时刻 t 女婴的出生率，即在$[t, t+\mathrm{d}t]$时间内有 $B(t)\mathrm{d}t$ 个女婴出生. 已知过去的 $B(t)$，$t\leqslant 0$，要预测未来的 $B(t)$，$t>0$，为此假定生存函数 $S(x)$(指一个新生女婴能够活到年龄 x 的概率)及生育强度 $\beta(x)$，$x>0$(指年龄为 x 的母亲生育女婴的速度，即 $\beta(x)\mathrm{d}t$ 为这个母亲在长度为 $\mathrm{d}t$ 的时间内生下的女婴数)为已知. 在时刻 t，有 $B(t-x)S(x)\mathrm{d}x$ 个女性居民的年龄在 x 到 $x+\mathrm{d}x$ 之间(指 x 年前出生的女婴存活到 x 年后的人数)，在此时刻，单位时间内该群体将生育 $B(t-x)S(x)\beta(x)\mathrm{d}x$ 个女婴，所以每单位时间内所有育龄阶段的女性所生育的女婴数应为

$$B(t) = \int_0^{+\infty} B(t-x)S(x)\beta(x)\mathrm{d}x$$

根据过去与未来的生育情况，将上述积分分成两段

$$B(t) = \int_t^{+\infty} B(t-x)S(x)\beta(x)\mathrm{d}x + \int_0^t B(t-x)S(x)\beta(x)\mathrm{d}x$$

这是一个形如

$$g(t) = h(t) + \int_0^t g(t-s)\mathrm{d}F(s)$$

的更新方程. 其中

$$F(x) = \int_0^x S(t)\beta(t)\mathrm{d}t$$

$$h(t) = \int_t^{+\infty} B(t-x)S(x)\beta(x)\mathrm{d}x$$

作变量变换 $x=y+t$，得

$$h(t) = \int_0^{+\infty} B(-y)S(y+t)\beta(y+t)\mathrm{d}y$$

由于 $h(t)\mathrm{d}t$ 是年龄为 t 或更大的女性在时间$[t, t+\mathrm{d}t]$之间生育的女婴，此外，每一个新生的女婴将期待在年龄 x 与 $x+\mathrm{d}x$ 之间生育 $S(x)\beta(x)\mathrm{d}x$ 个女婴，于是，每一新生女婴在死

亡或生存到年龄 x 之前(不论哪种情况发生)将期待生育 $F(x)=\int_0^x S(t)\beta(t)\mathrm{d}t$ 个女婴，从而在她的一生中将期待生育 $F(+\infty)$ 个女婴.

若 $F(+\infty)>1$，则可以解得 $B(t)\sim C\mathrm{e}^{-Rt}(t\to+\infty)$，其中 C 为常数，R 满足方程

$$\int_0^{+\infty}\mathrm{e}^{Ry}S(y)\beta(y)\mathrm{d}y=1$$

即出生率(以及具有此速率的人群)将以渐近指数增长.

若 $F(+\infty)<1$，$C>0$，$B(t)$ 以渐近指数趋于零，也就是说人群最终要消亡.

若 $F(+\infty)=1$，出生率将最终趋于一个有限的整数.

10.7　平稳过程的估计问题

1. 正交性原理

定义 10.7.1　设 X、Y 是随机变量，如果

$$E[\overline{X}Y]=E[\overline{Y}X]=0$$

则称随机变量 X 与 Y 正交.

由定义 10.7.1 可以导出:设 X 是随机变量，如果它与随机变量 Y_1，Y_2，…，Y_n 都正交，a_1，a_2，…，a_n 是常数，则 X 与 $a_1Y_1+a_2Y_2+\cdots+a_nY_n$ 正交.

定理 10.7.1　若用 Y_1，Y_2，…，Y_n 的线性组合 $\hat{X}=a_1Y_1+a_2Y_2+\cdots+a_nY_n$ 去估计 X，其误差 $X-\hat{X}$ 与 Y_1，Y_2，…，Y_n 正交，则此估计值为最小均方误差估计值.

证明　设 $b_1Y_1+b_2Y_2+\cdots+b_nY_n$ 是 X 的任一估计，则其误差为

$$\begin{aligned}&X-(b_1Y_1+b_2Y_2+\cdots+b_nY_n)\\&=X-(a_1Y_1+a_2Y_2+\cdots+a_nY_n)+(a_1-b_1)Y_1+(a_2-b_2)Y_2+\cdots+(a_n-b_n)Y_n\end{aligned}$$

其均方误差为

$$\begin{aligned}&E[|X-(b_1Y_1+b_2Y_2+\cdots+b_nY_n)|^2]=E[|X-(a_1Y_1+a_2Y_2+\cdots+a_nY_n)|^2]\\&\quad+E[\overline{(X-(a_1Y_1+a_2Y_2+\cdots+a_nY_n))}((a_1-b_1)Y_1+(a_2-b_2)Y_2+\cdots+(a_n-b_n)Y_n)]\\&\quad+E[(X-(a_1Y_1+a_2Y_2+\cdots+a_nY_n))\overline{((a_1-b_1)Y_1+(a_2-b_2)Y_2+\cdots+(a_n-b_n)Y_n)}]\\&\quad+E[|(a_1-b_1)Y_1+(a_2-b_2)Y_2+\cdots+(a_n-b_n)Y_n|^2]\\&=E[|X-(a_1Y_1+a_2Y_2+\cdots+a_nY_n)|^2]\\&\quad+E[|(a_1-b_1)Y_1+(a_2-b_2)Y_2+\cdots+(a_n-b_n)Y_n|^2]\\&\geqslant E[|X-(a_1Y_1+a_2Y_2+\cdots+a_nY_n)|^2]\end{aligned}$$

只有当 $b_1=a_1$，$b_2=a_2$，…，$b_n=a_n$ 时，上式才能取等号. 故 $\hat{X}=a_1Y_1+a_2Y_2+\cdots+a_nY_n$ 是 X 的最小均方误差估计.

2. 预测问题

设 $\{X(t),\ t\geqslant0\}$ 是零均值的实平稳过程，若已知 $\{X(t),\ t\geqslant0\}$ 在 t 时刻所处状态的值 $X(t)$，则问题是如何预测 $\{X(t),\ t\geqslant0\}$ 在未来时刻 $t+\lambda$ 所处状态的值 $X(t+\lambda)$，其中 $\lambda>0$

为常数.

由于$\{X(t), t\geqslant 0\}$在 t 时刻所处状态的值 $X(t)$ 是一随机变量，利用正交性原理，设 $t+\lambda$ 时刻的估计为 $\hat{X}(t+\lambda)$，则

$$\hat{X}(t+\lambda) = aX(t)$$

选择合适的 a，使得

$$E[X(t)(X(t+\lambda) - aX(t))] = 0$$

故

$$R_X(\lambda) = aR_X(0)$$

即

$$a = \frac{R_X(\lambda)}{R_X(0)} \leqslant 1$$

其中 $R_X(\tau)$ 是 $\{X(t), t\geqslant 0\}$ 的相关函数. 可用图 10－6 中所示电路获得 $X(t+\lambda)$ 的预测值. 最佳预测时的最小均方误差为

$$\begin{aligned} E[(X(t+\lambda) - \hat{X}(t+\lambda))^2] &= E[(X(t+\lambda) - aX(t))X(t+\lambda)] \\ &= R_X(0) - aR_X(\lambda) = R_X(0) - \frac{(R_X(\lambda))^2}{R_X(0)} \end{aligned}$$

若平稳过程 $\{X(t), t\geqslant 0\}$ 的相关函数为 $R_X(\tau)=\sigma^2 e^{-\alpha|\tau|}$，则 $a=\dfrac{R_X(\lambda)}{R_X(0)}=e^{-\alpha\lambda}$，最小均方误差为

$$E[(X(t+\lambda) - \hat{X}(t+\lambda))^2] = \sigma^2(1 - e^{-2\alpha\lambda})$$

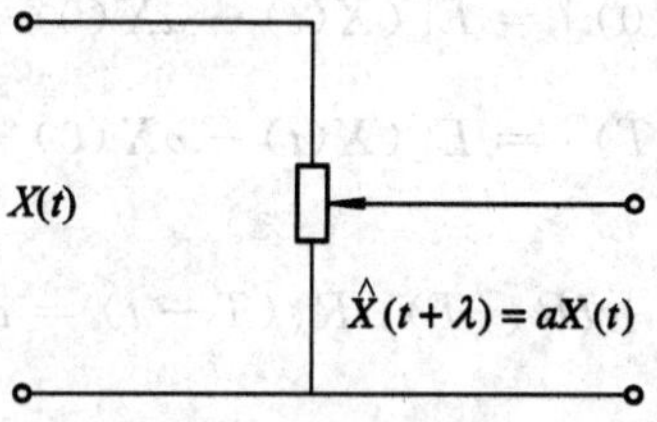

图　10－6

3. 过滤问题

设系统的信号为实平稳过程 $\{X(t), t\geqslant 0\}$，它所伴随的噪声 $\{Y(t), t\geqslant 0\}$ 也是实平稳过程，并且 $\{X(t), t\geqslant 0\}$ 与 $\{Y(t), t\geqslant 0\}$ 是联合平稳的平稳过程，因此所能测量到的随机过程 $\{Z(t), t\geqslant 0\}$ 为信号与噪声之和，即 $Z(t)=X(t)+Y(t)$. 我们需解决以下两个问题：① 如何利用测量到的 $Z(t)$ 对信号 $X(t)$ 进行估计；② 若 $\{X(t), t\geqslant 0\}$ 与 $\{Y(t), t\geqslant 0\}$ 相互独立，如何获得最佳估计 $\hat{X}(t)$. 设 $m_X=0$，$m_Y=0$，则 $m_Z=0$. 利用正交性原理，设 $X(t)$ 的最佳估计为

$$\hat{X}(t) = aZ(t)$$

则

$$E[(X(t) - \hat{X}(t))Z(t)] = E[(X(t) - aZ(t))Z(t)] = 0$$

即

$$R_{XZ}(0)=aR_Z(0) \quad 或 \quad a=\frac{R_{XZ}(0)}{R_Z(0)}$$

由于

$$R_Z(\tau)=E[Z(t)Z(t+\tau)]=E[(X(t)+Y(t))(X(t+\tau)+Y(t+\tau))]=R_X(\tau)+R_Y(\tau)$$

$$R_{XZ}(\tau)=E[X(t)Z(t+\tau)]=E[X(t)(X(t+\tau)+Y(t+\tau))]=R_X(\tau)$$

因此

$$a=\frac{R_X(0)}{R_X(0)+R_Y(0)}$$

最佳预测时的最小均方误差为

$$\begin{aligned}E[(X(t)-\hat{X}(t))^2]&=E[(X(t)-aZ(t))X(t)]=R_X(0)-aR_{XZ}(0)\\&=R_X(0)-\frac{(R_{XZ}(0))^2}{R_Z(0)}=R_X(0)-\frac{(R_X(0))^2}{R_X(0)+R_Y(0)}\\&=\frac{R_X(0)R_Y(0)}{R_X(0)+R_Y(0)}\end{aligned}$$

4. 内插法

设$\{X(t),\ t\geqslant 0\}$是零均值的实平稳过程，t 是$[0,\ T]$内一点，若已知 $X(0)$、$X(T)$，则可利用内插法，即利用 $X(0)$、$X(T)$对 $X(t)$进行最佳估计. 设 $X(t)$的最佳估计为

$$\hat{X}(t)=aX(0)+bX(T)$$

利用正交性原理得

$$E[(X(t)-\hat{X}(t))X(0)]=E[(X(t)-aX(0)-bX(T))X(0)]=0$$

$$E[(X(t)-\hat{X}(t))X(T)]=E[(X(t)-aX(0)-bX(T))X(T)]=0$$

即

$$R_X(t)=aR_X(0)+bR_X(T),\ R_X(T-t)=aR_X(T)+bR_X(0)$$

解上述方程组得

$$a=\frac{R_X(t)R_X(0)-R_X(T-t)R_X(T)}{R_X^2(0)-R_X^2(T)},\quad b=\frac{R_X(0)R_X(T-t)-R_X(T)R_X(t)}{R_X^2(0)-R_X^2(T)}$$

最佳预测时的最小均方误差为

$$\begin{aligned}E[(X(t)-\hat{X}(t))^2]&=E[(X(t)-aX(0)-bX(T))X(t)]\\&=R_X(0)-aR_X(t)-bR_X(T-t)\end{aligned}$$

如果取 $t=\dfrac{T}{2}$，则

$$a=b=\frac{R_X\left(\frac{T}{2}\right)}{R_X(0)+R_X(T)}$$

若 $R_X(\tau)=\sigma^2 e^{-\alpha|\tau|}$，$0<t<T$，则

$$a=\frac{e^{-\alpha t}-e^{-\alpha(T-t)}e^{-\alpha T}}{1-e^{-2\alpha T}}=\frac{\mathrm{sh}\alpha(T-t)}{\mathrm{sh}\alpha T},\quad b=\frac{e^{-\alpha(T-t)}-e^{-\alpha T}e^{-\alpha t}}{1-e^{-2\alpha T}}=\frac{\mathrm{sh}\alpha t}{\mathrm{sh}\alpha T}$$

习　题　十

1. 设 $Y(t)=X(t)+Z(t)$，$t\geqslant 0$，其中$\{Y(t), t\geqslant 0\}$为接收机的输出，$\{X(t), t\geqslant 0\}$为零均值平稳的周期性随机信号，$\{Z(t), t\geqslant 0\}$为零均值平稳的随机噪声，且$\{X(t), t\geqslant 0\}$，$\{Z(t), t\geqslant 0\}$相互独立．讨论当 $\tau\to+\infty$ 时，就 $R_Y(\tau)$的情况说明输出中包含周期性信号$\{X(t), t\geqslant 0\}$或不存在这种信号，这种检测信号是否存在的方法称为自相关法．如果 $X(t)=A\cos(\omega t+\Theta)$，$\Theta\sim U[0, 2\pi]$，$A>0$，$\omega$ 是实数，$\{Z(t), t\geqslant 0\}$是零均值平稳的正态过程，$R_Z(\tau)=\sigma^2 e^{-\alpha|\tau|}$，$\alpha>0$ 是常数，试利用自相关法检测这种信号．

2. 设 $f(t)$是周期为 T_0 的周期函数，令 $X(t)=f(t)$，则$\{X(t), t\in T\}$是严循环平稳过程，试求其均值函数和相关函数．令 $Y(t)=X(t-\Theta)$，其中 $\Theta\sim U(0, T_0)$，且与$\{X(t), t\in T\}$相互独立，则$\{Y(t), t\in T\}$是严平稳过程，试求其均值函数和相关函数．

3. 设一包络如图 10－7 所示，平方律检波器的输入为 $X(t)=B\cos(\omega_0 t+\theta)+Y(t)$，$Y(t)$表示窄带高斯噪声，其均值为零，方差为 σ^2，且 $Y(t)=Y_c(t)\cos\omega_0 t-Y_s(t)\sin\omega_0 t$，试讨论经检波及归一化处理后，独立抽样 m 次并相加后其输出的分布．

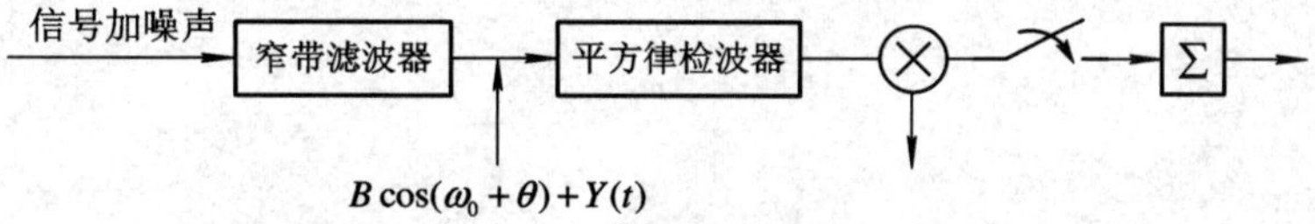

图　10－7

4. 设顾客按一更新过程来到一家出售单一品种商品的商店，来到间隔分布 F 是非格点的，顾客的需求量假定是独立的，具有共同的分布 G．商店使用如下的(s, S)定货策略：若在为一个顾客服务之后存货量低于 s，则立即定货使之到达 S，否则不定货．于是，若在为一个顾客服务之后存货量为 x，则定货量是

$$y=\begin{cases} S-x, & x<s \\ 0, & x\geqslant s \end{cases}$$

这里假定定货瞬时间被补足，记 $X(t)$为时刻 t 的存货量，试求 $\lim\limits_{t\to+\infty} P(X(t)\geqslant x)$．

5. 设随机过程$\{X(t), t\in T\}$在任何长为 T_0 的区间 $T_n=[(n-1)T_0, nT_0]$内，以相等的概率取±1，且在任意两个不重叠的区间内取值相互独立，试证明$\{X(t), t\in T\}$是宽循环平稳过程并求其均值函数和相关函数．令 $Y(t)=X(t-\Theta)$，其中 $\Theta\sim U(0, T_0)$，且与$\{X(t), t\in T\}$相互独立，试证明$\{Y(t), t\in T\}$的相关函数为三角波函数，即 $R_Y(\tau)=1-\dfrac{|\tau|}{T_0}$，$|\tau|\leqslant T_0$．

6. 考虑由两个相同部件以并联形式组成的一个系统．设两个部件的寿命 ξ 均服从参数为 λ 的指数分布，故障后的修理时间 η 均服从参数为 μ 的指数分布，修理后部件同新的一样，其寿命仍为 ξ．假定只有一个修理工，先发生故障的部件先修理，所有随机变量相互独立．定义系统的状态 $i=0, 1, 2$ 表示故障的部件数，$X(t)$表示系统在 t 时刻的状态，则

$\{X(t), t\geqslant 0\}$是一齐次马尔可夫过程，设初始时刻两个部件均正常，即初始分布 $\boldsymbol{q}^{(0)}=(1, 0, 0)$，试求系统的有效度和稳态有效度.

7. 设$\{X(t), t\geqslant 0\}$是零均值的实平稳过程，若已知$\{X(t), t\geqslant 0\}$和其导数过程$\{X'(t), t\geqslant 0\}$在 t 时刻所处状态的值 $X(t)$ 和 $X'(t)$，试对$\{X(t), t\geqslant 0\}$在未来时刻 $t+\lambda$ 所处状态的值 $X(t+\lambda)$进行估计，其中 $\lambda>0$ 为常数.

8. 设$\{X(t), t\geqslant 0\}$是零均值的实平稳过程，若已知$\{X(t), t\geqslant 0\}$在两个时刻 t_1、$t_2(t_1>t_2)$所处状态的值 $X(t_1)$、$X(t_2)$，试对$\{X(t), t\geqslant 0\}$在未来时刻 t 所处状态的值 $X(t)(t>t_1>t_2)$进行估计.

参考文献

[1] 张卓奎，陈慧婵. 随机过程. 西安：西安电子科技大学出版社，2003
[2] 毛用才，胡奇英. 随机过程. 西安：西安电子科技大学出版社，1998
[3] 李必俊. 随机过程. 西安：西安电子科技大学出版社，1993
[4] 赵达纲，朱迎善. 应用随机过程. 北京：机械工业出版社，1993
[5] 刘嘉焜. 应用随机过程. 北京：科学出版社，2000
[6] 复旦大学. 概率论(第一册：概率论基础，第三册：随机过程). 北京：高等教育出版社，1981
[7] 汪荣鑫. 随机过程. 西安：西安交通大学出版社，1987
[8] 陆大绘. 随机过程及其应用. 北京：清华大学出版社，1986
[9] 施仁杰. 马尔可夫链基础及其应用. 西安：西安电子科技大学出版社，1992
[10] 王梓坤. 随机过程论. 北京：科学出版社，1965
[11] 王梓坤. 生灭过程与马尔可夫链. 北京：科学出版社，1980
[12] 何声武. 随机过程导论. 上海：华东师范大学出版社，1989
[13] 胡迪鹤. 应用随机过程引论. 哈尔滨：哈尔滨工业大学出版社，1984
[14] 陆凤山. 排队论及其应用. 长沙：湖南科学技术出版社，1984
[15] 张波，商豪. 应用随机过程. 北京：中国人民大学出版社，2009
[16] 严加安. 鞅与随机积分引论. 上海：上海科学技术出版社，1981
[17] 赵觐周，陈慧婵，张卓奎. 关于停线的停止定理. 陕西师范大学报，1996，24(3)：115～116
[18] 张卓奎，陈慧婵，任晓红. 两指标σ域流的几个等价条件. 吉林大学自然科学学报，1999，37(4)：20～22
[19] 张卓奎，任晓红，陈慧婵. 两指标停时及其性质. 吉林大学学报，2002，40(2)：127～130
[20] Ross S M. Stochastic Processes. John Wiley & Sons，1983
[21] 唐鸿龄，张元林，陈浩球. 应用概率. 南京：南京工学院出版社，1988
[22] 周荫清. 随机过程导论. 北京：北京航空学院出版社，1987
[23] Bartlett M S. An Introduction to Stochastic Processes. Cambridge Univ. Press，1978
[24] Cinlar E. Introduction to Stochastic Processes. New Jersey：Prentice-Hall，1975
[25] Parzen E. Stochastic Processes. San Francisco：Holden-Day，1962
[26] Kannan D. An Introduction to Stochastic Processes. New York：North Holland，1979
[27] 胡迪鹤. 可数状态的马尔可夫过程论. 武汉：武汉大学出版社，1983
[28] 杨向群. 可列马尔可夫过程构造论. 长沙：湖南科学技术出版社，1981

［29］ Isaacson D，Madsen R. Markov Chains Theory and Applications. New York：Wiley，1976
［30］ Pandit S M，Wu S M. Time Series and System Analysis with Applications. New York：Wiley，1983
［31］ 曹晋华，程侃．可靠性数学引论．北京：科学出版社，1986
［32］ 徐光辉．随机服务系统．北京：科学出版社，1980
［33］ 田乃硕．休假随机服务系统．北京：北京大学出版社，2001
［34］ Cooper R. Introduction to Queueing Theory. New York：North-Holland Publishing Company，1981
［35］ 邓永录，梁之舜．随机点过程及其应用．北京：科学出版社，1992
［36］ Feller W. An Introduction to Probability Theory and Its Applications. New York：Wiley，1966
［37］ 安鸿志，陈兆国，杜金观，等．时间序列的分析与应用．北京：科学出版社，1986
［38］ Box G，Jenkins G. Times Series Analysis-Forecasting and Control. San Francisco：Holden-Day，1970
［39］ Wong E. Introduction to Random Processes. Springer-Verlag，1983
［40］ Cairoli R，Walsh J B. Stochastic Integrals in the Plane. Acta Math，1975，134：111～183